普通高等教育规划教材

工程图学基础

第2版

管殿柱　张　轩　主　编

机械工业出版社

本书是根据教育部高等学校工程图学教学指导委员会2010年制定的《高等学校工程图学课程教学基本要求》而编写的。本书采用了最新国家标准的内容。

全书共分16章，其主要内容包括：工程图学的基础知识、几何元素的投影、投影变换、立体的投影、立体的截交线、相贯线、制图基本知识、组合体的视图、轴测图、机械零件的表达方法、标准件与常用件、机械图样中的技术要求、零件图、装配图和测量工具简介。与本书配套的《工程图学基础习题集》第2版和《计算机绘图（AutoCAD 2014版）》可供不同需要的读者选用。

本书可作为高等学校各专业“工程图学”课程的教材及高等技术院校的教材和参考资料，也可供有关工程技术人员学习参考。

图书在版编目（CIP）数据

工程图学基础/管殿柱，张轩主编. —2版. —北京：机械工业出版社，2016.2（2024.6重印）
普通高等教育规划教材
ISBN 978-7-111-52763-3

Ⅰ.①工… Ⅱ.①管… ②张… Ⅲ.①工程制图-高等学校-教材 Ⅳ.①TB23

中国版本图书馆CIP数据核字（2016）第017746号

机械工业出版社（北京市百万庄大街22号 邮政编码100037）
策划编辑：商红云 责任编辑：张丹丹 责任校对：陈 越
封面设计：张 静 责任印制：单爱军
北京虎彩文化传播有限公司印刷
2024年6月第2版第10次印刷
184mm×260mm · 20.5印张 · 507千字
标准书号：ISBN 978-7-111-52763-3
定价：45.00元

凡购本书，如有缺页、倒页、脱页，由本社发行部调换

电话服务
服务咨询热线：010-88379833
读者购书热线：010-88379649

网络服务
机 工 官 网：www.cmpbook.com
机 工 官 博：weibo.com/cmp1952
教育服务网：www.cmpedu.com
金 书 网：www.golden-book.com

前　　言

本书是编者经过多年的教学实践，结合工程图学多年的教学改革成果和经验，根据教育部高等学校工程图学教学指导委员会 2010 年制定的《高等学校工程图学课程教学基本要求》而编写的。为适应当前工程图学的发展趋势，本书采用了最新国家标准的内容，书中图稿的绘制方法、字体及技术标准，符合最新颁布的国家标准，并在二维图的基础上增加了三维造型示意图，对提高读者的空间思维能力有很大的帮助，更符合课程教学的要求。与本书配套的《工程图学基础习题集》第 2 版同时出版，可供读者课外练习使用。

本书可作为高等学校各专业“工程图学”课程的教材及高等技术院校的教材和参考资料，也可供有关工程技术人员学习参考。

本书由管殿柱、张轩任主编，参加编写的人员有：冯辉、何西阳、贺斌、张骞、符朝兴、林凤云、李文秋、黄薇、管玥、牛雪倩、胡玉景、魏代善等。

书中难免有不妥之处，敬请读者批评指正。

编　者

目　　录

前言
第1章　绪论……1
1.1　工程制图发展概述……1
1.2　本课程的研究对象……2
1.3　本课程的主要任务……2
1.4　本课程的学习方法……3
第2章　工程图学的基础知识……4
2.1　字体的书写……4
2.2　图线的绘制……5
2.3　绘图工具的使用……5
2.4　投影的基本知识……8
第3章　几何元素的投影……11
3.1　点的投影……11
3.2　直线的投影……18
3.3　平面的投影……29
3.4　直线、平面的相对位置……36
第4章　投影变换……45
4.1　变换投影面法……45
4.2　投影变换的规律……45
4.3　应用实例分析……51
第5章　立体的投影……54
5.1　立体的分类……54
5.2　平面立体的投影……54
5.3　曲面立体的投影……56
第6章　立体的截交线……60
6.1　截交线……60
6.2　平面与平面立体相交……61
6.3　平面与曲面立体相交……62
第7章　相贯线……73
7.1　相贯线的性质……73
7.2　相贯线的作图方法……73
7.3　常见相贯线的类型……76
第8章　制图基本知识……78
8.1　国家标准《技术制图》和《机械制图》的基本规定……78
8.2　几何作图……93
8.3　平面图形的尺寸及线段分析……103
8.4　平面图形的绘图方法和步骤……104
第9章　组合体的视图……107
9.1　三视图的形成与投影规律……107
9.2　组合体的形体分析……108
9.3　组合体视图的画法……112
9.4　组合体的尺寸注法……114
9.5　看组合体视图……119
第10章　轴测图……130
10.1　轴测图的基本知识……130
10.2　正等测……132
10.3　斜二测……138
第11章　机械零件的表达方法……141
11.1　视图……141
11.2　剖视图……148
11.3　断面图……165
11.4　其他表达方法……170
11.5　表达法综合应用……178
11.6　第三角投影简介……180
第12章　标准件与常用件……184
12.1　螺纹及螺纹紧固件……184
12.2　齿轮……201
12.3　键和销……215
12.4　滚动轴承……224
12.5　弹簧……226
第13章　机械图样中的技术要求……231
13.1　表面结构……231
13.2　极限与配合……239
13.3　几何公差简介……245
第14章　零件图……250
14.1　零件图概述……250
14.2　零件图的视图选择……250
14.3　读零件图……268
第15章　装配图……271
15.1　装配图的作用和内容……271
15.2　装配图的表达方法……273
15.3　装配图的尺寸标注……276

15.4 装配图的技术要求 …… 277
15.5 装配图中的序号和明细栏 …… 277
15.6 装配结构的合理设计简介 …… 281
15.7 装配图的画法 …… 284
15.8 读装配图 …… 289
15.9 由装配图拆画零件图 …… 292
第 16 章 测量工具简介 …… 296
16.1 常用的测量工具 …… 296
16.2 常用的测量方法 …… 298
附录 …… 303
附录 A 螺纹 …… 303
附录 B 螺栓 …… 304
附录 C 螺柱 …… 305
附录 D 螺钉 …… 306
附录 E 螺母 …… 308
附录 F 垫圈 …… 309
附录 G 键、键槽 …… 311
附录 H 销 …… 312
附录 I 轴承 …… 314
附录 J 公差 …… 317
参考文献 …… 322

第1章　绪　　论

工程图学是一门研究绘制工程图样和图解空间几何问题的科学。“工程图学基础”是一门讲授工程图学基本知识的课程，是高等学校工科专业必修的一门基础课程。

【本章重点】

1）本课程的研究对象。

2）学习目的和任务。

3）学习方法。

1.1　工程制图发展概述

有史以来，人类就试图用图形来表达和交流思想，从远古的石刻当中可以发现，没有语言和文字前，图形是一种有效的思想交流工具。考古发现，早在公元前2600年就已经出现了可以称为工程图样的图形，那是一幅刻在泥板上的神庙地图。直到公元1500年的文艺复兴时期，才出现将平面图和其他多面图画在同一幅画面上的设计图。1795年，法国著名科学家加斯帕·蒙日将各种表达方法归纳总结，发表了著名的《画法几何》著作，加斯帕·蒙日所说明的画法是以互相垂直的两个平面作为投影面的正投影法。加斯帕·蒙日方法对世界各国科学技术的发展产生了巨大影响，并在科技界，尤其是在工程界得到广泛的应用和发展。

中国是世界上文化发源最早的国家之一。在数千年的悠久历史中，勤劳智慧的劳动人民创造了光辉灿烂的文化。历代王朝与统治阶级都曾大兴土木，修建宫殿、园囿、陵寝。1977年冬，在河北省平山县出土的公元前323～前309年的战国中山王墓中，在大批出土的青铜器中发现一块长94cm、宽48cm、厚约1cm的铜板，上面用镶嵌金银线表示出国王和王后的坟墓和相应享堂的位置和尺寸，这也是世界上罕见的最早的工程图样。该图是用1:500的比例绘制的，其绘制原理酷似现代工程图学中的正投影法，由此说明我国早在两千多年前就有了正投影法表达的工程图样。

中国古代传统的工程制图技术与造纸术一起于唐代同一时期（公元751年后）传到西方。公元1100年，宋代李诫（字明仲）所著的雕版印刷书《营造法式》中，有图样6卷，约1000余幅，是世界上最早的一部建筑规范巨著，对建筑技术、用工用料估算以及装修等都有详细的论述，充分反映了900多年前中国工程制图技术的先进和高超。如图1-1所示，大殿构造的视图是用断面图表示的。

进入现代社会后，随着科学技术的发展和对外交流的日益增长，工程制图学科得到飞快发展，学术活动频繁，画法几何、射影几何、透视投影等理论的研究得到进一步深入，并广泛与生产、科研相结合。国家适时制定了相应的制图标准，制图的理论、应用以及制图技术，都有了长足的发展。

随着电子计算机的诞生和发展，计算机辅助设计（Computer Aided Design，CAD）使绘

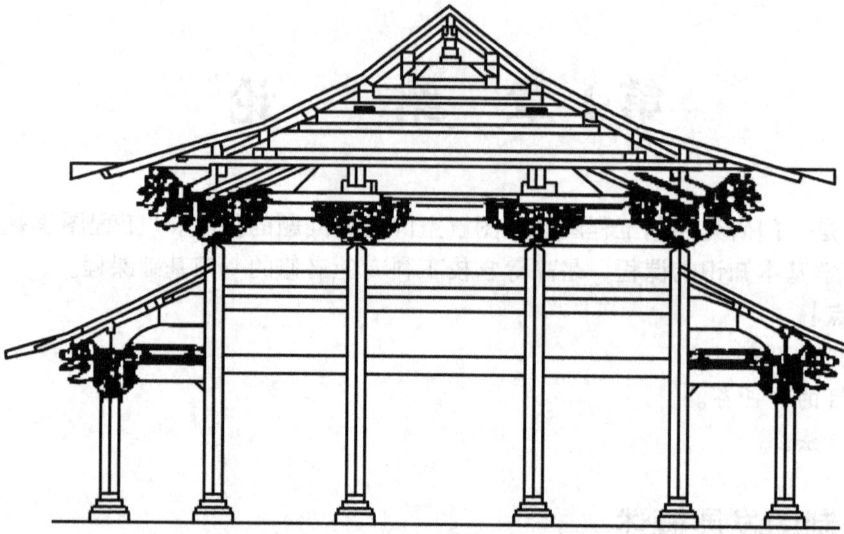

图1-1 《营造法式》的插图

图技术产生了根本性的革命。CAD技术是以计算机绘图（Computer Graphics，CG）为基础而发展起来的一种新技术，它是建立于图形学、应用数学和计算机科学三者的基础上，应用计算机及其图形输入、输出设备，实现图形显示、辅助设计与绘图的一门新兴学科。我国在“八五”期间提出“甩掉图板”，在“九五”期间大力推广应用计算机辅助设计技术。利用计算机绘图可以完全取代手工绘图，使工程设计人员真正从手工设计绘图的烦琐、低效和重复性的劳动中解脱出来，使之集中于创造性的劳动、控制设计的全过程，以缩短设计周期，提高设计质量和效率。

在我国，除了国外一批先进的计算机辅助设计软件，如AutoCAD、Pro/E、UG、SolidWorks、SolidEdge等得到广泛使用外，我国自主开发的一批国产绘图软件，如CAXA、SINOVATION等也在设计、教学、科研生产单位得到广泛使用。随着科学技术的进步，计算机辅助设计必将推动工程图学更快地发展。

1.2　本课程的研究对象

在工程技术活动中，工程技术人员遵循一定的投影方法和有关标准及规定，通常将物体的形状用图的形式画在图纸上，并用数字、文字和相应的符号等标注出物体的大小、规格、材料和有关制造的技术要求及说明，这称为工程图样。在机械设计中，通过工程图样来表达设计思想和要求，在机械制造中，工程图样是加工、检验、装配、调试、使用和维修等方面的主要依据。因此，工程图样是工程技术部门的一项重要技术文件，它与语言、文字一样都是人类表达和交流思想的工具，常被喻为“工程界的语言”。画法几何为绘制图形提供理论基础，而技术制图是研究绘制工程图样的方法和规定的科学。

1.3　本课程的主要任务

本课程是一门既有系统理论又有较强实践性的技术基础课。本课程的主要任务是：

1）学习正投影法的基本原理及应用。

2）培养空间想象能力和空间分析能力。

3）培养基本空间几何问题的图解能力。

4）培养空间形体的图示表达能力。

5）培养绘制和阅读工程图样的基本能力。

6）培养学生认真细致、一丝不苟的工作作风，将良好的素质培养和思想品德修养贯穿于教学的全过程。

本课程结束后，学生还需要后继课程的其他知识的学习和应用，才可能逐步具有绘制合格的工程图样的基本能力。

1.4　本课程的学习方法

由于本课程具有相当强的实践性，学生只有通过认真完成一定数量的绘图作业和习题，正确运用各种投影法的规律，才能不断地提高空间想象能力和空间思维能力。

（1）端正态度，刻苦钻研　本课程一般安排在大学一年级，对于刚刚进入大学校门的学生来说，还没有适应大学课堂教学的特点。所以，学生必须端正学习态度，锲而不舍，克服困难，不断进取。

（2）大力培养空间想象能力和空间思维能力　任何一个物体都有三个向度（长度、宽度、高度），习惯上称为三维形体，而在图样上表达三维形体，必须通过二维图形来实现，这就需要培养和建立由“三维”到“二维”、由“二维”到“三维”的转换能力。对于初学者来说，培养空间想象能力和空间思维能力是本门课程的关键，因此，在学习中，不但要建立“二维”“三维”之间的相互转换，能由物画图、由图想物，还要下大力通过各种途径培养空间思维能力。

（3）培养解题能力　本课程的特点是“听易做难”：听课简单，一听就会；做题犯难，绞尽脑汁也不尽其然。解决这类问题，一定要将空间问题拿到空间去分析研究，以确定解题的方法和步骤。

（4）充分认识点、直线和平面投影的重要性　该内容包括点、直线、平面的投影及直线与平面之间的相对位置等，一般放在课程的前面学习，而后面大部分内容如立体、截交线、相贯线等都是以此为基础的。画法几何的内容一环扣一环，如果前面的学习不透彻、不牢固，后面的学习必然越来越难。

（5）养成良好的课前预习、课后复习的习惯　上课前应预习教材，善于发现问题，带着问题听教师讲课。课后要及时复习，图文结合，吃透教材。

（6）认真完成作业，不懂就问　作业是检验听课效果的有效方式，同时通过作业还可以进一步复习、巩固所学内容。遇到不懂或不清楚的问题要勇于向教师提问，或同其他同学商讨、解决。

（7）严格要求，作图要符合国家标准　工程图样是加工、检验、装配、调试、使用和维修等方面的主要依据，图样上一字一线的差错都会给制造过程和产品带来巨大的损失。所以从初学开始，就要养成认真负责的工作态度，严格执行国家标准。

第 2 章　工程图学的基础知识

工程图样不同于美术作品，图样上的文字、图线和各种符号必须符合规范。我国的工程图样要按照国家标准的有关规定来进行绘制。本章主要介绍最基本的国家标准的有关规定。

【本章重点】

1）字体的书写。

2）图线的绘制要求。

3）绘图工具的使用。

2.1　字体的书写

2.1.1　基本规定

国家标准 GB/T 14691—1993《技术制图　字体》规定了汉字、字母和数字的结构形式及基本尺寸，适用于技术图样及有关技术文件。

（1）汉字　图样中的汉字应写成长仿宋体，采用国家正式公布执行的简化字。汉字字宽为其字高的 $1/\sqrt{2}$倍。汉字的高度不应小于 3.5mm。

（2）字母和数字　字母和数字分为 A 型和 B 型两种。

A 型字体的笔画宽度为字高的 1/14；B 型字体的笔画宽度为字高的 1/10。在同一张图样上只允许用一种型号的字体。字母和数字可以写成直体和斜体，斜体字字头向右倾斜，与水平线约成 75°。字体有 8 种号数，其公称尺寸系列（单位为 mm）为 1.8、2.5、3.5、5、7、10、14、20。字体的号数就是它的高度。例如 3.5 号字，其高度为 3.5mm。

2.1.2　字体示例

国家标准中对于字体的规定很详细，现将工程图样上常用的字体列出，见表 2-1。

表 2-1　字体示例

7 号字	横平竖直 结构均匀 注意起落 填满方格
5 号字	字体工整 笔画清楚 间隔均匀 排列整齐
阿拉伯数字	1 2 3 4 5 6 7 8 9 0
大写英文字母	ABCDEFGHIJKLMNOPQRSTUVWXYZ
小写英文字母	abcdefghijklmnopqrstuvwxyz
罗马数字	Ⅰ Ⅱ Ⅲ Ⅳ Ⅴ Ⅵ Ⅶ Ⅷ Ⅸ Ⅹ Ⅺ

2.2 图线的绘制

工程图样上的图线是按照 GB/T 17450—1998《技术制图 图线》和 GB/T 4457.4—2002《机械制图 图样画法 图线》的规定绘制的。其中规定了图线的名称、形式、结构、标记与画法规则，用于机械、电气、建筑和土木工程等各种技术图样。

2.2.1 图线形式

绘制图样时不同的线型起着不同的作用，表达不同的内容。表 2-2 中给出了机械制图中常用的几种工程图线名称及其一般应用。

表 2-2 常用的几种工程图线名称及其一般应用

序号	名称	图线形式及代号	图线宽度	一般应用
1	粗实线		d	可见轮廓线
2	细实线		约 $d/2$	尺寸线、尺寸界线、剖面线、可见过渡线、辅助线、重合断面的轮廓线、指引线和基准线、螺纹的牙底线及齿轮的齿根线
3	细虚线	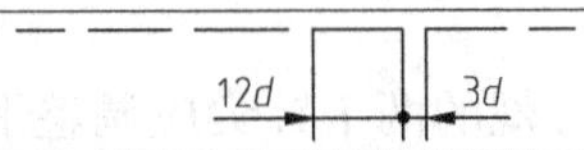	约 $d/2$	不可见的轮廓线、不可见的过渡线
4	细点画线	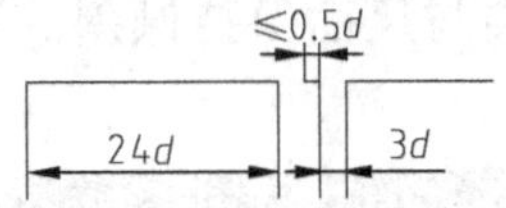	约 $d/2$	轴线、对称中心线、剖切线、齿轮的分度圆及分度线

注：d 为图线宽度。

2.2.2 图线宽度

国家标准规定了 9 种图线的宽度。绘制工程图样时所有线型宽度 d（单位为 mm）应在下面系列中选择：0.13、0.18、0.25、0.35、0.5、0.7、1、1.4、2。

提示：有关图线的详细内容在 8.1.4 中详述。

2.3 绘图工具的使用

2.3.1 图板、丁字尺、三角板

图板是用来固定图纸的矩形木板，要求表面平坦光洁，导边平直。

丁字尺由尺头和尺身两部分组成。它主要用来画水平线，配合三角板画垂直线和常用角度的倾斜线。使用时，左手握住尺头，使尺头内侧边紧靠图板导边，上下移动到绘图所需位置，配合三角板绘制各种图线。

三角板两块为一副，除直接用来画直线外，也可配合丁字尺画铅垂线和与水平线成 30°、45°、60°的倾斜线。两块三角板相互配合还可画出与水平线成 15°、75°的倾斜线，如图 2-1 所示。

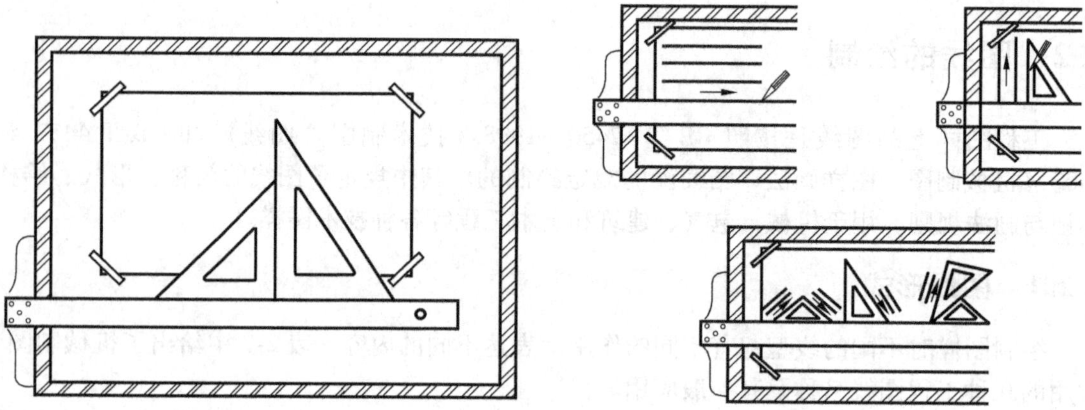

图 2-1　图板和三角板应用示例

2.3.2　绘图仪器

1. 圆规和分规

圆规用来画圆和圆弧。画图时应尽量使钢针和铅芯都垂直于纸面，钢针的台阶与铅芯尖应平齐，其使用方法如图 2-2 所示。

分规主要用来量取线段长度或等分已知线段。分规的两个针尖应调整平齐。当用分规从比例尺上量取长度时，针尖不要正对尺面，应使针尖与尺面保持倾斜。当用分规等分线段时，通常要用试分法。

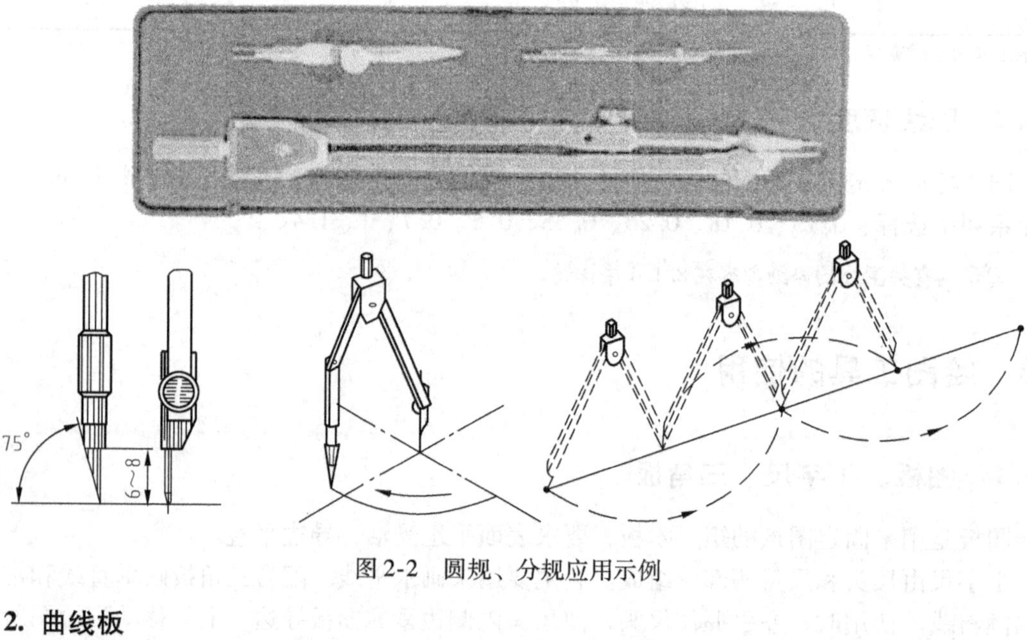

图 2-2　圆规、分规应用示例

2. 曲线板

曲线板用于绘制非圆曲线，作图时应先求出非圆曲线上的一系列点，然后用曲线板光滑连接。

使用时从曲线一端开始选择曲线板与曲线相吻合的四个点，用铅笔沿曲线板轮廓画出前三点之间的曲线，留下第三点与第四点之间的曲线不画，下一步再从第三点开始，包括第四点，又选择四个点，绘制第二段曲线，如此重复，直至绘完整段曲线。由于采用了曲线段首尾重叠的方法，绘制的曲线比较光滑，如图 2-3 所示。

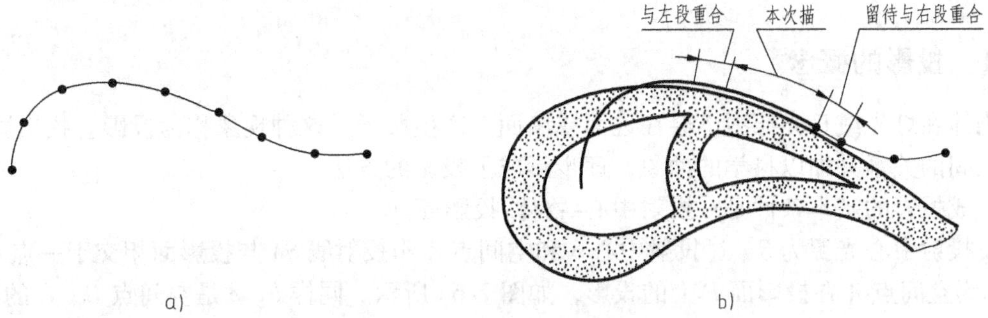

图 2-3　曲线板应用示例

3. 铅笔

绘图铅笔依笔芯的软硬有 B、HB、H 等多种标号。B 前面的数字越大，表示铅芯越软。H 前面的数字越大，表示铅芯越硬。HB 标号的铅芯软硬适中。

铅笔芯的磨削形状有圆锥形（针状）和矩形（鸭嘴形）两种。图 2-4a 所示为锥形铅芯，用作打底稿、写字；图 2-4b 所示为矩形铅芯，用作加深。用于圆规上的铅芯削法如图 2-5 所示。

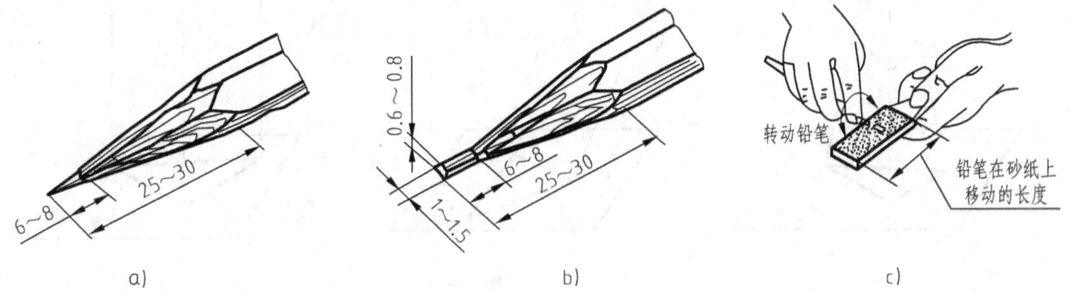

图 2-4　修磨铅笔的方法

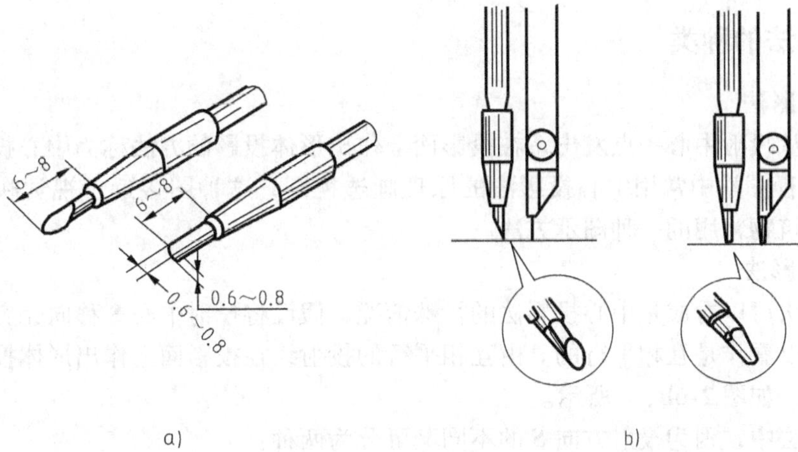

图 2-5　用于圆规上的铅芯削法

2.4　投影的基本知识

2.4.1　投影的概念

物体在灯光或日光照射下会在地面或墙面上产生影子，这种现象称为投影。找出影子和物体之间的关系并加以科学的抽象，逐步形成了投影的方法。

形成投影的基本条件是：投射中心-物体-投影面。

设投射中心光源为 S，过投射中心 S 和空间点 A 作投射线 SA 与投影面相交于一点 a，点 a 就称为空间点 A 在投影面 P 上的投影，如图 2-6a 所示。同样 b、c 是空间点 B、C 的投影。由此可知点的投影仍然是点。

如果将 a、b、c 各点连成几何图形 $\triangle abc$，即为空间 $\triangle ABC$ 在投影面 P 上的投影，如图 2-6a 所示。

上述在投影面上作出形体投影的方法称为投影法。

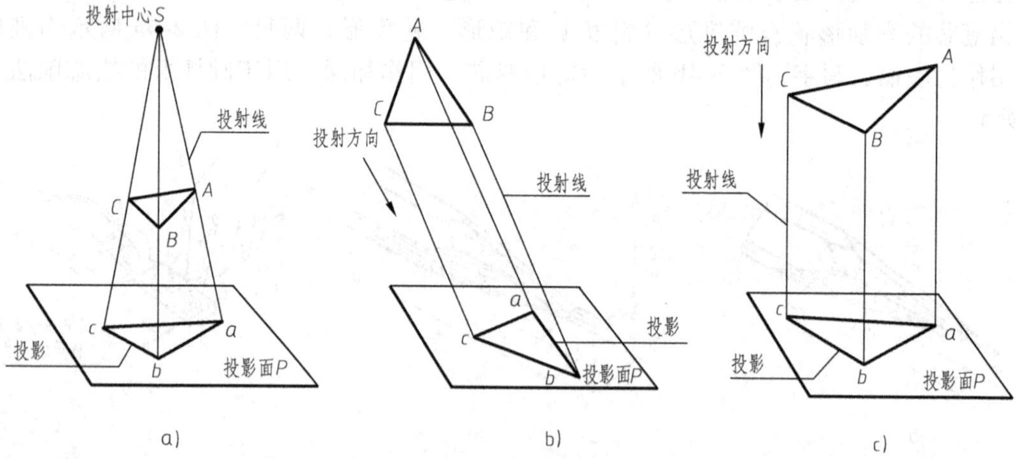

图 2-6　投影法种类

2.4.2　投影法的种类

1. 中心投影法

投射线都从投射中心一点发出，在投影面上作出形体投影的方法称为中心投影法，如图 2-6a 所示。工程图学中常用中心投影法的原理画透视图，这种图接近于视觉映像，直观性强，是绘制建筑物常用的一种图示方法。

2. 平行投影法

平行投影法可以看成是中心投影法的特殊情况，假设将投射中心 S 移向无穷远处，这时的投射线就可以看作是互相平行的。由互相平行的投射线在投影面上作出形体投影的方法称为平行投影法，如图 2-6b、c 所示。

平行投影法中，因为投射方向 S 的不同又可分为两种：

(1) 斜投影法　投射线倾斜于投影面的平行投影法，如图 2-6b 所示。

（2）正投影法　投射线垂直于投影面的平行投影法，如图 2-6c 所示。

正投影有很多优点，它能完整、真实地表达物体的形状和大小，不仅度量性好，而且作图简便。因此，正投影法是工程中应用最广的一种投影法。

2.4.3　正投影的基本性质

1. 实形性

直线、平面与投影面平行，在其投影面上的投影反映实长、实形，这种投影特性称为实形性。如图 2-7 所示，当直线 *AB* 平行于投影面 *H* 时，其在投影面 *H* 上的投影 *ab* 仍是直线，并且等于线段 *AB* 的实长；当四边形平面 *ABCD* 平行于投影面 *H* 时，其在投影面 *H* 上的投影 *abcd* 反映四边形的真实形状。

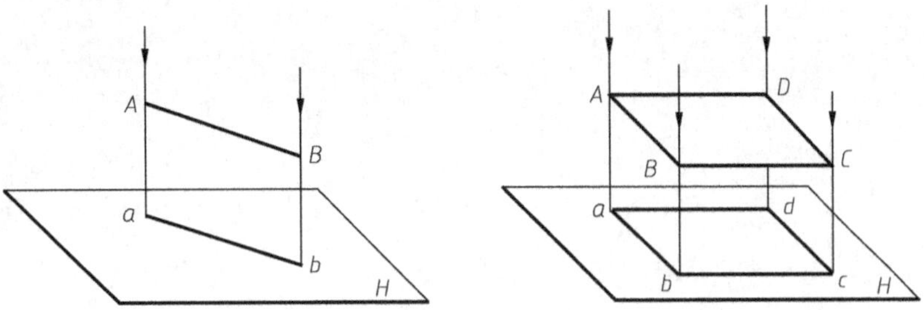

图 2-7　直线和平面的实形性

2. 积聚性

当直线和平面垂直于投影面时，在其投影面上的投影分别积聚成点和直线，这种投影特性称为积聚性。如图 2-8 所示，当直线 *AB* 垂直于投影面 *H* 时，直线上所有点在投影面 *H* 上的投影重合（即积聚）成一点 *a*(*b*)；当四边形平面 *ABCD* 垂直于投影面 *H* 时，其投影 *abcd* 在投影面 *H* 上积聚成一直线。

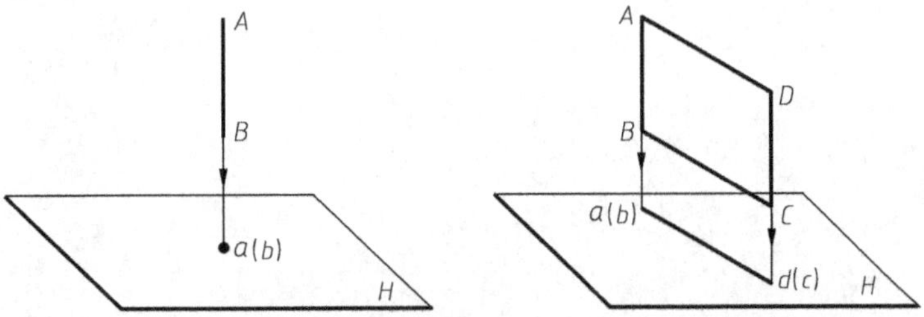

图 2-8　直线和平面的积聚性

注意：位于同一投射线上的两点，通常将被遮挡点的投影加上括号，例如将投影面 *H* 的垂直线 *AB* 的投影写为 *a*（*b*）。

3. 类似性

当直线和平面倾斜于投影面时，在其投影面上的投影仍是直线和平面图形（且多边形的边数、凹凸、直曲、平行关系不变），但小于实际大小，这种投影特性称为类似收缩性。如图 2-9 所示，当直线 *AB* 倾斜于投影面 *H* 时，其在投影面 *H* 上的投影 *ab* 为缩短直线；当平面 *ABCD* 倾斜于投影面 *H* 时，其在投影面 *H* 上的投影为小于实形的四边形。

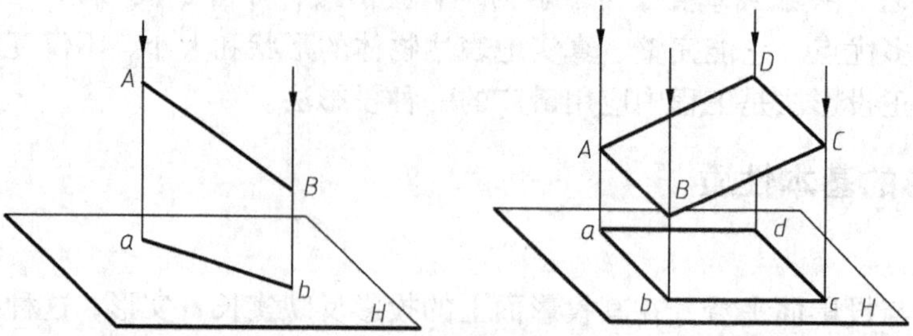

图 2-9　直线和平面的类似性

第 3 章　几何元素的投影

为了正确地画出物体的投影或分析空间几何问题，必须首先研究与分析空间几何元素的投影规律和投影特性。本章主要讨论几何元素（点、线、面）的投影性质及各种几何元素之间的位置关系。

【本章重点】

1）点的投影。

2）直线的投影。

3）直线之间的位置关系。

4）平面的投影。

5）各种几何元素之间的位置关系。

3.1　点的投影

点是构成几何形体最基本的几何要素，一切几何原形都可以看作是若干点的集合，点的投影是一切空间几何原形投影的基础。

3.1.1　点在两面投影体系中的投影

由投影性质可知，空间点在一个投影面上的投影不能确定空间点的位置，它需要由在不同投影面上的两个或三个投影来确定。在工程制图中选取的这些投影面是相互垂直的。

1. 两面投影体系

图 3-1 所示为两个互相垂直的投影面，处于正面直立位置的投影面为正投影面，以 V 表示，简称 V 面；处于水平位置的投影面称为水平投影面，以 H 表示，简称 H 面。V 面与 H 面所组成的体系称为两面投影体系。V 面与 H 面的交线称为 OX 投影轴，简称 X 轴。两个互相垂直的投影面把空间分为 4 个分角，依次用Ⅰ、Ⅱ、Ⅲ、Ⅳ表示。

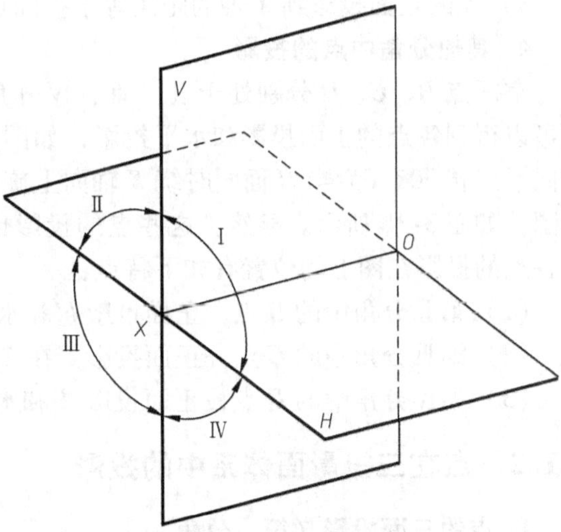

图 3-1　两面投影体系

2. 点的两面投影图

首先研究第Ⅰ分角点的两面投影。如图 3-2a 所示，从空间一点 A 向 H 面投影（作垂线），其垂足就是点 A 在 H 面上的投影，称为点 A 的水平投影，以 a 表示，再由点 A 向 V 面投影（作垂线），其垂足就是点 A 在 V 面上的投影，称为点 A 的正面投影，以 a'表示。

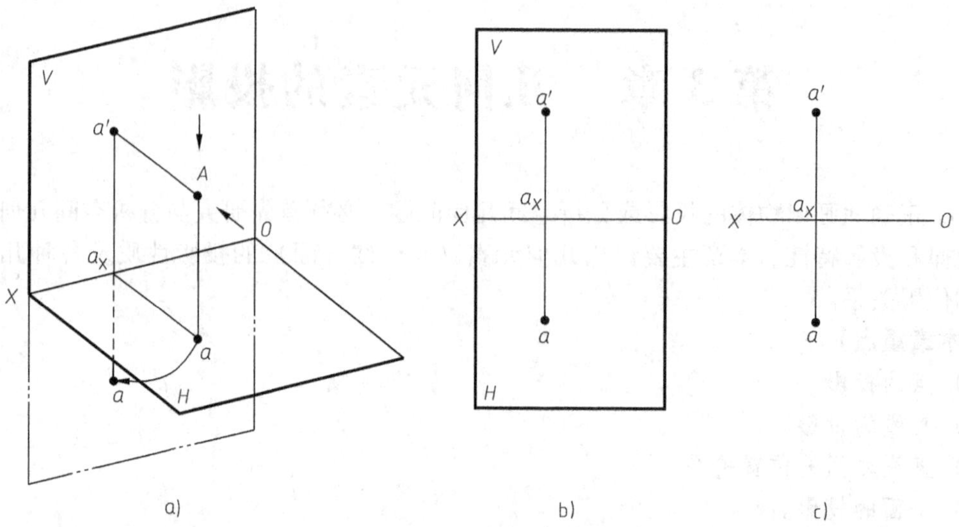

图 3-2　点的两面投影图

提示：规定空间点用 A、B、C 等英文大写字母表示，水平投影用相应的英文小写字母，如 a、b、c 等表示，正面投影用相应的英文小写字母在右上角加一撇，如 a'、b'、c'等表示。

将 H 面绕 X 轴向下旋转 90°使之与 V 面重合，即处在同一平面位置上，就可以得到点的两面投影图，如图 3-2b 所示。因为点的投影只与投影轴有关，而与投影面的大小无关，所以通常不必画出投影面的边界，如图 3-2c 所示。

3. 点的两面投影规律

由图 3-2a 可知，Aaa_Xa'是个矩形，$a'a_X \perp X$ 轴，$aa_X \perp X$ 轴，H 面经旋转后，a 和 a'的连线 aa'一定垂直于 X 轴（见图 3-2b、c），由此可以得到点的两面投影规律：

1）点的水平投影和正面投影的连线垂直于 X 轴，即 $aa' \perp X$ 轴。

2）点的水平投影到 X 轴的距离等于空间点到 V 面的距离，即 $aa_X = Aa'$。

3）点的正面投影到 X 轴的距离等于空间点到 H 面的距离，即 $a'a_X = Aa$。

4. 其他分角中点的投影

空间点 B、C、D 分别处于Ⅱ、Ⅲ、Ⅳ分角中，由各点分别向相应的投影面作投射线，就可以得到各点的正面投影和水平投影，如图 3-3a 所示。当 V 面保持不动，前半 H 面绕 X 轴向下旋转 90°（后半 H 面同时绕 X 轴向上旋转 90°）与 V 面重合，可以得到各点的两面投影图，如图 3-3b 所示。显然，这些点的投影也必定符合点在两面投影体系中的投影规律，但各点的投影在图上的位置有如下特点：

（1）第Ⅱ分角中的 B 点，正面投影 b'和水平投影 b 同在 X 轴的上方。

（2）第Ⅲ分角中的 C 点，正面投影 c'在 X 轴的下方，水平投影 c 在 X 轴的上方。

（3）第Ⅳ分角中的 D 点，正面投影 d'和水平投影 d 同在 X 轴的下方。

3.1.2　点在三投影面体系中的投影

1. 点的三面投影（第一分角）

首先在空间建立三个互相垂直的投影面 H、V、W，如图 3-4 所示，H 面为水平投影面，

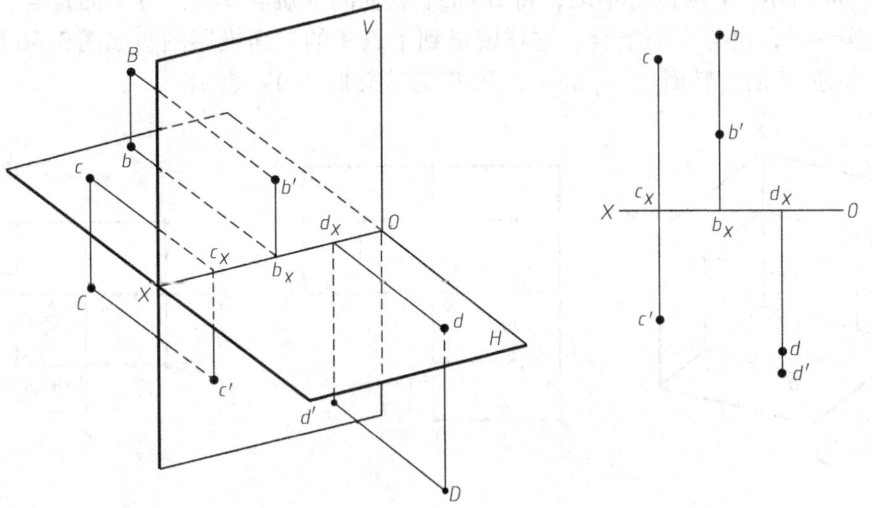

a)　　b)

图3-3　其他分角中点的投影

V面为正立投影面，W面为侧立投影面。每两个投影面的交线称为投影轴，H投影面与V投影面的交线为OX轴，H投影面与W投影面的交线为OY轴，V投影面与W投影面的交线为OZ轴。三个投影面简称为H面、V面、W面。三个投影轴简称为X轴、Y轴、Z轴，三个轴的交点O为原点。

由于H、V、W面相互垂直，所以X、Y、Z轴也相互垂直，由此而建立起笛卡儿坐标系，如图3-4所示。

一空间点A，它向H投影面投射得到的投影为a（称为水平投影），向V投影面投射得到的投影为a′（称为正面投影），向W投影面投射的得到的投影为a″（称为侧面投影），如图3-5所示。

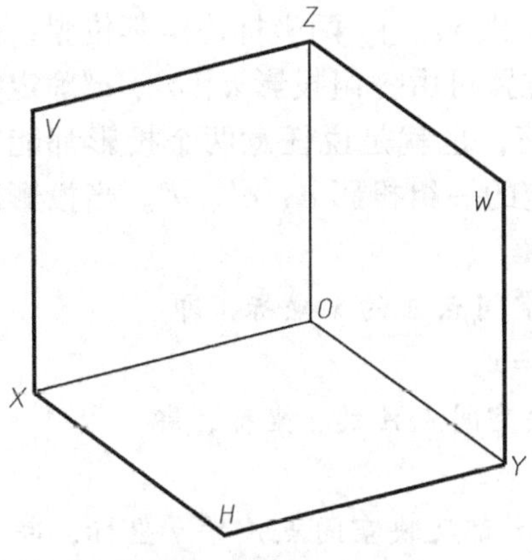

图3-4　投影面和投影轴

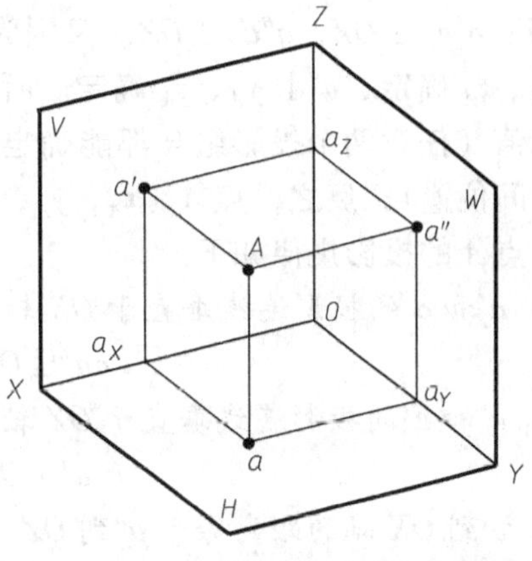

图3-5　点的投影与坐标的关系

提示：规定空间点用大写字母表示，H面投影用相应的小写字母表示，V面投影用相应的小写字母加“′”表示，W面投影用相应的小写字母加“″”表示。

如图 3-6a 所示，V 面保持不动，将 H 面绕 X 轴向下旋转 90°，与 V 面重合，将 W 面绕 Z 轴向右旋转 90°，也与 V 面重合，这样就得到了点 A 的三面投影图，如图 3-6b 所示。在投影图中，Y 轴随 H 面旋转时以 Y_H 表示，随 W 面旋转时以 Y_W 表示。

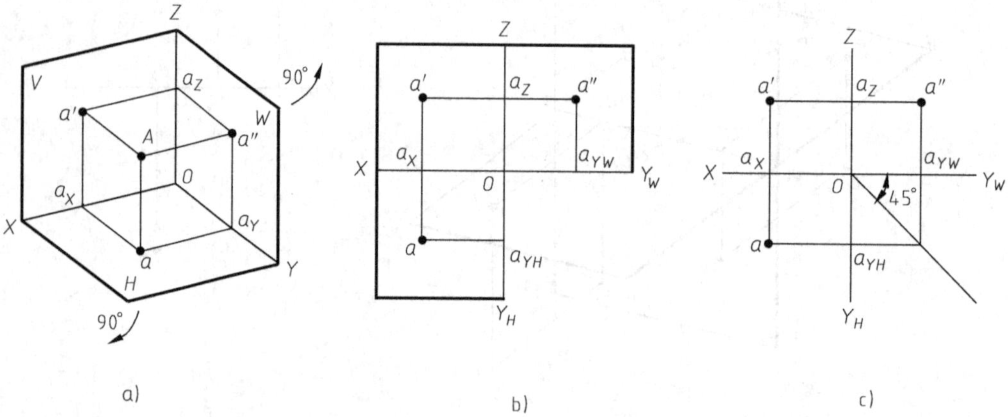

图 3-6　点的三面投影图的形成

在投影图中确定空间点的位置时，点的投影只与投影轴有关，而与投影面的大小无关，因此，投影面的边界省略不画，通常只画出投影轴。为了作图方便，过 O 点作一条 45°辅助线平分 $\angle Y_HOY_W$，如图 3-6c 所示。

2. 点的坐标和三面投影规律

在三投影面体系中，H、V、W 面为坐标面，X、Y、Z 轴为坐标轴，O 点为坐标原点，那么 A 点的直角坐标为 x_A、y_A、z_A，也就是 A 点到 H、V、W 面的距离。由图 3-6a 可知：

$$Aa''=a'a_Z=aa_Y=a_XO=x_A$$

$$Aa'=aa_X=a''a_Z=a_YO=y_A$$

$$Aa=a'a_X=a''a_Y=a_ZO=z_A$$

因为 Aaa_Xa' 是一矩形，且垂直于 X 轴，所以 $a'a_X\perp OX$，$aa_X\perp OX$，同理，$aa_Y\perp OY$，$a''a_Y\perp OY$；$a'a_Z\perp OZ$，$a''a_Z\perp OZ$。又因为在投影图中，a 由 x_A、y_A 两坐标确定其位置；同理 a' 由 x_A、z_A 确定；a'' 由 y_A、z_A 确定。所以点 A 的空间位置可由一组投影 a、a'、a'' 确定该点的坐标值（任意两个投影组合都能确定点的三个坐标值，也就是说任意两个投影都能表达点的空间位置）；反之，点 A（x_A，y_A，z_A）有唯一确定的一组投影 a、a'、a''。当投影面展开后，点 A 的投影规律如下：

1）a' 和 a 的投影连线垂直于 OX 轴。a、a' 都反映空间点 A 的 x 坐标，即

$$aa'\perp OX,\ a'a_Z=aa_{YH}=x_A$$

2）a'' 和 a' 的投影连线垂直于 OZ 轴。a' 和 a'' 都反映空间点 A 的 z 坐标，即

$$a'a''\perp OZ,\ a'a_X=a''a_{YW}=z_A$$

3）a 到 OX 轴的距离等于 a'' 到 OZ 轴的距离。a 和 a'' 都反映空间点 A 的 y 坐标，即

$$aa_X=a''a_Z=y_A$$

【例 3-1】　已知 $A(20,15,15)$，作出点 A 的三面投影，如图 3-7 所示。

作图步骤：

1）作互相垂直的 OX、OY 和 OZ 轴，并作出 $\angle Y_HOY_W$ 的角平分线（45°线）。

2）自 O 点沿 OX 轴量取20，即 $x_A=20$，得 a_X 点。

3）过 a_X 点作 OX 轴的垂线，在此垂线上沿 OY_H 轴方向量取15，即 $y_A=15$，得 a 点；在此垂线上沿 OZ 轴方向量取15，得 a' 点。

4）由 a' 作 OZ 轴的垂线，交 OZ 轴于 a_Z，在此垂线上沿 OY_W 轴方向量取 $a_Za''=a_Xa=y_A=15$，得 a''（也可以使用45°线直接作图）。

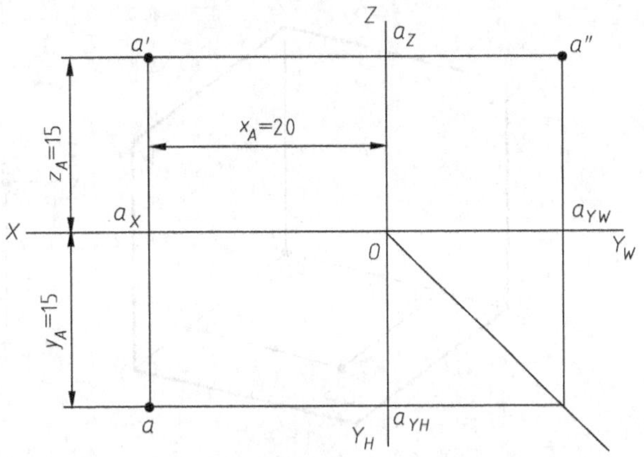

图3-7 根据点的坐标作投影图

【例3-2】 已知 B 点的投影 b' 和 b''，求投影 b，如图3-8a所示。

作图步骤：

1）过 b' 作 OX 轴的垂线 $b'b$。

2）过 b'' 作 OY_W 轴的垂线 $b''b_{YW}$ 并延长交于45°辅助线，由交点作 OX 轴的平行线与 $b'b$ 相交，交点即为 b（见图3-8b）。

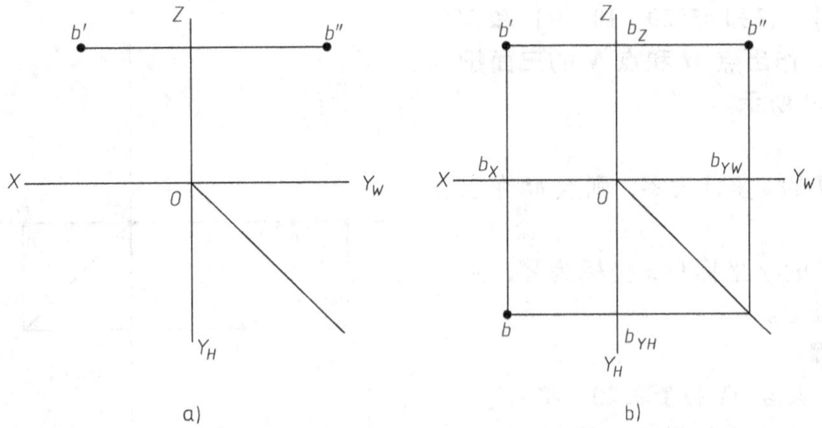

图3-8 已知点的两投影求第三投影

3. 特殊投影点

空间一点有三个坐标值 x、y、z，三个坐标值的具体数值不同时会出现下列情况：

1）当三个坐标值中有一个坐标值为零时，则该点必定在投影面上，如图3-9a所示点 S 的 z 坐标值为零，点 S 位于 H 面上。

由图3-9b可以看出，点在投影面上的投影特点：

① 点在所在的投影面上的投影与其本身重合，S 与 s 重合。

② 其他两个投影分别在相应的投影轴上，如 s' 在 OX 轴上，s'' 在 OY_W 轴上。

2）当三个坐标值中有两个坐标值为零时，该点必定在其坐标值不为零的那个投影轴上。如 T 点的 z、y 坐标值为零，则点 T 在 X 轴上，如图3-9a所示。

由图3-9b可以看出，点在投影轴上的投影特点：

① 点的两个投影与点的本身重合于坐标值不为零的那个投影轴上，T 与 t、t' 重合于 OX

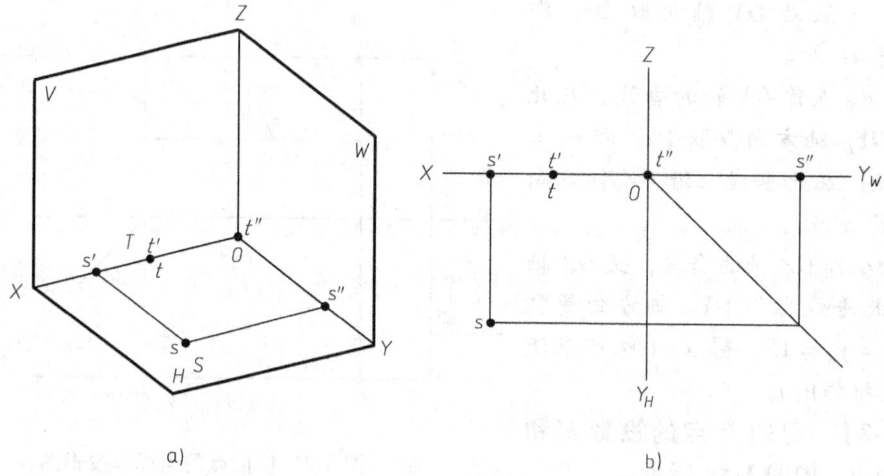

图 3-9　投影面和投影轴上点的投影

轴上。

② 点的另一投影与原点 O 重合，t''重合于点 O。

3）当三个坐标都为零时，点的三面投影重合在原点。

【例 3-3】　已知 M(20，10，0) 和 N(15，0，0)，作出点 M 和点 N 的三面投影，如图 3-10 所示。

分析：

1）点 M 的 z 坐标为零，则点 M 在水平投影面上。

2）点 N 的 y 坐标和 z 坐标为零，则点 N 在 OX 轴上。

作图步骤：

1）从 O 点沿 OX 轴量取 20，得 m'。

2）过 m' 在水平投影面上作 OX 轴的垂线，并沿 OY_H 轴方向量取 10，得 m。

3）从 O 点沿 OY_W 轴量取 10，得 m''。

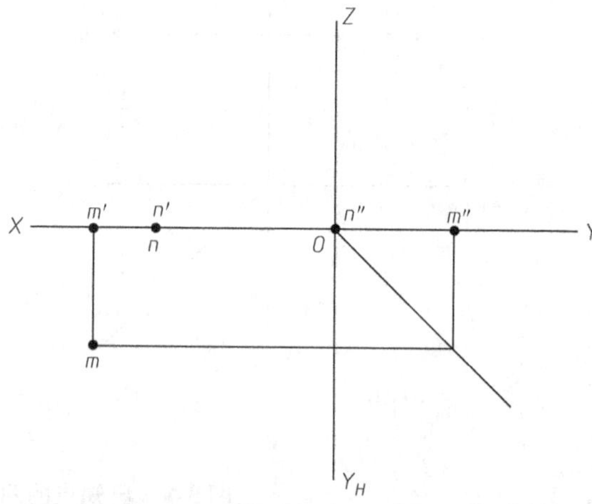

图 3-10　已知点的坐标作出它的各投影

4）从 O 点沿 OX 轴量取 15，得 n、n'，n''和 O 点重合。

4. 第三分角点的三面投影

第三分角点的投影原理如图 3-11a 所示，点的三面投影如图 3-11b 所示。注意，国家标准规定图样应用正投影法，并采用第一角画法。但随着国际技术交流的日益发展，常会遇到某些国家和地区采用第三角投影画出的技术图样，所以在这里就第三角投影做简单介绍（在本书 11.6 节中将介绍第三角视图画法的基本知识，以供读者参考）。

3.1.3　两点的相对位置

1. 两点相对位置的确定

空间一点的位置可以用绝对坐标来确定，也可以用相对坐标来确定。空间两点的相对位

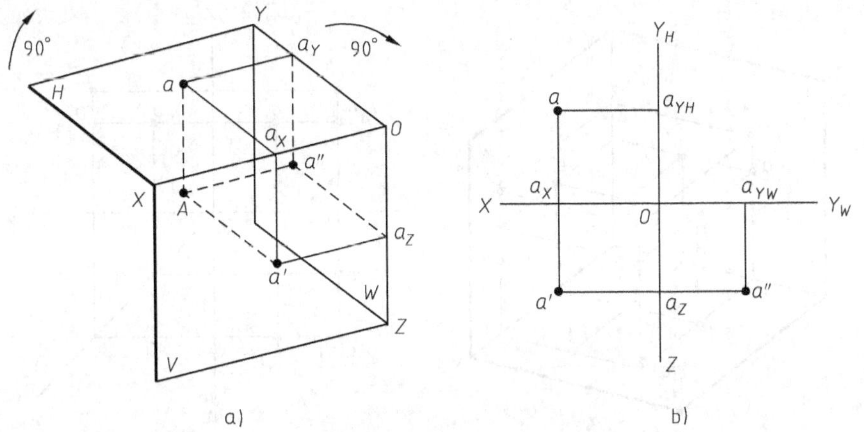

图3-11 第三分角点的三面投影

置用相对坐标来确定，即由两点的坐标之差决定。

已知点A（x_A，y_A，z_A）和B（x_B，y_B，z_B），分析B对A的相对位置，如图3-12所示。在X轴方向，相对坐标为$\Delta x = x_B - x_A$；在Y轴方向，相对坐标为$\Delta y = y_B - y_A$；在Z轴方向，相对坐标为$\Delta z = z_B - z_A$。

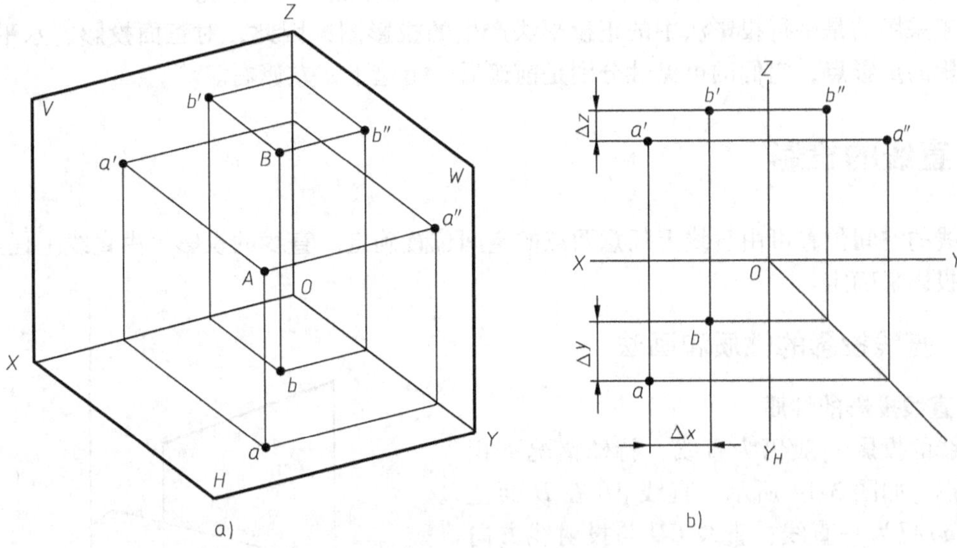

图3-12 两点相对位置的确定

因为$x_A > x_B$，则Δx为负值，点B在点A的右方；$y_A > y_B$，则Δy为负值，点B在点A的后方；$z_A < z_B$，则Δz为正值，点B在点A的上方。故点B在点A的右后上方。

2. 重影点

当两个点的某两个坐标值对应相同时，该两点必处于同一投射线上，因此对这两个点而言，由其相同坐标值所决定的投影面上的投影具有重影性。如图3-13所示，点A和点B的X、Z轴坐标值相同，即$x_A = x_B$，$z_A = z_B$，它们的V面投影a'和b'重影为一点。

从H面投影a和b（或W面投影a''和b''）可以看出，$y_A > y_B$，所以点A在点B前方。

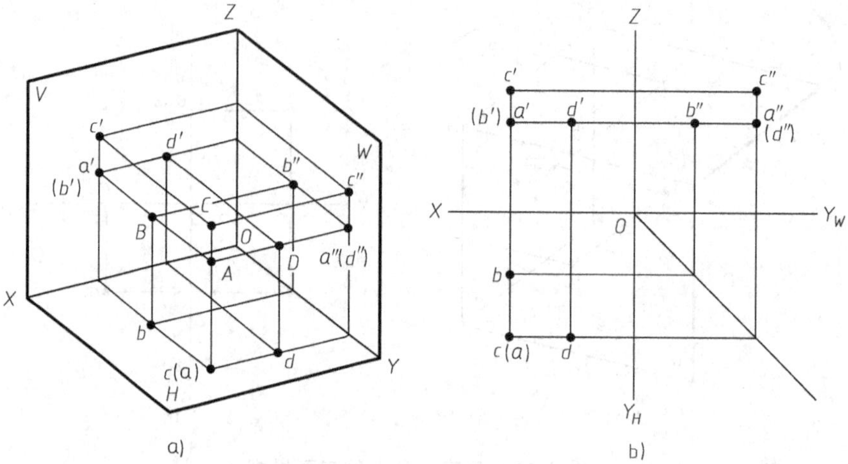

图 3-13　重影点的投影

当点 A 和点 B 向 V 面投射时，则点 A 为可见点，点 B 为不可见点。通常规定，把不可见点的投影加注括号，如 (b')。同理，点 C 和点 A，由于 $x_A = x_C$，$y_A = y_C$，$z_C > z_A$，所以 H 面投影 a 和 c 重影为一点，点 C 可见，点 A 不可见。再如点 A 和点 D，由于 $y_A = y_D$，$z_A = z_D$，$x_A > x_D$，所以 W 面投影 a''和 d''重影为一点，点 A 可见，点 D 不可见。

由于采用的是平行投影法中的正投影法产生的投影图，因此，对正面投影、水平投影、侧面投影的重影点，它们的可见性分别是前遮后、上遮下、左遮右。

3.2　直线的投影

直线的空间位置可由直线上任意两点的空间位置确定。直线的投影可由直线上任意两点的同面投影来确定。

3.2.1　直线投影的性质和画法

1. 直线投影的性质

直线的投影一般仍为直线，特殊情况下积聚为一点。如图 3-14 所示，直线 AB 在 H 面上的投影 ab 仍为一直线；直线 CD 与投射线方向平行，投影 $c(d)$ 积聚为一点。

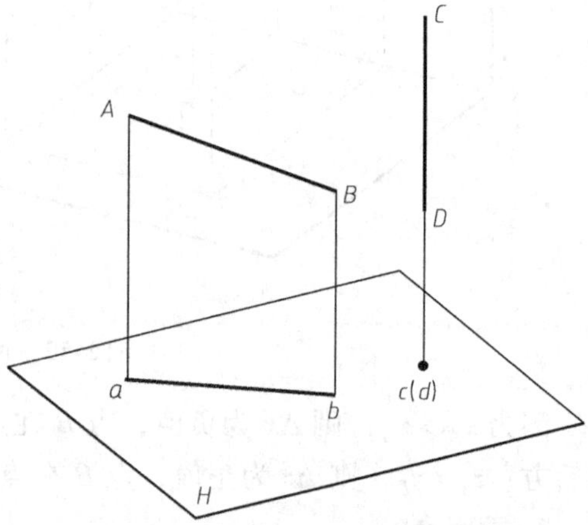

图 3-14　直线的投影

2. 直线投影的画法

直线的投影可由直线上任意两点的投影来决定。如图 3-15 所示，直线 AB 在作三面投影时，可分别作出点 A 和点 B 的三个投影 a、a'、a''和 b、b'、b''，然后分别将同面投影 a 与 b、a' 与 b'、a''与 b''连接起来，即得直线 AB 的三面投影图。

提示：直线的长度是无限的，在投影图中以直线段表示其投影。

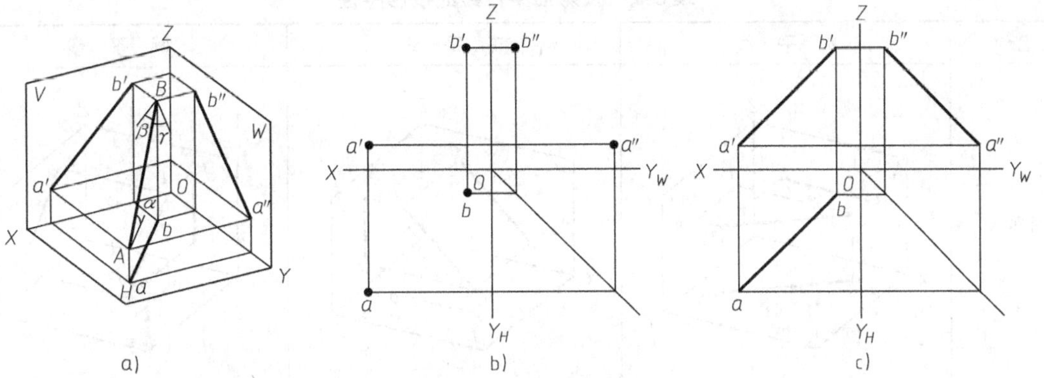

图3-15　直线的投影

3.2.2　各种位置的直线

空间直线在三投影面体系中，相对于投影面的位置有垂直、平行和倾斜三种情况。相对于投影面垂直和平行的直线称为特殊位置直线，而相对于三个投影面都倾斜的直线称为一般位置直线。它们在各投影面上的投影具有不同的投影特性。

1. 一般位置直线

与H、V、W三个投影面都不平行也不垂直的直线，称为一般位置直线（或称为投影面倾斜线）。如图3-15所示，直线AB为一般位置直线，它对H、V和W三个投影面的倾角分别为α、β和γ。由于直线倾斜于H、V和W投影面，故：

$$ab = AB\cos\alpha \quad a'b' = AB\cos\beta \quad a''b'' = AB\cos\gamma$$

因为$0° < \alpha < 90°$、$0° < \beta < 90°$、$0° < \gamma < 90°$，所以ab、$a'b'$、$a''b''$均小于AB，也就是投影面上的投影小于实长。

一般位置直线的投影特性：

三个投影都与投影轴倾斜，且三个投影的长度都小于实长，各个投影与投影轴的夹角，均不反映直线对投影面的倾角。

2. 投影面的平行线

平行于一个投影面且与其他两个投影面倾斜的直线，称为投影面的平行线。平行于H面的直线称为水平线；平行于V面的直线称为正平线；平行于W面的直线称为侧平线。

以表3-1中水平线为例，其投影特性：

1）H面投影ab反映直线AB的实长，即$ab = AB$。投影ab与OX轴的夹角反映直线AB与V面的倾角β，与OY_H轴的夹角反映直线AB与W面的倾角γ。

2）V面投影$a'b' /\!/ OX$轴，W面投影$a''b'' /\!/ OY_W$轴，$a'b'$、$a''b''$均小于实长AB。即$a'b' = AB\cos\beta$，$a''b'' = AB\cos\gamma$。

同理，可得出正平线和侧平线的投影特性。

投影面平行线的投影特性：

1）在其所平行的投影面上的投影反映实长；它与投影轴的夹角，分别反映直线对其他两投影面的真实倾角。

2）在其他两个投影面上的投影，平行于相应的投影轴，且小于实长。

表 3-1　投影面平行线的投影特性

名称	水　平　线	正　平　线	侧　平　线
直观图	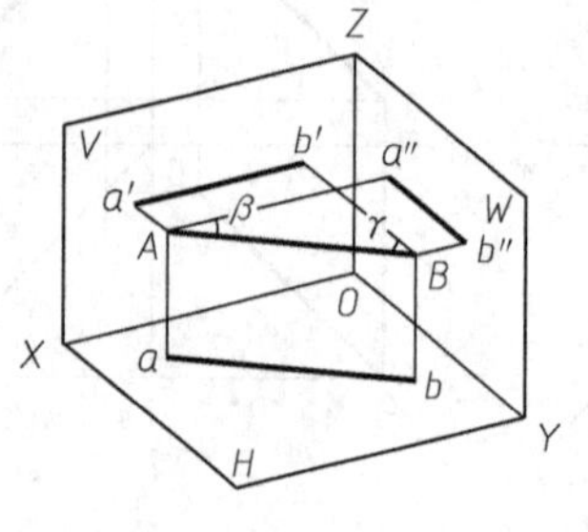	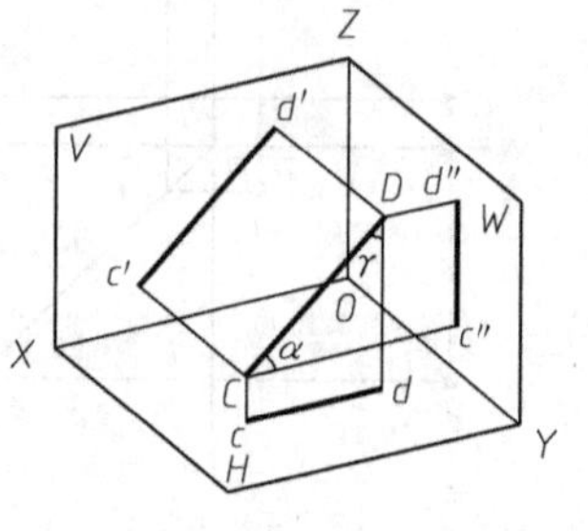	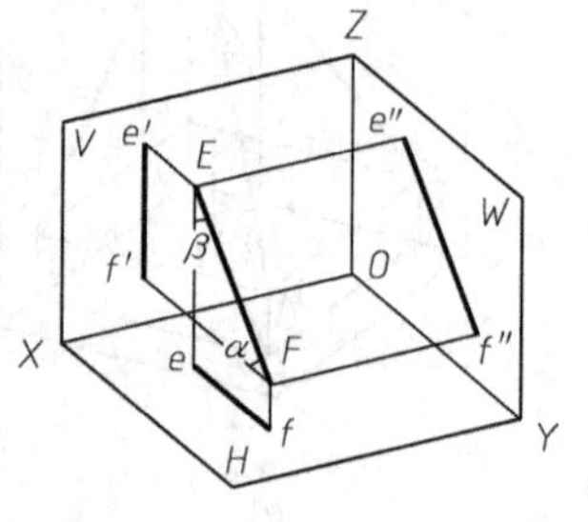
投影图	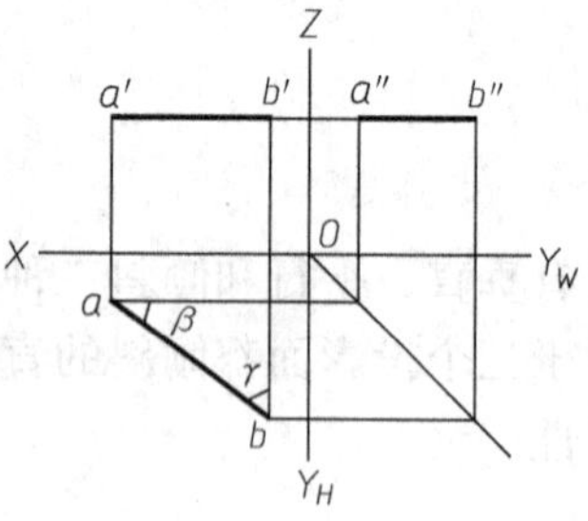	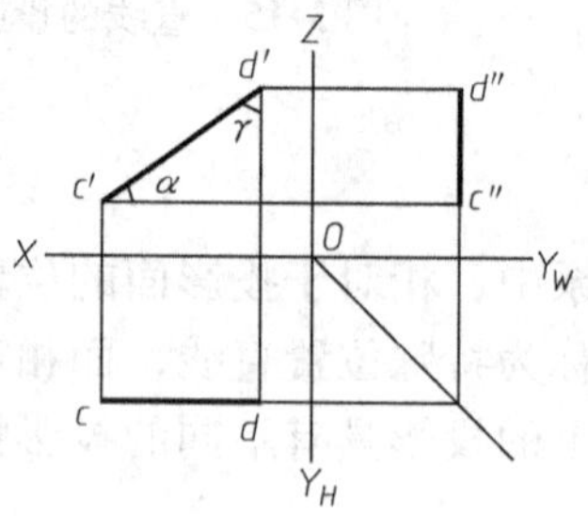	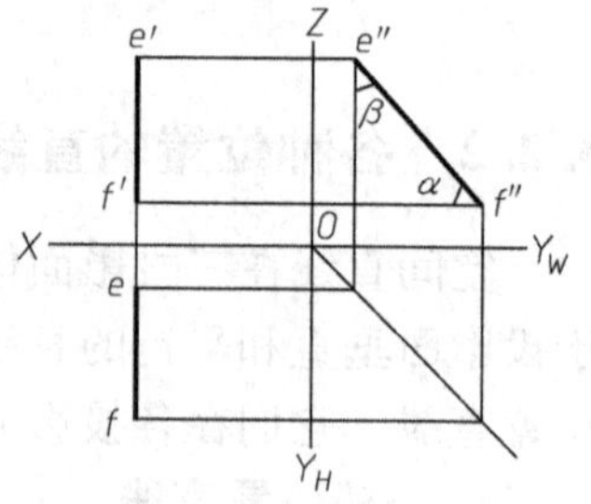
投影特性	1）$ab=AB$ 2）ab 与 X、Y_H 轴的夹角分别反映 β、γ 角 3）$a'b'$平行于 X 轴，$a''b''$平行于 Y_W 轴，$a'b'$、$a''b''$均小于 AB	1）$c'd'=CD$ 2）$c'd'$与 X、Z 轴的夹角分别反映 α、γ 角 3）cd 平行于 X 轴，$c''d''$平行于 Z 轴，cd、$c''d''$均小于 CD	1）$e''f''=EF$ 2）$e''f''$与 Y_W、Z 轴的夹角分别反映 α、β 角 3）ef 平行于 Y_H 轴，$e'f'$平行于 Z 轴，ef、$e'f'$均小于 EF

3. 投影面的垂直线

垂直于投影面的直线，称为投影面的垂直线。垂直于 H 面的直线称为铅垂线；垂直于 V 面的直线称为正垂线；垂直于 W 面的直线称为侧垂线。

以表 3-2 中铅垂线为例，其投影特性：

1）H 面投影 $a(b)$ 积聚为一点。

2）V 面投影 $a'b'\perp OX$ 轴；W 面投影 $a''b''\perp OY_W$ 轴。$a'b'$、$a''b''$均反映实长，即 $a'b'=AB$，$a''b''=AB$。

表 3-2　投影面垂直线的投影特性

名称	铅　垂　线	正　垂　线	侧　垂　线
直观图	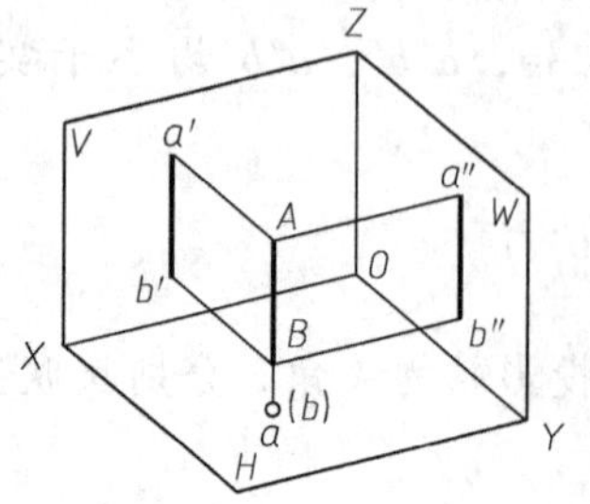	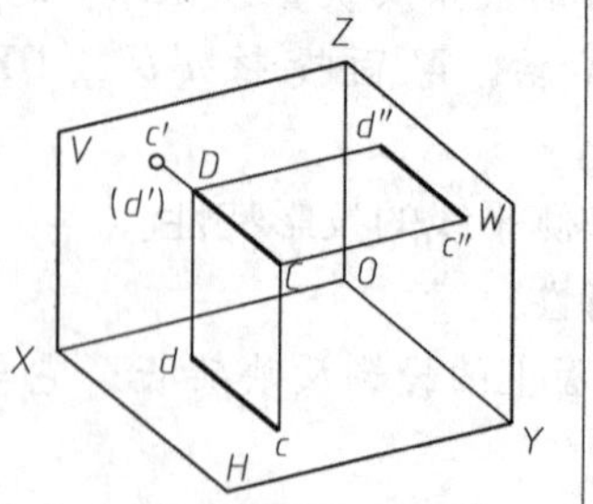	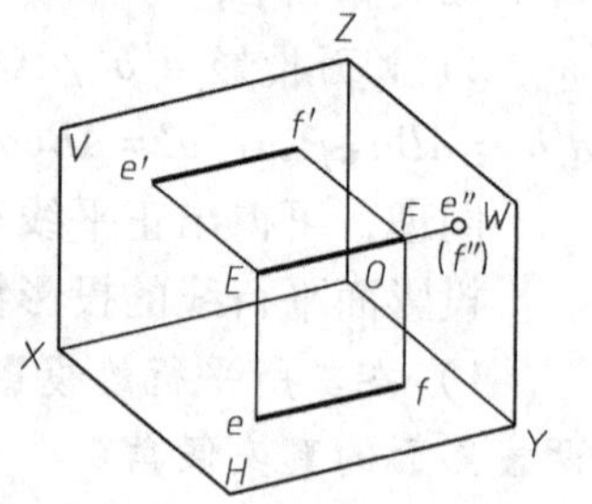

（续）

名称	铅　垂　线	正　垂　线	侧　垂　线
投影图	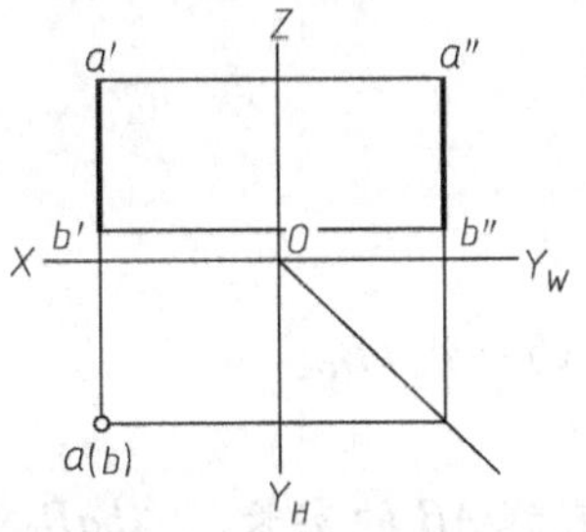	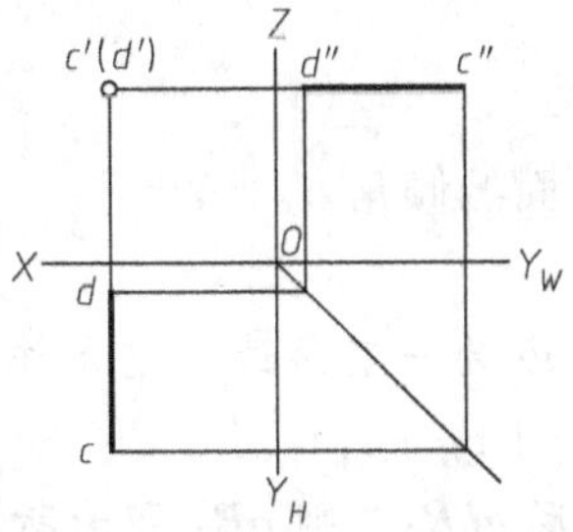	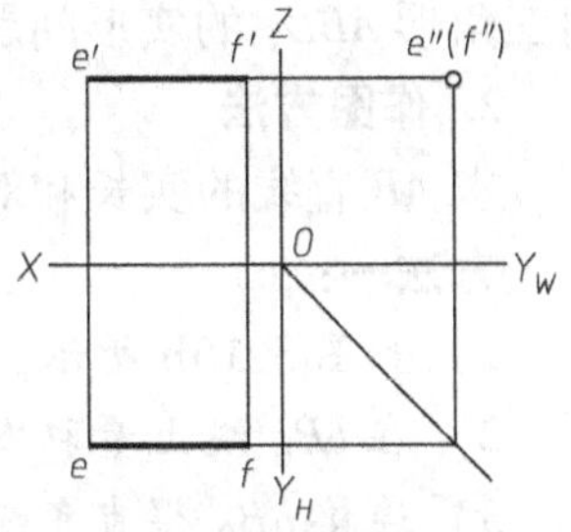
投影特性	1) $a(b)$ 积聚为一点 2) $a'b'$ 垂直于 X 轴，$a''b''$ 垂直于 Y_W 轴 3) $a'b' = a''b'' = AB$	1) $c'(d')$ 积聚为一点 2) cd 垂直于 X 轴，$c''d''$ 垂直于 Z 轴 3) $cd = c''d'' = CD$	1) $e''(f'')$ 积聚为一点 2) $e'f'$ 垂直于 Z 轴，ef 垂直于 Y_H 轴 3) $ef = e'f' = EF$

同理，可得出正垂线和侧垂线的投影特性。

投影面垂直线的投影特性：

1）在其所垂直的投影面上的投影，积聚为一点。

2）在其他两个投影面上的投影，垂直于相应的投影轴，且反映实长。

3.2.3　一般位置直线的实长及与投影面的倾角

前面已经得知，一般位置直线在投影面上的投影，不反映实长，也不反映对投影面的倾角。但在工程上，经常遇到一般位置直线，又需要知道其实长及与投影面的倾角。通常在投影图上，用作图的方法解决这类度量问题，所使用的方法是直角三角形法。

1. 几何分析

图 3-16a 所示为一般位置直线 AB 的直观图。首先分析直线和其投影之间的关系。已知一般位置直线 AB 的 H 面和 V 面投影 ab、$a'b'$，因为 Aa、Bb 分别垂直于 H 面，故平面 $ABba$ 是一垂直于 H 面的平面，在平面 $ABba$ 中，过 A 点作 $AB_1 /\!/ ab$，得 $\triangle ABB_1$ 为一直角三角形。AB_1 为一直角边，$AB_1 = ab$，BB_1 为另一直角边，BB_1 等于 A、B 两点的 z 坐标差，即 $BB_1 =$

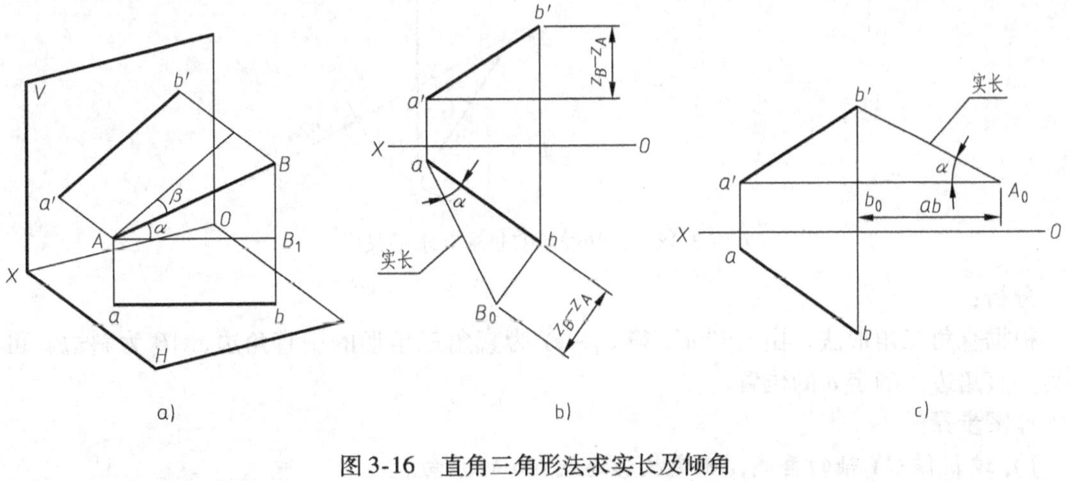

a)　　b)　　c)

图 3-16　直角三角形法求实长及倾角

$|z_B - z_A|$。斜边 AB 是空间直线的实长，AB 与 AB_1 的夹角即为直线 AB 对 H 面的倾角 α。由此可见，根据直线 AB 的两面投影，求线段 AB 的实长和对 H 面的倾角 α，可归结为求直角三角形 ABB_1 的实形问题。

2. 作图方法

求 AB 直线的实长和对 H 面的倾角 α。

方法一：

1）如图 3-16b 所示，以 ab 为一直角边，过 b 作 ab 的垂线 bB_0。

2）在 bB_0 线上量取 $bB_0 = |z_B - z_A|$。

3）连接 aB_0 得直角三角形 abB_0，则 aB_0 即为所求直线 AB 的实长，$\angle baB_0$ 即为 α 角。

求直角三角形时，直角三角形可画在图样的任何位置。为作图简便，也可将直角三角形画在图 3-16c 所示位置。

方法二：

1）过 a' 作 OX 轴的平行线与 $b'b$ 相交于 b_0 点。

2）量取 $b_0A_0 = ab$。

3）连接 $b'A_0$ 得直角三角形 $b'b_0A_0$，则 $b'A_0$ 即为所求直线 AB 的实长，$\angle b'A_0b_0$ 即为 α 角。

同理，如图 3-17 所示，以 $a'b'$ 为一直角边，$|Y_B - Y_A|$为另一直角边，作直角三角形 $a'b'B_0$，求得实长 $AB = a'B_0$，直线 AB 与 V 面的夹角 β 为 $\angle B_0a'b'$。关于直线 AB 对 W 面的倾角 γ 的求法，读者可自行分析。

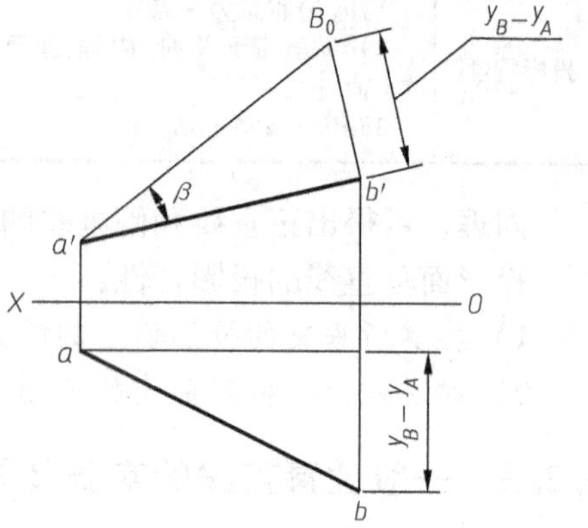

图 3-17　求直线的实长及倾角 β

【例 3-4】　如图 3-18 所示，已知直线 $AB = 30$，其投影 $a'b'$ 和 a，求它的水平投影 ab。

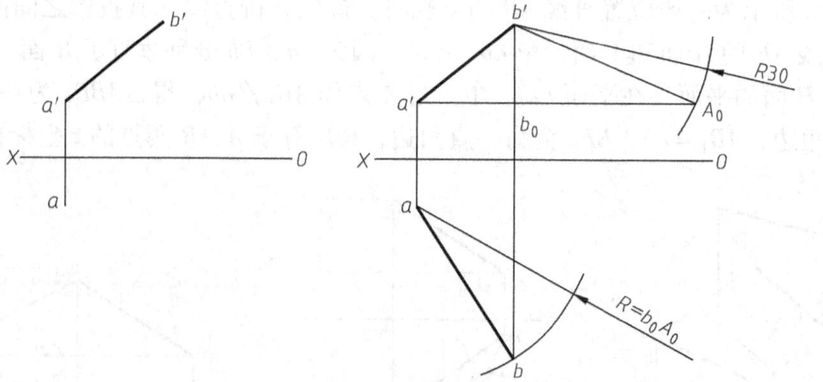

图 3-18　已知线段实长求其水平投影

分析：

根据直角三角形法，由已知 $a'b'$ 得 $z_B - z_A$ 为直角三角形的一直角边，AB 为斜边，可以得另一直角边，确定 b 的位置。

作图步骤：

1）过 b' 作 OX 轴的垂线，确定投影连线 $b'b$ 的方向。

2）过 a' 作 OX 轴的平行线，相交于 $b'b$ 于 b_0。

3）以 $AB=30$ 为半径，b' 为圆心作圆弧，与直线 $a'b_0$ 相交于 A_0。

4）再以 a 为圆心、b_0A_0 为半径，作圆弧交投影连线 $b'b$ 于 b，连接 ab 即为所求。（本题有两解）

3.2.4　直线上的点

1. 直线上的点的投影

直线上的点，其各投影面上的投影必在该直线的同面投影上；反之，如果点的各投影面的投影在直线的同面投影上，则该点必在直线上。

在直线 AB 上有一点 C，点 C 的三面投影在 AB 的同面投影上，即 c 在 ab 上，c' 在 $a'b'$ 上，c'' 在 $a''b''$ 上，如图 3-19 所示。

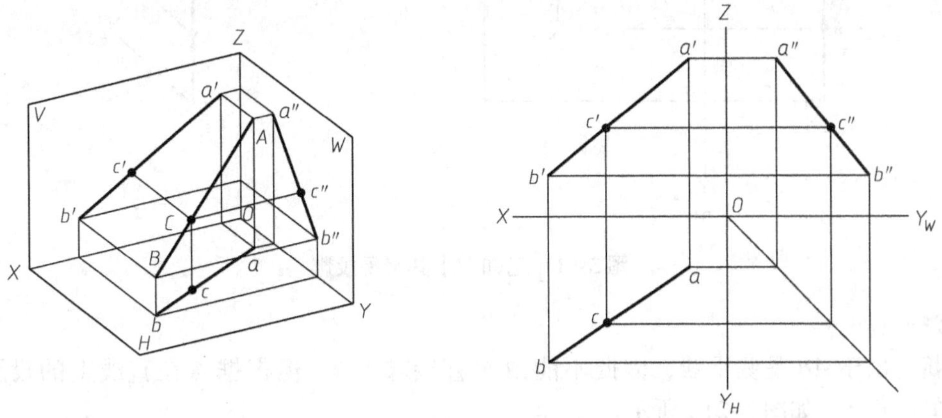

a)　　　　b)

图 3-19　直线上点的投影

2. 点分割线段成定比

在一直线上，点分割线段之比等于该点的投影分割线段的同面投影之比。如图 3-19 所示，线段 AB 上有一点 C，分割线段 AB 为 AC、CB 两段，根据投影的基本特性，则 $AC:CB=ac:cb=a'c':c'b'=a''c'':c''b''$。

【例 3-5】　如图 3-20 所示，已知线段 AB 的投影图，试将 AB 分成 2:3 两段，求分点 C 的投影。

分析：

把 ab 分成五等份，找到 2:3 的点，确定为点 c。

作图步骤：

1）过点 a 任作一辅助线，在辅助线上以 a 为起点，量取五等份，定出 B_0 点。

2）连接 bB_0，由比例 2:3 确定点 C_0，且过点 C_0 作 bB_0 的平行线交 ab 于 c。

3）过点 c 作 OX 轴的垂线并交 $a'b'$ 于 c'，点 C 的 V、H 面投影 c'、c 即为所求。

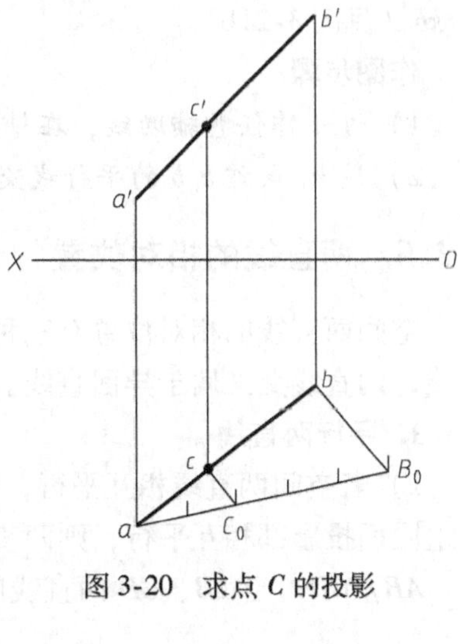

图 3-20　求点 C 的投影

【例 3-6】　如图 3-21 所示，已知直线 *AB* 的 *H* 面投影 *ab*、*V* 面投影 *a′b′* 和直线上的点 *K* 的 *V* 面投影 *k′*，求 *H* 面投影 *k*。

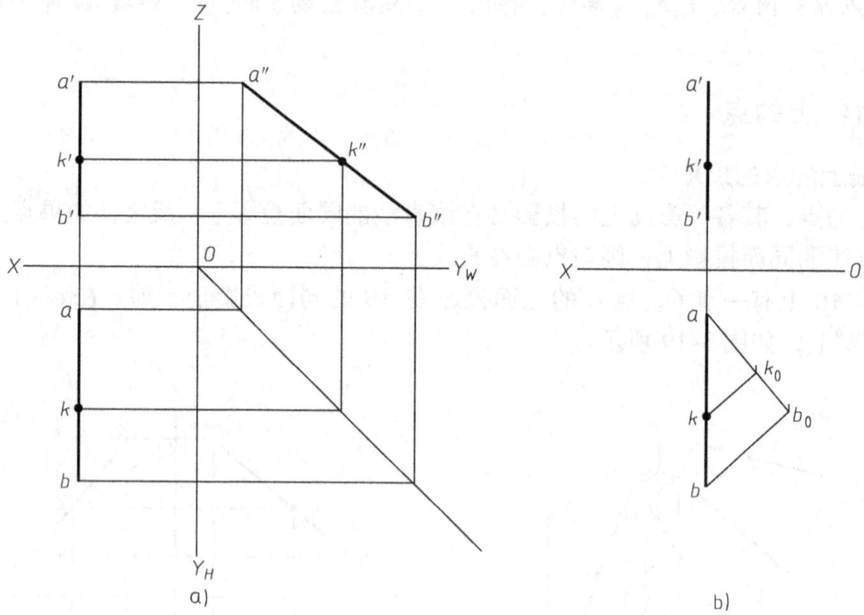

图 3-21　已知 *k′* 求其水平投影

方法一：

分析：由于 *AB* 是侧平线，因此不能由 *k′* 直接求出 *k*，但根据点在直线上的投影性质，*k″* 必定在 *a″b″* 上，如图 3-21a 所示。

作图步骤：

1）求出 *AB* 的侧面投影 *a″b″*，并求出点 *K* 的侧面投影 *k″*。

2）根据点的投影规律，由 *k′*、*k″*，求得 *k*。

方法二：

分析：因为点 *K* 在直线 *AB* 上，因此必定符合点分割线段成定比的规律，即 $a'k':k'b' = ak:kb$（见图 3-21b）。

作图步骤：

1）过 *a* 作任意辅助线，在辅助线上量取 $ak_0 = a'k'$，$k_0b_0 = k'b'$。

2）过 k_0 点作 b_0b 的平行线交 *ab* 于 *k* 点，即为所求的水平投影。

3.2.5　两直线的相对位置

空间两直线的相对位置有三种情况，即平行、相交、交叉。两直线平行和相交属于同面直线，两直线交叉属于异面直线。

1. 平行两直线

1）若空间两直线相互平行，则它们的各组同面投影必定相互平行；反之，若两直线的各组同面投影都相互平行，则两直线在空间必定相互平行。

AB∥*CD*，当 *AB*、*CD* 两直线向 *H* 面作投射线时，可构成平面 *ABba* 和平面 *CDdc*，平面

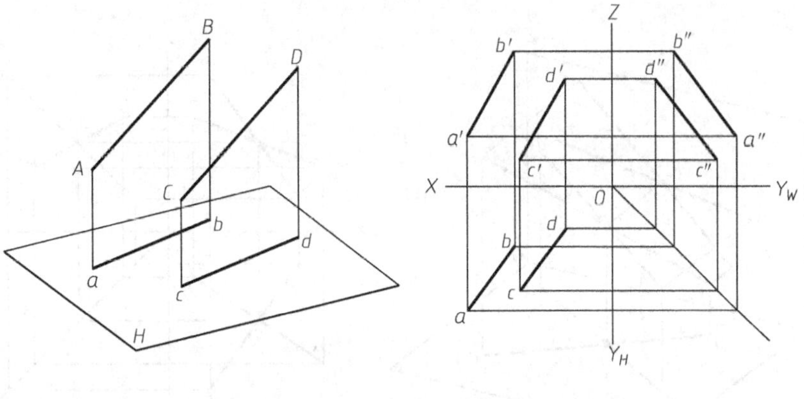

a)　　b)

图 3-22　平行两直线的投影

$ABba$ 平行于平面 $CDdc$，两平面与 H 面的交线 ab 和 cd 也一定相互平行，如图 3-22a 所示。由于 $AB /\!/ CD$，则必定 $ab /\!/ cd$，$a'b' /\!/ c'd'$，$a''b'' /\!/ c''d''$，如图 3-22b 所示。

2）由于空间两平行直线对于同一投影面的倾角相同，故两直线的长度之比等于其同面投影长度之比，即 $AB:CD = ab:cd = a'b':c'd' = a''b'':c''d''$。读者可用几何原理自行证明。

在两面投影中，一般只要两直线的各组同面投影都平行，即可反映两直线在空间互相平行。但是如果两条直线是侧平线，仅有 H 面投影和 V 面投影还反映不出两直线是否平行，则需要作出其 W 面投影，如图 3-23 所示。

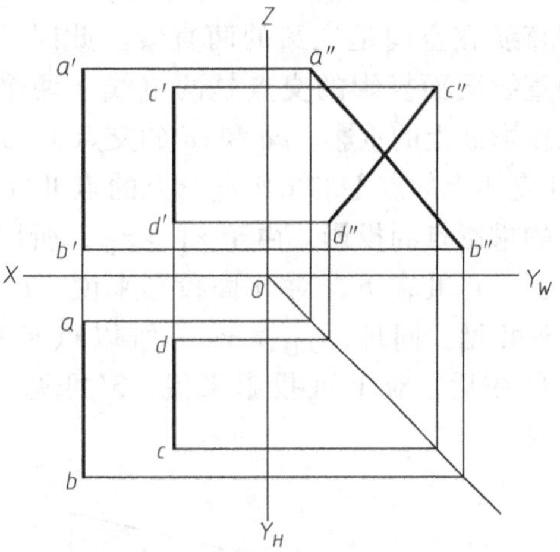

图 3-23　判断两侧平线是否平行

2. 相交两直线

若空间两直线相交，则它们的各组同面投影必定相交，且交点的各投影之间符合点的三面投影规律。反之，若空间两直线的各组同面投影都相交，且各组同面投影的交点符合点的三面投影规律，则两直线在空间必定相交。

当 AB、CD 两直线相交时，则交点 K 是 AB、CD 两直线的共有点，根据直线上的点的投影特性可知，点 k 必在 ab 和 cd 上，点 k 必是 ab 和 cd 的交点，如图 3-24a 所示；同理 k'、k''也必定分别是 $a'b'$、$c'd'$和 $a''b''$、$c''d''$的交点，交点的投影要满足点的投影规律，如图 3-24b 所示。

在两面投影图中，一般情况下，只要查看两直线的两组同面投影是否相交，且两投影交点的连线是否垂直投影轴，就可以判断这两条直线在空间是否相交。但是，当两直线之一是侧平线时，则需要用三个面的投影来检查两直线是否相交，如图 3-25 所示。

3. 交叉两直线

既不平行又不相交的两直线称为交叉两直线。因此，交叉两直线的三组同面投影不可能都互相平行，如图 3-23 所示。或者各组同面投影虽然都相交，但交点的投影不可能符合点的三面投影规律。

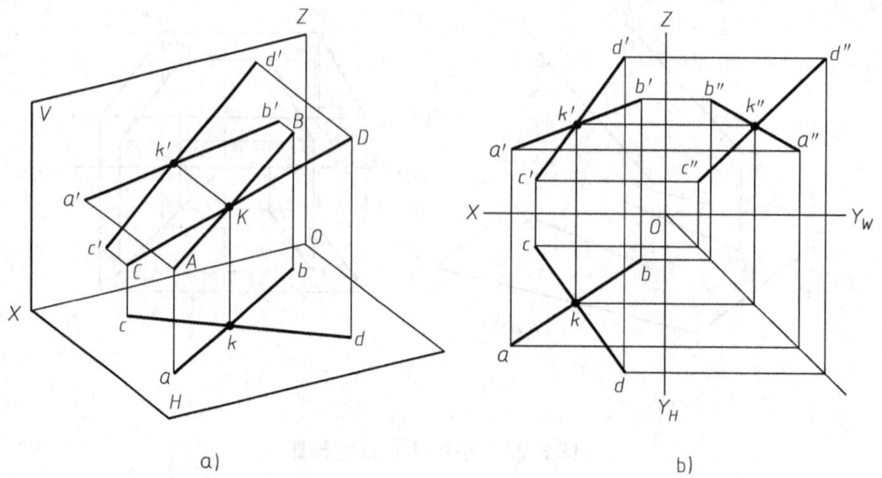

图 3-24　相交两直线的投影

如图 3-26 所示，*AB*、*CD* 两直线是交叉两直线，虽然 *H* 面、*V* 面投影都相交，但两个交点的连线不垂直于 *OX* 轴，所以 *AB* 和 *CD* 两直线在空间是交叉的两直线。此时，交叉两直线同面投影的交点是两直线上两个点在该投影面上的重影。*ab* 和 *cd* 的交点 1（2）是 *AB* 直线上的点Ⅰ和 *CD* 直线上的点Ⅱ在 *H* 面上的重影点的投影。由于 $z_{\mathrm{I}} > z_{\mathrm{II}}$，所以点Ⅰ在上，点Ⅱ在下，对 *H* 面投影来说，1 可见，2 不可见。同理，$y_{\mathrm{III}} > y_{\mathrm{IV}}$，所以点Ⅲ在前，点Ⅳ在后，对 *V* 面投影来说，3′可见，4′不可见。

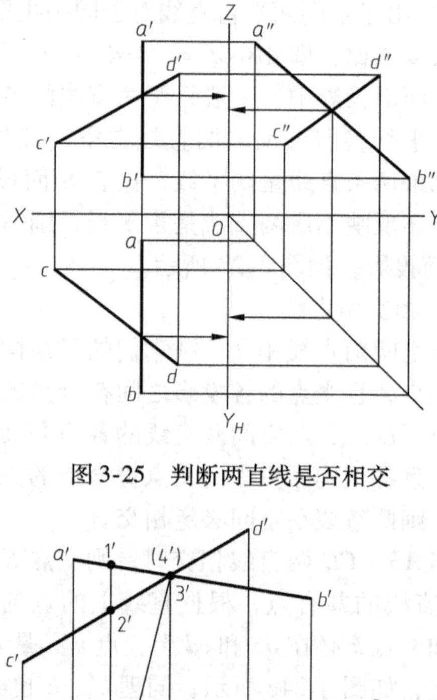

图 3-25　判断两直线是否相交

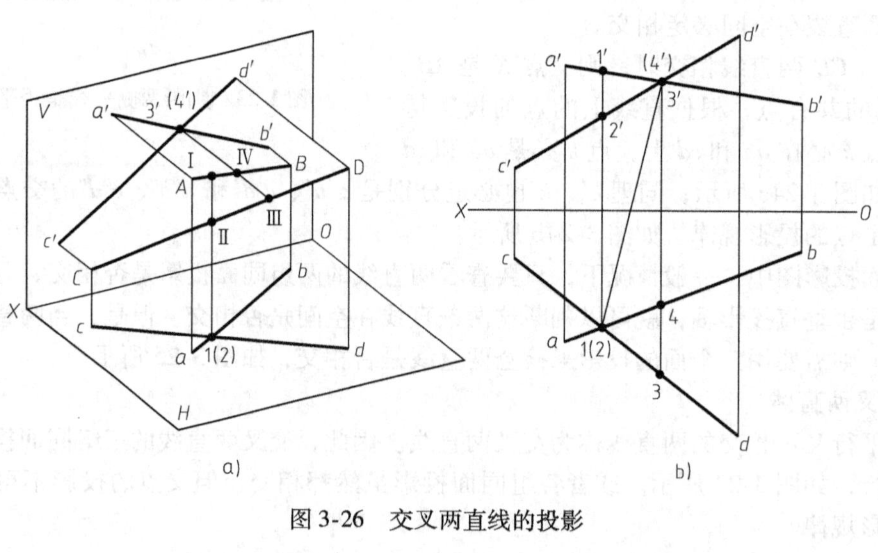

图 3-26　交叉两直线的投影

3.2.6　垂直两直线的投影

空间两直线互相垂直有两种形式：一种是相交两直线垂直；一种是交叉两直线垂直。

1. 垂直两直线的投影特性

1）若相交两直线互相垂直，且其中一条直线为投影面的平行线，则两直线在该投影面上的投影必定互相垂直。此投影特性也称为直角投影定理。

已知 $AB \perp BC$，其中 $BC /\!/ H$ 面，AB 倾斜于 H 面，如图 3-27 所示。因 $BC \perp AB$，$BC \perp Bb$，则 BC 垂直于平面 $ABba$，可知 $BC \perp ab$。又因 $BC /\!/ bc$，所以 $bc \perp ab$，即 $\angle abc = \angle ABC = 90°$。

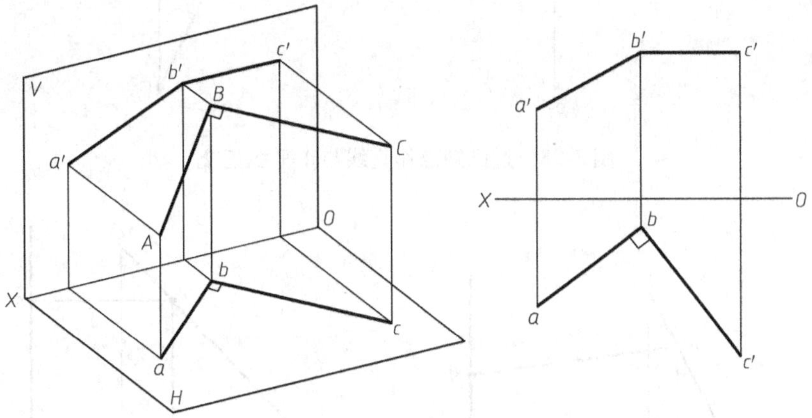

a)　b)

图 3-27　垂直两直线的投影

2）反之，如果相交两直线的任意一组同面投影互相垂直，且其中一条直线为该投影面的平行线，则此两直线在空间也一定互相垂直。

提示：空间两直线为交叉垂直时，其投影也符合上述投影特性。

2. 作图

【例 3-7】　已知正平线 *AB* 及点 *M*，过点 *M* 作直线 *MN* 与 *AB* 正交，如图 3-28a 所示。

分析：

根据直角投影定理，过点 M 作正平线 AB 的垂线 MN，即 $m'n' \perp a'b'$。

作图步骤：

1）过点 m' 作 $m'n' \perp a'b'$，点 n' 为垂足。

2）过点 n' 作 OX 轴的垂线与 ab 交于 n。

3）连接 mn，则 mn、$m'n'$ 为所求直线 MN 的投影，如图 3-28b 所示。

【例 3-8】　已知 *AB*、*CD* 两直线的 *H* 面和 *V* 面投影，求 *AB*、*CD* 两直线的公垂线，如图 3-29 所示。

分析：

直线 CD 是一般位置直线，直线 AB 是一条铅垂线，公垂线一定是一条水平线，如图 3-29a所示。

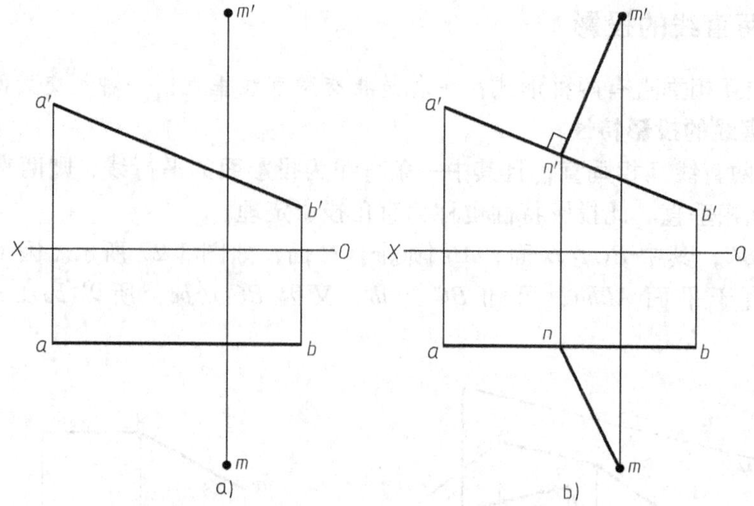

图 3-28　过已知点作直线与正平线正交

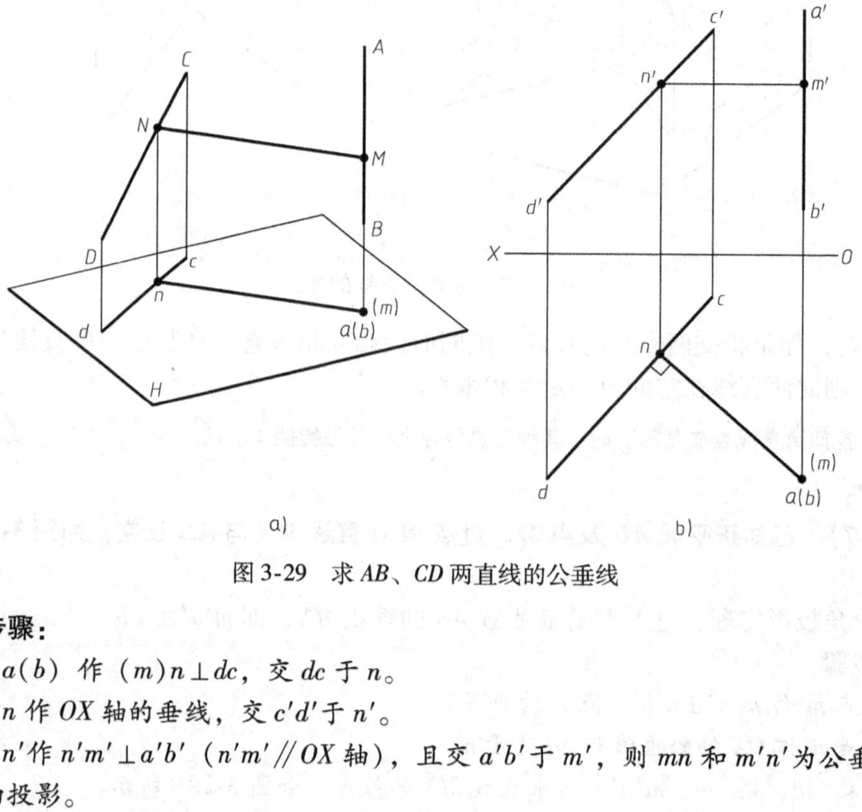

图 3-29　求 AB、CD 两直线的公垂线

作图步骤：

1）过 $a(b)$ 作 $(m)n \perp dc$，交 dc 于 n。

2）过 n 作 OX 轴的垂线，交 $c'd'$ 于 n'。

3）过 n' 作 $n'm' \perp a'b'$（$n'm' /\!/ OX$ 轴），且交 $a'b'$ 于 m'，则 mn 和 $m'n'$ 为公垂线 MN 的 H 面和 V 面投影。

3.2.7　直线的迹点

1. 迹点及投影性质

直线与投影面的交点称为直线的迹点。直线与 H 面的交点称为水平迹点，常以 M 表示；直线与 V 面的交点称为正面迹点，常以 N 表示，如图 3-30 所示。迹点既是直线上的点，又是投影面上的点。因此，它是直线和投影面的共有点。

2. 作图

由于点 M 在 H 面上，故 z 坐标为零，即 m' 必在 OX 轴上；又由于点 M 在 AB 上，故 m' 在 $a'b'$ 上，m 在 ab 上，如图 3-30 所示。因此，直线 AB 的水平迹点 M 的投影作图过程为（见图 3-31）：

1）延长 $a'b'$ 与 OX 轴相交于 m'，得水平迹点 M 的 V 面投影。

2）过 m' 作 OX 轴的垂线，与 ab 的延长线相交于 m，得水平迹点 M 的 H 面投影。

同理，直线 AB 的正面迹点 N 的投影作图过程为：

1）延长 ab 与 OX 轴相交于 n，得正面迹点 N 的 H 面投影。

2）过 n 作 OX 轴的垂线，与 $a'b'$ 的延长线相交于 n'，得正面迹点 N 的 V 面投影。

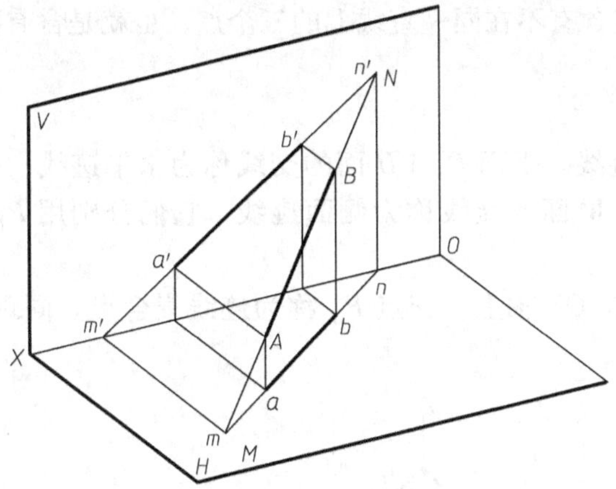

图 3-30　直线的投影

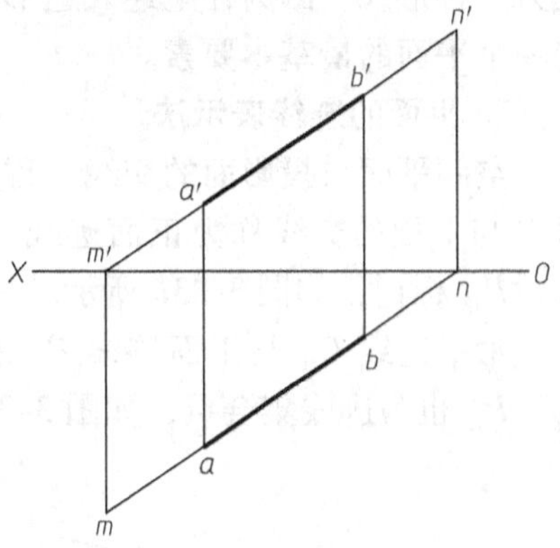

图 3-31　求直线的迹点

3.3　平面的投影

不在同一直线上的三个点确定一平面，因此作平面的投影最基本的方法是确定这三个点的投影。

3.3.1　平面的表示法

1. 平面的几何元素表示法

首先，通常所讲的平面在空间是无界限的。在投影图中表示平面时，只需作出构成平面的几何元素，以反映它的空间位置。由几何原理可得知，用几何元素表示平面的形式有以下几种：

1）不在同一直线上的三个点，如图 3-32a 所示。

2）一直线和线外一点，如图 3-32b 所示。

3）相交两直线，如图 3-32c 所示。

4）平行两直线，如图 3-32d 所示。

5）任意平面图形，如三角形、四边形、圆等，如图 3-32e 所示。

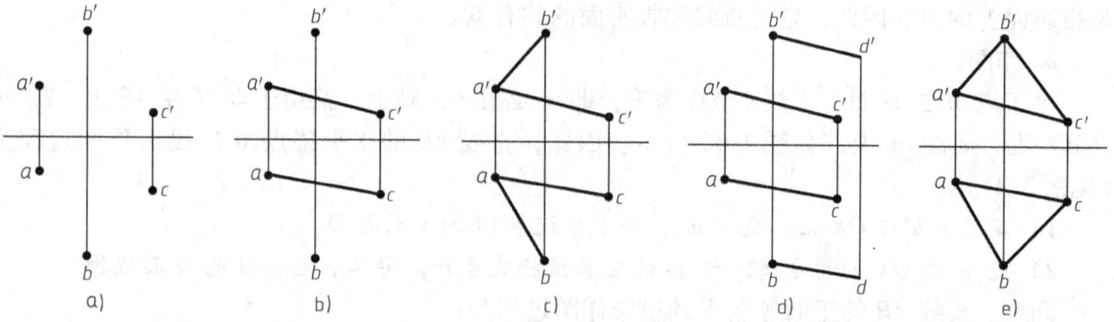

图3-32　平面的表示法

表达平面的几何元素之间有着密切的相关性，如图3-32所示。每一种形式都可以转换成另一种形式，因为在上述表达形式中，都包含有不在同一直线上的三个点，也就是含有决定一个平面的最基本要素。

2. 平面的迹线表示法

空间平面与投影面的交线，称为平面的迹线。平面P与H面的交线称为水平迹线，平面P与V面的交线称为正面迹线，平面P与W面的交线称为侧面迹线，它们分别用P_H、P_V、P_W标记，如图3-33a所示。

水平迹线P_H与正面迹线P_V的交点P_X在OX轴上，交点P_X称为迹线集合点。同理，P_Y、P_Z也为迹线集合点，如图3-33b所示。

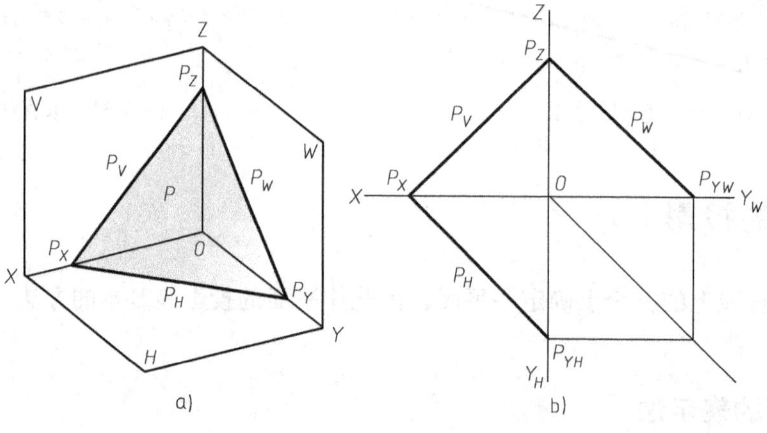

图3-33　迹线平面

因为迹线在投影面上，因此迹线在这个投影面上的投影与迹线本身重合，并用迹线符号标记。如P_H的H面投影标记为P_H，P_H的V面投影与OX轴重合，P_H的W面投影与OY轴重合。同理，P_V的V面投影和P_W的W面投影都与其本身重合，另外两个投影与相应的投影轴重合。在投影图中，重合于投影轴的迹线投影，一般省略不画，也不加任何标记，如图3-33b所示。

迹线P_H、P_V、P_W是空间平面P上的直线，因此，在投影图中，也可以用平面的三条迹线来表示平面。这种用迹线表示的平面称为迹线平面。

提示：在某些问题中将需要使用迹线平面的原理解题。

3.3.2　各种位置平面的投影及特性

根据相对于投影面的位置不同，空间平面可分为投影面垂直面、投影面平行面和投影面倾斜面。投影面垂直面和投影面平行面称为特殊位置平面，投影面倾斜面称为一般位置平面。

1. 投影面垂直面

垂直于一个投影面且与其他两个投影面倾斜的平面，称为投影面垂直面。垂直于 *H* 面的平面称为铅垂面；垂直于 *V* 面的平面称为正垂面；垂直于 *W* 面的平面称为侧垂面。

投影面垂直面的特性见表3-3，以铅垂面△*ABC* 为例，其特性如下：

1）铅垂面△*ABC* 的 *H* 面投影 *abc* 积聚为一直线，且与 *OX* 轴、*OY* 轴倾斜。

2）*H* 面投影 *abc* 与 *OX* 轴的夹角反映平面△*ABC* 对 *V* 面的倾角 β；与 OY_H 轴的夹角反映平面△*ABC* 对 *W* 面的倾角 γ。

3）*V* 面投影△*a′b′c′*和 *W* 面投影△*a″b″c″*均为平面△*ABC* 的类似形。

对于正垂面和侧垂面的投影可做同样的分析，得到类似特性。表3-3列出了投影面垂直面的直观图、投影图及投影特性。

表3-3　投影面垂直面的直观图、投影图及投影特性

名称	铅　垂　面	正　垂　面	侧　垂　面
直观图	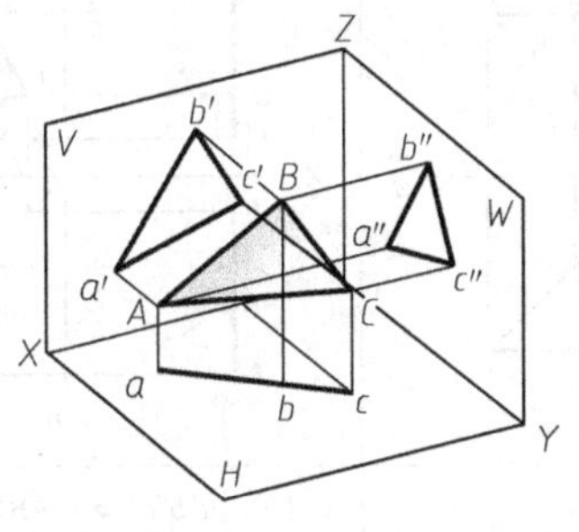	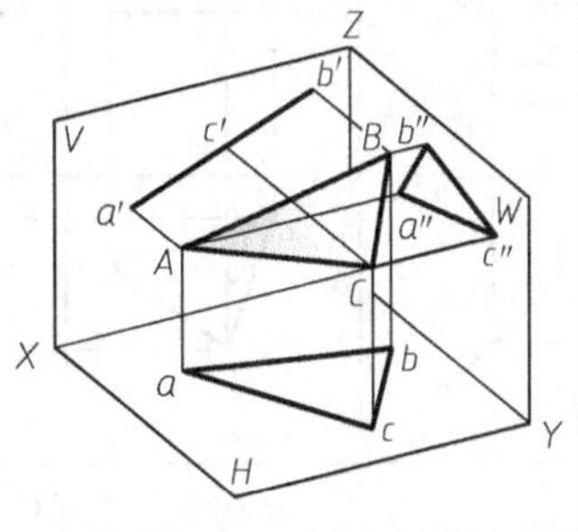	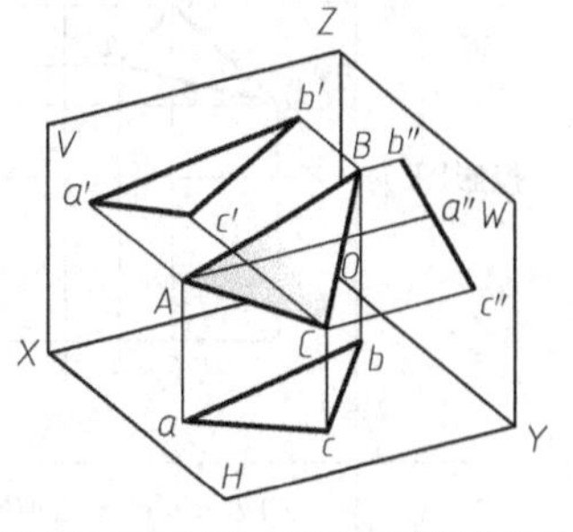
投影图	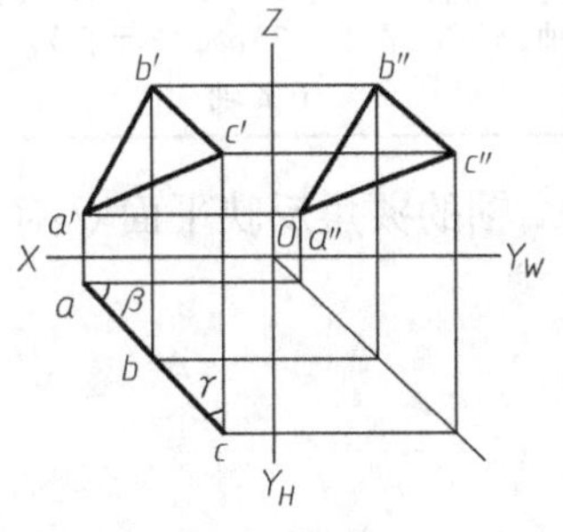	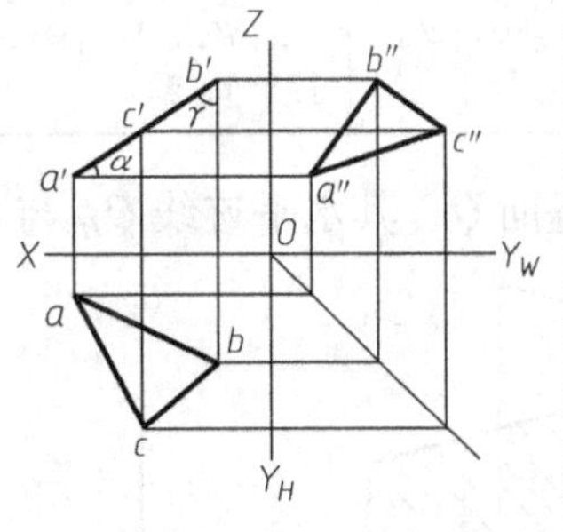	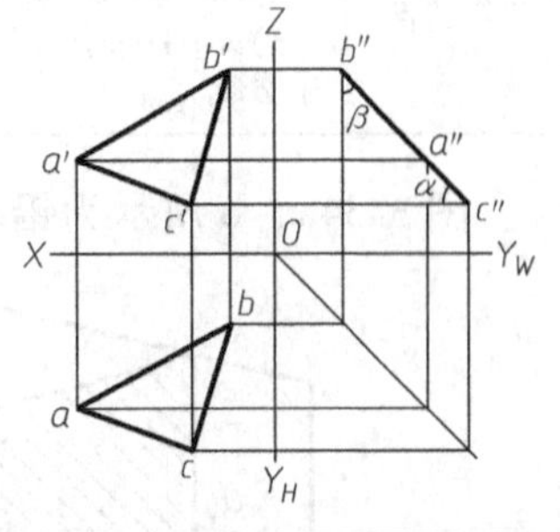
投影特性	1）*abc* 积聚为一直线 2）*H* 面投影反映 β、γ 角 3）△*a′b′c′*和△*a″b″c″*为△*ABC* 的类似形	1）*a′b′c′*积聚为一直线 2）*V* 面投影反映 α、γ 角 3）△*abc* 和△*a″b″c″*为△*ABC* 的类似形	1）*a″b″c″*积聚为一直线 2）*W* 面投影反映 α、β 角 3）△*a′b′c′*和△*abc* 为△*ABC* 的类似形

2. 投影面平行面

平行于某一个投影面的平面，称为投影面平行面。平行于 *H* 面的平面称为水平面；平行于 *V* 面的平面称为正平面；平行于 *W* 面的平面称为侧平面。

以表 3-4 中水平面△*ABC* 为例，其投影特性如下：

1）水平面△*ABC* 的 *H* 面投影△*abc* 反映其实形。

2）*V* 面投影 *a'b'c'* 和 *W* 面投影 *a"b"c"* 积聚为一直线，*V* 面投影 *a'b'c'* 平行于 *OX* 轴，*W* 面投影 *a"b"c"* 平行于 OY_W 轴。

对于正平面和侧平面的投影可做同样的分析，得到类似特性。表 3-4 列出了投影面平行面的直观图、投影图及投影特性。

表 3-4　投影面平行面的直观图、投影图及投影特性

名称	正 平 面	水 平 面	侧 平 面
直观图	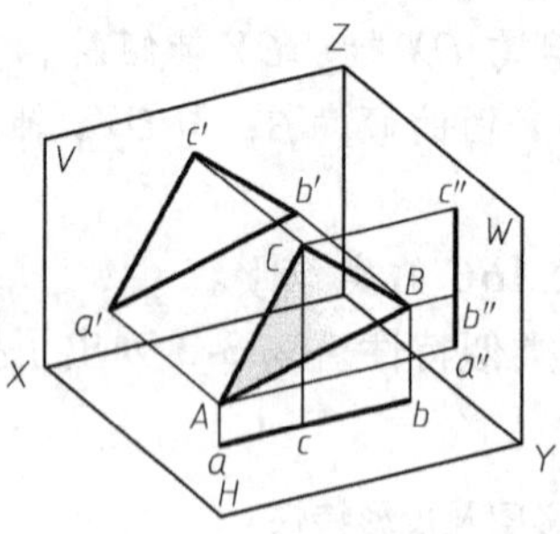	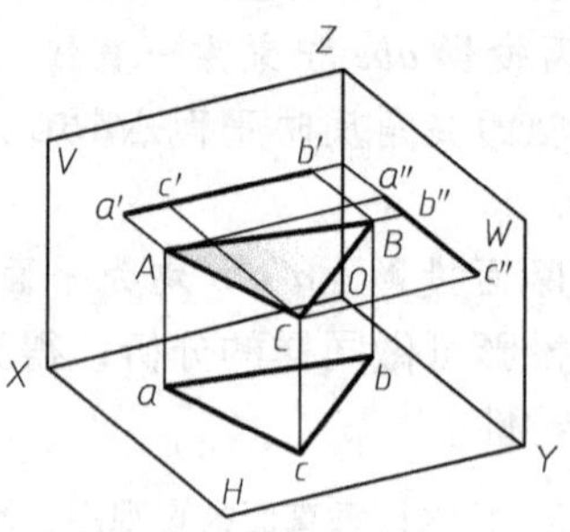	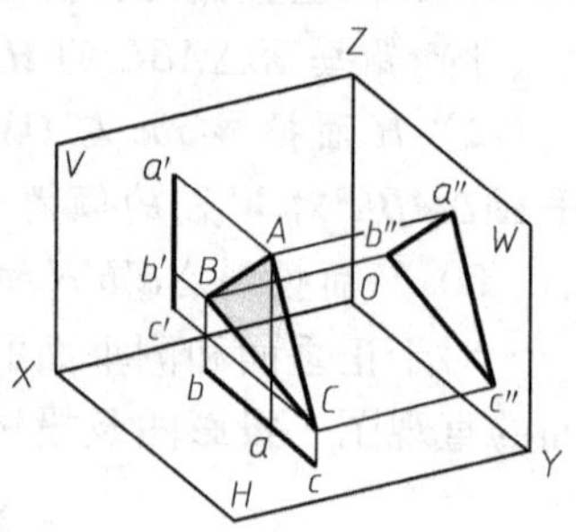
投影图	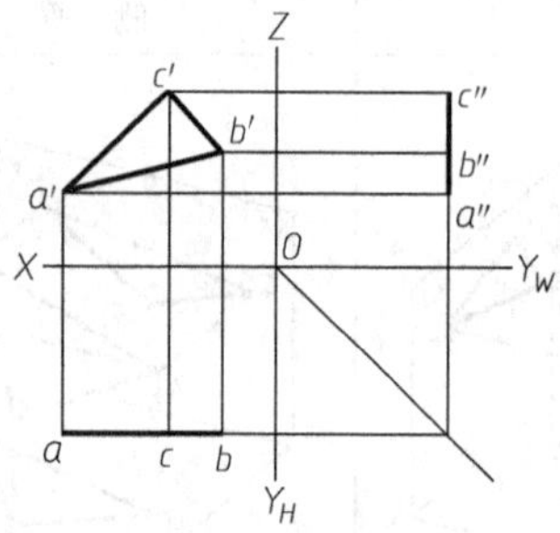	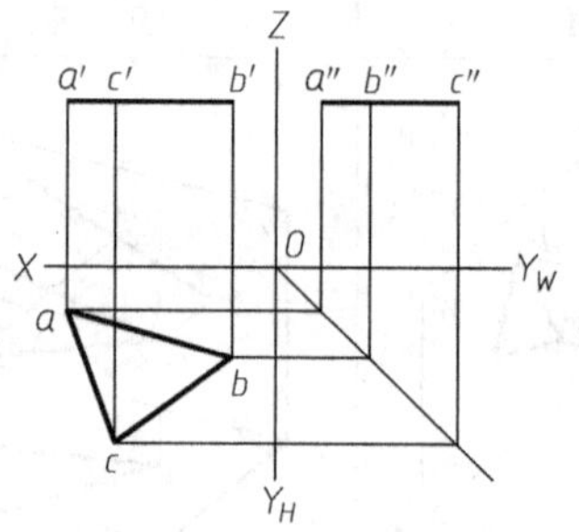	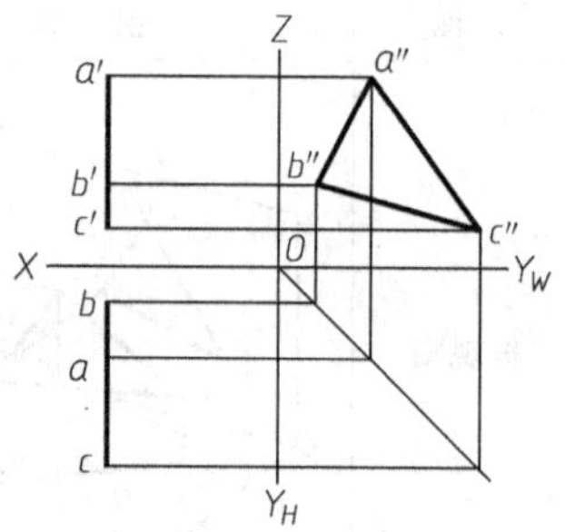
投影特性	1) △*a'b'c'* = △*ABC* 2) *abc* 与 *a"b"c"* 具有积聚性 3) *abc* 平行于 *X* 轴，*a"b"c"* 平行于 *Z* 轴	1) △*abc* = △*ABC* 2) *a'b'c'* 与 *a"b"c"* 具有积聚性 3) *a'b'c'* 平行于 *X* 轴，*a"b"c"* 平行于 Y_W 轴	1) △*a"b"c"* = △*ABC* 2) *abc* 与 *a'b'c'* 具有积聚性 3) *abc* 平行于 Y_H 轴，*a'b'c'* 平行于 *Z* 轴

图 3-34a、b 所示为铅垂面 *Q*，其水平迹线 Q_H 与 *OX* 轴的夹角反映平面 *Q* 对 *V* 面的倾角

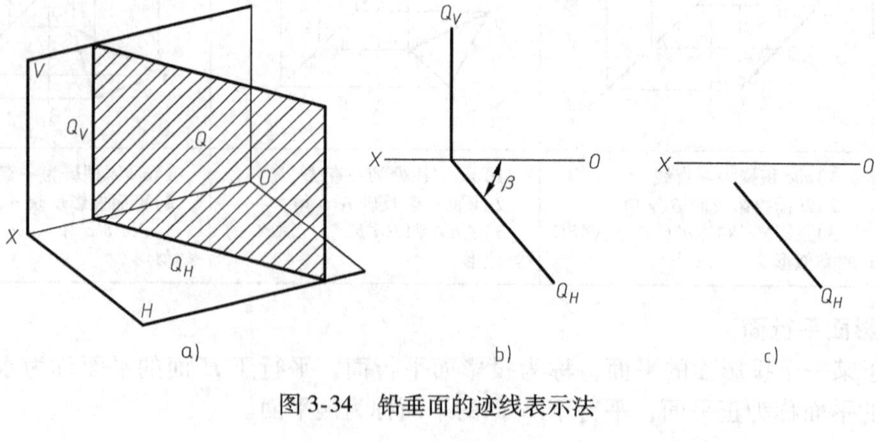

a)　　b)　　c)

图 3-34　铅垂面的迹线表示法

β，且具有积聚性。正面迹线 Q_V 垂直于 OX 轴。为作图简单起见，Q_V 也可以不画出，仅画出 Q_H，如图3-34c所示。同理，可分析正垂面和侧垂面的迹线表示法。

图3-35a所示为水平面 P，其正面迹线 P_V 平行于 OX 轴，且具有积聚性。水平迹线 P_H 不存在，所以不画出，如图3-35b所示。同理，可分析出正平面和侧平面的迹线表示法。

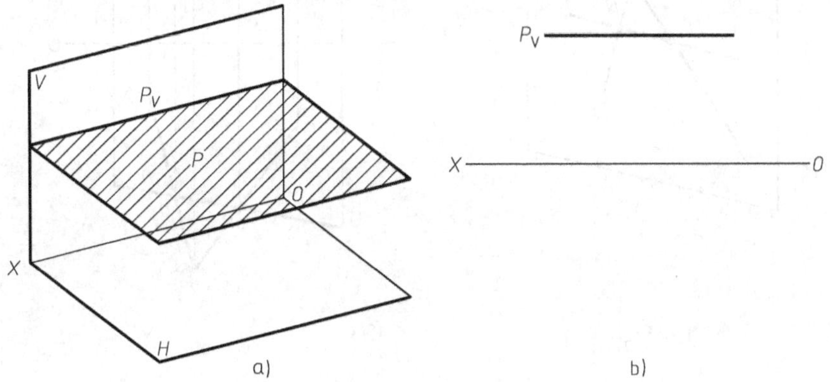

图3-35　水平面的迹线表示法

3. 投影面倾斜面

相对于三个投影面都倾斜的平面，称为投影面倾斜面或一般位置平面，如图3-36a所示。投影面倾斜面对 H 面的倾角为 α，对 V 面的倾角为 β，对 W 面的倾角为 γ。因为投影面倾斜面与三个投影面既不平行也不垂直，所以它在三个投影面上的投影不反映实形，也不能直接反映对投影面的倾角。如图3-36b所示，平面△ABC 的三个投影△abc、△$a'b'c'$、△$a''b''c''$均为平面△ABC 的类似形。

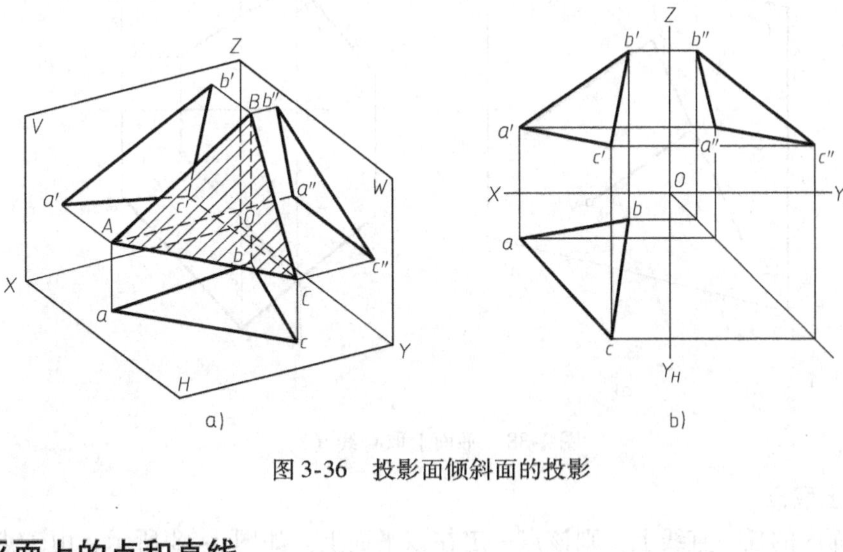

图3-36　投影面倾斜面的投影

3.3.3　平面上的点和直线

1. 平面上取直线

1）一直线经过平面上两个点，则此直线一定在该平面上。如图3-37所示，由相交两直线 AB、BC 决定一平面 P，点 M 在直线 AB 上，点 N 在直线 BC 上，所以直线 MN 在直线

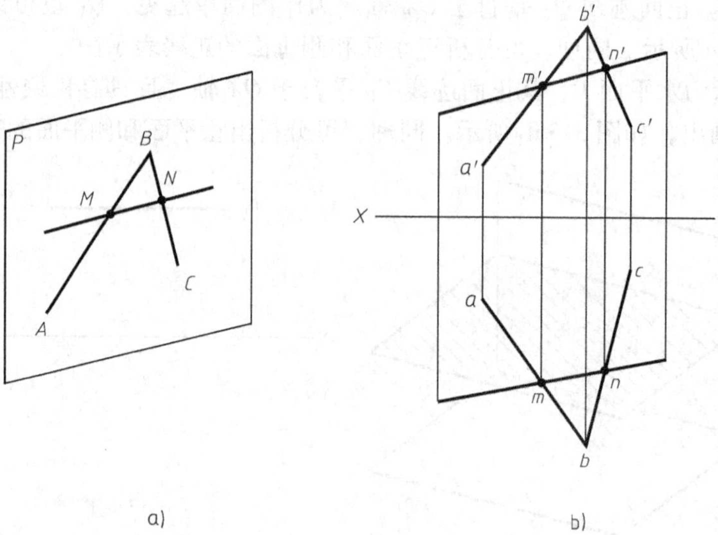

图 3-37　平面上取直线（1）

AB、*BC* 决定的平面 *P* 上。

2）一直线经过平面上一个点，且平行于平面上的另一直线，则此直线一定在该平面上。如图 3-38 所示，由相交两直线 *EF*、*FG* 决定一平面 *Q*，点 *M* 在直线 *EF* 上，直线 *MN* 平行于直线 *FG*，所以直线 *MN* 在直线 *EF*、*FG* 决定的平面 *Q* 上。

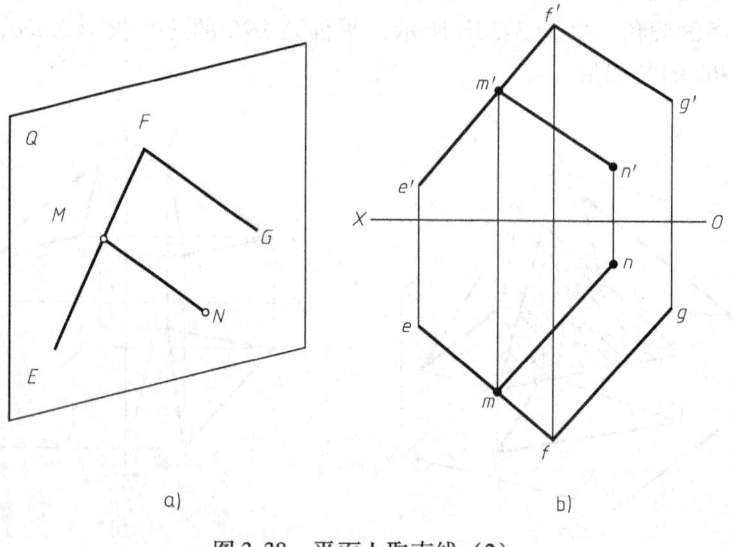

图 3-38　平面上取直线（2）

2. 平面上取点

点在平面内的任一直线上，则该点一定在该平面上。如图 3-38 所示，由于点 *N* 在平面 *Q* 内的直线 *MN* 上，因此该点 *N* 在平面 *Q* 上。

【例 3-9】　已知平面 *ABC*：

1）判断点 *D* 是否在平面 *ABC* 上。

2）平面 *ABC* 上一点 *E*，已知投影 *e*′，求作 *e*，如图 3-39a 所示。

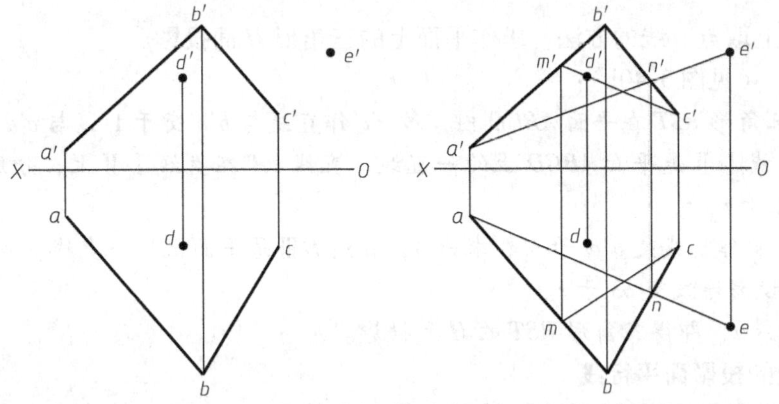

a)　　b)

图3-39　平面上取点

分析：

判断一点是否在平面上，或在平面上取点，都必须在平面上取一包含该点的直线。

作图步骤　（见图3-39b）：

1）连接$c'd'$，并延长与$a'b'$交于m'，m'向下投射到ab上得到m，连接mc，则MC为平面ABC上的一条直线，如果点D在直线MC上，那么d'应在$m'c'$上，d应在mc上。从图中看出，d不在mc上，所以点D不在平面ABC上。

2）连接$a'e'$与$b'c'$交于n'，求出an，则AN是平面ABC上的一条直线，如果点E在平面上，那么点E应在直线AN上，e应在an上，因此过e'作OX轴的垂线与an延长线交于e，即为所求点E的H面投影。

【例3-10】　已知平面*ABCD*内有一三角形*RST*，根据其*V*面投影，作出其*H*面投影，如图3-40a所示。

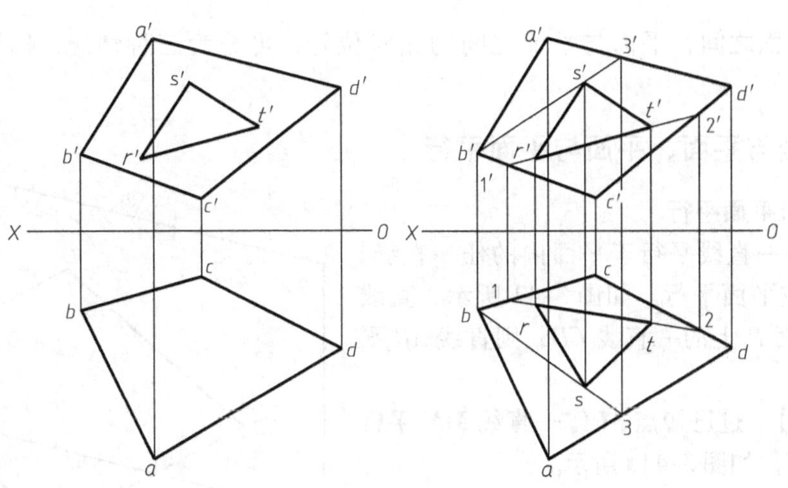

a)　　b)

图3-40　求平面上的三角形

分析：

根据平面上取点、线的方法，求作平面上的三角形 H 面投影。

作图步骤 （见图 3-40b）：

1）由于三角形 RST 在平面 $ABCD$ 内，过 $r't'$ 作直线与 $b'c'$ 交于 $1'$，与 $c'd'$ 交于 $2'$，分别求出 1、2，直线ⅠⅡ是平面 $ABCD$ 上的一直线，直线 RT 在直线ⅠⅡ上，分别过 r'、t' 作出投影连线交 12 于 r、t。

2）过 b'、s' 作直线交 $a'd'$ 于 $3'$，求出 3，直线 BⅢ是平面上的一直线，点 S 在直线 BⅢ上，过 s' 作出投影连线交 $b3$ 于 s。

3）连接 r-s-t，即得三角形 RST 的 H 面投影。

3. 平面上的投影面平行线

平面上的投影面平行线既要符合直线在平面上的几何条件，又要符合投影面平行线的投影特性。在平面上求作投影面平行线时，要按照上述两个条件，首先作出其中一个与投影轴平行的投影，然后作出其他投影。

如图 3-41 所示，在 $\triangle ABC$ 平面上作出一条水平线和一条正平线，作图步骤如下：

1）过点 A 在 $\triangle ABC$ 上作水平线 AE，即过 a' 作 $a'e' /\!/ OX$ 轴，然后作出其 H 面投影 ae，AE 为 $\triangle ABC$ 上的水平线。

2）在 $\triangle ABC$ 上作正平线 CF，即过点 c 作 $cf /\!/ OX$ 轴，然后作出其 V 面投影 $c'f'$，CF 为 $\triangle ABC$ 上的正平线。

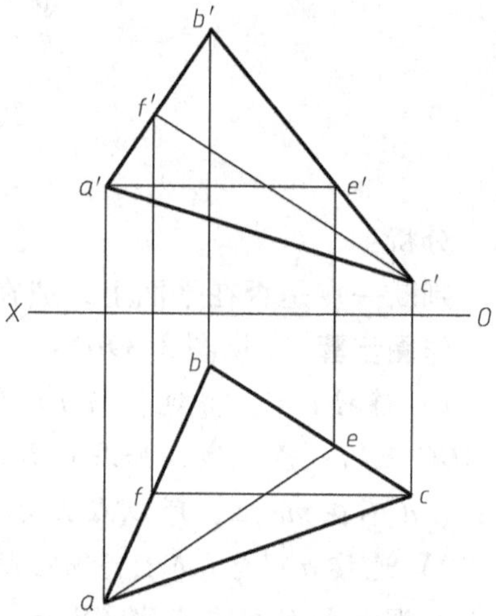

图 3-41 平面上作投影面平行线

3.4 直线、平面的相对位置

直线与平面之间、平面与平面之间的相对位置，可分为三种情况，即平行、相交和垂直。

3.4.1 直线与平面、平面与平面平行

1. 直线与平面平行

若平面外一直线平行于平面内的任一直线，则此直线与该平面平行。如图 3-42 所示，直线 AB 平行于平面 P 上的一直线 CD，则直线 AB 平行于平面 P。

【例 3-11】 过已知点 M 作一直线 MN 平行于平面 $\triangle ABC$，如图 3-43a 所示。

分析：

过 M 作一直线平行于平面内一直线。

作图步骤 （见图 3-43b）：

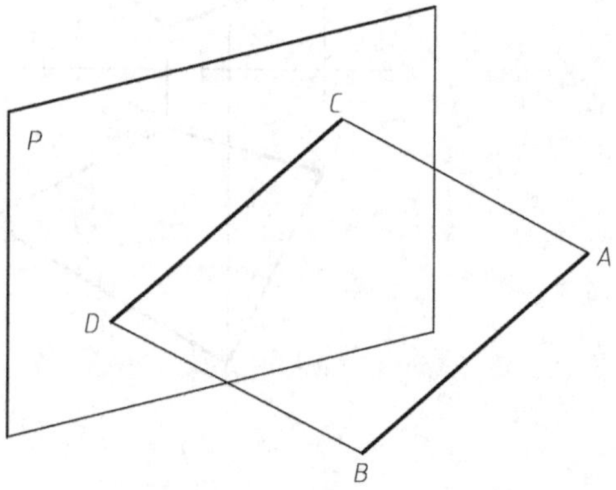

图 3-42 直线与平面平行

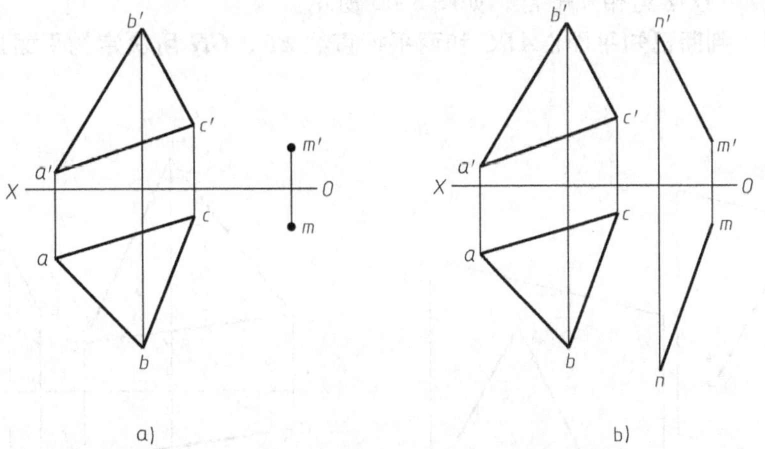

图3-43　过点作直线平行于平面

1）过 m 作一直线 $mn /\!/ bc$。

2）过 m' 作一直线 $m'n' /\!/ b'c'$。

【例3-12】　试判断已知直线 AB 是否平行于平面△CDE，如图3-44a所示。

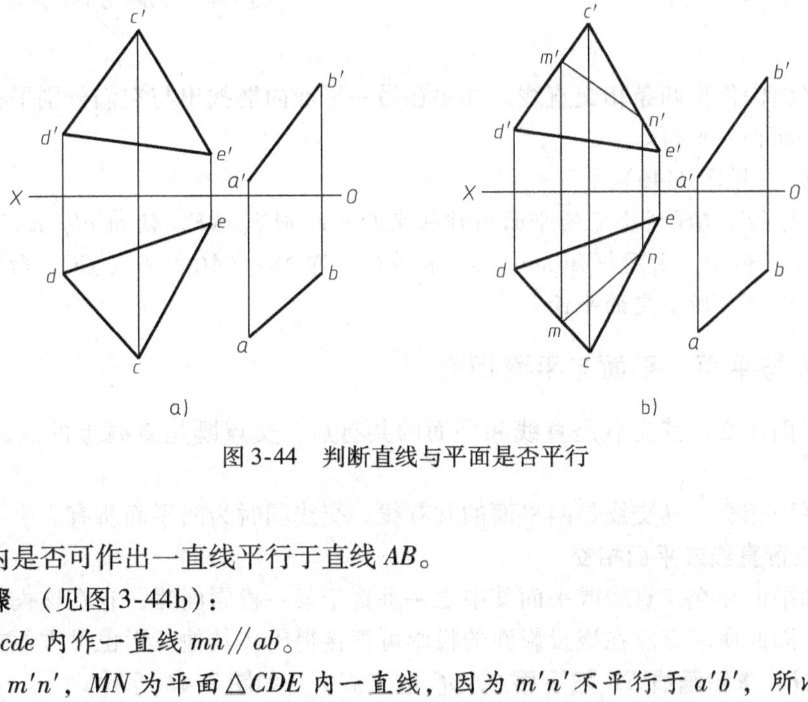

图3-44　判断直线与平面是否平行

分析：

在平面内是否可作出一直线平行于直线 AB。

作图步骤（见图3-44b）：

1）在△cde 内作一直线 $mn /\!/ ab$。

2）作出 $m'n'$，MN 为平面△CDE 内一直线，因为 $m'n'$ 不平行于 $a'b'$，所以直线 MN 不平行于直线 AB，也就是在△CDE 中找不到一条线与直线 AB 平行，所以 AB 不平行于平面△CDE。

2. 平面与平面平行

若一平面内的相交两直线分别对应平行于另一平面内的相交两直线，则这两平面必定相互平行。

相交两直线 AB、BC 决定平面 P，相交两直线 DE、EF 决定平面 Q，如果 $AB /\!/ DE$、BC

$//EF$，则平面 P、Q 必定相互平行，如图3-45所示。

【例3-13】 判断已知平面△*ABC* 和两平行直线 *EF*、*GH* 所决定的平面是否平行，如图3-46所示。

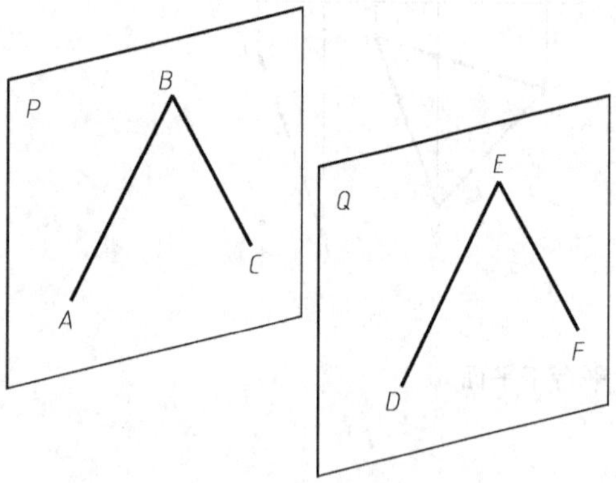

图3-45　两平面平行

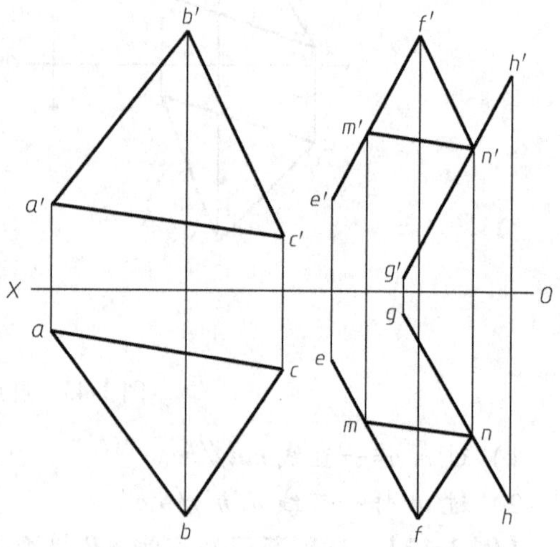

图3-46　判断两平面是否平行

分析：

在任一平面内作出两条相交直线，如果在另一平面内能找出与它们分别平行的两条相交直线，则两平面相互平行。

作图步骤　（见图3-46）：

1）在直线 *EF*、*GH* 所决定的平面内作相交两直线 *MN*、*NF*，使 $m'n'//a'c'$，$n'f'//b'c'$。

2）作出 *mn* 和 *nf*，由图得知 $mn//ac$、$nf//bc$，即 $MN//AC$、$NF//BC$，所以平面△*ABC* 平行于直线 *EF*、*GH* 所决定的平面。

3.4.2　直线与平面、平面与平面相交

直线与平面相交，其交点是直线和平面的共有点。交点既是直线上的点，又是平面上的点。

平面与平面相交，其交线是两平面的共有线。交线同时为两平面所有。

1. 特殊位置直线或平面相交

当直线和平面相交，直线或平面其中之一垂直于某一投影面时，它在该投影面中的投影具有积聚性，因此所求交点在该投影面的投影可直接得出。其他投影也可方便求出。

【例3-14】 求铅垂线 *EF* 与平面△*ABC* 的交点 *K*，如图3-47所示。

分析：

直线 *EF* 是铅垂线，其在 *H* 面的投影积聚为一点，因为交点 *K* 是直线 *EF* 上的一点，点 *K* 的 *H* 面投影 *k* 与 *e*(*f*) 重影，又因点 *K* 在平面△*ABC* 上，所以可用平面上取点的方法，作出点 *K* 的 *V* 面投影 *k'*。

作图步骤　（见图3-47b）：

1）连接 *a*(*k*) 并延长与 *bc* 交于 *m*，并作出 *AM* 的 *V* 面投影 *a'm'*，*a'm'* 与 *e'f'* 的交点即

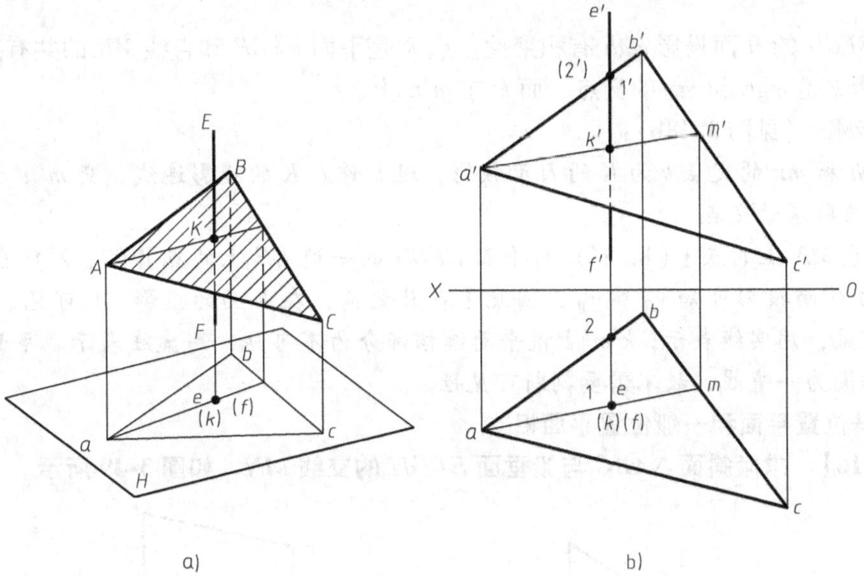

图3-47 求铅垂线与平面的交点

为点K的V面投影k'。

2）平面△ABC与直线EF相交，交点K把直线EF分为两部分，直线在投影面上的投影就会被平面遮挡一部分，被遮挡部分称为不可见部分。如图3-47a所示，直线EF和△ABC的AB边交叉，在V面，直线EF上的点Ⅰ(1、1′)和AB上的点Ⅱ(2、2′)的投影重影，从H面投影看，$y_{\mathrm{I}}>y_{\mathrm{II}}$，因此Ⅰ在Ⅱ之前，所以1′可见，2′不可见。因为点K为可见与不可见的分界点，那么在V面投影中$e'k'$（包含1′）可见，用实线表示，$k'f'$上被平面遮挡部分就为不可见，用虚线表示，如图3-47b所示。H面投影EF积聚为一点，不需要判断可见性。

【例3-15】 求直线MN与铅垂面$EFGH$的交点K，如图3-48所示。

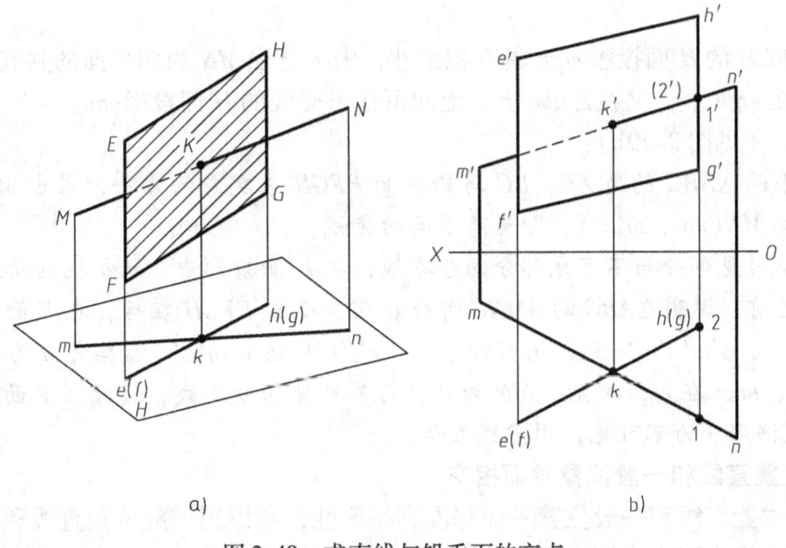

图3-48 求直线与铅垂面的交点

分析：

平面 EFGH 的 H 面投影 efgh 有积聚性。点 K 是平面 EFGH 和直线 MN 的共有点，故点 K 的 H 面投影 k 是 efgh 和 mn 的交点，而 k′在 m′n′上。

作图步骤　（见图 3-48b）：

1）efgh 和 mn 的交点 k 为 K 的 H 面投影，过 k 作点 K 的投影连线，交 m′n′于 k′，则点 K(k，k′) 为所求的交点。

2）直线 MN 上的点Ⅰ（1，1′）与平面 EFGH 的一边 GH 上的点Ⅱ（2，2′）在 V 面的投影重影，由 H 面投影可知 $y_{\text{I}} > y_{\text{II}}$，因此Ⅰ在Ⅱ之前，在 V 面的投影，1′可见，2′不可见。所以 k′n′可见，用实线表示；k′m′上被平面遮挡部分为不可见，用虚线表示。平面 EFGH 的 H 面投影积聚为一直线，故不需要判断可见性。

2. 特殊位置平面和一般位置平面相交

【例 3-16】　求倾斜面△ABC 与铅垂面 EFGH 的交线 MN，如图 3-49 所示。

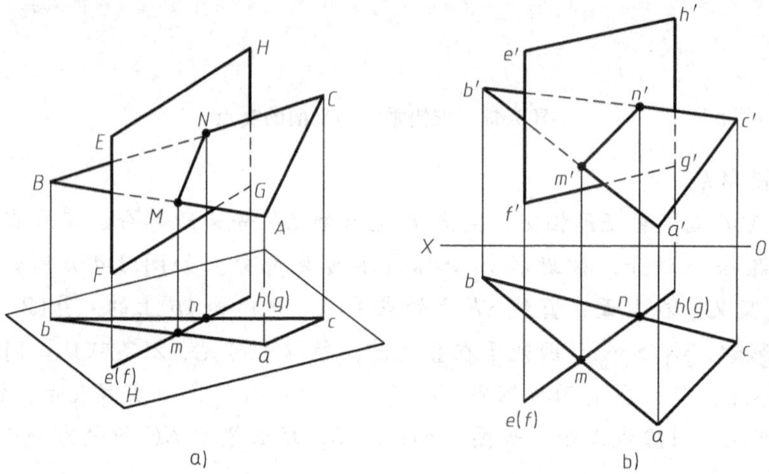

图 3-49　求平面与投影面垂直面的交线

分析：

铅垂面 EFGH 的 H 面投影 efgh 具有积聚性，因为交线 MN 为两平面的共有线，所以其 H 面投影 mn 既在 efgh 上，又在△abc 上，由此可作出交线的 H 面投影 mn。

作图步骤　（见图 3-49b）：

1）利用平面△ABC 的边 AB、BC 与铅垂面 EFGH 求交点的方法，求出 M(m、m′)、N(n、n′)，连接 MN(mn、m′n′)，即为两平面的交线。

2）交线是可见部分与不可见部分的分界线，在 H 面投影中，efgh 把△abc 分成两部分，amnc 在 efgh 之前，说明△ABC 的 AMNC 部分在前，平面 EFGH 在后，在 V 面投影中，a′m′n′c′遮挡 e′f′g′h′，a′m′n′c′可见，用实线表示，e′f′g′h′被 a′m′n′c′遮挡部分为不可见，用虚线表示。同理，bmn 在 efgh 之后，MN 为可见与不可见的分界线，因此在 V 面投影中，b′m′n′被 e′f′g′h′遮挡部分为不可见，用虚线表示。

3. 一般位置直线和一般位置平面相交

由于一般位置直线和一般位置平面都没有积聚性，所以当一般位置直线和一般位置平面相交时，不能在投影图中直接求出交点来，故常采用辅助平面方法来求其交点。

（1）辅助平面法几何分析 直线 AB 与平面 $\triangle EFG$ 相交，交点为 K，如图 3-50 所示。过直线 AB 任作一辅助平面 P（为作图方便一般作投影面的垂直面），辅助平面 P 与平面 $\triangle EFG$ 相交，交线 MN 必与 AB 相交，直线 AB 与交线 MN 的交点 K 是直线 AB 与平面 $\triangle EFG$ 的共有点，即为直线 AB 与平面 $\triangle EFG$ 的交点。

（2）辅助平面法作图步骤 由上述分析，可得出用辅助平面法求直线与平面交点的作图步骤：

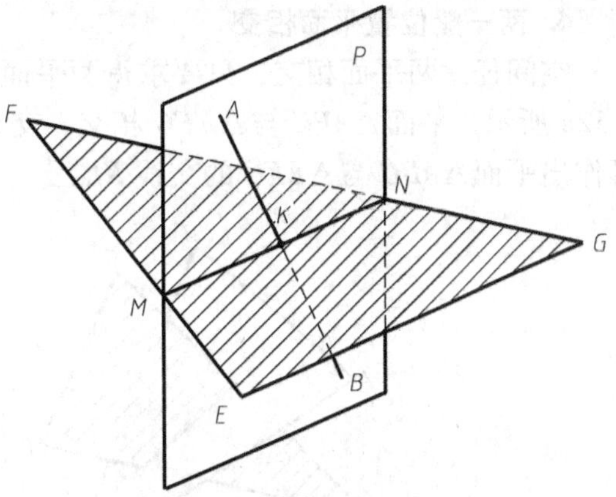

图 3-50 用辅助平面法求交点

1）过已知直线作辅助平面（投影面的垂直面）。

2）作出辅助平面与已知平面的交线。

3）求出该交线与已知直线的交点，即为已知直线与已知平面的交点。

4）判断投影图中的可见性。

【例 3-17】 求直线 AB 与平面 $\triangle EFG$ 的交点 K，如图 3-51a 所示。

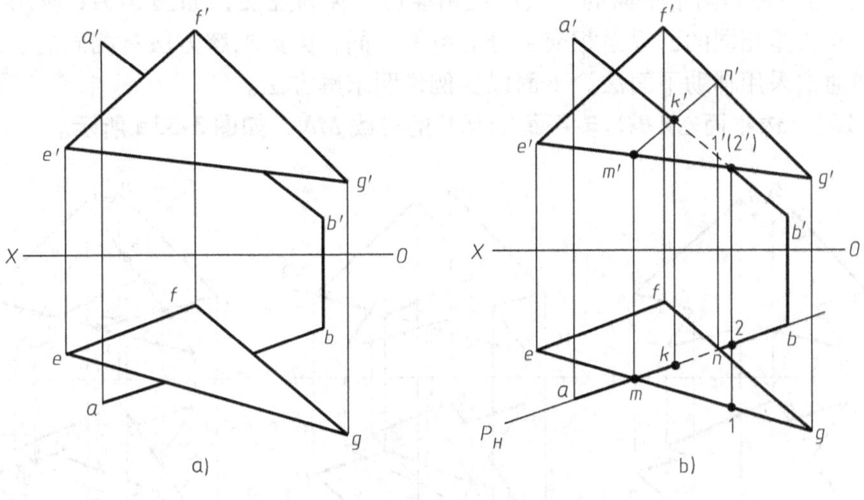

图 3-51 求直线与平面的交点

分析：

根据辅助平面法求交点。

作图步骤（见图 3-51b）：

1）过直线 AB 作一铅垂面 P，P_H 与 ab 重合。

2）求出平面 P 与 $\triangle EFG$ 的交线 MN。MN 的 H 面投影为 mn，V 面投影为 $m'n'$。

3）求出交线 MN 与直线 AB 的交点 K，即先求 $m'n'$ 与 $a'b'$ 的交点 k'，然后投射到 ab 上得到它的 H 面投影 k。

4）判断可见性，由图 3-51b 可以看出，EG 上的点Ⅰ（1，1′）和 AB 上的点Ⅱ（2，2′），在 V 面投影中重影，H 面投影 $y_{\text{I}} > y_{\text{II}}$，故在 V 面投影中，1′是可见的，2′是不可见的，k'（2′）用虚线表示。同理，可判断 H 面投影，kn 用虚线表示。

4. 两一般位置平面相交

空间任意两平面相交，只要求得两平面的任意两个共有点，即可确定交线的位置。如图 3-52a 所示，平面△*ABC* 与△*EFG* 相交，交线为 *KL*，只要求得交线上的两个端点 *K*、*L*，就可作出平面△*ABC* 与△*EFG* 的交线 *KL*。

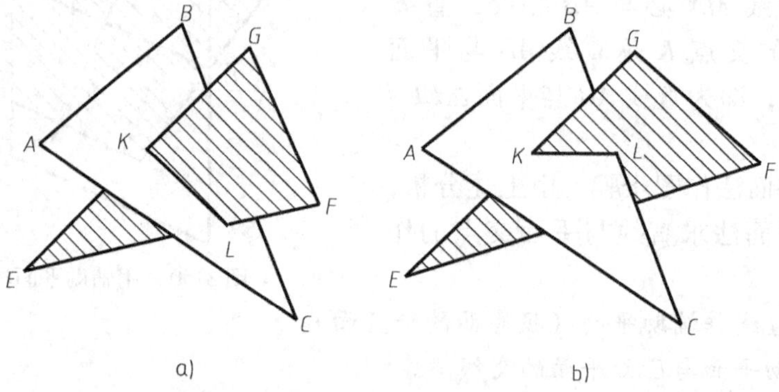

图 3-52　两平面相交的两种情况

两平面相交会出现两种情况：一种是一个平面全部穿过另一个平面，称为全交，如图 3-52a 所示；另一种是两个平面的一条边互相穿过，称为互交，如图 3-52b 所示。这两种相交的情况的实质是相同的，只是相交部分的范围不同，因此求解方法是相同的。求解两任意平面的交线通常采用辅助平面法。下面以实例说明求解方法。

【例 3-18】　求平面△*ABC* 与平面△*DEF* 的交线 *MN*，如图 3-53a 所示。

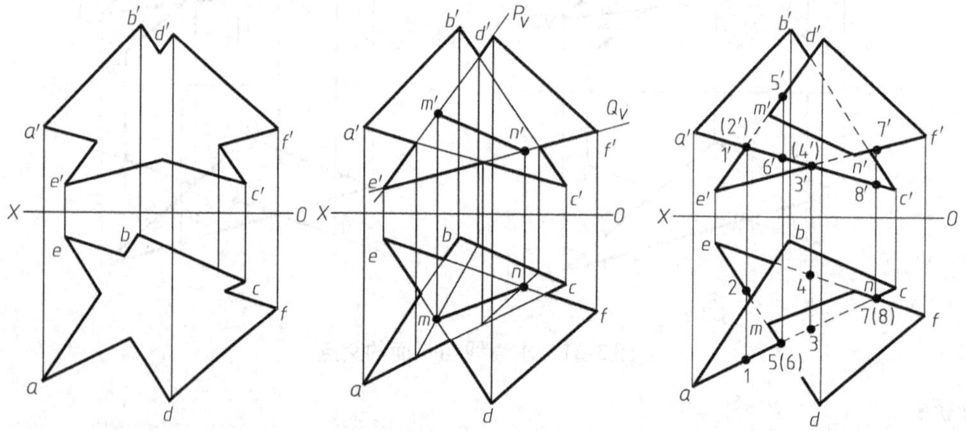

图 3-53　两任意平面相交

分析：

选取平面△*DEF* 的两条边 *DE* 和 *EF*，分别求出它们与平面△*ABC* 的交点，连接后即为所求交线。

作图步骤（见图 3-53b）：

1）过直线 *DE* 作辅助正垂面 *P*，求出 *DE* 与平面△*ABC* 的交点 *M*(*m*，*m′*)。

2）过直线 *EF* 作辅助正垂面 *Q*，求出 *EF* 与平面△*ABC* 的交点 *N*(*n*、*n′*)。

3）连接 $m'n'$、mn，即为两平面的交线 MN 的 V 面和 H 面投影。

4）利用重影性分别判别 V、H 面投影中的可见性，完成作图，如图3-53c所示。

3.4.3　直线与平面、平面与平面垂直

1. 直线与平面垂直

若一直线垂直于平面内任意两条相交直线，则该直线垂直于这个平面；反之，若一直线垂直于一平面，则该直线垂直于该平面内的任意直线。如图3-54a所示，直线 MK 垂直于平面△ABC，其垂足为 K，在平面△ABC 内，如过点 K 作一水平线 GD，则 $MK\perp GD$，根据直角投影定理，则 $mk\perp gd$，若再过点 K 作一正平线 EF，则 $MK\perp EF$，同理，则 $m'k'\perp e'f'$（见图3-54b）。

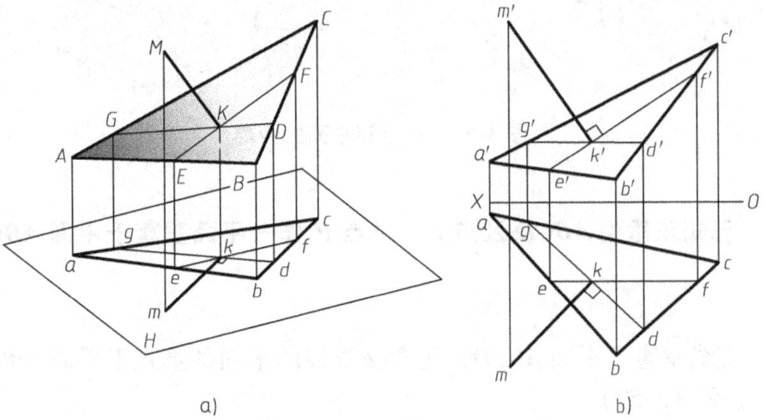

图3-54　直线与平面垂直

由此可知：若一直线垂直于一平面，则该直线的 H 面投影必垂直于该平面内水平线的 H 面投影；该直线的 V 面投影必垂直于该平面内的正平线的 V 面投影。反之，若一直线的 H 面投影和 V 面投影分别垂直于平面内水平线的 H 面投影和正平线的 V 面投影，则该直线一定垂直于该平面。

【例3-19】　求点 D 到平面△EFG 的距离，如图3-55a所示。

分析：

由点 D 向平面△EFG 作垂线，垂线的实长即是点到平面的距离。

【作图步骤】（见图3-55b）：

1）在平面△EFG 内作正平线 GⅡ及水平线 EⅠ。

2）由点 D 作平面△EFG 的垂线 DM，即自 d 引直线 dm 垂直于 $e1$，自 d' 引直线 $d'm'$ 垂直于 $g'2'$。

3）用求一般直线与一般平面交点的方法（辅助平面法）求出垂足 $K(k,\ k')$。

4）用直角三角形法求出 DK 的实长。

2. 两平面垂直

若一直线垂直于一平面，则包含这条直线的一切平面都垂直于该平面。反之，若两平面互相垂直，必定能在一个平面内作出与另一个平面垂直的直线。

直线 MN 垂直于平面 P，包含直线 MN 的平面 Q、平面 R、平面 S 都垂直于平面 P，如

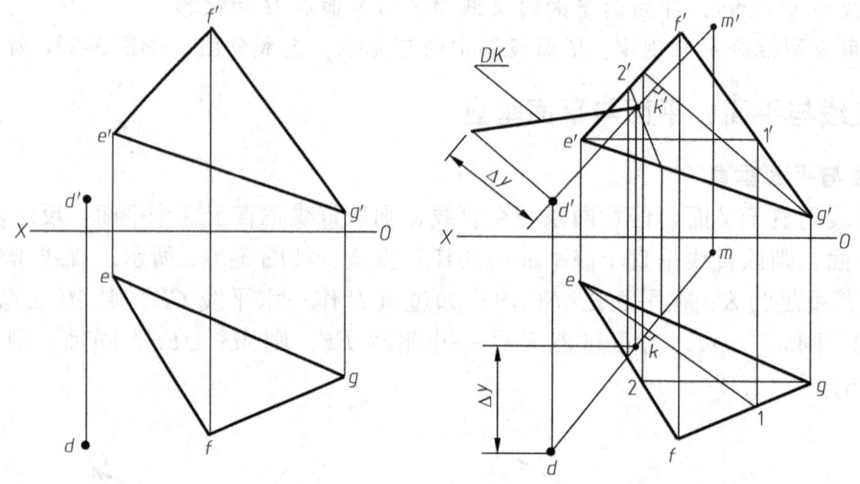

a)　　　　　　　　b)

图 3-55　求点到平面的距离

图 3-56 所示。

【例 3-20】　已知正垂面 *ABCD* 及点 *E*，过点 *E* 作一平面垂直于平面 *ABCD*，如图 3-57 所示。

分析：

过点 *E* 作一直线垂直于平面 *ABCD*，包含该直线的平面都垂直于平面 *ABCD*。

作图步骤　（见图 3-57）：

1）过点 *E* 作直线 *EF* 垂直于平面 *ABCD*，*EF* 必定为正平线，即 $e'f' \perp a'b'c'd'$，$ef /\!/ OX$ 轴。

2）过点 *E* 作任一直线 *EG*。由 *EF*、*EG* 两相交直线所决定的平面一定垂直于平面 *ABCD*。

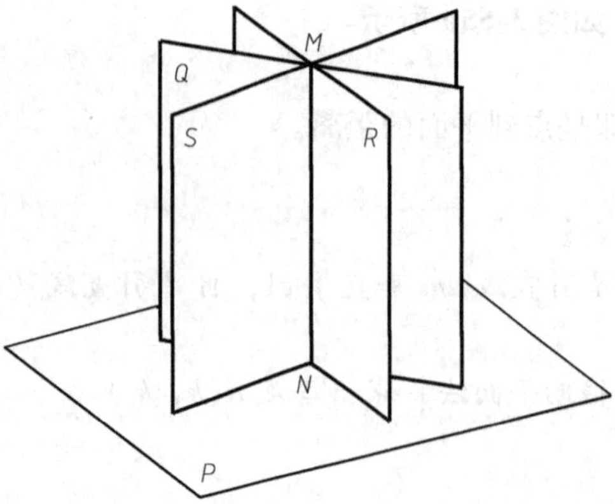

图 3-56　两平面垂直

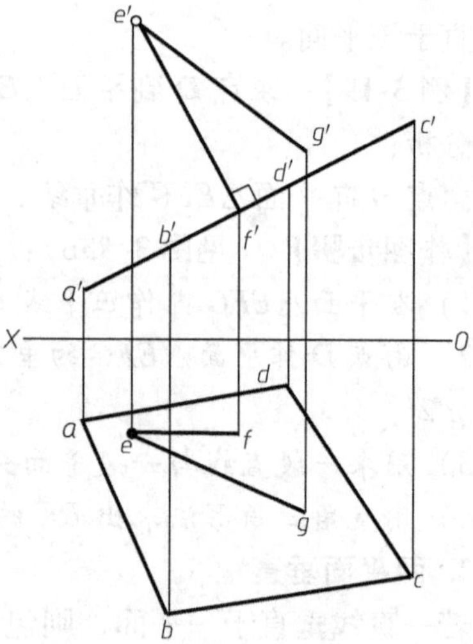

图 3-57　过已知点作平面垂直面

第4章　投影变换

从前面的章节中对直线和平面等几何元素的投影分析可知，当直线和平面相对于投影面处于特殊位置时，其投影具有积聚性或反映实长、实形和真实角度，这样能使图解方便，图示清楚。使几何元素与投影面的相对位置处于有利于解题位置的方法，称为投影变换。

【本章重点】

1）换面法简介。

2）投影变换的规律。

3）具体应用。

4.1　变换投影面法

在原投影面体系中，保持空间几何元素的位置不动，再建立一个新的投影面，使空间几何元素相对于新建立的投影面处于特殊位置，以有利于解题。这种方法称为变换投影面法，简称换面法。

如图 4-1 所示，三角形 *ABC* 为铅垂面，在 *V*/*H* 体系中的投影不反映实形，建立一新投影面 V_1，使 V_1 平行于平面△*ABC*，且垂直于 *H* 面，组成新的 V_1/H 投影面体系，平面△*ABC* 在 V_1 面上的投影 $\triangle a_1'b_1'c_1'$ 反映实形。

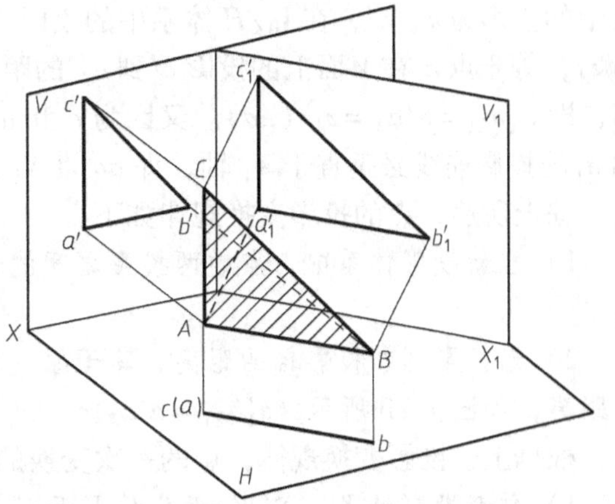

图 4-1　投影变换的方法

由此可知，新投影面的选择必须符合以下条件：

1）新投影面必须相对空间几何元素处于有利于解题位置。

2）新投影面必须垂直于原来投影面体系中的一个投影面。

4.2　投影变换的规律

4.2.1　点的投影变换

点是几何形体的基本几何元素。因此，点的投影变换作图是所有几何元素投影变换的基础。

1. 点的一次变换

在 *V*/*H* 体系中有一点 *A*，其对 *H* 面和 *V* 面的投影分别为 *a*、*a'*，如图 4-2a 所示。令 *H*

面不变，设立新投影面 V_1 垂直于 H 面，替代 V 面，建立一个新的 V_1/H 体系，V_1 面和 H 面的交线为新投影轴，以 X_1 表示。

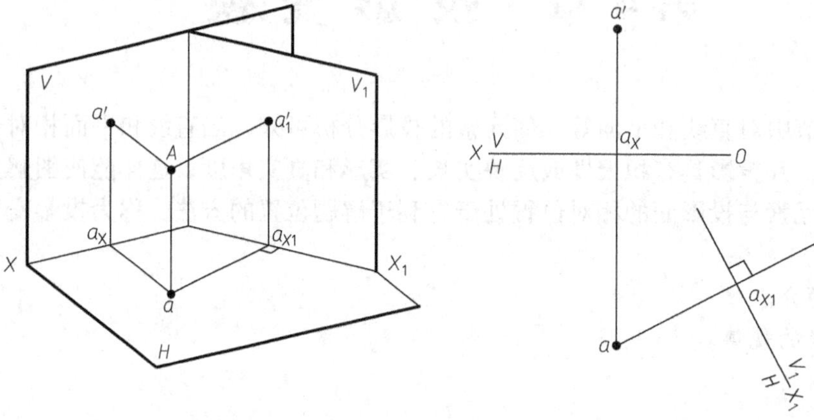

a)　　　　　　b)

图 4-2　点的一次变换（V 面）

过点 A 向 V_1 面作垂线，得到 V_1 面上的投影 a_1'，如图 4-2a 所示。这样，点 A 在 V/H 体系中的投影为 a、a'，在 V_1/H 体系中的投影为 a、a_1'。由图中可以看出，点 A 到 H 面的距离为 z_A，等于点 A 在 V 面上的投影 a' 到 a_X 的距离，也等于点 A 在 V_1 面上的投影 a_1' 到 a_{X1} 的距离，即 $a_1'a_{X1}=a'a_X=z_A$（Aa）。又因为 a 和 a_1' 是点 A 向 H 面和 V_1 面作出的正投影，所以 a 和 a_1' 的投影连线必垂直于 X_1 轴，即 $aa_1' \perp X_1$ 轴。

综上所述，点的投影变换规律如下：

1）在新投影体系中，点的两投影之间的连线垂直于新投影轴，如图 4-2b 所示，$a_1'a \perp X_1$ 轴。

2）新投影到新投影轴的距离，等于原（即被代替的）投影到原（即被代替的）投影轴的距离，如图 4-2b 所示，$a_1'a_{X1}=a'a_X$。

根据上述投影变换规律，点的一次变换的作图步骤如下（见图 4-2b）：

1）作新投影轴 X_1。以 V_1 面代替 V 面形成新 V_1/H 体系。

2）过点 a 作新投影轴 X_1 的垂线，并得到交点 a_{X1}。

3）在垂线上截取 $a_1'a_{X1}=a'a_X$，即得点 A 在 V_1 面上的新投影 a_1'。

提示：X_1 轴与点 a 的距离以及 X_1 轴的倾斜方向与 V_1 面对空间几何元素的相对位置有关，可根据作图需要确定。

图 4-3 所示为变换水平面投影的方法。

作图步骤：

1）作出新投影轴 X_1，建立新的投影面体系 V/H_1。

2）过 b' 作 X_1 轴的垂线，并得到交点 b_{X1}。

3）在垂线上截取 $b_1b_{X1}=bb_X$，即得点 B 在 H_1 面上的新投影 b_1。

2. 点的二次变换

运用变换投影面法解决实际问题时，有时变换一次还不能解决问题，而必须变换两次或

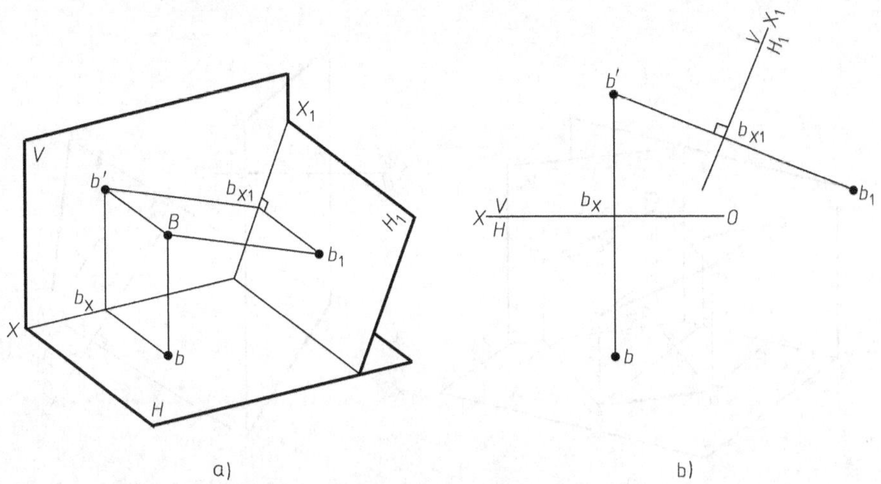

图4-3 点的一次变换（*H*面）

多次。这种两次或多次变换投影面的方法称为二次变换或多次变换。

在进行二次或多次变换时，新投影面的选择必须符合前面所述的两个条件。因此不能连续变换同一个投影面，而必须变换一个投影面后，在新的投影体系中交替地再变换另一个投影面。

图4-4 所示为点的二次变换。二次变换的作图方法和一次变换是相同的，等同于两个一次变换，其作图步骤如下：

1）首先一次变换投影面，建立新体系 V_1/H，作出新投影 a_1'。

2）在新体系 V_1/H 基础上，再变换一次，设立新投影面 H_2，建立另一个新体系 V_1/H_2。

3）作 $a_1'a_2 \perp X_2$ 轴，$a_2a_{X2} = aa_{X1}$。由此得出新投影 a_2。

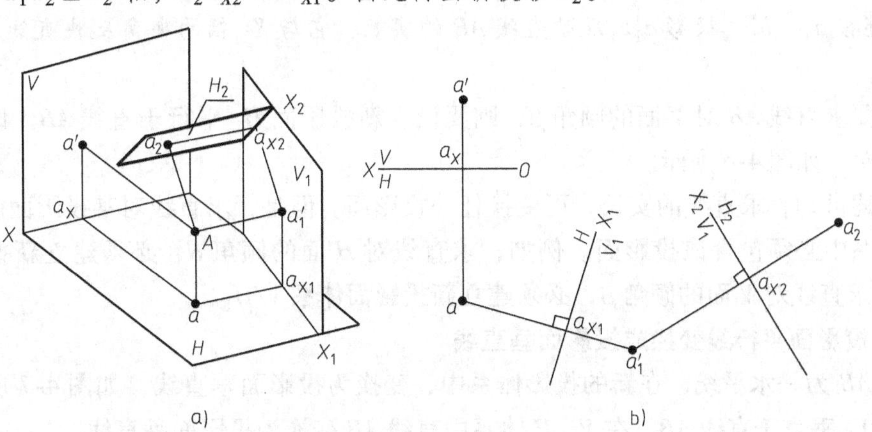

图4-4 点的二次变换

二次变换投影面时，也可以先变换 *H* 面，再变换 *V* 面，即由 *V/H* 体系变换成 V/H_1 体系，再变换成 V_2/H_1 体系，变换次序要按实际需要而定。

4.2.2 直线的投影变换

1. 将一般位置直线变换成投影面平行线

如图4-5 所示，直线 *AB* 为一般位置直线，如果要变换为正平线，则必须设立新投影面

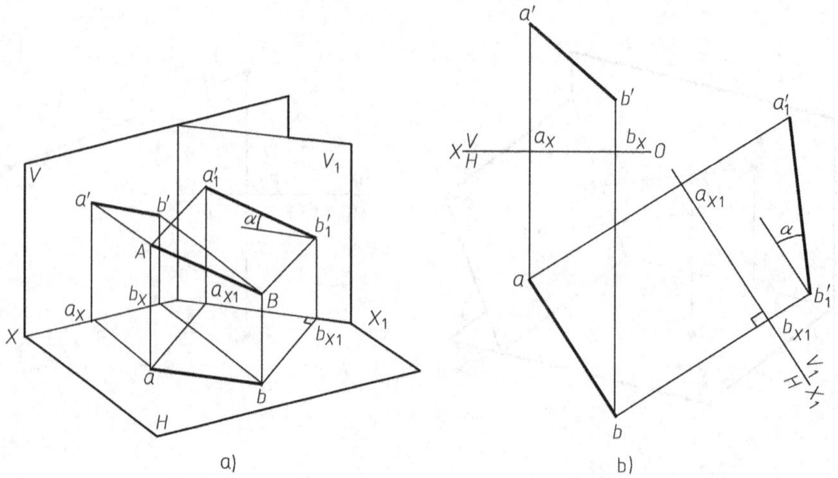

图 4-5　一般位置直线变换成投影面平行线

V_1 平行于 AB，这时直线 AB 在 V_1 面上的投影 $a'_1b'_1$将反映直线 AB 的实长，$a'_1b'_1$与 X_1 轴的夹角反映直线 AB 对 H 面的倾角 α。

作图步骤：

1）作新投影轴 X_1 与 ab 平行。

2）分别过 a、b 两点作 X_1 轴的垂线，交 X_1 轴为 a_{X1}、b_{X1}，在垂线上分别截取 $a'_1a_{X1} = a'a_X$，$b'_1b_{X1} = b'b_X$，得到新投影 a'_1、b'_1。

3）连接 a'_1、b'_1，投影 $a'_1b'_1$反映直线 AB 的实长，它与 X_1 轴的夹角反映直线 AB 对 H 面的倾角 α。

如果要求直线 AB 对 V 面的倾角 β，则要设立新投影面 H_1 平行于直线 AB，即作新投影轴 $X_1//a'b'$，如图 4-6 所示。

由上述可知，求直线的实长，可变换任一投影面。但是，求直线对某投影面的倾角，则新投影体系中必须包含该投影面。例如，求直线对 H 面的倾角 α，必须建立新投影面体系 V_1/H，而求直线对 V 面的倾角 β，必须建立新投影面体系 V/H_1。

2. 将投影面平行线变换成投影面垂直线

直线 AB 为一水平线，在新的投影体系中，变换为投影面垂直线，如图 4-7 所示。建立新投影面 V_1 垂直于直线 AB，在 V_1/H 体系中直线 AB 变换为投影面垂直线。

作图步骤：

1）作新投影轴 $X_1 \perp ab$。

2）延长 ab 交 X_1 于 a_{X1}（b_{X1}）。

3）截取 $a'_1a_{X1} = a'a_X(b'_1b_{X1} = b'b_X)$，得积聚性投影 $a'_1(b'_1)$。

3. 将一般位置直线变换成投影面垂直线

欲将一般位置直线变换为投影面垂直线，必须经过二次变换。首先，经过一次变换，将一般位置直线变换成投影面平行线，再经过二次变换，将投影面平行线变换为投影面垂直

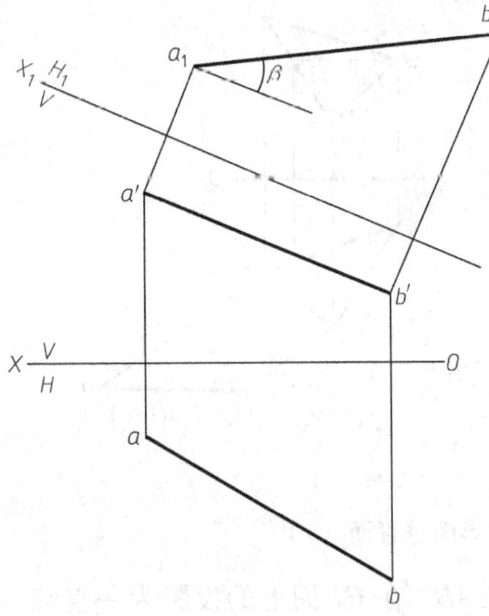

图4-6 一般位置直线变换成投影面平行线（H 面）

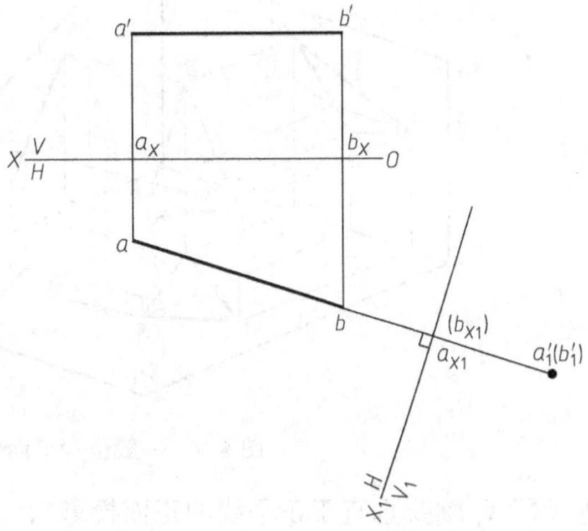

图4-7 平行线变换成投影面垂直线

线。如图4-8所示，直线 AB 为一般位置直线，若建立新投影面 V_1 平行于直线 AB，在 V_1/H 体系中直线 AB 为投影面平行线，再建立投影面 H_2 垂直于直线 AB，则直线 AB 在 V_1/H_2 体系中为投影面垂直线。

作图步骤：

1）作新投影轴 $X_1//ab$，求得直线 AB 在 V_1 面中的新投影 $a_1'b_1'$。

2）作新投影轴 $X_2 \perp a_1'b_1'$，求得直线 AB 在 H_2 面上的新投影 a_2（b_2），a_2 与 b_2 重影。

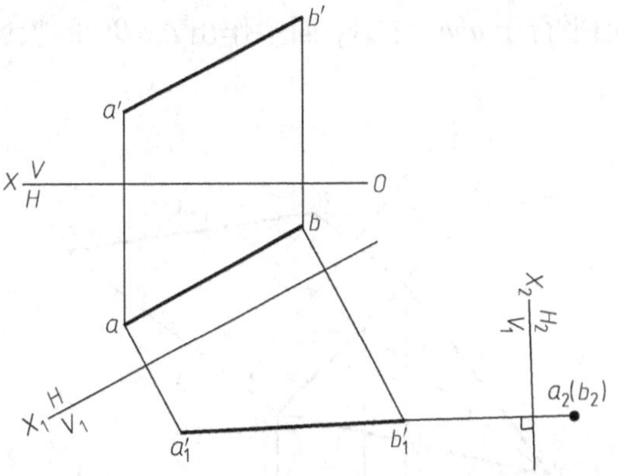

图4-8 一般位置直线变换成投影面垂直线

4.2.3 平面的投影变换

1. 将一般位置平面变换成投影面垂直面

平面△ABC 为一般位置平面，要将它变换成投影面的垂直面，如图4-9所示。

把平面△ABC 变换为新投影面 V_1 的垂直面，建立新的投影面体系 V_1/H，V_1 面既垂直于 H 面，又垂直于平面△ABC。首先在平面△ABC 上作一条水平线，然后作 V_1 面与该水平线垂直（即 X_1 轴要垂直于水平线的水平投影），则 V_1 面也一定垂直 H 面。

作图步骤：

1）在平面△ABC 上作水平线 AD（$a'd'$，ad）。

2）作 X_1 轴垂直于 ad。

3）作出平面△ABC 在 V_1 面上的投影 $a_1'b_1'c_1'$，而 $a_1'b_1'c_1'$ 的连线必积聚为一条直线，该直线与 X_1 轴的夹角即是平面△ABC 对 H 面的倾角 α。

如果求平面△ABC 对 V 面的倾角 β，可在此平面上取一正平线，作 H_1 面垂直于该正平

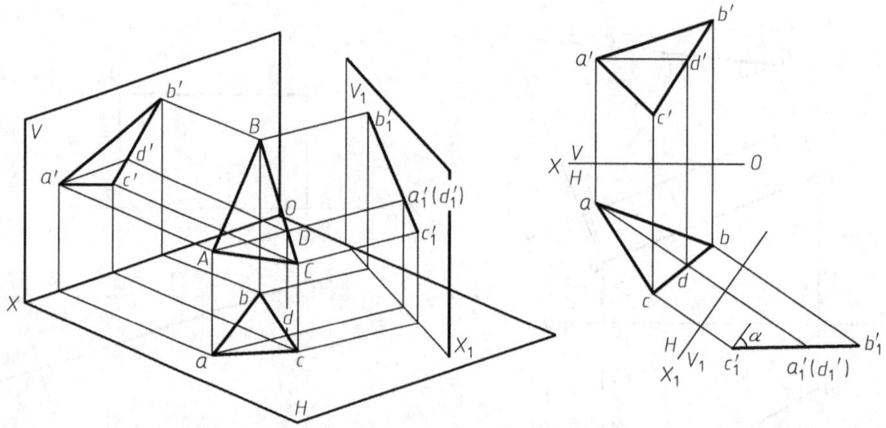

图 4-9 一般位置平面变换成投影面垂直面（*V*）

线（即 X_1 轴要垂直于正平线的正面投影），则平面△*ABC* 在 H_1 面上的投影为一直线，它与 X_1 轴的夹角即为平面△*ABC* 对 *V* 面的倾角 β。作图方法如图 4-10 所示。

2. 将投影面垂直面变换成投影面平行面

将铅垂面△*ABC* 变换成投影面平行面，必须变换 *V* 投影面，使新投影面 V_1 平行于铅垂面△*ABC*（即 X_1 轴要平行于垂直面的积聚性投影），如图 4-11 所示。在投影图中，首先作 X_1 轴平行于 *abc*，在 V_1 面中作出△*ABC* 的投影△$a_1'b_1'c_1'$，则△$a_1'b_1'c_1'$反映△*ABC* 的实形。

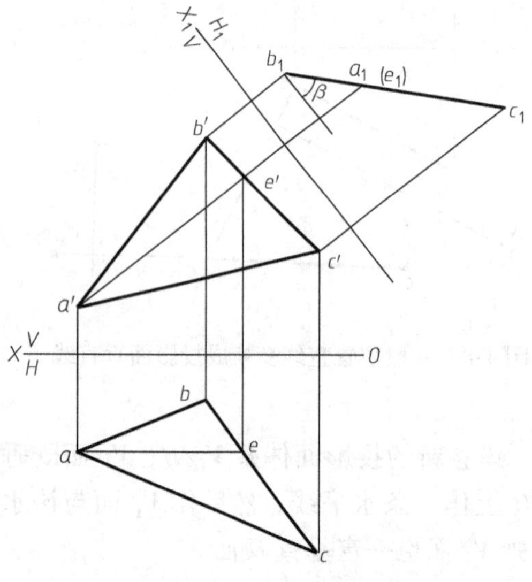

图 4-10 一般位置平面变换成投影面垂直面（*H*）

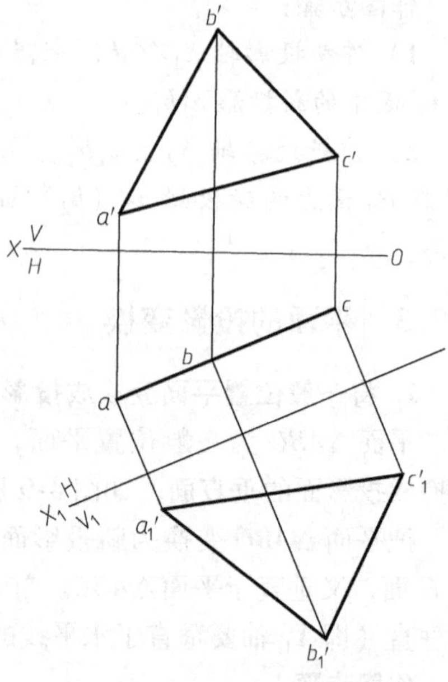

图 4-11 垂直面变换成投影面平行面

3. 将一般位置平面变换成投影面平行面

为将一般位置平面变换成投影面平行面，由上述两种变换可知，必须经过二次变换，即第一次先将一般位置平面变换成投影面垂直面，第二次再将投影面垂直面变换成投影面平行面。如图 4-12 所示，先使平面△*ABC* 变换成垂直于 H_1 面，再变换使平面△*ABC* 平行于 V_2 面。

作图步骤：

1）在平面△ABC上取正平线AE，作新投影面H_1垂直于AE，即作X_1轴垂直于$a'e'$，然后作出△ABC在H_1面上的投影$a_1b_1c_1$，其投影积聚为一直线。

2）作新投影面V_2平行于平面△ABC，即作X_2轴平行于$a_1b_1c_1$，然后作出平面△ABC在V_2面上的投影△$a_2'b_2'c_2'$，则△$a_2'b_2'c_2'$反映△ABC的实形。

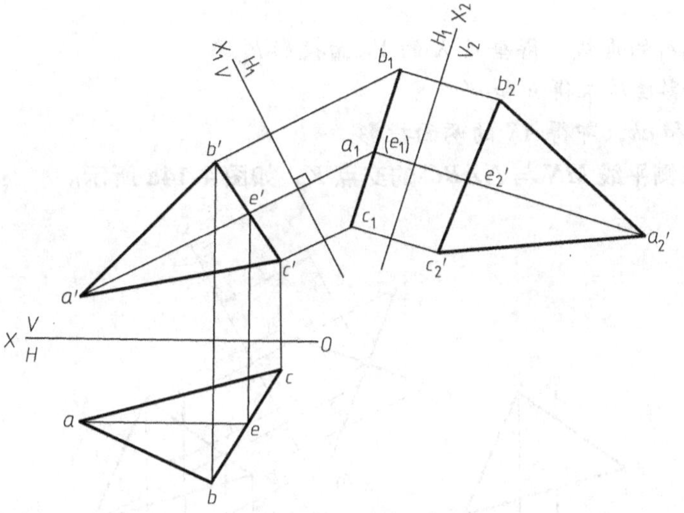

图4-12 一般位置平面变换成投影面平行面

4.3 应用实例分析

【例4-1】 过点A作一直线AK与直线BC垂直相交，如图4-13a所示。

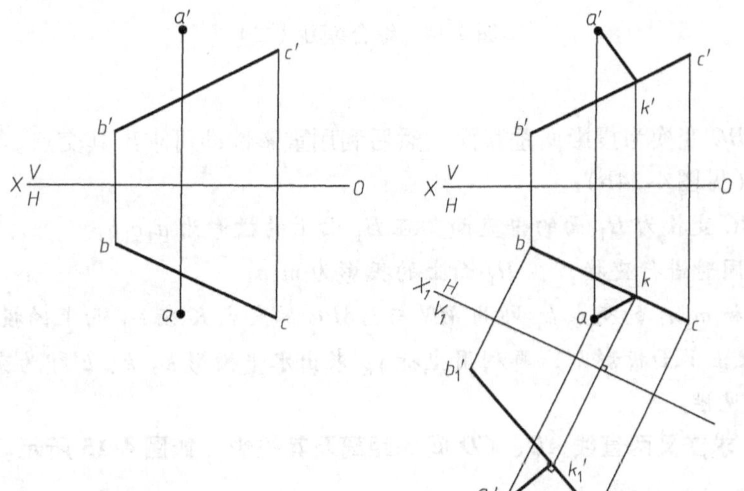

图4-13 综合练习（一）

分析：

根据直角投影定理可知，当垂直相交两直线之一为投影面平行线时，则在该投影面中两直线的投影反映垂直关系。为此，先将直线 BC 变换成投影面平行线，再作出 AK 的投影。

作图步骤（见图 4-13b）：

1）将直线 BC 变换为投影面平行线，即作 X_1 轴平行于 bc，直线 BC 和点 A 在 V_1 面上的投影为 $b_1'c_1'$ 和 a_1'。

2）过 a_1' 作 $b_1'c_1'$ 的垂线，得垂足 K 的 V_1 面投影 k_1'。

3）由点的投影性质求得 k 和 k'。

4）连接 $a'k'$ 和 ak，即得 AK 的两面投影。

【例 4-2】　求侧平线 MN 与 $\triangle ABC$ 的交点 K，如图 4-14a 所示。

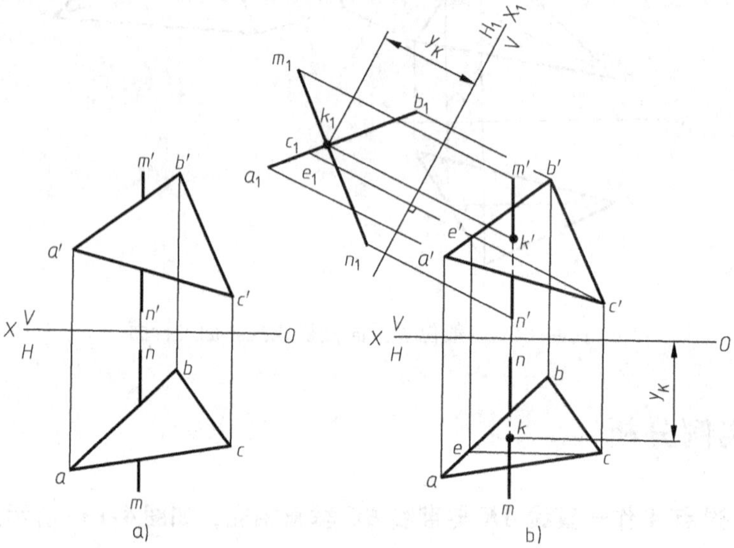

图 4-14　综合练习（二）

分析：

首先将 $\triangle ABC$ 变换为投影面垂直面，然后利用重影性即可求出其交点。

作图步骤（见图 4-14b）：

1）将 $\triangle ABC$ 变换为 H_1 面的垂直面，在 H_1 面上的投影为 $a_1c_1b_1$。

2）将 MN 同时进行变换，在 H_1 面上的投影为 m_1n_1。

3）$a_1c_1b_1$ 和 m_1n_1 的交点 k_1 即为 MN 与 $\triangle ABC$ 的交点 K 在 H_1 面上的投影。

4）由 k_1 求出 V 面投影 k'，再利用坐标 y_K 求出水平投影 k。k、k' 即为交点 K 的投影。

5）判别可见性。

【例 4-3】　求交叉两直线 AB、CD 间的距离及其投影，如图 4-15 所示。

分析：

交叉两直线间的距离即为两直线之间公垂线的长度。如图 4-15a 所示，若将交叉两直线之一（如 CD）变换成投影面的垂直线，则公垂线 MN 必平行于新投影面，在该投影面上的投影反映实长，且与另一直线（AB）在新投影面上的投影相互垂直。

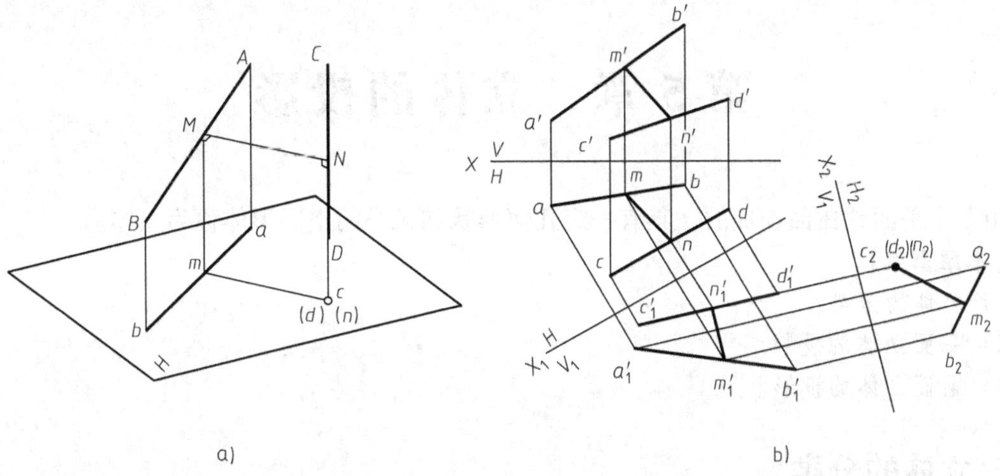

图4-15　综合练习（三）

作图步骤（见图4-15b）：

1）将直线 CD 经过二次变换成为投影面垂直线，其在 H_2 面上的投影积聚为一点 $c_2(d_2)$，直线 AB 也随之变换，其在 H_2 面上的投影为 a_2b_2。

2）过 $c_2(d_2)$ 作 $m_2(n_2) \perp a_2b_2$，$m_2(n_2)$ 即为公垂线 MN 在 H_2 面上的投影，也即为交叉直线 AB、CD 的距离实长。

3）根据 m_2 投影找到 m'_1，根据 $m'_1n'_1 /\!/ X_2$ 轴找到 n'_1，根据 $m'_1n'_1$ 返回，作出 MN 的投影 $m'n'$、mn。

第5章　立体的投影

由若干平面或曲面围成的、具有一定几何形状和大小的空间形体称为立体。

【本章重点】

1）立体的分类。

2）平面立体的投影。

3）曲面立体的投影。

5.1　立体的分类

立体的表面是由若干面所组成的。如果立体的表面全部由平面组成，则称为平面立体。如果立体的表面全部由曲面或曲面和平面组成，则称为曲面立体。在投影图中把组成立体的所有平面和曲面都表达出来，即得立体的投影。在画立体的投影时，一般把立体摆放在一个便于画图的位置，如立体的轴线尽可能为特殊位置直线，立体的表面尽可能为特殊位置平面等。

5.2　平面立体的投影

最基本的平面立体是棱柱和棱锥。在投影图上表示平面立体就是把组成立体的平面和棱线表示出来，然后判断其可见性。当轮廓线的投影可见时，画为粗实线；不可见时，画为细虚线。当粗实线和细虚线重合时，应画为粗实线。在画立体的投影时，为了作图简便（也为了清晰），一般在投影图中不画出投影轴。

5.2.1　棱柱

1. 棱柱的投影

图5-1a所示为一正六棱柱，其顶面和底面均为水平面，它们的水平投影反映六边形的实形，正面及侧面投影积聚为一直线。六棱柱有六个棱面，前后棱面为正平面，它们的正面投影反映实形，水平投影和侧面投影积聚为一直线；其他四个棱面均为铅垂面，它们的水平投影均积聚为直线，正面投影和侧面投影均为类似形。

如图5-1b所示，要作正六棱柱的投影，只要作出组成它的顶面、底面和各个棱面的投影，即得六棱柱的投影。首先分析竖直棱线AB的投影，棱线AB为铅垂线，水平投影ab积聚为一点，正面和侧面投影反映实长，即$a'b' = a''b'' = AB$。顶面的边DE为侧垂线，侧面投影$d''e''$积聚为一点，水平和正面投影反映实长，即$de = d'e' = DE$。AD为水平线，水平投影反映实长，即$ad = AD$，正面投影$a'd'$和侧面投影$a''d''$均小于实长。然后，由以上分析可分别作出六棱柱的各条棱线的投影，即六棱柱的投影。

作图时先画出六棱柱的水平投影正六边形，再根据投影规律作出其他两个投影。

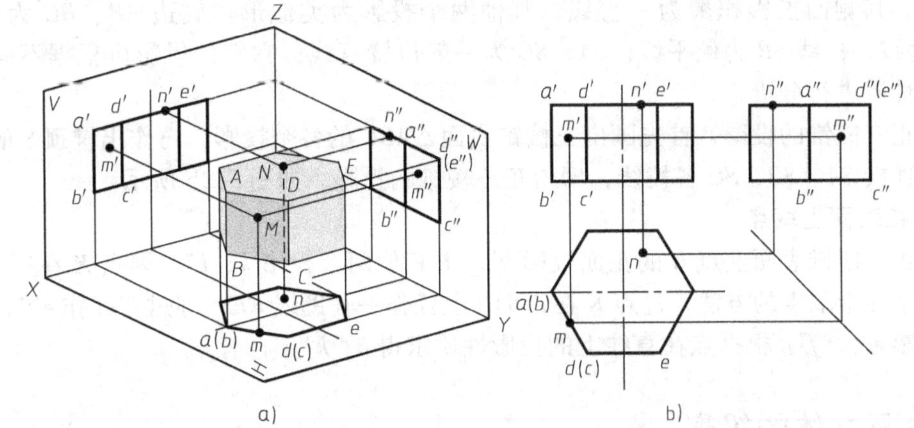

图5-1　六棱柱的投影及表面上取点

2. 棱柱表面上取点

在平面立体表面上取点，其原理和方法与平面上取点相同。如图5-1所示，正六棱柱的各个表面都处于特殊位置，因此在表面上取点可利用特殊平面取点的方法。

已知正六棱柱表面上点M的正面投影m'，要求出其他两个投影m、m''。由m'可知点M的正面投影是可见的，因此，点M必定在$ABCD$棱面上，而$ABCD$棱面为铅垂面，水平投影$abcd$具有积聚性，m必在$abcd$上，根据m'和m即可求出m''。又已知点N的水平投影n，求点N的正面投影n'和侧面投影n''。由于点n是可见的，因此点N必定在顶面上，顶面的正面投影和侧面投影具有积聚性，因此利用积聚性求出n'、n''。

提示：通过点的投影可见性判断点在哪个棱面上。

5.2.2　棱锥

1. 棱锥的投影

图5-2a所示为一正三棱锥，锥顶为S，底面为$\triangle ABC$，呈水平位置，其水平投影$\triangle abc$反映实形。棱面$\triangle SAB$、$\triangle SBC$为一般位置平面，它们的各个投影均为类似形。棱面$\triangle SAC$

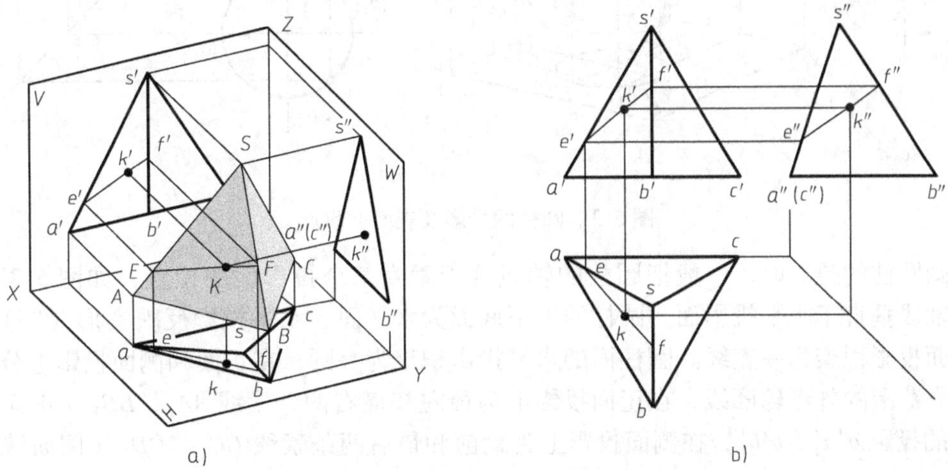

图5-2　棱锥的投影及表面上取点

为侧垂面，其侧面投影积聚为一直线，其他两个投影为类似形。底边 AB、BC 为水平线，AC 为侧垂线，棱线 SB 为侧平线，SA、SC 为一般位置直线，它们的投影可根据不同位置直线的投影性质进行分析。

要作正三棱锥的投影，首先画出三棱锥底面△ABC 的各个投影，再作出锥顶 S 的各个投影，然后连接 SA、SB、SC 各棱线，即得正三棱锥的投影，如图 5-2b 所示。

2. 棱锥表面上取点

已知正三棱锥表面上点 K 的正面投影 k'，求其他两个投影 k、k''。因点 K 在平面△SAB 上，利用平面上取点的方法，过点 K 在△SAB 上任作一辅助线 EF，即过 k' 任作 $e'f'$，求出其他两个投影 ef、$e''f''$，根据点在直线上的投影性质求得 k、k''。

5.3　曲面立体的投影

工程中常见的曲面立体是回转体，最基本的回转体有圆柱、圆锥、球、环等，在投影图上表示曲面立体就是把组成曲面立体的回转面或平面和回转面表示出来，然后判别其可见性。

5.3.1　圆柱

1. 圆柱的形成及投影

圆柱体是由圆柱面和上下两底面所组成的。圆柱面是由一直母线绕平行于它的轴线回转而成的，如图 5-3a 所示。

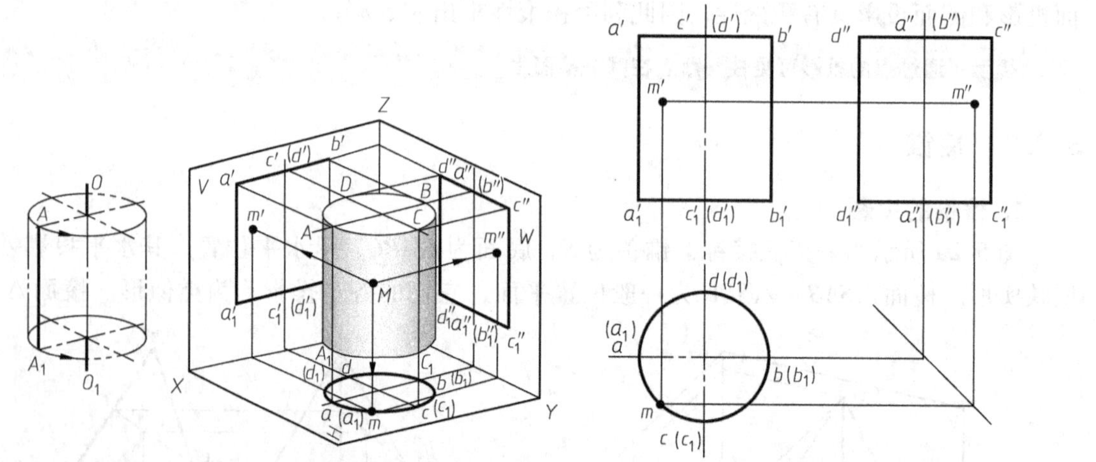

图 5-3　圆柱的投影及表面上取点

当画圆柱的投影时，一般把圆柱的轴线置于垂直某个投影面的位置，如图 5-3b 所示，圆柱的轴线垂直于水平投影面。圆柱的上下底面为水平面，水平投影反映实形（圆），其正面和侧面投影积聚为一直线。圆柱面的水平投影积聚为一圆，在正面和侧面投影上分别画出决定投影范围的外形轮廓线，在正面投影上为最左和最右两条素线 AA_1、BB_1（正面转向轮廓线）的投影 $a'a_1'$、$b'b_1'$，在侧面投影上为最前和最后两条素线 CC_1、DD_1（侧面转向轮廓线）的投影 $c''c_1''$、$d''d_1''$。

作图时，首先画出圆柱的水平投影（圆），然后再画出其他两个投影，如图5-3c所示。

2. 圆柱表面上取点

在圆柱表面上取点，是根据圆柱表面的水平投影具有积聚性的特点作出的。如图5-3c所示，已知圆柱面上点 M 的正面投影 m'，由于点 M 是可见点，点 M 必定在前半圆柱面上，水平投影 m 必定在积聚的前半圆上，可自 m' 向下引线交前半圆得到，侧面投影 m'' 可由 m、m' 求出。

5.3.2 圆锥

1. 圆锥的形成及投影

圆锥体是由圆锥面和底面所组成的。圆锥面是由一直母线绕与它相交的轴线回转而成的，如图5-4a所示。

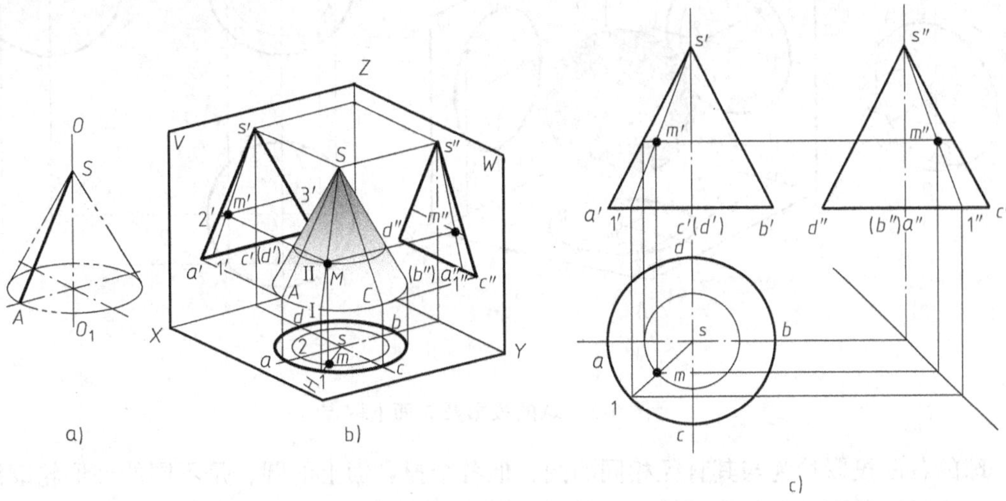

图5-4 圆锥的投影及表面上取点

当画圆锥的投影时，一般把圆锥的轴线置于垂直某个投影面的位置，如图5-4b所示，圆锥的轴线垂直于水平面。圆锥的底面为水平面，其水平投影反映实形（圆），正面投影和侧面投影积聚为一直线。圆锥面的水平投影为一与底面大小相同的圆，正面和侧面投影上分别画出决定投影范围的外形轮廓线，在正面投影上为最左和最右两条素线 SA、SB（正面转向轮廓线）的投影 $s'a'$、$s'b'$，在侧面投影上为最前和最后两条素线 SC、SD（侧面转向轮廓线）的投影 $s''c''$、$s''d''$。

作图时，首先画出圆锥底面的各个投影，再画出圆锥锥顶的各个投影，然后分别画出其外形轮廓线，即完成圆锥的投影，如图5-4c所示。

2. 圆锥表面上取点

圆锥表面上取点，是根据圆锥面形成的原理作出的。常用的方法有两种：一种是辅助素线法；另一种是辅助圆法。

已知圆锥面上点 M 的正面投影 m'，作出水平投影 m 和侧面投影 m''，可采用常用的两种方法，如图5-4c所示。

（1）辅助素线法 过锥顶 S 和点 M 作一条辅助素线 SⅠ，根据直线的投影性质确定 SⅠ

的正面投影 $s'1'$。由 m' 根据点在直线上的投影性质作出 m 和 m''。

（2）辅助圆法　过点 M 在圆锥表面上作一垂直于圆锥轴线的辅助圆，辅助圆的正面投影和侧面投影为一直线，水平投影为圆，如图 5-4c 所示，则点 M 的各面投影必定落在该辅助圆的同面投影上，由 m' 作出 m，再由 m'、m 求出 m''。

5.3.3　球

1. 球的形成及投影

球的表面是球面。球面是以圆为母线，绕该圆上任一直径回转而成的，如图 5-5a 所示。

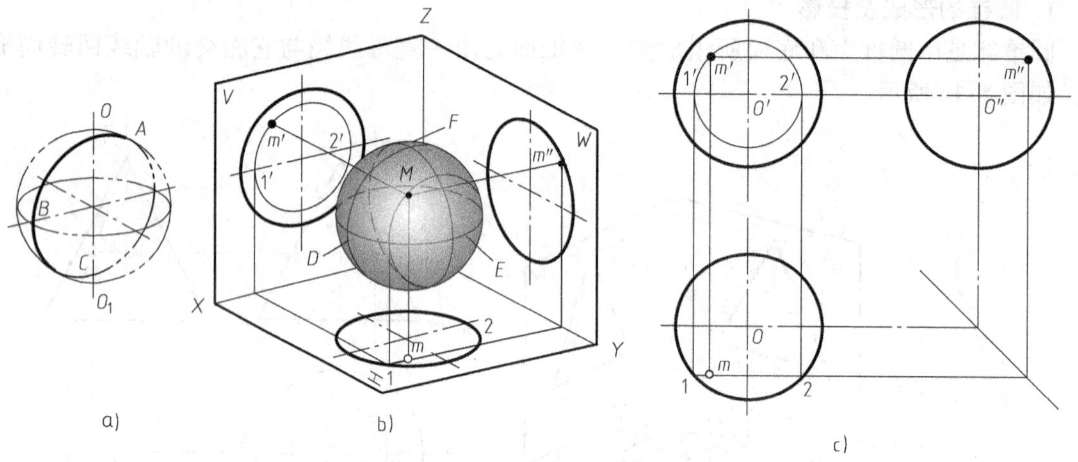

图 5-5　球的投影及表面上取点

球的各面投影均为与其直径相同的圆，但各个投影面上的圆，是不同的外形轮廓线的投影，正面投影的圆是平行于正投影面的最大圆 D 的投影，水平投影和侧面投影的圆分别是平行于水平投影面和侧投影面的最大圆 E、F 的投影。

画图时，首先确定球心的三个投影，然后再以三个球心投影为圆心画出与球等直径的圆。

2. 球面上取点

由于球面是回转面，则在球面上求点的投影，需过该点在球面上作一平行于任一投影面的辅助圆，而后在该圆的投影上取点。

已知球面上点 M 的水平投影 m，作出其正面投影 m' 和侧面投影 m''，如图 5-5c 所示。过点 M 作平行于正投影面的辅助圆，水平投影为 12，正面投影是以 $1'2'$ 为直径的圆，m' 必在该圆上，由 m 作出 m'，再由 m、m' 求出 m''。点 M 在前半球上，因此其正面投影可见。同理点 M 在左半球上，其侧面投影也可见。

求 m'、m'' 也可作平行于 H 面的辅助圆，读者可自行分析。

5.3.4　环

1. 环的形成及投影

环的表面是环面。环面是由圆母线绕不通过圆心但与圆母线共面的轴线回转而成的，如

图 5-6a 所示。

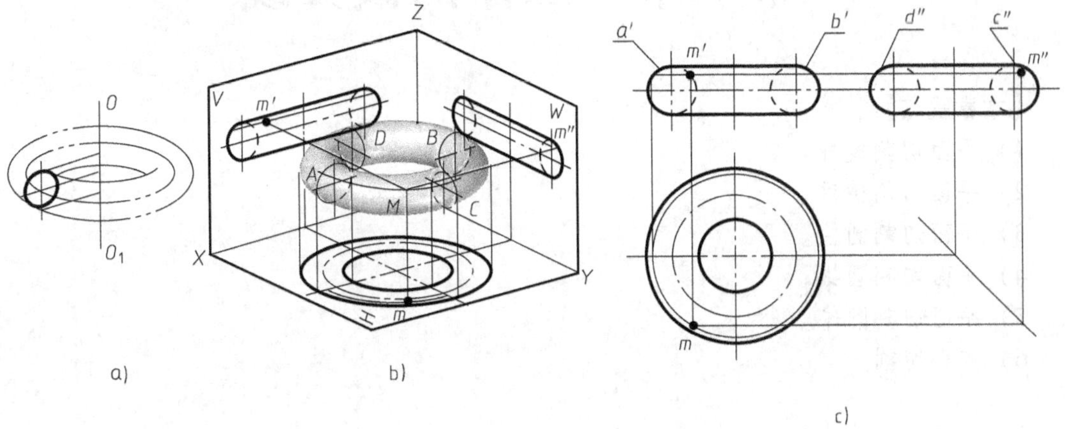

图 5-6 环的投影及表面上取点

在画环的投影时，一般把环的轴线置于垂直于水平投影面的位置，如图 5-6b 所示。在投影图中，水平投影上画出两个同心圆，是环面对水平投影面的最大圆和最小圆。正面投影上左、右两小圆是前半环面和后半环面分界处的外形轮廓线，侧面投影上左、右两小圆是左半环面和右半环面分界处的外形轮廓线，正面投影和侧面投影上下两条水平直线是内环面和外环面分界处的外形轮廓线。

2. 环面上取点

环面是一个回转面，则在环面上取点时，仍采用在环面上作辅助圆的方法，如图 5-6c 所示，已知环面上点 M 的正面投影 m'，求出 m 和 m''。

过点 M 作水平辅助圆，正面投影为一直线，水平投影为圆，m 必在该圆上，由 m' 作出 m，再由 m、m' 求出 m''。

第 6 章　立体的截交线

【本章重点】

1）平面切割棱柱。

2）平面切割棱锥。

3）平面切割圆柱。

4）平面切割圆锥。

5）平面切割圆球。

6）组合切割。

6.1　截交线

平面与立体相交，认为是立体被平面截切，该平面称为截平面。由截平面截切几何体所产生的表面交线称为截交线。截交线围成的平面图形称为截断面，如图 6-1 所示。

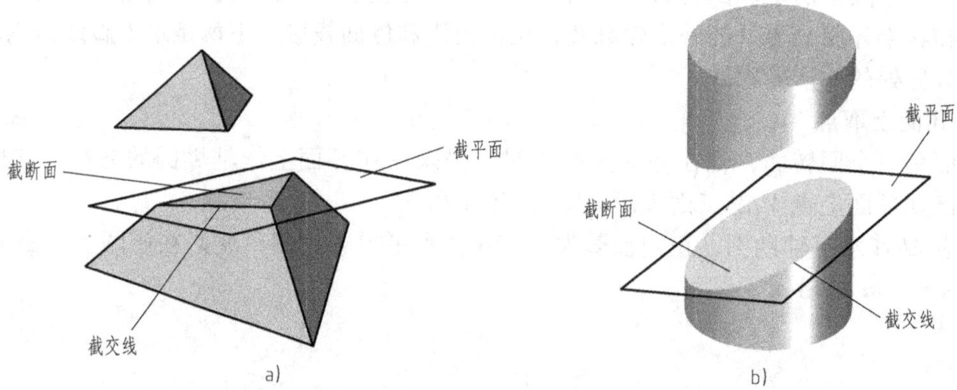

图 6-1　平面与立体相交

由于立体表面的几何形状不同，以及截平面相对于立体的位置不同，则所产生的截交线的形状也不同。研究平面与立体相交，其目的就是求截断面的形状和截交线的投影。

6.1.1　截交线的性质

截交线无论形状怎样不同，都具有以下性质：

1）截交线是截平面和立体表面的共有线。截交线上的点是截平面和立体表面的共有点。

2）由于立体是空间形体，立体表面是封闭的，因此截交线必定是封闭线条，截断面是封闭的平面图形。

3）立体表面的形状和截平面与立体的相对位置决定截交线的形状。

6.1.2　截交线的作图方法

根据截交线的性质求作截交线，实际上就是设法求出截平面与立体表面的共有点、线的问题。为了便于作图，一般都使截平面处于特殊位置，因此可利用积聚性原理来作出截交线。本章只讨论截平面是特殊位置平面的情况。

6.2　平面与平面立体相交

平面与平面立体相交，其截交线是多边形，多边形的顶点是平面立体的棱线或底边与截平面的交点，它的边是截平面与立体表面平面的交线。

【例 6-1】 如图 6-2a 所示，三棱锥 *S-ABC* 被正垂面 *P* 所截切，完成截交线的三面投影。

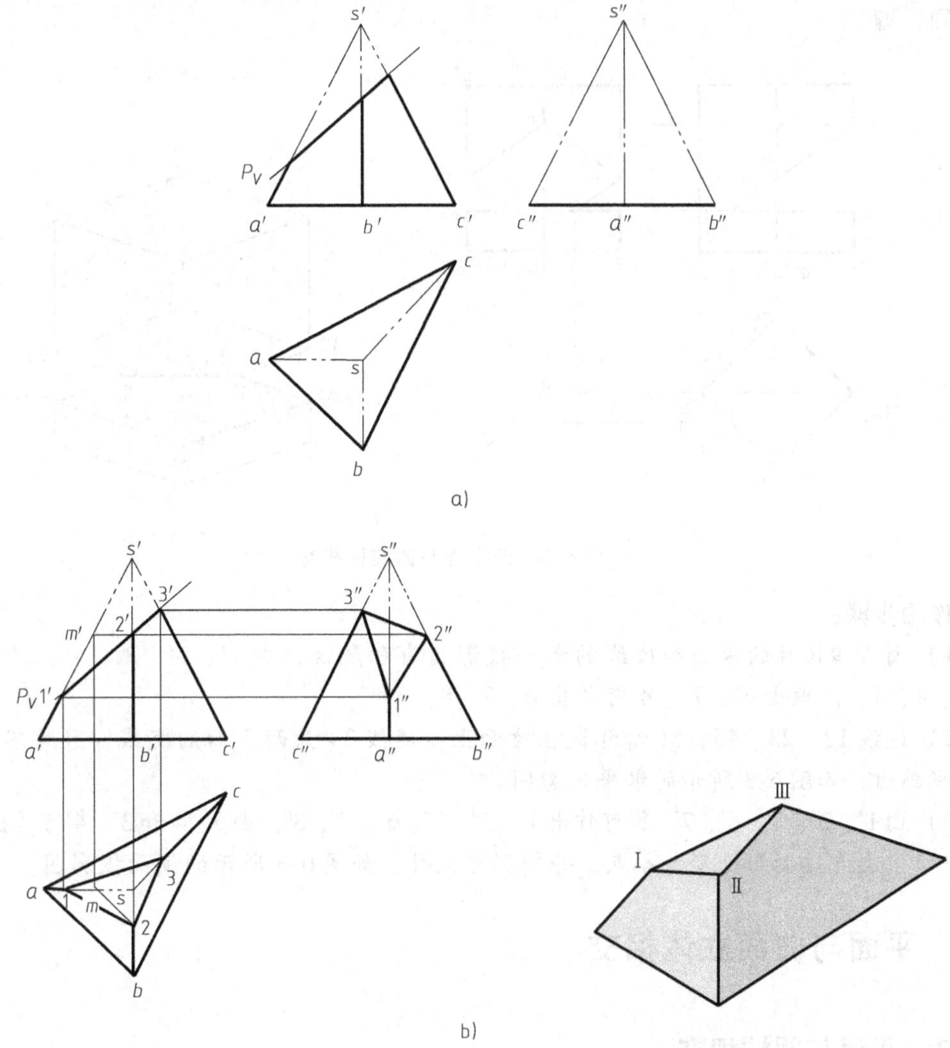

图 6-2　平面截切三棱锥

作图步骤：

1）如图6-2b所示，在正投影面中P具有积聚性，P_V为正面迹线，平面P与棱线SA、SB、SC交点Ⅰ、Ⅱ、Ⅲ的投影为1′、2′、3′（即P_V与$s'a'$、$s'b'$、$s'c'$的交点），1′、2′、3′即为截交线的正面投影。

2）根据直线上点的性质，作出平面P与各棱线交点的水平投影1、2、3和侧面投影1″、2″、3″。

3）依次连接各点的同面投影，即得截交线的三个投影。

4）判别可见性，补齐轮廓线。

【例6-2】　如图6-3所示，两个平面截切四棱柱，已知其正面投影，完成其他两个投影。

分析：

两个截平面，其中一个为水平面，另一个为正垂面，两平面相交，交线ⅢⅣ为正垂线，水平面交棱线AA_1、BB_1、DD_1分别为Ⅰ、Ⅱ、Ⅴ，正垂面交棱线AA_1、BB_1、DD_1分别为Ⅵ、Ⅶ、Ⅷ。

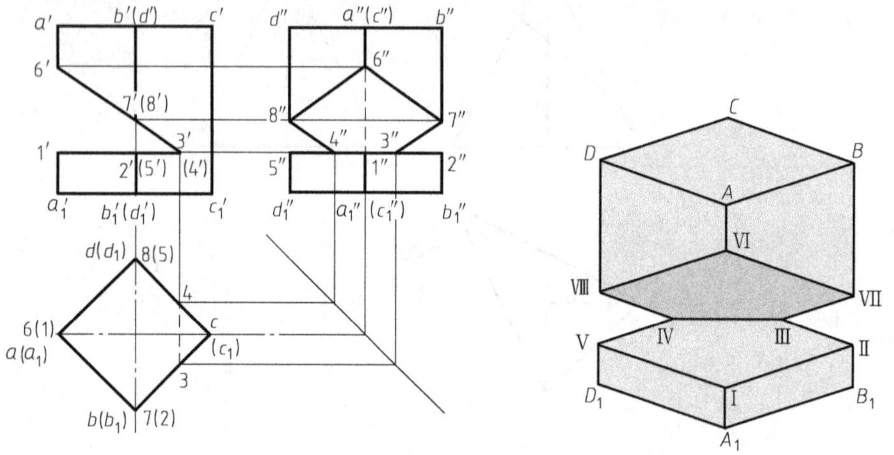

图6-3　两平面与四棱柱相交

作图步骤：

1）因为四棱柱的棱面和棱线的水平投影具有积聚性，由1′、2′、3′、4′、5′可作出1、2、3、4、5。同理由6′、7′、8′可作出6、7、8。

2）连线12、23、45、51都积聚在棱面上，连线34为两平面的交线，且为不可见，用细虚线画出，如图6-3所示的水平投影图。

3）由1′、2′、5′、6′、7′、8′可作出1″、2″、5″、6″、7″、8″，由3、4和3′、4′可作出3″、4″。

4）依次连接侧面投影上各点，并判别可见性，如图6-3所示的侧面投影图。

6.3　平面与曲面立体相交

6.3.1　平面与圆柱相交

平面截切圆柱时，根据平面与圆柱轴线的相对位置不同，可得到三种截交线，如图6-4所示。

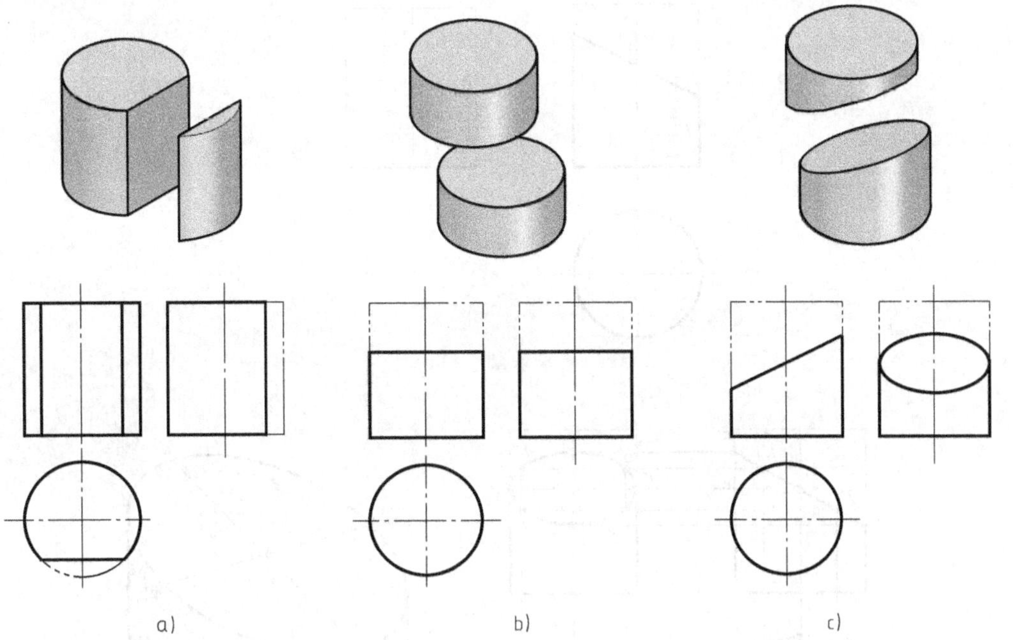

图 6-4　平面与圆柱相交的三种情况

a）截平面平行圆柱轴线，截交线为矩形　b）截平面垂直圆柱轴线，截交线为圆

c）截平面与圆柱轴线斜交，截交线为椭圆

【例 6-3】　如图 6-5a 所示，圆柱被正垂面截切，求截交线。

分析：

由于圆柱被平面斜截，因此截交线为椭圆曲线。截平面为正垂面，则截交线的正面投影积聚为一直线，圆柱轴线垂直于水平面，截交线的水平投影积聚在圆柱面的水平投影（圆）上。截交线的侧面投影没有积聚性，可根据圆柱面上取点的方法作出。

作图步骤（见图 6-5b）：

1）求特殊点。对于椭圆曲线，首先要作出长短轴上的四个端点。Ⅰ、Ⅴ两点是椭圆曲线的最低点和最高点，分别位于圆柱面的最左和最右两条素线上，Ⅲ、Ⅶ两点是椭圆曲线的最前和最后点，分别位于圆柱面的最前和最后两条素线上。这些点的水平投影为 1、5、3、7，正面投影为 1′、5′、3′、7′，根据点的投影性质作出 1″、5″、3″、7″，由这些特殊点可确定截交线的大致范围。

2）求一般点。在特殊点之间的适当位置作出适当数量的一般点，如图 6-5 所示的Ⅱ、Ⅳ、Ⅵ、Ⅷ等点。作图时，先作出其水平投影 2、4、6、8，再作出正面投影 2′、4′、6′、8′，然后根据水平投影和正面投影作出侧面投影 2″、4″、6″、8″。

3）将这些点依次光滑地连接起来，就得到截交线的投影，并判别可见性。

提示：特殊点主要是转向轮廓线与截平面的交点，此外还有极限点（最高、最低、最前、最后、最左、最右点）和椭圆长、短轴的端点等。

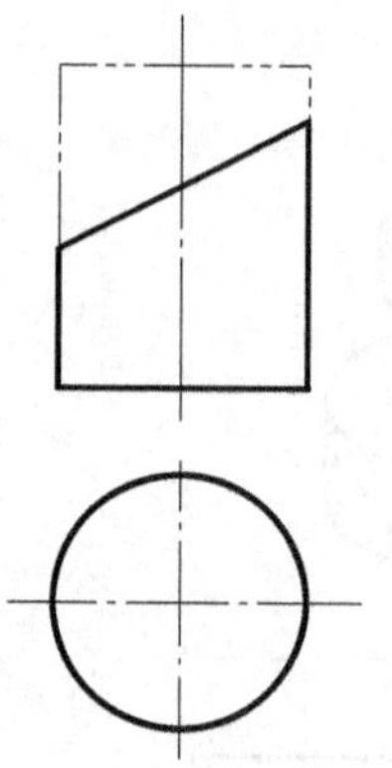

a)

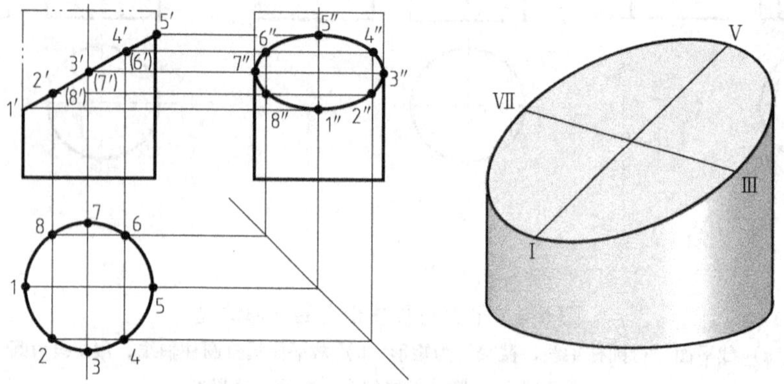

b)

图6-5　正垂面与圆柱相交

6.3.2　平面与圆锥相交

当平面截切圆锥时，根据截平面与圆锥轴线的相对位置不同，有六种截交线，如图6-6所示。

【例6-4】　如图6-7a所示，一圆锥被正垂面截切，求截交线。

分析：

截平面倾斜于圆锥轴线，符合如图6-6c所示的情况，因此截交线为一椭圆。因截平面是正垂面，截交线的正面投影积聚为一直线，水平和侧面投影为一椭圆。

作图步骤（见图6-7b）：

1）求特殊点。如图6-7所示，截平面和圆锥面最左、最右素线交点的正面投影1′、2′，既是截交线的最左点和最右点，又是最低点和最高点的正面投影，由1′、2′可作出1、2和1″、2″，1、2，1′、2′和1″、2″也是椭圆长轴端点的三面投影。

2）选取1′2′的中点，即为椭圆短轴有积聚性的投影，也是椭圆短轴端点正面投影3′、4′。3′、4′也是最前点和最后点的正面投影。

3）过3′、4′作水平线，即为辅助圆，作出该辅助圆的水平投影，用圆锥表面取点的方法，由3′、4′作出3、4，再求出3″、4″。

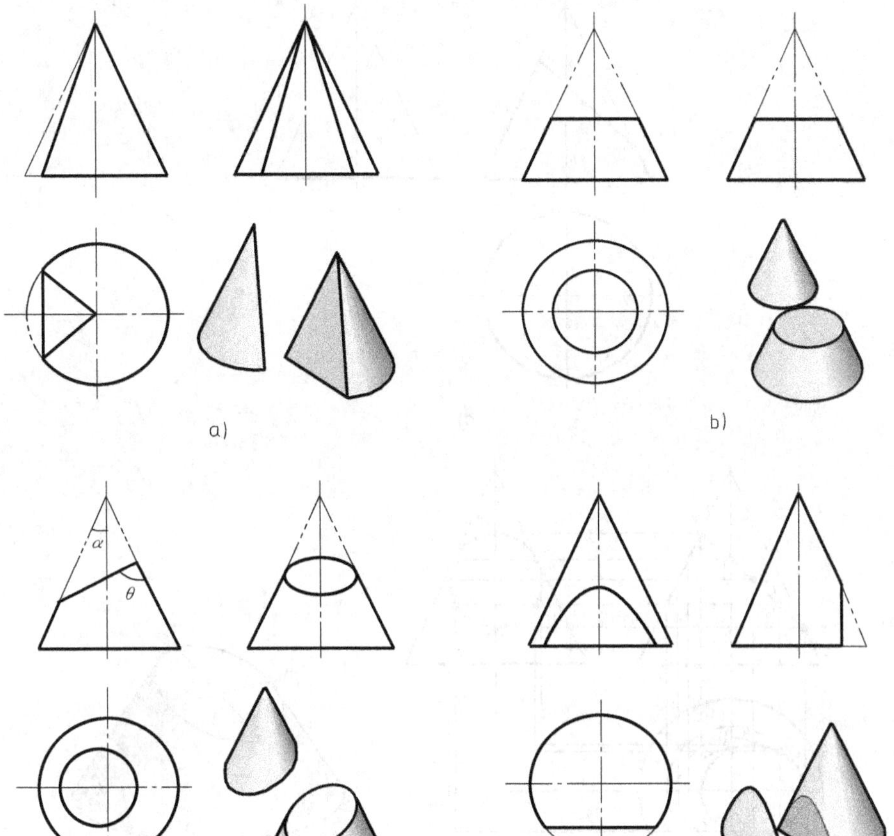

图 6-6　平面与圆锥相交的六种情况

a）截平面过锥顶，截交线是三角形　b）截平面垂直轴线（$\theta=90°$），截交线是圆　c）截平面与轴线倾斜（$\theta>\alpha$），截交线是椭圆　d）截平面平行轴线（$\theta=0°$），截交线是双曲线　e）截平面与轴线倾斜（$\theta<\alpha$），截交线是双曲线　f）截平面与轴线倾斜（$\theta=\alpha$），截交线是抛物线

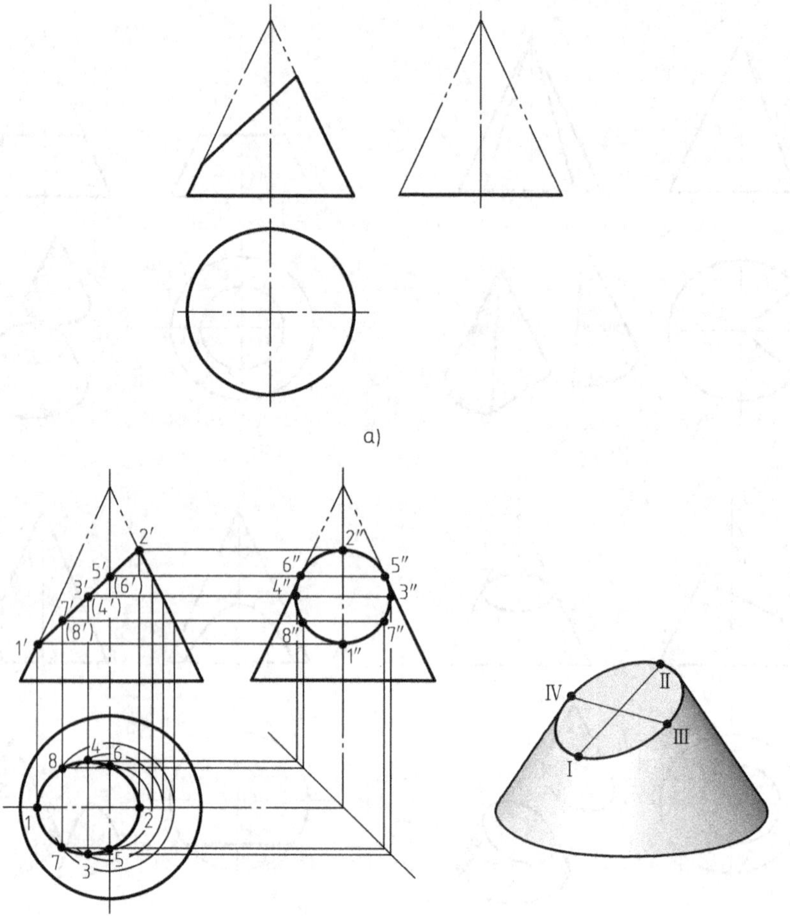

a)　b)

图 6-7　正垂面与圆锥相交

4）求Ⅴ、Ⅵ点，先在截交线的正面投影上确定出 5′和 6′，再用辅助圆法求出 5 和 6，然后再作出 5″和 6″。特别注意Ⅴ和Ⅵ是最前和最后两素线上的点，因此 5″和 6″是截交线侧面投影与圆锥面侧面投影外形轮廓线的切点。

5）求一般点。为了比较准确地画出截交线的椭圆曲线，在特殊点Ⅰ、Ⅱ、Ⅲ、Ⅳ之间分别取一般点Ⅶ和Ⅷ。作图时，先在截交线的正面投影上确定出 7′和 8′，再用辅助圆法求出 7 和 8，然后作出 7″和 8″。

6）依次光滑连接各点，即得截交线的水平投影与侧面投影，并判别可见性。

【例 6-5】　如图 6-8a 所示，一圆锥体被一平行于圆锥轴线的正平面截切，已知水平投影，完成其他投影。

分析：

由于截平面是平行于圆锥轴线的正平面，则截交线为双曲线，并且其正面投影反映实形，侧面投影积聚为一平行于轴线的直线。

作图步骤（见图 6-8b）：

1）因截交线的侧面投影积聚为一平行于轴线的直线，可由水平投影直接作出，如图

6-8b所示。

2）求特殊点。由侧面投影可知，位于圆锥最前素线上的点Ⅲ是截交线上的最高点，由3″可求得3′。由水平投影可知，位于圆锥底圆上的Ⅰ、Ⅴ两点，是截交线的最低点，也分别是截交线的最左点和最右点，由1、5可求得1′、5′。

3）求一般点。在特殊点Ⅰ、Ⅲ、Ⅴ之间分别取一般点Ⅱ和Ⅳ。作图时，首先在水平投影上的1、3和3、5之间分别取2、4两点，根据圆锥面上取点的方法作辅助圆，由2、4求得2′、4′。同理可求出其他一般点。

4）依次光滑地连接各点，即得截交线的投影。

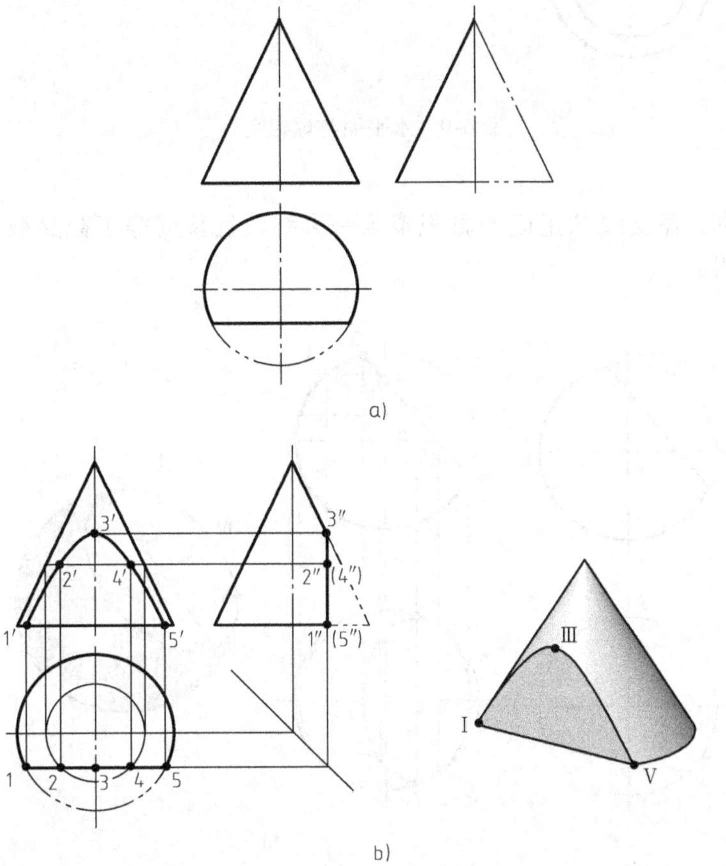

图6-8　正平面与圆锥相交

6.3.3　平面与球面相交

球被截平面在任何位置截切后，其截交线都是圆。当截平面平行于投影面时，截交线（圆）在该投影面上的投影反映实形，其他两投影积聚成直线，该直线的长度等于截交线（圆）的直径，如图6-9所示；当截平面垂直于投影面时，截交线（圆）在该投影面上的投影为一直线，其他两投影均为椭圆。

【例6-6】　如图6-10a所示，球被一正垂面截切，求截交线。

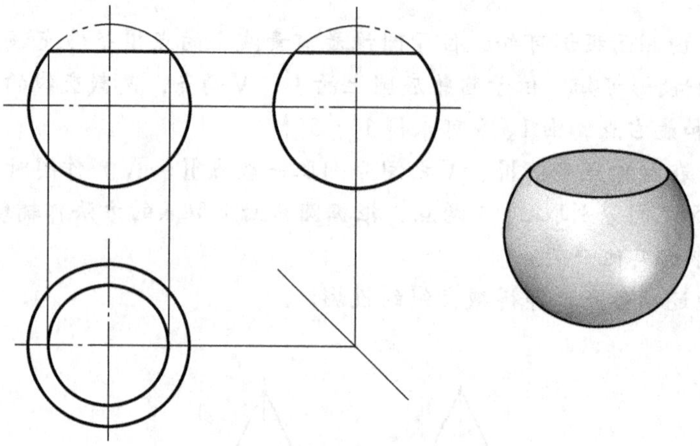

图6-9　水平面与球相交

分析：

截交线为一圆，截交线的正面投影积聚为一直线，且长度等于截交线（圆）的直径，水平投影为一椭圆。

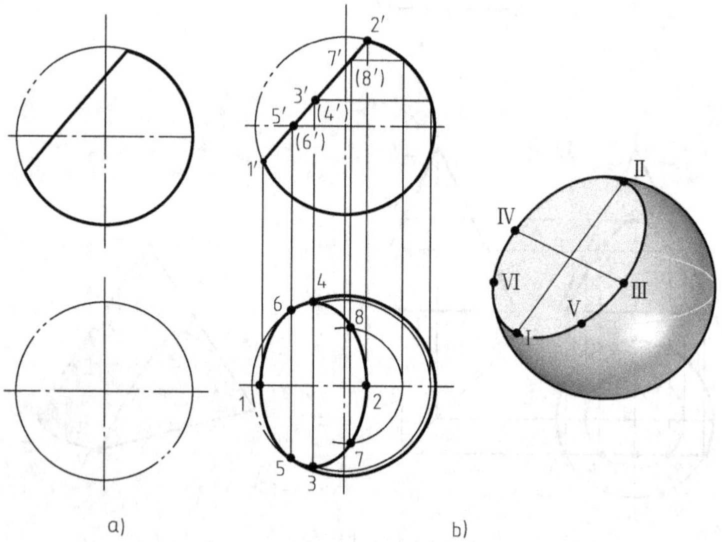

图6-10　正垂面与球相交

作图步骤（见图6-10b）：

1）求特殊点。确定椭圆长短轴的端点Ⅰ、Ⅱ、Ⅲ、Ⅳ。在正面投影上选取1′、2′两点，因1′、2′在球正面投影的外形轮廓线上，所以水平投影1、2在球的前半球和后半球的对称面上，如图6-10所示，由1′、2′可求得1、2。在正面投影上1′、2′的中点作出3′、4′两点，根据球面上取点法，过Ⅲ、Ⅳ作辅助圆，由3′、4′可作出3、4两点。

2）求外形轮廓线上的点。确定截交线与上半球和下半球对称面的交点Ⅴ、Ⅵ，其正面投影为5′、6′，由5′、6′可求出5、6。5、6两点是截交线水平投影的椭圆与球水平投影的外形轮廓线的切点，也是球面水平投影的外形轮廓线的点。

3）求一般点。在特殊点和外形轮廓线上的点之间确定一般点，首先在正面投影上确定7′、8′，然后用球面上取点的辅助圆法求出7、8。同理，可作出其他一般点。

4）依次连接各对应点，即得截交线的投影。

6.3.4　组合切割实例

【例6-7】　如图6-11a所示，求作半圆球开槽后的投影。

分析：

半圆球被两侧平面*P*、*R*和一水平面*Q*截切后形成槽，截交线均为圆弧曲线，其正面投影具有积聚性，水平和侧面投影分别反映实形（或具有积聚性）。两侧平面*P*、*R*与水平面*Q*的交线为正垂线。

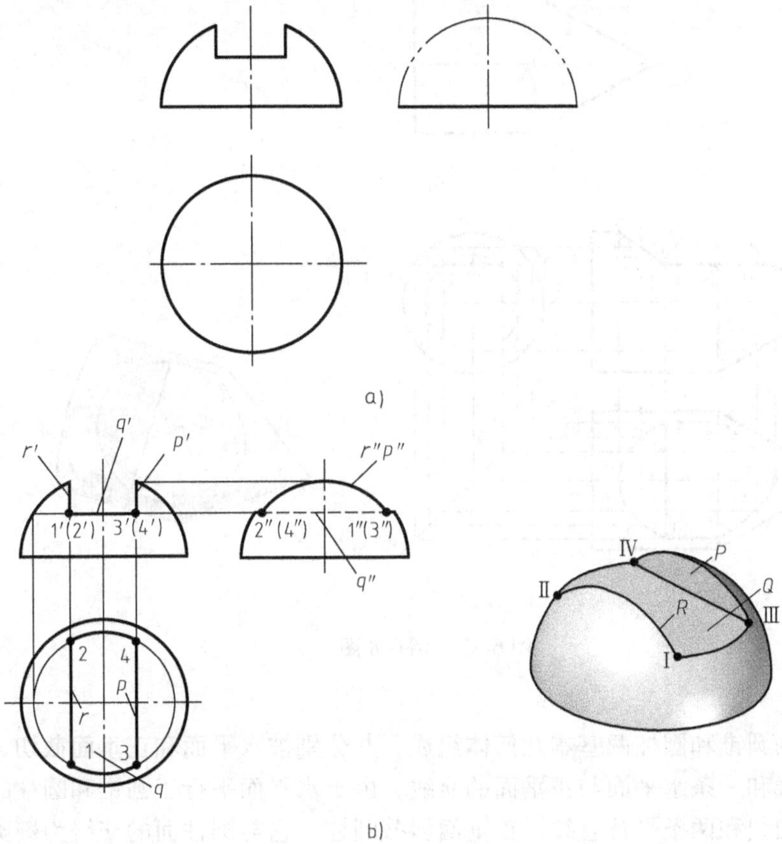

图6-11　例6-7图

作图步骤（见图6-11b）：

1）作两侧平面*P*、*R*截切的截交线。因在正面投影中平面*P*、*R*积聚为直线，其截交线也积聚在直线p'、r'上，*P*、*R*侧面投影为圆弧p''、r''，因为*P*、*R*左右对称，所以p''、r''重影，半径由正面投影p'或r'确定。水平投影的截交线也积聚为直线，其端点1、2、3、4可由1″、2″、3″、4″确定，也可由水平截面*Q*的投影确定。

2）作水平面 Q 截切的截交线。在正面投影中平面 Q 积聚为直线 q'，水平投影为两段圆弧$\overset{\frown}{13}$、$\overset{\frown}{24}$，直径由正面投影 q' 确定，侧面投影圆弧$\overset{\frown}{1''3''}$、$\overset{\frown}{2''4''}$积聚为直线，并且是可见的，而两平面的交线 $1''2''$、$3''4''$ 为不可见，画成细虚线。

注意：球面的侧面投影外轮廓线在槽的范围内已不存在。

【例 6-8】 求作机床顶针头部（圆柱和圆锥组合）的表面截交线的投影，如图 6-12a 所示。

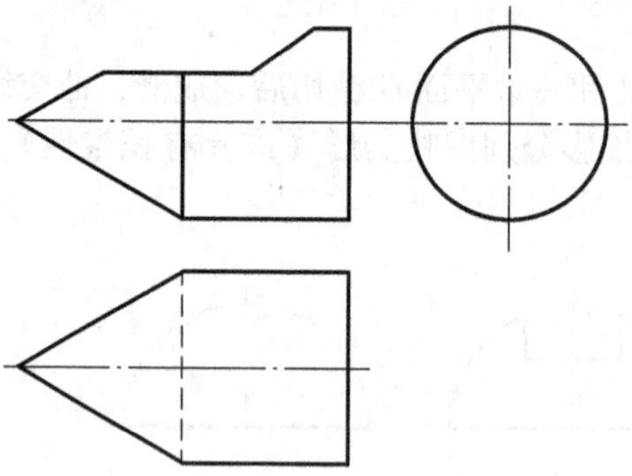

a)

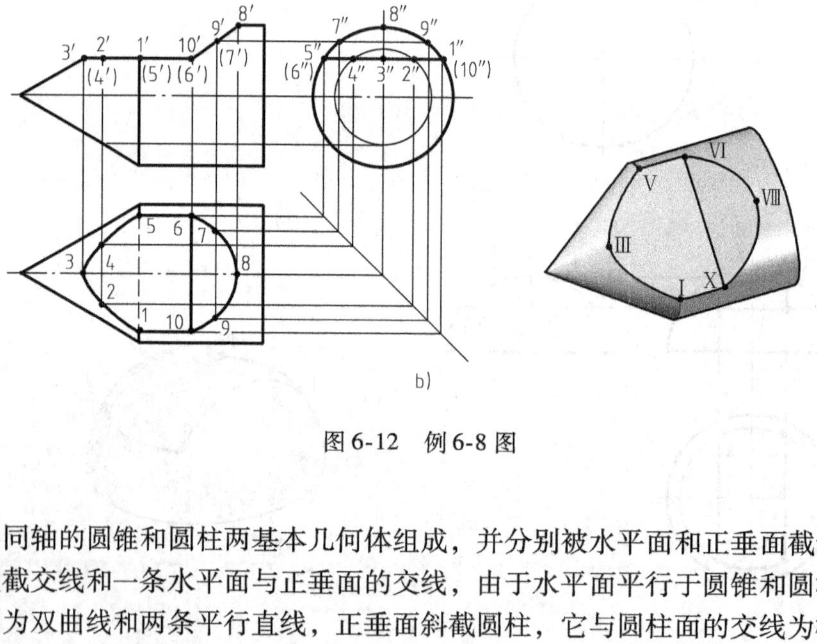

b)

图 6-12　例 6-8 图

分析：

顶针由同轴的圆锥和圆柱两基本几何体组成，并分别被水平面和正垂面截切，在其表面上共有三组截交线和一条水平面与正垂面的交线，由于水平面平行于圆锥和圆柱的轴线，其截交线分别为双曲线和两条平行直线，正垂面斜截圆柱，它与圆柱面的交线为椭圆曲线，所以截交线自左向右为双曲线-直线-椭圆曲线。

作图步骤（见图 6-12b）：

1）作侧面投影。由于水平面和正垂面垂直于正投影面，三组截交线（即双曲线、直线、椭圆曲线）分别积聚在水平面和正垂面的正面投影（直线）上。又由于水平面和顶针的轴线垂直侧投影面，所以三组截交线在侧面的投影分别积聚在水平面和圆柱面的侧面投影上，如图 6-12b 所示。

2）作水平面投影。首先作出特殊点，如图 6-12b 所示，Ⅰ、Ⅴ两点是双曲线与两平行直线的结合点，Ⅲ是双曲线的顶点。Ⅵ、Ⅹ两点是椭圆曲线与两平行直线的结合点。Ⅷ是椭圆曲线的最右点。然后分别在双曲线上选择Ⅱ、Ⅳ，在椭圆曲线上选择Ⅶ、Ⅸ一般点。同理，可选择其他一般点。上述各点由正面投影作出侧面投影，再求出水平投影。具体作图请自行分析。

3）作出两截平面的交线ⅥⅩ，并依次连接各点的投影（注意水平投影中15线为细虚线，因为圆锥面与圆柱面的交线不可见）。

【例6-9】 作出连杆头（球、圆锥和圆柱面组合）**表面截交线的投影，如图6-13a**所示。

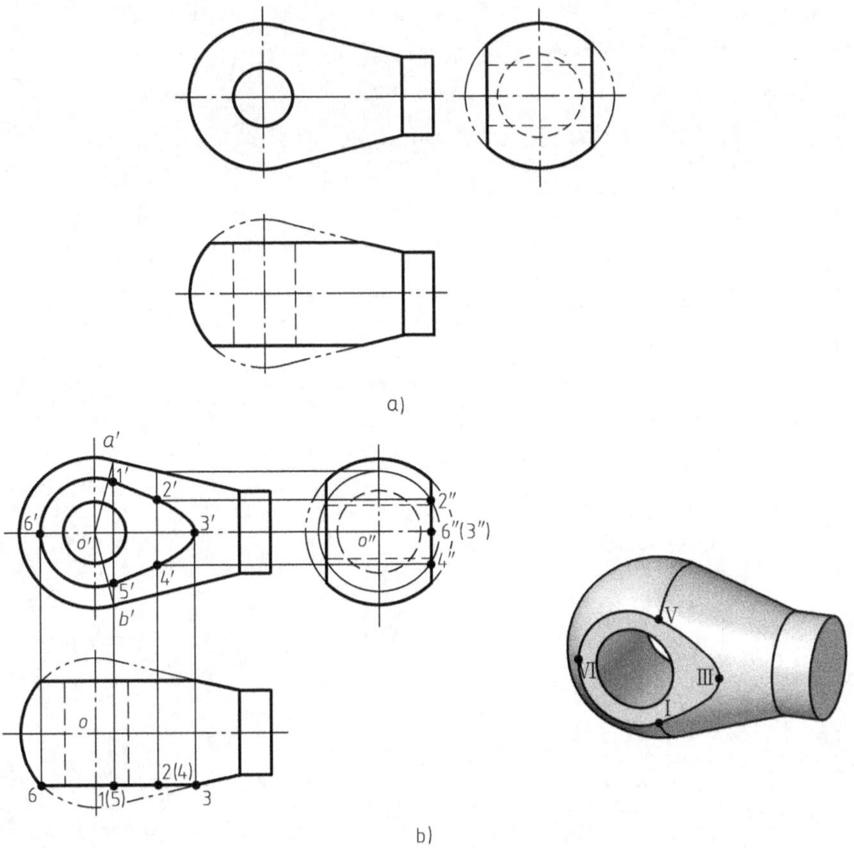

图6-13　例6-9图

分析：

连杆头的表面是由球面、圆锥面和圆柱面组成的同轴回转体，球面和圆锥面相切。连杆头的轴线为侧垂线，它的前后分别被平行于轴线的正平面截切，球面部分的截交线为圆，圆锥部分为双曲线，圆柱部分未被截切，无截交线。圆和双曲线的分界点应在球面与圆锥面的分界线上，作图时首先要确定球面和圆锥面的分界线。

作图步骤（见图6-13b）：

1）确定球面和圆锥面的分界线。在正面投影中，过球心 o' 作圆锥面外形轮廓线的垂线，得垂足 a'、b'，$a'b'$ 的连线即为球面和圆锥面的分界线（分界线的正面投影），球面和圆锥面的截交线也以此为界。

2）作截交线。以 $o'6'$ 为半径作圆与 $a'b'$ 线交于 $1'$、$5'$，即得球面的截交线，$1'$、$5'$ 两点为球面截交线（圆）和圆锥面截交线（双曲线）的结合点。然后确定双曲线的顶点Ⅲ及一般点Ⅱ、Ⅳ，具体作图方法不再赘述。

3）依次连接各点的投影。

第 7 章　相　贯　线

【本章重点】

1）相贯线的性质。

2）积聚性作图。

3）辅助平面作图。

7.1　相贯线的性质

两曲面立体相交，也称为相贯，它们的表面交线称为相贯线。相贯线具有以下性质：

1）相贯线是两相交曲面立体表面的共有线，也是两曲面立体表面的分界线。相贯线上的点是两曲面立体表面的共有点。

2）两曲面立体的相贯线在一般情况下是一条闭合的空间曲线。

3）相贯线的形状取决于两相交曲面立体的形状、大小及轴线之间的相对位置。相贯线在一般情况下是空间曲线，如图 7-1a 所示；在特殊情况下为平面曲线，如图 7-1b 所示。

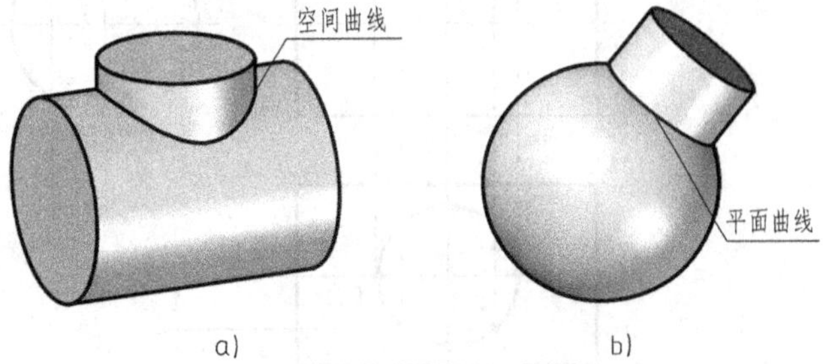

图 7-1　相贯线的形式

7.2　相贯线的作图方法

求两曲面立体表面交线，可归结为求两曲面立体表面上一系列共有点的问题，下面介绍两种最常用的相贯线作图方法。

7.2.1　利用积聚性作图法

利用积聚性作图法只适用于两相贯体中，至少有一个轴线垂直某一投影面的圆柱的情况，这样圆柱面在该投影面上的投影积聚为一个圆，相贯线在该投影面上的投影也一定积聚在圆柱面的投影上，相贯线的其他投影可根据表面取点的方法作出。

【例 7-1】　如图 7-2a 所示，两圆柱体正交，求相贯线。

分析：

两圆柱体正交，一个是直立圆柱，轴线垂直于水平投影面，水平投影积聚为一圆，则相贯线的水平投影积聚在这个圆上；另一个是侧垂圆柱，轴线垂直于侧投影面，侧面投影也积聚为一圆，则相贯线的侧面投影积聚在直立圆柱外形轮廓线之间的侧垂圆柱投影（圆）上。已知相贯线的两个投影，即可求出它的正面投影。

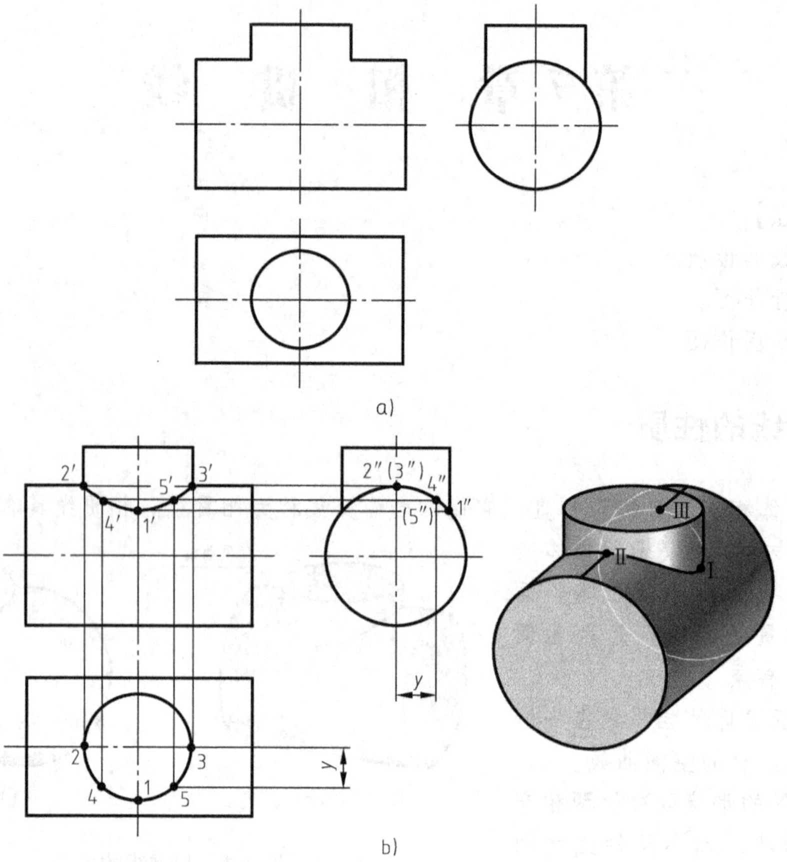

图7-2　相贯线的作图方法

作图步骤（见图7-2b）：

1）求特殊点。点Ⅰ是直立圆柱最前素线与侧垂圆柱面的交点，它是相贯线的最前点，也是相贯线的最低点，由1、1″可求得1′。点Ⅱ、Ⅲ为直立圆柱最左和最右素线与侧垂圆柱的交点，是相贯线的最左和最右点，也是相贯线的最高点，在正面投影上是两圆柱外形轮廓线的交点2′、3′，可直接作出。

提示：　两回转面交线上的特殊点主要是转向轮廓线上的共有点和极限点。

2）求一般点。在水平投影上，由直立圆柱水平投影的圆上选取4、5两点，由4、5作出4″、5″，根据点的投影性质，由4、5和4″、5″求得4′、5′。

3）依次连接点2′、4′、1′、5′、3′，即得相贯线的正面投影。

提示：　因为两圆柱正交，其相贯线前后对称，所以后半部分与前半部分重影，不需再求。

两圆柱相交有三种情况：

1）两外圆柱面相交，如图7-3a所示。

2）外圆柱面与内圆柱面（圆孔）相交，如图7-3b所示。

3）两内圆柱面（孔与孔）相交，如图7-3c所示。

这三种相贯线形式虽然不同，但其性质、形状和求法基本相同。

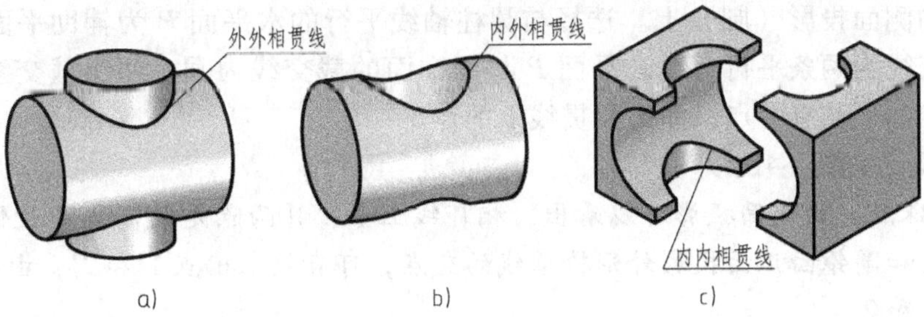

图 7-3　两圆柱相交的三种情况

7.2.2　辅助平面法

用辅助平面法求相贯线的投影是一种较普遍的方法。采用辅助平面法的关键是选取合适的辅助平面，辅助平面选择的一般原则是：使辅助平面与两相交曲面立体产生的截交线的投影为最简单的线条（简单易画、便于绘制），如直线或圆等。

【例 7-2】　如图 7-4a 所示，一圆柱与圆台相交，使用辅助平面法求相贯线。

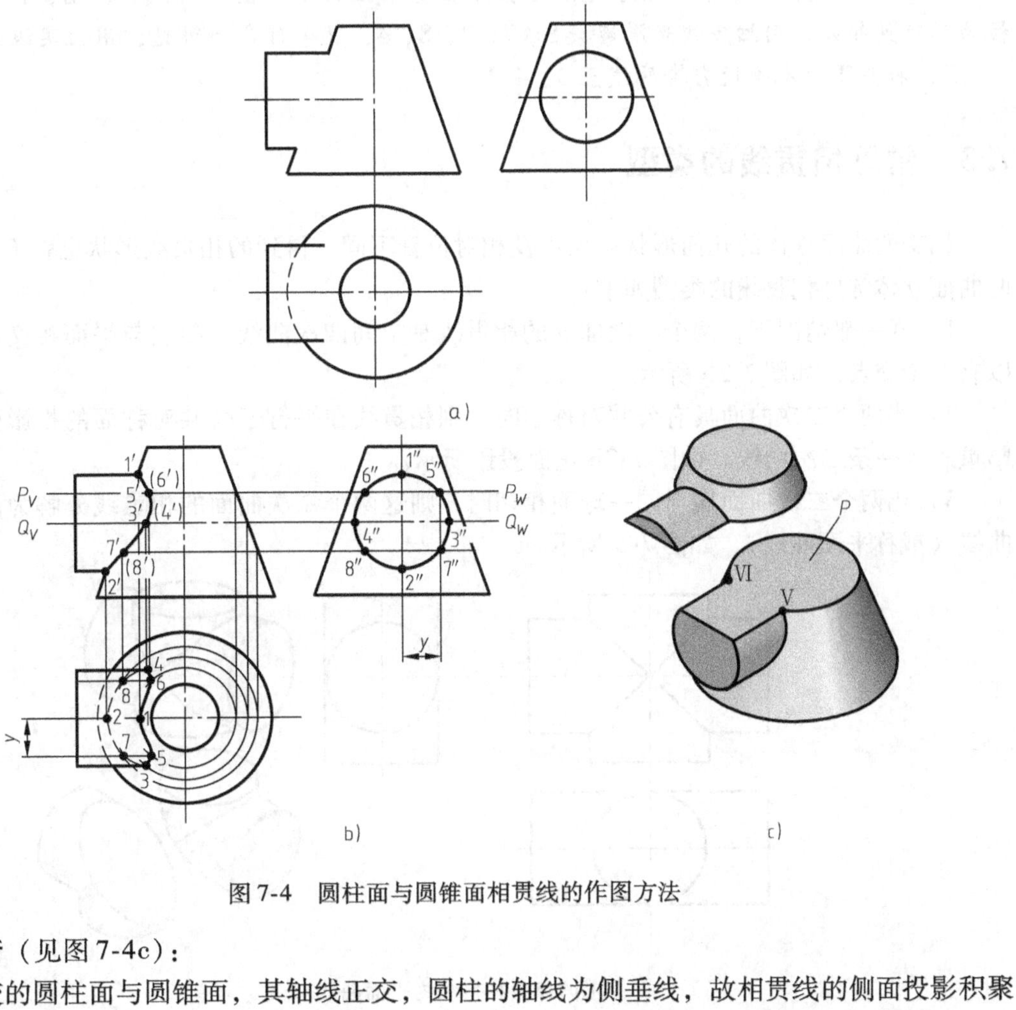

图 7-4　圆柱面与圆锥面相贯线的作图方法

分析（见图 7-4c）：

相交的圆柱面与圆锥面，其轴线正交，圆柱的轴线为侧垂线，故相贯线的侧面投影积聚在水平圆柱的侧面投影（圆）上。选择与圆柱轴线平行的水平面 P 为辅助平面，平面 P 与圆柱面的截交线为两条平行直线，平面 P 与圆锥面的截交线为圆，两组截交线的交点即为圆柱面与圆锥面上共有的点，即为相贯线上的点。

作图步骤（见图 7-4b）：

1）求特殊点。由侧面投影可以看出，相贯线上Ⅰ、Ⅱ两点是最高点和最低点，其正面投影是圆柱面和圆锥面正面投影外形轮廓线的交点，可直接求出点 1′和 2′，由 1′、2′点可求得水平投影 1 和 2。

2）求特殊点。过圆柱面的轴线作水平面 Q，则与圆柱面相交为最前和最后两条素线，与圆锥面相交为圆，其水平投影的交点为 3、4 两点，3、4 为相贯线的水平投影可见部分与不可见部分的分界点，也是相贯线上的最前点Ⅲ和最后点Ⅳ的水平投影，其正面投影为 3′、4′。

3）求一般点。作水平面 P 为辅助平面，它与圆柱面相交为两平行直线，与圆锥面相交为圆，两平行直线与圆的水平投影的交点 5、6 即为相贯线上Ⅴ、Ⅵ两点的水平投影。由此可作出正面投影 5′、6′，5′、6′两点重影。同理，可作出其他一般点，如点Ⅶ、Ⅷ。

4）在正面投影中，因圆柱面和圆锥面具有公共的前后对称面，相贯线的前后部分投影重合，依 1′、5′、3′、7′、2′顺序光滑连接。在水平投影中，Ⅲ、Ⅶ、Ⅱ、Ⅷ、Ⅳ在下半圆柱为不可见部分，用细虚线光滑连接 3、7、2、8、4，其余部分为可见，用粗实线画出。

5）补齐圆柱水平投影轮廓线至 3、4 点。

7.3 常见相贯线的类型

相交两曲面立体的几何形状、大小及相对位置不同，得到的相贯线形状也就不同。相交两曲面立体常见相贯线的类型如下：

1）在一般情况下，两个二次曲面的相贯线是空间四次曲线，即它与平面相交时至多可以有四个交点，如图 7-2b 所示。

2）当两个二次曲面具有公共对称面时，则相贯线在平行于公共对称面的投影面上的投影重影为一条二次曲线。如图 7-2b 正面投影所示。

3）当两个二次曲面均与同一球面相切时，则这两个二次曲面的相贯线分解为两条二次曲线（或称平面曲线），如图 7-5 所示。

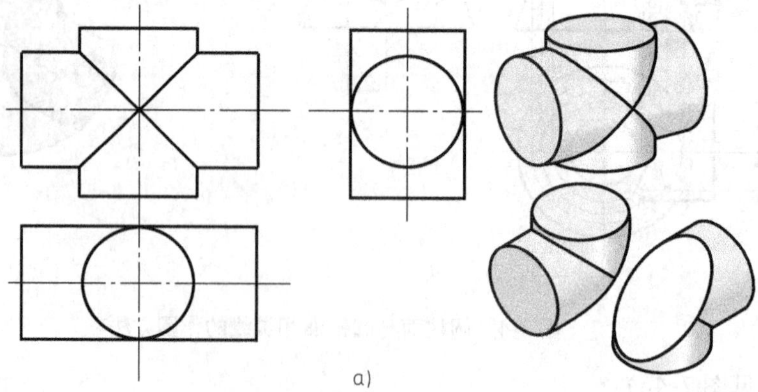

a)

图 7-5 相贯线为平面曲线

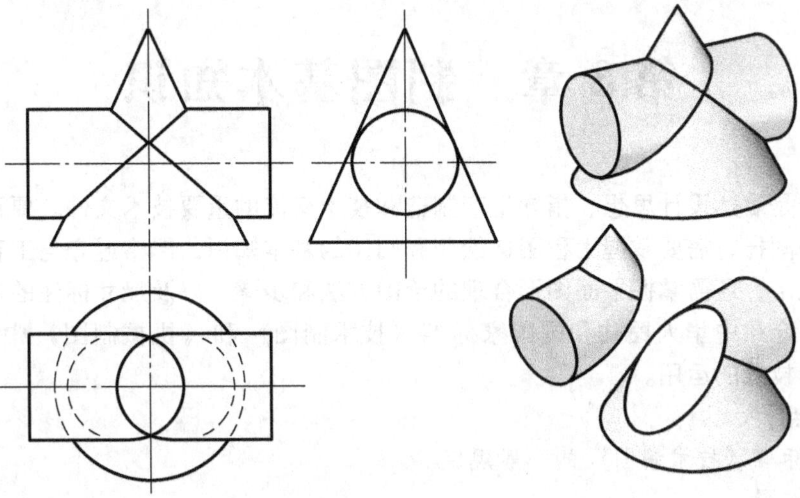

b)

图7-5 相贯线为平面曲线（续）

4）两个同轴线回转面的相贯线是与轴线垂直的圆，如图7-6所示。

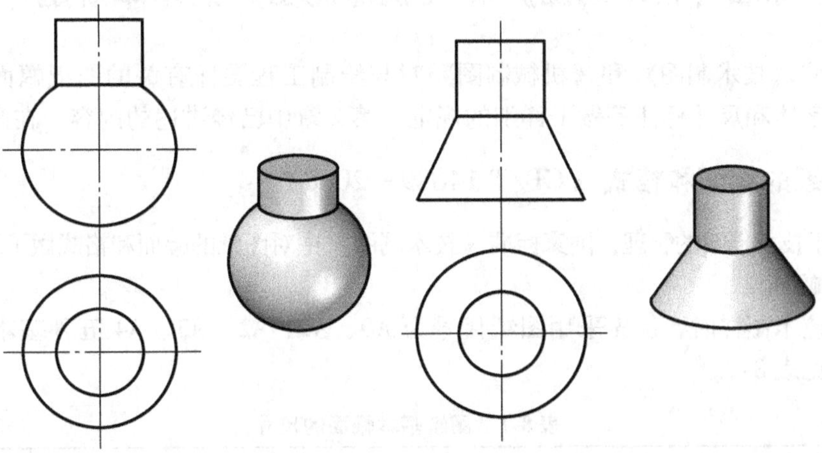

a) b)

图7-6 同轴线回转面相贯

第 8 章　制图基本知识

工程图样是表达设计思想、指导生产制造和技术交流的重要技术文件。要正确地设计绘制和阅读工程图样，需要掌握工程图样绘制和阅读的基本知识，严格遵守与工程图样相关的国家标准和规定；还需掌握平面图形合理的绘图方法和步骤，以及尺寸标注的基本原则和注法。本章主要介绍中华人民共和国国家标准《技术制图》和《机械制图》中的基本规定，以及绘图基本技能的运用。

【本章重点】

1）国家标准《技术制图》的一般规定。

2）几何作图。

3）平面图形的尺寸及线段分析。

4）平面图形的绘图方法和步骤。

8.1　国家标准《技术制图》和《机械制图》的基本规定

国家标准《技术制图》和《机械制图》对与绘制工程图样有关的图纸幅面和格式、比例、图线、字体和尺寸标注等做了详细的规定。第 2 章中已经讲述的内容，在此不再细述。

8.1.1　图纸的幅面和格式（GB/T 14689—2008）

为了便于技术档案的管理，国家标准《技术制图》中对图纸的幅面和格式做了统一的规定。

1. 图纸幅面

当绘制技术图样时，优先采用图纸代号为 A0、A1、A2、A3、A4 五种基本幅面，基本幅面的尺寸见表 8-1。

表 8-1　图纸基本幅面的尺寸　（单位：mm）

幅面代号	A0	A1	A2	A3	A4
$B\times L$	841×1189	594×841	420×594	297×420	210×297
e	20		10		
c	10			5	
a	25				

注：B—短边的尺寸；L—长边的尺寸，其中 $L=\sqrt{2}B$；a—装订边尺寸；c、e—周边尺寸。

提示：　图框线与纸边界线之间的区域称为周边。

在 A4 ~ A0 五种图纸幅面中，图纸幅面的面积由小到大成倍递增，如 A3 是 A4 幅面面积的两倍，A2 是 A3 幅面面积的两倍，以此类推。

当图纸的基本幅面不能满足绘图要求时，允许选用加长幅面，加长幅面的尺寸是由基本幅面的短边尺寸成整数倍增加后得出的，如图 8-1 所示。

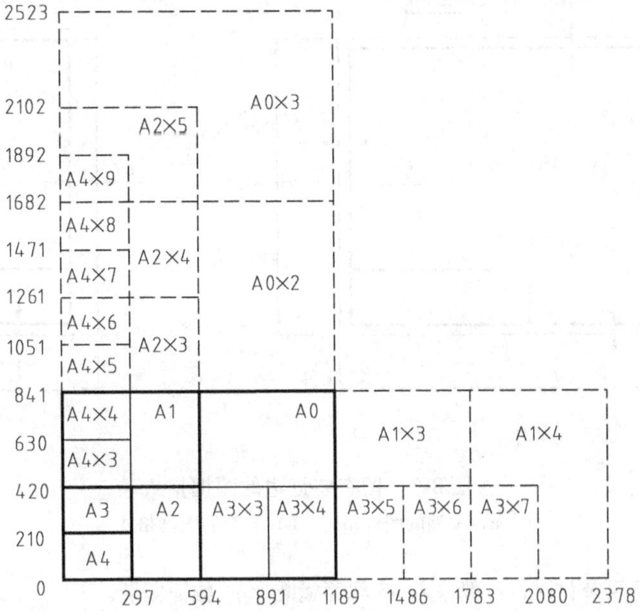

图 8-1　基本幅面与加长幅面

2. 图框格式

在图纸上必须用粗实线画图框，其格式分为不留装订边和留有装订边两种，但同一产品的图样只能采用一种格式。如果标题栏的长边置于水平方向并与图纸的长边平行，则构成 X 型图纸（见图 8-2a）；如果标题栏的长边与图纸的长边垂直，则构成 Y 型图纸（见图 8-2b）。

（1）不留装订边的图纸　图框的四个周边尺寸相同，尺寸按表 8-1 的规定。其图框格式如图 8-2 所示。该格式一般用于不需装订的图样，或采用缩微摄影保存图样管理的方式。

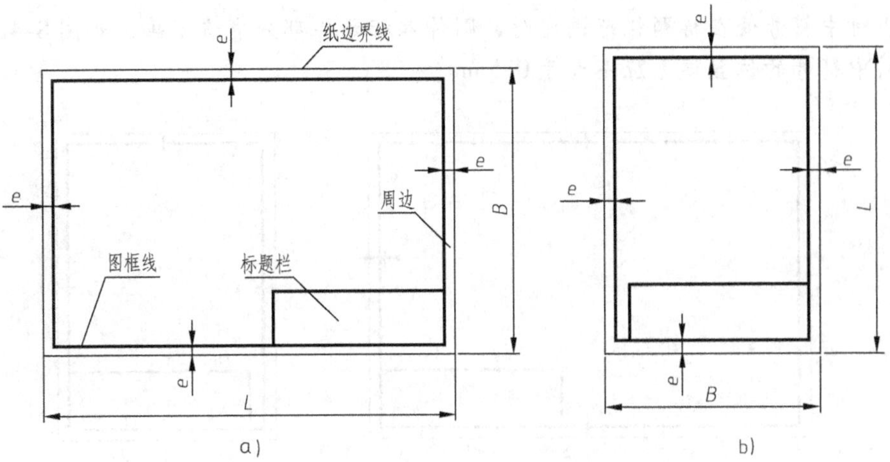

图 8-2　不留装订边的图框格式
a）X 型的图框格式　b）Y 型的图框格式

（2）留有装订边的图纸　装订一侧的周边尺寸需要比其他三个周边尺寸大一些，尺寸按表 8-1 的规定。其图框格式如图 8-3 所示。该格式一般用于将图样装订成册的管理方式。

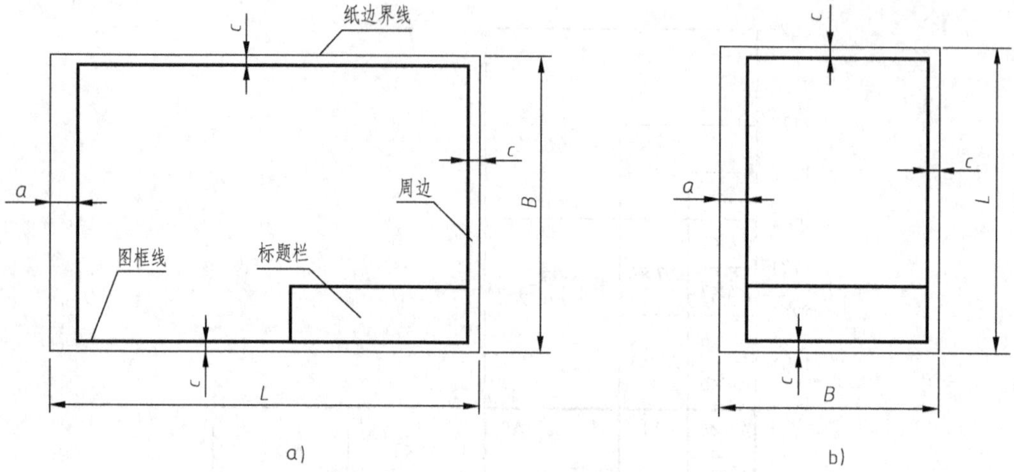

图 8-3　留有装订边的图框格式

a）X 型的图框格式　b）Y 型的图框格式

注意：　当图样需要装订时，一般采用 A3 幅面横装，A4 幅面竖装。

（3）加长幅面的图框尺寸　按所选用的基本幅面大一号的图框尺寸确定。如 A2×3 的图框尺寸，需按 A1 的图框尺寸确定，即 e 选用 20（或 c 选用 10）；又如 A3×4 的图框尺寸，需按 A2 的图框尺寸确定，即 e 选用 10（或 c 选用 10）。

3. 附加符号

（1）对中符号　为了使图样复制和缩微摄影时定位方便，均应在图样各边长的中点处分别画出对中符号，如图 8-4 所示。对中符号绘制规定如下：

1）对中符号用粗实线绘制，线宽不小于 0.5mm，长度从纸边开始至伸入图框约 5mm，如图 8-4 所示。

2）当对中符号处在标题栏范围内时，则伸入标题栏部分省略不画，如图 8-4b 所示。

3）对中符号的位置误差应不大于 0.5mm。

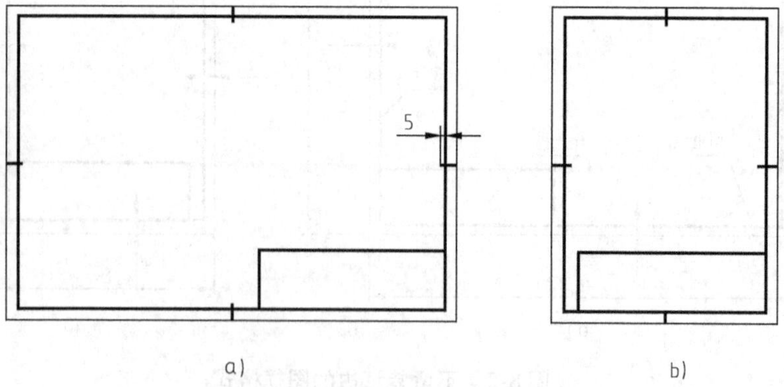

图 8-4　对中符号

（2）方向符号　当使用按国家标准规定预先印制好图框和标题栏格式的图纸时，为了明确绘图与看图时图样的方向，应在图样的下边对中符号处画出一个方向符号，如图 8-5 所示。

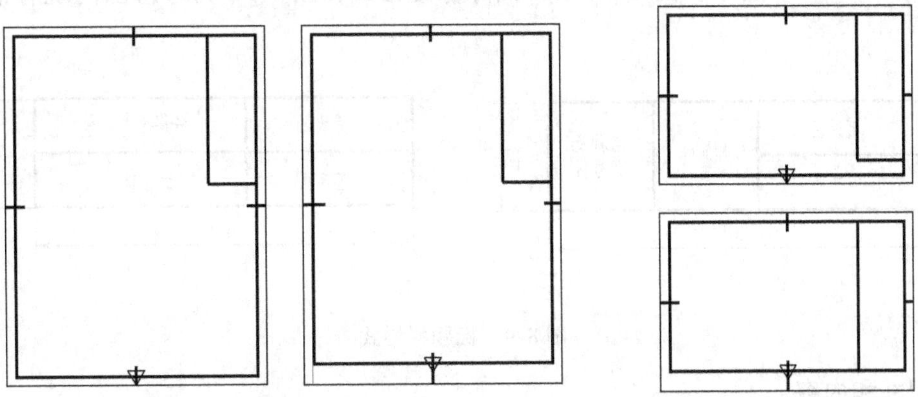

图8-5　方向符号

方向符号为等边三角形，用细实线绘制在图样的下边对中符号处，其中等边三角形的一个角指向正下方，具体尺寸与所处位置如图8-6所示。

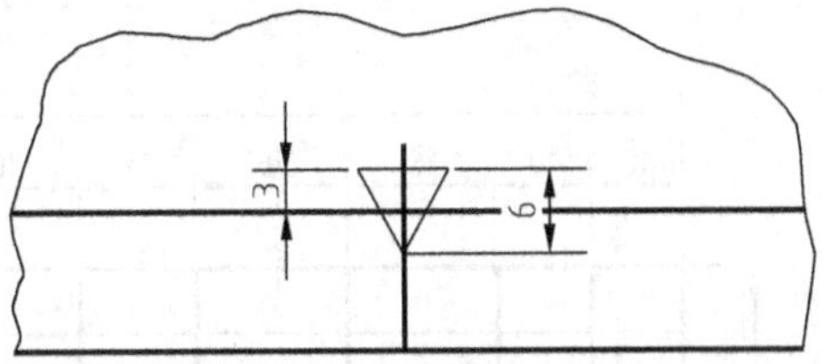

图8-6　方向符号的画法

（3）投影符号　为了识别图样采用了哪个分角作为投影空间，国家标准规定，第一角画法的投影识别符号如图8-7所示，第三角画法的投影识别符号如图8-8所示，投影符号绘制规定如下：

1）投影符号中的线型用粗实线和细点画线绘制，其中粗实线的线宽不小于0.5mm。

2）投影符号一般放置在标题栏中名称及代号区的下方。

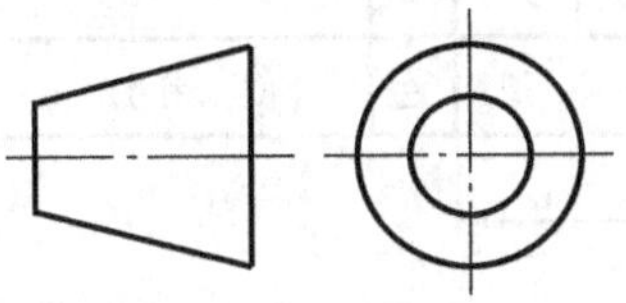

图8-7　第一角画法的投影识别符号

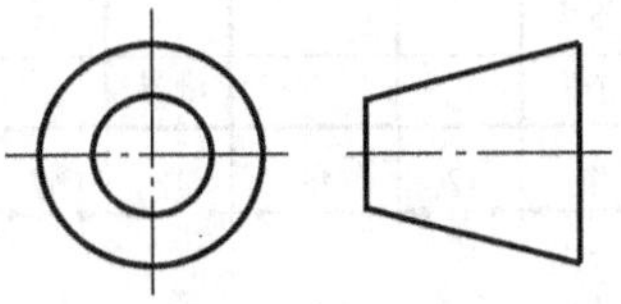

图8-8　第三角画法的投影识别符号

8.1.2　标题栏（GB/T 10609.1—2008）

标题栏包含了图样中所表达的零部件以及图样管理的许多信息，是工程图样的重要组成部分，每张图样上都必须画出标题栏。国家标准对标题栏的方位、线型和字体均做了相关的规定。

1. 方位

标题栏的位置位于图纸的右下角，如图8-2、图8-3所示。看图的方向与看标题栏的方向一致，即标题栏中文字的方向为看图方向。

提示：对于以对中符号明确看图方向的图纸，允许看图方向与看标题栏方向不同。

2. 格式

标题栏一般由更改区、签字区、名称及代号区和其他区组成，也可根据实际需要增加或减少，如图 8-9 所示。图 8-9a 采用国际标准格式，图 8-9b 为考虑国内现有情况制定的格式。

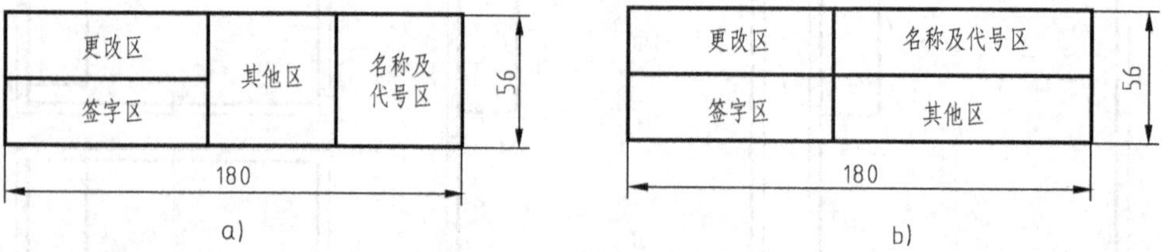

图 8-9　标题栏格式

3. 尺寸和内容

在国家标准《技术制图　标题栏》（GB/T 10609.1—2008）的附录 A 中，以参考件的形式列举了一个图例，并对标题栏的内容、格式与尺寸做了比较详细的图示，如图 8-10 所示。

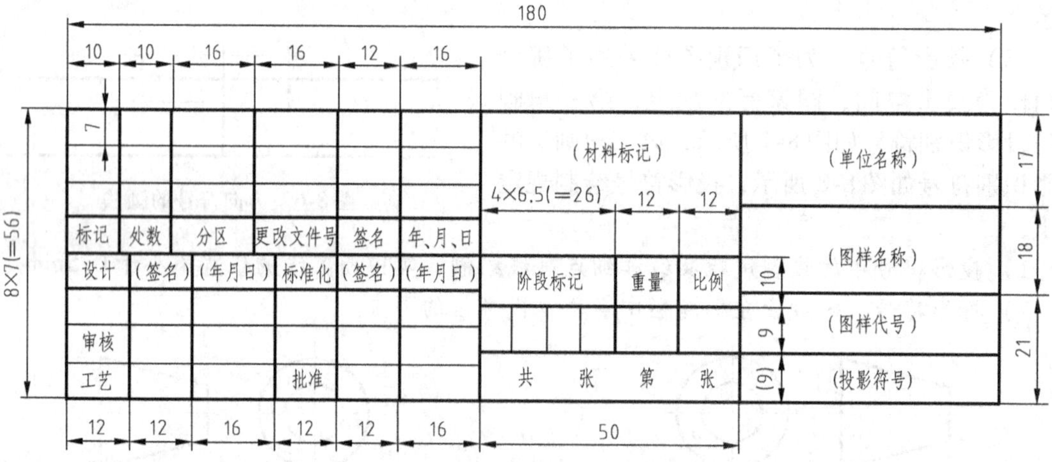

图 8-10　标题栏

图 8-10 所示的标题栏一般作为设计生产使用，格式较复杂，内容较多，在学校的教学练习和作业中，建议采用简化标题栏，如图 8-11 所示。

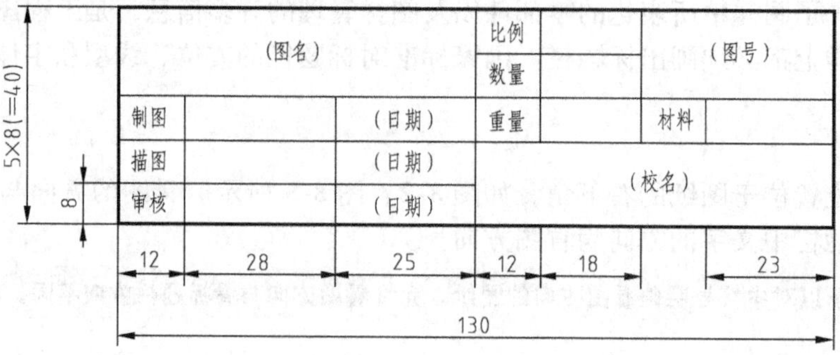

图 8-11　简化标题栏

4. 栏目填写的部分规定

1）标题栏中书写的字体，除责任人签名外，其他栏目中的字体均应符合 GB/T 14691—1993《技术制图　字体》的规定。

2）日期的签署应按 GB/T 7408—2005 规定的写法和顺序，其中“年”为四位数，“月”和“日”分别为两位数，年、月、日之间由连字符、间隔字符分隔或不分隔。如下示例中任选一种：

连字符分隔　　2009-06-28
间隔字符分隔　　2009 06 28
不用分隔符　　20090628

3）图样名称填写所绘制的对象名称。

4）重量填写所绘制图样相应产品的计算重量。当以千克为单位时，可省略其计量单位，只填写数值。

5）当一个零件或组件只用一张图纸绘制时，“共　张第　张”栏内可不填写数值。

8.1.3　比例（GB/T 14690—1993）

图中图形与其实物相应要素的线性尺寸之比，称为比例。

1. 比例术语

（1）原值比例　比值为 1 的比例，即 1:1。

（2）放大比例　比值大于 1 的比例，如 2:1。

（3）缩小比例　比值小于 1 的比例，如 1:2。

2. 比例系列

当需要按比例绘制图样时，应从国家标准规定的比例系列中选取适当的比例，见表8-2。必要时，也允许选取表 8-3 的规定比例。

表 8-2　比例系列（一）

种　类	比　例		
原值比例	1:1		
放大比例	5:1 5×10^n:1	2:1 2×10^n:1	 1×10^n:1
缩小比例	1:2 1:2×10^n	1:5 1:5×10^n	1:10 1:1×10^n

注：n 为正整数。

表 8-3　比例系列（二）

种　类	比　例				
放大比例	4:1 4×10^n:1	2.5:1 2.5×10^n:1			
缩小比例	1:1.5 1:1.5×10^n	1:2.5 1:2.5×10^n	1:3 1:3×10^n	1:4 1:4×10^n	1:6 1:6×10^n

注：n 为正整数。

3. 比例的选用规定

1）通常，在图样布局合理、表达清晰的情况下，应尽量采用 1∶1 的原值比例，这样便于直观地了解所表达零件的概貌。

2）图样中的比例一般标注在标题栏中的比例一栏内。

3）在同一张图样中的各视图应尽量采用相同的比例，当某个视图采用不同的比例时，必须在该视图名称的下方标注所选用的比例（见 11.4.1）。

提示：图样中的视图，无论采用缩小比例还是放大比例，均应按照实物的实际尺寸进行标注。

8.1.4　图线（GB/T 4457.4—2002，GB/T 17450—1998）

国家标准对绘制机械图样的图线的名称、形式、线宽和表达应用做了规定。

1. 线型（GB/T 4457.4—2002）

在机械图样中常用的线型有细实线、波浪线、粗实线、细虚线、细点画线、细双点画线等九种，见表 8-4。

表 8-4　图线的线型和应用

名　称	线　型	线宽	一般应用
细实线		$d/2$	尺寸线、尺寸界线、过渡线、剖面线
波浪线		$d/2$	断裂处边界线、视图与剖视图的分界线
双折线		$d/2$	断裂处边界线、视图与剖视图的分界线
粗实线		d	可见轮廓线、相贯线、剖切符号用线
细虚线		$d/2$	不可见轮廓线
粗虚线		d	允许表面处理的表示线
细点画线		$d/2$	轴线、对称中心线、孔系分布的中心线、剖切线
粗点画线		d	限定范围表示线
细双点画线		$d/2$	相邻辅助零件的轮廓线、极限位置的轮廓线、轨迹线

注：1. d 为粗实线的宽度。

2. 波浪线和双折线在同一张图样上一般只采用其中一种线型。

2. 线宽（GB/T 4457.4—2002）

在机械图样中图线只采用粗、细两种线宽，两种线宽之间的比例为 2∶1，如粗实线的宽度为 0.7mm 时，细实线的宽度为 0.35mm。粗、细线的宽度系列见表 8-5，可根据图样的类型、尺寸、比例和缩微复制的要求等因素从表中选择。

表 8-5　粗、细线对应的宽度系列　（单位：mm）

线型组别	0.25	0.35	0.5	0.7	1	1.4	2
粗线宽度系列	0.25	0.35	0.5	0.7	1	1.4	2
细线宽度系列	0.13	0.18	0.25	0.35	0.5	0.7	1

提示： 优先采用宽度为 0.5mm 和 0.7mm 的粗实线，及对应的宽度为 0.25mm 和 0.35mm 的细实线。

3. 图线应用

图 8-12 所示为机械图样中常用图线及一般应用示例。

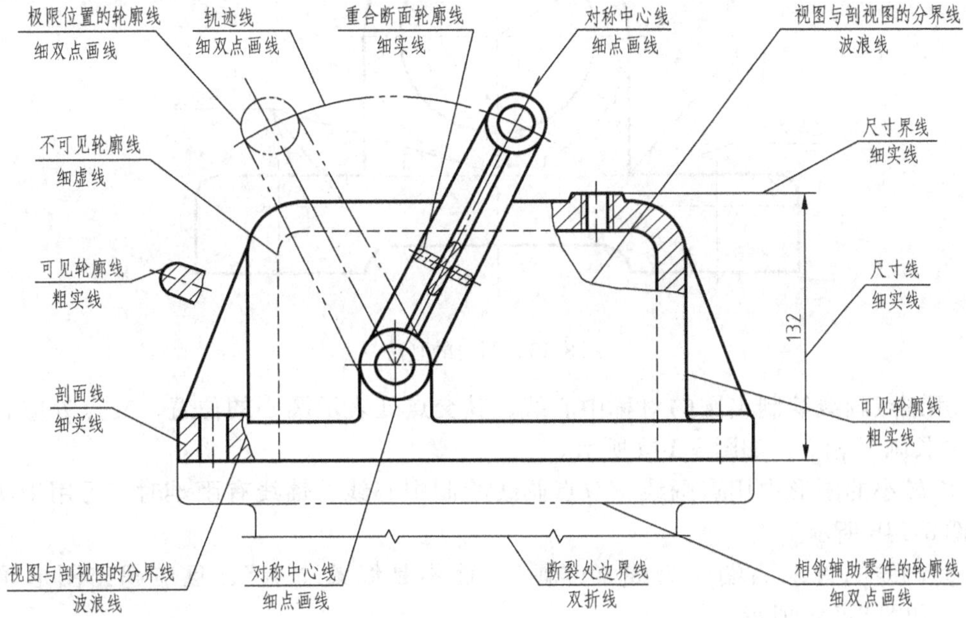

图 8-12 图线及应用

4. 图线的构成（GB/T 17450—1998）

当用手工绘制图样时，常用图线各线素的尺寸宜符合表 8-6 中的规定。

表 8-6 图线构成尺寸

线素	线　型	长度	示例
点	点画线、双点画线	≤0.5d	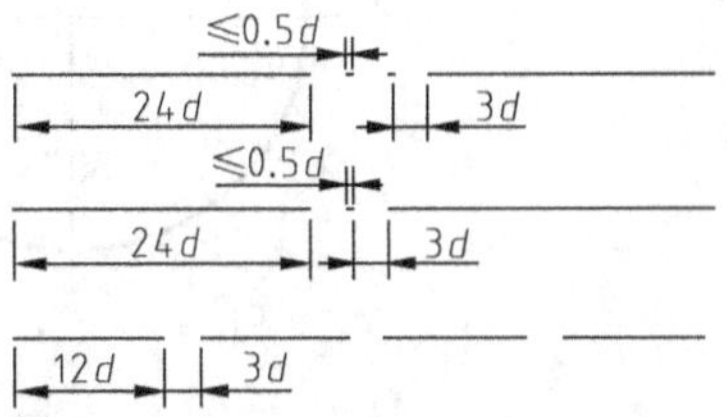
短间隔	虚线、点画线、双点画线	3d	
画	虚线	12d	
长画	点画线、双点画线	24d	

5. 图线的画法

1）粗实线的宽度 d 可根据视图的尺寸、图幅大小和图样的复杂程度等因素综合考虑选定。在同一张图样中，同类图线的宽度应保持一致。

2）虚线、点画线、双点画线和双折线等线型，其中的线素“画”和“间隔”的长度应各自大致相等。

3）除非另有规定，两条平行线之间的最小间隙不得小于 0.7mm。

4）当虚线、点画线、双点画线等图线相交时，应恰当地相交于线素“画”处，如图 8-13 所示。

5）当虚线是粗实线的延长线时，在连接处应留有空隙，如图 8-13 所示。

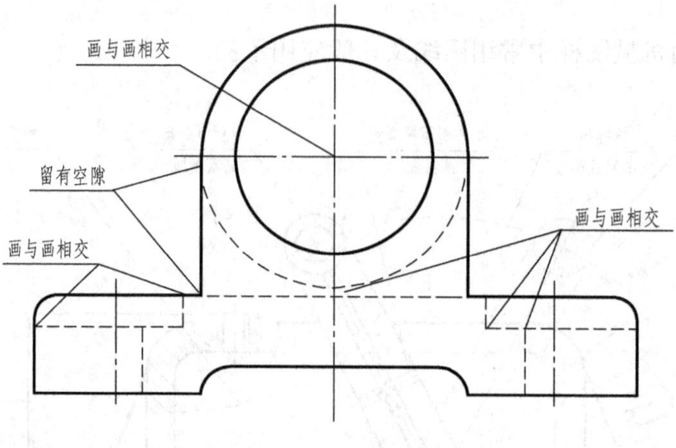

图 8-13　图线的画法

6）用细点画线绘制出圆的对称中心线，其交点处表示圆心的位置，交点处应为“长画”与“长画”相交，如图 8-14a 所示。

7）在较小的图形中用点画线、双点画线绘制中心线、轴线有困难时，可用细实线代替，如图 8-14b 所示。

8）点画线的首末两端应为线素“画”，而不是线素“点”，且应超出图形轮廓线 2～5mm，如图 8-14a 所示。

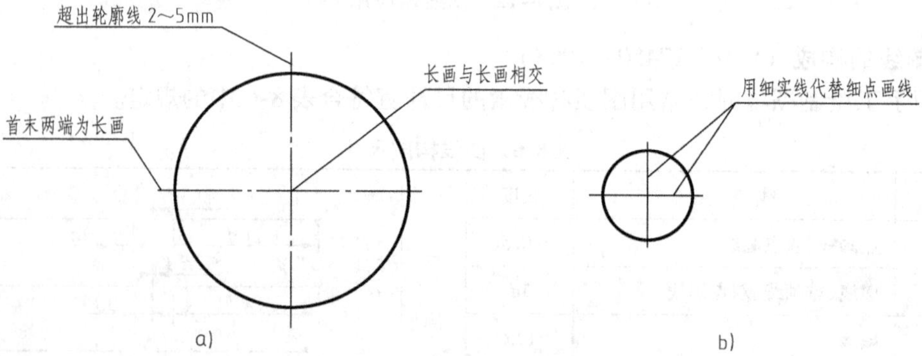

图 8-14　圆的对称中心线画法

8.1.5　尺寸注法（GB/T 4458.4—2003）

物体的形状可用图形来表达，而物体的大小需通过所标注尺寸来确定。标注物体的尺寸必须遵守国家标准规定的规则和方法。

1. 基本规定

1）零件的真实大小应以图样上标注的尺寸数值为依据，与图形大小及绘图的准确度无关。

2）图样中的尺寸，以毫米（mm）为单位时，不需标注单位代号（或名称）。如采用其他单位，则应注明相应单位。

3）图样中所标注的尺寸，为该图样所示零件的最后完工尺寸，否则应另加说明。

4）零件的每一尺寸，一般只标注一次，并标注在反映该结构最清晰的图形上。

2. 尺寸要素

图样中的尺寸是由尺寸界线、尺寸线（含尺寸线终端）和尺寸数字三个要素组成的，如图 8-15 所示。

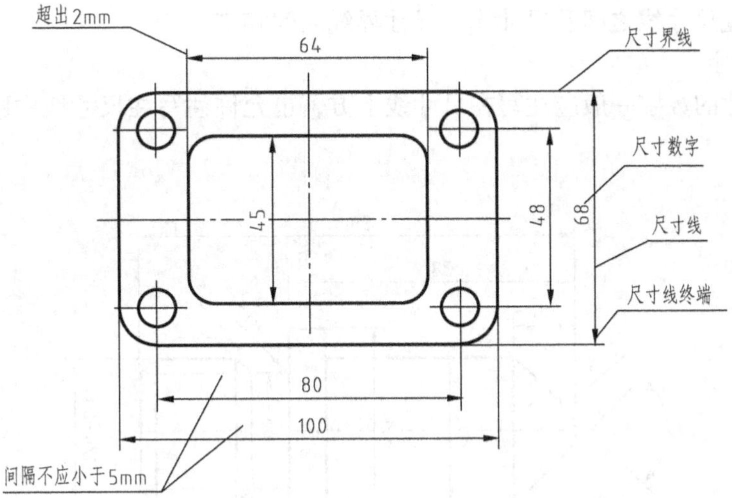

图 8-15 尺寸要素

（1）尺寸界线

1）尺寸界线用细实线绘制，并应由图形轮廓线、轴线或对称中心线处引出。可利用轮廓线、轴线或对称中心线做尺寸界线，并超出尺寸线终端约 2mm，如图 8-15 所示。

2）尺寸界线一般与尺寸线垂直，必要时才允许倾斜，如图 8-16 所示。

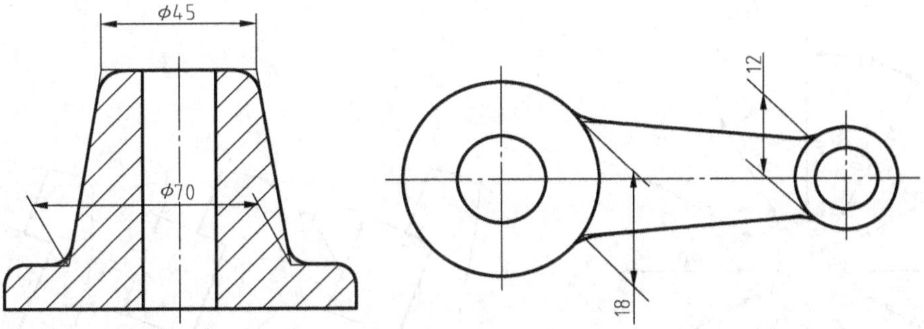

图 8-16 尺寸界线的特殊注法

3）在光滑过渡处标注尺寸时，用细实线将轮廓线延长，从它们的交点处引出尺寸界线，如图 8-16 所示。

（2）尺寸线

1）尺寸线用细实线绘制，在机械图样中一般采用箭头作为尺寸线的终端，如图 8-15 所示。箭头的画法如图 8-17 所示。

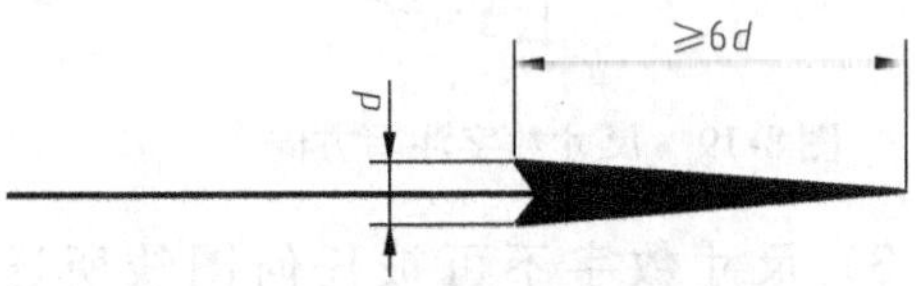

图 8-17 箭头的画法

提示： 箭头画法如图 8-17 所示，d 为粗实线线宽。

2）当标注线性尺寸时，尺寸线应与所标注的线段平行。尺寸线不能用其他图线代替，一般也不得与其他图线重合或画在其延长线上，如图 8-15 所示。

3）相同方向的各尺寸线的间距要均匀，尺寸线与轮廓线、尺寸线与尺寸线之间的间隔不应小于 5mm，便于书写尺寸数字和有关符号，如图 8-15 所示。

4）尽量避免尺寸线之间及尺寸线与尺寸界线之间相交。

（3）尺寸数字

1）线性尺寸的数字一般应注写在尺寸线上方，也允许注写在尺寸线中断处，如图 8-18 所示。

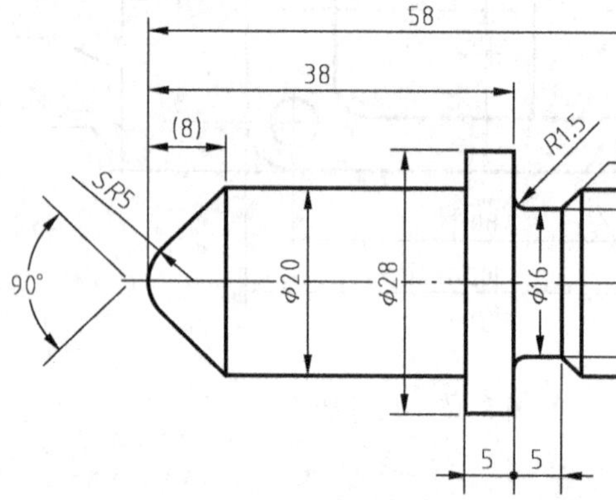

图 8-18　尺寸数字的注写位置

2）线性尺寸数字的方向，一般应按尺寸线的方向变化而注写，如图 8-19 所示，并尽可能避免在图示 30°范围内标注尺寸。当无法避免时，可按图 8-20 所示的形式注写。

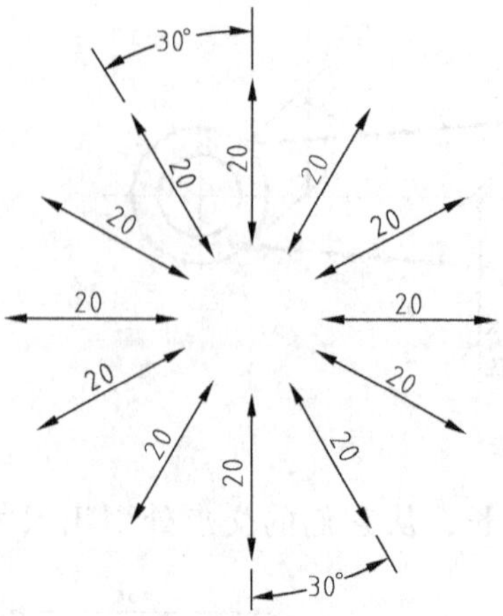

图 8-19　尺寸数字注写方向

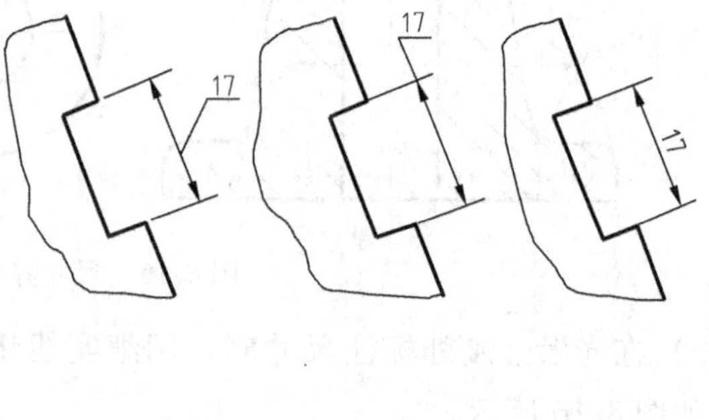

图 8-20　倾斜 30°范围内的尺寸标注

3）尺寸数字不可被任何图线所通过，否则应将图线断开，如图 8-18 中的 $\phi20$、$\phi28$、$\phi16$。

4）同一图样内字号大小应一致，位置不够可引出标注。

在标注尺寸时，根据图样中一些结构的需要，应在所标尺寸数字前注写特定的符号和缩写词，以表达这些结构。不同的符号和缩写词代表不同的结构和含义，常用符号和缩写词见表 8-7。

表 8-7 标注尺寸的符号和缩写词

序 号	含 义	符号或缩写词	序 号	含 义	符号或缩写词
1	直径	ϕ	9	深度	↧
2	半径	R	10	沉孔或锪平	⌴
3	球直径	$S\phi$	11	埋头孔	∨
4	球半径	SR	12	弧长	⌒
5	厚度	t	13	斜度	∠
6	均布	EQS	14	锥度	◁
7	45°倒角	C	15	展开长	○→
8	正方形	□	16	型材截面形状	按 GB/T 4656.1—2000

8.1.6 尺寸标注示例

1. 圆的注法

圆需要标注直径。尺寸线应通过圆心，以圆的轮廓线为尺寸界线，尺寸数字前应加注符号“ϕ”，如图 8-21 所示。

2. 圆弧的注法

1）大于半圆的圆弧标注直径，小于或等于半圆的圆弧标注半径。尺寸线的一端画出箭头，并以圆弧轮廓线为尺寸界线，另一端省略箭头。

2）为表明圆心的位置，大于半圆的圆弧尺寸线的另一端通过圆心，并超过圆心，尺寸数字前加注“ϕ”。小于或等于半圆的圆弧尺寸线的另一端画到圆心，尺寸数字前加注“R”，如图 8-22 所示。

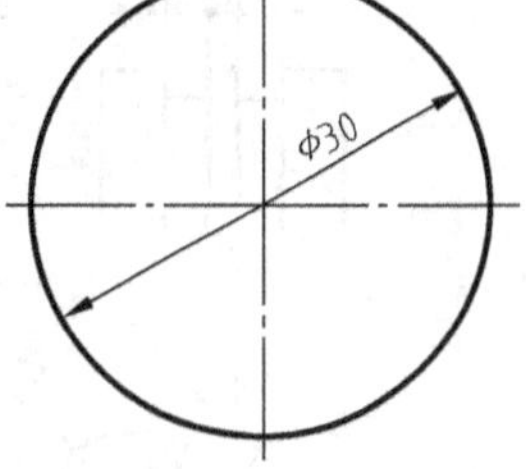

图 8-21 圆的注法

3）当圆弧的半径过大或在图样范围内无法标出其圆心位置时，可按图 8-23a 所示的形式标注。若不需要标注其圆心的位置时，可按图 8-23b 所示的形式标注。

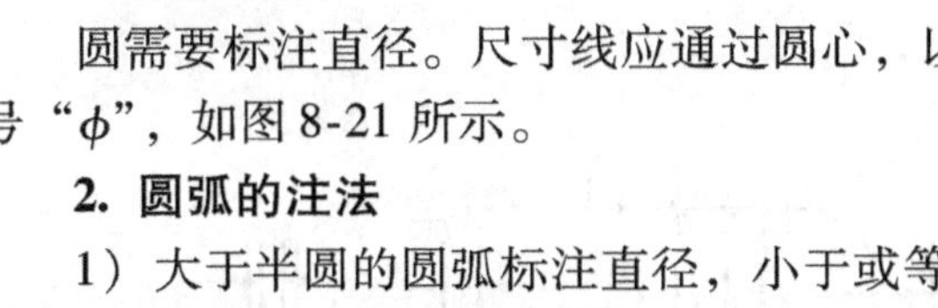

图 8-22 圆弧的注法

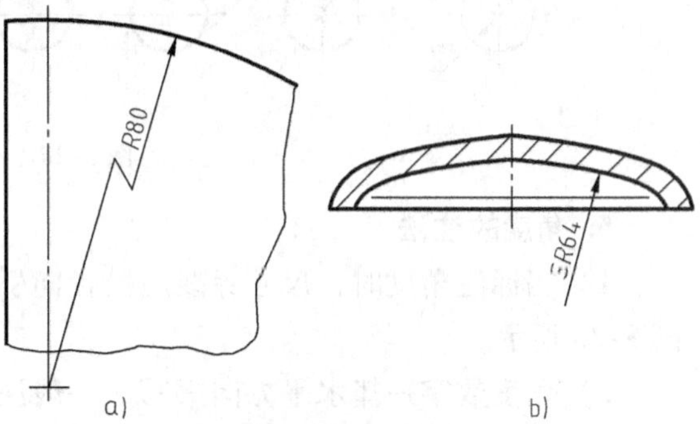

图 8-23 大圆弧半径的标注

3. 球面直径和半径的注法

当标注球面直径和半径时，应在符号“ϕ”或“R”前再加注“S”，对于有些轴、手柄等端部，在不致引起误解的情况下，可省略符号“S”，如图 8-24 所示。

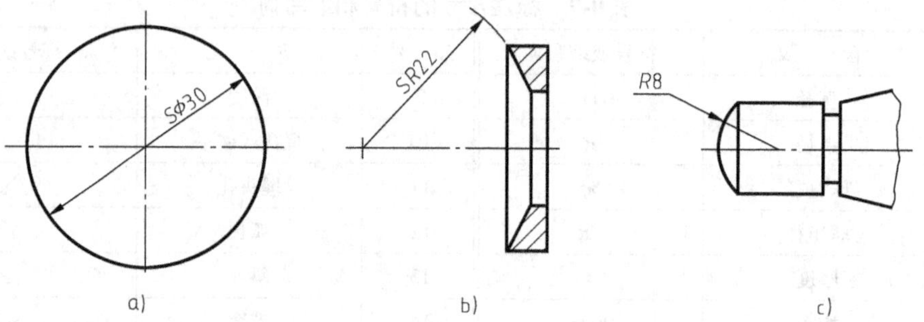

图 8-24　球面直径和半径的注法

a）球面直径　b）球面半径　c）省略符号“S”

4. 小尺寸的注法

对于小尺寸，在没有足够的位置画箭头或注写数字时，也可将箭头或尺寸数字放在尺寸界线的外侧。当遇到几个连续标注的较小尺寸时，允许用圆点或者斜线代替箭头。尺寸数字也可采用引出标注，如图 8-25 所示。

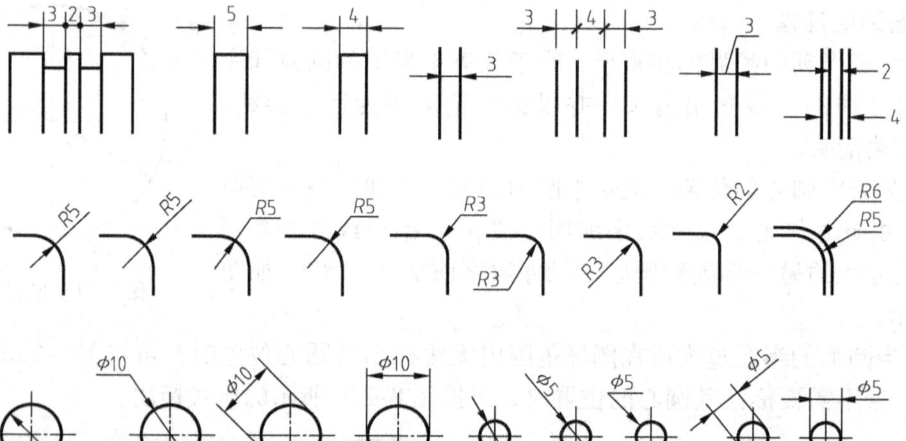

图 8-25　小尺寸的注法

5. 角度的注法

1）当标注角度时，尺寸界线应沿径向引出，尺寸线画成圆弧，圆心是该角的顶点，如图 8-26 所示。

2）角度数字一律水平方向书写，一般注在尺寸线的中断处，如图 8-26 所示。必要时也可按图 8-27 所示的形式标注。

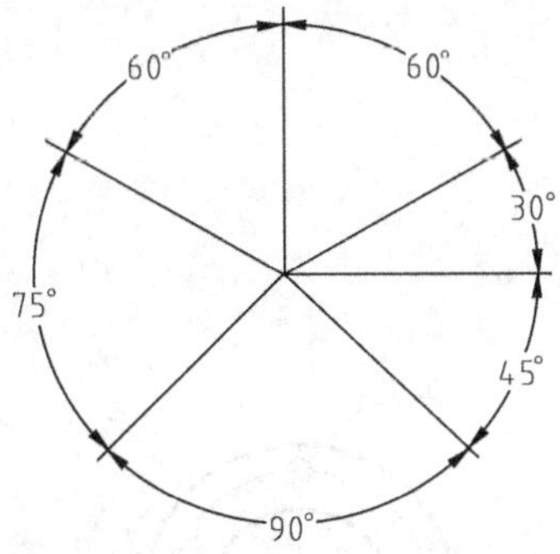

图 8-26　角度的注法（一）

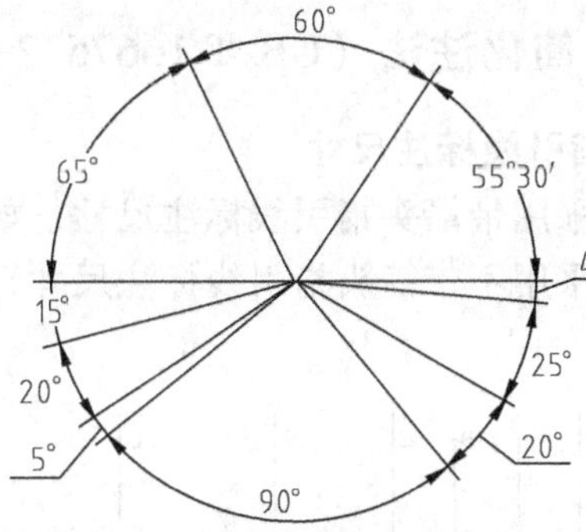

图 8-27　角度的注法（二）

6. 弦长和弧长的标注

1）当标注弦长时，尺寸界线应平行于该弦的垂直平分线，如图 8-28 所示。

2）当标注弧长尺寸时，尺寸界线应平行于该圆弧所对圆心角的角平分线，尺寸线为圆弧，并在尺寸数字前加注符号“⌒”，如图 8-29 所示。当弧度较大时，可沿径向引出，如图 8-30 所示。

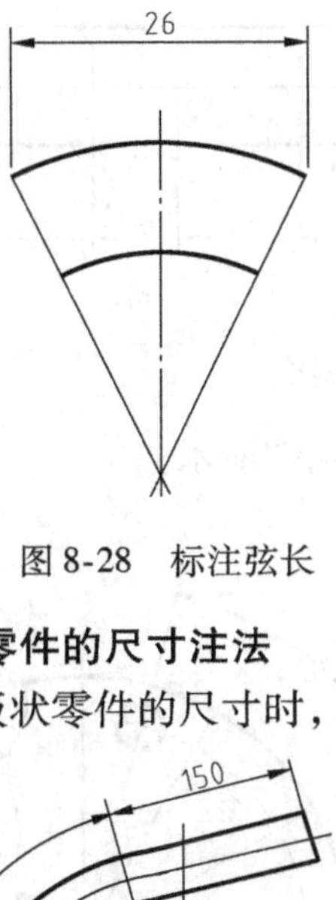

图 8-28　标注弦长

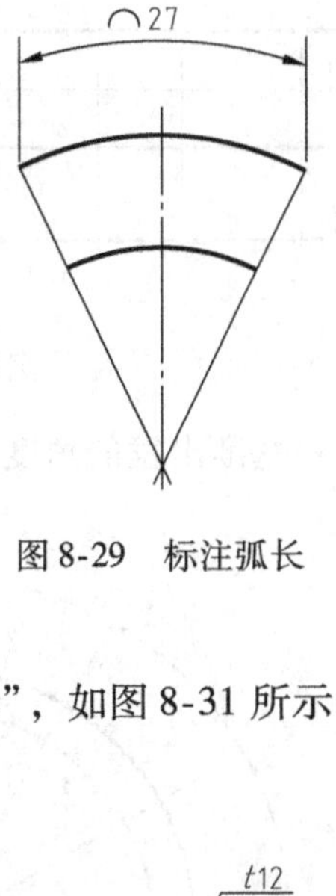

图 8-29　标注弧长

7. 板状零件的尺寸注法

当标注板状零件的尺寸时，可在尺寸数字前加注符号“*t*”，如图 8-31 所示。

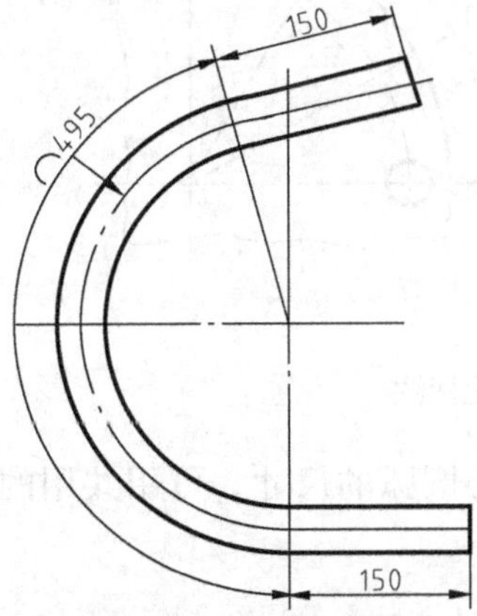

图 8-30　大弧度弧长的标注

图 8-31　板状零件的尺寸注法

8.1.7　简化注法（GB/T 16675.2—2012）

1. 指引线标注尺寸

1）采用带箭头指引线标注尺寸，如图 8-32 所示。

2）采用不带箭头指引线标注尺寸，如图 8-33 所示。

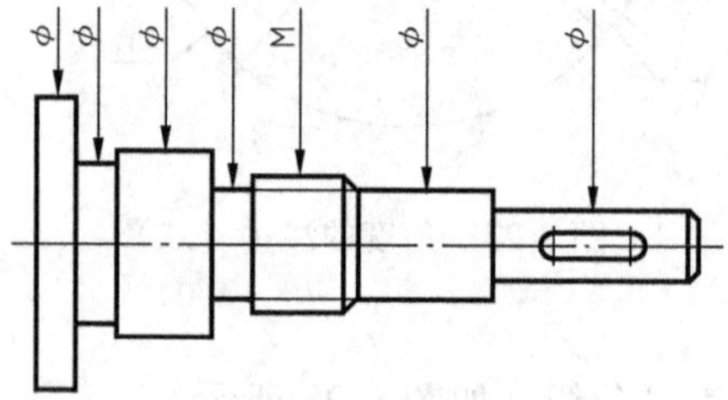

图 8-32　带箭头指引线标注尺寸

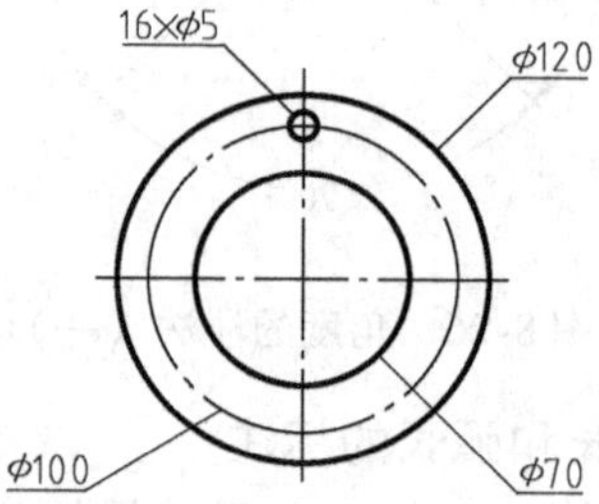

图 8-33　不带箭头指引线标注尺寸

2. 同一基准的尺寸标注

1）从同一基准出发的线性尺寸，其简化标注形式如图 8-34 所示。

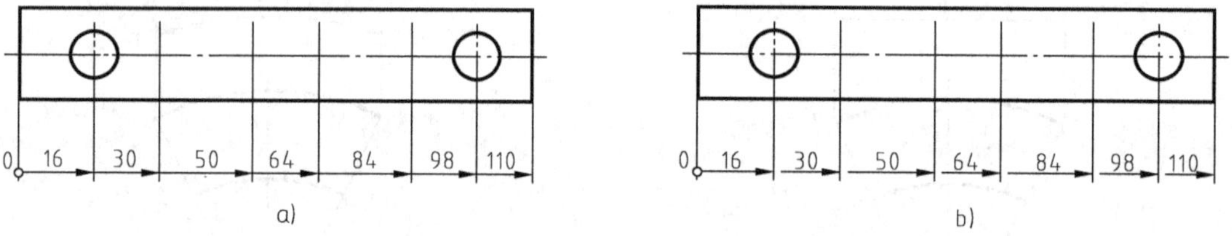

图 8-34　同一基准的线性尺寸简化标注

2）从同一基准出发的角度尺寸，其简化标注形式如图 8-35 所示。

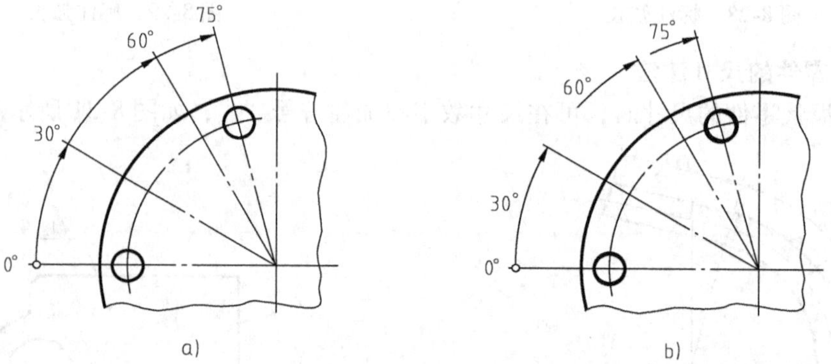

图 8-35　同一基准的角度尺寸简化标注

3）一组同心圆弧或圆心位于一条直线上的多个不同心圆弧的尺寸，可用共用的尺寸线和箭头依次表示，如图 8-36 所示。

注意：　依次注写的尺寸数字必须与箭头指向一致。

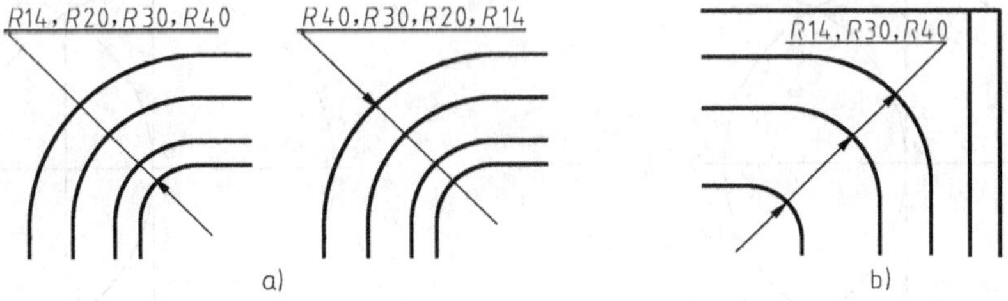

图 8-36　一组同心圆弧或多个不同心圆弧的简化标注
a）同心圆弧　b）不同心圆弧

4）一组同心圆或尺寸较多的台阶孔的尺寸，也可用共用的尺寸线和箭头依次表示，如图 8-37 所示。

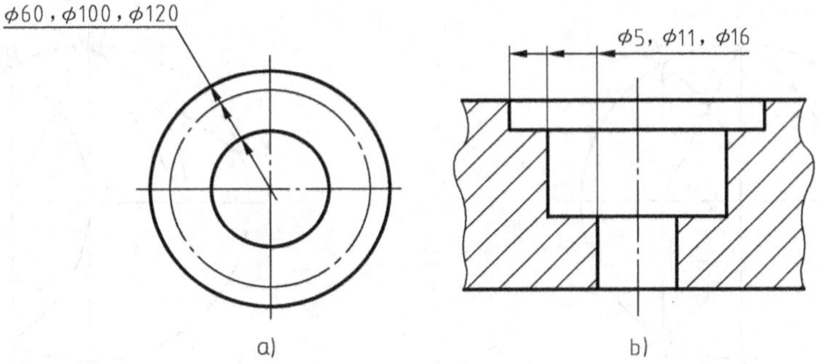

图 8-37　一组同心圆或同轴台阶孔的简化标注
a）同心圆　b）台阶孔

注意：　一组台阶孔必须是同轴结构。

8.2　几何作图

在绘制图样的过程中，经常需要绘制正多边形、椭圆、斜度线、锥度线、圆弧与直线的连接、圆弧与圆弧的连接等几何图形，本节将介绍常用几何图形的作图方法。

8.2.1　正多边形

1. 正五边形

已知正五边形的外接圆的直径，求作正五边形。

作图步骤：

1）作正五边形的外接圆，以圆的 0°象限点 A 为圆心，以正五边形的外接圆半径为半径，画圆弧 $\overset{\frown}{BC}$ 交正五边形的外接圆于 B、C 两点，如图 8-38 所示。

2）连接 BC 交正五边形的外接圆的半径 OA 于点 D，点 D 为外接圆半径 OA 的中点，如图 8-39 所示。

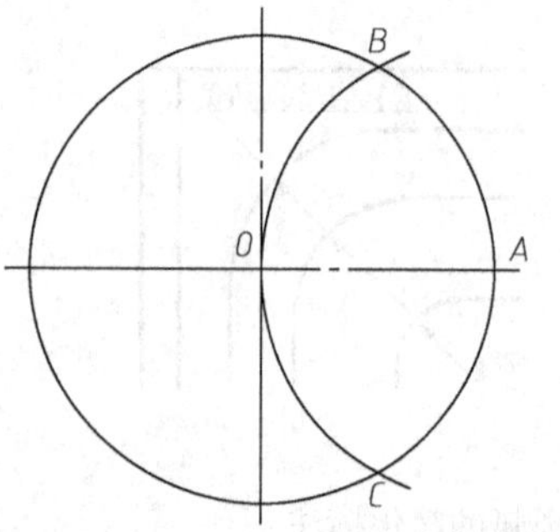

图 8-38 正五边形作图步骤（1）

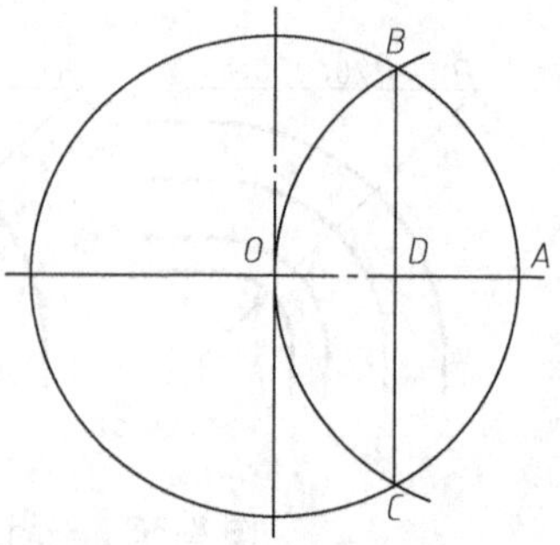

图 8-39 正五边形作图步骤（2）

3）以 D 为圆心，以 DE 为半径作圆弧 $\overset{\frown}{EF}$ 交水平中心线于点 F，如图 8-40 所示。

4）直线 EF 即为正五边形的边长 EG，如图 8-41 所示。

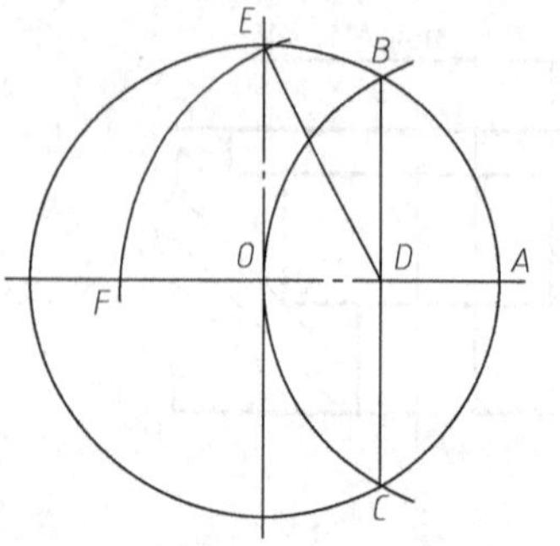

图 8-40 正五边形作图步骤（3）

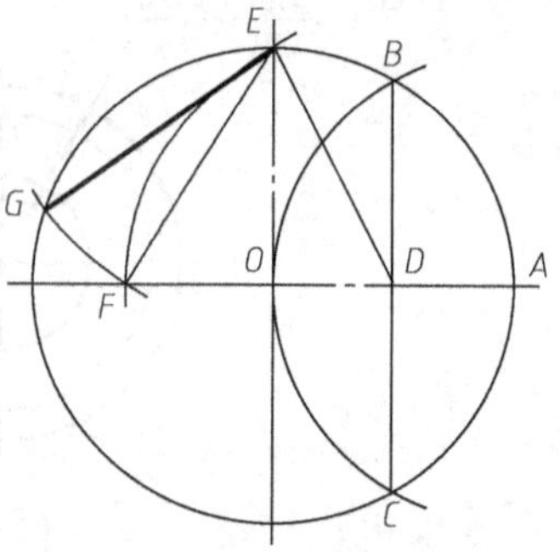

图 8-41 正五边形作图步骤（4）

5）以正五边形的边长 EF 为弦长，等分正五边形的外接圆，并连接等分点 E、G、H、I、J，如图 8-42 所示。

6）擦去作图线，即可作出圆内接正五边形，如图 8-43 所示。

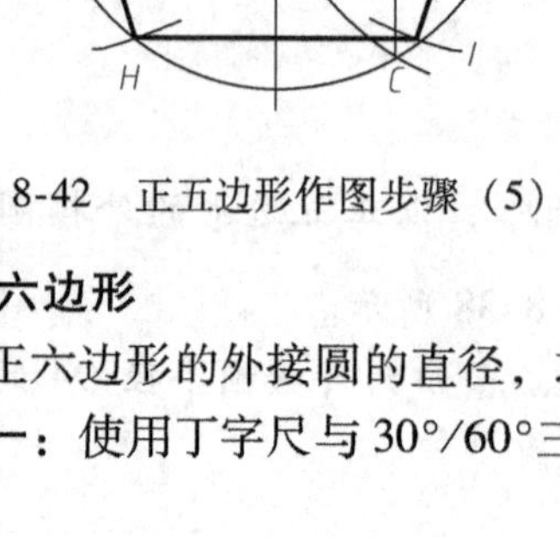

图 8-42 正五边形作图步骤（5）

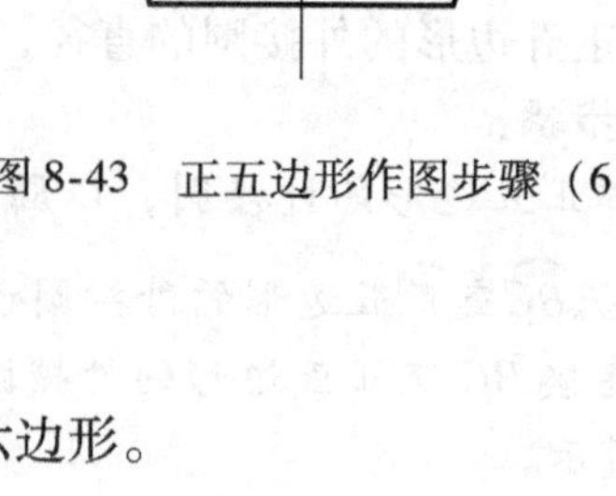

图 8-43 正五边形作图步骤（6）

2. 正六边形

已知正六边形的外接圆的直径，求作正六边形。

方法一：使用丁字尺与 30°/60°三角板配合绘制正六边形。

作图步骤：

1）用三角板的小直角边紧靠丁字尺的上边，用60°倾斜边分别过点*A*绘制*AB*边，过点*D*绘制*DE*边，如图8-44所示。

2）将三角板反转方向，绘图步骤同上，绘制*CD*边和*AF*边，如图8-45所示。

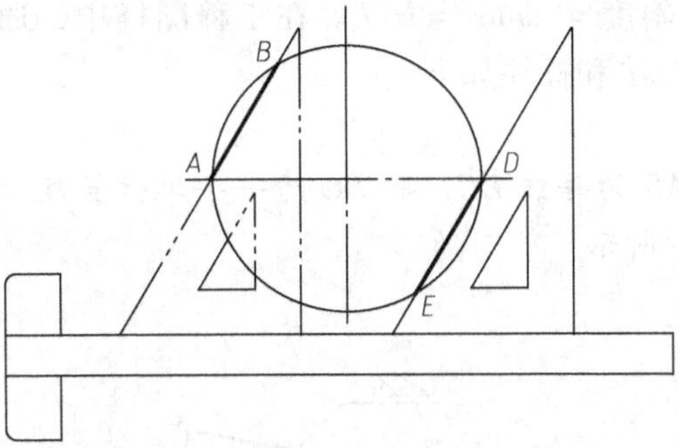

图8-44　正六边形作图步骤（1）

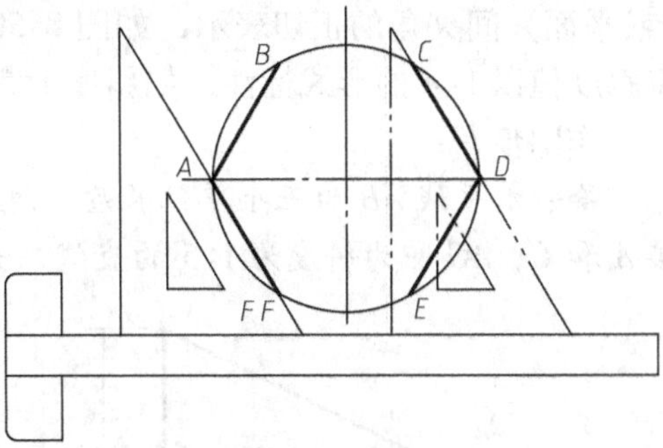

图8-45　正六边形作图步骤（2）

3）将丁字尺的上边过点*B*绘制*BC*边，过点*F*绘制*FE*边，如图8-46所示。

4）擦去作图线，完成圆内接正六边形的绘制，如图8-47所示。

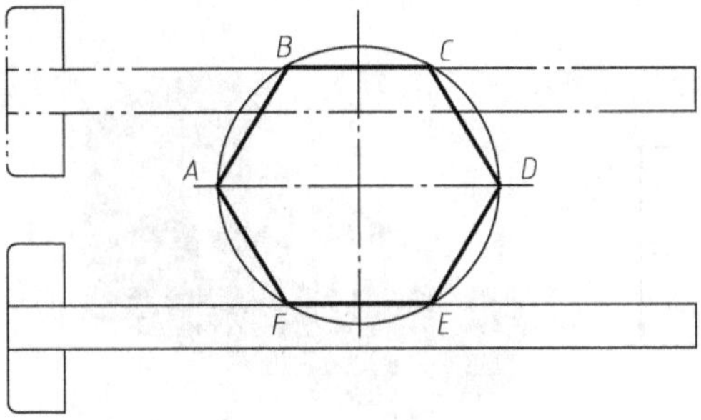

图8-46　正六边形作图步骤（3）

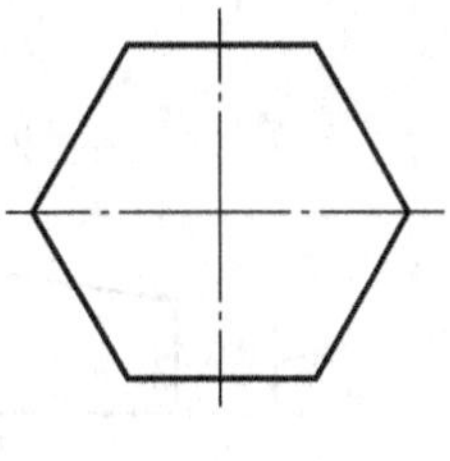

图8-47　正六边形作图步骤（4）

方法二：使用圆规等分外接圆绘制正六边形。

作图步骤：

分别以外接圆的*A*、*D*两点为圆心，外接圆的半径为半径画圆弧交于点*B*、*F*、*C*、*E*，并六等分外接圆，依次连接*A*-*B*-*C*-*D*-*E*-*F*-*A*，如图8-48所示。擦去作图线，可得正六边形，如图8-49所示。

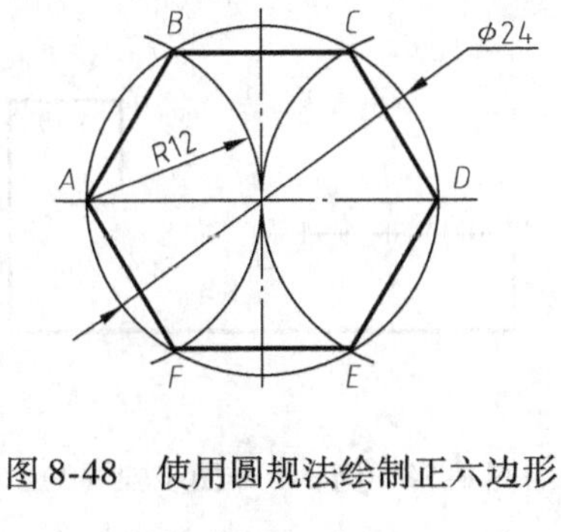

图8-48　使用圆规法绘制正六边形

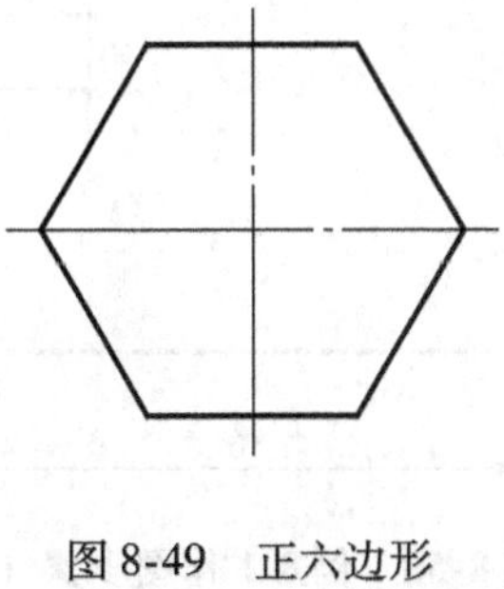

图8-49　正六边形

8.2.2　斜度和锥度

1. 斜度

斜度是指一直线（或平面）相对另一直线（或平面）的倾斜程度。其大小用该两直线（或平面）间夹角的正切表示，如图 8-50 所示，斜度 = $\tan\alpha = H/L$。在工程图样中，通常将斜度值以 $1:n$ 的形式标注，如斜度 1:5 的作图方法和标注如下。

作图步骤：

绘制水平线 AB 为五个单位长度，过点 B 作 AB 的垂线 BC，取 BC 为一个单位长度，连接 A 和 C，AC 即为斜度为 1:5 的直线，如图 8-51 所示。

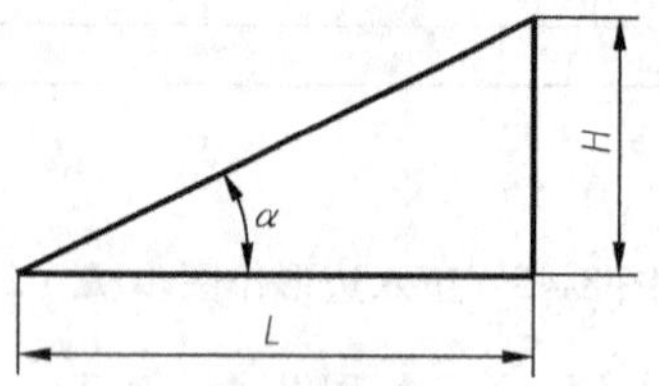

图 8-50　斜度的定义

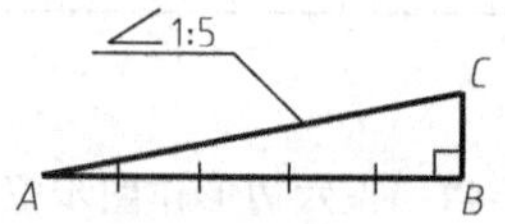

图 8-51　斜度的画法及标注

【例 8-1】　绘制图 8-52 所示的图形。

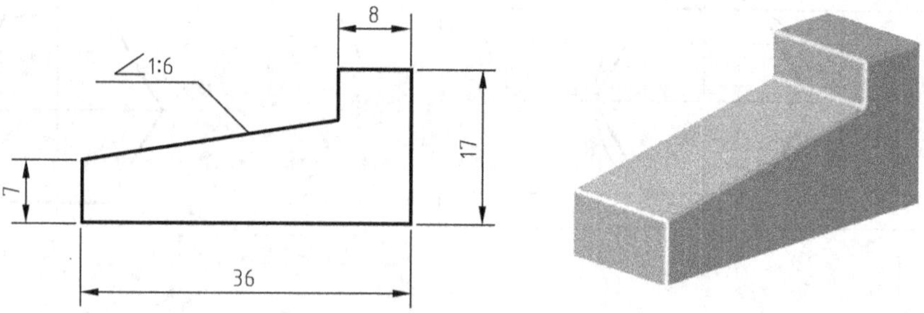

图 8-52　例 8-1 图

作图步骤：

1）根据图 8-52 所示图形和尺寸，绘制除倾斜线以外的其他部分轮廓线，如图 8-53 所示。

2）过点 A 作水平线 AB，长度为六个单位，过点 B 作 AB 的垂线 BC，长度为一个单位，如图 8-54 所示。

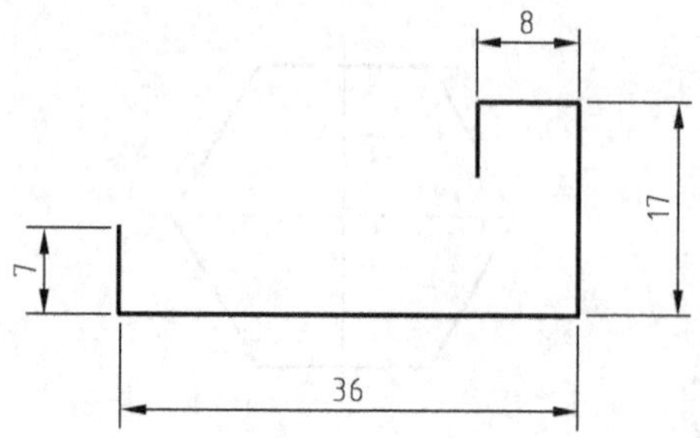

图 8-53　例 8-1 作图步骤（1）

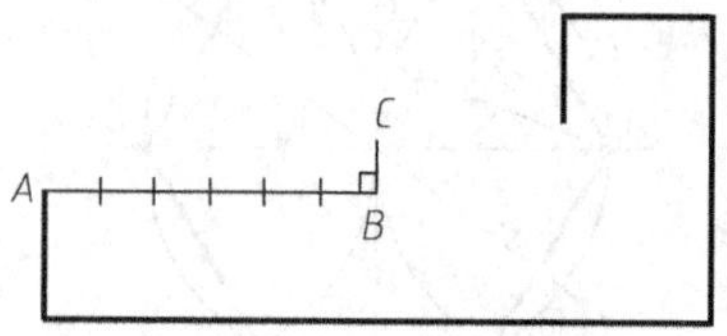

图 8-54　例 8-1 作图步骤（2）

3）连接 AC，并延长，然后完成其他细节，如图 8-55 所示。

4）擦去作图线、标注尺寸和斜度，完成图形，如图 8-56 所示。

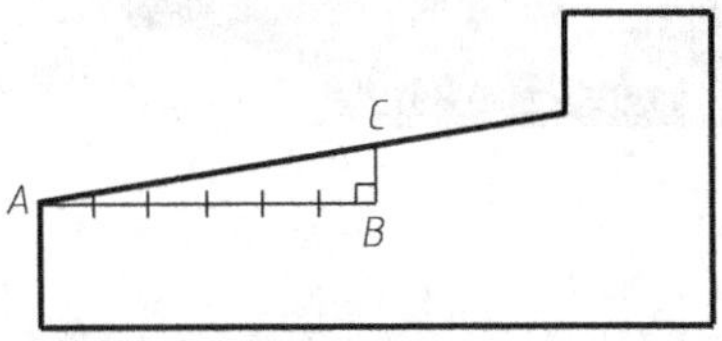

图 8-55　例 8-1 作图步骤（3）

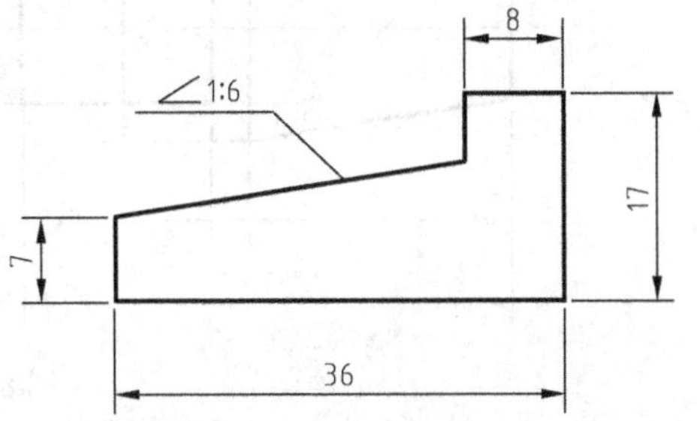

图 8-56　例 8-1 作图步骤（4）

当标注斜度符号时，斜度符号的倾斜方向应与所标注图形的倾斜方向一致，其标注方法如图 8-57 所示。

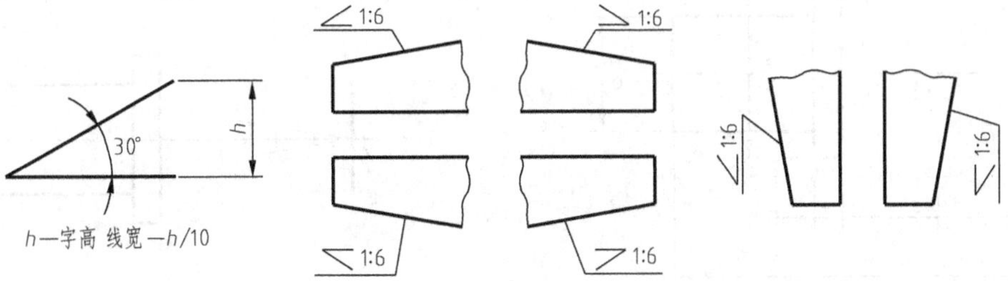

图 8-57　斜度符号与标注方法

2. 锥度

锥度是指正圆锥的底圆直径与锥高之比，如图 8-58 所示，锥度 = $2\tan\alpha = D/L$。在工程图样中，通常将锥度值以 1∶n 的形式标注，锥度 1∶5 的作图方法和标注如下：

作图步骤：

绘制水平线 AB，长度为五个单位，过点 B 作 AB 的垂线，分别向上和向下量取半个单位长度，得 C 和 D。分别过点 C 和点 D 作直线与点 A 相连，即锥度为 1∶5，如图 8-59 所示。

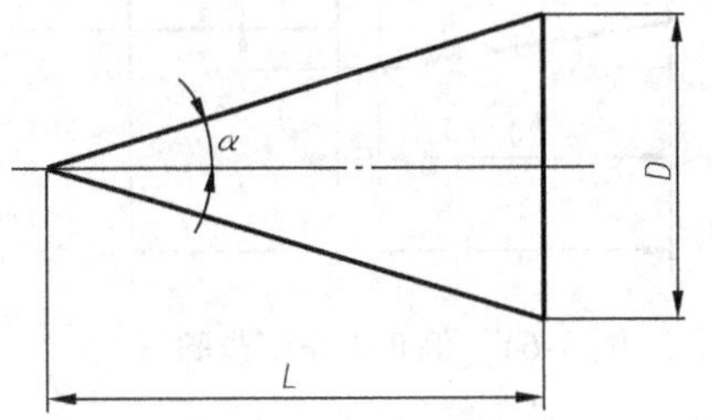

图 8-58　锥度的定义

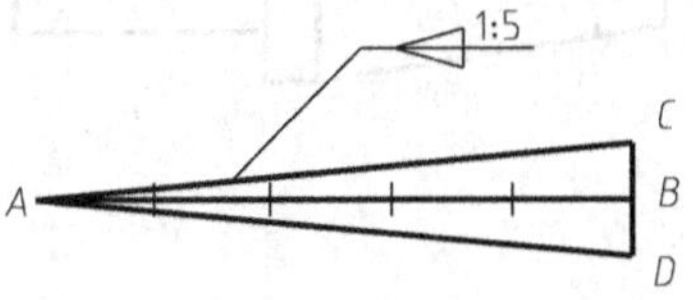

图 8-59　锥度的画法和标注

【例 8-2】　绘制图 8-60 所示的图形。

作图步骤：

1）根据图 8-60 所示图形和尺寸，绘制除倾斜线以外的其他部分轮廓线，如图 8-61 所示。

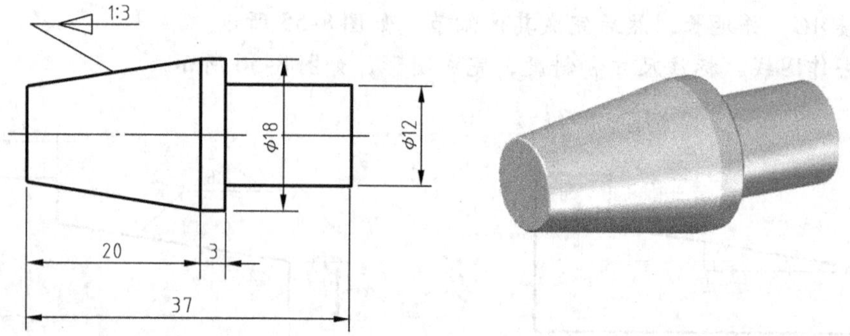

图 8-60　例 8-2 图

2）过点 A 作水平线 AB，并将 AB 三等分，过点 B 作 AB 的垂线，分别向上和向下各量取半个单位长度，得 C 和 D。分别过点 C 和点 D 作直线与点 A 相连，得到锥度为 1:3 的直线 AC 和 AD，如图 8-62 所示。

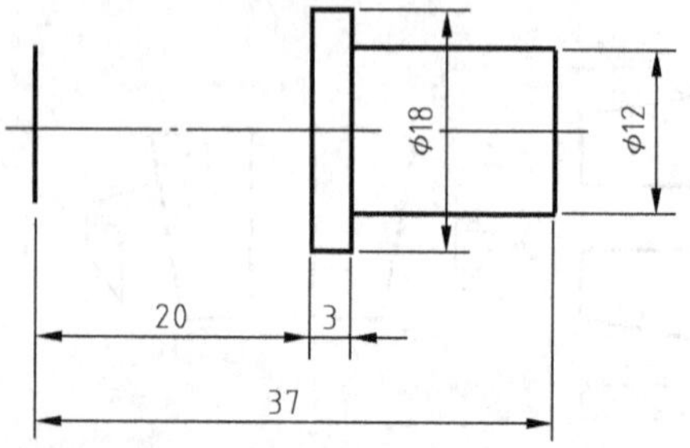

图 8-61　例 8-2 作图步骤（1）

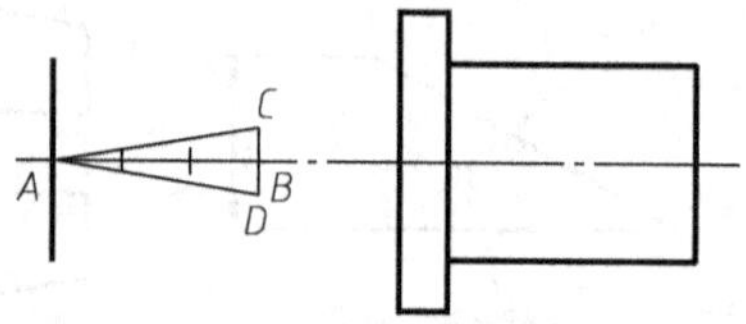

图 8-62　例 8-2 作图步骤（2）

3）分别过点 E 和点 G 作直线 $EF/\!/AC$、$GH/\!/AD$，完成锥度线绘制，如图 8-63 所示。

4）擦去作图线，标注尺寸和锥度，完成图形，如图 8-64 所示。

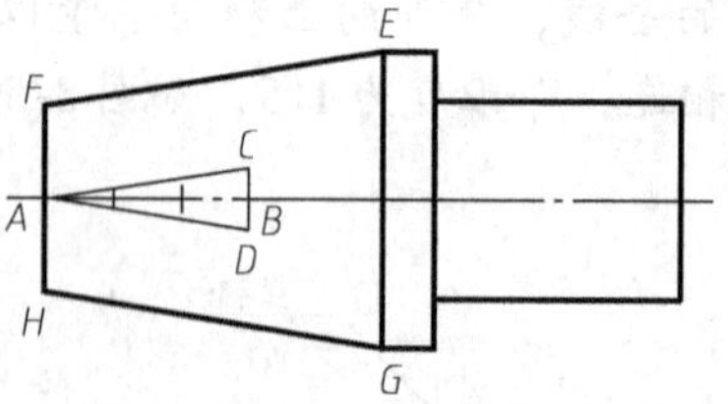

图 8-63　例 8-2 作图步骤（3）

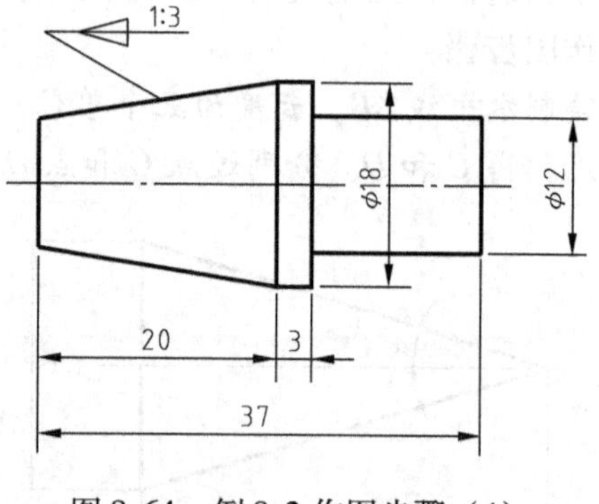

图 8-64　例 8-2 作图步骤（4）

当标注锥度符号时，锥度符号的倾斜方向应与所标注图形的倾斜方向一致，其标注方法如图 8-65 所示。

8.2.3　椭圆

绘制椭圆常用的方法一般为两种：一种为同心圆法，另一种为四心近似法。

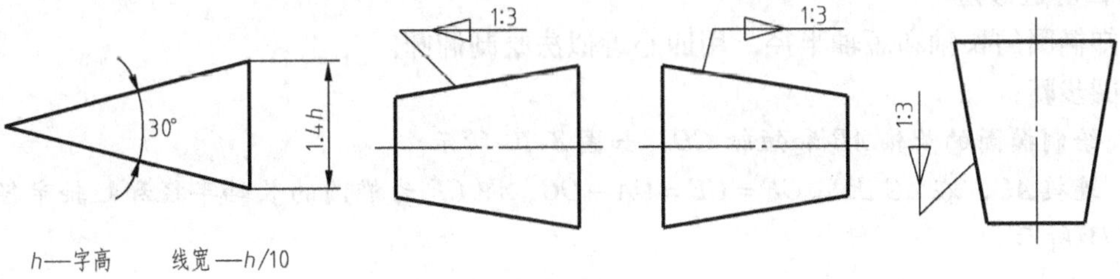

图 8-65　锥度符号和标注方法

1. 同心圆法

已知椭圆的长轴和短轴半径，用同心圆法绘制椭圆。

作图步骤：

1）分别以椭圆的长轴和短轴半径为半径，画两个同心圆，如图 8-66 所示。

2）过圆心作圆的等分射线，分别交大圆于 1、2、3…12 和小圆于 1′、2′、3′…12′等点，如图 8-67 所示。

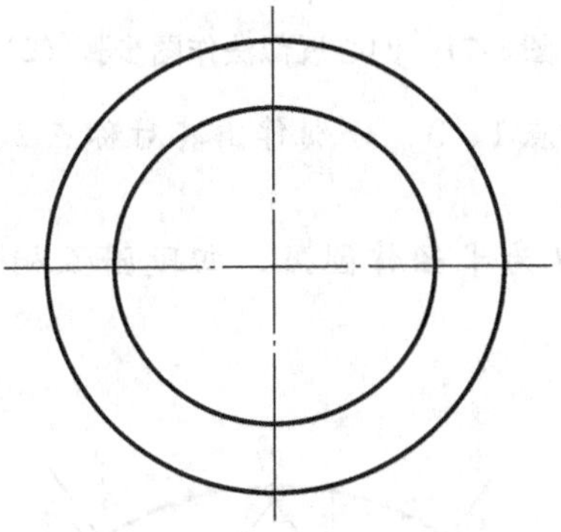

图 8-66　同心圆法作图步骤（1）

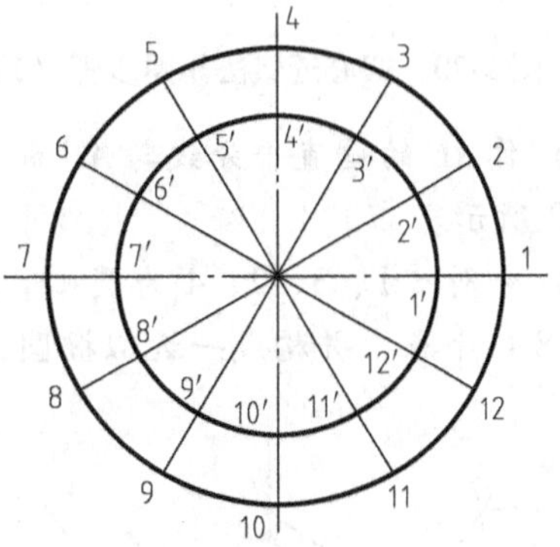

图 8-67　同心圆法作图步骤（2）

3）过点 1、2、3…12 作垂直线，过 1′、2′、3′…12′作水平线，垂直线和相应的水平线相交于 *A*、*B*、*C*…*H* 等点，如图 8-68 所示。

4）依次将 1-*A*-*B*-4′-*C*-*D*-7-*E*-*F*-10′-*G*-*H*-1 光滑连接，完成椭圆绘制，如图 8-69 所示。

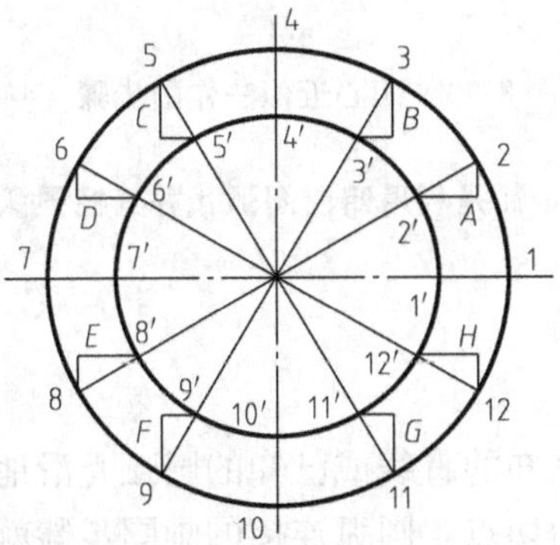

图 8-68　同心圆法作图步骤（3）

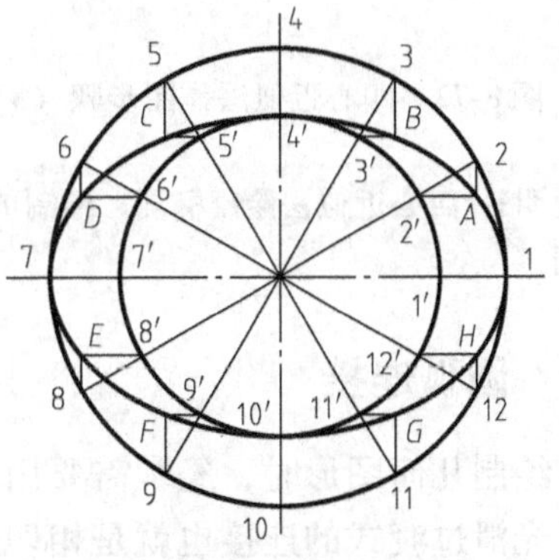

图 8-69　同心圆法作图步骤（4）

2. 四心近似法

已知椭圆的长轴和短轴半径，用四心近似法绘制椭圆。

作图步骤：

1）绘制椭圆的长轴 AB 和短轴 CD，如图 8-70 所示。

2）连接 AC，在 AC 上取 $CF=CE=OA-OC$，即 CF 为椭圆的长轴半径和短轴半径之差，如图 8-71 所示。

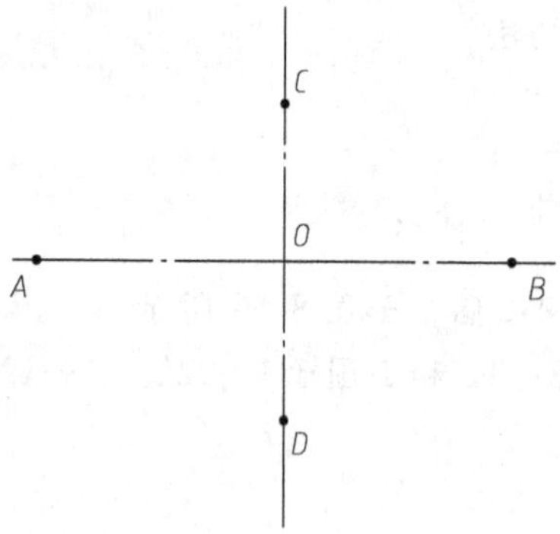

图 8-70　四心近似法作图步骤（1）

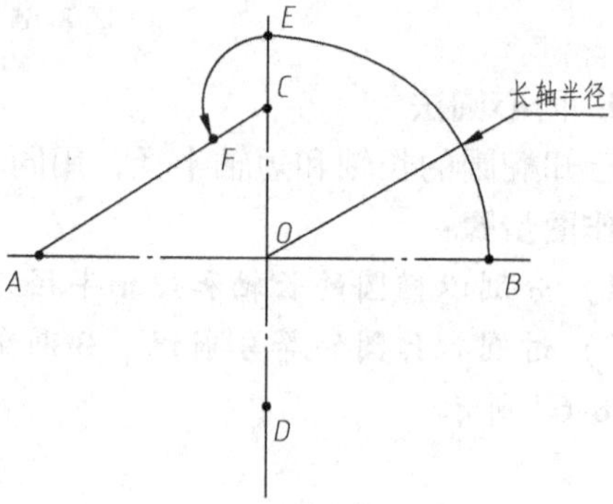

图 8-71　四心近似法作图步骤（2）

3）作 AF 的垂直平分线与 AB 和 CD 两轴分别交于点 1、3，分别作出其对称点 2、4，如图 8-72 所示。

4）分别以 1、3、2、4 为圆心，$1A$、$3C$、$2B$、$4D$ 为半径作圆弧，四段圆弧相切于 5、6、7、8 四个点，并构成一近似椭圆，如图 8-73 所示。

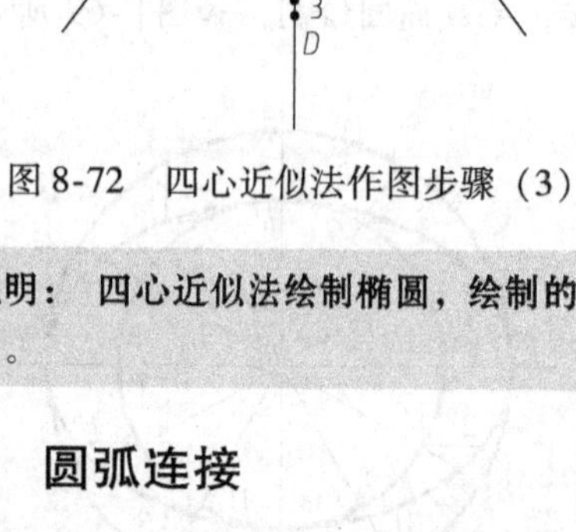

图 8-72　四心近似法作图步骤（3）

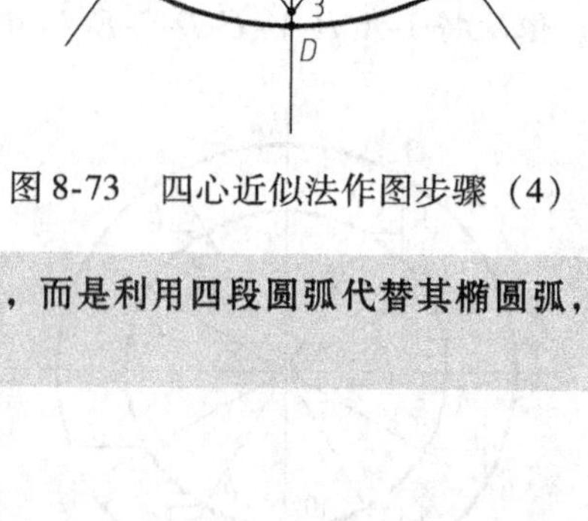

图 8-73　四心近似法作图步骤（4）

说明：　四心近似法绘制椭圆，绘制的并不是真正的椭圆，而是利用四段圆弧代替其椭圆弧，是近似椭圆。

8.2.4　圆弧连接

在绘制几何图形时，经常需要用圆弧过渡形式将已知的直线或已知的圆弧光滑地连接在一起，光滑过渡式的连接也就是相切连接，其连接点为切点。圆弧连接的画图步骤就是求出连接圆弧的圆心和切点，然后绘制连接圆弧的画图过程。

圆弧连接有三种基本形式：

① 用已知圆弧连接两条已知直线。

② 用已知圆弧连接两已知圆弧。

③ 用已知圆弧连接一已知直线和一已知圆弧。

1. 圆弧连接的绘图原理

（1）圆弧与直线连接　圆弧与一已知直线连接，其连接圆弧的圆心是一条与已知直线平行、且相隔距离为连接圆弧半径的轨迹（直线），由连接圆弧的圆心向已知直线作垂线，其垂足即为切点，如图8-74所示。R 为连接圆弧的半径，O 为连接圆弧的圆心，T 为切点。

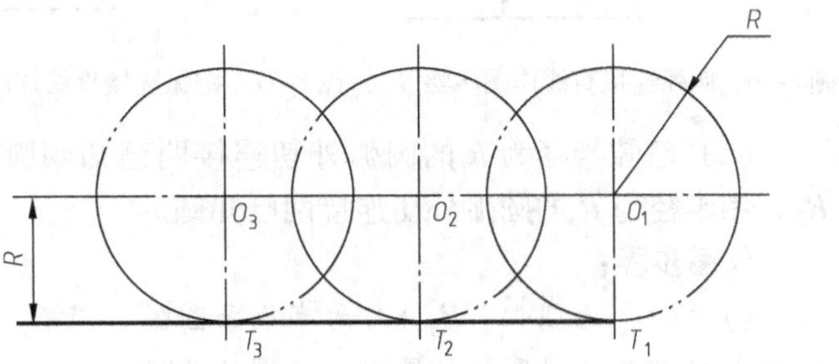

图8-74　圆弧与直线连接

（2）圆弧与圆弧连接　圆弧与一已知圆弧连接，其连接圆弧的圆心轨迹是已知圆弧的同心圆。如果两圆弧是外切，同心圆的半径为 $R_L=R_A+R$；如果两圆弧是内切，同心圆的半径为 $R_L=R_A-R$，切点在两圆弧的连心线或延长线上，如图8-75所示。R_L 为连接圆弧圆心轨迹的半径，R_A 为已知圆弧的半径，R 为连接圆弧的半径，T 为切点。

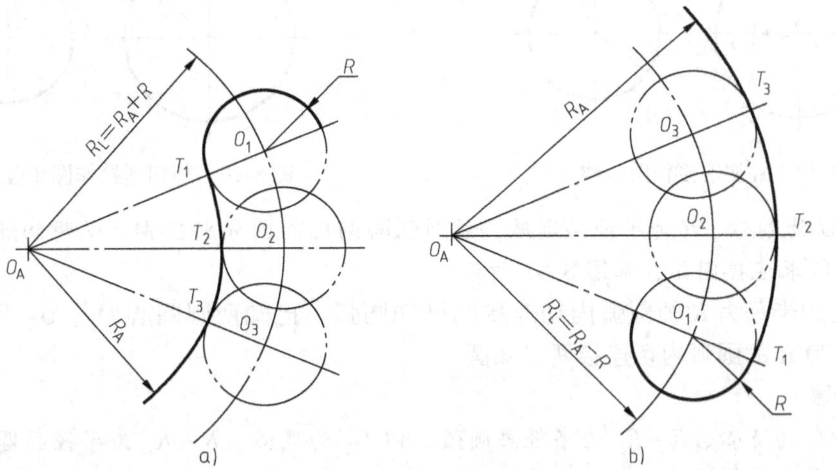

图8-75　圆弧与圆弧连接

a）外切　b）内切

2. 圆弧连接的作图方法

（1）已知半径为 R 的圆弧连接两已知直线

作图步骤：

1）作与已知两直线分别相距为 R 的平行线，两平行线的交点 O 即为连接圆弧的圆心，如图8-76所示。

2）过圆心 O 分别向两已知直线作垂线，得垂足 T_1、T_2 即为切点，如图8-77所示。

3）以 O 为圆心、R 为半径作圆弧，该圆弧与两已知直线分别在 T_1、T_2 两切点处相切，圆弧 T_1T_2 即为所求连接圆弧，如图 8-78 所示。

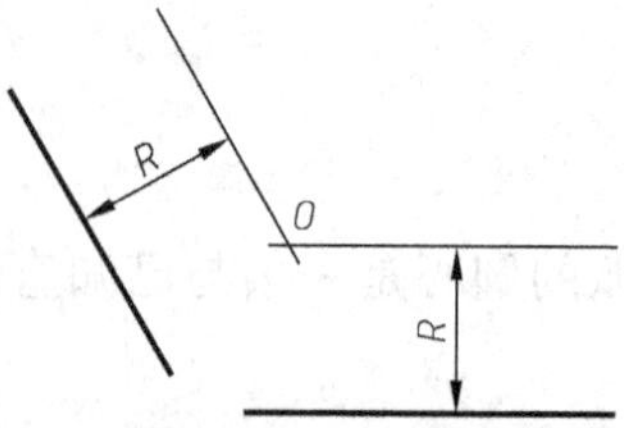

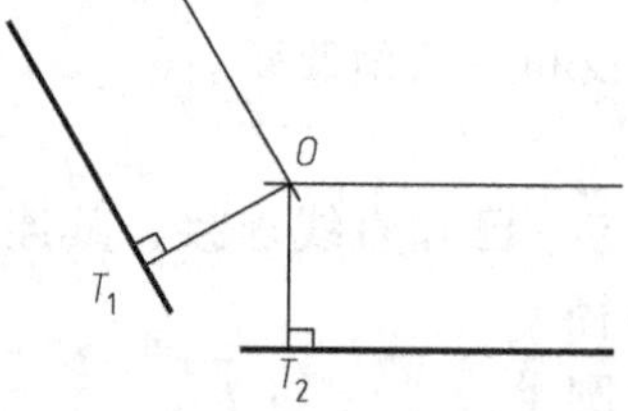

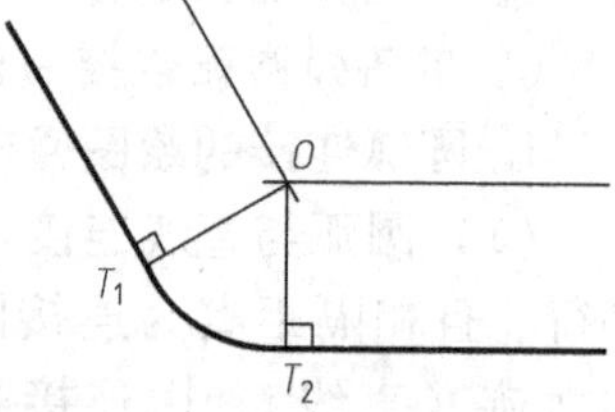

图 8-76　圆弧连接直线作图步骤（1）图 8-77　圆弧连接直线作图步骤（2）图 8-78　圆弧连接直线作图步骤（3）

（2）已知半径为 R 的圆弧外切连接两已知圆弧　已知两圆圆心 O_1、O_2 及其半径 R_1、R_2，用半径为 R 的圆弧外切连接两已知圆。

作图步骤：

1）以 O_1 为圆心、R_1+R 为半径画圆弧，以 O_2 为圆心、R_2+R 为半径画圆弧，两圆弧的交点 O 即为连接圆弧的圆心，如图 8-79 所示。

2）连接 O、O_1 与已知圆的交点为 M，连接 O、O_2 与已知圆的交点为 N，点 M、N 即为切点，如图 8-80 所示。

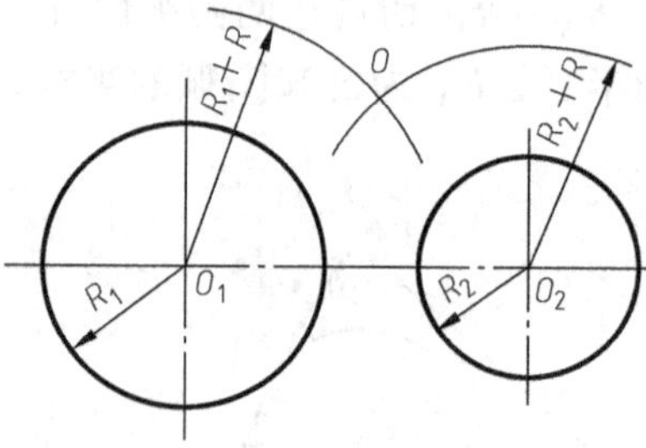

图 8-79　外切连接作图步骤（1）

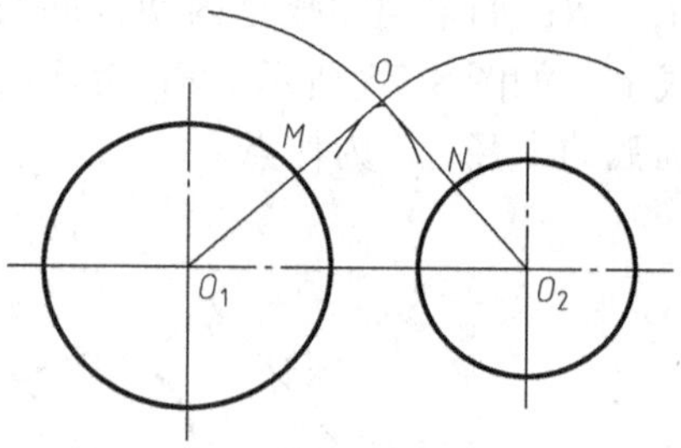

图 8-80　外切连接作图步骤（2）

3）以 O 为圆心、R 为半径画圆弧，该圆弧与两已知圆分别在 M、N 两切点处相切，圆弧 MN 即为所求连接圆弧，如图 8-81 所示。

（3）已知半径为 R 的圆弧内切连接两已知圆弧　已知两圆圆心 O_1、O_2 及其半径 R_1、R_2，用半径为 R 的圆弧内切连接两已知圆。

作图步骤：

1）以 O_1 为圆心、$R-R_1$ 为半径画圆弧，以 O_2 为圆心、$R-R_2$ 为半径画圆弧，两圆弧的交点即为连接圆弧的圆心，如图 8-82 所示。

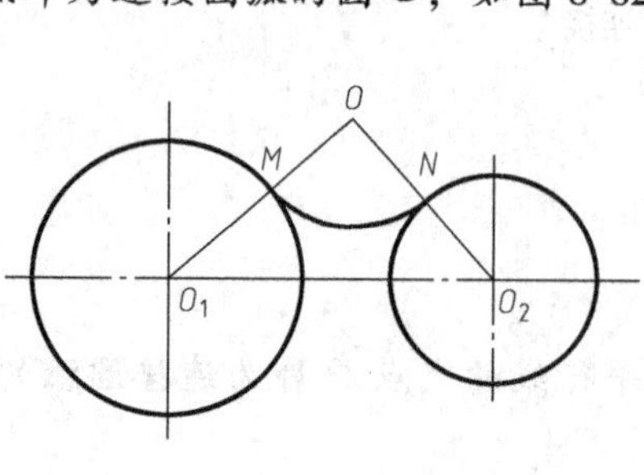

图 8-81　外切连接作图步骤（3）

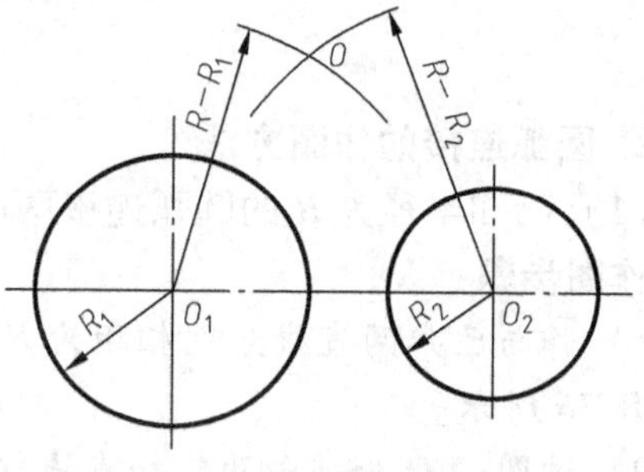

图 8-82　内切连接作图步骤（1）

2）连接 O、O_1 并延长与已知圆的交点为 M，连接 O、O_2 并延长与已知圆的交点为 N，点 M、N 即为切点，如图 8-83 所示。

3）以 O 为圆心、R 为半径画圆弧，该圆弧与两已知圆分别在 M、N 两切点处相切，圆弧 MN 即为所求的连接圆弧，如图 8-84 所示。

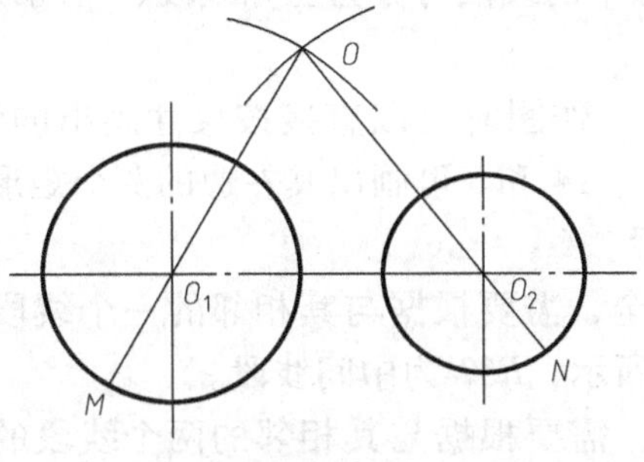

图 8-83　内切连接作图步骤（2）

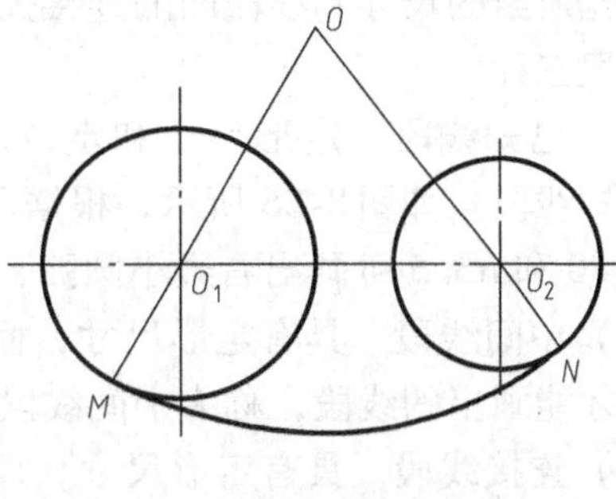

图 8-84　内切连接作图步骤（3）

8.3　平面图形的尺寸及线段分析

平面图形是由各种线段连接而成的。每条线段都有各自的尺寸大小和位置关系，因此，为了使绘图方法和步骤正确，就需要对平面图形的尺寸和线段的位置关系进行分析，以确定绘图的先后顺序。

1. 平面图形的尺寸分析

平面图形的尺寸按其作用不同，可分为定形尺寸和定位尺寸两类。为了确定平面图形中各线段的相对位置，首先需要确定尺寸基准。

（1）尺寸基准　标注尺寸的起点称为尺寸基准。常用的尺寸基准有对称线、圆的中心线、主要轮廓线等，如图 8-85 所示。

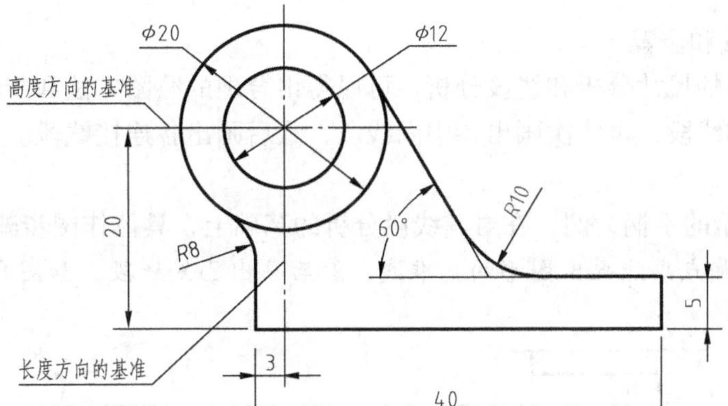

图 8-85　平面图形的尺寸分析

（2）定形尺寸　确定平面图形上几何元素大小的尺寸称为定形尺寸，如矩形的长度和宽度、圆及圆弧的直径或半径、角度的大小等。如图 8-85 所示的尺寸 40 和 5、圆的直径

$\phi12$ 和 $\phi20$、连接圆弧的半径 $R10$ 和 $R8$、斜线的倾斜角度 60°等都是定形尺寸。

（3）定位尺寸　确定平面图形上几何元素相对位置的尺寸称为定位尺寸。如图 8-85 所示，确定左上方同心圆与底部轮廓线之间上下方向的定位尺寸 20 及左右方向的定位尺寸 3。

2. 平面图形的线段分析

根据所给的尺寸和线段间的连接关系，平面图形中的线段可分为已知线段、中间线段和连接线段三种。

（1）已知线段　定形尺寸和定位尺寸标注齐全，作图时可以直接按尺寸画出的线段，称为已知线段。如图 8-86 所示，根据尺寸 $\phi19$、$\phi11$、14 和 6 可画出其左边的两个矩形，根据尺寸 80 和 $R5.5$ 可画出右边小圆弧，均为已知线段。

（2）中间线段　具有定形尺寸，而定位尺寸不全，需要根据与其相邻的一个线段的连接关系才能画出的线段，称为中间线段。如图 8-86 所示，$R52$ 为中间线段。

（3）连接线段　具有定形尺寸，而无定位尺寸，需要根据与其相邻的两个线段的连接关系才能画出的线段，称为连接线段。如图 8-86 所示，$R30$ 为连接线段。

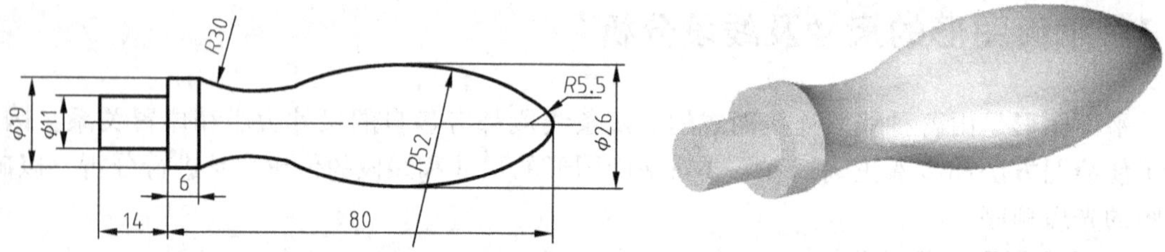

图 8-86　手柄

8.4　平面图形的绘图方法和步骤

1. 绘图的方法和步骤

通过平面图形的尺寸分析和线段分析，可以得出合理的绘图方法和步骤。当绘制平面图形时，先画出已知线段，再依次画出各中间线段，最后画出各连接线段。

2. 绘图实例

以图 8-86 所示的手柄为例，在对其线段分析的基础上，具体作图步骤如下：

1）确定并用细点画线画出图形的基准线，然后画出已知线段，如图 8-87 所示。

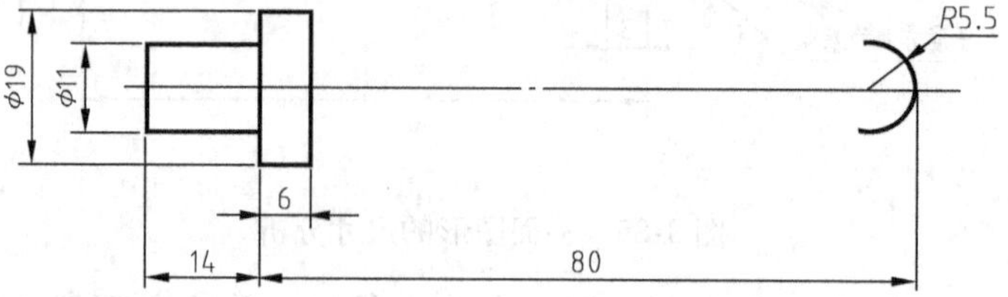

图 8-87　作图步骤（1）

2）根据与已知线段的连接关系画出中间线段 *R*52，同理画出对称部分，如图 8-88 所示。

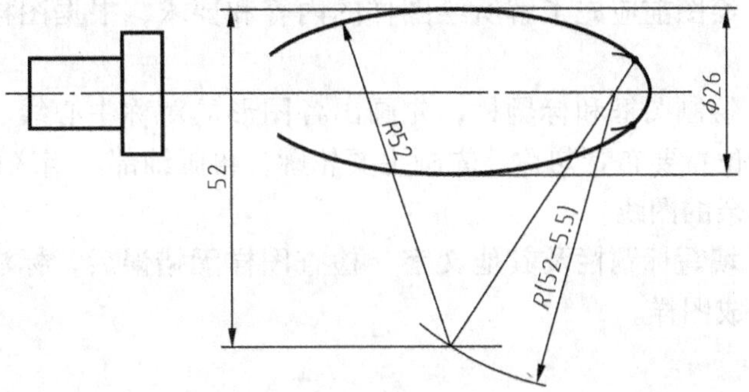

图 8-88　作图步骤（2）

3）根据相邻线段的连接关系画出连接线段 *R*30，同理画出对称部分，如图 8-89 所示。

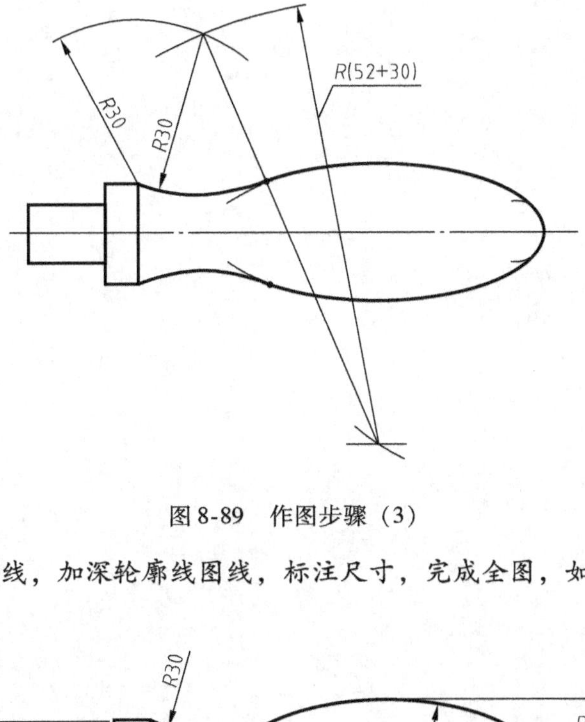

图 8-89　作图步骤（3）

4）擦去多余作图线，加深轮廓线图线，标注尺寸，完成全图，如图 8-90 所示。

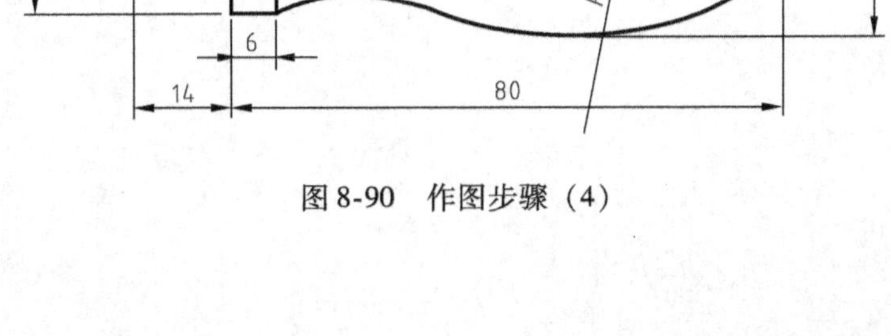

图 8-90　作图步骤（4）

3. 绘图的程序和方法

为了提高绘图的质量和速度，除了掌握正确的绘图手段外，还必须掌握正确的绘图程序和方法。

（1）准备工作　绘图前应先了解所绘图样的内容和要求，根据图样的结构和尺寸选定比例，确定图幅。

（2）绘制底稿　绘制图框和标题栏，先画出各图形的对称中心线、中心线及主要轮廓线，注意各图之间的位置要布置匀称。先画主要轮廓，再画细部。当底稿完成后，要仔细检查，擦除作图线和多余的图线。

（3）标注尺寸、填写标题栏及其他文字　检查图样无错误后，标注尺寸，书写注释文字，填写标题栏，完成图样。

第 9 章　组合体的视图

【本章重点】

1）三视图的形成。

2）组合体分析。

3）组合体视图画法。

4）组合体的尺寸标注。

5）看组合体视图。

9.1　三视图的形成与投影规律

9.1.1　三视图的形成

在绘制机械图样时，将物体向投影面作正投影所得的图形称为视图。在三投影面体系中可得到物体的三个视图，其正面投影称为主视图，水平投影称为俯视图，侧面投影称为左视图，如图 9-1a 所示。当实际画图时，为了使图形清晰，一般不画投影轴及投影间的连线，如图 9-1b 所示。通常视图间的距离可根据图纸幅面、尺寸标注等因素来确定。

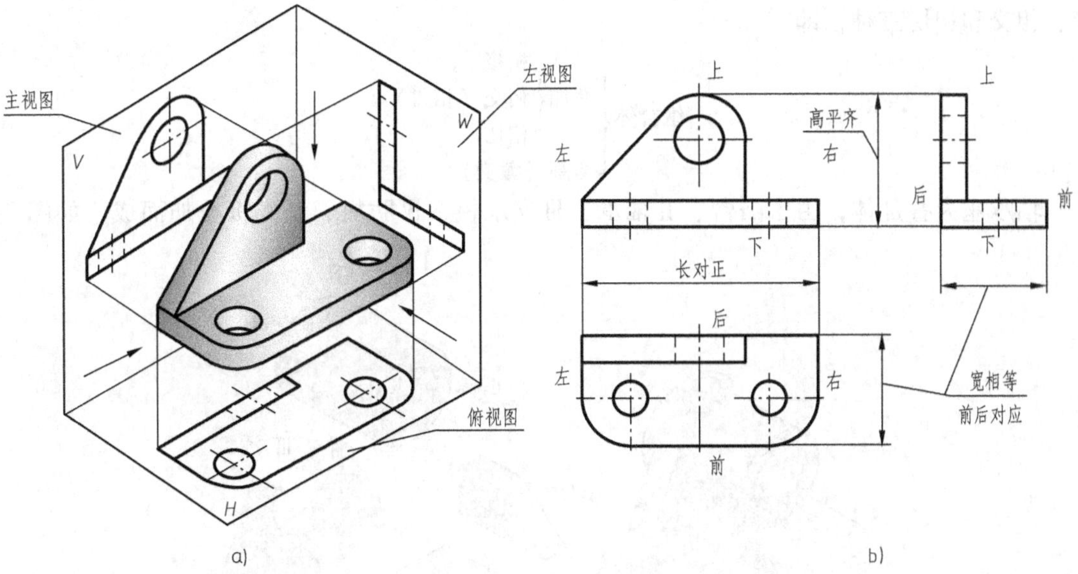

图 9-1　物体的三视图

9.1.2　三视图的投影规律

由投影面展开后的三视图的位置关系为：以主视图为主，俯视图在主视图的下方，左视图在主视图的右方，如图 9-1b 所示。按照这种位置配置视图时，国家标准规定一律不标注视图的名称。

由图 9-1 还可看出：

1）主视图反映了物体上下、左右的位置关系，即反映了物体的高度和长度。

2）俯视图反映了物体左右、前后的位置关系，即反映了物体的长度和宽度。

3）左视图反映了物体上下、前后的位置关系，即反映了物体的高度和宽度。

由此可得出三视图之间的投影规律为：

1）主、俯视图——长对正。

2）主、左视图——高平齐。

3）俯、左视图——宽相等。

“长对正，高平齐，宽相等”是画图和看图必须遵循的最基本的投影规律，不仅整个物体的投影要符合这个规律，物体局部结构的投影也必须符合这个规律。特别要注意，在俯、左视图上量取宽度时，不但要注意量取尺寸的起点，还要注意量取尺寸的方向。俯视图的下面和左视图的右面，表示物体的前面；俯视图的上面和左视图的左边，表示物体的后面。

9.2　组合体的形体分析

由基本形体通过一定的组合方式组合而成的形体称为组合体。

9.2.1　组合体的组合形式

由基本形体构成组合体时，可以有叠加与切割两种基本组合形式，叠加又可细分为相接、相交和相切三种，即

组合体
- 叠加
  - 相接
  - 相交（相贯）
  - 相切
- 切割（截交）

轴承座为叠加体，由Ⅰ凸台、Ⅱ轴承、Ⅲ支承板、Ⅳ肋板、Ⅴ底板叠加而成，如图 9-2

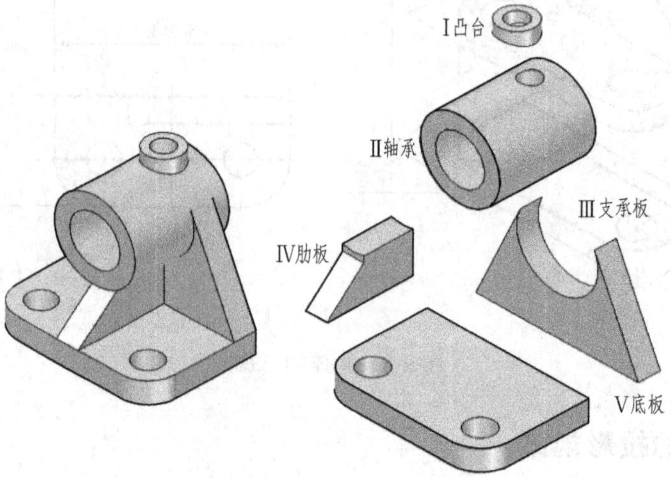

图 9-2　轴承座及其形体分析

所示。Ⅰ和Ⅱ之间是相交，Ⅱ和Ⅲ之间是相切，Ⅱ和Ⅳ之间是相交，Ⅲ、Ⅳ和Ⅴ之间是相接（相接即两个平面简单地叠合在一起）。如图9-3所示，镶块为切割体，可看作由长圆体上切割去六个部分而形成，通常比较多见的是叠加、切割的混合体。

9.2.2　组合体各组合形式的投影分析

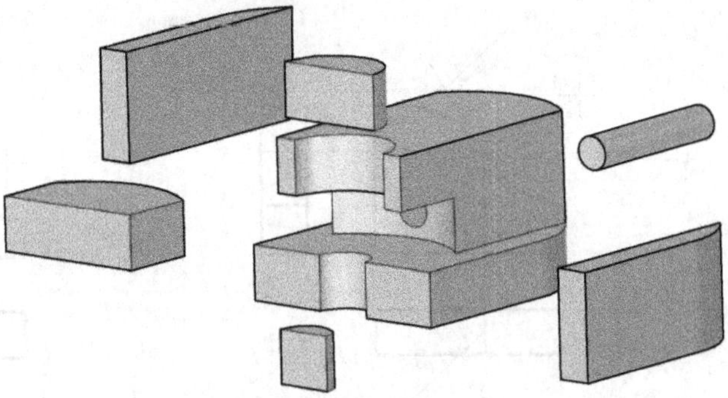

图9-3　镶块

1. 相接

相接可分为表面平齐和表面不平齐两种。如图9-4所示，当两个形体相接表面不平齐时，其投影两个形体之间有分界线，如图9-4a所示；当两个形体相接表面平齐时，其投影两个形体之间没有分界线，如图9-4b所示。

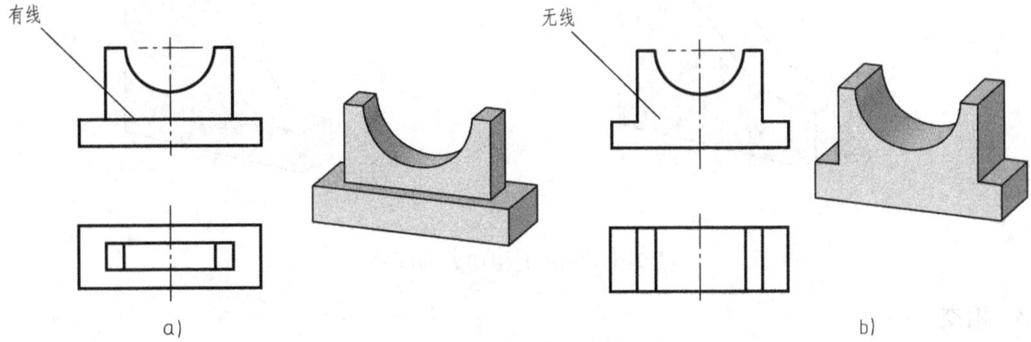

图9-4　形体表面的连接关系

2. 相切

当两形体表面相切时，在相切处不应画分界线，如图9-5所示。有一种特殊情况需注意，如图9-6中的两个压铁所示，当两圆柱面相切时，若它们的公共切平面倾斜或平行于投

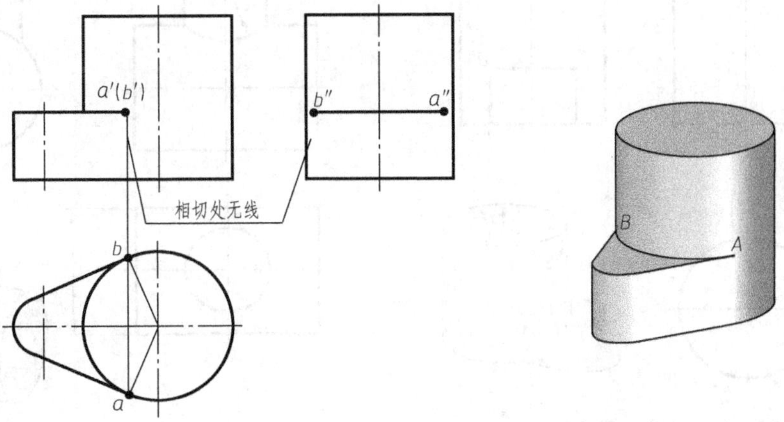

图9-5　相切的画法

影面时，不画出相切素线在该投影面上的投影，即两圆柱面不画分界线，如图 9-6a 所示；而当两圆柱面的公共切平面垂直于某个投影面时，在该投影面上应画出相切处的分界线，如图 9-6b 中的俯视图所示。

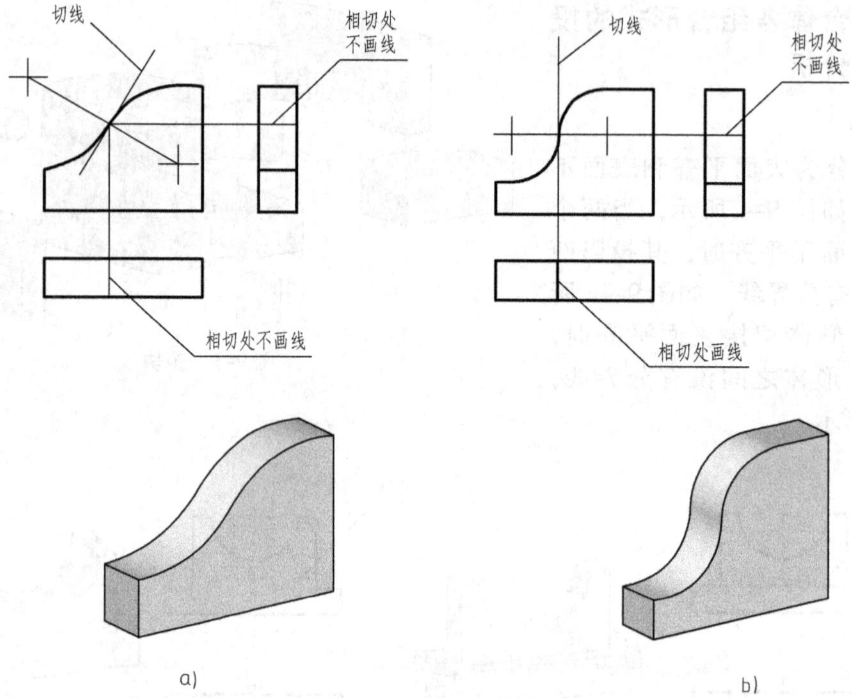

图 9-6　压铁上相切处的画法

3. 相交

当两形体表面相交时，在相交处应画出交线的投影，如图 9-7 所示。在机械制图中，当不需要精确画出相贯线时，可用近似画法简化，如图 9-8 所示。两圆柱垂直相交是零件中遇到最多的相贯情况，当它们的直径相差较大，且都平行于投影面时，相贯线在该投影面上的投影常用由大圆柱半径所作的圆弧来代替。

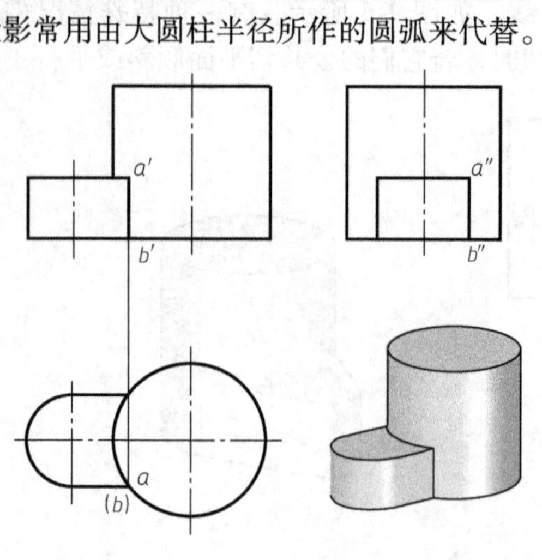

图 9-7　相交的画法

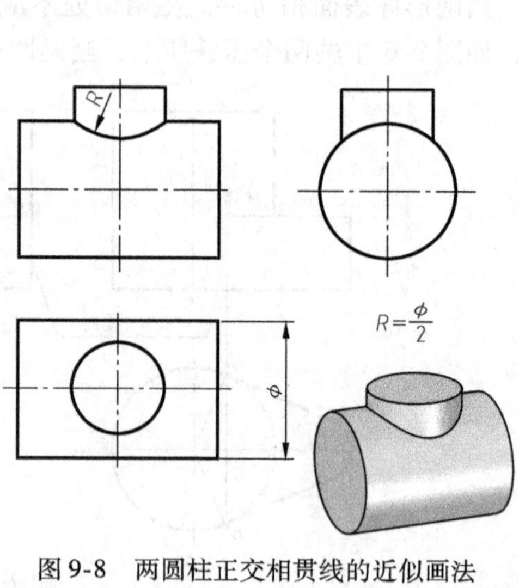

图 9-8　两圆柱正交相贯线的近似画法

4. 切割和穿孔

当基本体被切割、穿孔时，会产生不同形状的截交线或相贯线，此时，需求截交线和相贯线的投影。

图 9-9 所示是切割体的画法。图 9-10 所示是穿孔的画法。

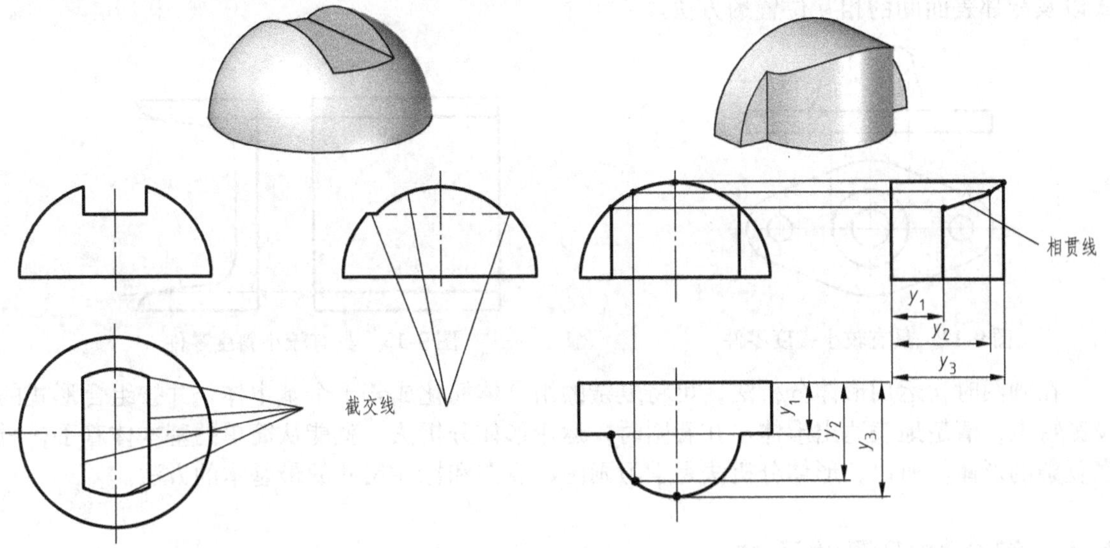

图 9-9　切割体的画法

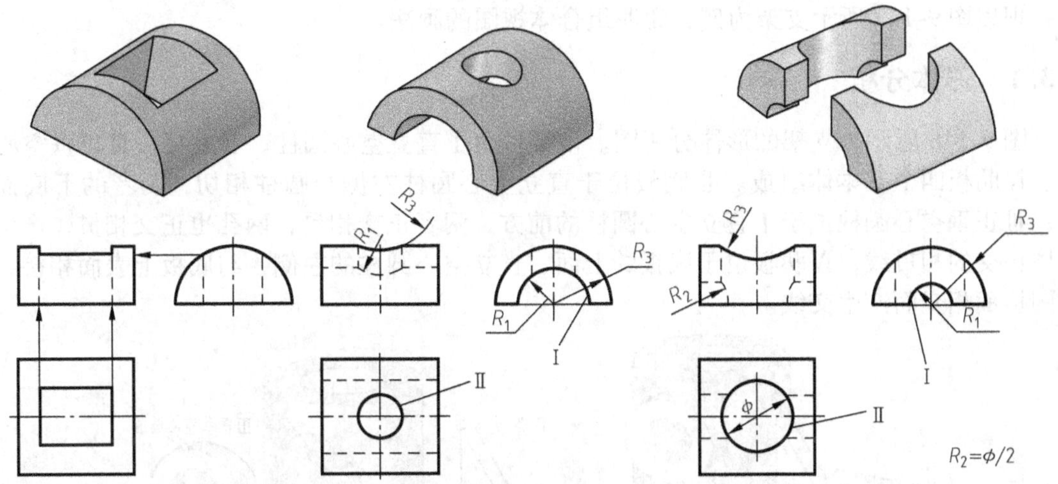

图 9-10　穿孔的画法

5. 其他注意问题

1）需要绘制必要图线的零件，如图 9-11 所示。

2）具有较小锥度零件的必要图线的画法，如图 9-12 所示。

3）具有较小斜度零件的必要图线的画法，如图 9-13 所示。

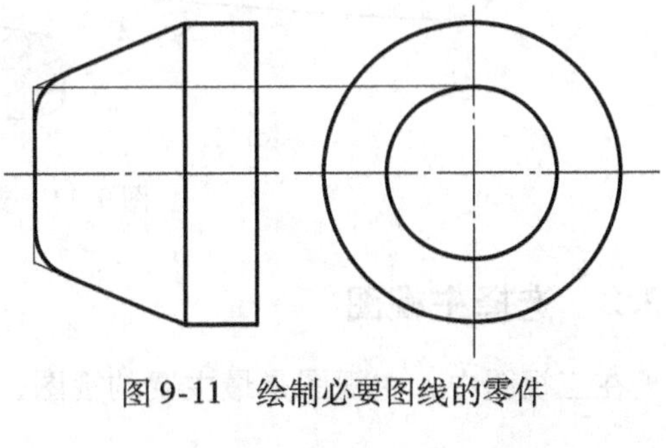

图 9-11　绘制必要图线的零件

9.2.3　组合体的形体分析

通过上述分析可知，任何复杂的组合体都可看成由基本形体经过一定的组合形式组合而成，所以组合体的形体分析法就是假想把组合体分解为若干基本形体，并确定它们的组合形式以及相邻表面间的相互位置的方法。

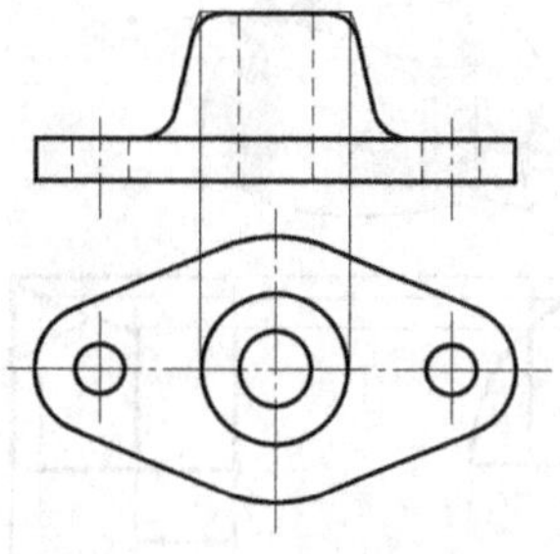

图 9-12　具有较小锥度零件

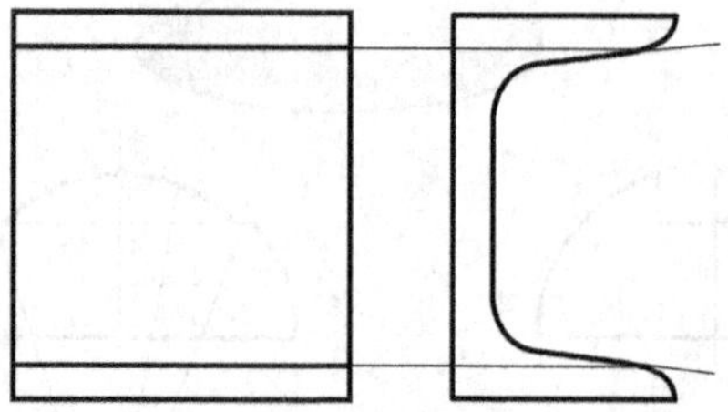

图 9-13　具有较小斜度零件

在画图时，运用形体分析法，可将复杂的组合体简化成若干个基本体，并按组合形式的投影特点，清楚地表达出形体。在看图时，运用形体分析法，就能从简单的基本体着手，看懂复杂的形体。所以，形体分析法是学习画图、看图和标注尺寸的最基本的方法。

9.3　组合体视图的画法

现以图 9-14a 所示支架为例，说明组合体视图的画法。

9.3.1　形体分析

图 9-14b 所示为支架的形体分析图。该零件由Ⅰ直立空心圆柱、Ⅱ底板、Ⅲ正垂空心圆柱、Ⅳ肋板四个基本体组成。Ⅱ底板位于直立空心圆柱左侧与圆柱相切，两者的下底面平齐；Ⅲ正垂空心圆柱位于Ⅰ直立空心圆柱的前方，两者正交相贯，两孔也正交相贯，产生两圆柱正交的相贯线；Ⅳ肋板位于底板的上面、直立空心圆柱的左侧，与底板上表面相接，与大圆柱面相交而产生交线。

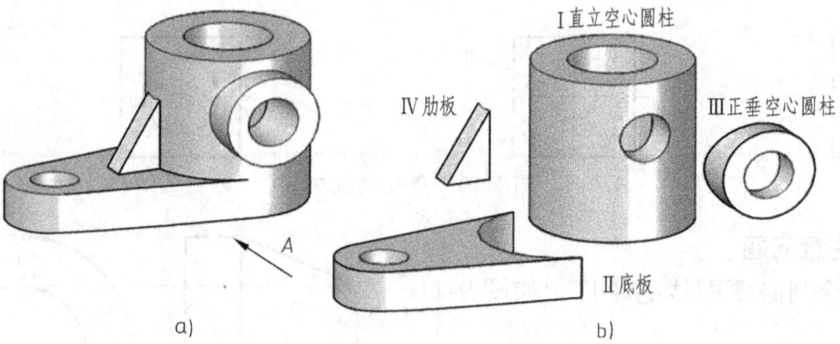

图 9-14　支架及其形体分析

9.3.2　选择主视图

在三视图中，主视图是最主要的视图，因此主视图的选择极为重要。选择主视图时，要考虑两个方面的问题：一是组合体的安放位置，二是组合体的投射方向。在考虑安放位置时，为了有较好的度量性和易于作图，通常将物体放正，即使物体的主要平面（或轴线）平行或垂直于投影面。投射方向应尽可能多地反映出物体的形状特征。如图 9-14 所示，通常将直立空心圆柱的轴线放成铅垂位置，并把肋、底板的对称平面放成平行于投影面的位置。显然选 *A* 向作为主视图的投射方向最好，此时组成该支架的各基本形体及它们间的相对位置关系在此方向表达最为清晰，因而最能反映该支架的结构形状特征。

9.3.3　画图步骤

首先要选择适当的比例和图纸幅面，根据图纸幅面布置视图的位置，确定各视图的主要中心线、轴线或其他定位线的位置。当画视图的底稿时，按形体分析法，从主要形体着手，按各基本形体之间的相对位置，逐个画出它们的视图。为了提高绘图速度和保证视图间的投影关系，对于各个基本形体，应尽可能做到三个视图同时画。当底稿完成后，仔细检查，修正错误，然后按规定加深线型。具体作图步骤如图 9-15 所示。

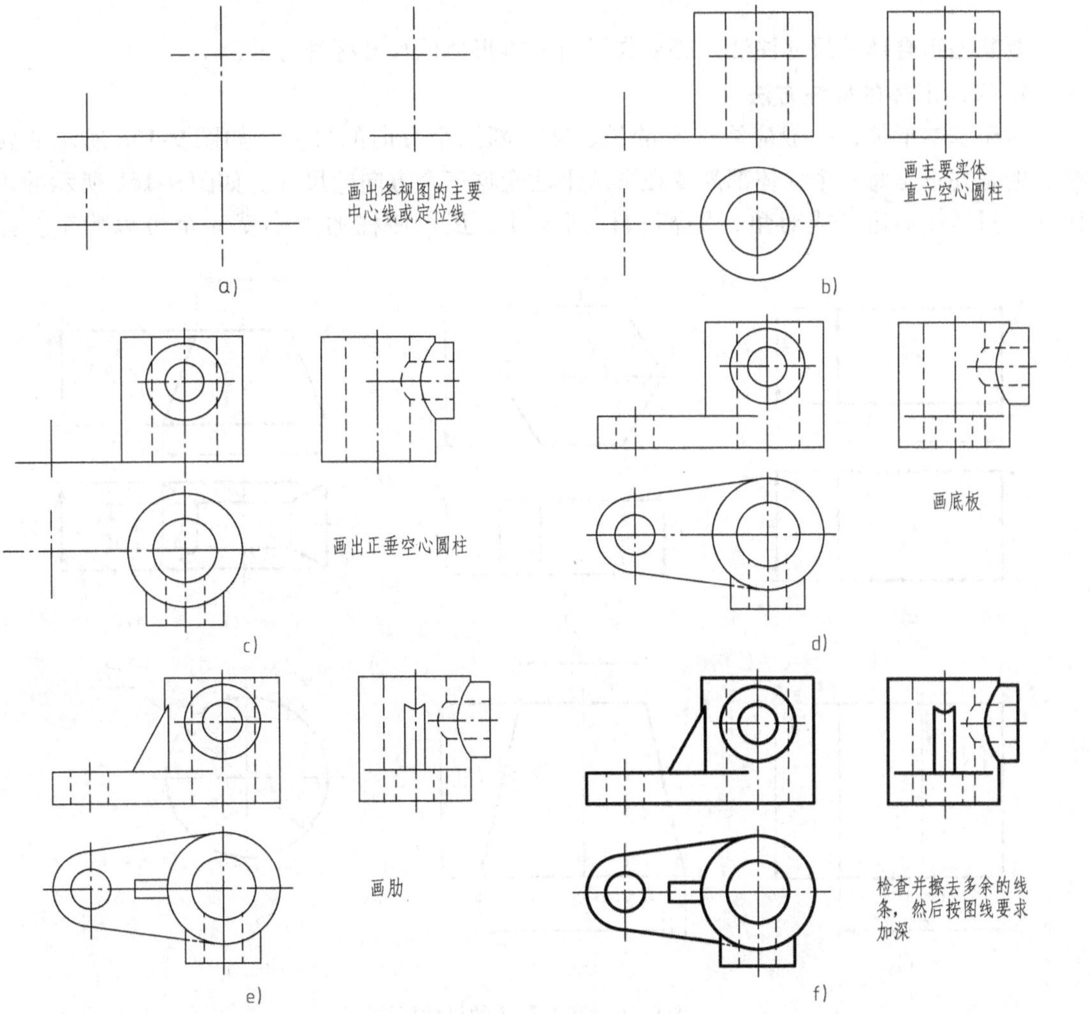

图 9-15　支架三视图

9.4　组合体的尺寸注法

视图主要用来表达物体的形状，而物体的真实大小则是根据图上所标注的尺寸来确定的，加工零件时也是按照图上标注的尺寸来制造的。因此，标注尺寸应做到以下几点：

（1）正确　尺寸标注要符合国家标准《技术制图》与《机械制图》中有关《尺寸注法》的规定。

（2）完整　尺寸必须完全确定物体的形状和大小，不遗漏，不重复。

（3）清晰　尺寸的注写布局要整齐、清晰，便于看图。

（4）合理　尺寸标注应尽量考虑到设计与工艺上的要求。

在第 8 章中已介绍了国家标准有关尺寸注法的规定，本节主要讨论如何完整、清晰地标注尺寸。有关标注尺寸的合理性，将在第 14 章中介绍。

9.4.1　基本形体的尺寸标注

要掌握组合体的尺寸注法，必须先了解基本形体的尺寸标注方法。

1. 基本形体的标注方法

对于基本形体，一般应注出它的长、宽、高三个方向的尺寸，如图 9-16a 所示的四棱柱。但是并不是每一个立体都需要在形式上注全这三个方向的尺寸。如图 9-16b 所示的正六棱柱，只需注对边（或对角）距离和柱高尺寸，正六棱柱的大小就完全可以确定。如图

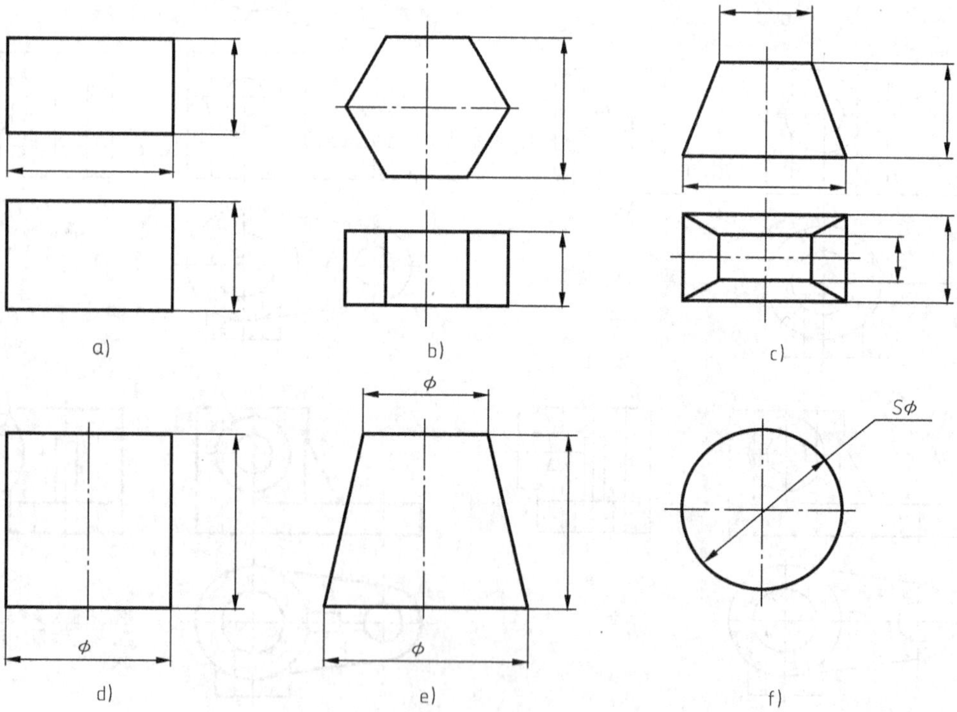

图 9-16　基本形体的尺寸标注

a）四棱柱　b）正六棱柱　c）四棱台　d）圆柱　e）圆台　f）球

9-16c 所示的四棱台，标注上、下底面的长和宽及高度尺寸。圆柱和圆锥在注出径向尺寸“ϕ”后，不仅可减少一个方向的尺寸，而且还可以省略一个视图，如图 9-16d、e 中的圆柱和圆锥，因为尺寸“ϕ”具有双向尺寸功能。如图 9-16f 所示，标注球的直径尺寸。

2. 基本形体上切割、开槽及相贯的标注

当在基本形体上遇到切割、开槽及相贯时，除标注出其基本形体的尺寸外，对切割与开槽，还应标注出截平面位置的尺寸；对相贯的两回转面形体，应以其轴线为基准，标注两形体的相对位置尺寸，如图 9-17 所示。根据上述尺寸，截交线及相贯线便自然形成，因此不应在这些线（截交线和相贯线）上标注尺寸。

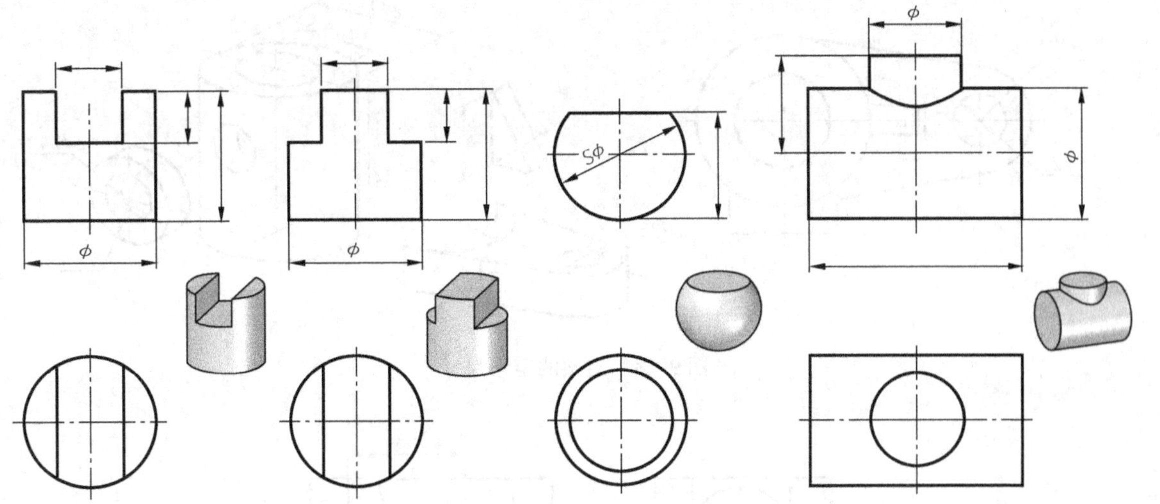

图 9-17　基本形体上遇到切割、开槽及相贯时的尺寸标注

9.4.2　组合体的尺寸标注

1. 尺寸标注要完整

要使尺寸标注完整，最有效的方法是对组合体进行形体分析，然后分别标注出定形、定位和总体三类尺寸。

定形尺寸——用于确定各基本形体的形状大小；

定位尺寸——用于确定各基本形体之间的相互位置；

总体尺寸——用于确定组合体的总长、总宽和总高。

当标注定位尺寸时，必须在长、宽、高三个方向分别选出尺寸基准。所谓尺寸基准，即标注尺寸的起点。每个方向至少有一个尺寸基准，以便确定各基本形体在各方向上的相对位置。通常可选择组合体的底面、重要端面、对称平面以及回转体的轴线等作为尺寸基准。下面仍以支架为例，说明标注组合体尺寸的方法。

（1）逐个注出各基本形体的定形尺寸　如图 9-18 所示，将支架分析成四个基本形体，分别注出其定形尺寸。每个形体一般只有少数几个定形尺寸。

（2）标注出确定各基本形体之间相对位置的定位尺寸　如图 9-19 所示，以直立空心圆柱的轴线为左右方向尺寸基准，注出定位尺寸 80、56；以直立空心圆柱、底板及肋板前、后

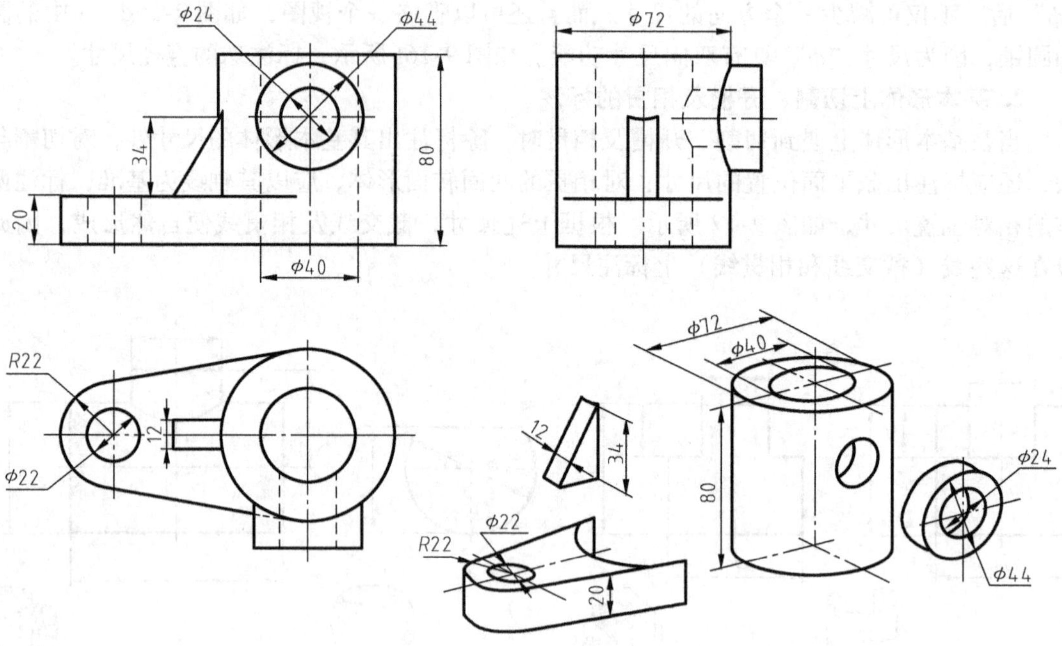

图 9-18　支架的定形尺寸

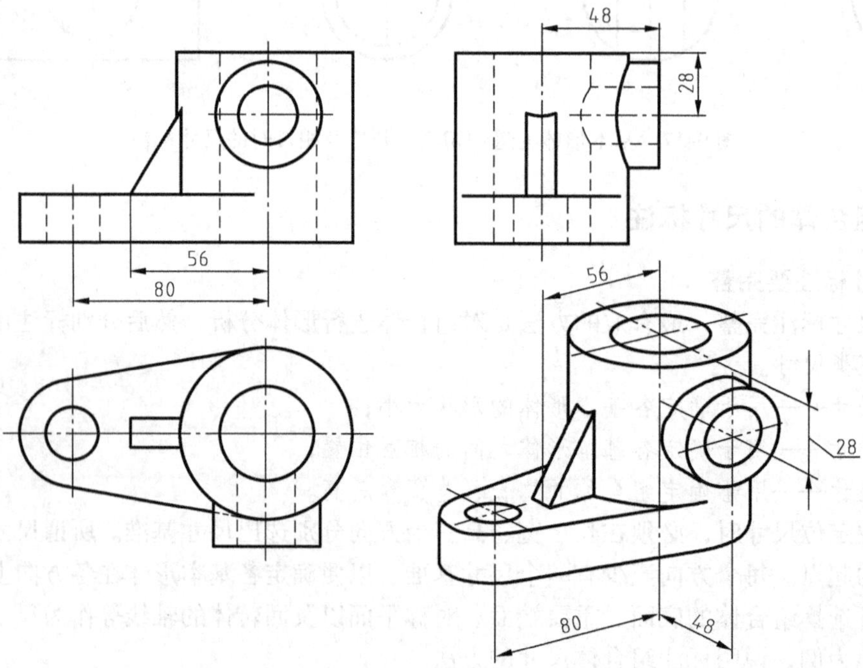

图 9-19　支架的定位尺寸

的公共对称平面为宽度方向尺寸基准，注出定位尺寸 48；以上顶面为高度方向尺寸基准，注出定位尺寸 28。一般来说，两个基本形体之间在左右、上下和前后方向均应考虑是否有定位尺寸。但当形体之间处于叠加（如肋与底板上下表面的结合）、平齐（如直立空心圆柱与底板下表面平齐）和对称（如直立空心圆柱与正垂空心圆柱左右方向对称）的位置时，这些方向就不再需要定位尺寸。

（3）标注总体尺寸　为了表示组合体外形的总长、总宽和总高，一般应标注出相应的总体尺寸。如图9-18所示，其总高尺寸即为直立空心圆柱的高度尺寸，总长、总宽尺寸也不需要标出，因为习惯上当物体的端部为回转面时，则有了定位尺寸后，一般就不再注其总体尺寸。如图9-20所示，支架长度方向上有了定位尺寸80及圆弧半径$R22$及直径$\phi72$后，就不再注总长尺寸；宽度方向也是如此。

应该指出，如果标注了组合体的定形和定位尺寸后，组合体的尺寸就已经达到了完整的要求，若再加注总体尺寸，就会出现多余或重复尺寸，这时就要对已标注的定形和定位尺寸做适当调整。

工程上经常会碰到表9-1中的底板、法兰盘（仅画出某一个方向视图）这一类结构件，熟悉这些结构件的尺寸注法，将有利于掌握组合体的尺寸标注。

表9-1　常见标注

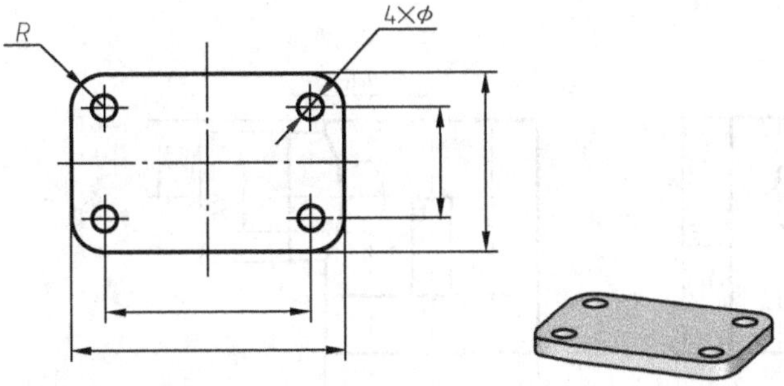	定形尺寸：底板的长、宽以及圆角半径R；四个圆孔$4\times\phi$ 定位尺寸：以对称线为基准注出四个圆孔长、宽方向的中心位置尺寸。由于此视图左右、上下对称，孔至边的定位尺寸可省略
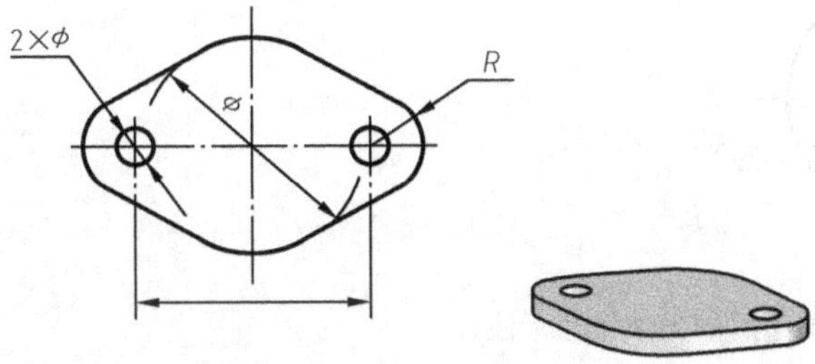	定形尺寸：底板宽度直径ϕ，两端圆弧尺寸R；两个圆孔$2\times\phi$ 定位尺寸：以对称线为基准注出两个圆孔的中心位置尺寸
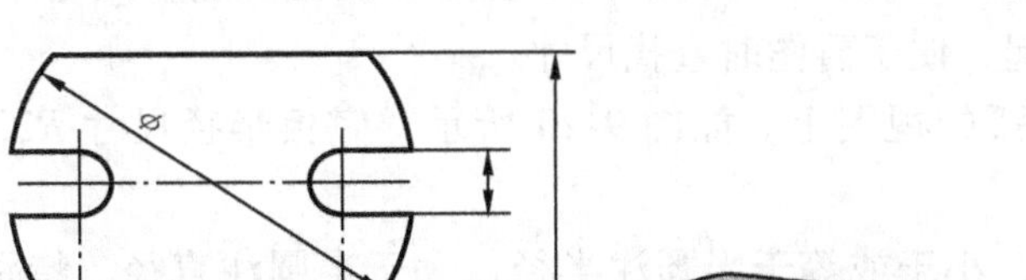	定形尺寸：底板直径ϕ及宽度；半圆弧槽的宽度 定位尺寸：以对称线为基准注出两半圆弧槽的中心位置尺寸

（续）

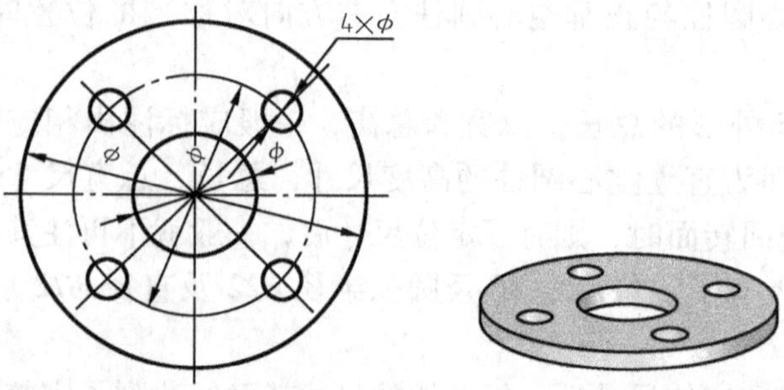	定形尺寸：法兰盘的直径 ϕ；四个圆孔 4 × ϕ；中间圆孔 ϕ 定位尺寸：以圆心为基准注出过四个圆心的圆直径，即为四个小圆孔的中心位置尺寸。由于四个孔在圆周上均匀分布，角度尺寸可省略

2. 尺寸安排要清晰

当标注尺寸时，除了要求完整外，为了便于看图，还要求标注得清晰，通常可以考虑以下几个方面：

1）尺寸应尽量标注在表示形体特征最明显的视图上。如图 9-20 所示，肋的高度尺寸 34 注在主视图上比注在左视图上要好；正垂空心圆柱的定位尺寸 28 注在左视图上比注在主视图上要好。

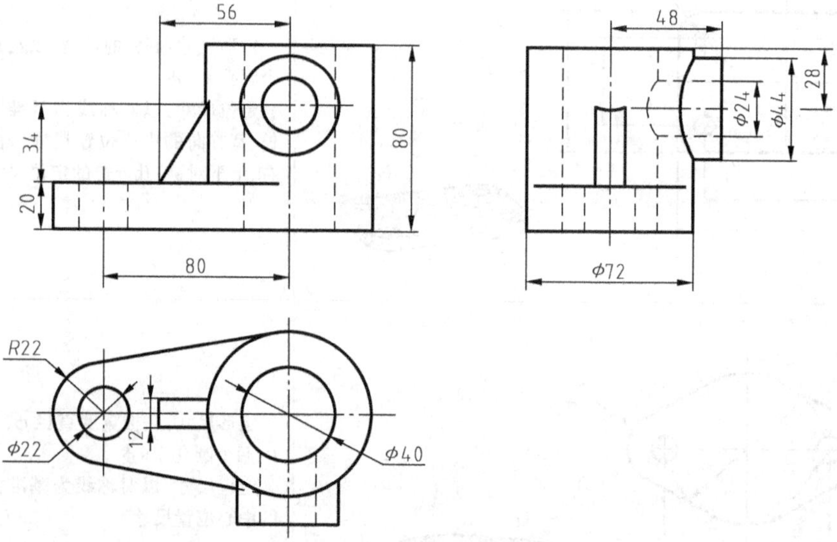

图 9-20　调整后的支架尺寸标注

2）同一形体的尺寸应尽量集中标注。如图 9-20 所示，正垂空心圆柱的定形尺寸 $\phi24$、$\phi44$ 及定位尺寸 28、48 全部集中在一起，便于看图时查找尺寸。

3）半径尺寸一定要注在投影为圆弧的视图上。如图 9-20 所示，底板半径尺寸 *R*22 注在俯视图上。

4）直径尺寸最好注在非圆视图上，小于或等于半圆注半径，大于半圆注直径。特别是同心圆较多时，不宜集中标注在投影为圆的视图上，避免注成辐射形式，如图 9-21 所示。

5）当尺寸线平行排列时，应使小尺寸在内（靠近视图），大尺寸在外，以避免尺寸线与尺寸界线相交，如图 9-21a 中 $\phi10$、$\phi14$、$\phi20$ 等。

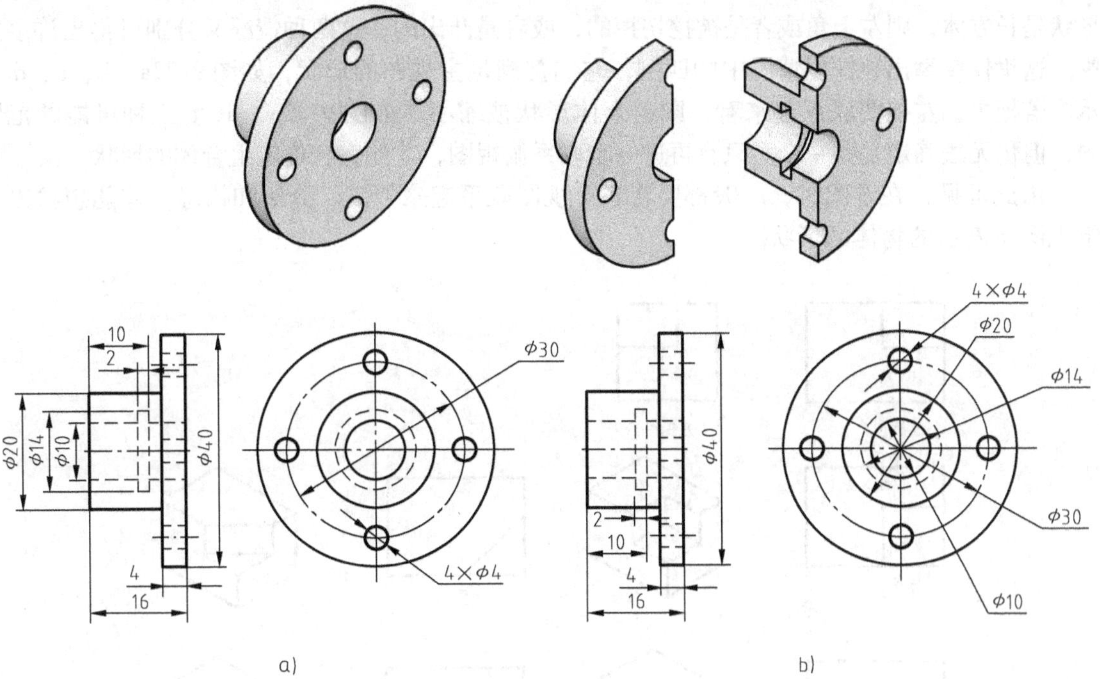

图 9-21　同心圆尺寸标注方法

a）好　b）不好

6）同一方向内外结构的尺寸，最好分开加以标注，以便于看图寻找尺寸，如图 9-21a 中主视图，外结构尺寸 16、4 注在下方，内结构尺寸 2、10 注在上方等。

7）尺寸尽量避免注在虚线上，如图 9-20 所示直立孔 $\phi40$ 注在俯视图上较好。

8）尺寸应尽量注在视图外面，以保持视图清晰。为了避免尺寸标注零乱，同一方向连续的几个尺寸尽量放在一条线上，如图 9-20 所示，主视图中 20、34 尺寸标注显得较为整齐。

以上各要求有时会出现不能完全兼顾的情况，应在保证尺寸正确、完整和清晰的前提下，根据具体情况，统筹安排，合理布局。

9.5　看组合体视图

画图和看图是本课程的两个主要任务。画图是把空间的物体用正投影方法表达在平面上，而看图则是运用正投影理论，根据平面图形想象出空间物体形状的过程。要能正确、迅速地看懂视图，必须掌握看图的基本要领和基本方法，通过不断地看图实践，逐步提高空间想象能力和构思能力，从而提高看图能力。

9.5.1　看图的基本要领

1. 将各个视图联系起来阅读

一个视图只反映组合体一个方向的形状，所以一个视图或两个视图通常不能确定组合体的形状。

如图 9-22a 所示的三视图，若仅看一个主视图，则可以构思出多个组合体形状。假设原始形状是长方体，则左上角或者是被挖切掉的，或者是凸出的，这两种情况又分别可得出许多投影。这里仅仅举出被挖切情况中的四例，它们都满足主视图的形状，如图 9-22a、b、c、d 所示。若把主、左视图联系起来看，则组合体形状被缩小在如图 9-22a、b、c 三种可能的范围内，但仍无法确定是哪一个。只有再进一步联系俯视图，才能完全确定组合体的形状。

由此可见，在看图时，一般都要将各个视图联系起来阅读、分析和构思，才能想象出这组视图所表示的物体的形状。

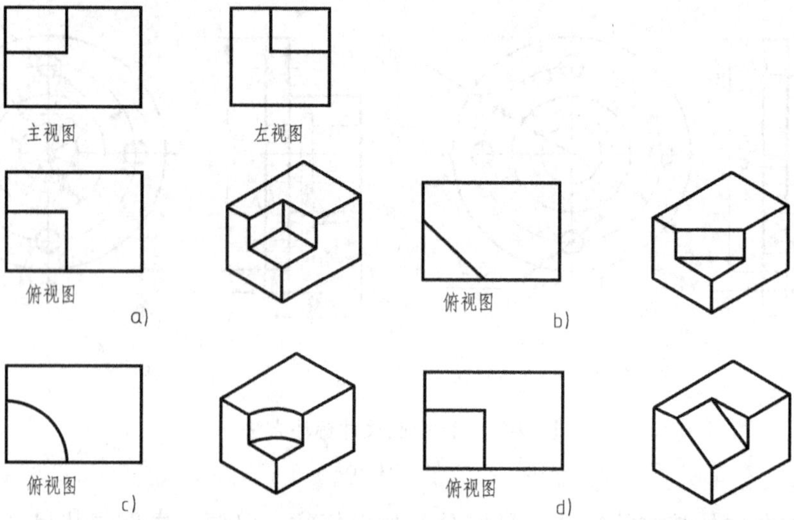

图 9-22　几个视图联系起来读图

2. 明确视图中线框和图线的含义

1）视图中每个封闭线框，通常都是物体上一个表面（平面或曲面）或孔的投影，如图 9-23 所示。

① 平面。如图 9-23e、f 所示，封闭线框 a 表示物体上与正投影面平行的平面的投影。如图 9-23b、c 所示，封闭线框 a 表示物体上与正投影面倾斜的平面的投影。

② 曲面。如图 9-23d 所示，封闭线框 a 表示圆柱面的投影。

③ 曲面及其切平面。如图 9-23d、e 所示，封闭线框 d 表示圆柱面及其切平面的投影。

④ 通孔的投影。如图 9-20 所示，俯视图 $\phi22$ 圆表示通孔的投影。

2）视图上的每条图线可以是物体上下列要素的投影：

① 两表面的交线。如图 9-23c 所示，直线 l 表示两平面交线的投影。如图 9-23e 所示，l 表示平面与曲面交线的投影。

② 垂直面的投影。如图 9-23b 所示，直线 l 和 m 表示侧平面 L 和 M 的投影。

③ 曲面的转向轮廓线。如图 9-23d 所示，直线 m 表示物体上圆柱面转向轮廓线的投影。

3）视图中任何相邻的封闭线框，一定表示组合体上相交的或相错的两个面的投影。

如图 9-23c、d、e 所示，线框 b 和 c 表示相交的两个面，图 9-23b、c 中线框 b 和 d 表示有前后关系（相错）的两个面。

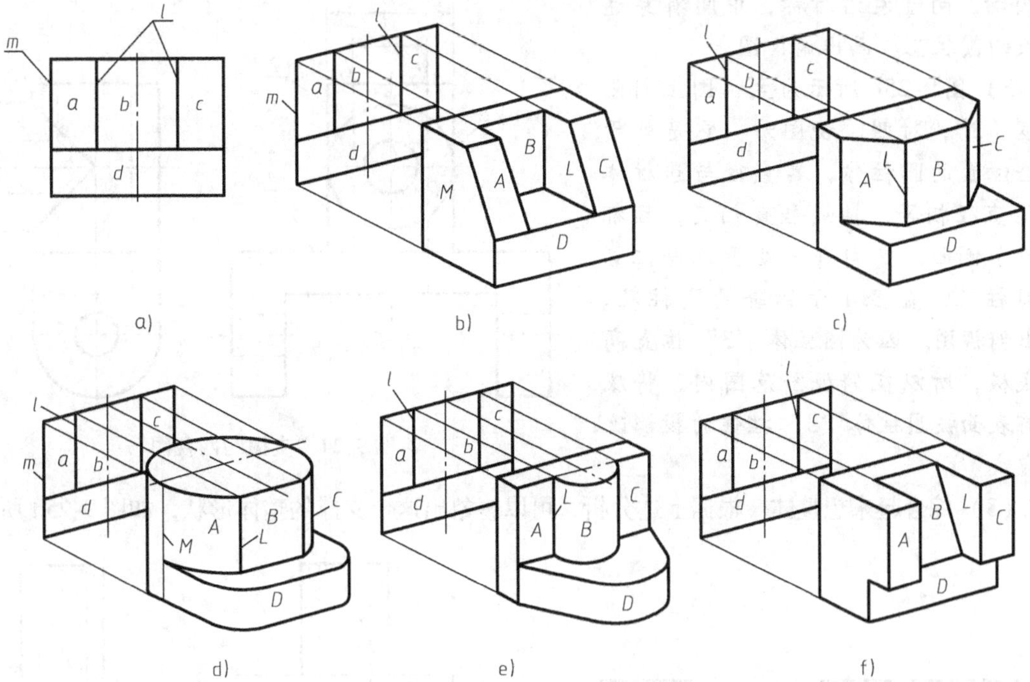

图 9-23　根据一个视图构思物体的各种可能形状

提示：以上性质可以帮助学习者提高空间构思能力。

9.5.2　看图的基本方法

1. 形体分析法

形体分析法是看图的最基本方法。通常是从反映物体形状特征的主视图着手，对照其他视图，初步分析该物体由哪些基本形体所组成以及它们的组合形式，然后运用投影规律，逐个找出每个形体在其他视图上的投影，确定各基本体的形状及各基本体之间的相对位置，最后综合想象物体的总体形状。

【例 9-1】　图 9-24 所示为一支撑的主、左视图，想象出支撑的整体形状，并补画其俯视图。

做题过程：

（1）看视图，分线框　结合主、左视图粗略看，把主视图中标出的 1、2、3 三个封闭的实线线框，看作组成这个支撑的三个部分，“1” 是下部倒凹字形线框，“2” 是上部矩形线框，“3” 是圆形线框。

（2）对投影，定形体

1）图 9-25a 所示为主视图上封闭线框“1”，由主、左视图对照投影后，可看出它是一块长方形平板，左右两侧是下部为半圆形和上部为长方体的耳板，耳板上各有一个圆柱形通孔。画出俯视图。

2）图 9-25b 所示为主视图上封闭线框“2”，因为其上注有直径符号 ϕ，对照左视图看，它是一个处于铅垂位置的圆柱体，与底板上下相接，圆柱体的直径与底板的宽度相等，前后面相切，两者左右对称，中间有穿通底板的圆柱孔。画出俯视图。

3）图 9-25c 所示为主视图上封闭线框“3”，对照左视图看，它是处于正垂位置的圆柱体，其直径与圆柱体“2”直径相等，轴线垂直相交，且都平行于侧面，中间有一处于正垂位置的圆柱孔，直径小于铅垂的圆柱孔。画出俯视图。因为圆柱体“3”位置高于底板，所以在俯视图范围内，将底板前表面被圆柱体“3”挡住的投影改为虚线。

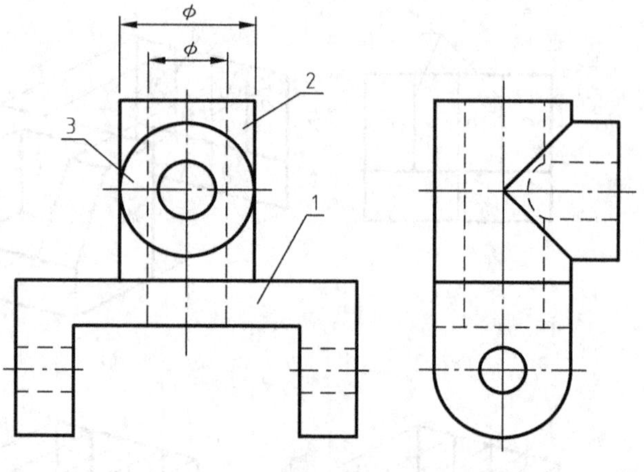

图 9-24　支撑的两视图

（3）综合起来想整体　根据上述分析，可以想象出这个支撑的整体形状，如图 9-25d 所示。

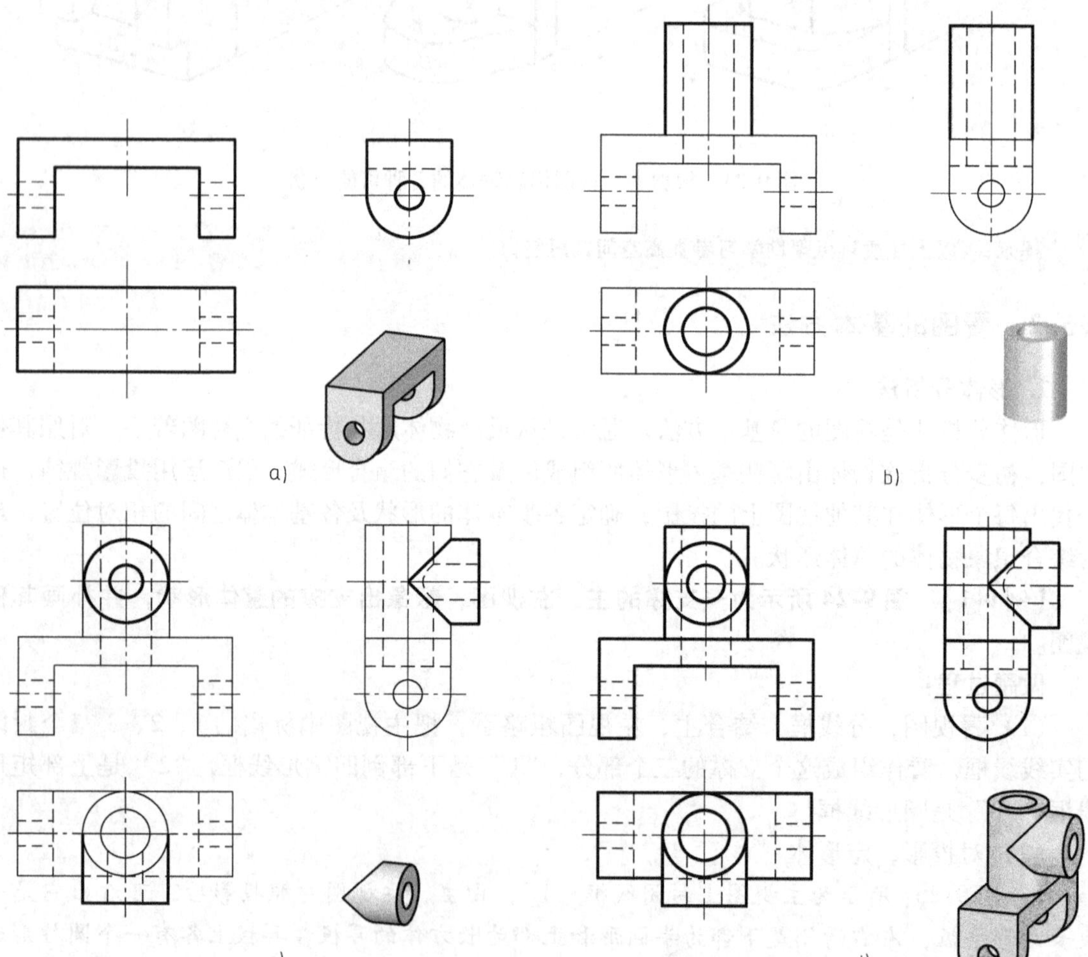

图 9-25　支撑的看图构思过程

a）想象和画出底板“1”　b）想象和画出圆柱体“2”　c）想象和画出圆柱体“3”　d）想象支撑整体形状，校核加深

【例9-2】　图9-26所示为一轴承座的三视图，要求看懂该图形，想象出轴承座的立体形状。

做题过程：

（1）看视图，分线框　先结合三个视图粗略看，根据视图之间的投影关系可以大体上看出整个立体的组成情况。然后把主视图按图9-26所示分为四个线框，分别看作组成这个轴承座的四个部分。“1”是底板，“2”是空心圆柱，“3”是竖板，“4”是肋板。

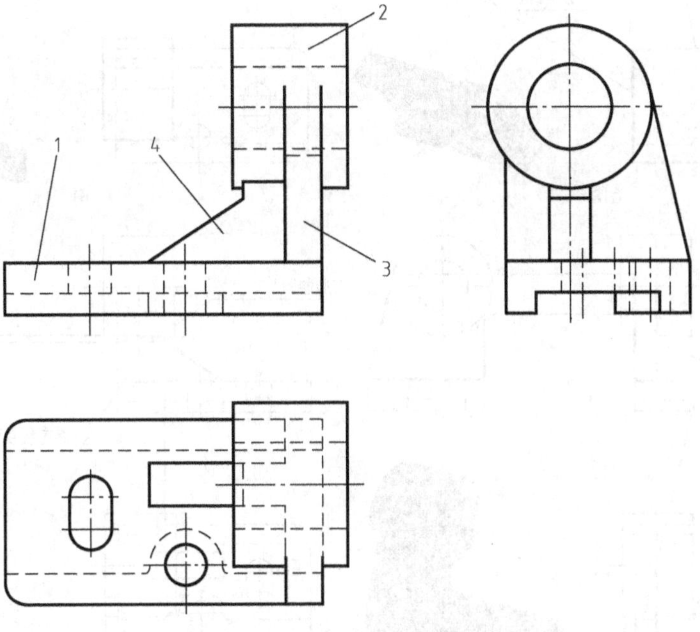

图9-26　轴承座的三视图

（2）对投影、定形体

1）图9-27所示分别为轴承座四个组成部分的看图分析过程。

2）图9-27a所示为其下部底板的投影，它是一个左端带圆角的长方形板，底部开槽，槽中有一个半圆形凸台，中间有一个圆孔，板的左边还有一个长圆形孔。

3）其右上方是一个空心圆柱，从俯、左视图可看出它偏在底板的右后方，如图9-27b所示。

4）在底板和空心圆柱之间加进一个竖板，由于它们结合成一整体，在图中表明了连接处原有线条的消失以及相切和相交处的画法与投影关系，如图9-27c所示。

5）在空心圆柱、竖板和底板间增加一块肋板，图中也表明了连接成整体后原有线段的消失以及肋板与空心圆柱间产生的交线，如图9-27d所示。

（3）综合起来想整体　根据以上逐个分析形体，最后综合起来想象出整个立体形状，如图9-27d所示。

2. 线面分析法

看图时，在采用形体分析法的基础上，对局部较难看懂的地方，还经常运用线面分析来帮助想象和看懂这些局部的形状。所谓线面分析就是应用前面讲过的线、面投影特性和投影规律，来分析视图上线框和线条的含义。现举例说明。

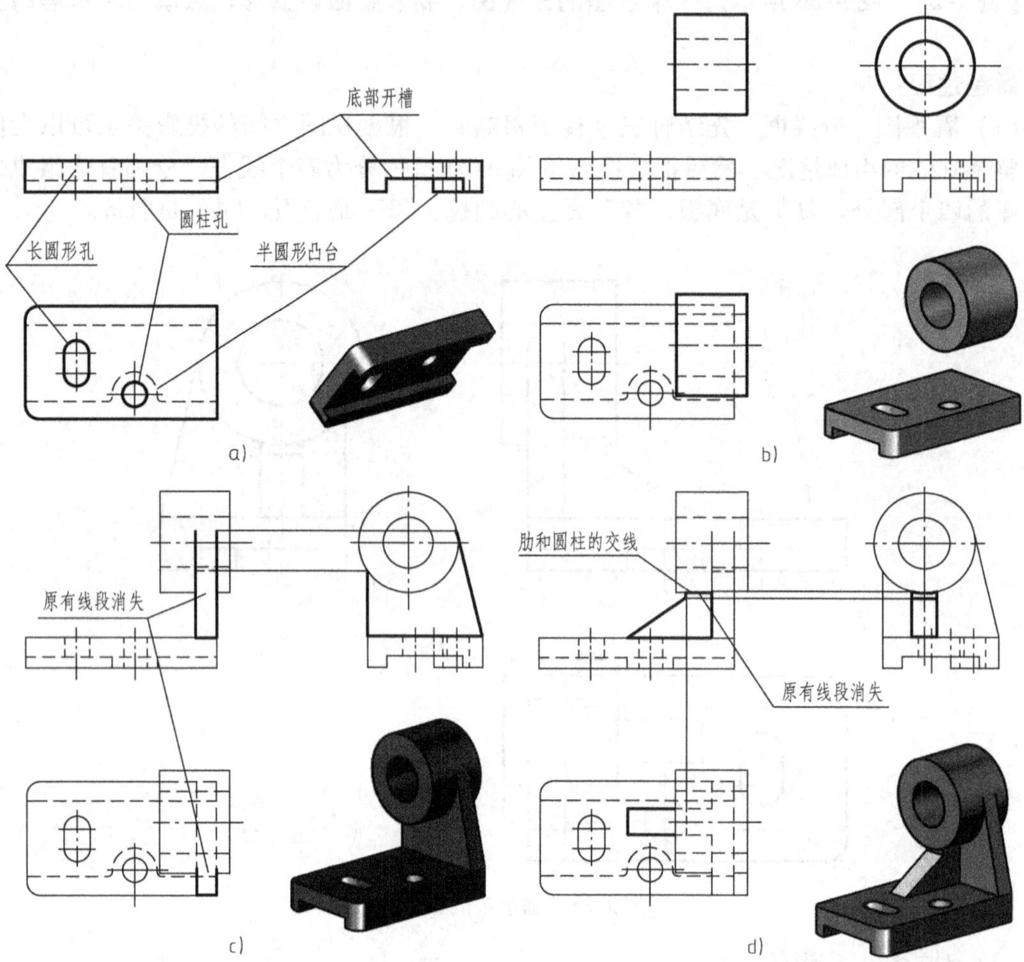

图 9-27　轴承座的看图分析

（1）分析面的形状　当平面图形平行投影面时，它的投影反映实形；当倾斜投影面时，它在该投影面上的投影一定是空间图形的类似形。如图 9-28 所示，四个物体上带填充平面的投影均反映此特性。如图 9-28a、b、c 所示，带填充平面除在一个视图上重影为直线外，其他两个视图都相应地反映 L、凸和凹形的特征。如图 9-28d 所示，填充平面为一个梯形的倾斜面，它的三个投影均为梯形。

注意：平面图形在与它倾斜的平面上的正投影，具有射影几何学中所讲述的仿射性，即几边形仍为几边形，椭圆（包括圆在内）仍为椭圆，抛物线仍为抛物线，双曲线仍为双曲线等，在这里称为类似形。

【例 9-3】　如图 9-29 所示为一夹铁的主、左视图，要求补画出其俯视图。

做题过程：

（1）初步分析　夹铁为一长方体，前、后、左、右对称地被倾斜切去四块。夹铁的下部开有带斜面的“Π”形槽，如图 9-30 所示。

（2）补图　图 9-31 所示为夹铁的补图分析过程。

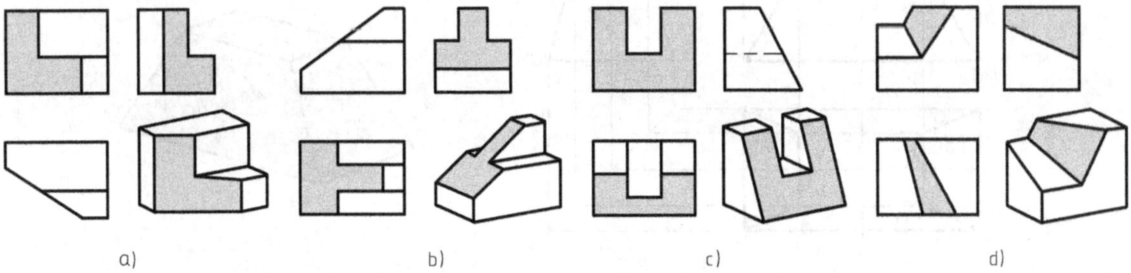

图 9-28　投影面倾斜面的分析

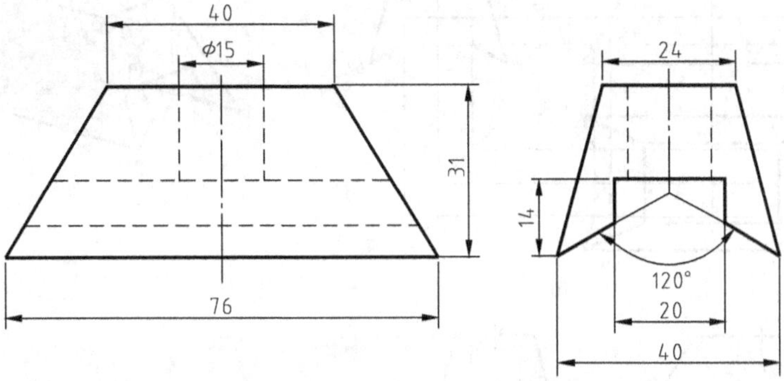

图 9-29　夹铁的主、左视图

1）图 9-31a 所示一长方体前、后、左、右被倾斜地切去四块。补画俯视图时，注意 P、Q 面均为梯形，倾斜投影面时投影为类似形。

2）图 9-31b 所示为夹铁下部开有带斜面的“Π”形槽，这时 P 面在侧面和水平面的投影仍为类似形，图中用箭头指出了如何根据左、主视图找出俯视图上的点 5、6、7、8，从而作出带斜线的“Π”形正垂面 P 的水平投影。

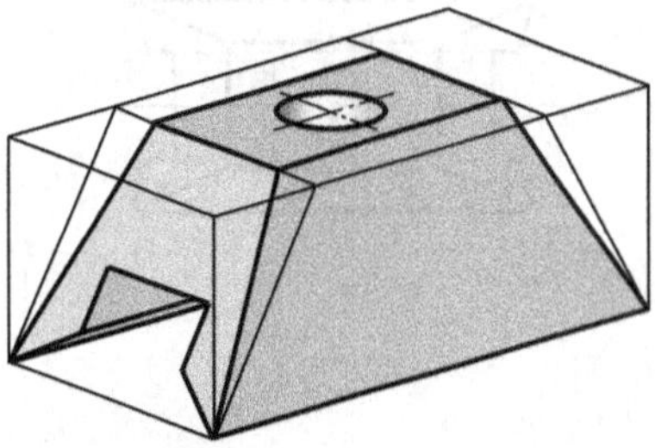

图 9-30　夹铁的立体图

3）图 9-31c 所示为加上了带斜面的“Π”形槽在主、俯视图上产生的虚线以及 $\phi15$ 圆孔的投影，从而补画整个夹铁的俯视图。

4）通过分析斜面的投影为类似形而想象出该物体的形状，如图 9-30 所示。

（2）分析面的相对位置　前面已分析过任何相邻的封闭线框必定是物体上相交的或有前、后位置（相错）关系的两个面的投影，要判断这两个面的相对位置，必须根据其他视图来分析。

如图 9-32a 所示的主视图，要判断 a'、b'、c'和 d'的相对位置，要看俯视图和左视图，由于俯视图上都是实线，故只可能是 D 面凸出在前，A、B、C 面凹进在后；由于左视图上出现虚线，故只可能 A、C 面在前，B 面凹进在后，且 A、C 面为侧垂面，B 面为正平面。弄清面的相对位置后，即可想象出该物体的形状。

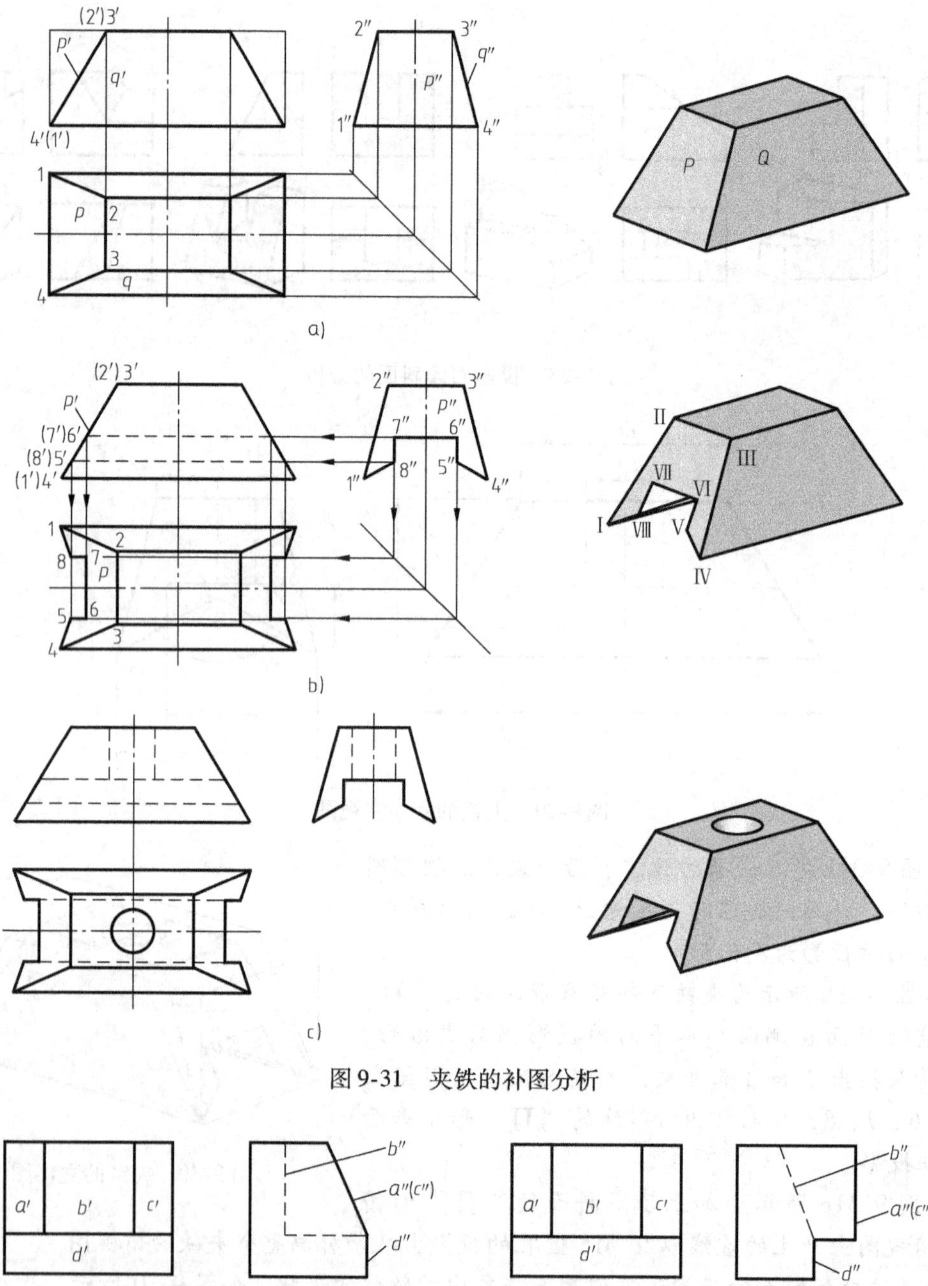

图 9-31　夹铁的补图分析

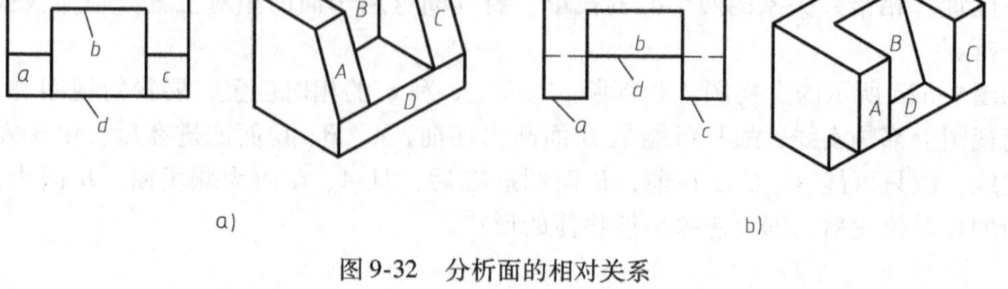

图 9-32　分析面的相对关系

如图 9-32b 所示，由于俯视图左、右出现虚线，中间为实线，故可断定 *A*、*C* 面相对 *D* 面来说是向前凸出，*B* 面处在 *D* 面的后面。由于左视图上出现一条斜的虚线，可知凹进的 *B* 面是一斜面（侧垂面），并与正平面 *D* 相交。下面举例说明这种方法在看图中的应用。

【例 9-4】　图 9-33 所示为一垫块的主、俯视图，要求补画出其左视图。

做题过程：

图 9-34 所示是垫块的补图分析过程。

1）经过形体分析可知，垫块下部中间为一长方块，分析 *A* 面和 *B* 面，可知 *B* 面在前，*A* 面在后，故它是一个凹形长方块，如图 9-34a 所示。补画长方块的左视图，凹进部分用虚线表示。

2）分析主视图上的 *C* 面，可知长方块前面有一凸块，补画其左视图，如图 9-34b 所示。

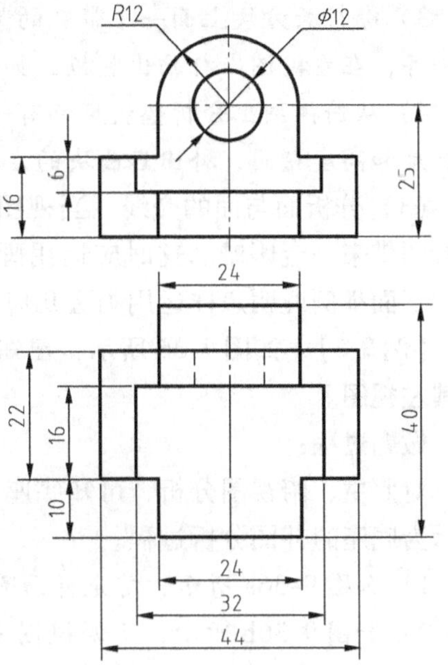

图 9-33　垫块的主、俯视图

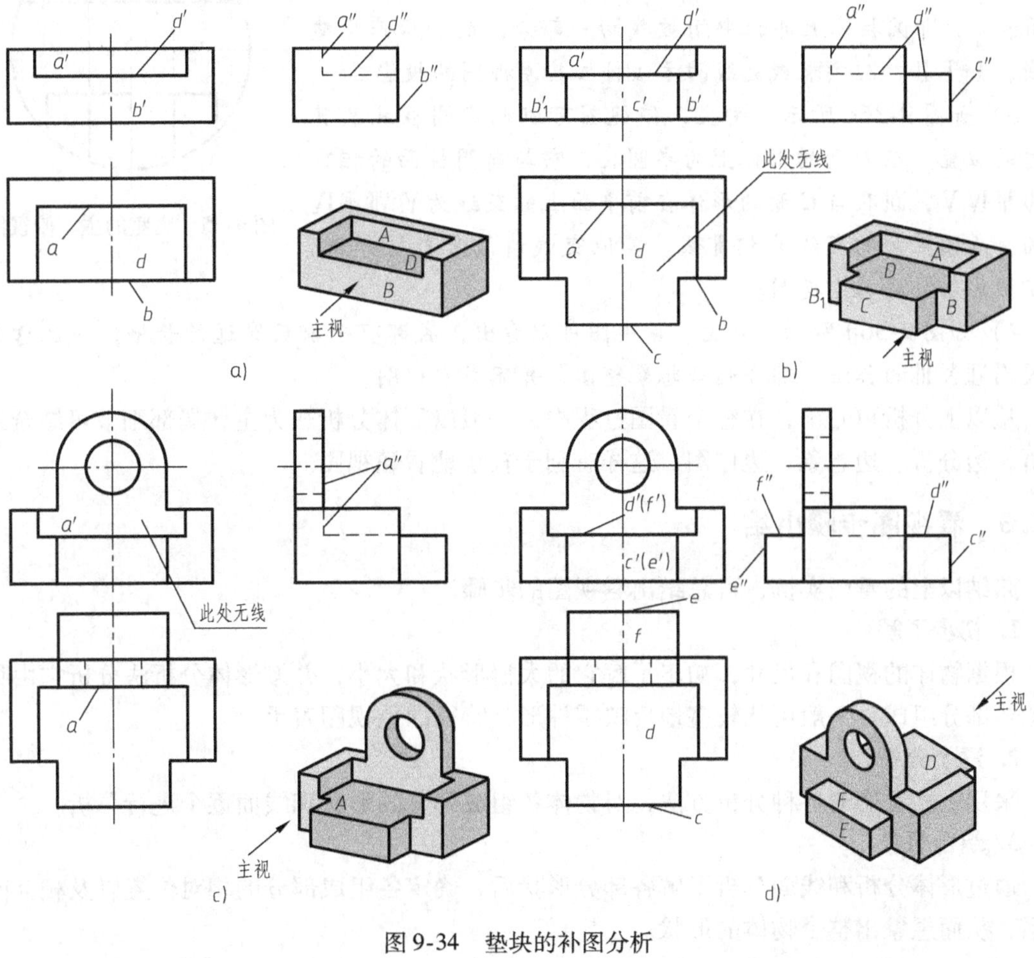

图 9-34　垫块的补图分析

3）分析长方块上面一个带孔的竖板，因指引线所指处没有轮廓线，可知竖板前面与 A 面平齐，在左视图上补画出竖板，如图 9-34c 所示。

4）从俯视图上分析垫块后部有一凸块，由于主视图上没有虚线，可知后凸块与前凸块的长度和高度相同，补出后凸块的左视图，即完成整个垫块的左视图，如图 9-34d 所示。

（3）分析面与面的交线　当视图上出现较多面与面的交线，尤其是曲面的交线时，会给看图带来一定困难。这时应运用画法几何方法，对交线的性质做投影分析，从而看懂视图。下面举例说明怎样运用画法几何方法来分析交线的投影。

【例 9-5】　如图 9-35 所示，已知底座的主、俯视图，试画出其左视图。

做题过程：

对照主、俯视图分析，可知底座主体为一圆柱体。图9-36所示为底座的补图分析过程。

1）如图 9-36a 所示，首先补画圆柱体的左视图。

2）如图 9-36b 所示，从俯视图中可见圆柱体顶面有三个封闭线框，即所标出的三个面 A、B 和 C，同时找到其主视图中的对应投影，从主、俯视图可看出，A 面最低，B 面其次，C 面最高，即圆柱体上部的中间被截切一部分，截切后产生截交线，如ⅠⅡ，应按求截交线的方法补画其左视图的投影。

3）如图 9-36c 所示，由主、俯视图可以确定圆柱孔及其穿通的位置。在 B 面的形体上为半圆孔，它与前圆柱面的相贯线为ⅢⅣⅤ，圆孔与 C 面的形体在前平面上的交线为ⅥⅦⅧⅨ的圆，后圆柱面的交线为相贯线。其他交线请读者自行分析。按正投影法补画其左视图。

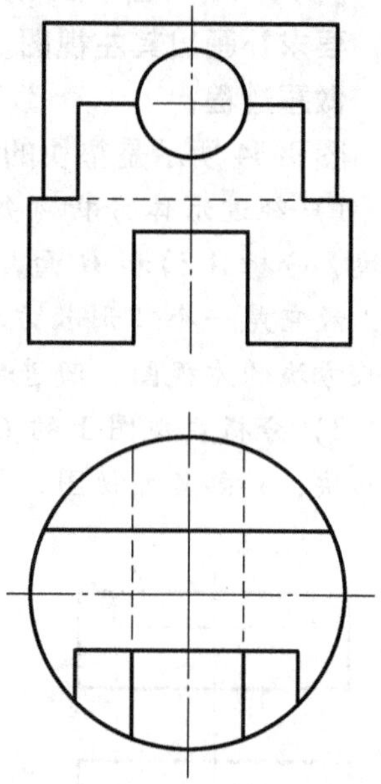

图 9-35　底座的主、俯视图

4）如图 9-36d 所示，从主、俯视图可以看出，底部有一前后穿通的长槽，应注意截交线ⅩⅪⅫⅩⅢ的作法。综合起来想象整体，并完成左视图。

从以上分析可看出，在整个看图过程中，一般以形体分析法为主，局部细节可结合线面分析，边分析、边想象、边作图，这样有利于较快地看懂视图。

9.5.3　看视图步骤小结

归纳以上的看图实例，可总结出看视图的步骤。

1. 初步了解

根据物体的视图和尺寸，初步了解它的大概形状和大小，并按形体分析法分析它由哪几个主要部分组成。一般可从较多地反映零件形状特征的主视图着手。

2. 逐个分析

采用上述看图的各种分析方法，对物体各组成部分的形状和线面逐个进行分析。

3. 综合想象

通过形体分析和线面分析了解各部分形状后，确定各组成部分的相对位置以及相互间的关系，从而想象出整个物体的形状。

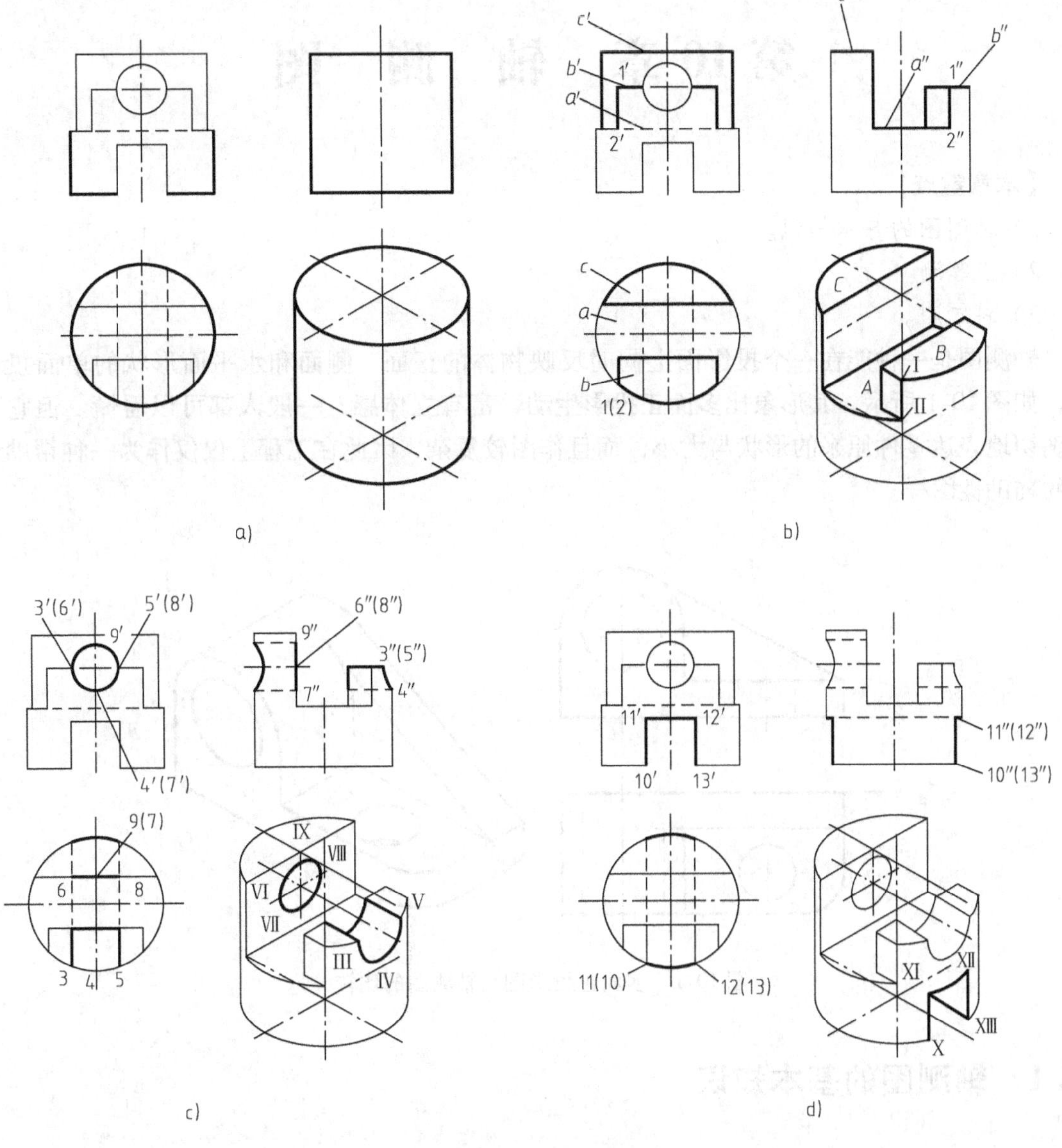

图 9-36　底座的补图分析

第 10 章　轴　测　图

【本章重点】

1）轴测图的基本知识。

2）正等测。

3）斜二测。

轴测图是一种能在一个投影面上同时反映物体的正面、侧面和水平面形状的单面投影图，如图 10-1 所示，其形象比多面正投影生动，富有立体感，一般人都可以看懂。但它不能确切地表达零件原来的形状与大小，而且作图较复杂，因此在工程上仅仅作为一种帮助读图的辅助性图样。

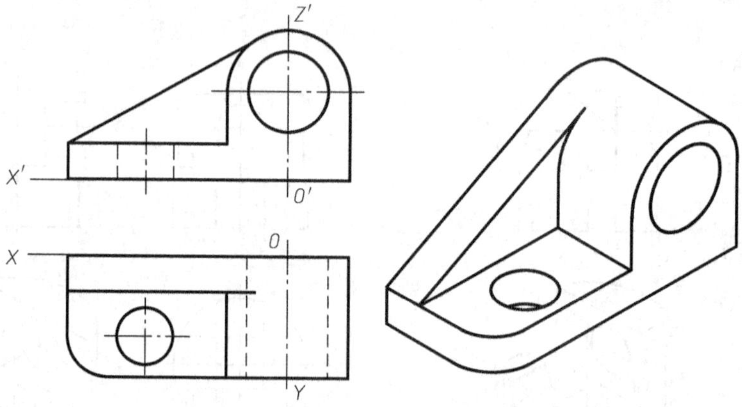

图 10-1　多面正投影图与轴测图的比较

10.1　轴测图的基本知识

1. 轴测图的形成

将物体连同其参考直角坐标系，沿不平行于任一坐标面的方向，用平行投影法将其投射在单一投影面上所得的具有立体感的三维图形称为轴测图，如图 10-2 所示。该投影面称为轴测投影面。根据投射方向与轴测投影面的相对位置，轴测图可分为两大类：

1）斜轴测投影图。投射方向倾斜于轴测投影面时得到的轴测图，简称斜轴测图，如图 10-2a 所示。

2）正轴测投影图。投射方向垂直轴测投影面时得到的轴测图，简称正轴测图，如图 10-2b 所示。

2. 轴间角及轴向伸缩系数

物体的长、宽、高三个方向的坐标轴，即参考直角坐标系的三根坐标轴 O_0X_0、O_0Y_0、

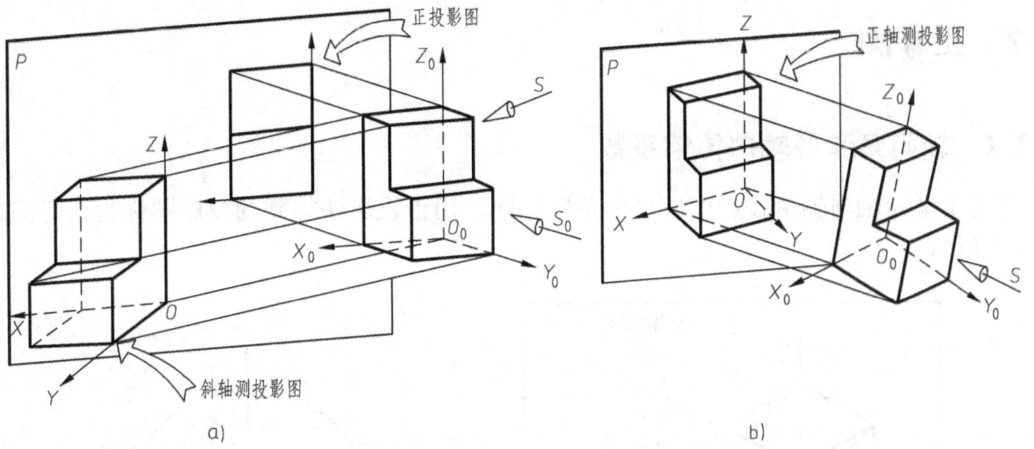

图 10-2 轴测图的形成

O_0Z_0 在轴测图中的投影 OX、OY、OZ 称为轴测轴，三条轴测轴的交点称为原点，轴测轴之间的夹角称为轴间角。

轴向线段的轴测投影长与对应实长之比叫作轴向伸缩系数，分别称为 X_0、Y_0、Z_0 轴的轴向伸缩系数，分别用 p_1、q_1、r_1 表示。但在实际作图时，按照实际轴向伸缩系数（可能为小数）计算尺寸非常麻烦，为了便于作图，常采用一组简化伸缩系数 p、q、r，使 $p:q:r=p_1:q_1:r_1$，简化伸缩系数的比值，即 $p:q:r$ 应采用简单的数值，简化后的系数称为简化轴向伸缩系数，分别用 p、q、r 表示。

3. 轴测图的投影特性

由于轴测图采用的是平行投影法，由立体几何可知其投影具有如下性质：

1）立体上两平行线段的轴测投影仍相互平行。

2）立体上两平行线段或同一直线上的两线段长度的比值，在轴测图中保持不变。

3）立体上平行于轴测投影面的直线和平面，在轴测图上反映实长和实形。

由上述投影性质可知，凡是平行于 O_0X_0、O_0Y_0、O_0Z_0 轴的线段，其轴测投影仍与相应的轴测轴平行，且具有和 OX_0、OY_0、OZ_0 轴相同的轴向伸缩系数。而不与轴测轴平行的线段，它们的轴向伸缩系数是待求的，作图时不能直接度量。由此可见，在轴测图中只有沿轴测轴方向测量的长度才与原坐标轴方向的长度有一定的对应关系，“轴测”即指沿轴（轴测轴方向）测量作图。

4. 轴测图的分类

由前述可知，轴测图分为正轴测图和斜轴测图两大类，这两类轴测图按三个轴向伸缩系数的不同，又可分为三种：

1）三个轴向伸缩系数都相等的轴测图称为正等测（或斜等测）。

2）只有两个轴向伸缩系数相等的轴测图称为正二测（或斜二测）。

3）三个轴向伸缩系数各不相等的轴测图称为正三测（或斜三测）。

在实际作图时，正等测和斜二测用得较多。本章只介绍这两种轴测图。

10.2 正等测

10.2.1 轴间角和各轴向伸缩系数

使三个坐标轴与轴测投影面倾斜的角度相同，用正投影法得到的投影图称为正等测，如图 10-3 所示。

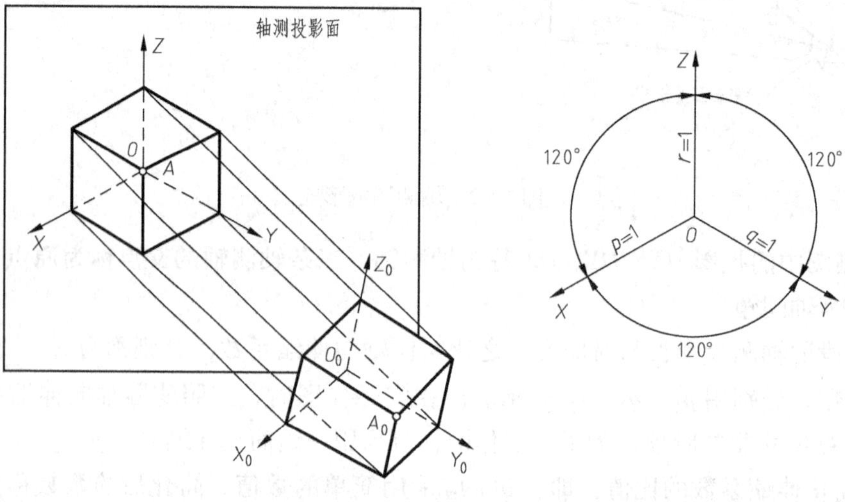

图 10-3 正等测

根据理论分析，正等测的轴间角 $\angle XOY = \angle XOZ = \angle YOZ = 120°$。作图时，一般使 OZ 轴处于垂直位置，则 OX 和 OY 轴与水平线成 30°角。正等测的各轴向伸缩系数均为 0. 82。为了作图方便，常采用简化的伸缩系数，即 $p = q = r = 1$。作图时，沿轴向的所有尺寸按实长量取，简捷方便。这样作出的图形与用各轴向伸缩系数 0. 82 画出的轴测图相比较，其形状不变，仅是图形放大了 1/0. 82≈1. 22 倍，如图 10-4 所示。

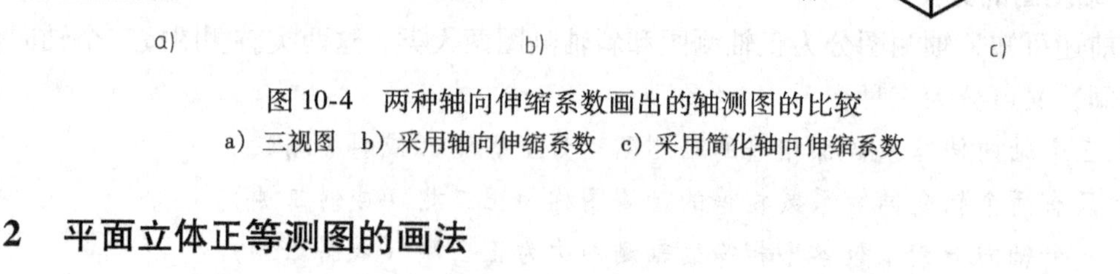

图 10-4 两种轴向伸缩系数画出的轴测图的比较

a）三视图 b）采用轴向伸缩系数 c）采用简化轴向伸缩系数

10.2.2 平面立体正等测图的画法

画轴测图的基本方法是坐标法，即根据立体表面上各顶点的坐标值，找出它们的轴测投影，连接各点，即完成平面立体的轴测图。在具体作图时，还应根据立体的形状特点，灵活采用各种作图方法。另外还要注意，轴测图上的虚线一般省略不画。下面举例说明其画法。

【例 10-1】 作出正六棱柱的正等测，如图 10-5 所示。

坐标原点和坐标轴的选择，应以作图简便为原则。因为正六棱柱的顶面和底面都是处于水平位置的正六边形，为了减少不必要的作图线，坐标原点 O 取在顶面的中心，O_0X_0、O_0Y_0、O_0Z_0 轴的方向如图 10-5 所示。

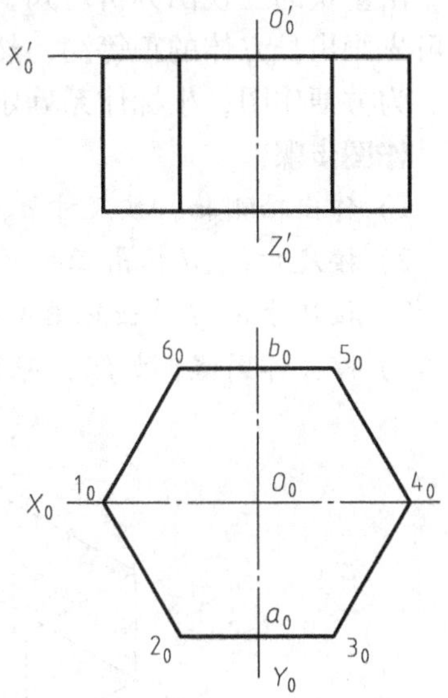

图 10-5　正六棱柱的两视图

作图步骤：

1）作出轴测轴 OX、OY，如图 10-6a 所示，在 OX 轴上从点 O 量取 $O1 = o_01_0$，$O4 = o_04_0$，同理在 OY 轴上求得 a、b 两点。

2）过 a、b 两点作 X 轴的平行线，量取 $a2 = a_02_0$，$a3 = a_03_0$，同理量取 5、6 两点，如图 10-6b 所示，依次连接 1-2-3-4-5-6-1 得到顶面的投影。

3）由顶面点 6、1、2、3 作 Z 轴的平行线并量取高度，得 7、8、9、10，如图 10-6c 所示。

4）连接 7-8-9-10 得底面投影，擦去多余线条，加深轮廓线，即完成正六棱柱的正等测，如图 10-6d 所示。

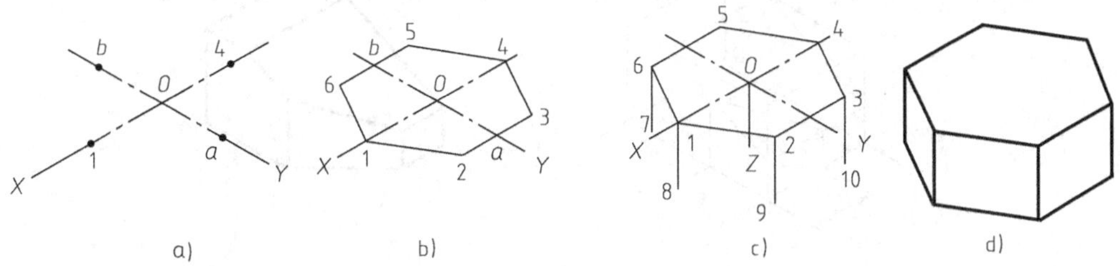

图 10-6　作正六棱柱的正等测

【例 10-2】 作出图 10-7 所示垫块的正等测。

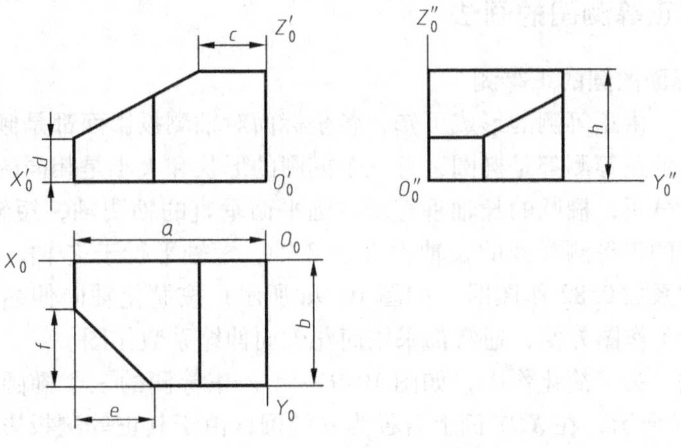

图 10-7　垫块的三视图

由垫块的三视图分析可知，垫块是由长方体被一个正垂面和一个铅垂面切割而成的。所以可先画出长方体的正等测，然后逐个切掉长方体上需要切割的部分，即可得到垫块的正等测。为方便作图，坐标体系确定如图 10-7 所示。

作图步骤：

1）作出轴测轴，按尺寸 a、b、h 画出长方体，如图 10-8a 所示。

2）按尺寸 c、d 作出正垂面的轴测投影，如图 10-8b 所示。

3）按尺寸 e、f 作出铅垂面的轴测投影，如图 10-8c 所示。

4）擦去作图线，加深，即得垫块的正等测，如图 10-8d 所示。

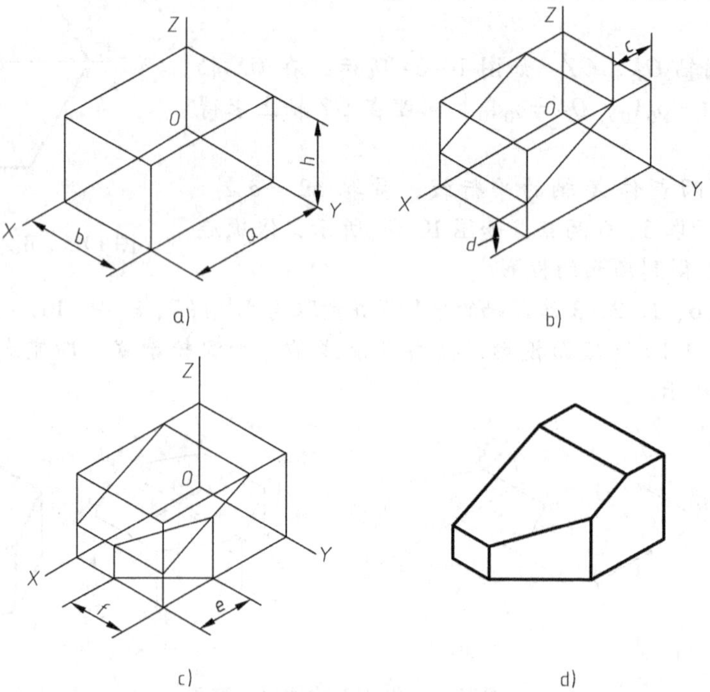

图 10-8　作垫块的正等测

10.2.3　回转体正等测图的画法

1. 平行于坐标面的圆的正等测

（1）投影分析　由正等测的形成可知，各坐标面对轴测投影面都是倾斜的，因此，坐标面或其平行面上圆的正等测都是椭圆，且三个椭圆的形状和大小是相同的，但长短轴方向各不相同。根据理论分析，椭圆的长轴垂直于与圆平面垂直的轴测轴，短轴与该轴测轴平行。例如，水平面上圆的正等测椭圆的长轴垂直于 Z 轴，短轴平行于 Z 轴。各椭圆的长短轴的长度，按轴向伸缩系数 0.82 作图时，如图 10-9a 所示；按简化轴向伸缩系数 1 作图时，如图 10-9b 所示。为了作图方便，通常都采用简化轴向伸缩系数作图。

（2）近似画法　为了简化作图，如图 10-9 所示，正等测的三个椭圆的作图都可采用近似画法。如图10-10所示，在 XOY 面上直径为 d 的圆，由于其正等测投影椭圆的画法是根据椭圆的外切菱形画出的，因此这种方法也称为菱形四心法。

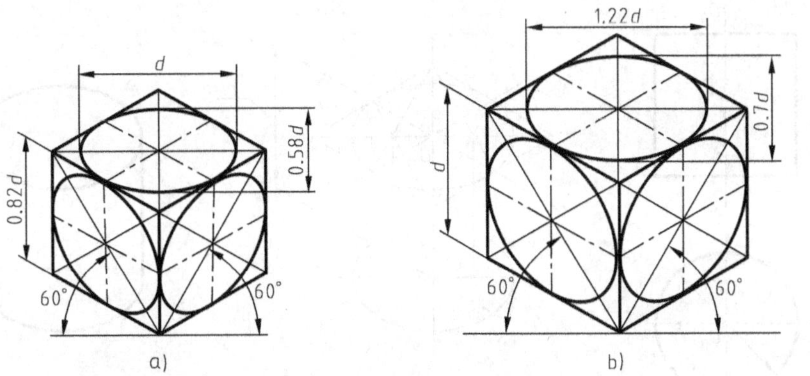

图 10-9　坐标面上圆的正等测

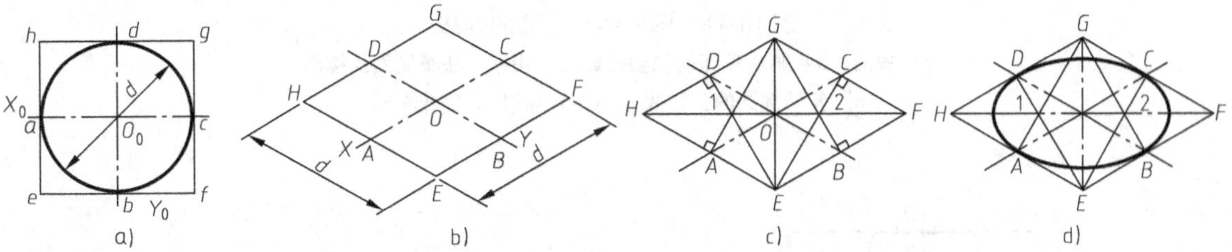

图 10-10　用菱形四心法画平行于 XOY 坐标面的圆的正等测

作图步骤:

1）设立坐标体系，以圆心 O_0 为坐标原点，两条中心线为坐标轴 O_0X_0、O_0Y_0，如图 10-10a所示。

2）画轴测轴 OX、OY。以圆的直径为边长，作出平行于两根轴测轴的菱形 $EFGH$（即圆外切正方形的轴测投影，该菱形的对角线即为椭圆的长、短轴的位置），如图 10-10b 所示。

3）菱形两钝角的顶点 E、G 和其两对边中点的连线，与长对角线交于 1、2 两点，E、G、1、2 即为四个圆心，如图 10-10c 所示。

4）分别以 E、G 为圆心，以 ED 为半径，画大圆弧 $\overset{\frown}{DC}$ 和圆弧 $\overset{\frown}{AB}$；以 1、2 为圆心，以 $1D$ 为半径，画小圆弧 $\overset{\frown}{DA}$ 和弧 $\overset{\frown}{BC}$，即完成作图，如图 10-10d 所示。

2. 圆柱与圆锥的正等测

（1）画圆柱的正等测　如图 10-11a 所示，表示轴线垂直于水平面的圆柱体的两视图，用近似画法先完整地画出顶面的椭圆，然后可用移心法画底面的椭圆，即把顶面椭圆的圆心沿 Z 轴方向向下移动一个圆柱体的高度，然后画底面椭圆，具体作图步骤如图 10-11b、c 所示。

（2）画圆锥的正等测　如图 10-12a 所示两视图，圆锥正等测的具体画法如图 10-12b、c 所示。

（3）圆角的正等测的画法　由图 10-10 所示椭圆的近似画法可以看出，菱形的钝角与椭圆的大圆弧的画法相同，锐角与椭圆的小圆弧的画法相同，菱形相邻两条边的中垂线的交点

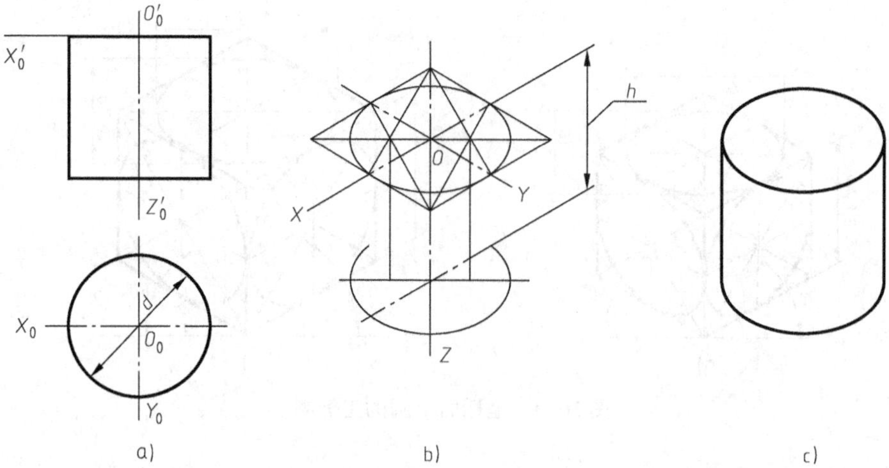

图 10-11 圆柱体正等测的画法

a）视图 b）画出顶面的轴测投影后，用移心法画底面的椭圆

c）作两椭圆的公切线（两侧轮廓线），完成全图

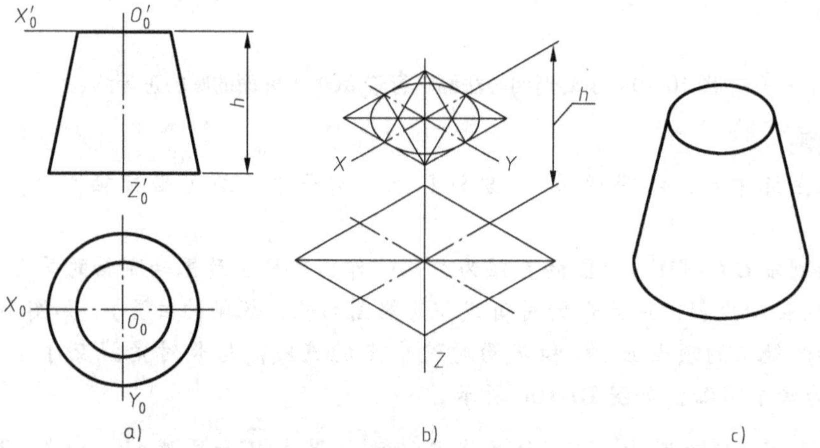

图 10-12 圆锥正等测的画法

a）视图 b）作顶面的椭圆及底面的菱形四边形 c）作底面的椭圆，

作两椭圆的公切线，完成全图

就是圆心。由此可以得出平板上圆角的正等测的近似画法，如图 10-13b、c 所示。

（4）组合体的正等测图的画法 通常可按下列步骤作出组合体的正等测：

1）对组合体进行形体分析，确定坐标轴。在确定坐标轴和具体作图时，要考虑作图简便，有利于按坐标关系定位和度量，并尽可能减少作图线。

2）作轴测轴，按坐标关系画出物体上的点和线，从而连成物体的正等测。若物体上有平行于坐标面的圆时，则可按近似画法画出椭圆。

下面举例说明作图步骤。

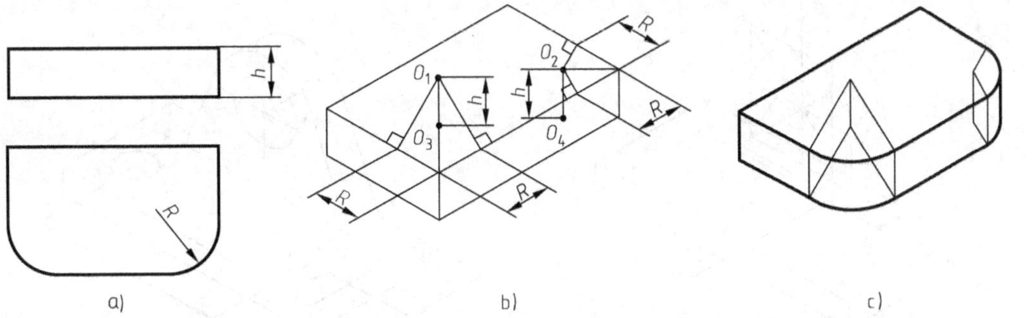

图 10-13　圆角正等测的画法

a）平板的视图　b）由角顶在两条夹边上量取圆角半径得到切点，过切点作相应边的垂线，交点 O_1、O_2 即为上底面的两圆心。用移心法从 O_1、O_2 向下量取板厚的高度尺寸 h，得到下底面的对应圆心 O_3、O_4

c）以 O_1、O_2、O_3、O_4 为圆心，由圆心到切点的距离为半径画圆弧，作两个小圆弧的外公切线，即得两圆角的正等测

【例 10-3】　作出图 10-14 所示支架的正等测。

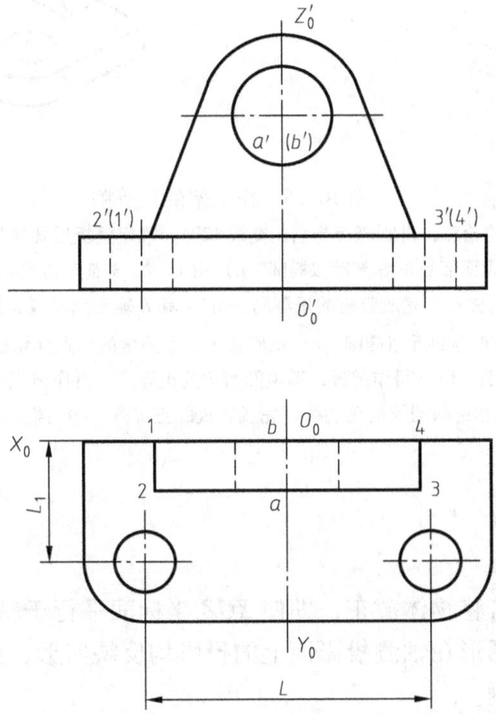

图 10-14　支架的视图

支架由上、下两块板组成，上面一块竖板的顶部是圆柱面，两侧的斜壁与圆柱面相切，中间有一圆柱孔。下面是一块带圆角的长方形底板，底板的左、右两边都有圆柱形通孔。因支架左、右对称，取后底边的中点为原点，确定如图 10-14 所示的坐标体系。

作图步骤：如图 10-15 所示。

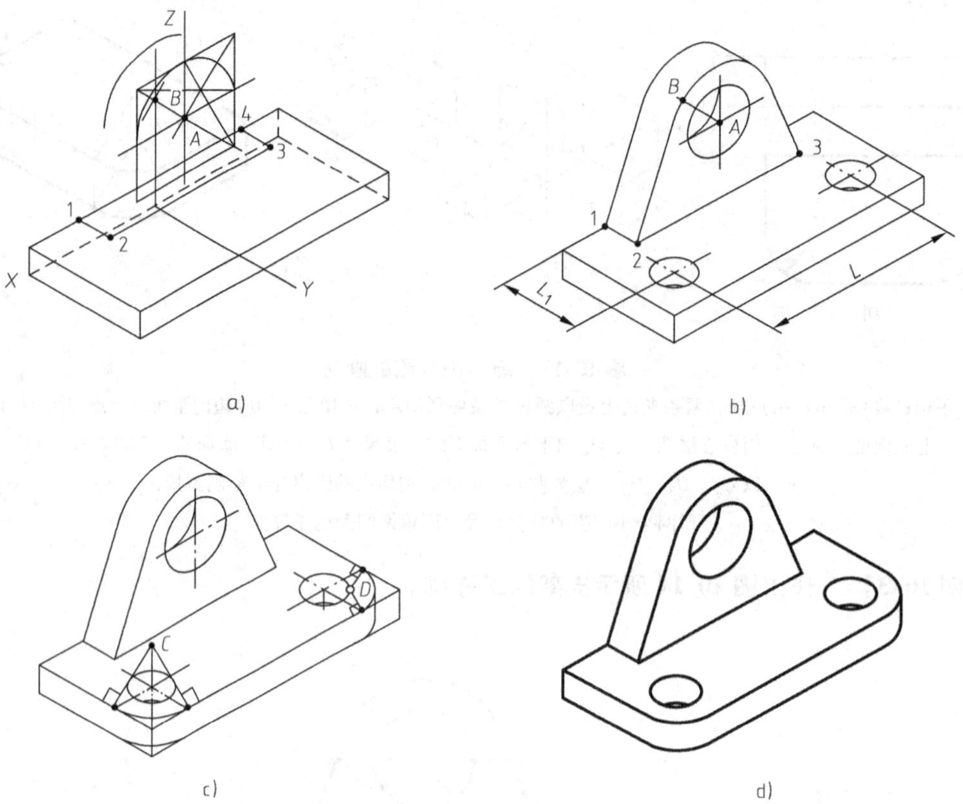

图 10-15　作支架的正等测

a）作轴测轴。先画底板的轮廓，再画竖板与它的交线 1234。确定竖板后孔口的圆心 B，由 B 定出前孔口的圆心 A，画出竖板圆柱面顶部的正等测近似椭圆　b）由 1、2、3 点作切线，再作出右上方（两椭圆弧）的公切线和竖板的圆柱孔，完成竖板的正等测。由 L_1 和 L 确定底板顶面上两个圆柱孔口的圆心，作出这两个孔的正等测近似椭圆　c）从底板顶面上圆角的切点作切线的垂线，交得圆心 C、D，再分别在切点间作圆弧，得顶面圆角的正等测。再作出底面圆角的正等测。最后，作右边两圆弧的公切线，完成底板的正等测　d）擦去作图线，加深

10.3　斜二测

在斜轴测投影中，若将物体放正，即使 XOZ 坐标面平行于轴测投影面，因而 XOZ 坐标面或其平行面上的任何图形在轴测投影面上的投影均反映实形，此为正面斜轴测投影，是比较常用的一种正面斜二测。

10.3.1　斜二测的轴间角和轴向伸缩系数

正面斜二测，其轴间角 $\angle XOZ=90°$，$\angle XOY=\angle YOZ=135°$，轴向伸缩系数 $p=r=1$，$q=0.5$，如图 10-16 所示。作图时，一般使 OZ 轴处于铅垂位置，则 OX 轴为水平位置，OY 轴与水平线成 45°，通常将这种正面斜二测简称为斜二测。当画平面立体的斜二测时，只要采用上述轴间角和轴向伸缩系数，其作图步骤和正等测完全相同。

10.3.2 圆的斜二测

在斜二测中，平行于 *XOZ* 坐标面的圆的投影，仍是大小相同的圆；平行于 *XOY* 坐标面和 *YOZ* 坐标面的圆的斜二测投影是椭圆。根据理论分析，其长轴方向分别与 *X* 轴和 *Z* 轴倾斜 7°左右，这些椭圆可采用近似画法。图 10-17 所示为在 *XOY* 面上直径为 *d* 的圆的斜二测投影椭圆的画法。*YOZ* 面及其平行面上的圆的斜二测投影椭圆，仅其长、短轴方向不同，其画法与 *XOY* 面上的椭圆完全相同。

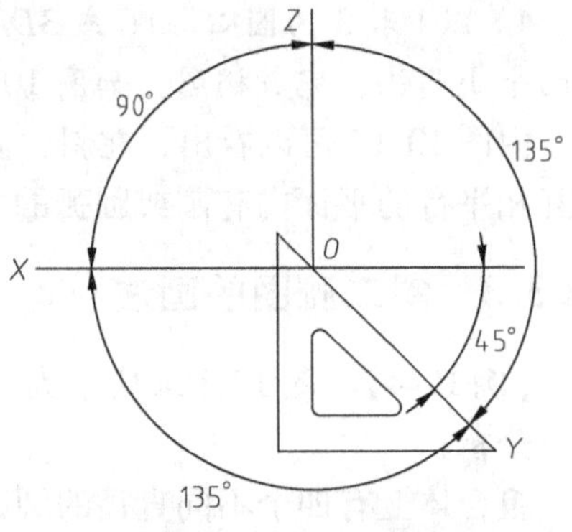

图 10-16 斜二测的轴间角

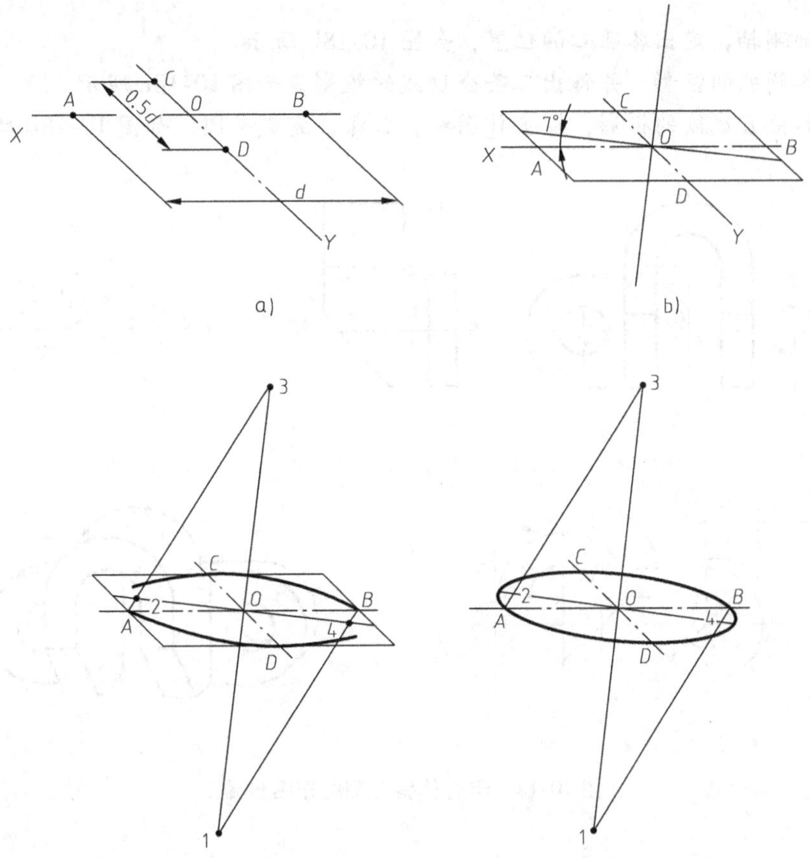

图 10-17 斜二测中 *XOY* 面上椭圆的近似画法

作图步骤：

1）画圆的外切正方形的斜二测投影，在 *X* 轴上量取点 *A*、*B*，在 *Y* 轴上量取点 *C*、*D*，如图 10-17a 所示。

2）过点 *O* 作与 *X* 轴成 7°的斜线，即为长轴，作短轴垂直长轴，如图 10-17b 所示。

3）在短轴的延长线上取 $O1 = O3 = d$，1、3 即大圆弧中心，连 3*A* 和 1*B* 与长轴相交于 2、4 两点，2、4 即为小圆弧中心，如图 10-17c 所示。

4）以1和3为圆心、$1C$ 或 $3D$ 为半径作两个大圆弧；以2和4为圆心、$2A$ 或 $4B$ 为半径作两个小圆弧，完成椭圆，如图10-17d所示。

由图10-17可以看出，在斜二测中，椭圆的作图比较烦琐，所以斜二测一般只用来表达在互相平行的平面内有圆或圆弧的立体，而且总是把这些平面选为平行于 XOZ 坐标面。

10.3.3　斜二测图的画法

【例10-4】 图10-18a所示为一组合体，作斜二测图。

分析：

组合体上有四个不同直径的圆，它们均平行于正面，因此采用斜二测作图较为简单。确定坐标系，如图10-18a所示。

作图步骤：

1）画出轴测轴，定出各圆心的位置，如图10-18b所示。

2）作出各圆弧的投影，并作出三条公切线的投影，如图10-18c所示。

3）作出其他直线段的投影，擦去作图线，加深，完成全图，如图10-18d所示。

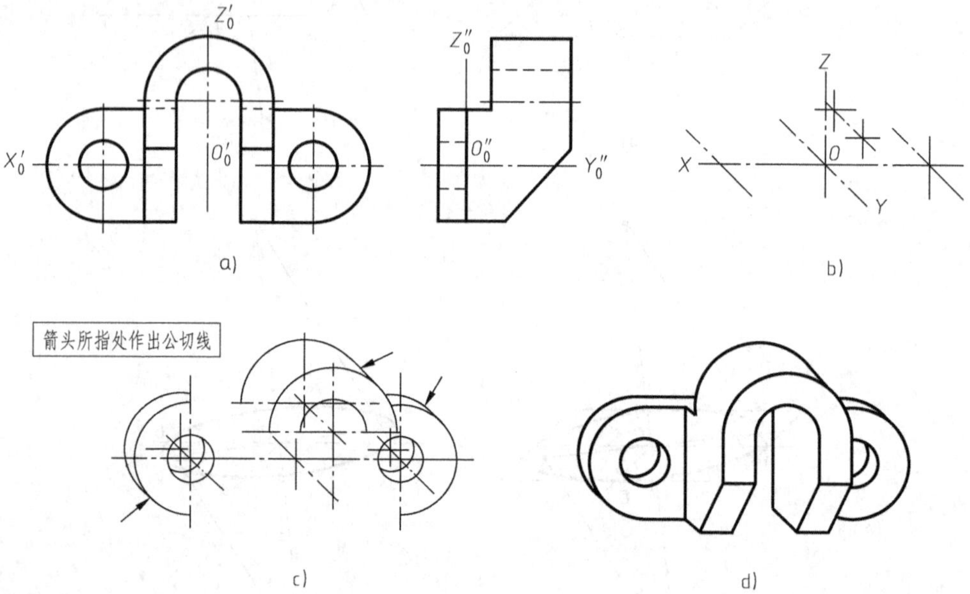

图10-18　组合体斜二测的作图步骤

第 11 章　机械零件的表达方法

在生产实际中，由于机械零件的结构复杂多样，仅采用主视图、俯视图和左视图三个视图，往往难于把它们的内外形状结构准确、完整和清晰地表达清楚。为了满足这些要求，国家标准《技术制图　图样画法》（GB/T 17451—1998 和 GB/T 17452—1998）和《机械制图　图样画法》（GB/T 4458. 1—2002 和 GB/T 4458. 6—2002）对机械零件的视图、剖视图和断面图等各种表达方法，以及国家标准《技术制图　简化表示法　第 1 部分：图样画法》（GB/T 16675. 1—2012）对机械零件的简化表示法，均做了明确的规定。本章着重介绍机械零件的一些常用的表达方法和简化画法。

【本章重点】

1）视图。

2）剖视图。

3）断面图。

4）其他表达方法和简化画法。

5）综合举例。

11. 1　视图

视图主要用来表达机械零件的外部结构形状，一般只画出零件的可见部分。视图通常有基本视图、向视图、局部视图和斜视图。

11. 1. 1　基本视图

为了清晰地表达一个外形比较复杂的机件，仅仅采用三视图是不够的，因此国家标准中规定，在原 H、V、W 三个投影面的基础上，再增加三个投影面，组成一个正六面体，如图 11-1 所示。

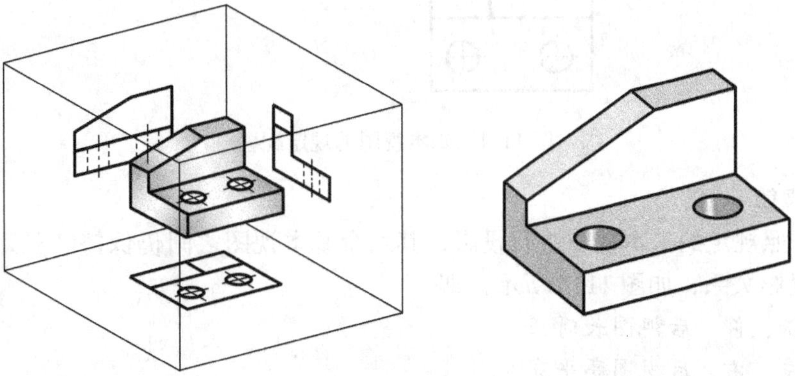

图 11-1　基本投影面

以正六面体的六个投影面为基本投影面，把机件放在六个基本投影面体系内，将零件向六个基本投影面投射，所得到的六个视图称为基本视图，如图 11-2 所示。其名称为：主视图、俯视图、左视图、右视图（由右向左投射）、仰视图（由下向上投射）和后视图（由后向前投射）。基本视图可以清楚地表达零件的上、下、左、右、前、后等外部表面的形状。

正投影面保持不动，其他投影面按如图 11-3 所示方向旋转展开，并与正投影面共面。展开后六个基本视图的配置关系如图 11-4 所示。

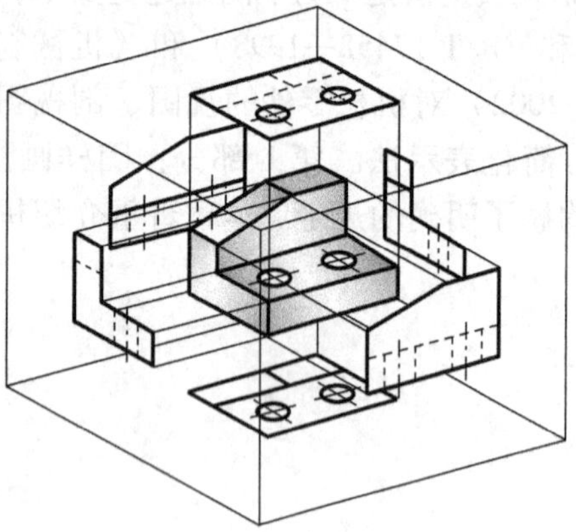

图 11-2　基本视图

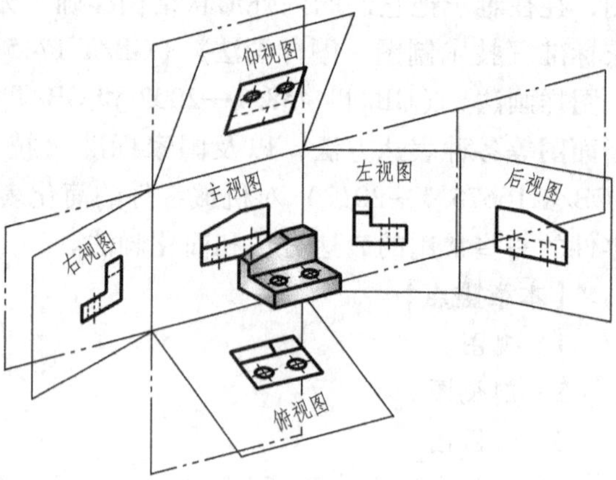

图 11-3　基本投影面展开

提示：如果在同一张图样内各视图按如图 11-4 所示配置，一律不需要标注视图的名称。

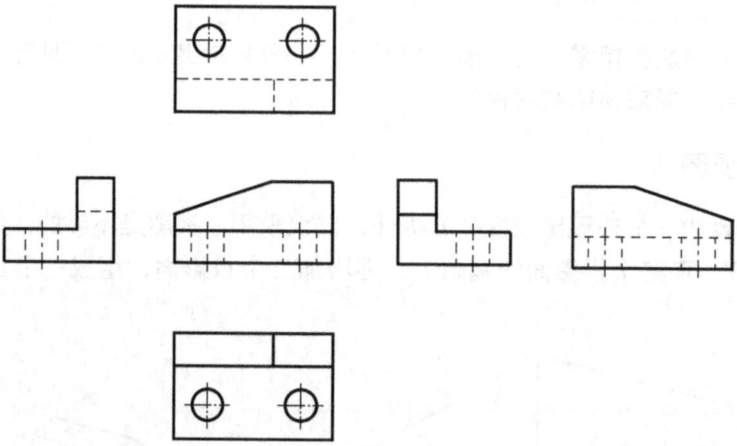

图 11-4　基本视图的规定配置

1. 投影规律

各视图按照规定的基本视图进行投影，其六个基本视图之间仍保持“长对正，高平齐，宽相等”的投影关系，如图 11-5 所示，即

1）主、俯、仰、后视图长对正。

2）主、左、右、后视图高平齐。

3）俯、仰、左、右视图宽相等。

2. 方位关系

各视图按照规定的基本视图进行投影，除了后视图外，左视图、右视图、俯视图和仰视图其靠近主视图的一侧反映零件后面，远离主视图的一侧反映零件前面，各图关系方位如图 11-5 所示。

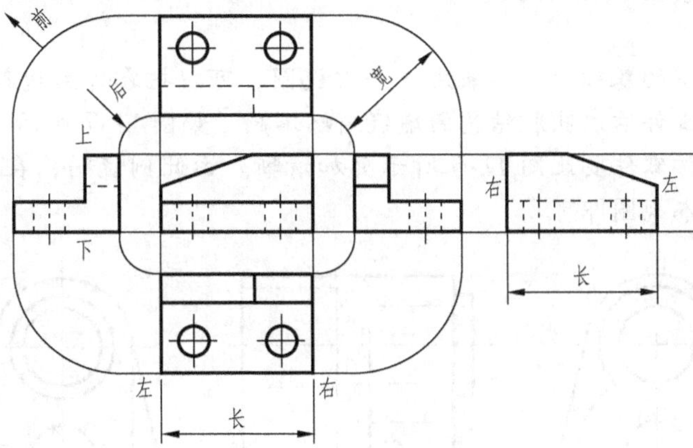

图 11-5　基本视图的方位关系

3. 基本视图的应用

在实际绘图时，应根据零件的形状和结构特点，在完整和清晰地表达零件形状特征的前提下，力求画图简便，看图方便。选择基本视图的原则是：

1）选择表达物体形状特征和信息量最多的视图作为主视图。

2）在物体表达清楚的前提下，视图数量最少。

3）尽量避免使用虚线表达物体的轮廓及棱线。

在以上选择视图的原则基础上，一般应优先选用主、俯、左三个基本视图，然后再考虑其他基本视图。

【例 11-1】　如图 11-6 所示，选择支架的视图。

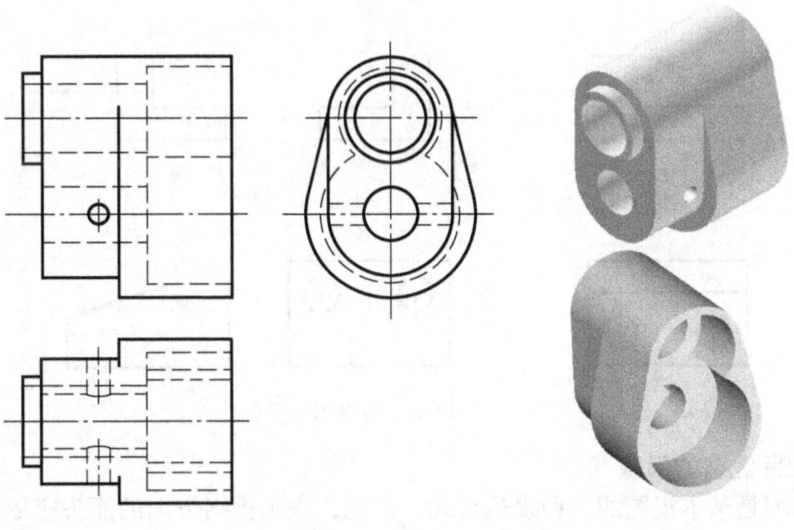

图 11-6　支架三视图

分析：

如图 11-6 所示支架的三视图，可以看出主视图和左视图两个视图，基本能将零件的各部分形状表达清楚，俯视图表达的结构是重复表达主视图和左视图已经表达过的结构，所以俯视图可以省略不画。由于零件的左、右两部分的结构都投射在左视图上，因而在左视图上虚线和实线重叠，给读图带来不便。

表达方法：

在主视图和左视图的基础上，再采用一个右视图，可以把零件右边结构形状表达清楚，同时将左视图上表示零件右边孔腔结构的虚线省略不画，如图 11-7 所示。可以看出，由主、左、右三个视图表达该零件要比图 11-6 所示更加清晰。由此例说明，在选择视图时，仅选用其中几个必要的基本视图即可。

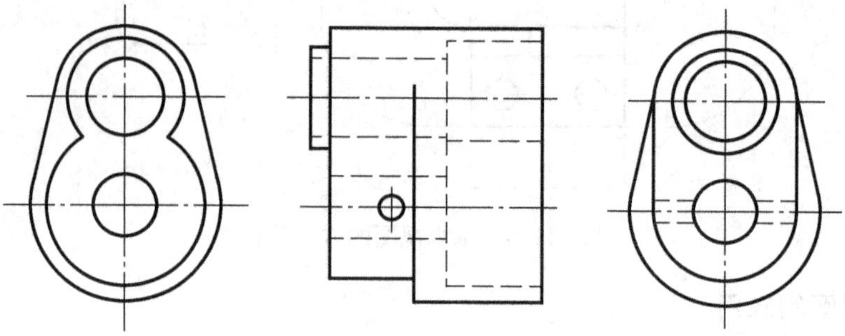

图 11-7　支架主、左、右视图

11.1.2　向视图

在实际的绘图设计中，为了合理地利用图纸，可以自由配置视图，这种可以自由配置的视图称为向视图。

1. 向视图的标注

为了便于读图，在向视图的上方标注大写的拉丁字母作为该图名称，并在相应的视图附近用箭头指明投射方向，注上相同的字母，注意字母一定要正写，如图 11-8 所示。

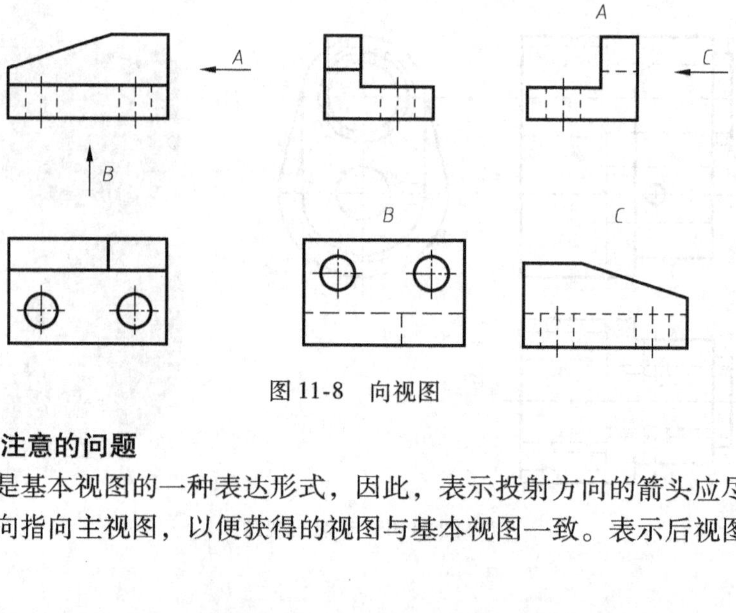

图 11-8　向视图

2. 画向视图注意的问题

由于向视图是基本视图的一种表达形式，因此，表示投射方向的箭头应尽可能配置在主视图的四周，方向指向主视图，以便获得的视图与基本视图一致。表示后视图投射方向的箭头在主视图上无法反映，可以标注在其他视图附近，如图 11-8 中的 C 视图。

11.1.3　局部视图

将零件的某一部分向基本投影面投射所得到的视图，称为局部视图。

1. 局部视图的应用范围

当采用了一定数量的基本视图后，零件的主体形状已基本表达清楚，而部分结构尚需表达，又没有必要或不便于画出完整的基本视图时，可采用局部视图。

零件在主、俯视图中已经将主体形状基本表达清楚，只有左侧的凸台和加强肋以及右侧的凸台的结构形状尚未表达清楚，而又没必要画出完整的左视图和右视图，此时可以使用局部视图表示左右两侧的结构形状，如图 11-9 所示。

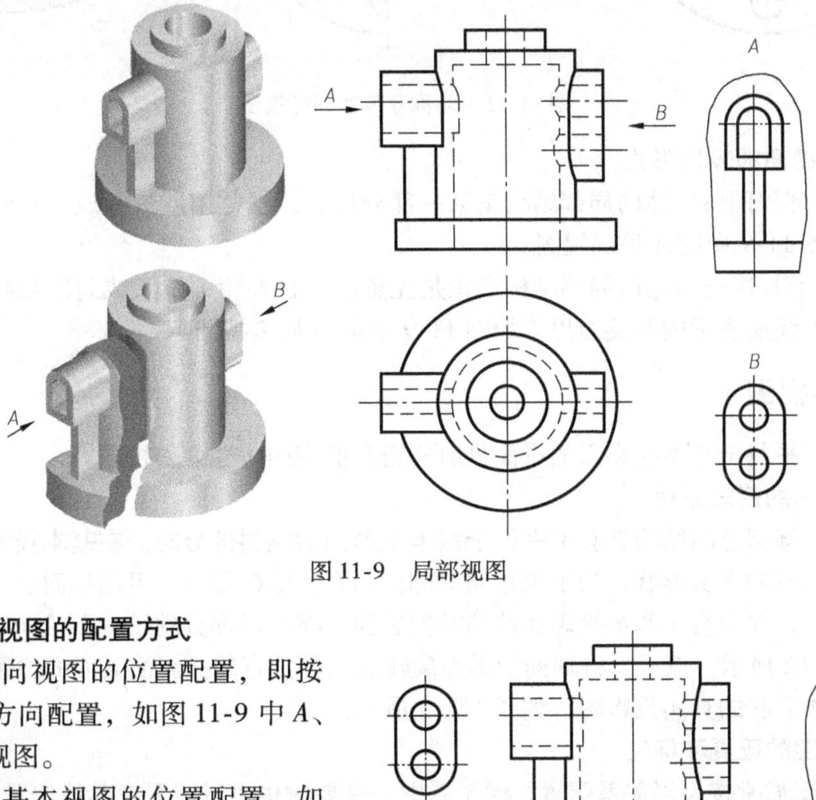

图 11-9　局部视图

2. 局部视图的配置方式

1）可按向视图的位置配置，即按箭头所指的方向配置，如图 11-9 中 A、B 两个局部视图。

2）可按基本视图的位置配置，如图 11-10 所示。

3. 局部视图的标注

1）在局部视图的上方需要用大写拉丁字母标出视图的名称，在相应的视图附近用箭头指明投射方向，并标注相同的大写拉丁字母，如图 11-9 所示。

2）当局部视图按投影关系配置，中间又无其他图形隔开时，可省略标

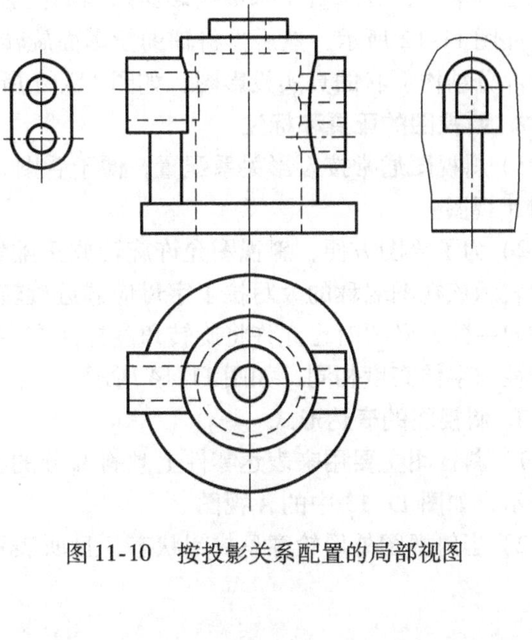

图 11-10　按投影关系配置的局部视图

注，如图 11-10 所示。

3）为了节省绘图时间和图幅，对称零件的局部视图可以只画一半或四分之一，并在对称中心线的两端画出两条与其垂直的平行细实线，如图 11-11 所示。

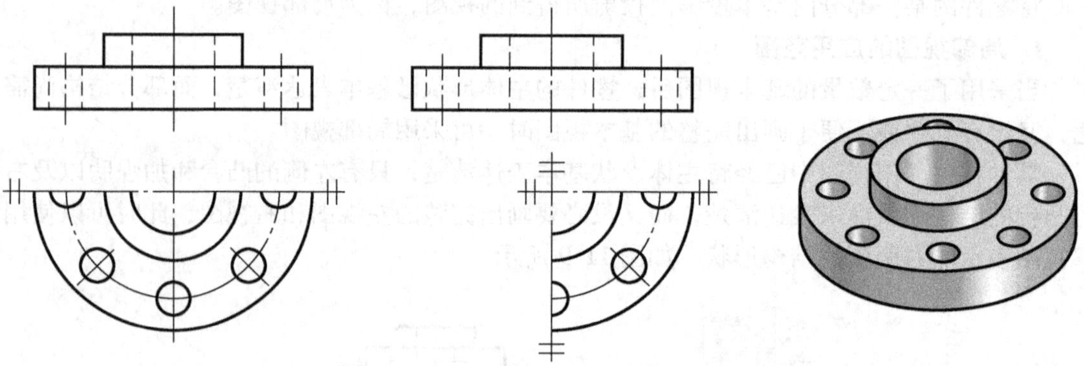

图 11-11　对称零件的局部视图

4. 局部视图的表达形式

1）当局部视图所表达的局部结构是某一部分形状，通常用波浪线或双折线表示断裂部分边界，如图 11-9 中的 *A* 局部视图。

2）当局部视图所表达的局部结构形状是完整的，且外轮廓线又成封闭结构时，可省略波浪线或双折线所表示的断裂边界，如图 11-9 中的 *B* 局部视图。

11.1.4　斜视图

机件向不平行于基本投影面的平面投射所得到的视图，称为斜视图。

1. 斜视图的形成原理

当零件上某部分的结构具有不平行于基本投影面的倾斜部分时，在基本投影面上的投影不能反映该部分的真实形状。为了表达倾斜部分的真实结构形状，可用换面法，设置一个与倾斜结构平行，并垂直于基本投影面的辅助投影面，将倾斜部分的结构形状向辅助投影面投射，如图 11-12 所示，然后再将辅助投影面旋转到与其垂直的投影面共面的位置，就可获得倾斜部分结构形状的真实投影图，如图 11-13 所示。

2. 斜视图的配置和标注

1）斜视图通常按投影关系配置，便于看图，必要时也可以配置在其他位置，如图 11-13 中的 *A* 视图。

2）为了绘图方便，斜视图允许旋转放正配置，旋转配置的斜视图名称需要标注旋转符号，表示该视图名称的大写拉丁字母应靠近旋转符号的箭头端，旋转符号的箭头与图形的旋转方向一致，必要时也允许将旋转角度标注在字母之后，如图 11-13 所示。旋转符号的高度及半径与字体高度相同，如图 11-14 所示。

3. 斜视图的表达形式

1）斜视图主要用来表达零件上倾斜部分的实形，其余部分不需画出，断裂边界用波浪线表示，如图 11-13 中的 *A* 视图。

2）当斜视图外形轮廓呈封闭状态，且所表示的机件的倾斜结构完整时，可省略表示断

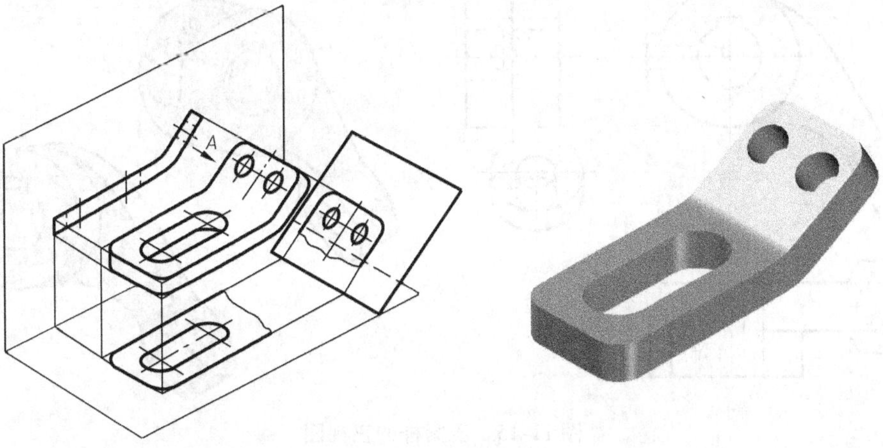

图 11-12　斜视图的形成

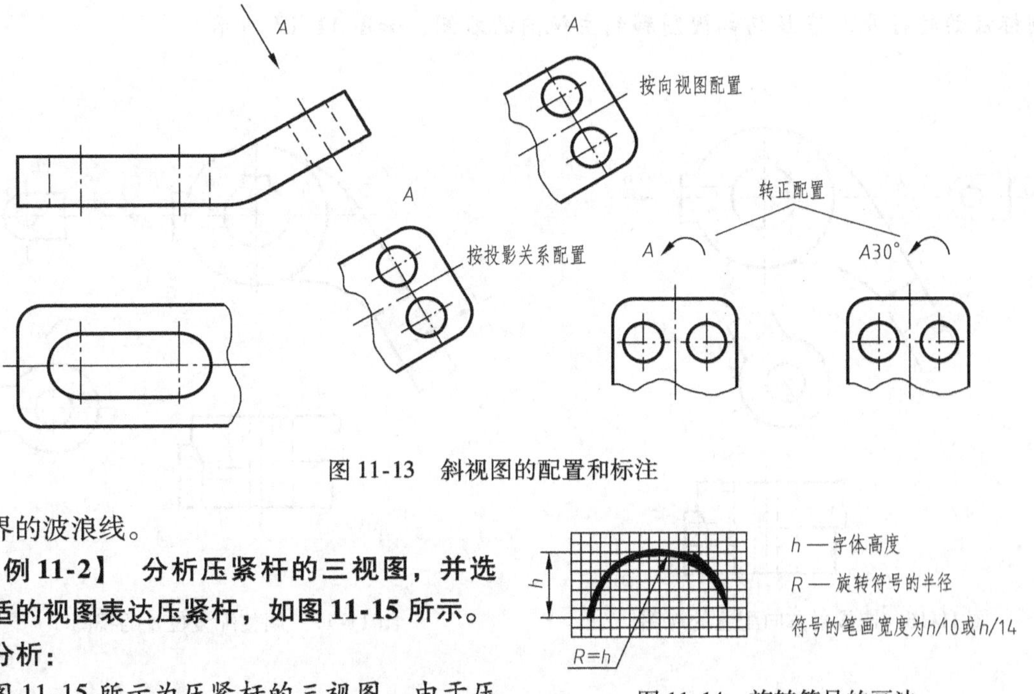

图 11-13　斜视图的配置和标注

裂边界的波浪线。

【例 11-2】　分析压紧杆的三视图，并选择合适的视图表达压紧杆，如图 11-15 所示。

分析：

图 11-15 所示为压紧杆的三视图，由于压紧杆的耳板是倾斜结构，所以在俯视图和左视图上均不反映真实形状，给画图和看图带来困难，并且也不便于标注尺寸。

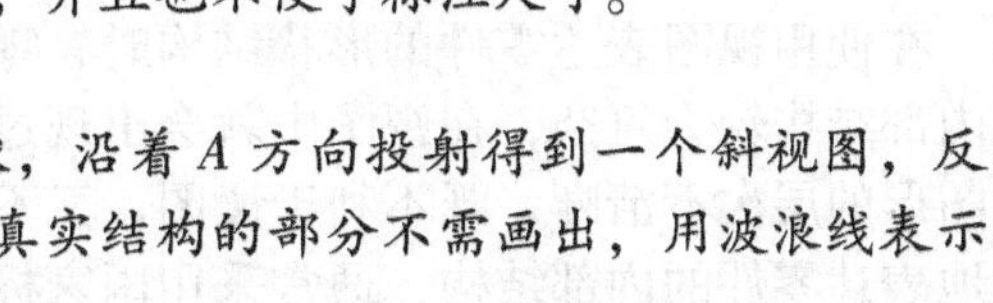

图 11-14　旋转符号的画法

表达方法：

1）为了充分表达压紧杆倾斜结构的真实形状，沿着 A 方向投射得到一个斜视图，反映倾斜结构的真实形状。在斜视图上不反映该零件真实结构的部分不需画出，用波浪线表示断裂边界，如图 11-16 中的 A 斜视图。

2）在俯视图中，已经由 A 斜视图表达清楚，且在该视图上又不反映真实形状的倾斜结构部分不需画出，并用波浪线表示断裂边界，将俯视图改为 C 局部视图。压紧杆右侧的凸

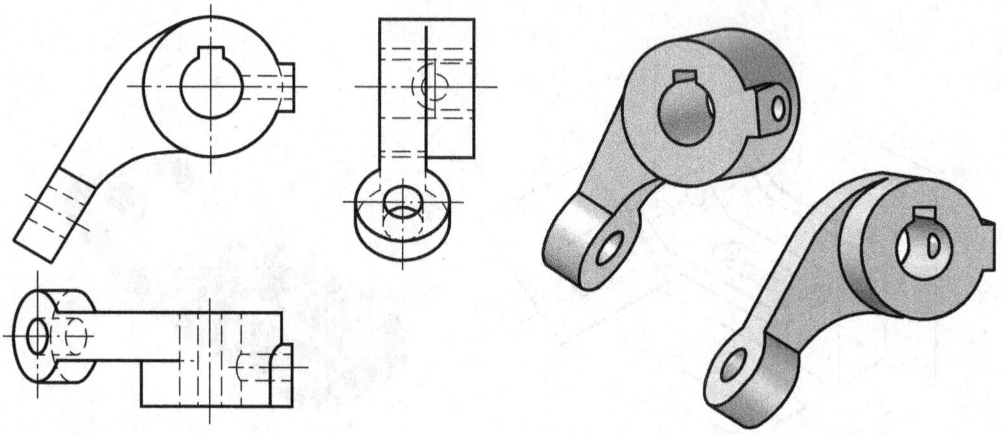

图 11-15　压紧杆的三视图

台部分，使用 *B* 局部视图表达，如图 11-16 所示。

3）为了充分利用图纸及绘图方便，对 *A* 斜视图进行顺时针旋转，并在图名“*A*”的左侧标注旋转符号，将 *B* 局部视图移到主视图的右侧，如图 11-17 所示。

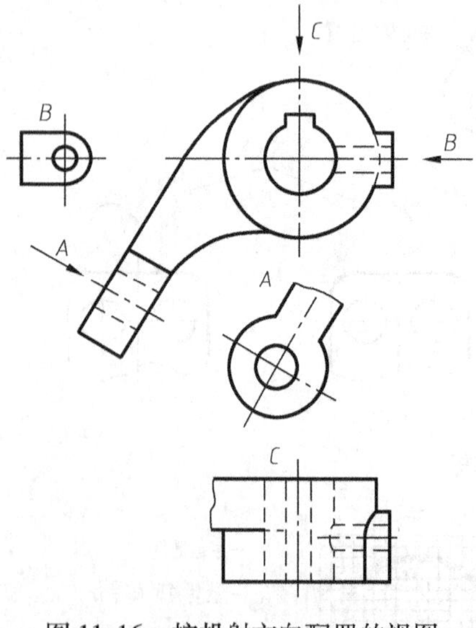

图 11-16　按投射方向配置的视图

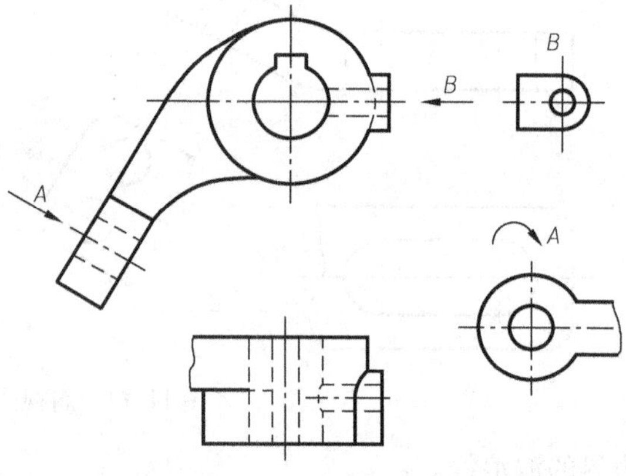

图 11-17　调整配置位置的视图

11.2　剖视图

在使用视图表达零件的形状结构时，零件内部的不可见结构形状用虚线来表示。若零件的内部结构较为复杂，在视图中就会出现过多的虚线，这些虚线往往与其他图线交叉重叠，使图形的层次不清晰，既不利于读图，又不便于标注图形的尺寸，如图 11-18 所示。为了清晰地表达零件的内部结构，通常采用国家标准规定的剖视图画法。

11.2.1　剖视图的基本概念

为了表达零件的内部形状结构，假想用剖切平面在适当的部位剖开机件，如图 11-19 所

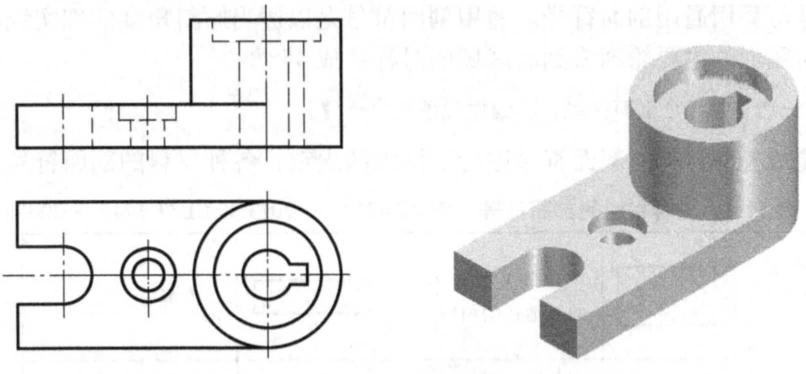

图 11-18 零件视图

示，将处于观察者和剖切面之间的部分移去，而将剩余的部分向投影面投射，所得到的图形称为剖视图，简称剖视，视图中原来不可见的虚线就变为实线，如图 11-20 所示。

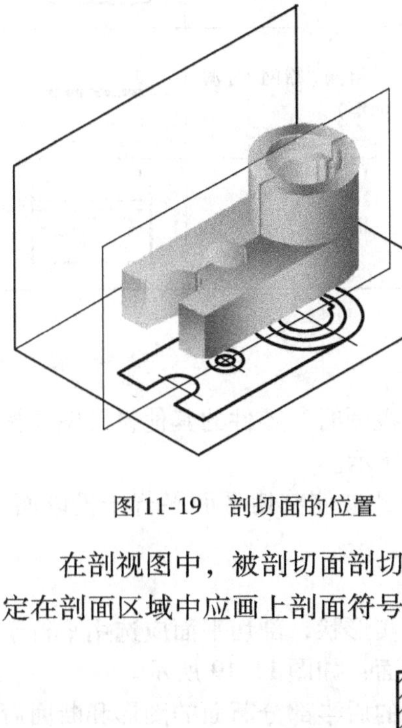

图 11-19 剖切面的位置

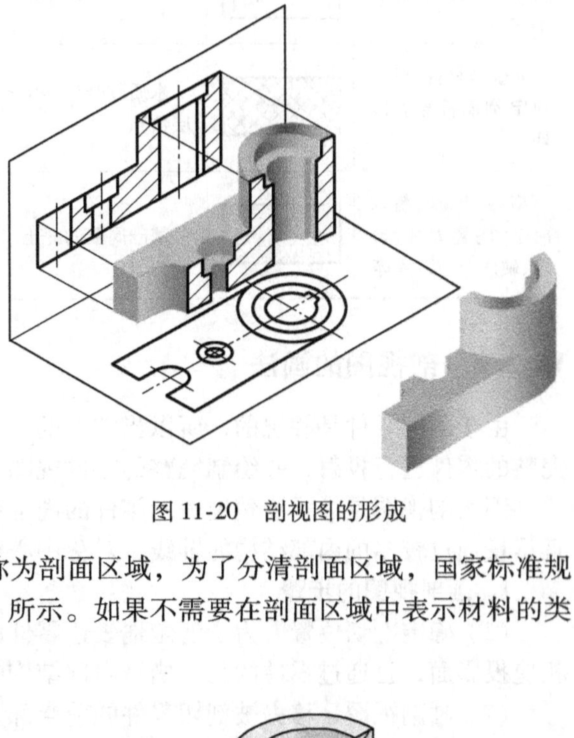

图 11-20 剖视图的形成

在剖视图中，被剖切面剖切的零件断面称为剖面区域，为了分清剖面区域，国家标准规定在剖面区域中应画上剖面符号，如图 11-21 所示。如果不需要在剖面区域中表示材料的类

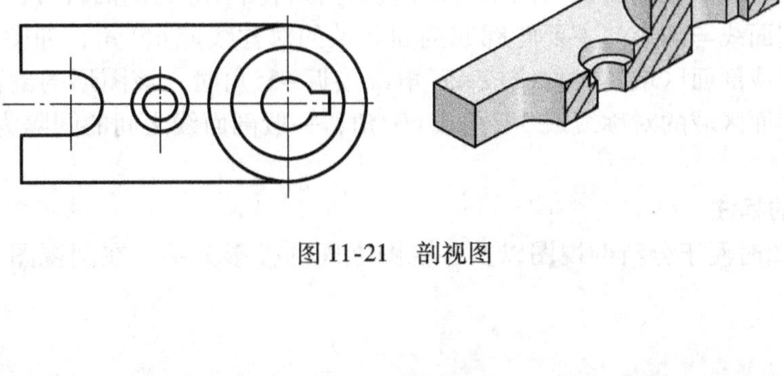

图 11-21 剖视图

别，剖面符号可采用通用剖面符号。通用剖面符号是以适当倾斜角度的细实线绘制，称为剖面线。最好与图形的主要轮廓或剖面区域的对称线成 45°角。

注意：同一物体的各个剖面区域，其剖面线画法应一致。

国家标准对各种材料的剖面符号进行了详细的规定，各种材料的剖面符号见表 11-1。

表 11-1　各种材料的剖面符号（GB/T 4457.5—2013 和 GB/T 17453—2005）

金属材料（已有规定剖面符号者除外）通用剖面线	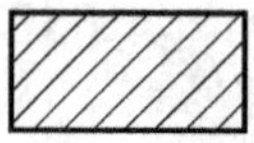	玻璃及供观察用的其他透明材料		混凝土	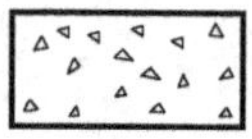
绕圈绕组元件	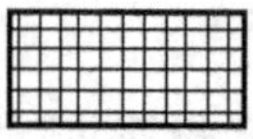	木材　纵断面		钢筋混凝土	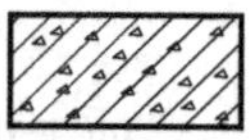
转子、电枢、变压器和电抗器等叠钢片	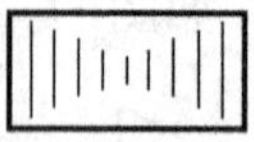	木材　横断面		砖	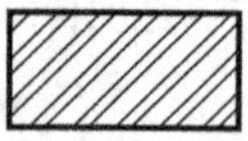
非金属材料（已有规定剖面符号者除外）	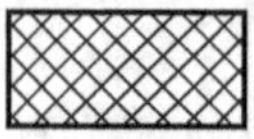	木质胶合板（不分层数）		格网（筛网、过滤网等）	
型砂、填砂、粉末冶金、陶瓷刀片、砂轮、硬质合金刀片等	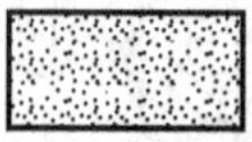	基础周围的泥土	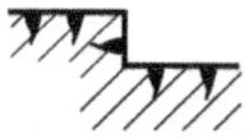	液体	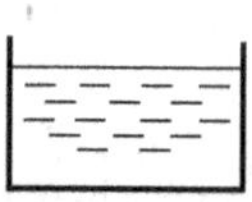

11.2.2　剖视图的画法

由于剖开零件是假想的，所以当零件的一个视图画成剖视图时，零件的其他投影图仍按完整的零件进行投射，并绘制完整的零件视图，如图 11-21 所示。

因为剖视图是为了清楚地表示零件的内部结构形状，因此应使剖切平面平行于投影面，且尽量通过较多的内部结构的轴线、对称中心线和对称面等。

1. 画剖视图的步骤

（1）确定剖切位置　为了清楚地表达零件内部结构的真实形状，剖切平面应选用平行于相应投影面，且通过零件的孔、槽等内部结构的轴线或对称面，如图 11-19 所示。

（2）画剖视图　移去被剖切零件的前半部分，画出零件的后半部分断面的图形和断面后面的可见轮廓。对于断面后边的不可见形体，如在其他视图上表达清楚，一般不再画出虚线。对于在其他视图上难以表达清楚的部分，必要时允许在剖视图上画出虚线。

（3）画剖面符号　在剖面区域画出与被剖机件材料相对应的剖面符号，一般金属零件需采用剖面线，剖面线与图形的主要轮廓或剖面区域的对称线成 45°角，如图 11-22 所示。当图形的主要轮廓或剖面区域的对称线成 45°角或接近 45°角时，该图形的剖面线可画成与图形主要轮廓或剖面区域的对称线成 30°角或 60°角，一般剖面线之间的间隔为 2～4mm，如图 11-23 所示。

2. 剖视图的标注

1）为了看图时便于分清剖视图以及各视图之间的投影关系，在剖视图中需要用符号和

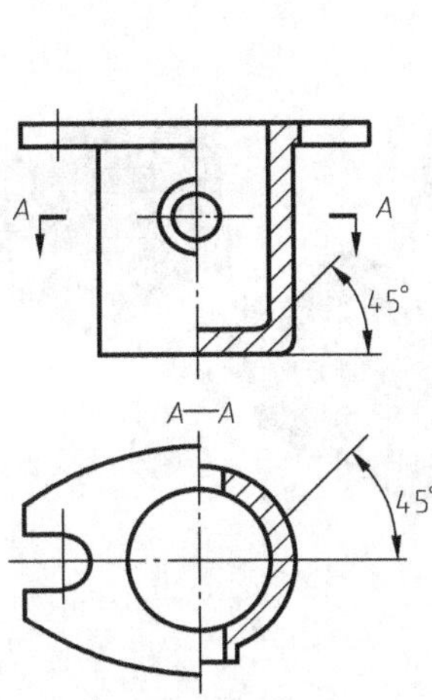

图 11-22　45°角的剖面线

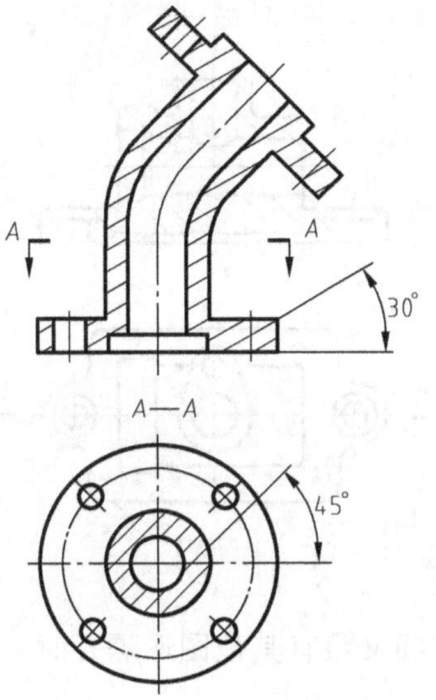

图 11-23　30°角的剖面线

名称进行标注。剖切符号由粗短线和箭头组成，粗短线表示剖切平面的位置，在剖切符号的起讫位置用箭头表示投射方向。粗短线的线宽为 1 ~ 1.5*d*（*d* 为粗实线线宽），线长约5 ~ 10mm，并且不能与图形的轮廓线相交，箭头画在剖切符号的外侧端点处，并与剖切符号垂直，如图 11-24 所示。

提示：可以用细点画线表示剖切面的位置。

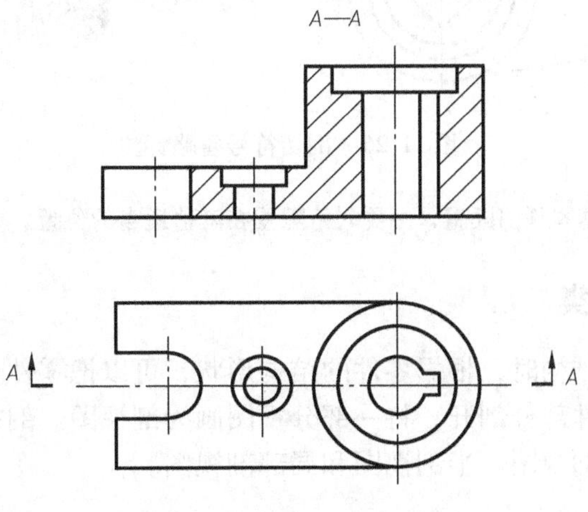

图 11-24　剖切符号的画法

2）一般应在剖视图的上方用大写的拉丁字母标出剖视图的名称“ ×—×”（如 *A—A*、*B—B*）；在剖切符号的起讫位置旁注相同的大写拉丁字母，如图 11-24 所示。

3）当剖视图按投影关系配置，中间又没有其他图形隔开时，可省略表示投射方向的箭头，如图 11-25 所示。

4）当单一剖切平面通过零件的对称平面或基本对称的平面，且剖视图按投影关系配置，

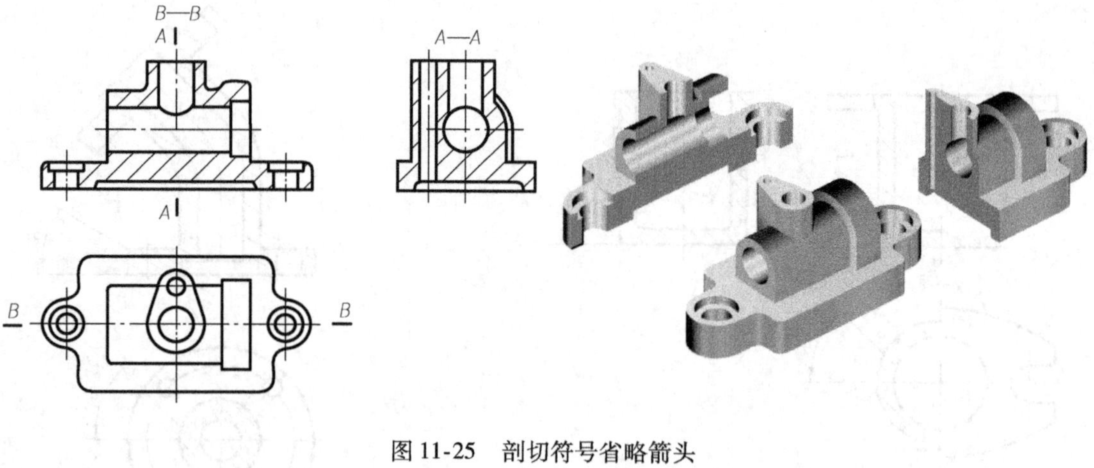

图 11-25　剖切符号省略箭头

中间又没有其他图形隔开时，则不必标注，如图 11-26 所示的主视图。

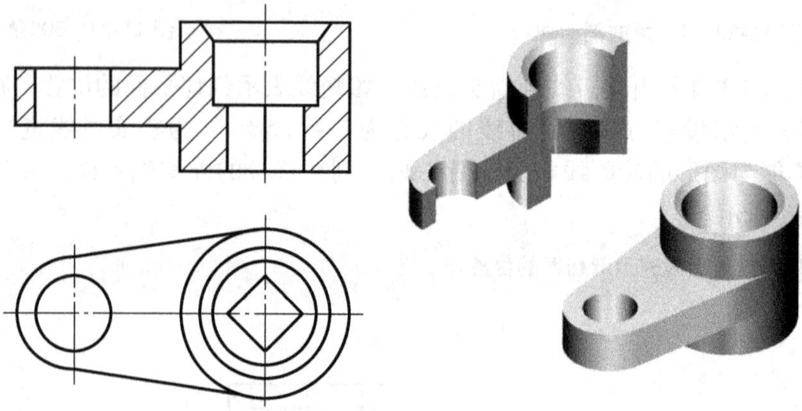

图 11-26　剖切符号省略标注

提示：剖视图一般按基本视图配置，必要时可配置在其他适当的位置。

11.2.3　剖视图的种类

在表达零件的内部结构时，根据零件的结构形状，可以把零件全部剖开，将整个视图画为剖视图；也可以把零件部分剖开，将一部分视图画为剖视图。剖视图根据被剖零件的范围多少可分为三种，即全剖视图、半剖视图和局部剖视图。

1. 全剖视图

（1）定义　用剖切面将零件完全剖开所得到的剖视图称为全剖视图，如图 11-27 所示。

（2）应用范围　外形比较简单，或者外形已经在其他视图上表达清楚而内部结构比较复杂的不对称零件，通常采用全剖视图来表达零件的内部结构。如图 11-27 所示，零件外形比较简单，圆筒对称面的左侧有一个圆孔，因而左右不对称，所以采用全剖视图。全剖视图应按上 11.2.2 中讲述的标注要求进行标注。

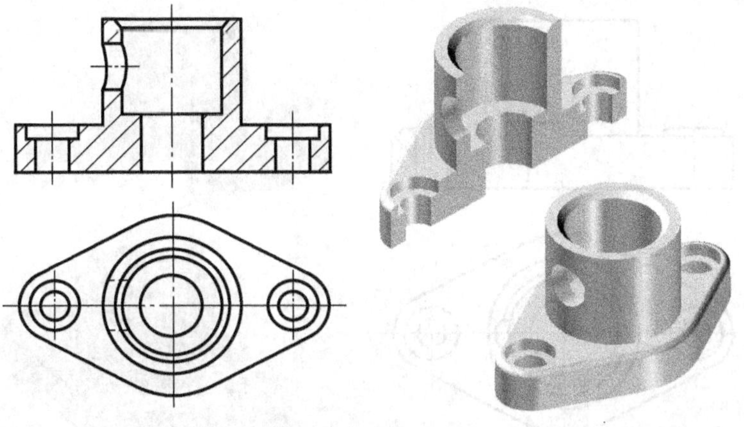

图 11-27　全剖视图

2. 半剖视图

（1）定义　当零件具有对称平面时，向垂直于对称平面的投影面上投射所得的图形，以对称中心线为界，一半画成剖视图，另一半画成视图，这种剖视图称为半剖视图，如图 11-28所示。

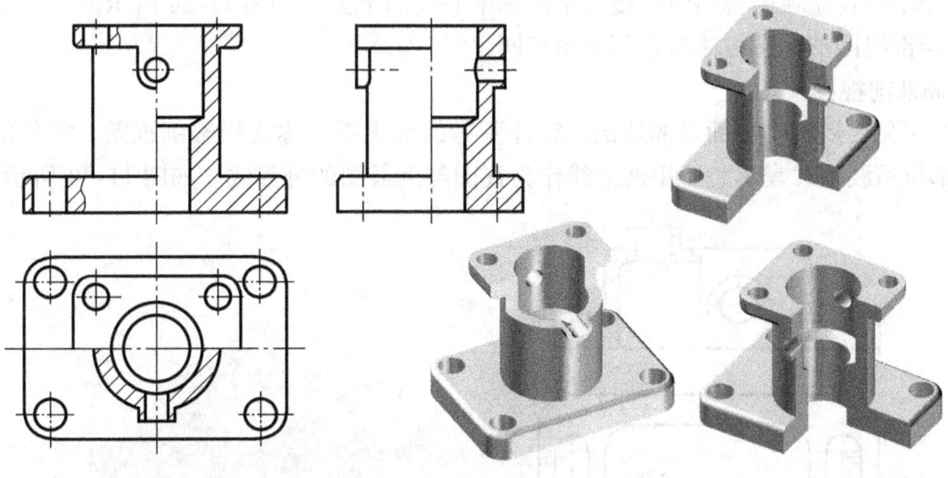

图 11-28　半剖视图

（2）应用范围　半剖视图主要用于表达对称或基本对称零件的内、外结构形状，如图 11-28 所示。若零件的结构形状接近于对称，且不对称部分已经另有视图表达清楚时，也可以采用半剖视图。如图 11-29 所示，零件圆筒右侧的上缘有半个盲孔，所以零件左右不对称，但整体结构基本对称，也可采用半剖视图。

注意：外形简单、并具有对称面的零件，仍可采用全剖视图表达零件的内部结构。

（3）注意的问题

1）在半剖视图中，半个剖视图与半个视图的分界线为对称中心线，此分界线仍应画成点画线，不能画成粗实线。

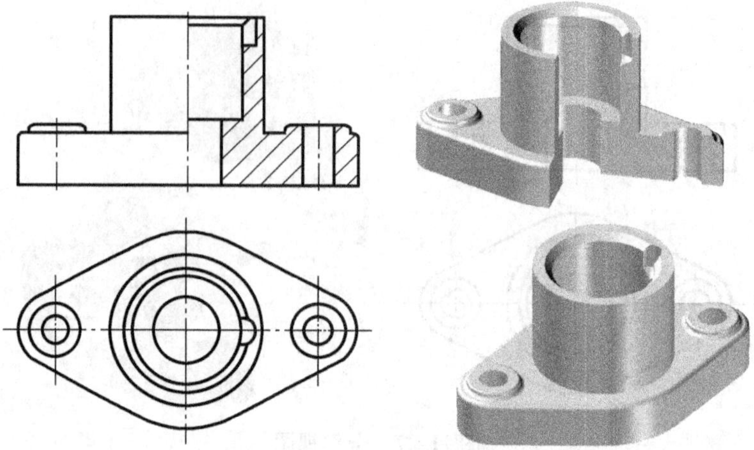

图 11-29　不对称零件的半剖视图

2）在半剖视图中已经表达清楚的内部结构，在半个视图中表达内部结构的虚线可以省略不画。

3）半个剖视图在主视图和左视图中一般位于对称中心线的右侧，如图 11-28 所示。

4）半个剖视图在俯视图中一般位于对称中心线的下方，如图 11-28 所示。

5）半剖视图的标注方法与全剖视图相同。

3. 局部剖视图

（1）定义　用剖切平面局部地剖开零件所得的剖视图，称为局部剖视图。零件剖切后，其断裂部位用波浪线表示，使用波浪线作为视图与剖视图的分界线。如图 11-30 所示，零件

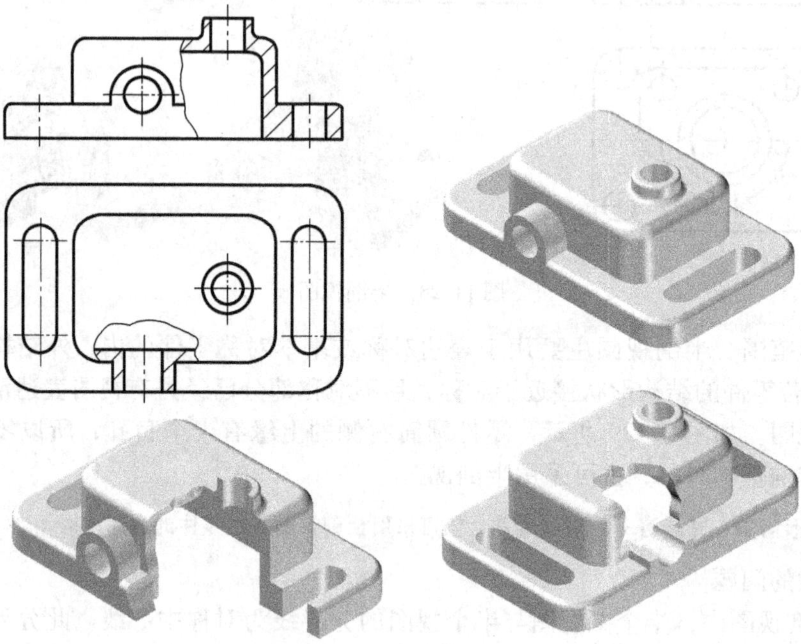

图 11-30　局部剖视图

为方形箱体结构，内部为方形空腔，顶部右侧有一个带圆孔的凸台，前部左侧也有一个带圆孔的凸台，下部边缘左右各有一个对称的长圆孔，零件前后、左右不对称，内外结构都需要表达，在主视图和俯视图各剖开需要表达的部位。

（2）应用范围　局部剖视图是一种比较灵活的表达方法，剖切位置和剖切范围不受零件结构形状的限制，一般常用于下列情况：

1）零件的内外结构均需表达，但不对称且不能或不宜画成半剖视图，如图 11-30 所示。

2）零件的外形虽简单，但只需局部地表示其内形，不必或不宜画成全剖视图，如图 11-34 所示。

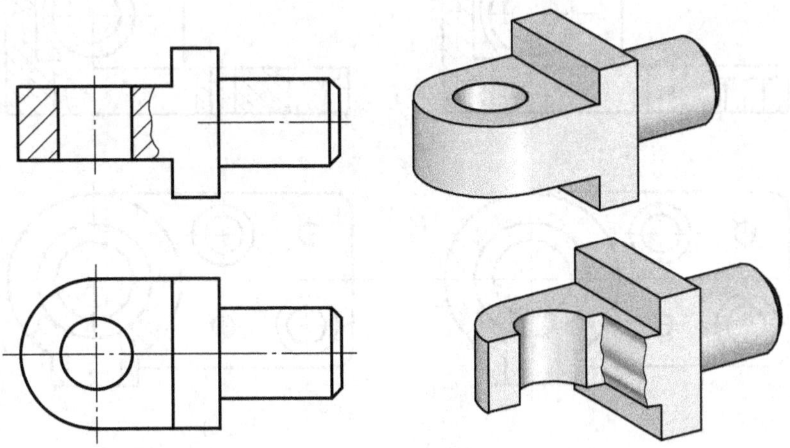

图 11-31　外形简单局部剖

3）当对称零件的轮廓线与中心线重合，不宜采用半剖视图，如图 11-32 所示。

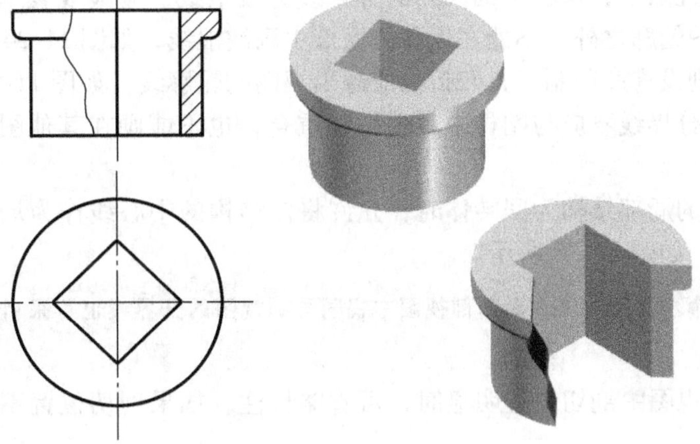

图 11-32　对称零件局部剖

（3）注意的问题

1）局部剖视图应用灵活，所以运用较广，但是在同一视图中局部剖视的位置不宜过多，否则会使图形过于破碎凌乱。如图 11-33a 所示，底板左侧使用了两个局部剖，图形过于破

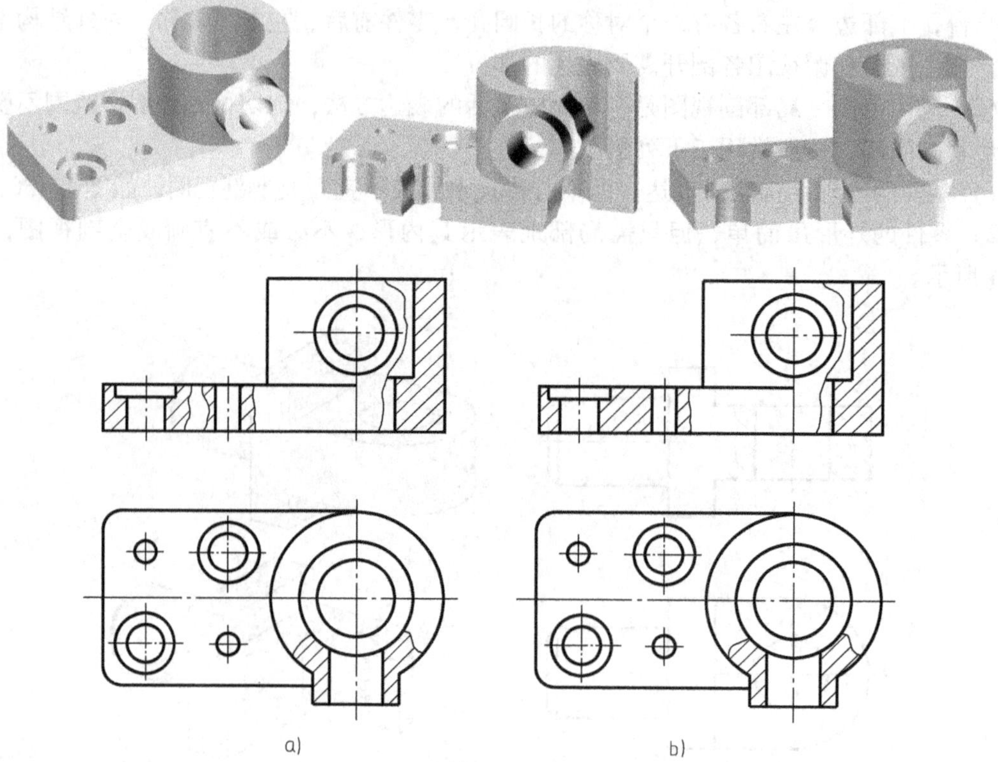

图 11-33　局部剖视的位置过多
a）错误　b）正确

碎凌乱，如果将两个局部剖合并为一个局部剖较好，如图 11-33b 所示。

2）在局部剖视图中，视图与剖视图的分界线为波浪线。波浪线表示断裂痕迹，所以波浪线不能超出视图轮廓之外。不能在通孔或通槽中画波浪线，如图 11-34 所示。当使用双折线为分界线时，则没有此限制，且双折线应超出视图的轮廓线，如图 11-37 所示。

3）剖视图的分界线不应与图样中其他图线重合，也不能画在其他图线的延长线上，如图 11-35 所示。

4）当被剖切的局部结构为回转体时，允许将该结构的中心线作为局部剖视图中视图与剖视图的分界线，如图 11-36 所示。

提示：为了计算机绘图方便，局部剖视图中视图与剖视图的分界线也可采用双折线，如图 11-37 所示。

5）当局部剖视图中剖切位置明显时，可省略标注，如果剖切位置不够明显时，则需要标注。

11.2.4　剖切面的种类

为了表达零件的内部结构，根据零件的结构特点，用剖切面假想地剖开零件。常用的剖切面有单一剖切面、几个平行的剖切面和几个相交的剖切面。剖切面一般采用平面，根据被剖切零件的结构形状需要，剖切面也可以是曲面。

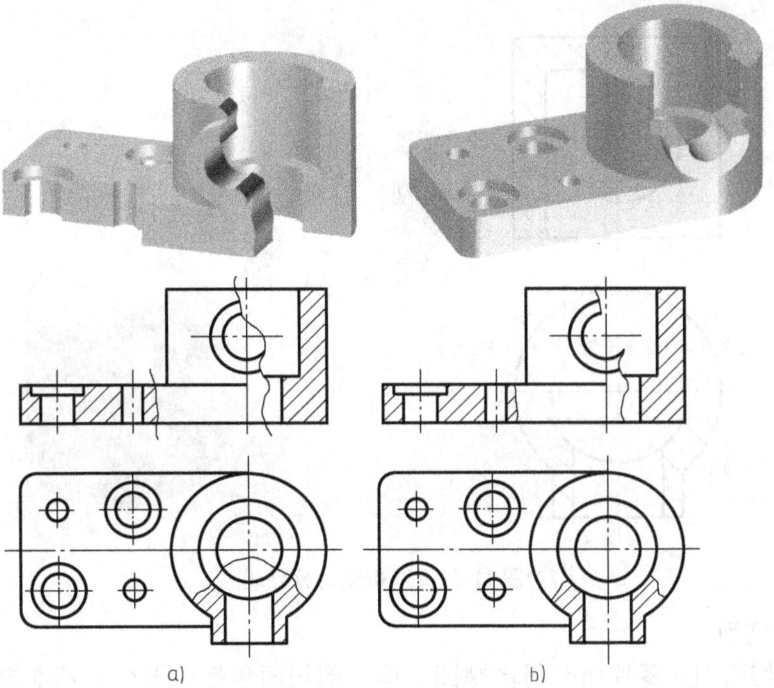

图 11-34　局部剖视图中波浪线的画法（一）
a）错误　b）正确

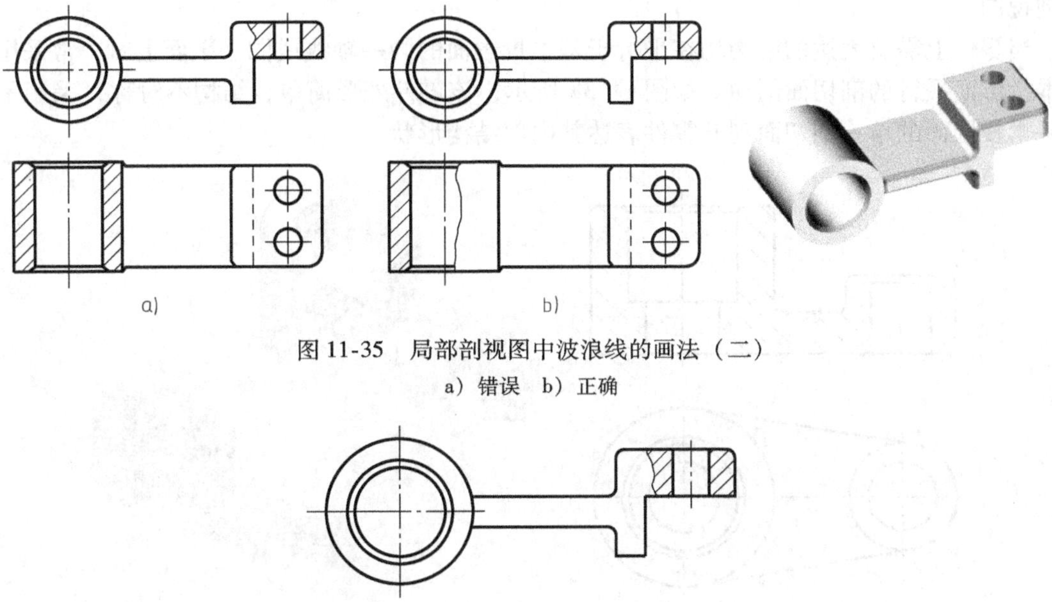

图 11-35　局部剖视图中波浪线的画法（二）
a）错误　b）正确

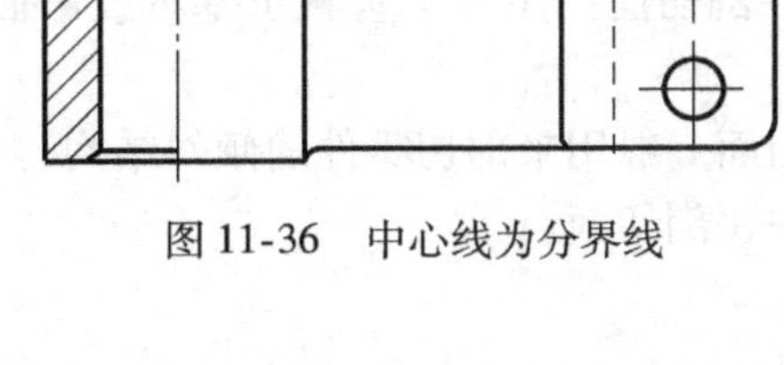

图 11-36　中心线为分界线

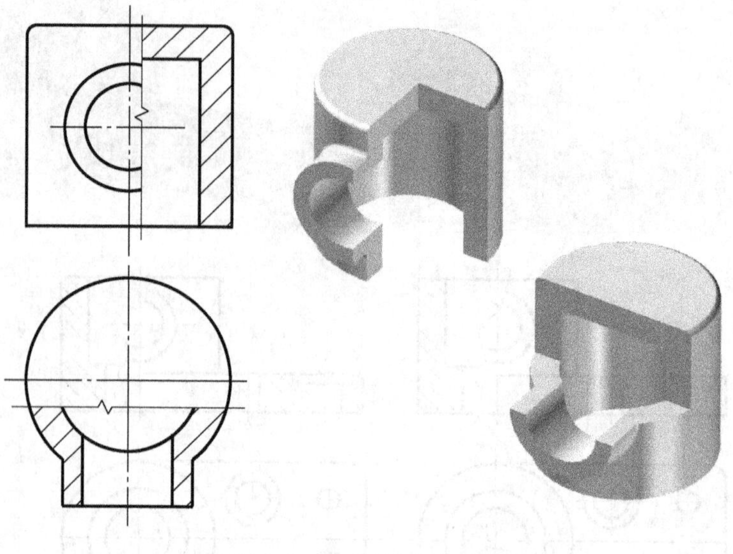

图 11-37　双折线为分界线

1. 单一剖切面

用一个剖切面剖开零件而获得剖视图。单一剖切面包括：平行于基本投影面的剖切平面；垂直于基本投影面的剖切平面；剖切圆柱面。

（1）平行于基本投影面的单一剖切面　用一个平行于基本投影面的平面剖切零件而获得剖视图。

当零件上需要表达的结构均在平行于基本投影面的同一轴线或同一平面上时，常采用与基本投影面平行的剖切面剖切。如图 11-38 所示，该零件外形简单，结构不对称，采用平行于基本投影面的单一剖切面剖开零件表达其内部结构形状。

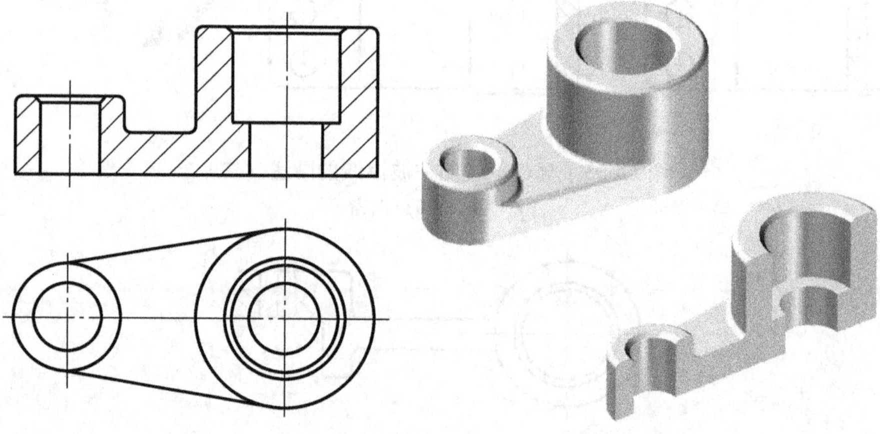

图 11-38　平行于基本投影面的单一剖切平面

（2）垂直于投影面的单一剖切面　用一个垂直于基本投影面的剖切面（斜剖切面）剖切零件而获得剖视图。

垂直于投影面的单一剖切面一般用来剖切零件的倾斜结构，并表达倾斜部分的内部结构形状，如图 11-39a 所示的 *A—A* 剖切面。

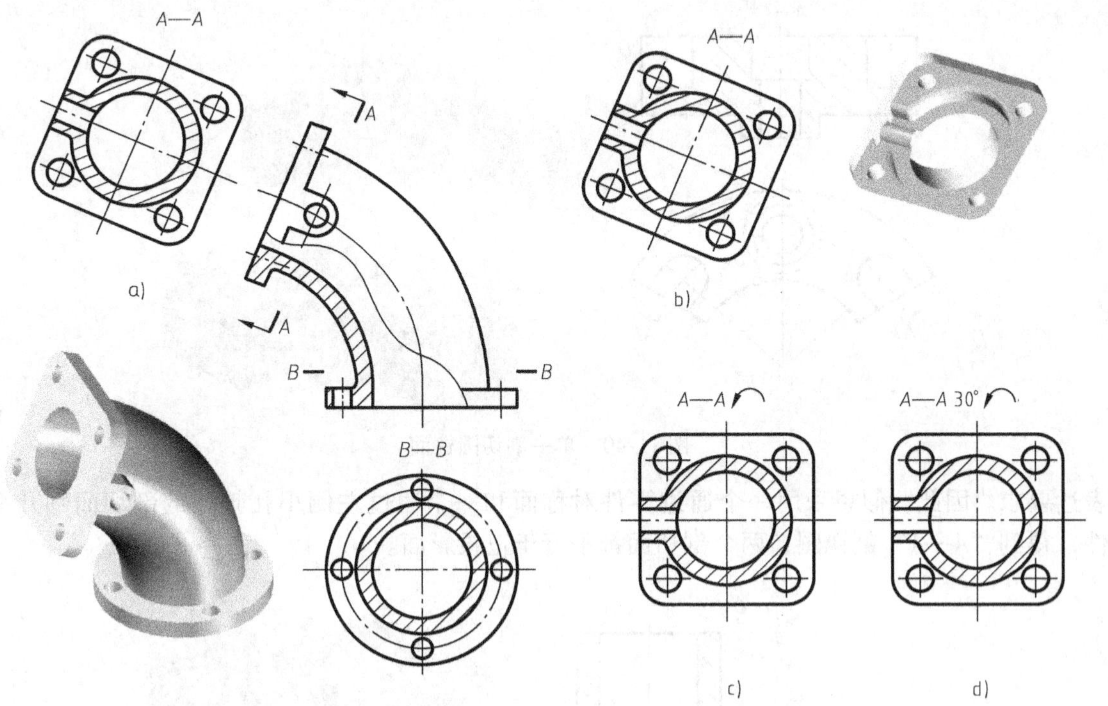

图 11-39　垂直于基本投影面的剖切面

应注意的问题：

1）斜剖切面剖切零件而获得的剖视图是采用换面法的原理，该剖切面处于倾斜位置，得到的剖视图与斜视图相仿，一般应配置在剖切符号的箭头所指方向，与基本视图保持对应关系，如图 11-39a 所示。也可以配置在其他适当位置，如图 11-39b 所示。

2）在不致引起误解时，允许将倾斜的剖视图旋转，旋转后的剖视图需要用旋转符号表示旋转方向，在旋转符号的箭头端用字母“×—×”标注名称，如图 11-39c 所示。也可以将旋转角度值标注在字母之后，如图 11-39d 所示。

3）无论剖视图配置在任何位置，都必须标注剖视图的名称和剖切符号。标注的字母名称必须水平书写，剖切符号的粗短线和箭头均不可省略，如图 11-39 所示。

（3）单一剖切圆柱面　用单一剖切圆柱面剖切零件获得剖视图。

单一剖切圆柱面用来剖切处于圆周分布的机件结构。用剖切圆柱面剖切零件获得的剖视图，一般采用展开画法，此时应将剖视图的名称标注为“×—×展开”。如图 11-40 所示，零件是一个柱面形状，在柱面零件的同一个圆周上分布有孔和槽等结构，用一个通过孔、槽分布圆周的圆柱面剖切，可将零件的内部结构简洁地表达清楚。

2. 几个平行的剖切面

用两个或多个平行的剖切面剖开零件而获得剖视图。

当零件上具有几种不同的内部结构要素时，这些结构要素的中心线排列在几个互相平行的平面上时，宜采用几个平行的剖切面剖切。如图 11-41 所示，底板上的三个孔和右侧圆筒孔需要表达，如果采用通过对称面的单一剖切面剖开零件，左侧的两个小孔剖不到，达不到

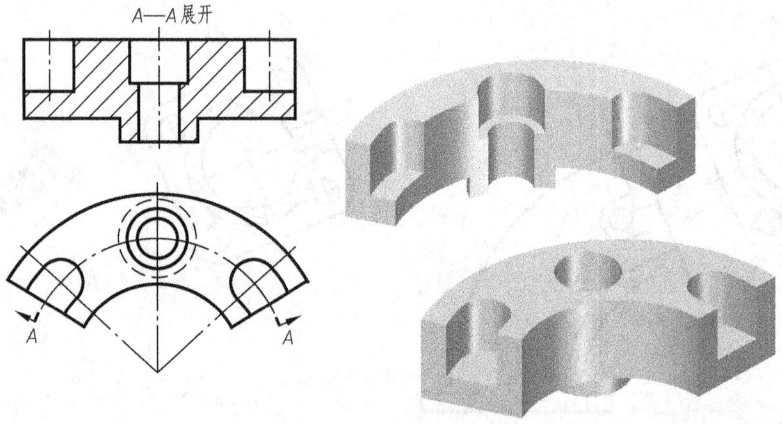

图 11-40　单一剖切圆柱面

表达要求。因此，假想采用一个通过零件对称面和一个通过左侧小孔轴线的剖切面剖开零件，得到“A—A”剖视图，两个剖切面都平行于正投影面。

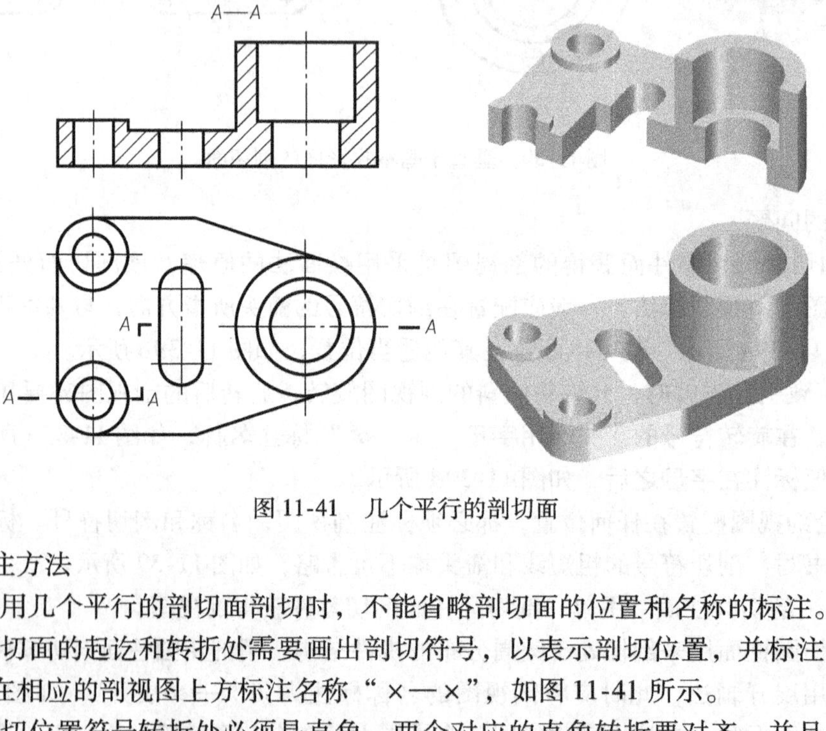

图 11-41　几个平行的剖切面

（1）标注方法

1）当采用几个平行的剖切面剖切时，不能省略剖切面的位置和名称的标注。

2）在剖切面的起讫和转折处需要画出剖切符号，以表示剖切位置，并标注相同的大写拉丁字母，在相应的剖视图上方标注名称“×—×”，如图 11-41 所示。

3）各剖切位置符号转折处必须是直角，两个对应的直角转折要对齐，并且不能与视图中的轮廓线重合或相交，如图 11-41 所示。

4）当剖视图按投影关系配置，中间又没有其他图形隔开时，可省略箭头。当转折处位置狭小，无法书写字母，可省略转折处的字母名称。

（2）注意的问题

1）在剖视图中，假想用几个平行的剖切面剖切零件，所得剖视图在同一个平面上，因此不应画出剖切面转折处分界面的投影，如图 11-42 所示。

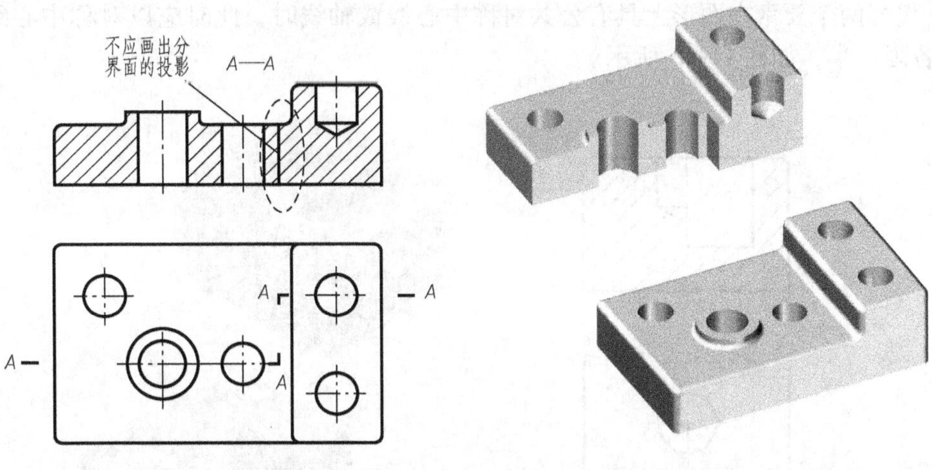

图 11-42　不应画出剖切面转折处分界面的投影

2）适当选择各剖切面的位置，避免出现不完整的要素，如图 11-43 所示。

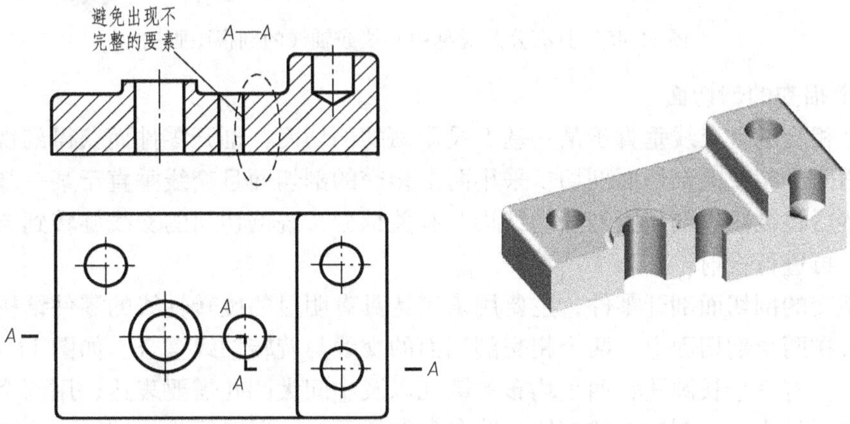

图 11-43　避免出现不完整的要素

3）剖切符号的转折处不应与轮廓线重合，如图 11-44 所示。

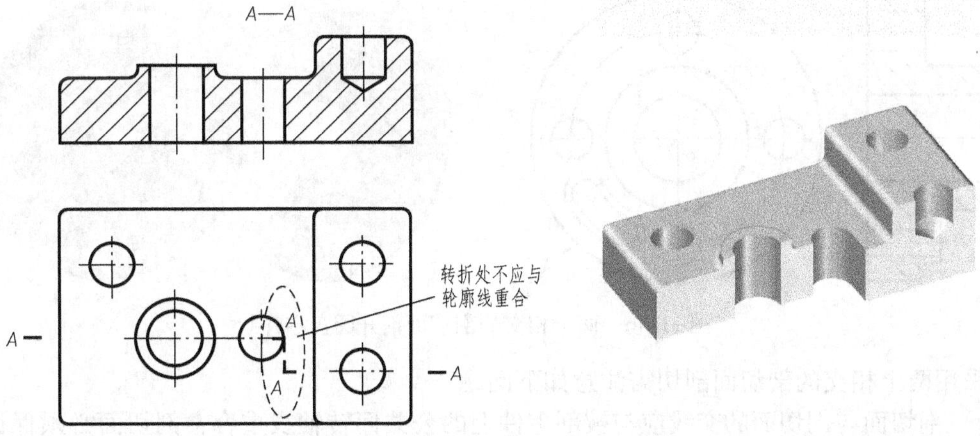

图 11-44　转折处不应与轮廓线重合

4）仅当两个要素在图形上具有公共对称中心线或轴线时，此时应以对称中心线或轴线为界，各画一半，如图 11-45 所示。

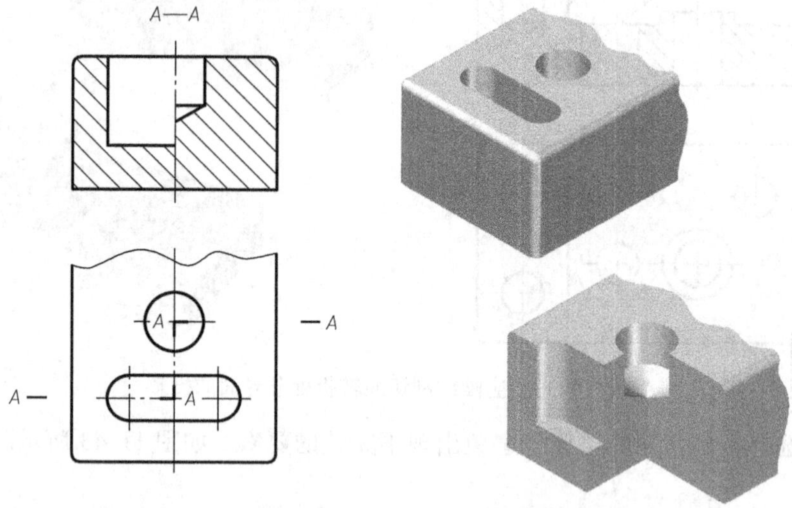

图 11-45　具有公共对称中心线或轴线的剖视图画法

3. 几个相交的剖切面

用几个相交的且交线垂直于某一基本投影面的剖切面，剖开零件而获得剖视图。

（1）用两个相交的剖切面剖切　采用两个相交的剖切面且交线垂直于某一基本投影面剖开零件，然后将被倾斜剖切面剖开的结构及有关部分，绕剖切面的交线旋转到与选定的投影面平行后，再进行投射。

两个相交的剖切面剖开零件，主要用来表达具有明显的旋转轴线的零件结构，而要表达的结构分布在两个剖切面上，两个相交剖切面的交线与旋转轴线重合。如图 11-46 所示，在圆盘零件上，有一个长圆孔、四个均布的圆孔以及中间大圆孔需要表达，用两个相交的剖切面剖开圆盘，两个相交剖切面的交线与圆盘的轴线重合，以交线为旋转轴，将倾斜剖面旋转到与基本投影面平行的位置，投射后得到“*A—A*”剖视图。

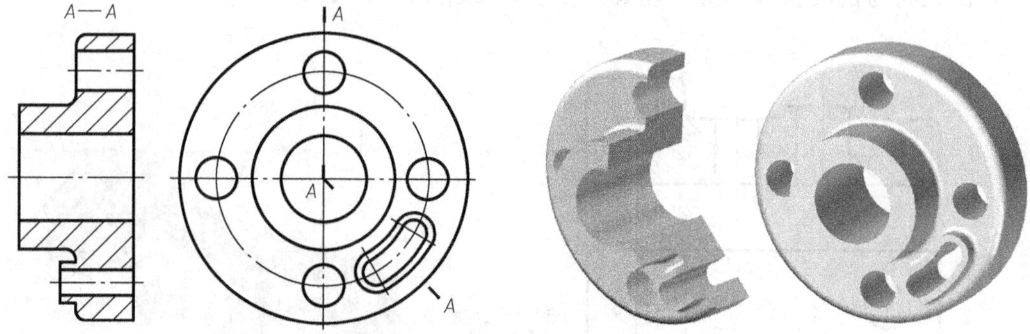

图 11-46　两个相交的剖切面剖开圆盘零件

采用两个相交的剖切面剖切需注意如下问题：

1）剖切面与剖切面的交线应与被剖零件上的公共回转轴线重合，剖切面必须保证其交线垂直于某一基本投影面。

2）剖视图采用“先剖切，后旋转，再投射”的方法绘制，在剖视图上有时会出现图形的某些部分伸长，如图 11-47 所示。

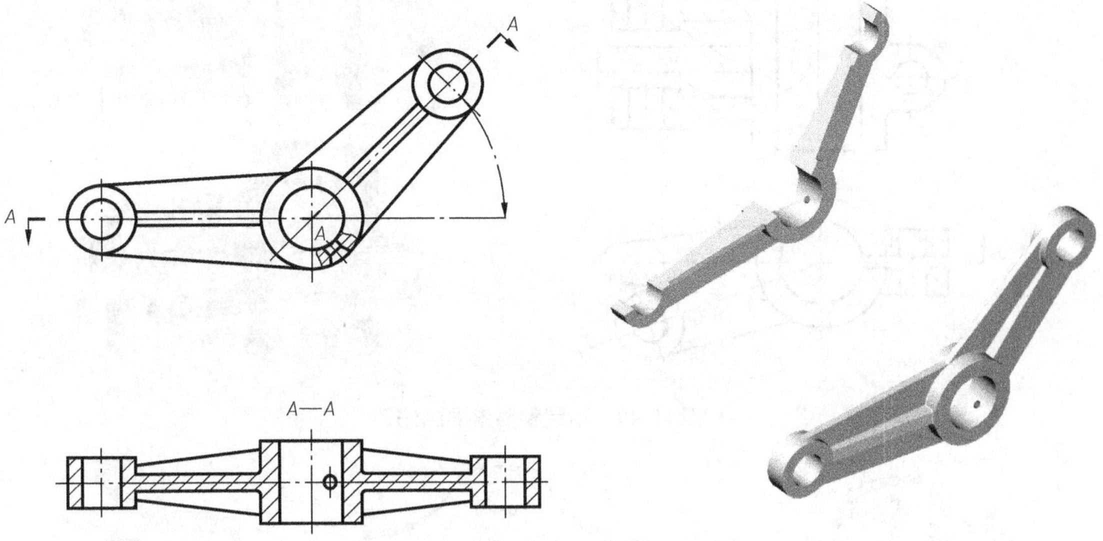

图 11-47　两个相交的剖切面剖开零件

3）当相交的剖切面剖开零件时，位于剖切面后且与所表达的结构关系不很密切的结构，或一起旋转容易引起误解的结构，一般仍按原来的位置投射，如图 11-47 所示俯视图中的小孔。

4）位于倾斜剖切面后，与被剖切结构有直接关系且密切相关的结构，或不一起旋转难以表达清楚的结构，应“先旋转，后投射”，如图 11-48 所示。

5）当相交的剖切面剖开零件，如果产生不完整的要素时，该部分按不剖绘制，如图11-49 所示。

6）几个相交的剖切面剖开的零件必须标注。标注方法与几个平行的剖切面剖切零件相同，如图 11-47、图 11-49 所示。当剖视图按投影关系配置，中间又没有其他图形隔开时，可以省略箭头，如图 11-46 所示。

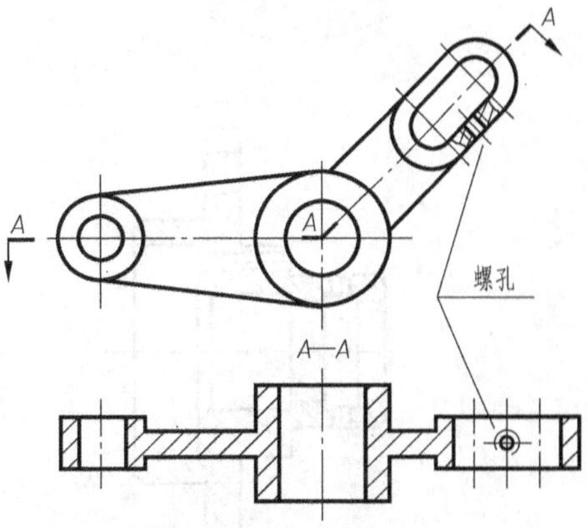

图 11-48　密切相关结构的处理

（2）多个相交的剖切面和剖切柱面组合剖切　当零件的内部结构形状较复杂时，可采用多个相交的剖切面和剖切柱面组合剖切，且交线垂直于某一基本投影面，剖开零件而获得剖视图。

当零件的结构形状较复杂，需要表达的结构较多，用几个平行的剖切面或几个相交的剖切面无法完全表达清楚时，可采用多个相交的剖切面组合剖切。如图 11-50 所示，该零件上需要表达的孔比较多，使用几个平行的剖切面或几个相交的剖切面无法完全表达清楚，所以采用了多个相交的剖切面和剖切柱面组合剖切。

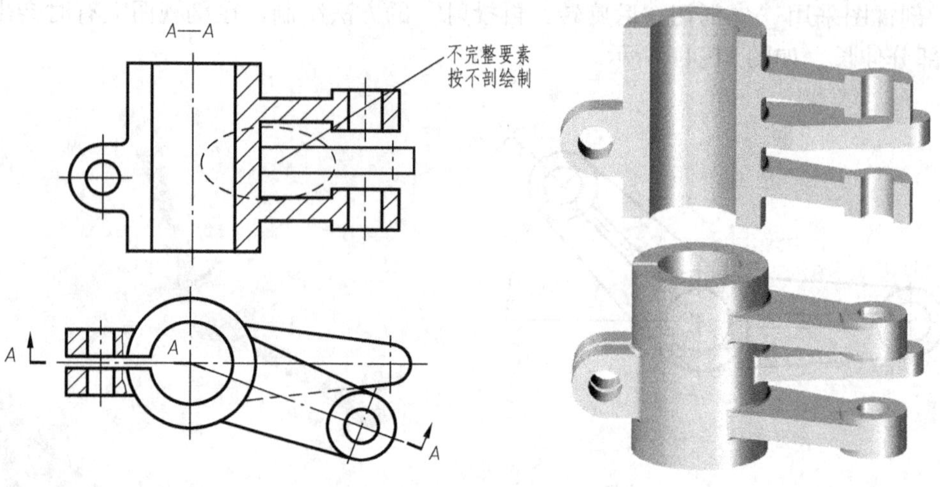

图 11-49　不完整要素的画法

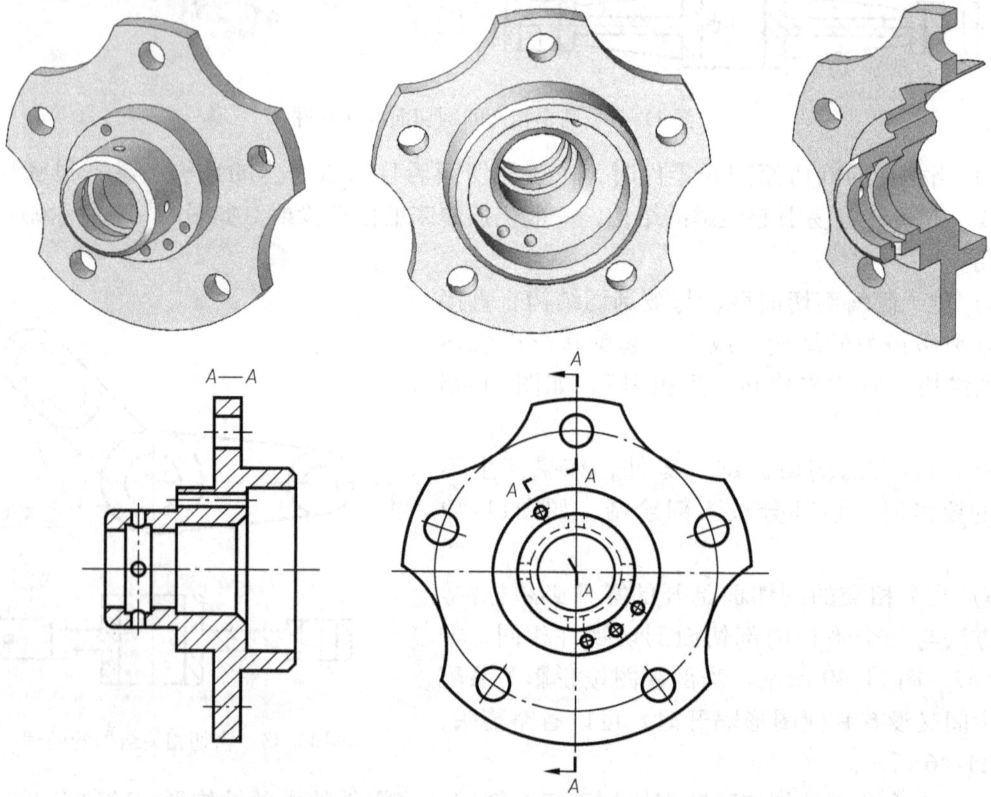

图 11-50　多个相交的剖切面和剖切柱面组合剖切

【例 11-3】　选择适当的剖切面剖切图 11-51 所示的零件。

分析：

如图 11-51 所示，零件的总体结构为一个平板结构。平板上分布有四个圆管凸台，其中右侧两个结构完全相同。在零件上部有一个圆锥台，圆锥台顶部有一螺纹孔，圆锥台的后部开有一个槽，该结构上还有一个光孔和一个螺纹孔。

表达方法：

1）为了表达平板上各种孔的结构，可采用四个相交的剖切面进行剖切，四个剖切面都垂直于正平面。

2）将剖切面展开并平行于侧立投影面，然后向侧立投影面投射即得到剖视图。剖视图可采用展开画法，如图 11-51 所示。

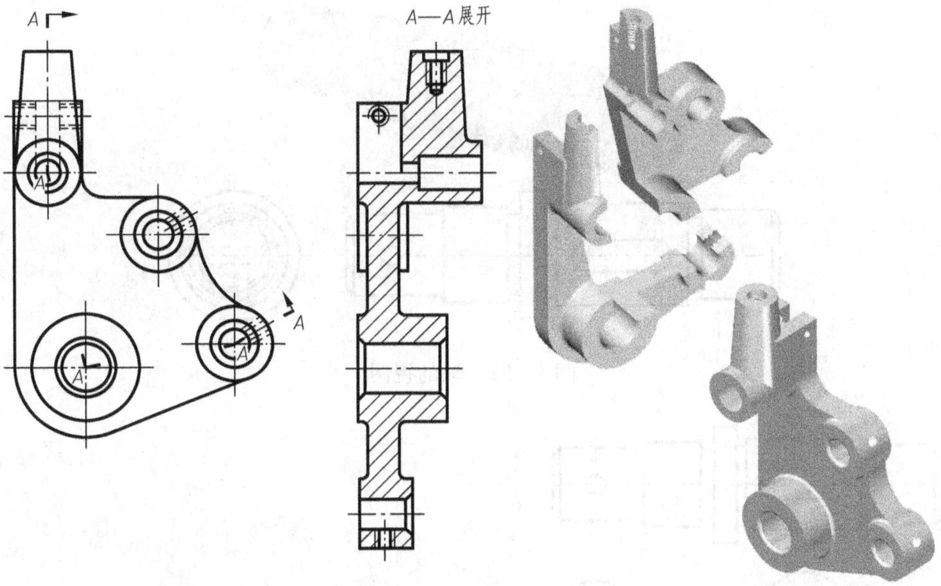

图 11-51　展开画法

说明：用多个相交的剖切面组合剖切零件，并将剖切面展开，然后向基本投影面投射，所画剖视图可采用展开画法，如图 11-51 所示。

采用多个相交的剖切面和剖切柱面组合剖切时需注意如下问题：

1）当用多个相交的剖切面和剖切柱面组合剖切时，其中的剖切面可以平行或倾斜于某一基本投影面。但这些剖切面的交线必须同时垂直于另一个基本投影面。

2）多个相交的剖切面和剖切柱面组合剖切的标注方法与几个平行的剖切面和几个相交的剖切面剖切方法相同。但采用展开画法时，剖视图上方应标注“×—×展开”，如图 11-51所示的“*A—A* 展开”。

11.3　断面图

在机械图中断面图主要用来表达零件上某一部分特定结构的断面形状，如轴上的键槽、小孔，零件上的肋板、轮辐，杆件和型材等的断面形状。

11.3.1　断面图的概念

假想用剖切面将零件的某处切断，仅画出剖切面与零件接触部分的断面图形，称为断面图，简称断面。

如图 11-52 所示，在轴的右端有一个孔，左端有一个键槽。当采用视图表达轴时，主视图可以将轴的各部分结构以及键槽、孔在轴上的位置表达清楚，但左视图是由多个实线和虚线画出的同心圆，以及用虚线所表达的键槽和孔组成，图形的线条层次不很清晰，难以将轴的结构表达清楚。为了得到键槽和孔的清晰图形，假想在键槽和孔的位置用剖切面剖开，然后画出剖切处切断面的图形，如图 11-53 所示。将轴的左视图和断面图相比较，显然断面图很清晰地表达了键槽和孔的结构形状。

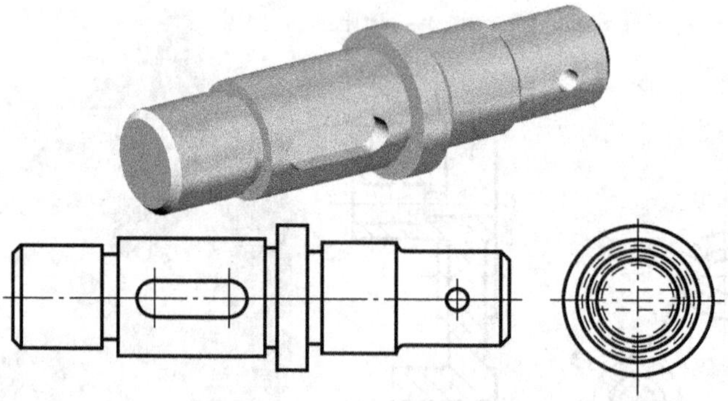

图 11-52　轴的视图

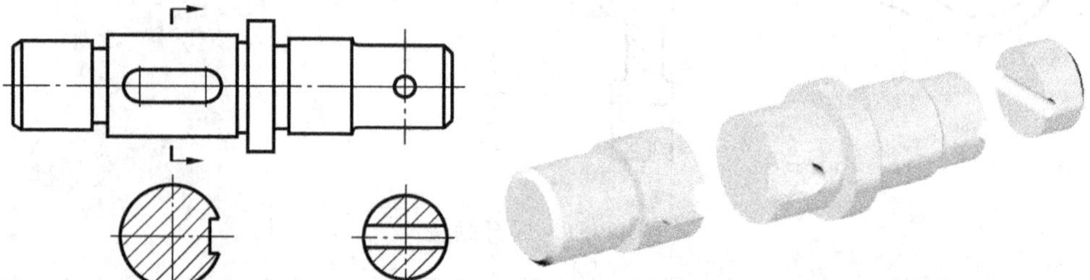

图 11-53　轴的断面图

提示：绘制断面图时，假想的剖切面应垂直于零件剖切处的结构轮廓。

11.3.2　断面图的分类

根据断面图所配置的位置不同，断面图可分为移出断面图和重合断面图。

1. 移出断面图

画在视图之外的断面图称为移出断面图，如图 11-53 所示。

（1）移出断面图的画法

1）移出断面图的轮廓线用粗实线绘制，如图 11-54 所示。

2）剖切面通过回转面形成的孔或凹坑的轴线，这些结构均按剖视图绘制，如图 11-54 中 *A—A*、*B—B* 所示。

3）剖切面通过非圆孔，并会导致出现完全分离的两个断面，该结构应按剖视图绘制，如图 11-54 左端断面图、图 11-57 所示。

4）当断面图形对称时，可将断面图画在视图的中断处，视图的中断处用波浪线或双折线断开，如图 11-55 所示。

5）利用两个或多个相交的剖切面剖切得到的移出断面，中间应断开，如图 11-56 所示。

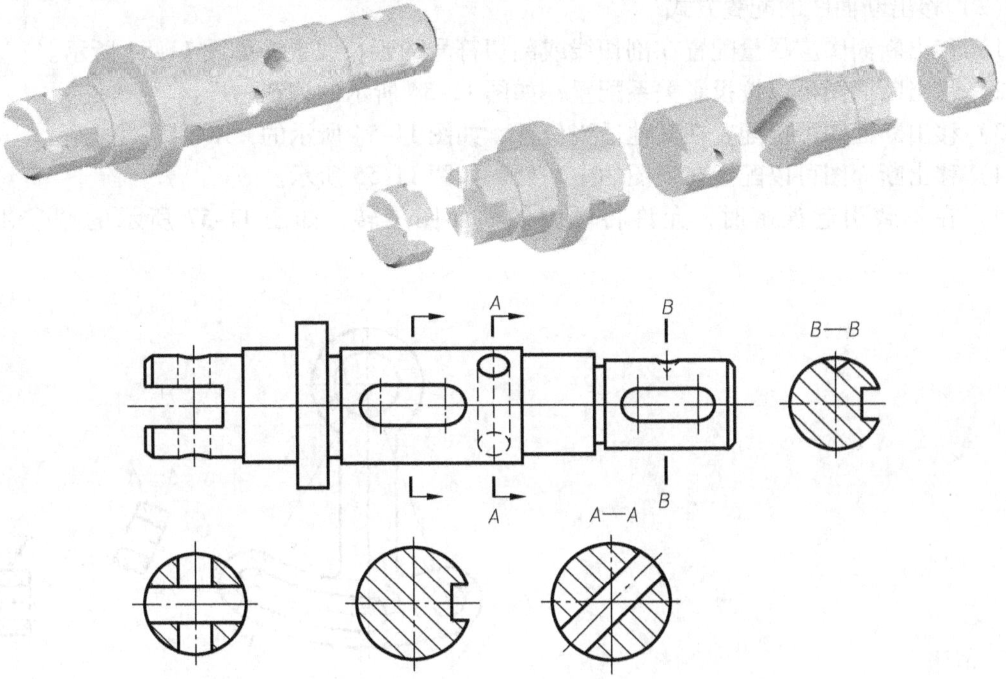

图 11-54　移出断面图的画法

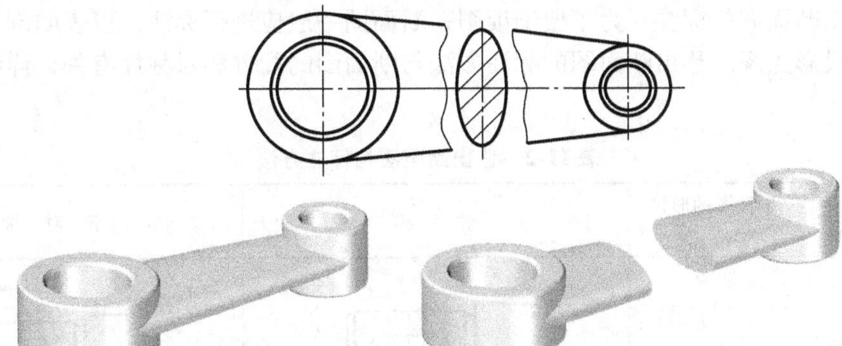

图 11-55　画在视图中断处的断面图

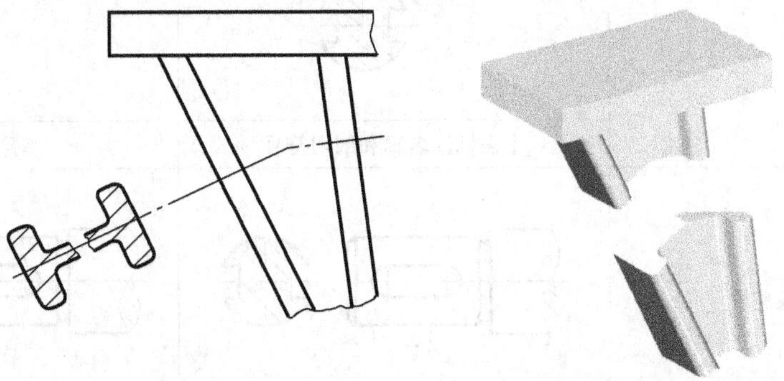

图 11-56　两个相交剖切面剖切的移出断面

（2）移出断面图的配置方式

1）移出断面图应尽量配置在剖切线或剖切符号的延长线上，如图 11-54 所示。

2）移出断面图可以按投影关系配置，如图 11-54 所示的“*B—B*”。

3）移出断面图可以配置在其他适当位置，如图 11-54 所示的“*A—A*”

4）移出断面图可以配置在视图的中断处，如图 11-55 所示。

5）在不致引起误解时，允许将倾斜的断面图旋转，如图 11-57 所示的“⌒*A—A*”断面。

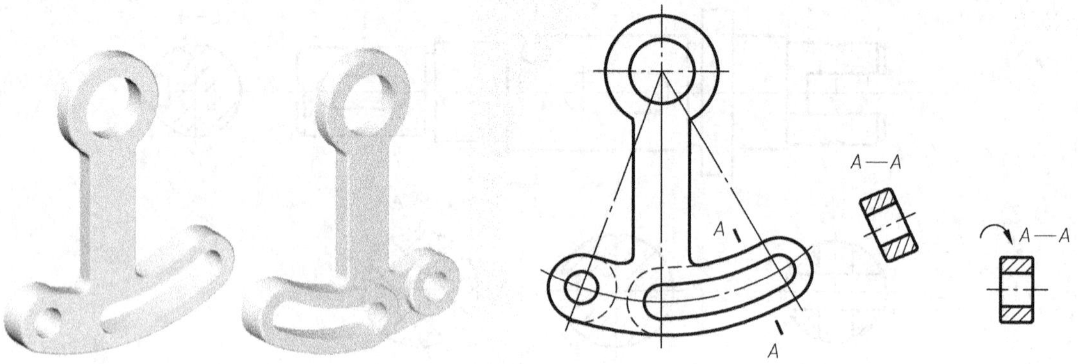

图 11-57　旋转断面图

（3）移出断面图的标注　为了便于读图，断面图一般应进行标注，以表明剖切位置及指明断面图的投影关系。移出断面图的标注方法与断面图的配置和对称性有关，详细规定见表 11-2。

表 11-2　移出断面图的标注方法

断面图的形状 断面图的配置	对　称	不 对 称
配置在剖切线或剖切符号的延长线上	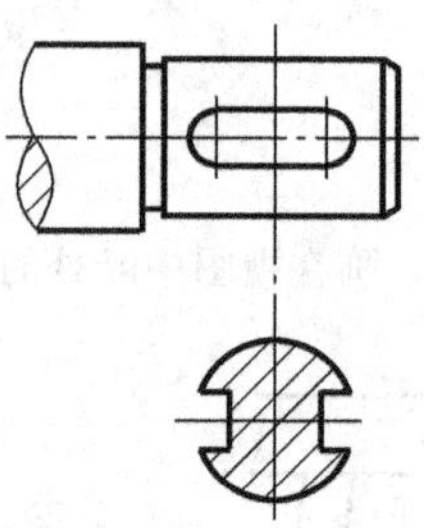	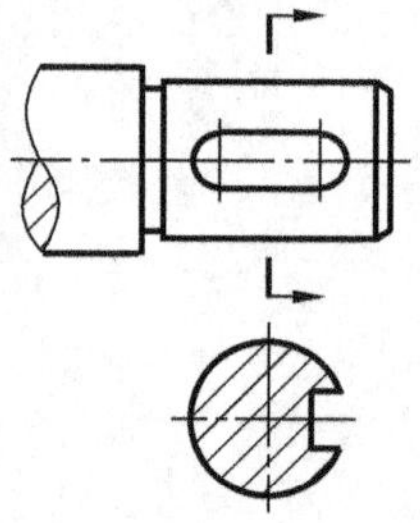
	不需标注名称和剖切符号	不需标注名称
按投影关系配置	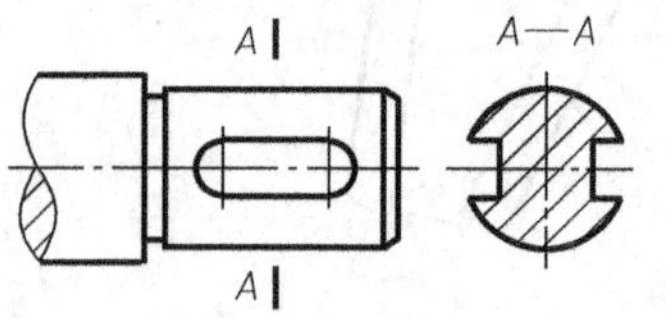	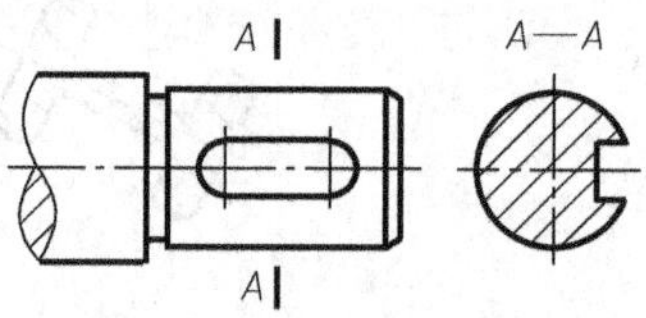
	不需标注剖切符号的箭头	不需标注剖切符号的箭头

（续）

断面图的配置 \ 断面图的形状	对　　称	不　对　称
配置在其他适当位置	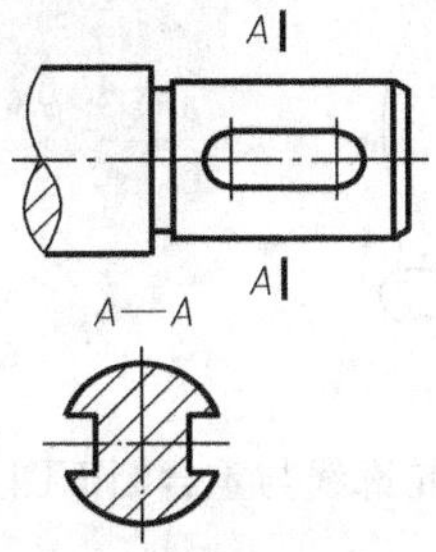	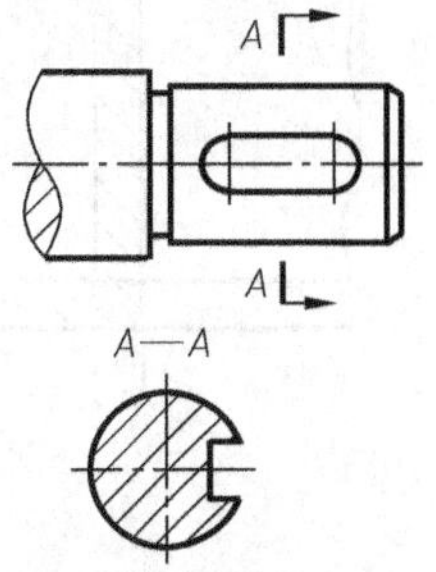
	不需标注剖切符号的箭头	标注剖切符号和名称
配置在视图的中断处	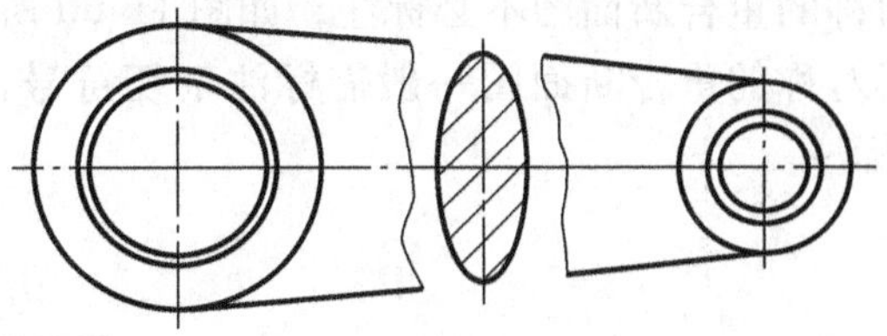	
	不需标注	

2. 重合断面图

画在剖切位置处与视图重合的断面图称为重合断面图，如图 11-58 所示。

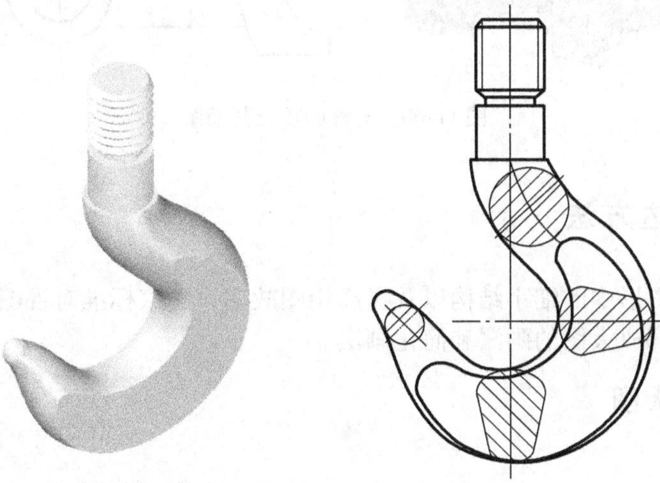

图 11-58　重合断面图

（1）重合断面图的画法

1）重合断面图的轮廓线用细实线绘制，如图 11-58 所示。

2）当视图中的可见轮廓线与重合断面图的图形或图线重叠时，视图中的轮廓线仍连续画出，不可间断，如图 11-58、图 11-59 所示。

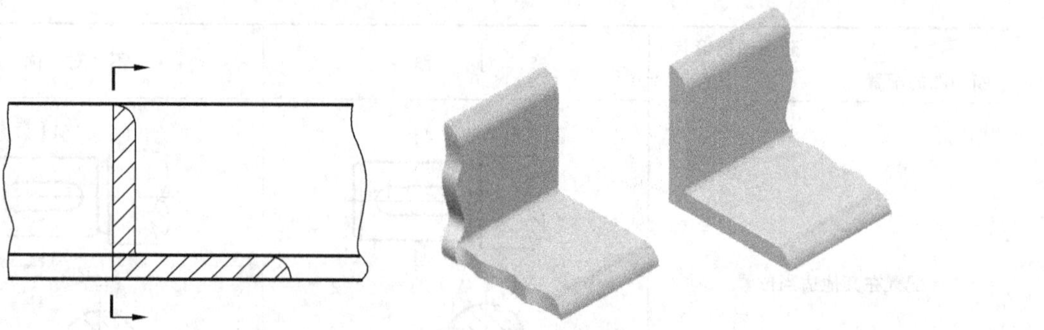

图 11-59　轮廓线与重合断面图重叠的画法

（2）重合断面图的标注

1）重合断面图画在剖切位置处，标注时可省略名称，如图 11-58、图 11-59 所示。

2）对称的重合断面图不必标注，如图 11-60 所示。

3）不对称的重合断面图一般需标注剖切符号，如图 11-59 所示。在不致引起误解时，可以省略标注。

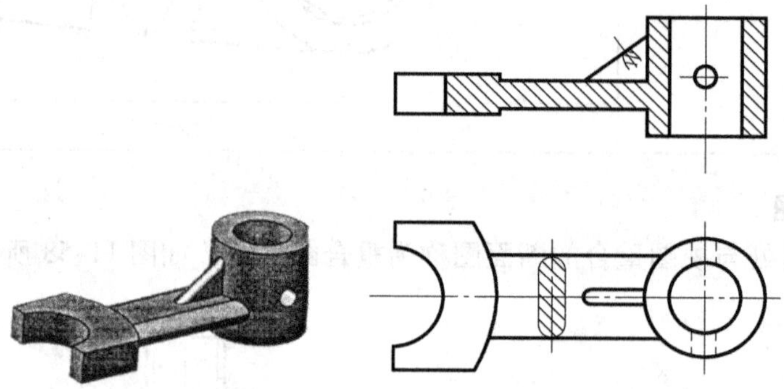

图 11-60　对称的重合断面图

11.4　其他表达方法

为了便于看清图形中的细小结构以及提高绘图效率，国家标准对视图的表达方法做了两方面的规定，即局部放大图的画法和简化画法。

11.4.1　局部放大图

1. 定义

用大于原图形的比例画出零件上部分结构的图形称为局部放大图，如图 11-61 所示。

2. 应用范围

当零件上某些细小结构在原图形中表达不清楚，或不便于标注尺寸时，可采用局部放大图。

3. 注意的问题

1）局部放大图可画成视图、剖视图和断面图。它与被放大部位原来的表达方式无关。

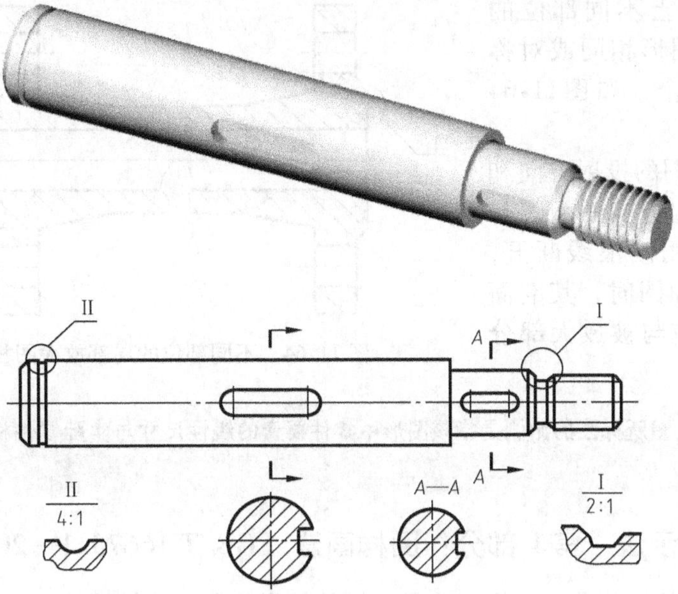

图 11-61　轴的局部放大图

2）局部放大图应尽量配置在被放大部位的附近。

3）绘制局部放大图时，一般用细实线（圆或长圆）圈出被放大的部位。当同一零件上有多处被放大的部位时，必须用罗马数字依次标明被放大的部位，并在局部放大图的上方标注出相应的罗马数字以及所采用的比例，如图 11-61 所示。

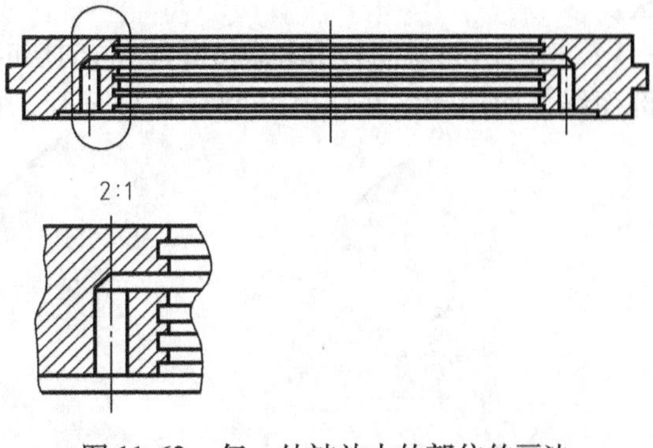

图 11-62　仅一处被放大的部位的画法

4）当零件上被放大的部位仅有一处时，在局部放大图的上方只需注明所采用的比例，如图 11-62 所示。

5）必要时可用几个图形来表达同一个被放大部位的结构，如图 11-63 所示。

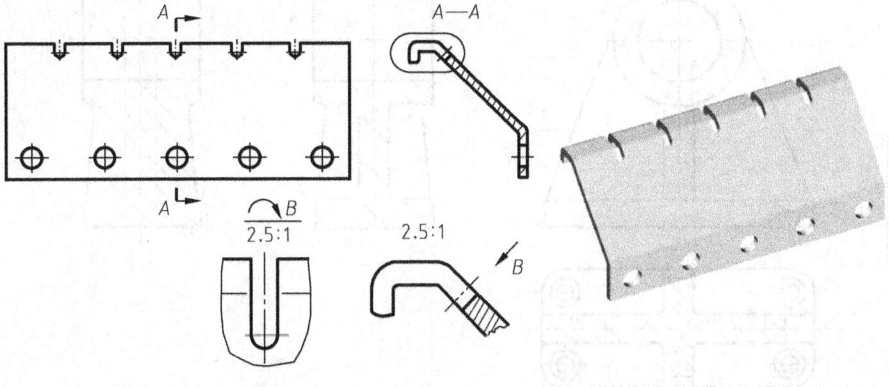

图 11-63　几个图形表达同一个放大部位的画法

6）同一零件上不同部位的局部放大图，当图形相同或对称时，只需画出一个，如图11-64所示。

7）局部放大图的投射方向和被放大部分的投射方向一致。与整体联系的部分用波浪线断开，若为剖视图和断面图时，其剖面线的方向和间隔应与被放大部分相同。

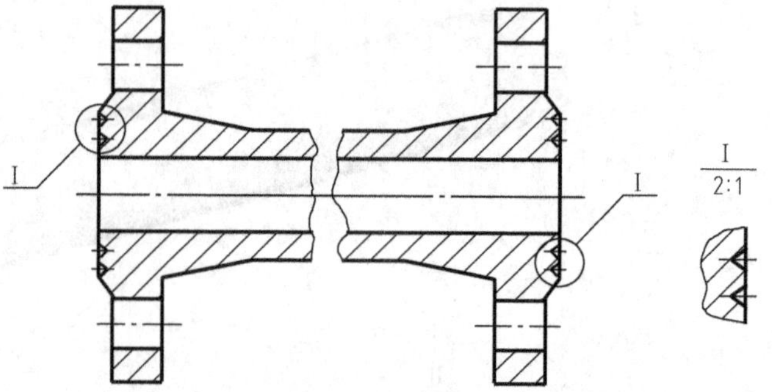

图 11-64　不同部位的局部放大图相同的画法

注意：局部放大图所标注的比例是指该图形中零件要素的线性尺寸与实际零件相应要素的线性尺寸之比。

11.4.2　简化表示法　第 1 部分：图样画法（GB/T 16675.1—2012）

简化表示法　第 1 部分：图样画法是对零件的形状和某些结构的表达方法进行简化的画法。简化技术图样的画法，可以缩短绘图时间，提高设计绘图效率。为使绘图简便，可以采用一些简化画法及其他规定画法。下面简要介绍国家标准规定的一部分简化画法和其他规定画法。

1）当剖切面对肋板和轮辐进行纵向剖切时，按纵向剖切的肋板或轮辐，其剖面区域不画剖面线，而用粗实线将其与邻接部分分开，如图 11-65 所示。

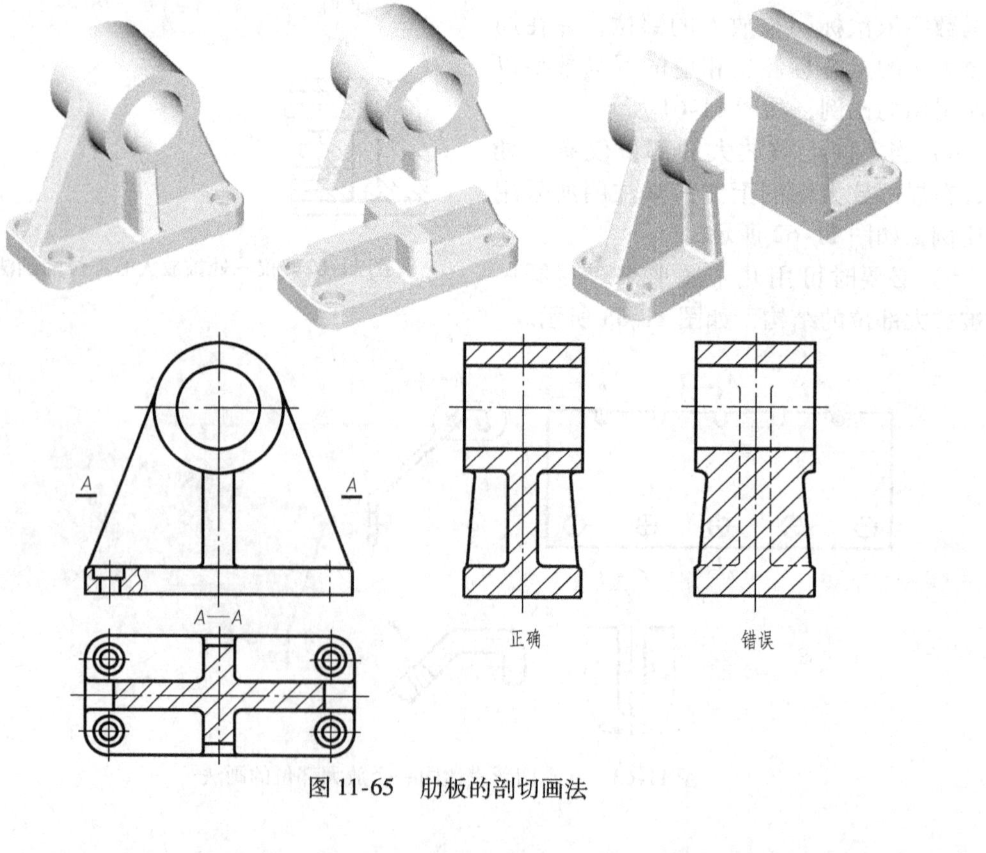

图 11-65　肋板的剖切画法

提示：当剖切面通过肋板和轮辐的对称平面或对称线剖切零件时，称为纵向剖切零件的肋板和轮辐。

2）在剖视图中，当剖切面不通过零件回转体上均匀分布的肋板、轮辐和孔等结构时，可将这些结构假想地旋转到剖切面的位置，画出其剖视图，如图 11-66、图 11-67 所示。

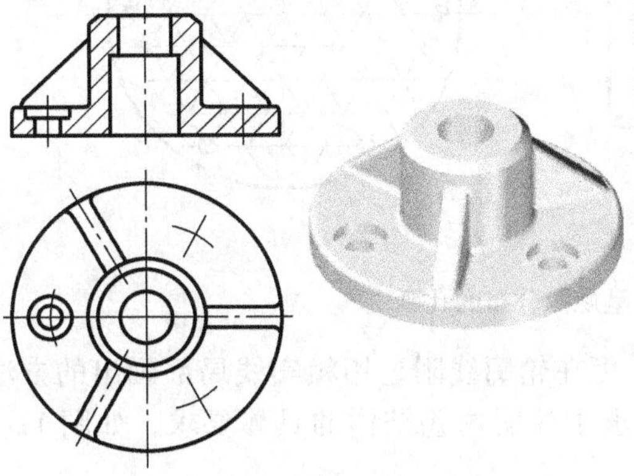

图 11-66　均匀分布的肋板画法

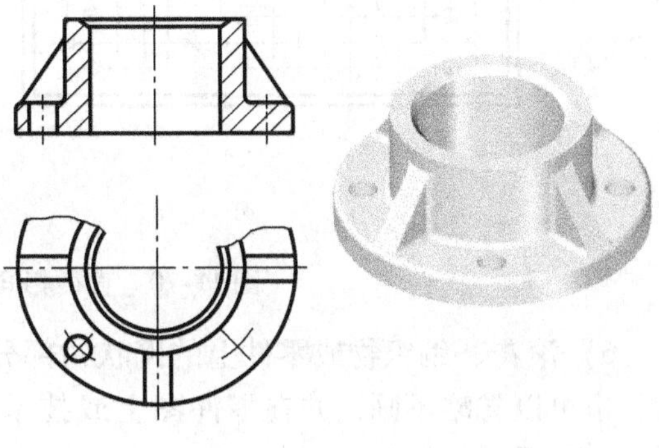

图 11-67　均匀分布的孔画法

3）在不致引起误解时，移出断面图允许省略剖面符号，但剖切位置和断面图必须按原规定标注，如图 11-68 所示。

4）当零件上具有若干相同结构（齿、槽等）并按一定规律分布时，只需画出几个完整的结构，其余则用细实线连接，并在零件图中注明该结构的总数，如图 11-69 所示。

5）当零件上具有若干直径相同且呈规律分布的孔（圆孔、螺孔和沉孔等）时，可仅画出一个或几个，其余只需用细点画线表示其中心位置，并在零件图中注明孔的总数，如图 11-70 所示。

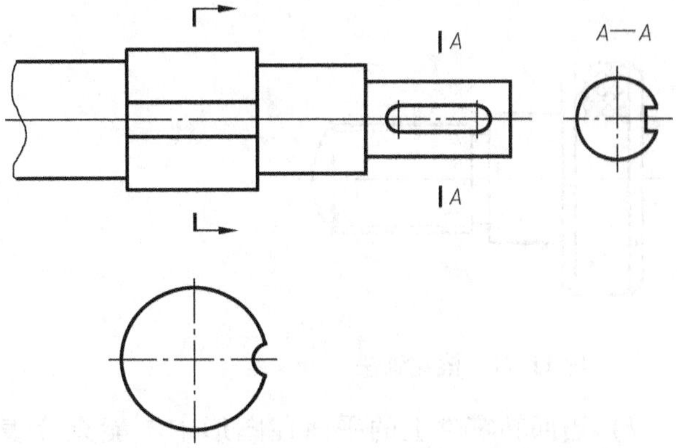

图 11-68　移出断面图省略剖面符号

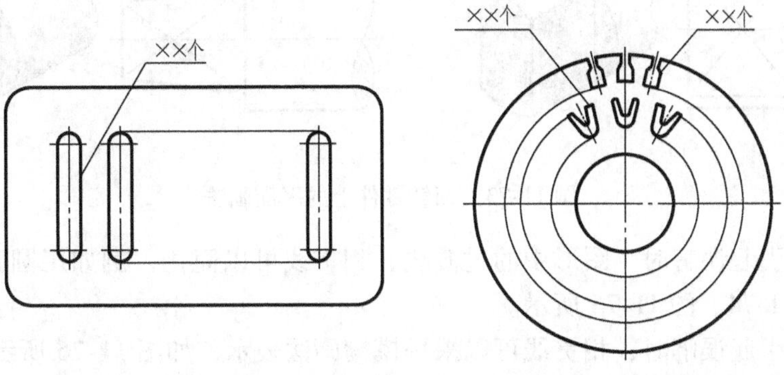

a)　　b)

图 11-69　相同结构的画法

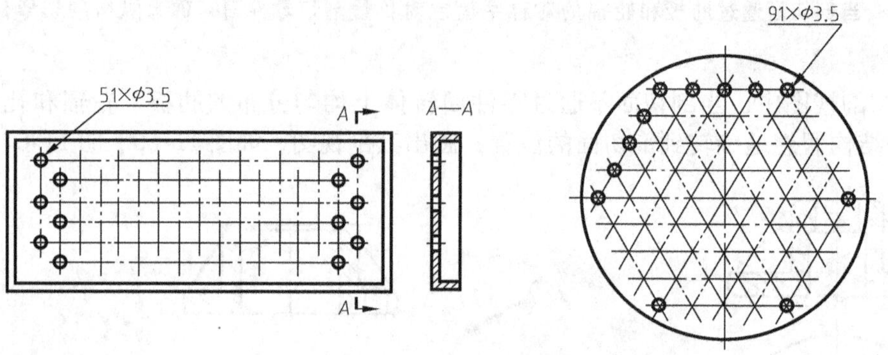

a)　　b)

图 11-70　直径相同且呈规律分布的孔画法

6）滚花、编织物或零件上的网状物部分，可在轮廓线附近用粗实线局部画出的方法表示，也可以省略不画，并在零件图上或技术要求中注明这些结构的具体要求，如图 11-71、图 11-72 所示。

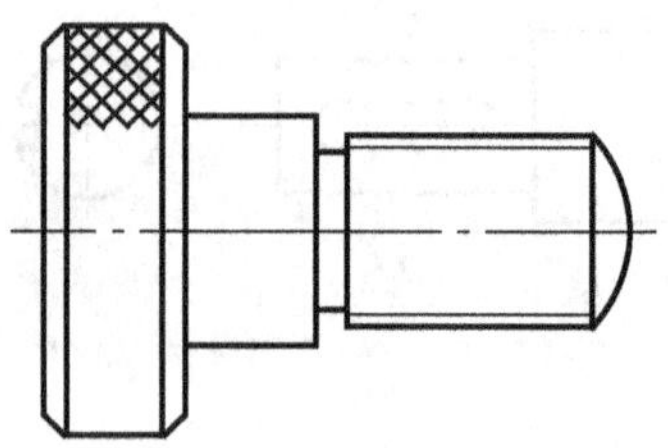

图 11-71　滚花画法

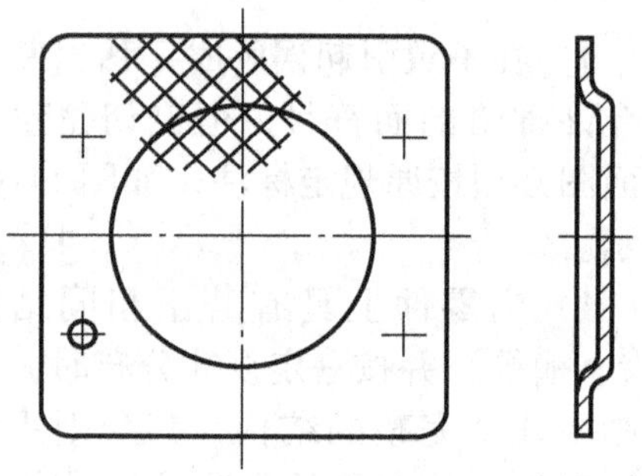

图 11-72　网状物画法

7）当回转零件上的平面在图形中不能充分表达时，可用平面符号（两条相交的细实线）表示平面，如图 11-73 所示。

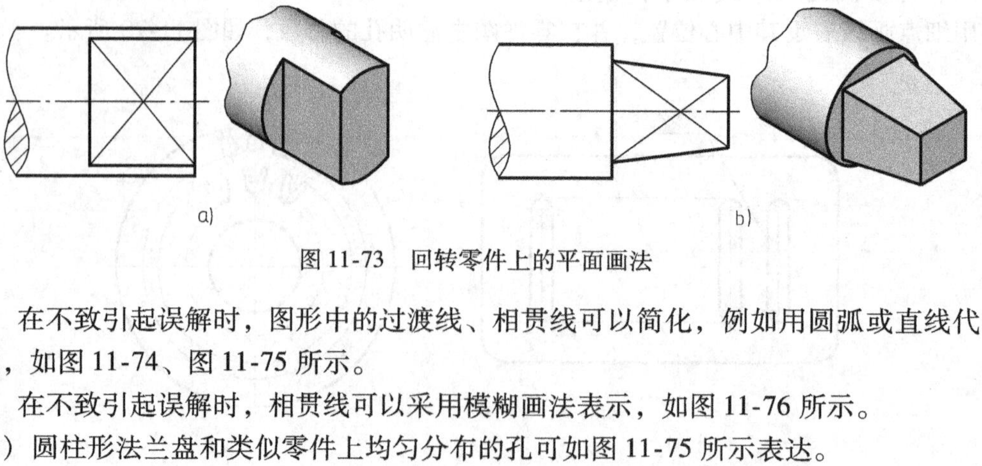

a)　　b)

图 11-73　回转零件上的平面画法

8）在不致引起误解时，图形中的过渡线、相贯线可以简化，例如用圆弧或直线代替非圆曲线，如图 11-74、图 11-75 所示。

9）在不致引起误解时，相贯线可以采用模糊画法表示，如图 11-76 所示。

10）圆柱形法兰盘和类似零件上均匀分布的孔可如图 11-75 所示表达。

11）在不致引起误解时，对于对称零件的视图可只画出一半或四分之一，并在对称中

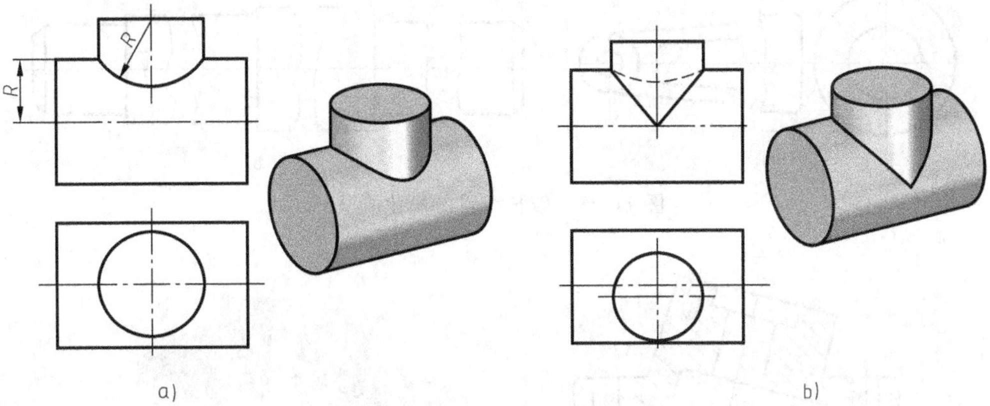

图 11-74　相贯线的简化画法

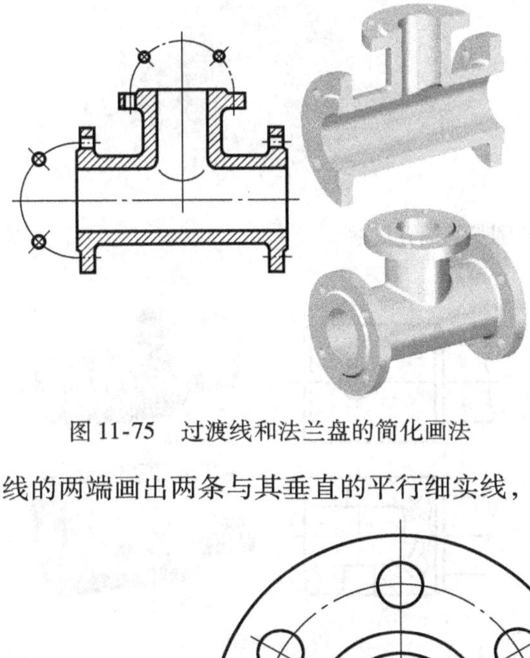

图 11-75　过渡线和法兰盘的简化画法

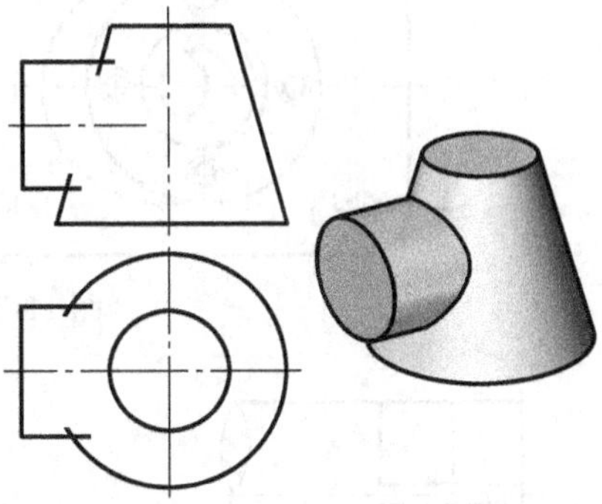

图 11-76　相贯线的模糊画法

心线的两端画出两条与其垂直的平行细实线，如图 11-77 所示。

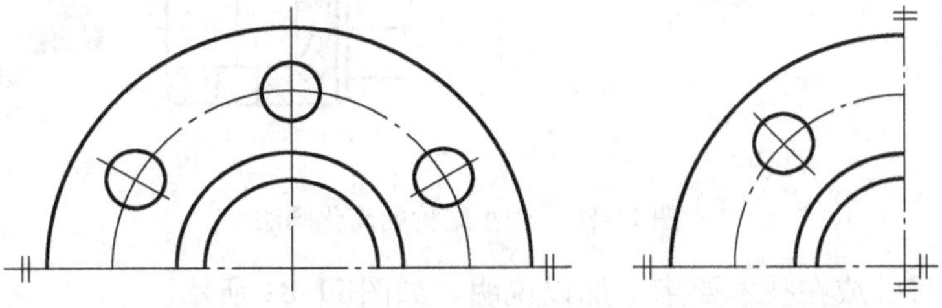

图 11-77　对称零件的画法

12）较长的零件（轴、杆、型材和连杆等）沿长度方向的形状一致或按一定规律变化时，可断开后缩短绘制，如图 11-78 所示。

13）与投影面倾斜角度小于或等于 30°的圆或圆弧，其投影可用圆或圆弧代替，如图 11-79所示。

14）零件上较小的结构，如在一个图形中表达清楚时，其他图形可简化或省略，如图 11-80 所示。

15）在不致引起误解时，零件图中的小圆角，锐边的小倒圆或 45°小倒角允许省略不

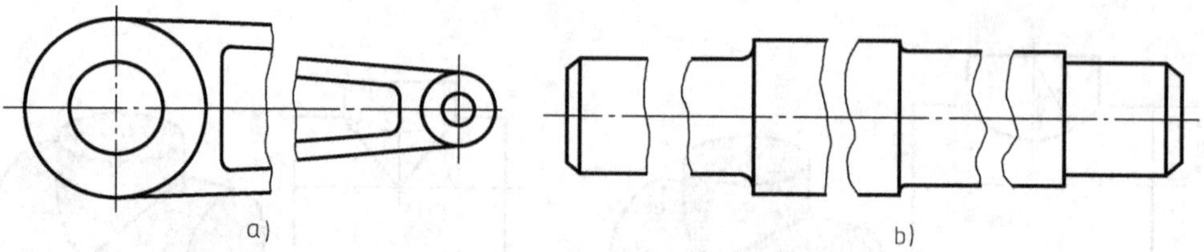

图 11-78　较长零件的简化画法

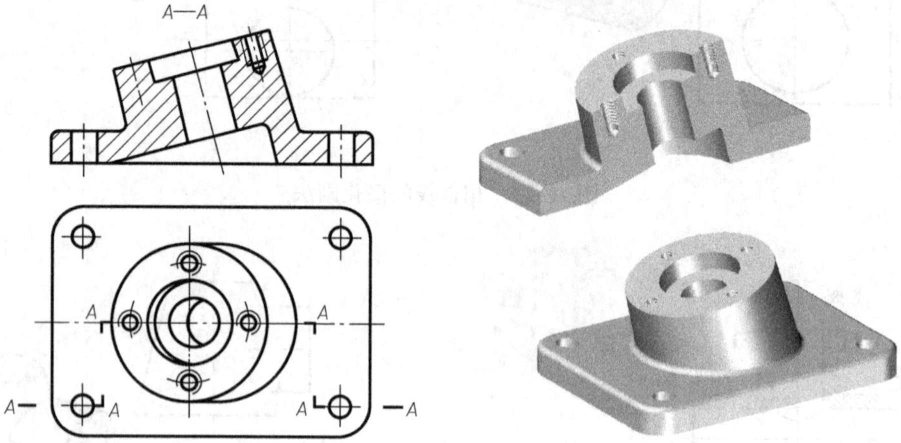

图 11-79　倾斜圆或圆弧的简化画法

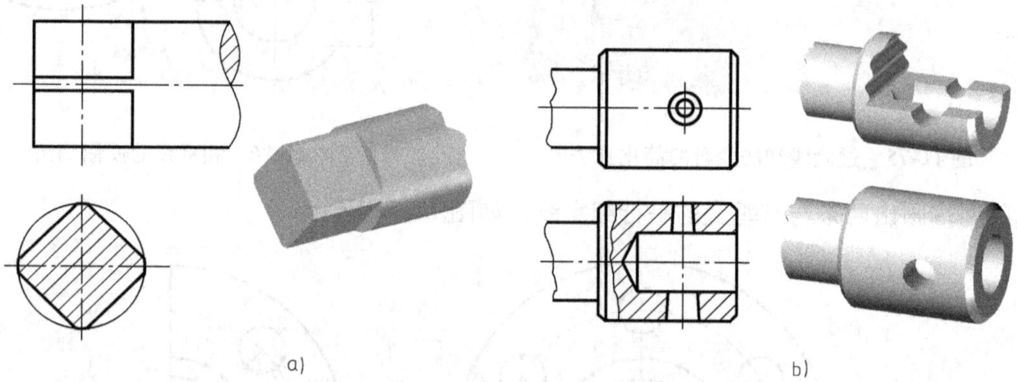

图 11-80　较小结构的简化画法

画，但必须注明尺寸或在技术要求中加以说明，如图 11-81 所示。

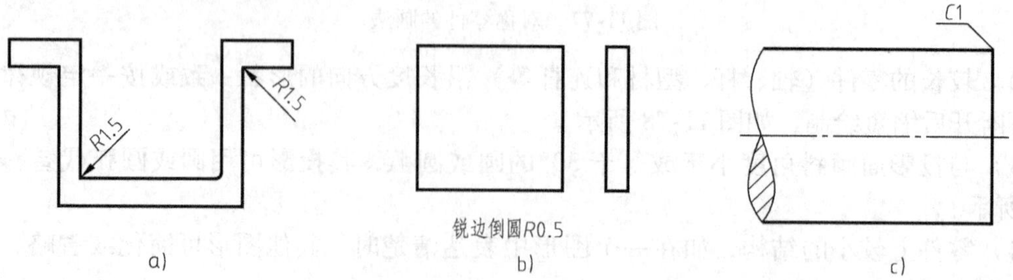

图 11-81　倒圆、倒角和锐边的简化画法

16）零件上斜度不大的结构，如在一个视图中已表达清楚时，其他视图可按小端画出，如图 11-82 所示。

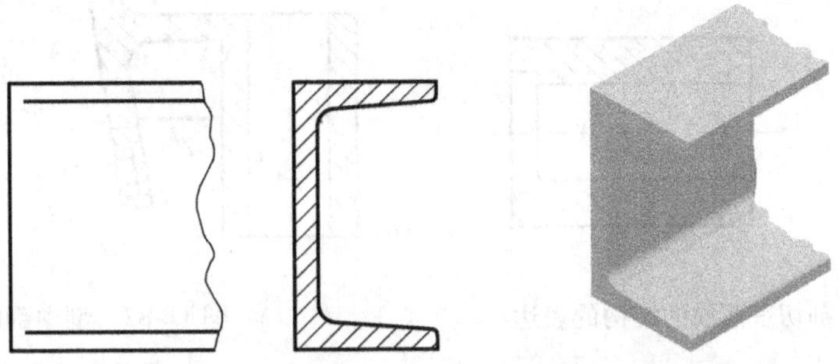

图 11-82　斜度不大结构的简化画法

17）零件上对称结构的局部视图，可按图 11-83 所示的方法绘制。

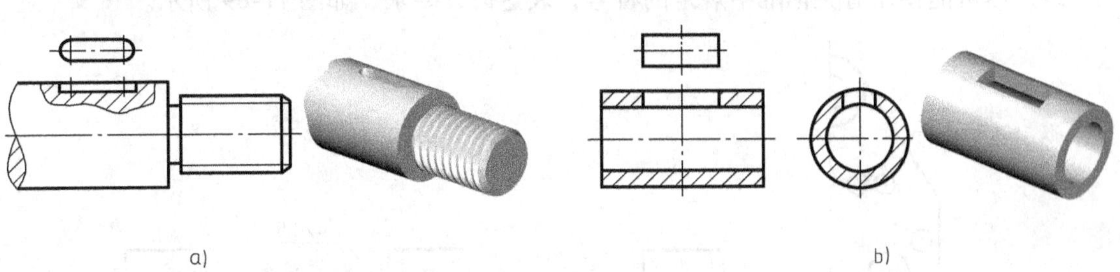

图 11-83　对称结构的局部视图

18）对于左右手零件和装配件，允许仅画出其中一件，另一件则用文字说明。其中“LH”为左件，“RH”为右件，如图 11-84 所示。

19）在局部放大图表达完善的前提下，允许在原视图中简化被放大部位的图形，如图 11-85 所示。

图 11-84　左右手零件的简化画法

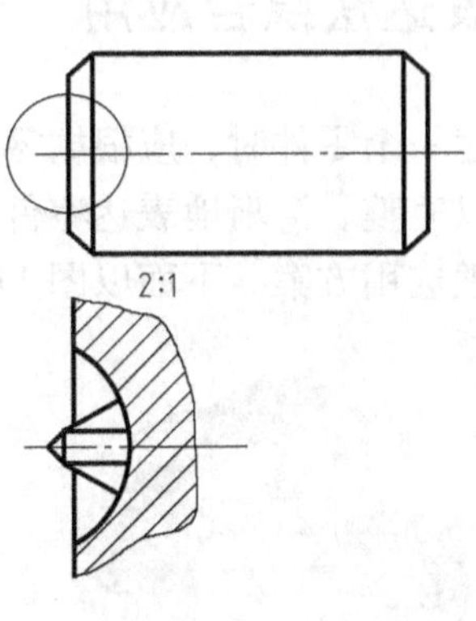

图 11-85　局部放大的简化画法

20）当需要表示位于剖切平面前的结构时，这些结构可假想地用细双点画线绘制，如图 11-86 所示。

21）在剖视图的剖面区域中，可再做一次局部剖视。采用这种方法表达时，两个剖面区域的剖面线应同方向、同间隔，但要互相错开，并用指引线标注其名称，如图 11-87 所示。

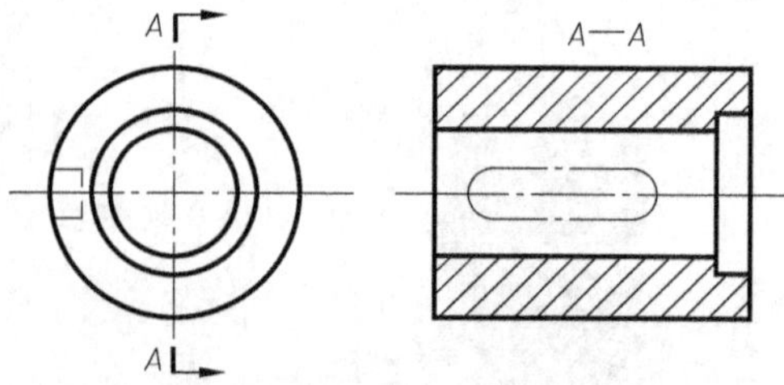

图 11-86　位于剖切平面前的结构的表达

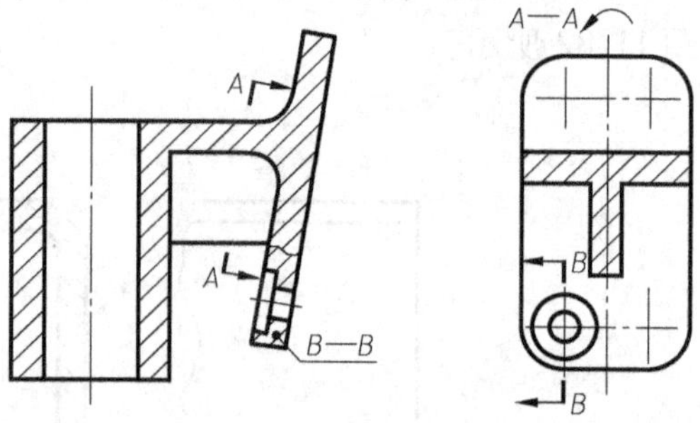

图 11-87　剖中剖的画法

22）基本对称的零件仍可按对称零件的方式绘制，但应对其中不对称的部分加注说明，如图 11-88 所示。

23）尽可能使用有关标准中规定的符号，表达设计要求，如图 11-89 所示。

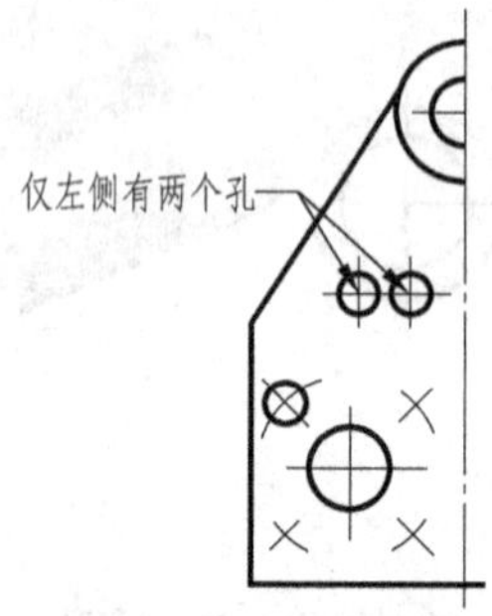

图 11-88　基本对称零件的简化表达

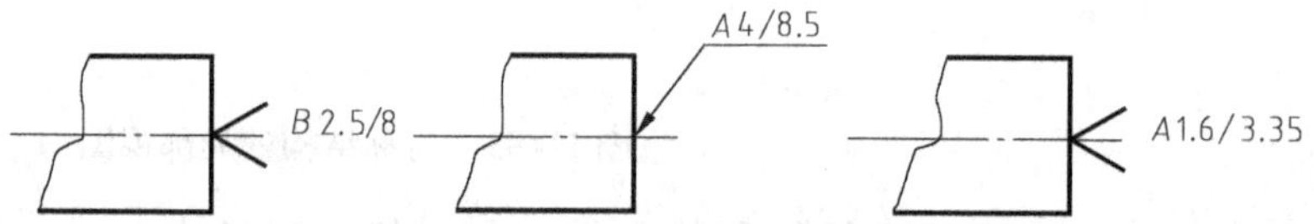

图 11-89　用标准符号简化表达

11.5　表达法综合应用

在表达一个零件时，应根据零件的具体形状，综合运用视图、剖视图和断面图等各种表达方法，以完整、清晰地表达零件的内外结构形状和相对位置为原则，力求看图方便，画图简单，合理选用方案。下面以图 11-90 所示的泵体为例，讨论如何选用表达方案。

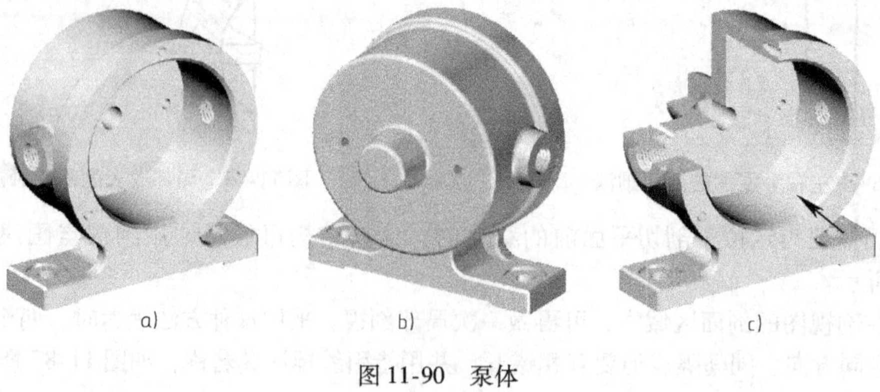

图 11-90　泵体

1. 分析零件形状

泵体主体部分的外形主要为圆柱体。在主体部分有一向上偏心的圆柱形空腔，前部有一凸缘，后部为凸出的锥台，锥台内部有一圆柱盲孔，左右有两个凸台并带有螺纹通孔，下部是一个长方形底板，底板上有两个安装孔，中间有连接块将上下两部分连接起来，如图11-90所示。

2. 选择主视图

泵体为一个壳体结构，其主视图通常以零件工作位置或自然位置安放，然后选择最能反映其特征的投射方向作为主视图的投射方向，如图 11-90c 中箭头所指方向。由于泵体最前端凸缘直径最大，它遮挡了后面的主体圆柱，且左右两端的凸台都有螺纹孔，所以主视图应采用剖视图；此外泵体前端凸缘上均布的三个螺纹孔也需要表达，由于泵体是左右对称结构，所以在主视图上选用了半剖视图，可同时表达泵体的内外形结构，如图 11-91 所示。

3. 选择其他视图

如图 11-91 所示，选择左视图表达泵体主体部分宽度方向的结构。为了表达内腔形状，左视图应采用剖视图，由于泵体的下面部分是实心体，不需要剖开视图，所以采用局部剖视图，这样可以表达保留部分的外形，也便于读图。

泵体的底板、中间连接块和连接块两边的肋板，可通过全剖的俯视图来表达，剖切位置选择图 11-91 所示的 *A*—*A* 剖切面。

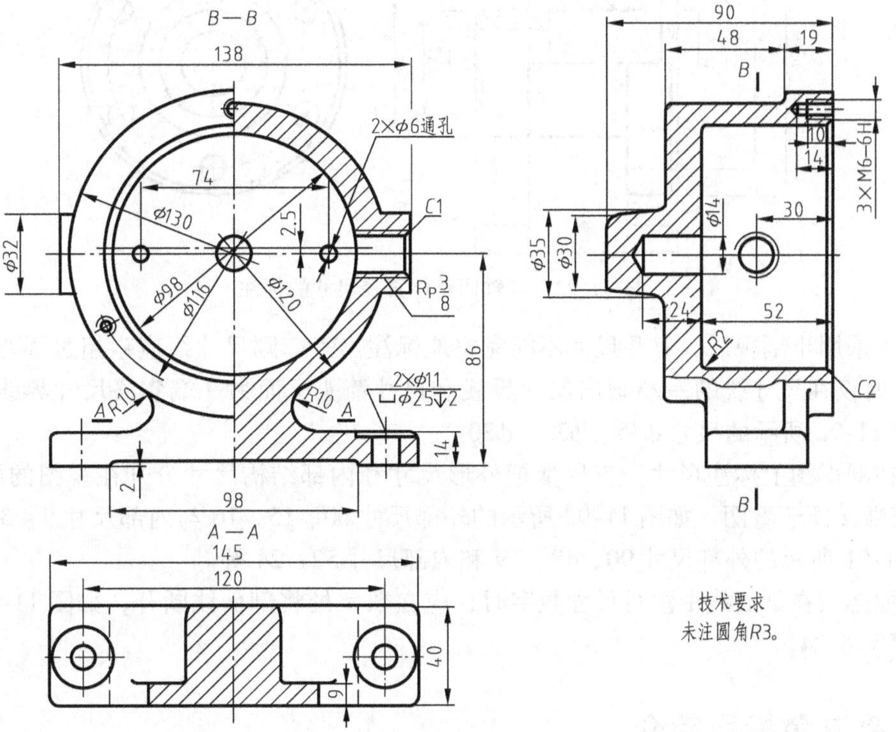

图 11-91　泵体的表达视图

4. 利用标注的尺寸表达零件结构

零件上某些没有表达清楚的结构，还可以利用标注的尺寸来辅助表达。例如泵体后面的圆锥形凸台，在左视图上通过标注尺寸 $\phi35$ 和 $\phi30$ 后，在主视图上就不必再使用虚线表达；又如主视图上尺寸 2 × ϕ6 后面加上“通孔”两字后，就不必再使用其他视图专门表达了。

在前面的章节中介绍了组合体的尺寸标注，这些尺寸标注方法同样适用于剖视图。但在剖视图上标注尺寸时，还应注意以下几点：

1）同轴线的圆柱和圆锥等回转体的直径尺寸，一般应标注在剖视图上，尽量避免标注在投影为同心圆的视图上，如图 11-92 所示。但在特殊情况下，可以标注在投影为圆的视图上。如泵体的内腔具有偏心距为 2.5 的圆柱面，为了明确表达内腔与外圆柱的轴线位置，其直径尺寸 ϕ98、ϕ120、ϕ130 等都标注在主视图上，如图 11-91 所示。

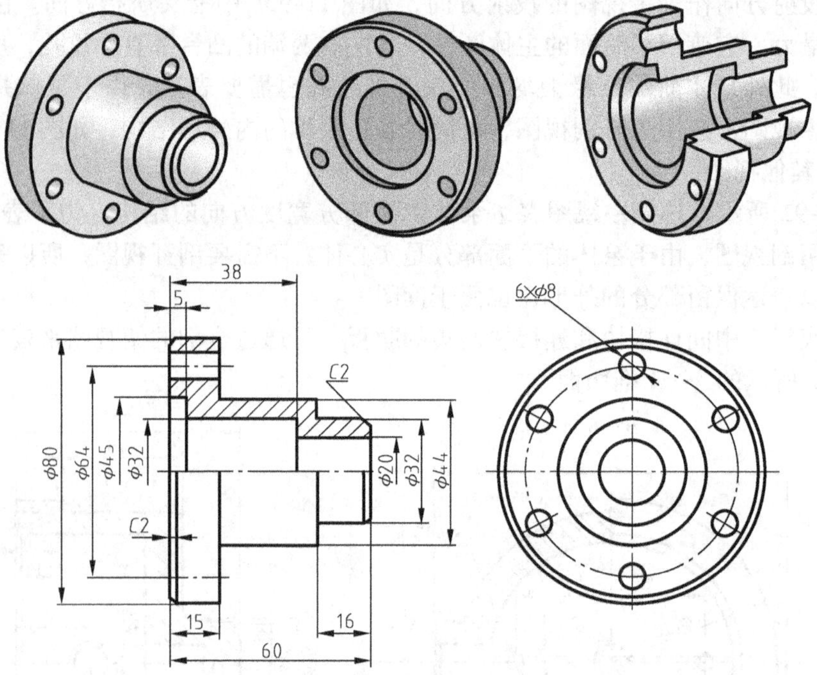

图 11-92　同轴回转体直径尺寸的标注

2）当采用半剖视后，有些尺寸不能完整地标注出来，则尺寸线应略超过圆心或对称中心线，此时仅在尺寸线的一端画出尺寸界线和尺寸箭头，而另一端省略尺寸界线和尺寸箭头，如图 11-92 所示的尺寸 ϕ45、ϕ32、ϕ20。

3）在剖视图上标注尺寸，应尽量把外形尺寸和内部结构尺寸分开在视图的两侧标注，这样既清晰又便于看图，如图 11-92 所示的外部尺寸 60、15、16 与内部尺寸 5、38 的注法，以及图 11-91 所示的外部尺寸 90、48、19 和内部尺寸 52、24 等。

4）如必须在剖面线中注写尺寸数字时，应在数字处将剖面线断开，如图 11-91 中左视图的孔深尺寸 24。

11.6　第三角投影简介

我国国家标准（GB/T 17451—1998）规定，技术图样应采用正投影法绘制，并优先采用第一角投影画法。国际标准（ISO）规定，第一角投影画法和第三角投影画法在国际技术交流和贸易中都可采用。目前世界上采用第一角投影画法的国家主要有中国、俄罗斯和德国等，采用第三角投影画法的国家主要有美国、加拿大和日本等。

11.6.1　基本概念

在第 3 章中已经讲述过，两个相互垂直的投影面 *H*、*V* 把空间分为四个部分，每个部分被称为一个分角，如图 11-93 所示。

如果把物体放在第一角的空间，并向投影面投射得到的视图，称为第一角投影。在第一角投影时，将物体放在观察者和相应的投影面之间，以观察者的视线作为投影的投射方向，如图 11-94 所示。

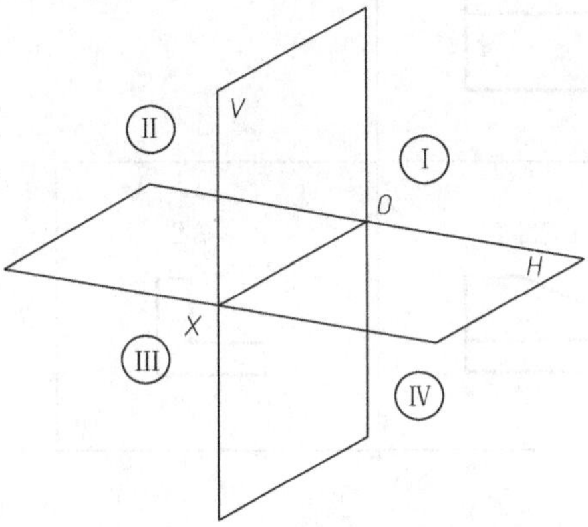

图 11-93　两投影面体系

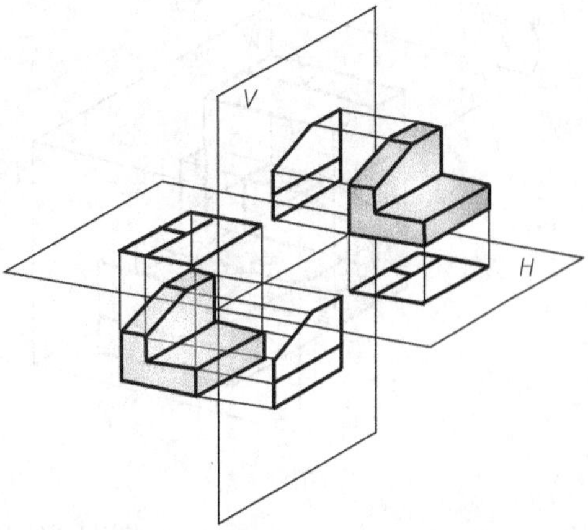

图 11-94　第一角和第三角的投影

如果把物体放在第三角的空间，并向投射面投射得到的视图，称为第三角投影。在第三角投影时，将物体放在相应的投影面之后，观察者通过透明的投影面来观察物体，以观察者透视方向得到投影为所需视图，如图 11-94 所示。

第三角的两面投影与第一角的两面投影相同，*V* 面保持不动，*H* 面绕 *V* 面和 *H* 面的交线向上旋转 90°，并与 *V* 面同面，所得到的视图即为第三角投影的视图，如图 11-95 所示。*V*

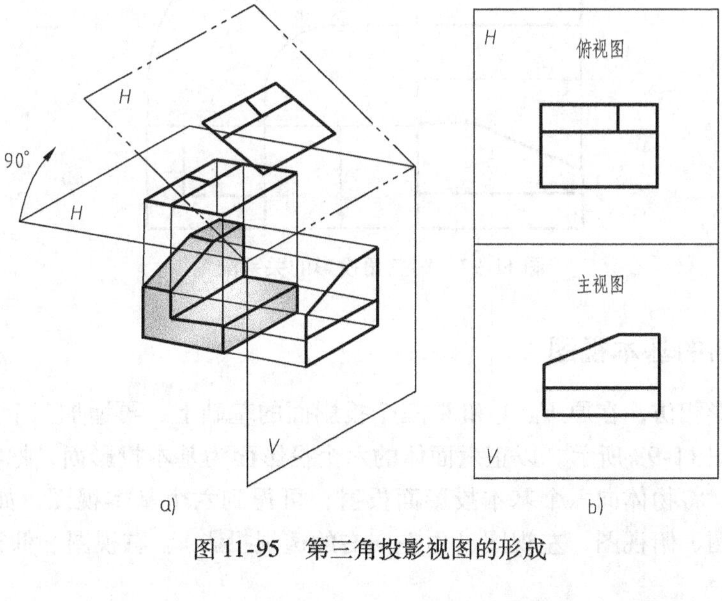

图 11-95　第三角投影视图的形成

面投影称为"主视图"，H 面投影称为"俯视图"。

11.6.2　第三角三视图的形成

三个投影面分别为 H、V 和 W，物体分别向三个投影面投射，然后 V 面保持不动，将 H 面绕 V 面和 H 面的交线向上旋转 90°，并与 V 面同面，将 W 面绕 V 面和 W 面的交线向前旋转 90°，并与 V 面同面，所得到的视图即为第三角投影的三视图，如图 11-96 所示。

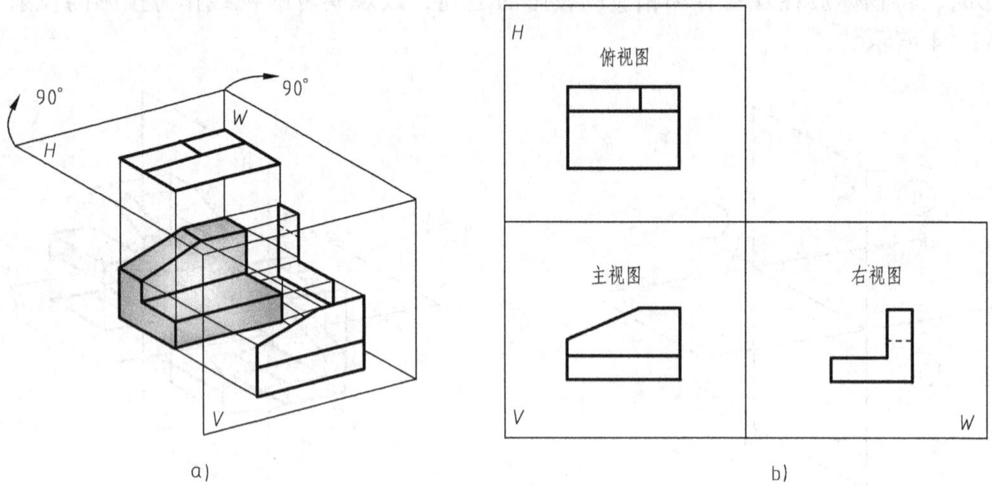

图 11-96　第三角投影的三视图

在第三角投影的三视图中，V 面投影称为"主视图"，H 面投影称为"俯视图"，W 面投影称为"右视图"。三视图仍遵循"长对正，高平齐，宽相等"的投影关系配置，如图 11-97 所示。

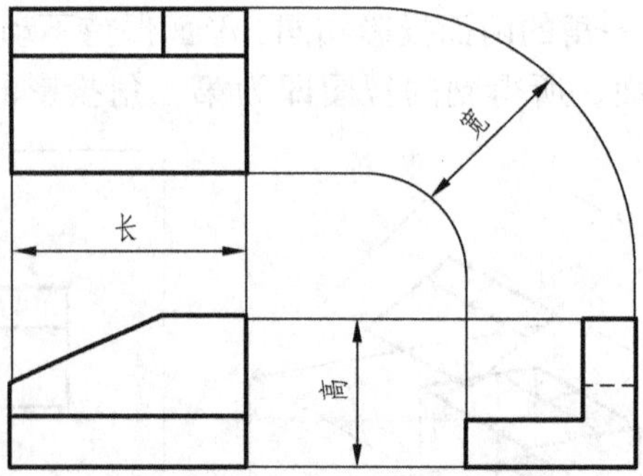

图 11-97　第三角投影的关系配置

11.6.3　第三角的基本视图

同第一角投影相仿，在原 H、V 和 W 三个投影面的基础上，再增加三个投影面，组成一个正六面体，如图 11-98 所示。以正六面体的六个投影面为基本投影面，把物体放在六个基本投影面体系内，将物体向六个基本投影面投射，可得到六个基本视图，如图 11-99 所示。其名称为：主视图、俯视图、左视图（由左向右的透视投影）、右视图、仰视图（由下向上

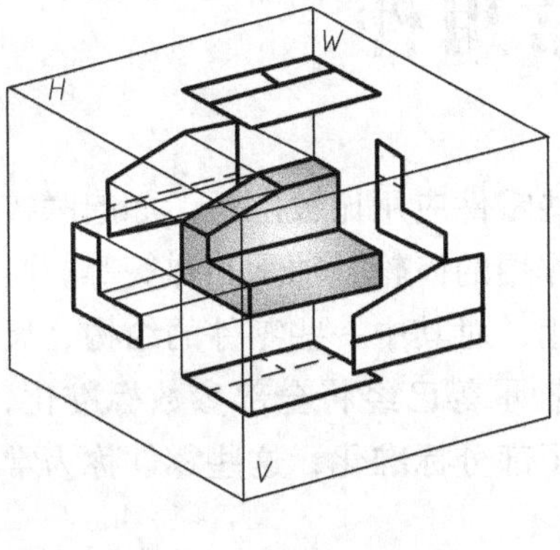

图 11-98　第三角基本视图

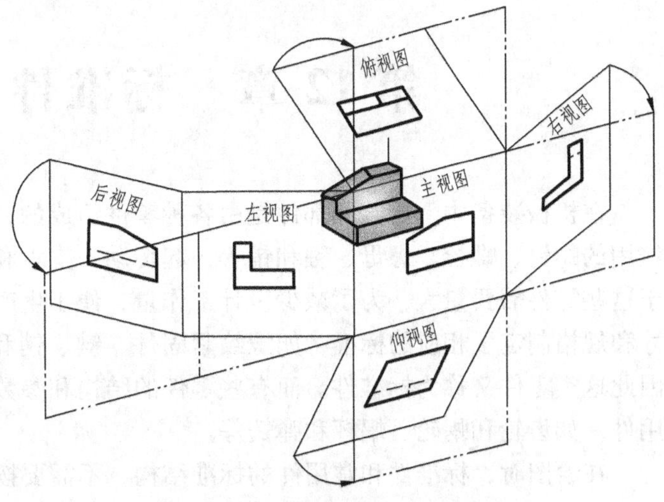

图 11-99　第三角基本投影面的展开

的透视投影）、后视图（由后向前的透视投影）。

V 面保持不动，其他投影面按图 11-99 所示箭头方向旋转展开，并与 *V* 面共面。展开后，六个基本视图的配置关系如图 11-100 所示。

提示：如果采用第三角投影画法，并在同一张图样内各视图按图 11-100 所示配置，不需要标注视图的名称，但必须在标题栏中名称及代号区的下方标注第三角投影画法的识别符号。符号样式在 8.1.1 中已经介绍，不再重述。

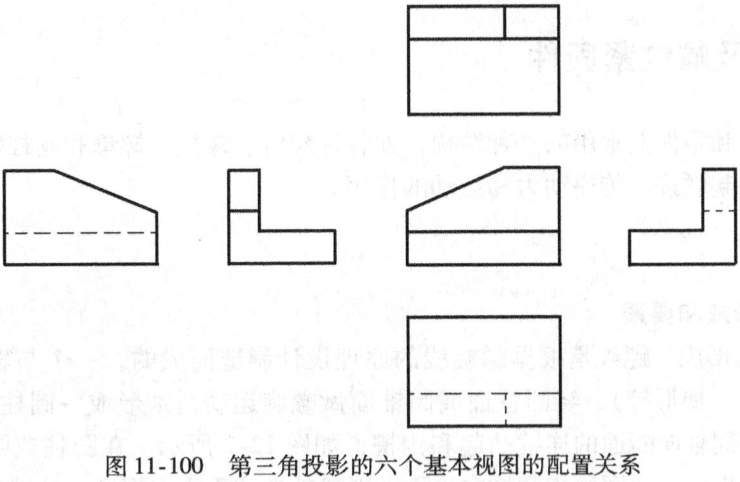

图 11-100　第三角投影的六个基本视图的配置关系

第 12 章　标准件与常用件

在机械装备中，机器和部件是由各种零件组成的，有一些零件应用比较广泛，如起联接作用的螺钉、螺栓、螺母、键和销等，起传动、支承和减振作用的齿轮、轴承和弹簧等。由于这些零件需要量大，为了减少设计工作量，便于生产和使用，对其中一些零件的结构、尺寸和规格制定了相应的标准，如螺纹紧固件、键、销和滚动轴承等已经将全部参数标准化，因此这类零件又称为标准件。而有些零件的结构和参数实行了部分标准化，这些零件称为常用件，如齿轮和蜗轮、蜗杆和弹簧等。

在绘图时，标准件和常用件的标准结构，不需要按真实投影画出，可根据国家标准规定的画法、代号或标记进行绘图和标注。标准件和常用件的结构和尺寸，可以根据其代号和标记，查阅相应的国家标准。

【本章重点】

1）螺纹及螺纹紧固件。

2）齿轮。

3）键、销。

4）滚动轴承。

5）弹簧。

12.1　螺纹及螺纹紧固件

螺纹是机器和零件上常用的一种结构，如各种螺钉、螺栓、螺母和丝杠等都具有螺纹结构。螺纹主要是起联接、传递动力和运动的作用。

12.1.1　螺纹

1. 螺纹的形成和要素

（1）螺纹的形成　螺纹是根据螺旋线的原理设计制造而成的。一个与轴线共面的平面图形（如三角形、梯形等），绕圆柱面或圆锥面做螺旋运动，则形成一圆柱或圆锥螺旋体，该螺旋体具有相同轴向断面的连续凸起和沟槽，如图 12-1 所示。在圆柱或圆锥外表面上形成的螺纹称为外螺纹，在圆柱或圆锥内表面上形成的螺纹称为内螺纹。外螺纹和内螺纹一般成对相互配合使用。

螺纹的加工方法很多，如图 12-2 所示是在车床上加工外螺纹的方法，图 12-3 所示是在车床上加工内螺纹的方法。夹持在车床卡盘上的工件做等速旋转运动，车刀做等速直线运动，刀尖相对于工件表面的运动轨迹便是螺纹的形成过程。在回转体外表面上加工的螺纹称为外螺纹，在回转体内表面上加工的螺纹称为内螺纹。对于直径较小的内螺纹，可先用钻头钻出光孔，再用丝锥攻出螺纹，如图 12-4 所示。

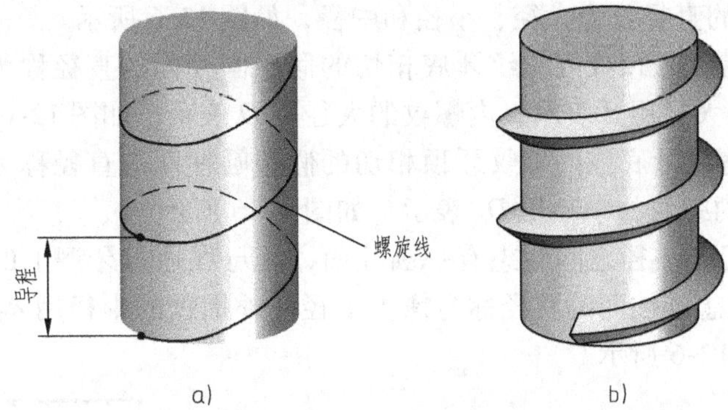

图 12-1　螺纹的形成
a）螺旋线形成原理　b）螺纹形成原理

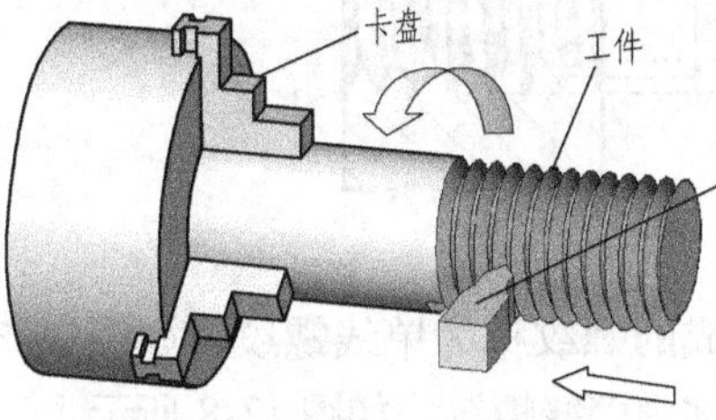

图 12-2　加工外螺纹

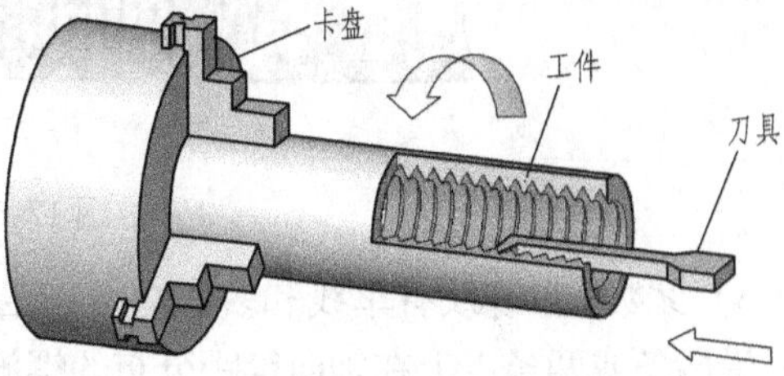

图 12-3　加工内螺纹

（2）螺纹的要素

1）牙型。用通过螺纹回转轴线的剖切面剖切，所得到的螺纹的轮廓形状，称为螺纹的牙型，如图 12-5 所示。常见的螺纹牙型见表 12-1。各种螺纹牙型在图样中用螺纹特征代号来区分。

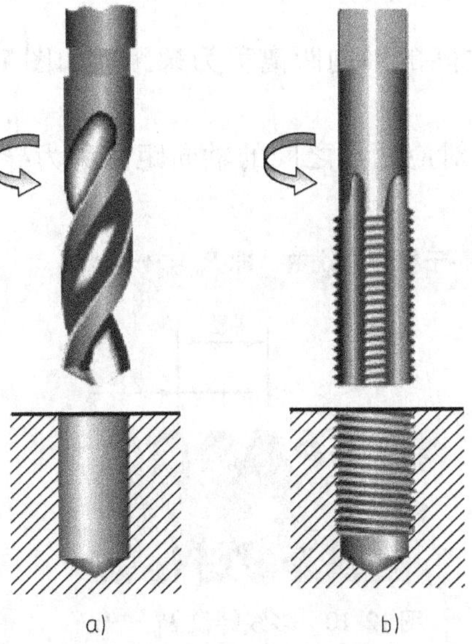

图 12-4　加工小直径的内螺纹
a）钻孔　b）攻螺纹

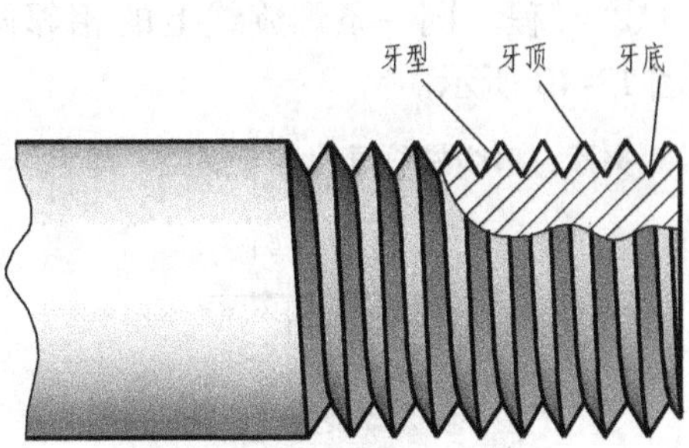

图 12-5　螺纹的牙型

2）直径。螺纹的直径分为大径、小径和中径，如图 12-6 所示。

① 大径。与外螺纹牙顶或内螺纹牙底相切的假想圆柱面的直径称为螺纹大径，常作为公称直径。外螺纹的大径用 d 表示，内螺纹的大径用 D 表示，如图 12-6 所示。

② 小径。与外螺纹牙底或内螺纹牙顶相切的假想圆柱面的直径称为螺纹小径。外螺纹的小径用 d_1 表示，内螺纹的小径用 D_1 表示，如图 12-6 所示。

③ 中径。在大径与小径之间假想有一圆柱面，其母线通过牙型上的沟槽宽度和凸起宽度相等的位置，此假想圆柱面的直径称为螺纹中径。外螺纹的中径用 d_2 表示，内螺纹的中径用 D_2 表示，如图 12-6 所示。

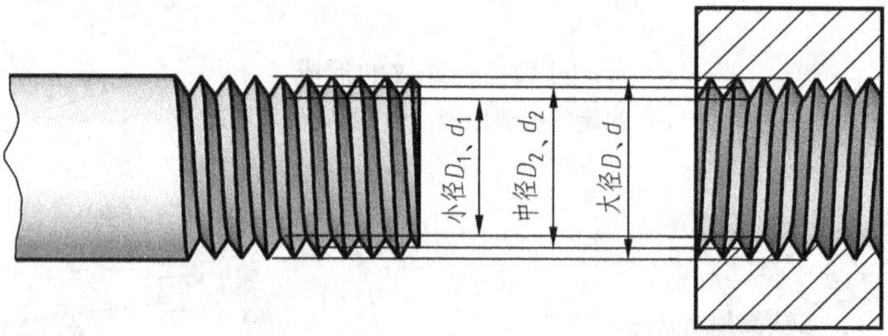

图 12-6　螺纹的直径

3）线数 n。螺纹有单线和多线之分。沿一条螺旋线形成的螺纹称为单线螺纹，如图12-7所示；沿两条或两条以上在轴向等距分布的螺旋线形成的螺纹称为多线螺纹，如图 12-8 所示。

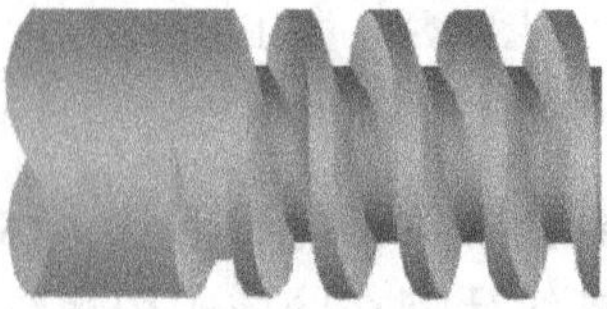

图 12-7　单线螺纹

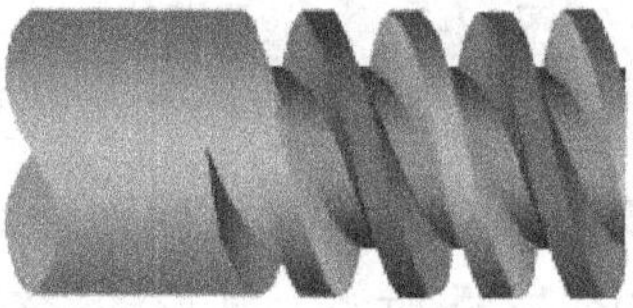

图 12-8　多线螺纹

4）螺距 P 和导程 P_h。

① 螺距。螺纹的相邻两牙在中径线上对应两点之间的轴向距离称为螺距，如图 12-9 所示。

② 导程。同一条螺旋线上的相邻两牙在中径线上对应两点之间的轴向距离称为导程，如图 12-10 所示。

提示：单线螺纹导程等于螺距，即 $P_h = P$；多线螺纹导程等于螺距乘线数，即 $P_h = Pn$。

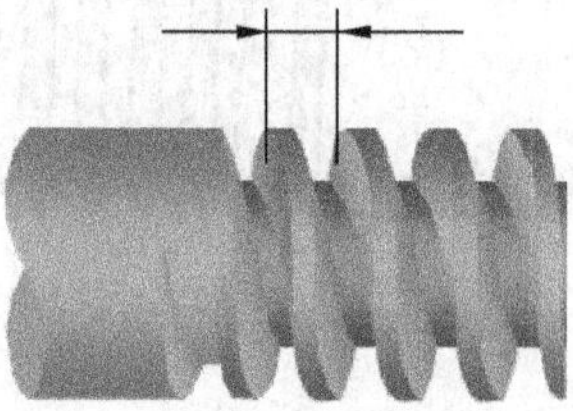

图 12-9　单线螺纹 $P_h = P$

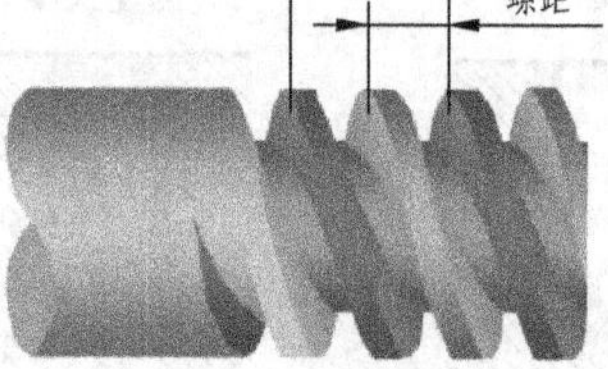

图 12-10　多线螺纹 $P_h = Pn$

5）旋向。螺纹有左旋和右旋之分。顺时针旋入的螺纹称为右旋螺纹，逆时针旋入的螺纹称为左旋螺纹，如图 12-11 所示。工程上常用的螺纹为右旋螺纹。

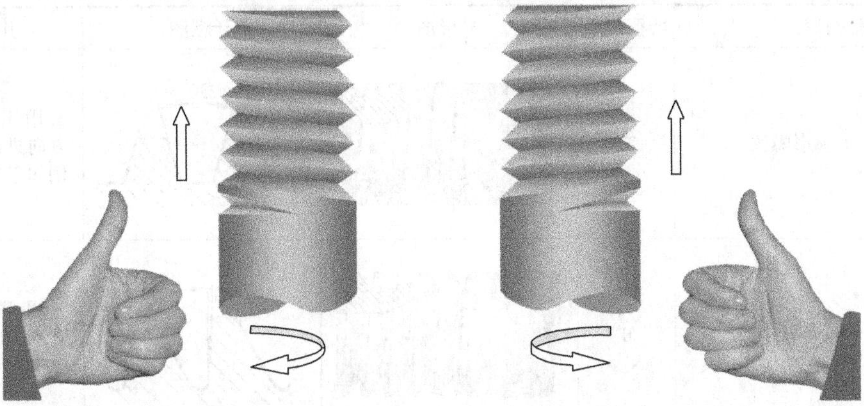

a)　　b)

图 12-11　螺纹的旋向

a）左旋　b）右旋

内、外螺纹配合使用时，只有当上述五个要素完全相同才能相互旋合。其中，螺纹的牙型、大径和螺距是最基本的三个要素。为了便于设计和制造，国家标准对一些螺纹的牙型、公称直径和螺距做了相应的规定。根据规定，螺纹分为以下几类：标准螺纹即牙型、公称直径和螺距都符合标准的螺纹；特殊螺纹即牙型符合标准，公称直径或螺距不符合标准的螺纹；非标准螺纹即牙型不符合标准的螺纹。

2. 常用螺纹的种类

螺纹按用途分为联接螺纹和传动螺纹。前者有普通螺纹和管螺纹，主要起联接作用；后者有梯形螺纹和锯齿形螺纹，主要起传递动力和运动的作用。常用标准螺纹的种类、牙型和用途见表 12-1。

表 12-1　常用标准螺纹的种类

螺纹种类			特征代号	外形图	牙型图	用　途
联接螺纹	普通螺纹	粗牙	M	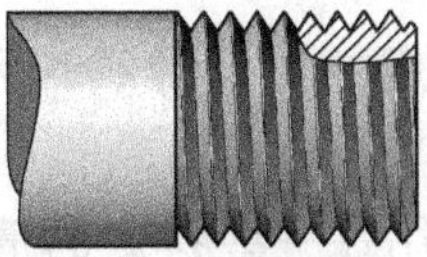	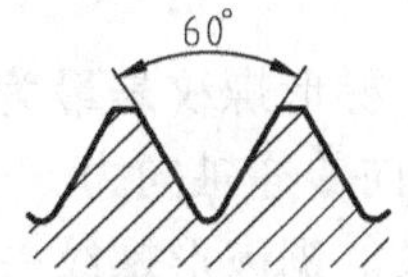	用于常用的联接螺纹
		细牙				用于细小的精密零件或薄壁零件的联接
	管螺纹	55°非密封管螺纹	G	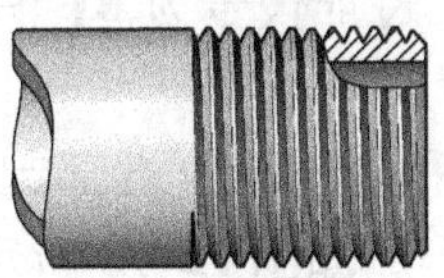	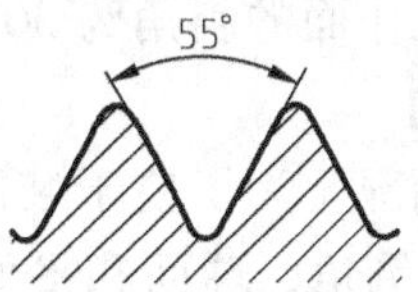	用于管道、管接头和阀门旋塞等管路的非密封螺纹联接
		55°密封管螺纹	R_1 R_2 Rc Rp	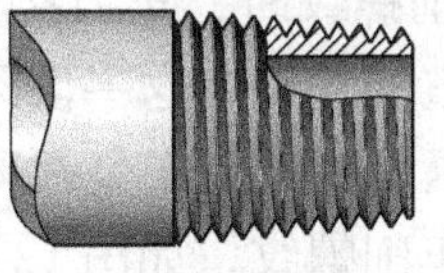	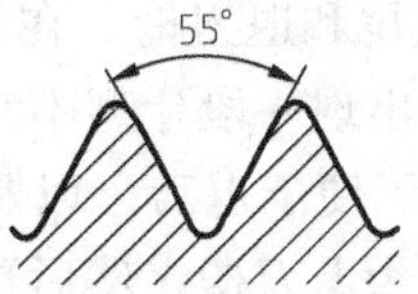	用于管道、管接头和阀门旋塞等管路的密封螺纹联接

（续）

螺纹种类		特征代号	外形图	牙型图	用　途
传动螺纹	梯形螺纹	Tr		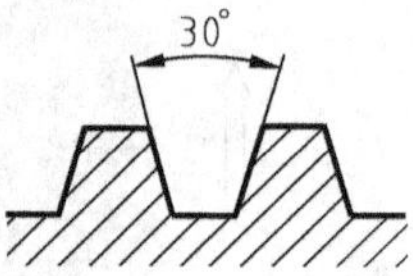	用于需承受两个方向进给力的传动，例如车床的丝杠
	锯齿形螺纹	B	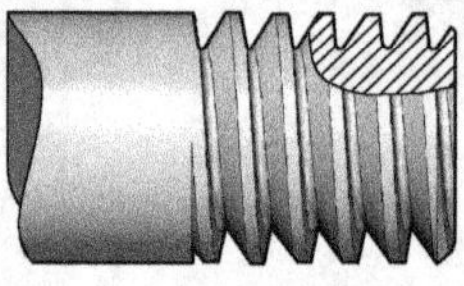	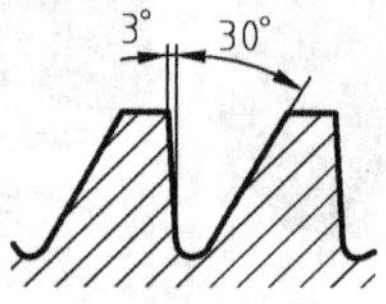	用于只承受单向进给力的传动，如台虎钳、千斤顶的丝杠

（1）联接螺纹　常用的联接螺纹有普通螺纹和管螺纹两种，见表 12-1。

1）普通螺纹。普通螺纹在公称直径相同的情况下，按螺距的大小分为粗牙普通螺纹和细牙普通螺纹，牙型为等边三角形，牙型角都是 60°，普通螺纹的特征代号为 M。一般常用的联接螺纹多为粗牙普通螺纹，细牙普通螺纹常用于细小零件，如薄壁管件或受冲击、振动和变载荷的联接，也作为微调机构的调整螺纹。

2）管螺纹。管螺纹分为 55°非密封管螺纹和 55°密封管螺纹，牙型为等腰三角形，牙型角为 55°。

① 55°非密封管螺纹。特征代号为 G，内、外螺纹均在圆柱面上形成螺纹，旋合后本身无密封性能，如加密封结构材料后，会具有可靠的密封性能。

② 55°密封管螺纹。其外螺纹形成在锥度为 1∶16 的圆锥管面上，其特征代号为 R。与其旋合的内螺纹，加工在相同锥度的内圆锥面上，其特征代号为 Rc；也可以加工在内圆柱面上，其特征代号为 Rp。特征代号为 R_1 的外螺纹可以与特征代号为 Rp 的内螺纹联接，特征代号为 R_2 的外螺纹可以与特征代号为 Rc 的内螺纹联接。该种类内、外螺纹联接后具有较高的密封性能。

（2）传动螺纹　传动螺纹是用来传递动力和运动的螺纹，见表 12-1。常用的传动螺纹有以下两种形式：

1）梯形螺纹。梯形螺纹是最为常用的传动螺纹，牙型为等腰梯形，牙型角为 30°，特征代号为 Tr，可双向传递轴向力。

2）锯齿形螺纹。锯齿形螺纹一般用在一些特定的情况下，牙型为不等腰梯形，工作面的斜角为 3°，非工作面的斜角为 30°，特征代号为 B，只能单向传递轴向力。

3. 螺纹的结构

（1）螺纹的端部　为了便于装配和防止螺纹端部起始圈损坏，常在螺纹的起始处加工成一定的形状，如倒角、球面和平面等，如图 12-12 所示。

（2）螺纹的收尾和退刀槽　在车削螺纹时，车刀接近螺纹尾部要逐渐离开工件，因此，螺纹的收尾部分会出现一段牙型不完整的螺纹，这一段牙型不完整的收尾螺纹称为螺尾，如图 12-13 所示。为了便于退刀，以及退刀时避免产生螺尾，可以预先在螺纹末尾处加工出一圈深槽，此深槽称为退刀槽，然后再车削螺纹，如图 12-13 所示。

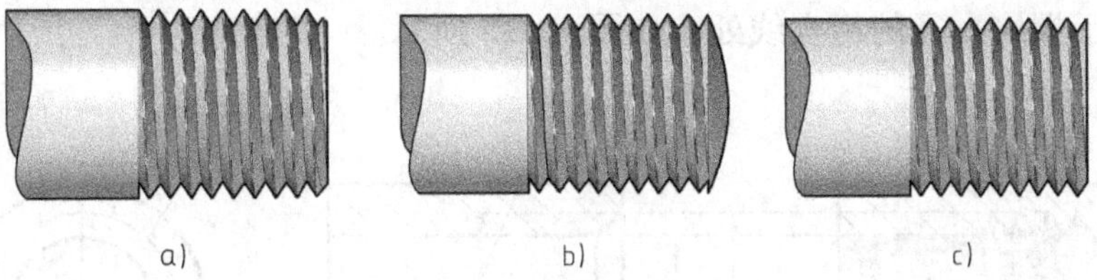

图 12-12　螺纹端部

a）端面倒角　b）端面球面　c）端面平面

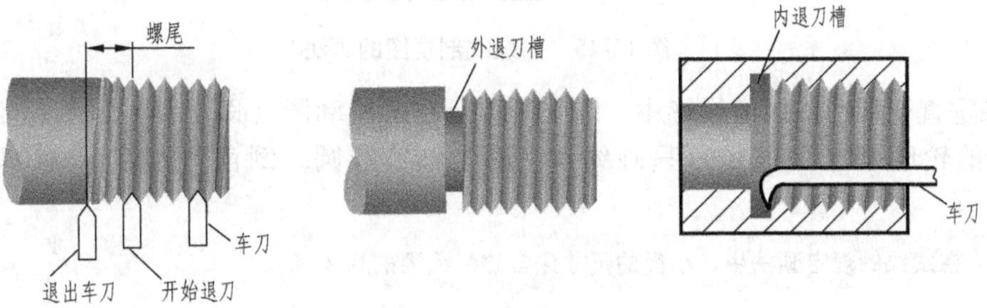

图 12-13　螺尾及退刀槽

提示：螺纹的倒角、螺纹收尾和退刀槽已经标准化，其具体结构和尺寸可查阅相关的国家标准。

4. 螺纹的规定画法

由于螺纹是标准结构，所以在图样上不需要按螺纹的真实投影画出。为了便于看图和画图，GB/T 4459. 1—1995《机械制图》规定了在机械图样中螺纹和螺纹紧固件的画法。

（1）内、外螺纹的画法

1）外螺纹的画法。

① 在平行于螺纹轴线的投影中，螺纹牙顶所在的轮廓线（即大径）画为粗实线，螺纹牙底所在的轮廓线（即小径）画为细实线，在螺杆的倒角或倒圆部分也应画出。有效螺纹终止线用粗实线表示。螺尾部分的牙底用与轴线成 30°的细实线画出，一般可省略不画。外螺纹的画法如图 12-14 所示。

② 在垂直于螺纹轴线的投影中，螺纹牙顶所在的轮廓圆（即大径）画为粗实线；表示牙底所在的轮廓圆（即小径）只画约 3/4 圈的细实线圆，此时倒角圆省略不画，以便于明显地表达出螺纹线，如图 12-14 所示。

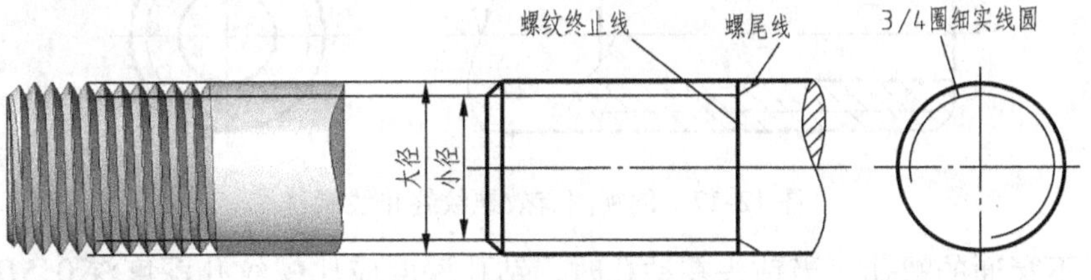

图 12-14　外螺纹的画法

2）内螺纹的画法。

① 在平行于螺纹轴线的投影中以剖视图表达时，螺纹牙顶所在的轮廓线（即小径）画为粗实线；螺纹牙底所在的轮廓线（即大径）画为细实线。有效螺纹终止线用粗实线表示。

剖面线画到表示螺纹小径的粗实线处，如图 12-15 所示。

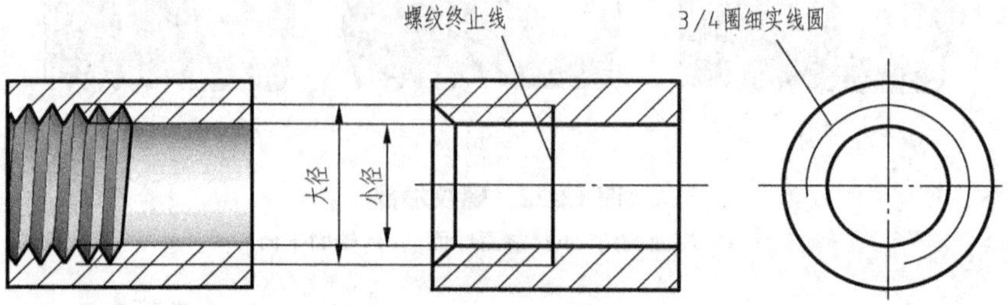

图 12-15　内螺纹剖视图的画法

② 在垂直于螺纹轴线的投影中，螺纹牙顶所在的轮廓圆（即小径）画为粗实线；表示牙底所在的轮廓圆（即大径）只画约 3/4 圈的细实线圆，倒角圆省略不画，如图 12-15 所示。

提示：在螺纹的规定画法中，小径的尺寸通常约为大径的 0.85 倍。

③ 如果平行于螺纹轴线的投影以视图表达时，螺纹是不可见的，那么所有图线均按虚线绘制，如图 12-16 所示。

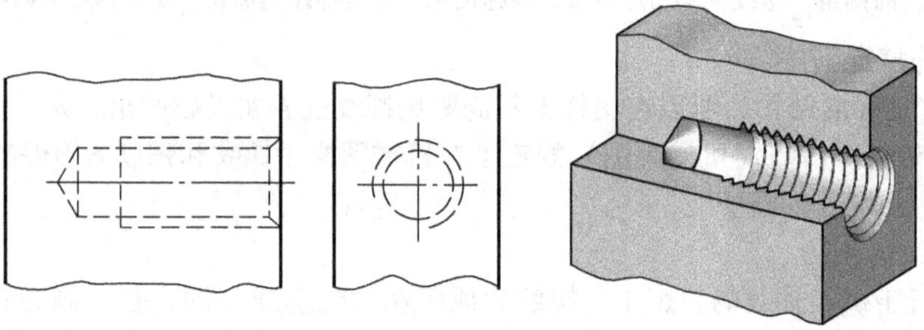

图 12-16　内螺纹视图的画法

3）其他规定画法。

① 当外螺纹被剖开时，被剖开的有效螺纹终止线处，只画出表示牙型高度的一小段（即大径与小径之间的一小段），如图 12-17 所示。

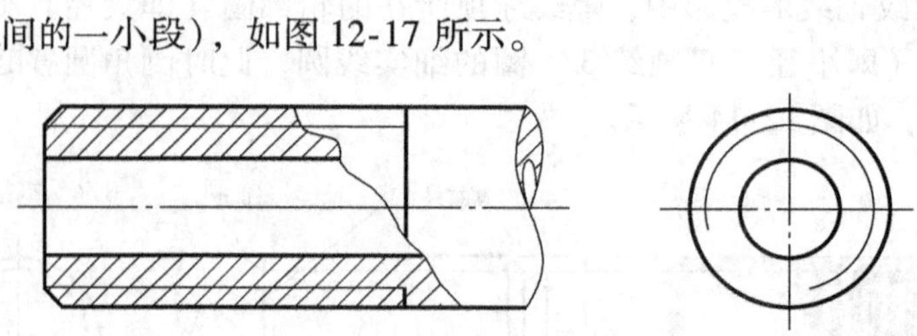

图 12-17　剖视图有效螺纹终止线画法

② 对于不穿通的螺孔，当钻头在钻孔时，钻孔深度应比螺纹孔深度深 $0.5D$。由于钻头的切削刃锥角约等于 120°（实际为 118°），因此钻孔底部的圆锥部分的锥顶角应画为 120°，如图 12-18 所示。

提示：无论外螺纹或内螺纹，在剖视图或断面图中的剖面线都必须画到粗实线，如图 12-15、图 12-17、图 12-18 所示。

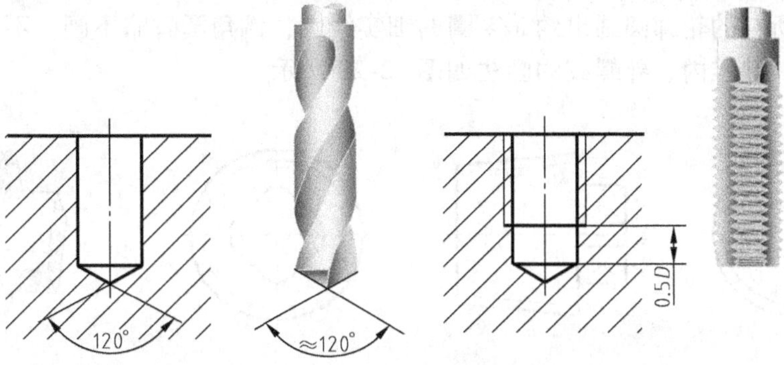

图 12-18　不穿通的螺孔的画法

③ 螺纹相贯的画法。螺纹相贯时，只在钻孔与钻孔相交处画出相贯线，如图 12-19 所示。

④ 对于不完整的螺纹结构，如骑缝螺纹（零件上只有一半或更少螺纹）或螺纹被切去一部分，在垂直于螺纹轴线的视图中，反映牙底的细实线圆弧与实线间应空出一段距离，如图 12-20 所示。

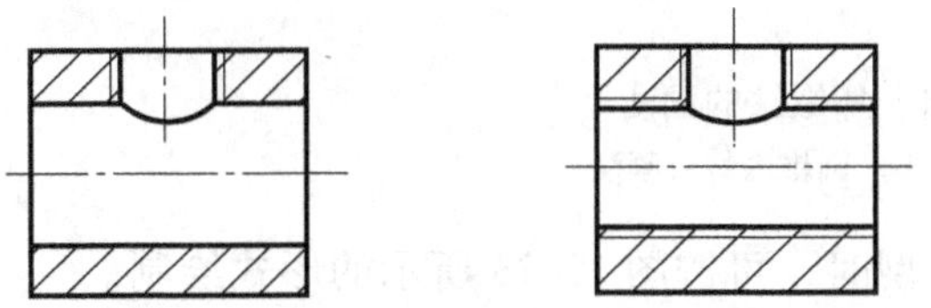

图 12-19　螺纹相贯

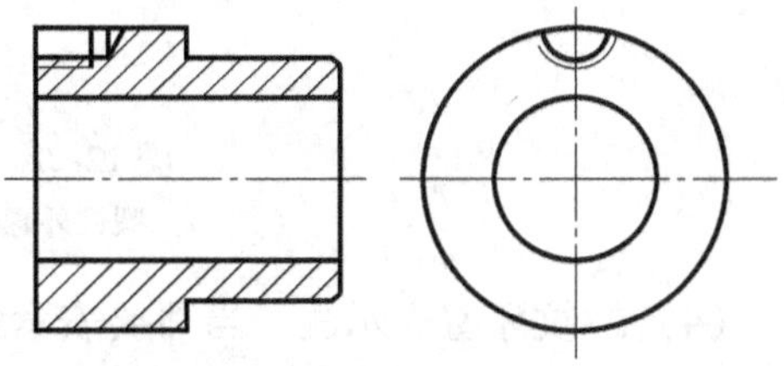

图 12-20　骑缝螺纹

（2）螺纹联接的画法　以剖视图表示内、外螺纹联接时，其旋合部分应按外螺纹绘制，其余部分仍按各自的画法表示。画图时应注意，表示内、外螺纹大、小径的粗实线和细实线应分别对齐，而与倒角的大小无关，如图 12-21 所示。

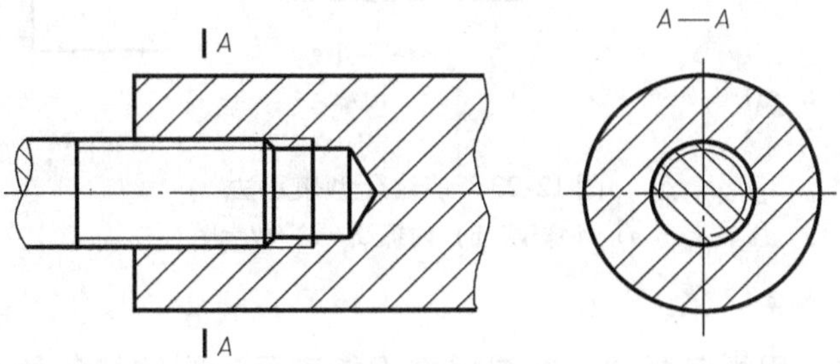

图 12-21　螺纹联接的画法

提示：当剖切面通过实心杆件轴线剖开零件时，实心杆件按不剖画出，如图 12-21 所示。

（3）圆锥内、外螺纹的画法　当绘制圆锥内、外螺纹时，在平行于螺纹轴线的投影与圆柱螺纹画法相同。在垂直于螺纹轴线的投影中，可见端螺纹牙顶所在的轮廓圆画为粗实线，表示牙底所在的轮廓圆画出约 3/4 圈的细实线圆，倒角圆省略不画。不可见端的牙底轮廓圆省略不画。圆锥内、外螺纹的画法如图 12-22 所示。

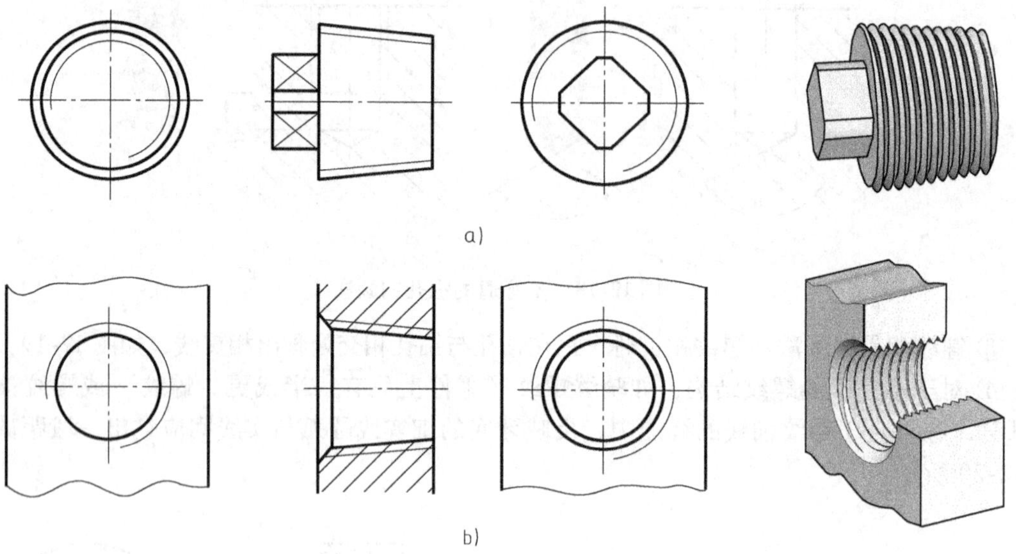

图 12-22　圆锥内、外螺纹的画法

a）圆锥外螺纹画法　b）圆锥内螺纹画法

（4）螺纹牙型表示法　当需要表示螺纹牙型时，可按图 12-23 所示的形式绘制。

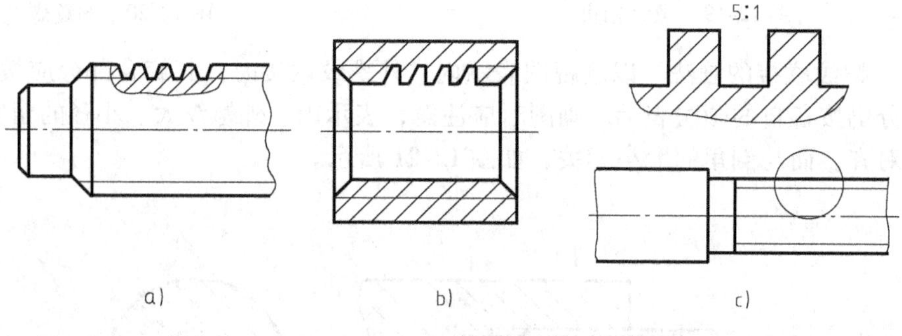

图 12-23　螺纹牙型表示法

a）外螺纹　b）内螺纹　c）放大图

5. 螺纹的标注

由于螺纹的图样采用规定画法，在图样中不能表示出螺纹的各种要素和螺纹精度等参数，因此图样中的螺纹需要通过标注来识别螺纹的种类和规格。

（1）普通螺纹和梯形螺纹的标注　普通螺纹的完整标记由螺纹代号、螺纹公差带代号、螺纹旋合长度代号和旋向等组成，它们之间用短横“-”连接，其形式如下：

螺纹代号 - 螺纹公差带代号 - 螺纹旋合长度代号 - 旋向

其中螺纹代号由特征代号、公称直径、螺距（单线螺纹）或导程（多线螺纹）组成，其形式如下：

$$\boxed{\text{特征代号}}\boxed{\text{公称直径}}\times\begin{cases}\boxed{\text{螺距}}\ (\text{单线螺纹})\\ \boxed{P_h\ \text{导程}\ (P\ \text{螺距})}\ (\text{多线螺纹})\end{cases}$$

1）普通螺纹。普通螺纹是最常用的联接螺纹。普通螺纹的直径与螺距、基本牙型和基本尺寸可查阅 GB/T 193—2003、GB/T 192—2003、GB/T 196—2003（见表 A-1）。同一公称直径的普通螺纹，有粗牙和细牙之分，即公称直径相同而螺距不同，螺距最大的一种称为粗牙螺纹，其余的则称为细牙螺纹。

① 特征代号。特征代号用大写拉丁字母 M 表示，见表 12-1。

② 公称直径。公称直径指螺纹大径。

③ 螺距。同一公称直径的普通螺纹有多种螺距：最大的螺距为粗牙螺纹，与大径相对应的螺距只有一种；而其余的螺距为细牙螺纹，与大径相对应的螺距有多种。所以，粗牙螺纹不必标注螺距，细牙螺纹则必须标注螺距（见表 A-1）。

④ 公差带代号。公差带代号包括中径公差带代号和顶径公差带代号两部分。顶径是指牙顶圆柱面的直径，即外螺纹的大径或内螺纹的小径。公差带代号由表示螺纹公差带等级的阿拉伯数字和表示其偏差的拉丁字母所组成，例如 6H、6g 等。大写字母指内螺纹，小写字母指外螺纹。当螺纹的中径公差带代号和顶径公差带代号不同时要分别注出。

例如：M10 ×1.5-5g6g

└——顶径公差带代号（6g）

└——中径公差带代号（5g）

若中径公差带代号和顶径公差带代号相同，只需标注一个代号。

例如：M10-6H

└——中径公差带代号和顶径公差带代号相同

对于中等公差精度且中径公差带代号和顶径公差带代号同为 5H（或 6h）的普通内螺纹（或外螺纹），当其公称直径小于或等于 1.4mm 时，不标记其公差带代号。对于中等公差精度且中径公差带代号和顶径公差带代号同为 6H（或 6g）的普通内螺纹（或外螺纹），当其公称直径大于或等于 1.6mm 时，不标记其公差带代号。

⑤ 螺纹旋合长度代号。螺纹旋合长度是指相互结合的内、外螺纹，沿螺纹轴线方向旋合部分的长度。螺纹旋合长度有三种：

长旋合长度：代号为 L。

中等旋合长度：代号为 N，应用较为广泛，可省略标注。

短旋合长度：代号为 S。

提示：特殊需要时，也可标注出旋合长度的具体数值。

⑥ 旋向。螺纹分为左旋螺纹和右旋螺纹。右旋螺纹的使用比较广泛，不必标注。左旋螺纹应标注代号“LH”。

【例 12-1】　解释 M20 ×1.5-5g6g-L-LH 的含义。

分析：

本例表示公称直径为 20mm、螺距为 1.5mm、左旋的细牙普通螺纹（外螺纹），中径公差带为 5g，顶径公差带为 6g，长旋合长度，标注如图 12-24 所示。

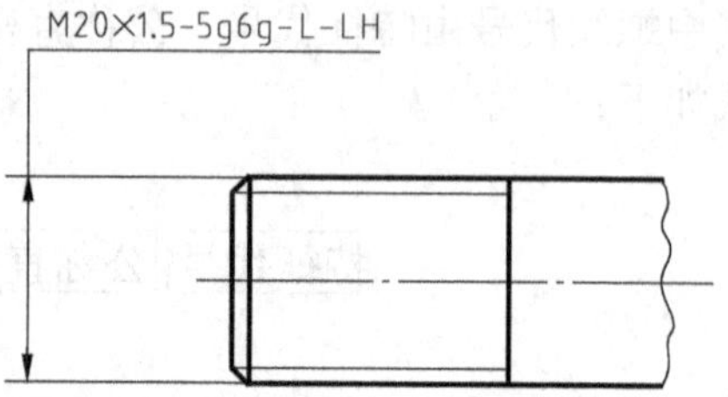

图 12-24　普通外螺纹标注示例

【例 12-2】　解释 M20-6H 的含义。

分析：

本例表示公称直径为 20mm、右旋的粗牙普通螺纹（内螺纹），中径和顶径公差带皆为 6H，中等旋合长度，标注如图 12-25 所示。

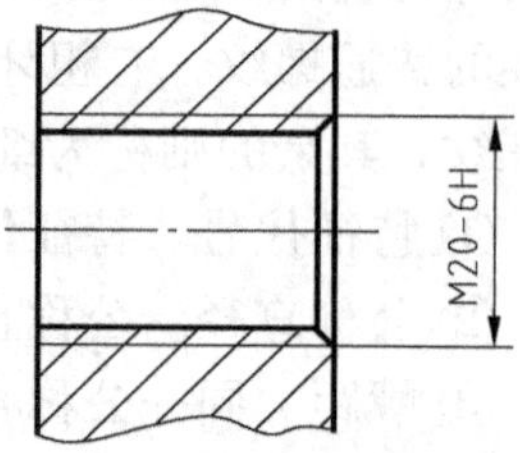

图 12-25　普通内螺纹标注示例

2）梯形螺纹。梯形螺纹为常用的传动螺纹。梯形螺纹的直径与螺距、基本牙型和基本尺寸可查阅 GB/T 5796.1—2005、GB/T 5796.2—2005、GB/T 5796.3—2005。

梯形螺纹的完整标记由螺纹特征代号、尺寸代号（公称直径×螺距）和旋向代号组成

特征代号 公称直径 × { 螺距（单线螺纹）/ 导程（*P* 螺距）（多线螺纹） } 旋向

① 特征代号。特征代号用大写拉丁字母 Tr 表示，见表 12-1。

② 公称直径。公称直径指螺纹大径。

③ 螺距。单线螺纹标注螺距，多线螺纹标注导程（*P* 螺距）。

④ 旋向。右旋螺纹省略标注，左旋螺纹标注代号“LH”。

【例 12-3】　解释 Tr40×14（P7）LH 的含义。

分析：

本例表示公称直径为 40mm、导程为 14mm、螺距为 7mm 的双线左旋梯形螺纹（外螺纹），标注如图 12-26所示。

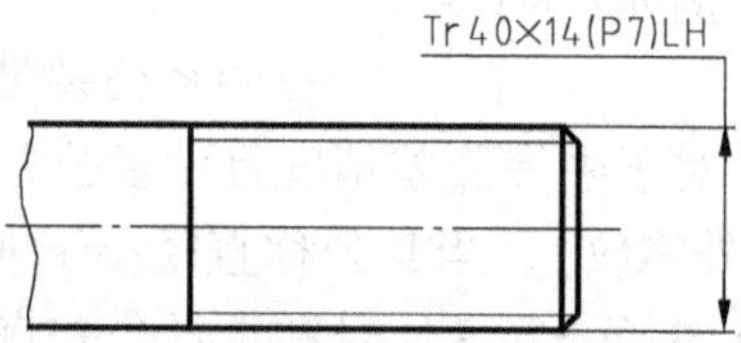

图 12-26　梯形外螺纹标注

【例 12-4】　解释 Tr40×7 的含义。

分析：

本例表示公称直径为 40mm、螺距为 7mm、单线、右旋的梯形螺纹（内螺纹），标注如图 12-27 所示。

（2）管螺纹的标注　管螺纹用于管道中的联接，分为 55°非密封的内、外管螺纹，55°密封的圆柱内管螺纹，以及 55°密封的圆锥内、外管螺纹。管螺纹应标注螺纹特征代号、尺寸代号和公差带代号，标注形式如下：

螺纹特征代号　　尺寸代号　　中径公差等级代号 - 旋向

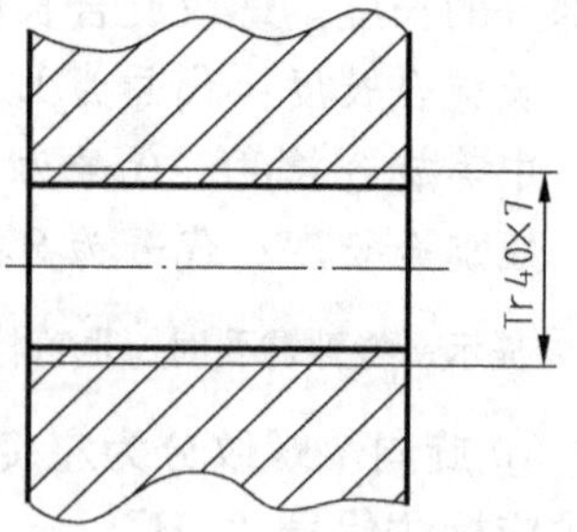

图 12-27　梯形内螺纹标注

管螺纹一律采用在引出线上标注螺纹标记的方式。引出线从大径处引出或从对称中心线处引出，如图 12-28、图

12-29 所示。

1）特征代号。55°非密封管螺纹的特征代号为 G，55°密封管螺纹的特征代号为 R_1、R_2、Rc、Rp 等。

2）尺寸代号。管螺纹的尺寸代号不称为公称直径，也不称为大径尺寸，而是近似地等于管子的孔径，为寸制单位。

3）中径公差等级代号。55°非密封管螺纹的外螺纹，中径公差等级分为 A 级和 B 级，需要标注。55°非密封管螺纹的内螺纹和 55°密封管螺纹省略标注。

4）旋向。右旋螺纹省略标注，左旋螺纹标注代号"LH"。

【例 12-5】　解释 G1A 的含义。

分析：

本例表示 55°非密封管螺纹的右旋外螺纹，尺寸代号为 1in（1in = 0.0254m，全书同），中径公差等级为 A，标注如图 12-28a 所示。

【例 12-6】　解释 G1-LH 的含义。

分析：

本例表示 55°非密封管螺纹的左旋内螺纹，尺寸代号为 1in，标注如图 12-28b 所示。

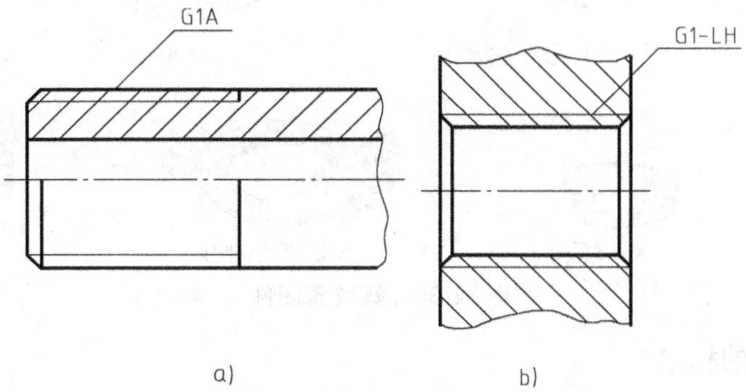

图 12-28　55°非密封管螺纹标注

a）G1A 的螺纹标注　b）G1-LH 的螺纹标注

【例 12-7】　解释 Rc1/2 的含义。

分析：

本例表示 55°密封的右旋圆锥内管螺纹，尺寸代号为 1/2in，标注如图 12-29a 所示。

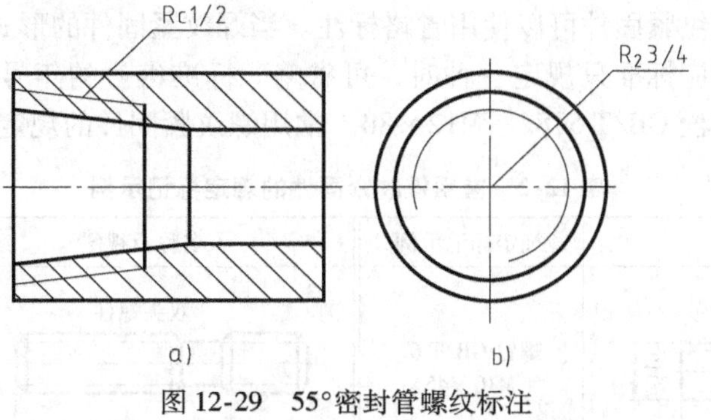

图 12-29　55°密封管螺纹标注

a）Rc1/2 的螺纹标注　b）$R_2$3/4 的螺纹标注

【例 12-8】　解释 $R_2$3/4 的含义。

分析：

本例表示 55°密封的右旋圆锥外管螺纹，尺寸代号为 3/4in，标注如图 12-29b 所示。

12.1.2　螺纹紧固件

用内、外螺纹的联接功能来联接零部件的零件，称为螺纹紧固件。常用的螺纹紧固件有螺栓、螺钉、双头螺柱、螺母和垫圈等，如图 12-30 所示。这类零件的结构形式和尺寸均已标准化，使用者只要按照需求根据有关标准选用即可。对符合标准的螺纹紧固件，不需要单独画出其零件图，只要根据规定标记，就可从相应的国家标准中查出其类型、结构和规格尺寸。

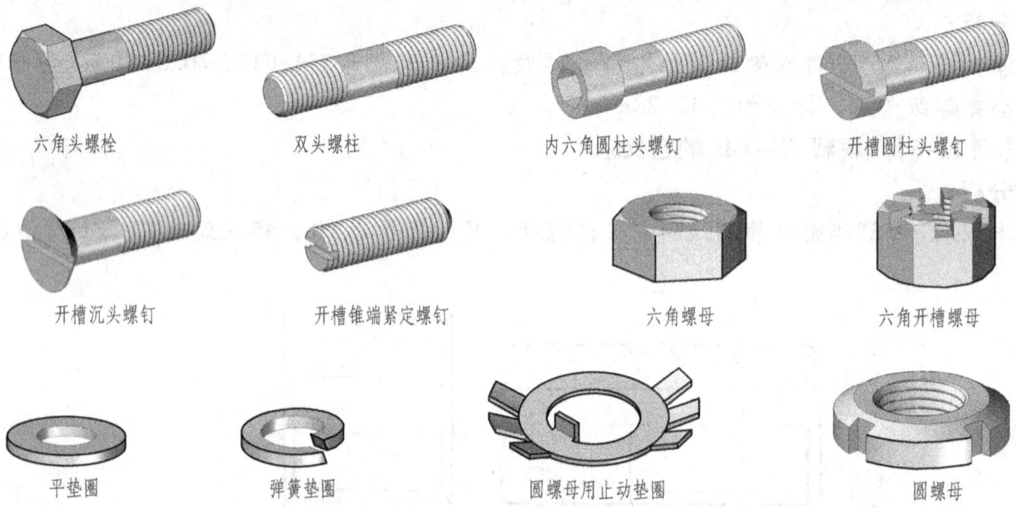

图 12-30　螺纹紧固件

1. 螺纹紧固件的标记

国家标准规定，螺纹紧固件的完整标记按 GB/T 1237—2000 书写，其一般形式如下：

[名称]　[标准编号]　[形式与规格] — [材料性能等级及热处理]-[表面处理]

【例 12-9】　解释螺栓 GB/T 5782—2000　M12 ×80-8.8-Zn · D 的含义。

标记说明：

公称直径 $d = 12$mm，长度 $L = 80$mm，机械性能 8.8 级，表面镀锌钝化，A 级六角头螺栓。

对于一般常用螺纹紧固件可以使用省略标注。当螺纹紧固件的形式、材料性能等级及热处理、表面处理等相应标准只规定一种时，可省略。标准编号的年号也可省略。如例 12-9 的标记可省略为：螺栓 GB/T 5782　M12 ×80。常用螺纹紧固件的规定标记示例见表 12-2。

表 12-2　常用螺纹紧固件的规定标记示例

名称及视图	规定标记示例	名称及视图	规定标记示例
开槽盘头螺钉 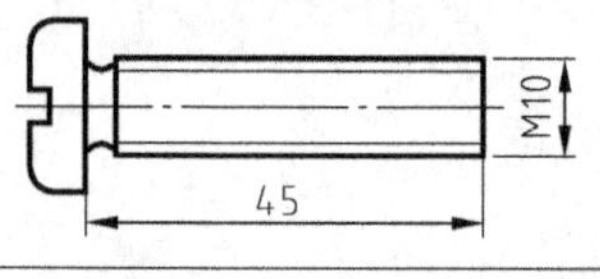	螺钉 GB/T 67 M10 ×45	双头螺柱 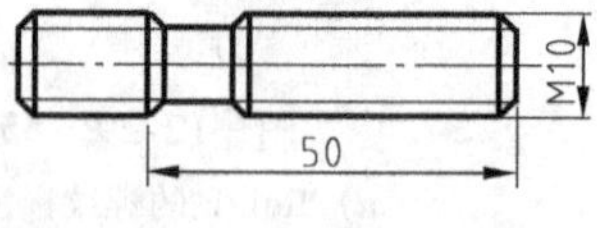	螺柱 GB/T 899 M10 ×50

（续）

名称及视图	规定标记示例	名称及视图	规定标记示例
内六角圆柱头螺钉 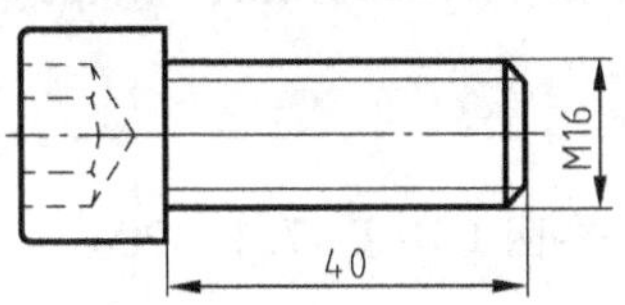	螺钉 GB/T 70.1 M16 ×40	1 型六角螺母 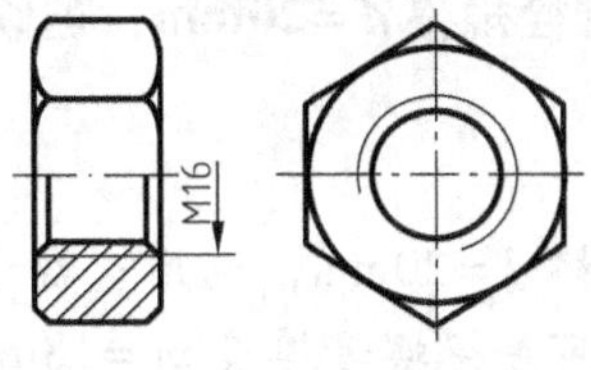	螺母 GB 6170 M16
十字槽沉头螺钉 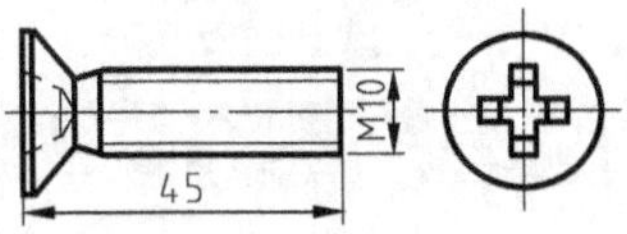	螺钉 GB/T 819.1 M10 ×45	1 型六角开槽螺母 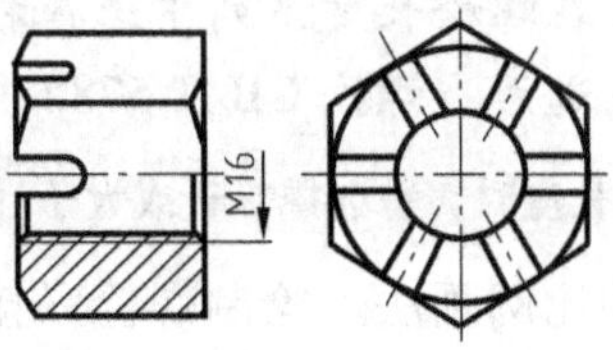	螺母 GB 6178 M16
开槽锥端紧定螺钉 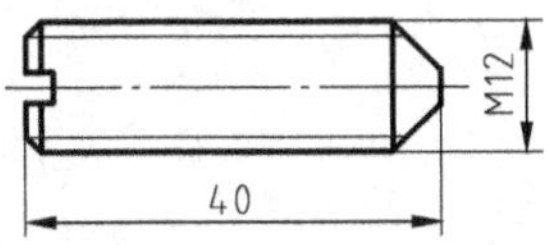	螺钉 GB 71 M12 ×40	平垫圈 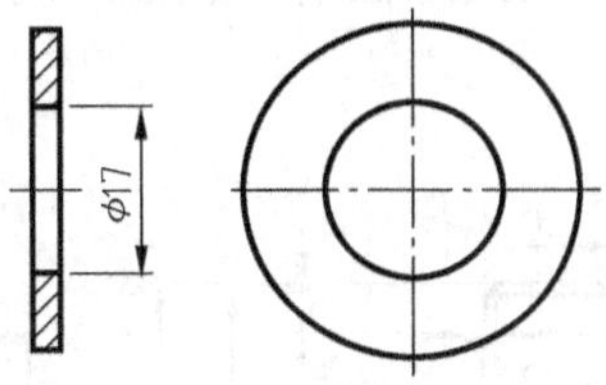	垫圈 GB/T 97.1　16
六角头螺栓 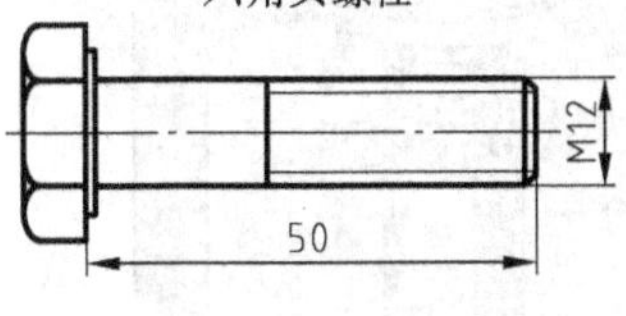	螺栓 GB/T 5782 M12 ×50	标准型弹簧垫圈 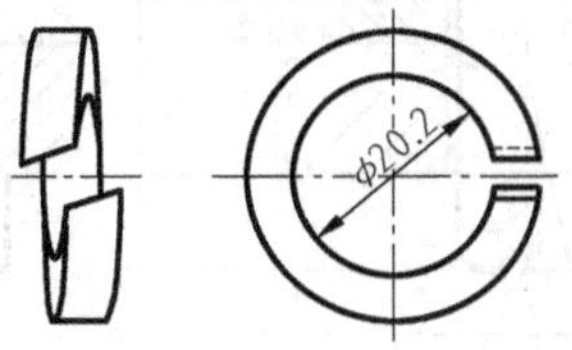	垫圈 GB 93　20

2. 常用螺纹紧固件的画法

螺纹紧固件联接的主要形式有螺栓联接、双头螺柱联接和螺钉联接等。

（1）螺栓联接　螺栓联接通常由螺栓、垫圈和螺母来紧固被联接零件，如图 12-31 所示。被联接零件加工出通孔，然后穿入螺栓，套上垫圈，拧紧螺母即为螺栓联接，也称为装配。该联接的图样称为装配图。这种联接主要用于被联接件的两个零件厚度尺寸有限，能够加工出通孔，受力较大，且需要经常装拆的场合。

1）螺栓联接的尺寸选择。在画螺栓联接的装配图时，要确定螺栓的形式、直径和被联接零件的厚度。首先根据螺栓所承受的载荷确定公称直径 d，然后从国家标准中可以查出螺栓、螺母和垫圈的有关尺寸，并计算出螺栓的长度 l，如图 12-31 所示。螺栓长度计算公式如下：

$$l \geqslant \delta_1 + \delta_2 + h + m_{\max} + a$$

式中　δ_1、δ_2——被联接件的厚度；

h——垫圈的厚度；

m_{max}——螺母的厚度；

a——螺栓伸出螺母的长度，一般取 $a \approx 0.3d$。

根据以上公式计算得出数值后，再从相应的螺栓标准长度系列中选取适当的 l 值。

【例 12-10】　螺栓规格 d = 20mm，被联接件的厚度 δ_1 = 32mm，δ_2 = 30mm，选择螺栓联接的尺寸。

选择步骤：

① 根据螺栓规格 d = 20mm，选用：螺母 GB/T 6170　M20、垫圈 GB/T 97.1　20。

② 由国家标准可查得螺母厚度 m = 18mm，垫圈厚度 h = 3mm。

③ 计算螺栓长度 $l \geq (32 + 30 + 3 + 18 + 0.3 \times 20)$ mm = 89mm。

④ 由 $l \geq 89$mm 在螺栓长度系列中选择相近值 90mm。

⑤ 由 l = 90mm 选用：螺栓 GB/T 5782　M20 × 90。

提示：选择螺栓长度时，需选择等于或大于计算出的长度值。

2）螺栓联接的比例画法。绘制螺栓联接装配图时，需要从相应的国家标准中查出螺栓紧固件的各部分尺寸，但为了提高绘图效率，除了螺栓规格尺寸和螺栓长度尺寸以外，绘图所需要的其他尺寸，均按螺栓公称直径 d 的比例关系确定绘制，该画法称为比例画法，如图 12-31 所示。

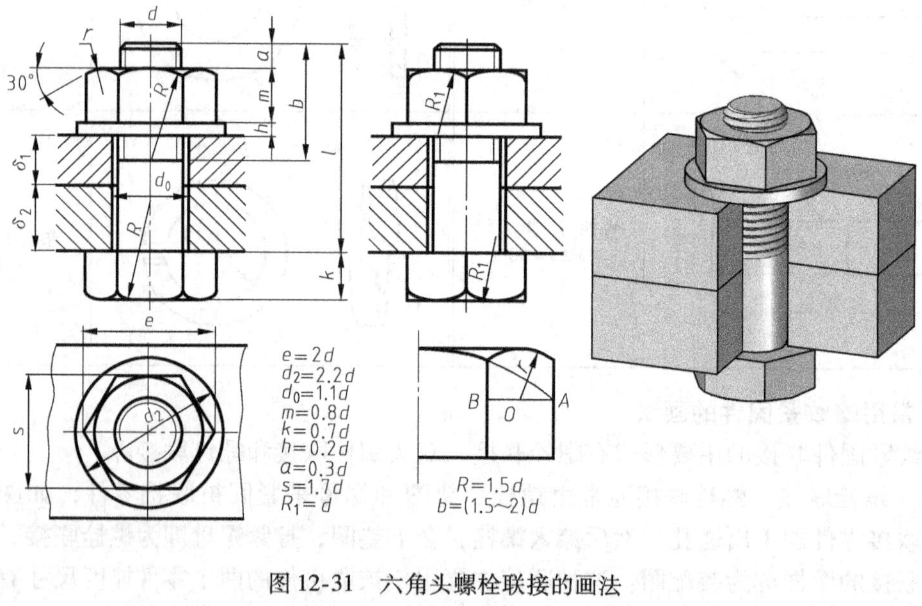

图 12-31　六角头螺栓联接的画法

六角螺母和六角头螺栓的头部由于端面倒角 30°（圆锥面），使得六棱柱的棱面与圆锥面相交，并产生截交线（双曲线），为了绘图方便，通常以圆弧代替双曲线的投影，如图 12-31 所示的局部放大图，图中 r 由作图得出，其中 r 的圆心 O 为 AB 线段的中点。

（2）螺纹紧固件装配图画法的基本规定

1）两零件接触表面画一条线，不接触表面画两条线。

2）两零件邻接时，不同零件的剖面线方向应相反，或者方向一致而间隔不等。

3）对于紧固件和实心零件（如螺钉、螺栓、螺母、垫圈、键、销、球及轴等），若剖切平面通过它们的基本轴线时，则这些零件都按不剖绘制，仍画外形，需要时，可采用局部剖视。

（3）双头螺柱联接　双头螺柱两端均有螺纹，联接时先在被联接的基座上加工出不穿通的螺孔，在另一被联接件上加工出通孔（光孔），将螺柱的旋入端全部旋入基座零件的螺孔内，再套上另一被联接件，然后放上垫圈，拧紧螺母，即实现了联接。有一个被联接件较厚或不宜用螺栓联接时，常采用双头螺柱联接，如图12-32所示。

1）双头螺柱联接的尺寸选择。在画双头螺柱联接的装配图时，要确定双头螺柱的形式、直径和被联接零件的厚度。首先根据双头螺柱所承受的载荷确定公称直径 d，然后从国家标准中可以查出双头螺柱、螺母和垫圈的有关尺寸，并计算出双头螺柱的长度 l，如图12-32所示。双头螺柱长度计算公式如下：

$$l \geqslant \delta + s + m + a$$

式中　δ——被联接件的厚度；

s——垫圈厚度；

m——螺母厚度；

a——螺柱头部超出螺母的长度，一般取 $a \approx 0.3d$。

根据上式计算得出数值后，再从相应的螺柱标准长度系列中，选取合适的 l 值。旋入端的螺纹长度 b_m 由带螺孔的基座零件的材料决定，有四种不同规格：

GB/T 897—1988，$b_m = 1d$，用于钢和青铜。

GB/T 898—1988，$b_m = 1.25d$，用于铸铁。

GB/T 899—1988，$b_m = 1.5d$，用于铸铁和铝合金。

GB/T 900—1988，$b_m = 2d$，用于铝和非金属材料。

【例12-11】　双头螺柱规格 $d = 20$mm，被联接件的厚度 $\delta = 26$mm，双头螺柱旋入端基座材料为铸铁，选择双头螺柱联接的尺寸。

选择步骤：

① 铸铁可选 $b_m = 1.25d$。

② 根据双头螺柱规格 $d = 20$mm，选用：螺母 GB/T 6170　M20、垫圈 GB/T 93　20。

③ 由国家标准可查得螺母厚度 $m = 18$mm，垫圈厚度 $s = 4$mm。

④ 计算双头螺柱长度 $l \geqslant (26 + 4 + 18 + 0.3 \times 20)$mm $= 54$mm。

⑤ 由 $l \geqslant 54$mm 在螺栓长度系列中选择相近值 55mm。

⑥ 由 $l = 55$mm 选用：螺柱 GB/T 898　M20×55。

提示：选择双头螺柱长度时，需选择等于或大于计算出的长度值。

2）双头螺柱联接的比例画法。绘制双头螺柱联接的装配图时，可按比例画法绘制，如图12-32所示。从图中可看出，螺柱旋入端的螺纹终止线应与两被联接零件接触面的投射线平齐。基座零件上的螺孔深度 $H_1 \approx b_m + 0.5d$；钻孔深度 $H_2 \approx H_1 + (0.2 \sim 0.5)d$。螺母端的画法则与螺栓联接时相应部分的画法完全相同。为了防止联接松动，可采用弹簧垫圈。弹簧垫圈开口槽倾斜角度与水平方向成70°，从左上向右下倾斜。

（4）螺钉联接　螺钉按用途不同可分为联接螺钉和紧定螺钉两类。前者用于联接零件，后者用于固定零件。

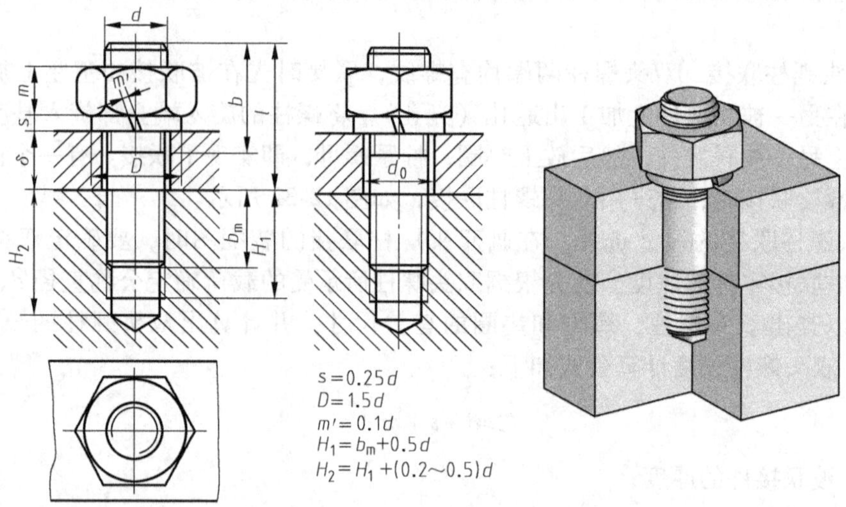

图 12-32　双头螺柱联接的比例画法

1）联接螺钉。联接螺钉由头部和杆身两部分组成，其头部有多种结构形式，如图 12-30 所示。用螺钉联接时，在厚度尺寸较大的零件上加工出螺孔（不通孔），而在另一被联接零件上加工出通孔（光孔），然后把螺钉穿过通孔旋进螺孔，并依靠螺钉头部压紧被联接零件而实现两者的联接，如图 12-33 所示。螺钉联接用于受力不大、又不经常拆装的场合。

① 螺钉联接的尺寸选择。在画螺钉联接装配图时，首先需要确定螺钉的形式、直径和被联接零件的厚度尺寸，然后计算和确定螺钉的公称长度 l，螺钉长度计算公式如下：

$$l \geqslant \delta + b_m$$

式中　δ——带通孔零件的厚度；

b_m——螺钉旋入深度，由带螺孔的被联接零件的材料决定，与确定螺柱旋入端 b_m 的方法相同。

根据上式计算得出数值后，再从相应的螺钉标准长度系列中选取合适的 l 值。

提示：选择螺钉长度时，需选择等于或大于计算出的长度值。

② 螺钉联接的比例画法。图 12-33 所示为螺钉联接的比例画法。其联接部分的画法与螺柱旋入零件端的画法接近，所不同的是螺钉的螺纹终止线应画在被旋入零件螺孔顶面投射线之上，螺钉头部的一字槽，在通过螺钉轴线剖切的剖视图（主视图）上应按垂直于投影面的位置画出，而在垂直于螺钉轴线的投影面（俯视图）上的投影应按 45° 画出，如图 12-33所示。

2）紧定螺钉。紧定螺钉用来固定两个零件的相对位置，使它们不产生相对运动，如图 12-34 所示，用一个开槽锥端紧定螺钉旋入轮毂的螺孔，使螺钉端部的 90° 锥顶角与轴上的 90° 锥坑压紧，从而固定了轴与轮的相对位置。

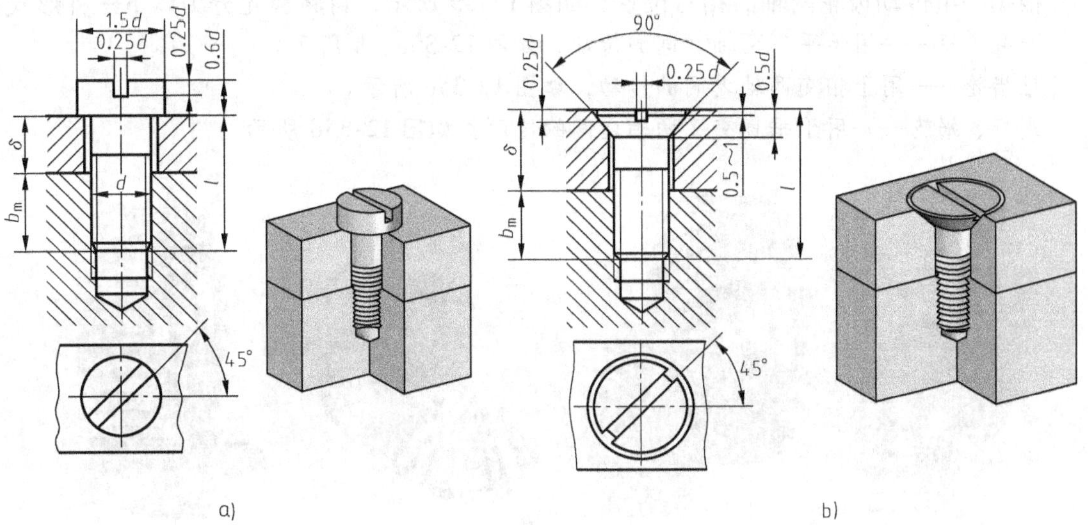

图 12-33　螺钉联接的比例画法
a）圆柱头螺钉联接　b）沉头螺钉联接

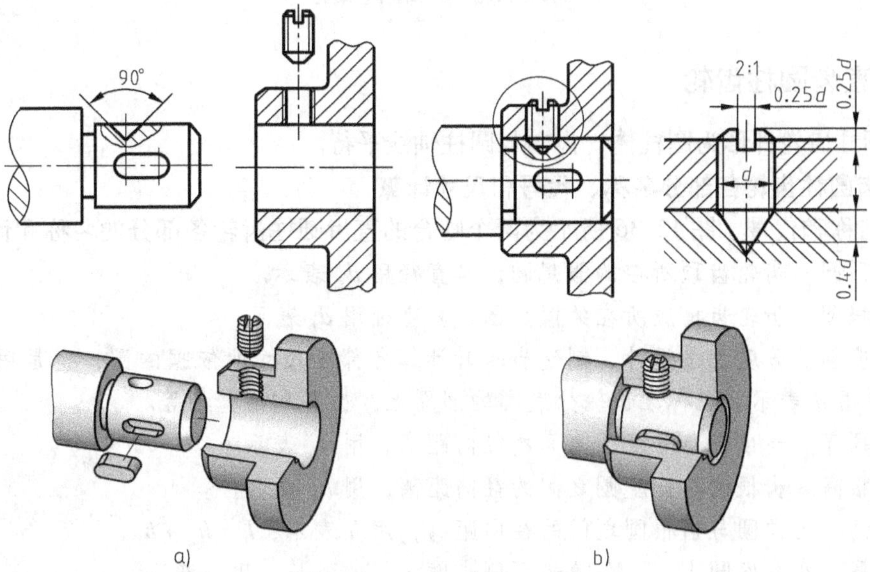

图 12-34　紧定螺钉联接的画法
a）联接前　b）联接后

12.2　齿轮

齿轮是机器和部件中最为广泛使用的传动零件，齿轮传动是机械传动中最常见的传动形式。使用齿轮传动可以传递动力、变换转速和改变运动方向。

根据一组传动齿轮两轴的相对位置，如图 12-35 所示，可将齿轮分为以下三种形式：

圆柱齿轮——用于平行两轴之间的传动，如图 12-35a、b 所示。

锥齿轮——用于相交两轴之间的传动，如图 12-35c 所示。

蜗杆、蜗轮——用于垂直交叉两轴之间的传动，如图 12-35d 所示。

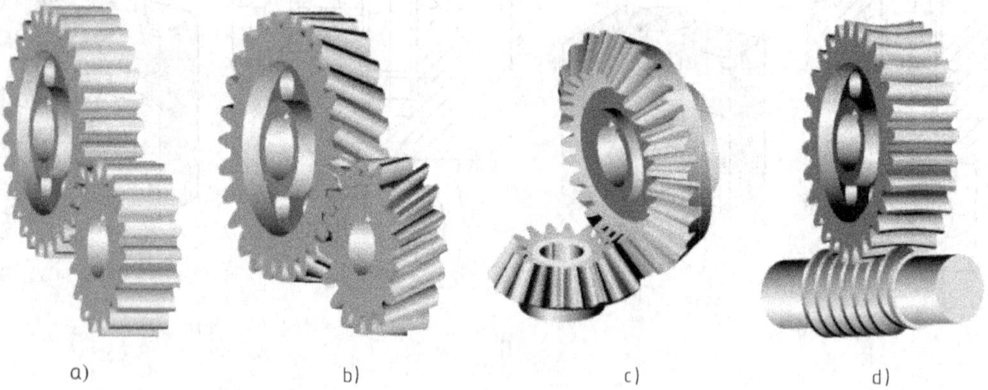

图 12-35　常见齿轮传动
a）直齿圆柱齿轮　b）斜齿圆柱齿轮
c）锥齿轮　d）蜗杆、蜗轮

12.2.1　直齿圆柱齿轮

直齿圆柱齿轮外形为圆柱体，齿向与圆柱轴线平行。

1. 直齿圆柱齿轮各部分名称、代号和尺寸计算

（1）名称和代号　图 12-36 所示为两个啮合的直齿圆柱齿轮各部分的名称和代号。

1）齿顶圆。齿轮齿顶所在的假想圆，其直径用 d_a 表示。

2）齿根圆。齿轮齿槽底所在的假想圆，其直径用 d_f 表示。

3）分度圆。分度圆是设计、制造齿轮时计算各部分尺寸所依据的圆，也是用来分齿的圆，其直径用 d 表示。在标准齿轮分度圆的圆周上，齿厚和槽宽相等。

4）齿顶高。齿顶圆与分度圆之间的径向距离，用 h_a 表示。

5）齿根高。齿根圆与分度圆之间的径向距离，用 h_f 表示。

6）齿高。齿顶圆与齿根圆之间的径向距离，用 h 表示，$h=h_a+h_f$。

7）齿厚。在分度圆上，一个轮齿两侧齿廓之间的弧长，用 s 表示。

8）槽宽。在分度圆上，一个齿槽两侧齿廓之间的弧长，用 e 表示。

9）齿距。在分度圆上，相邻两齿对应点之间的弧长，用 p 表示，$p=s+e$。

提示：两啮合齿轮的齿距必须相等。

（2）直齿圆柱齿轮的基本参数

1）齿数 z。一个齿轮的轮齿的总数。

2）模数 m。分度圆的周长 = 齿轮齿数 z × 齿距 p = π × 分度圆直径 d，即

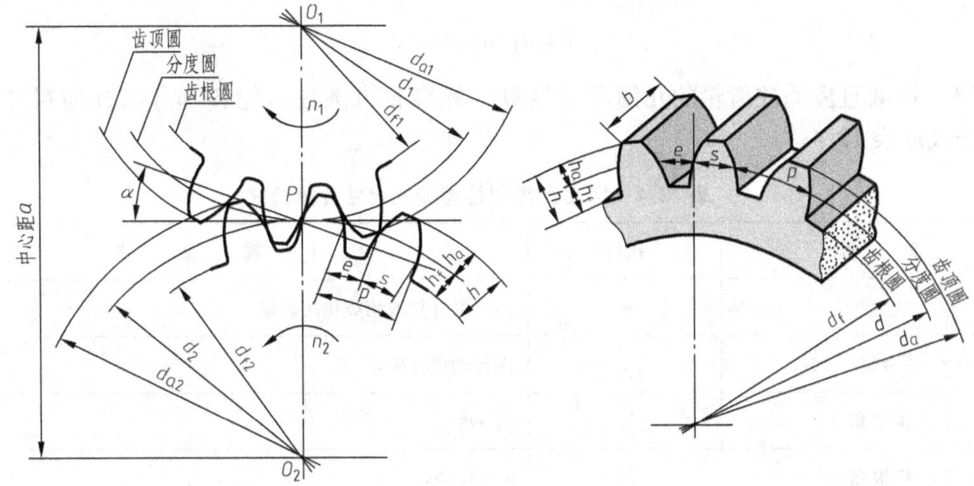

图 12-36　直齿圆柱齿轮各部分名称和代号

$$\pi d = zp \quad \text{故} \quad d = z\frac{p}{\pi}$$

如果取 p 为有理数，由于式中 π 为无理数，那么 d 就为无理数。为了便于计算、测量和标准化，因此

$$\text{令} \quad \frac{p}{\pi} = m \quad \text{那么} \quad d = mz$$

若规定参数 m 为有理数，那么 d 也为有理数，则 $d = mz$ 计算起来就非常方便了。因为两啮合齿轮的齿距 p 相等，所以它们的模数也必须相等。

由于模数 m 是齿距 p 和 π 的比值，若齿轮的模数 m 大，其齿距 p 就大，齿轮的齿厚 s 就大，齿轮能承受的力量也就大。模数 m 是反映轮齿大小和强度的一个参数。不同模数的齿轮，要用不同模数的刀具来加工制造。为了便于设计和加工，模数的数值已标准化，其数值见表 12-3。

表 12-3　模数的标准系列

第一系列	1　1.25　1.5　2　2.5　3　4　5　6　8　10　12　16　20　25　32　40　50
第二系列	1.125　1.375　1.75　2.25　2.75　3.5　4.5　5.5　(6.5)　7　9　11　14　18　22　28　35　45

注：在选用模数时，应优先选用第一系列，其次选用第二系列，括号内模数尽可能不选用。

3）分度圆压力角 α。在齿轮传动中，齿廓曲线和分度圆交点处的速度方向与该点的法线方向（即力的作用线方向）之间所夹的锐角称为分度圆压力角，用 α 表示，如图 12-36 所示。齿轮轮齿齿廓在齿轮各圆上具有不同的压力角，我国规定分度圆压力角 α 的标准值一般为 20°。

4）传动比 i。传动比 i 为主动齿轮的转速 n_1（r/min）与从动齿轮的转速 n_2（r/min）

之比，即 n_1/n_2。用于减速的一对啮合齿轮，其传动比 $i>1$。由 $n_1z_1=n_2z_2$ 可得：

$$i=n_1/n_2=z_2/z_1$$

（3）标准直齿圆柱齿轮的几何尺寸计算　标准直齿圆柱齿轮各部分的几何尺寸的具体计算公式见表 12-4。

表 12-4　标准直齿圆柱齿轮的尺寸计算公式

名　称	代号	计　算　公　式
模数	m	由强度计算或用类比法确定
齿数	z	由运动设计确定
齿顶高	h_a	$h_a=m$
齿根高	h_f	$h_f=1.25m$
齿高	h	$h=h_a+h_f=(1+1.25)m=2.25m$
分度圆直径	d	$d=mz$
齿顶圆直径	d_a	$d_a=d+2h_a=mz+2m=m(z+2)$
齿根圆直径	d_f	$d_f=d-2h_f=mz-2\times1.25m=m(z-2.5)$
齿距	p	$p=m\pi$
齿厚	s	$s=p/2=m\pi/2$
槽宽	e	$e=p/2=m\pi/2$
中心距	a	$a=(d_1+d_2)/2=m(z_1+z_2)/2$

2. 直齿圆柱齿轮的规定画法

（1）单个直齿圆柱齿轮　根据 GB/T 4459.2—2003 的规定，齿轮轮齿部分一般应按如下规定绘制，如图 12-37 所示。

1）齿顶圆和齿顶线用粗实线绘制。

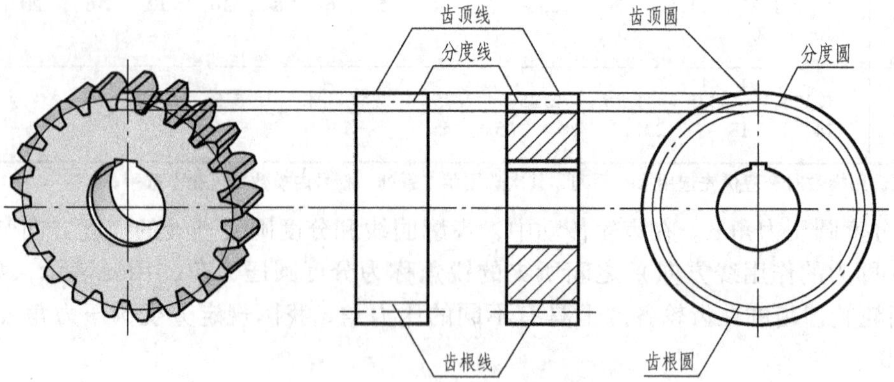

图 12-37　直齿圆柱齿轮的规定画法

2）分度圆和分度线用细点画线绘制。

3）齿根圆和齿根线用细实线绘制，也可省略不画；在剖视图中，齿根线用粗实线绘制。

4）在剖视图中，当剖切面通过齿轮的轴线时，轮齿一律按不剖处理。

提示：分度线（细点画线）应超出齿轮轮廓线 2~3mm。

（2）直齿圆柱齿轮啮合的画法　当两标准齿轮相互啮合时，两齿轮的分度圆处于相切位置，此时分度圆又称为节圆，如图12-38所示。除两齿轮啮合区外，其他部分的结构均按单个齿轮结构绘制。两齿轮啮合的规定画法如下：

1）在垂直于圆柱齿轮轴线的投影面的视图画法。

① 两个齿轮的节圆（分度圆）应相切，用细点画线绘制，如图12-38a、b所示。

② 啮合区内的齿顶圆用粗实线绘制，或省略不画，如图12-38a、b所示。

③ 齿根圆均用细实线绘制，或省略不画，如图12-38a、b所示。

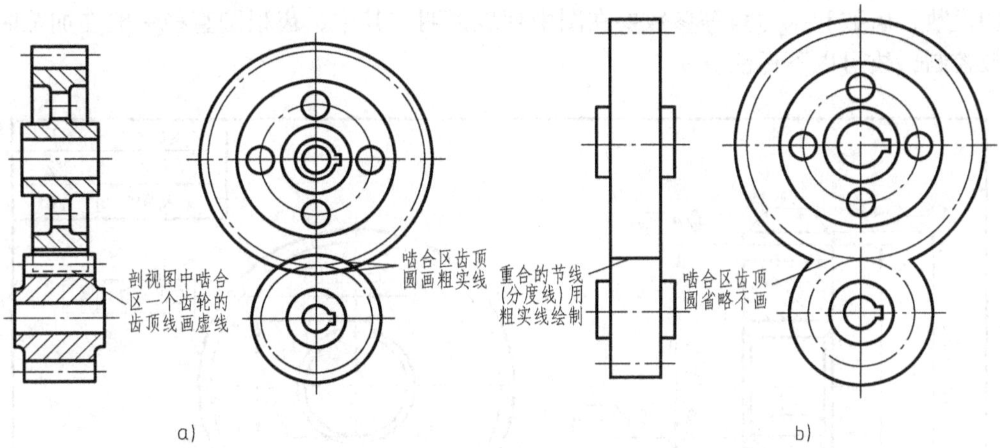

图12-38　直齿圆柱齿轮啮合的规定画法
a）啮合齿轮的剖视图　b）啮合齿轮的视图

2）在平行于圆柱齿轮轴线的投影面的剖视图画法。

① 一般画成剖视图，剖切面应通过两啮合齿轮的轴线，两齿轮的节线（分度线）均用细点画线绘制，如图12-38a所示。

② 在啮合区两齿轮的节线（分度线）重合，画为一条细点画线，且两端超出轮廓线2~3mm，如图12-38a所示。

③ 在啮合区一个齿轮的轮齿用粗实线绘制，另一个齿轮的轮齿被遮挡部分用虚线绘制，也可省略不画，如图12-38a、图12-39所示。

④ 两齿轮的齿根线均使用粗实线绘制。

3）在平行于圆柱齿轮轴线的投影为外形视图的画法。

① 啮合区的齿顶线和齿根线不需画出。

② 啮合区的节线（分度线）用粗实线绘制，其他处的节线（分度线）用细点画线绘制，如图12-38b所示。

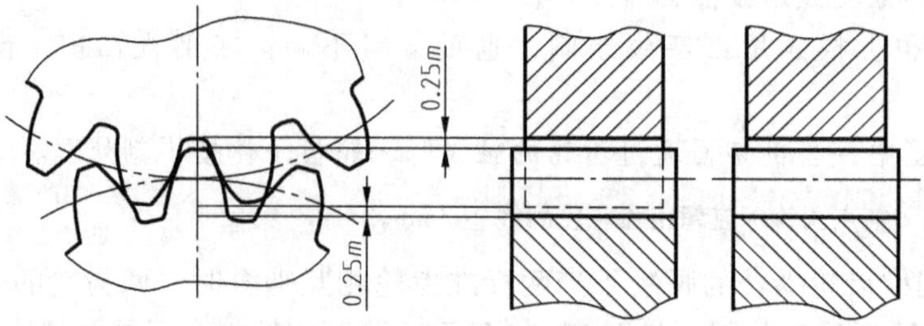

图 12-39　齿轮啮合区的画法

注意：由于一对啮合齿轮的齿根高和齿顶高相差 0.25m（$h_a = m$、$h_f = 1.25m$），所以一齿轮的齿顶线与另一齿轮的齿根线之间有 0.25m 的间隙。

（3）直齿圆柱齿轮的零件图　图 12-40 所示为直齿圆柱齿轮的零件图，与其他零件图不同，除了要表达齿轮的形状、尺寸和技术要求等外，还需要注明加工齿轮所需要的基本参数，如模数、齿数和压力角等参数要在图中列表说明。其中，齿根圆直径一般在加工时由其他参数控制，故可以不标注。

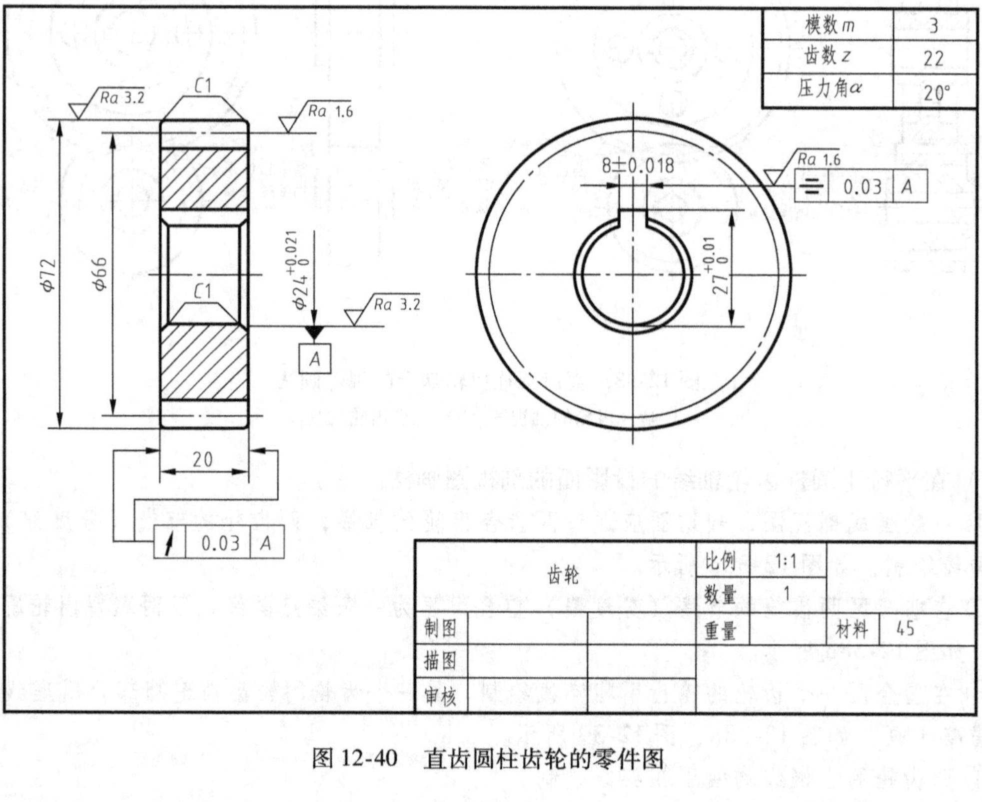

图 12-40　直齿圆柱齿轮的零件图

12.2.2　斜齿圆柱齿轮

斜齿圆柱齿轮的轮齿被加工成螺旋形状排列，斜齿圆柱齿轮传动平稳，适合用于高速平稳的传动场合。

1. 斜齿圆柱齿轮的尺寸计算

斜齿轮的轮齿倾斜以后，齿轮端面上的齿形和垂直轮齿方向法向上的齿形不同，图12-41所示为斜齿轮的分度圆柱面，图12-42所示为分度圆柱面的展开。分度圆周长为 πd；β 为螺旋角，表示轮齿的倾斜度。垂直轴线平面上的齿距和模数称为端面齿距 p_t 和端面模数 m_t；与分度圆柱面上螺旋线垂直的平面上的齿距和模数称为法向齿距 p_n 和法向模数 m_n。

由图12-42所示可知

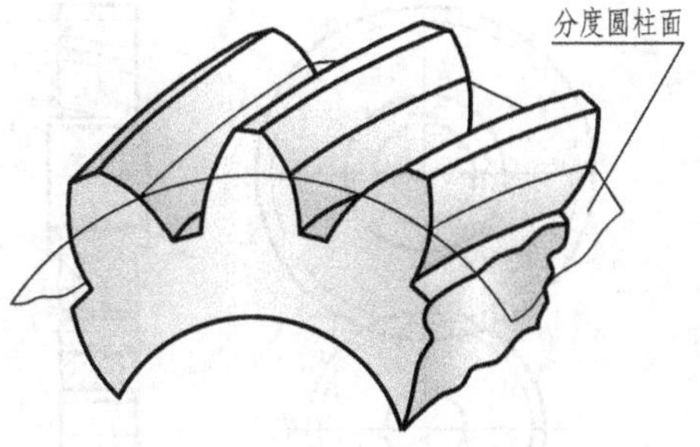

图12-41　斜齿轮的分度圆柱面

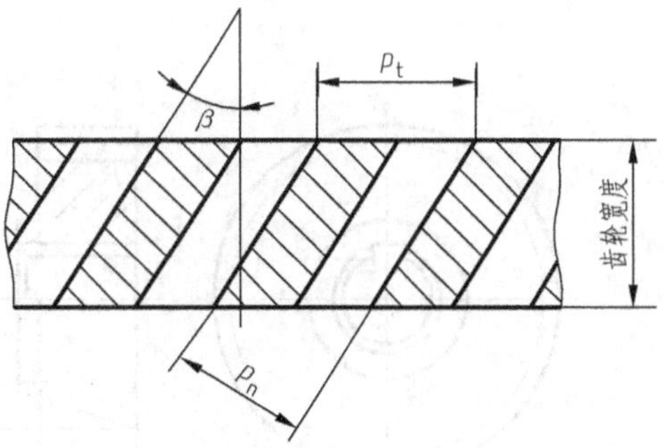

图12-42　斜齿轮的分度圆柱面展开

$$p_n = p_t\cos\beta \qquad 因此 \qquad m_n = m_t\cos\beta$$

用成形铣刀或流刀加工斜齿轮时，刀具的进刀方向垂直于斜齿轮的法向。为了使加工直齿齿轮的刀具通用，将斜齿轮法向模数取为标准模数，见表12-5。标准的法向压力角$\alpha = 20°$。

斜齿圆柱齿轮各部分尺寸计算公式见表12-5。

表12-5　斜齿圆柱齿轮各部分尺寸计算公式

名　称	代号	计　算　公　式
端面齿距	p_t	$p_t = \pi d/z$
法向齿距	p_n	$p_n = p_t\cos\beta$
端面模数	m_t	$m_t = p_t/\pi$
法面模数	m_n	$m_n = p_n/\pi$
分度圆直径	d	$d_1 = m_t z_1 = m_n z_1/\cos\beta, d_2 = m_t z_2 = m_n z_2/\cos\beta$
齿顶高	h_a	$h_a = m_n$
齿根高	h_f	$h_f = 1.25m_n$
全齿高	h	$h = h_a + h_f = 2.25m_n$
齿顶圆直径	d_a	$d_{a1} = d_1 + 2m_n = m_n[(z_1/\cos\beta) + 2], d_{a2} = d_2 + 2m_n = m_n[(z_2/\cos\beta) + 2]$
齿根圆直径	d_f	$d_{f1} = d_1 - 2.5m_n = m_n[(z_1/\cos\beta) - 2.5], d_{f2} = d_2 - 2.5m_n = m_n[(z_2/\cos\beta) - 2.5]$
中心距	a	$a = (d_1 + d_2)/2 = m_n(z_1 + z_2)/(2\cos\beta)$

注：以上 d_a、d_f、a 的计算公式适用于外啮合斜齿圆柱齿轮传动。

2. 单个斜齿圆柱齿轮的画法

斜齿圆柱齿轮的画法基本上与直齿圆柱齿轮相同。在平行于齿轮轴线的投影面中的视图常采用半剖视图或局部剖视图表达，齿线特征（轮齿倾斜方向）可在未剖处用三条与齿线方向相同且平行的细实线表达，如图 12-43 所示。

3. 斜齿圆柱齿轮的啮合画法

一对相互啮合的斜齿圆柱齿轮，齿轮的模数、螺旋角分别相等，其轮齿的旋向应该相反，一个为左旋，一个为右旋，所以在平行于齿轮轴线的投影面的视图中，两啮合齿轮的未剖切处表示齿线特征（轮齿倾斜方向）的三条平行细实线，其倾斜方向必须相反。其啮合部分的画法与直齿圆柱齿轮啮合部分的画法相同，如图 12-44 所示。

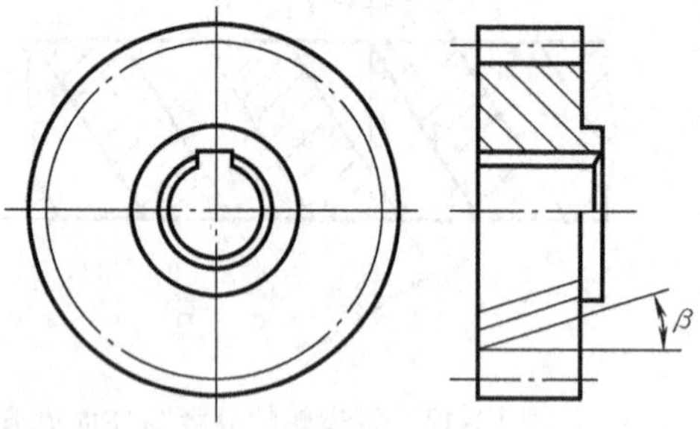

图 12-43　单个斜齿圆柱齿轮的画法

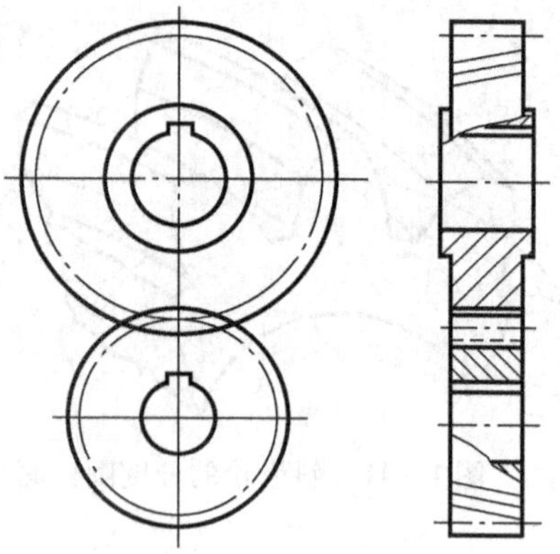

图 12-44　斜齿圆柱齿轮的啮合画法

4. 斜齿圆柱齿轮的零件图

图 12-45 所示为斜齿圆柱齿轮的零件图，齿轮的法向模数、齿数、压力角、螺旋角和旋向等参数需要在图中列表说明。

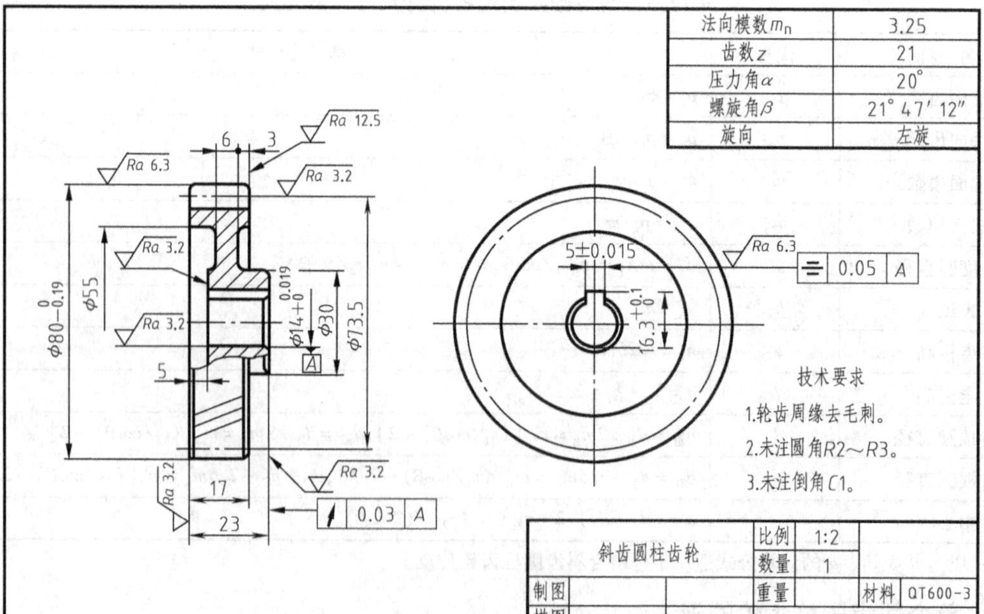

图 12-45　斜齿圆柱齿轮的零件图

12.2.3　直齿锥齿轮

直齿锥齿轮通常用于垂直相交两轴之间的传动。由于锥齿轮的轮齿分布在圆锥面上，所以锥齿轮的轮齿一端大，另一端小，齿厚和齿高是沿锥底向锥顶逐渐变化的，直径和模数也随着齿厚和齿高的变化而变化，如图 12-46 所示。

图 12-46　直齿锥齿轮

1. 直齿锥齿轮各部分名称及尺寸计算

（1）标准模数　为了设计和制造方便，规定以大端的模数为准，计算并决定轮齿的其他各部分尺寸。直齿锥齿轮大端标准模数见表 12-6。

表 12-6　常用直齿锥齿轮大端标准模数

标准模数 m
1　1.125　1.25　1.375　1.5　1.75　2　2.25　2.5　2.75　3　3.25　3.5　3.75　4　4.5　5　5.5
6　6.5　7　8　9　10　11　12　14　16　18　20　22　25　28　30　32　36　40　45　50

（2）各部分名称　由于直齿锥齿轮规定以大端的模数为准，因此一般所说的锥齿轮的齿顶圆直径 d_a、分度圆直径 d、齿顶高 h_a 和齿根高 h_f 等尺寸都是相对大端而言的。直齿锥齿轮各部分名称如图 12-47 所示。

（3）各部分尺寸关系及计算公式　直齿锥齿轮各部分尺寸计算公式见表 12-7。

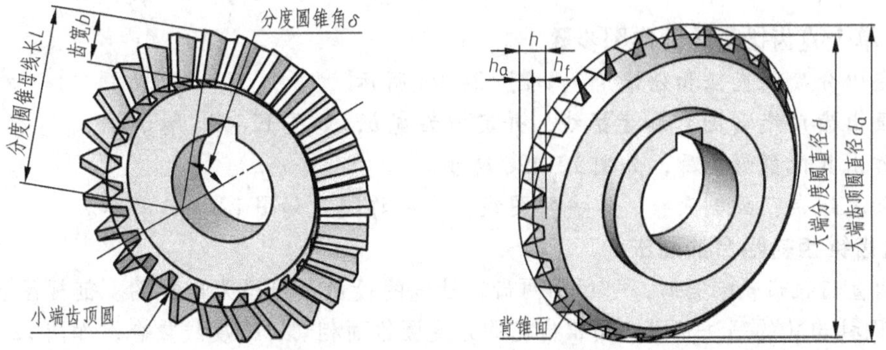

图 12-47　直齿锥齿轮各部分名称

表 12-7　直齿锥齿轮的尺寸计算公式（$\delta_1+\delta_2=90°$）

名　称	代号	公　式	名　称	代号	公　式
分锥角 δ_1、δ_2	δ	$\tan\delta_1=z_1/z_2$，$\tan\delta_2=z_2/z_1$	齿根角	θ_f	$\tan\theta_f=2.4\sin\delta/z$
分度圆直径	d	$d=mz$	顶锥角	δ_a	$\delta_a=\delta+\theta_a$
齿顶圆直径	d_a	$d_a=m(z+2\cos\delta)$	根锥角	δ_f	$\delta_f=\delta-\theta_f$
齿顶高	h_a	$h_a=m$	齿宽	b	$b\leqslant R/3$
齿根高	h_f	$h_f=1.2m$	齿顶高的投影	n	$n=m\sin\delta$
齿高	h	$h=h_a+h_f$	齿面宽的投影	l	$l=b\cos\delta/\cos\theta_a$
锥距	R	$R=mz/(2\sin\delta)$	锥顶到齿顶圆的距离	H	$H=(mz/2)/\tan\delta-n$
齿顶角	θ_a	$\tan\theta_a=2\sin\delta/z$	齿根圆直径	d_f	$d_f=m(z-2.4\cos\delta)$

2. 直齿锥齿轮的规定画法

锥齿轮的规定画法与圆柱齿轮基本相同。

（1）单个锥齿轮的画法

1）在平行于锥齿轮轴线的投影面中的视图通常采用全剖视图。分度线用细点画线绘制，齿顶线和齿根线用粗实线绘制，如图 12-48 所示。

2）在垂直于锥齿轮轴线的投影面中的视图，齿轮大端和小端的齿顶圆用粗实线绘制，齿轮大端的分度圆用细点画线绘制，齿根圆及小端分度圆均不必画出，如图 12-48 所示。

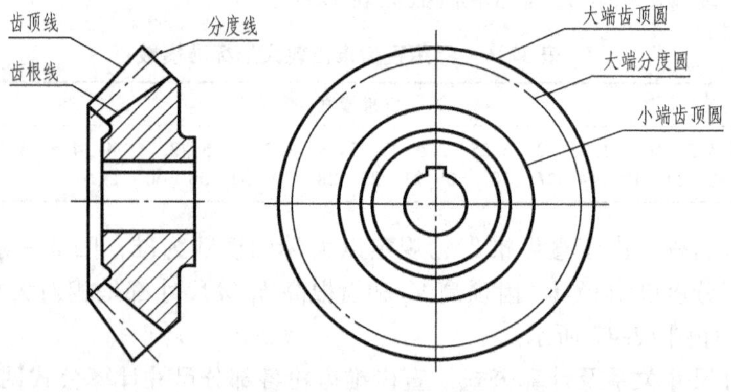

图 12-48　锥齿轮的画法

（2）单个直齿锥齿轮的作图步骤

1）定出分度圆直径和分锥角，如图 12-49a 所示。

2）画出齿顶线（圆）和齿根线，并定出齿宽 b，如图 12-49b 所示。

3）作出其他投影轮廓，如图 12-49c 所示。

4）加深线条，画剖面线，擦去作图线，完成作图，如图 12-49d 所示。

3. 直齿锥齿轮啮合的画法

1）两直齿锥齿轮啮合时，平行于两齿轮轴线的投影一般画为剖视图。剖视图啮合区的画法与直齿圆柱齿轮的画法相同，两锥齿轮的分度圆锥面相切，分度线重合，如图 12-50 所示。

2）在轴线垂直相交的两锥齿轮啮合时，两节圆锥角 δ_1 和 δ_2 之和为 90°，如图 12-50 所示。

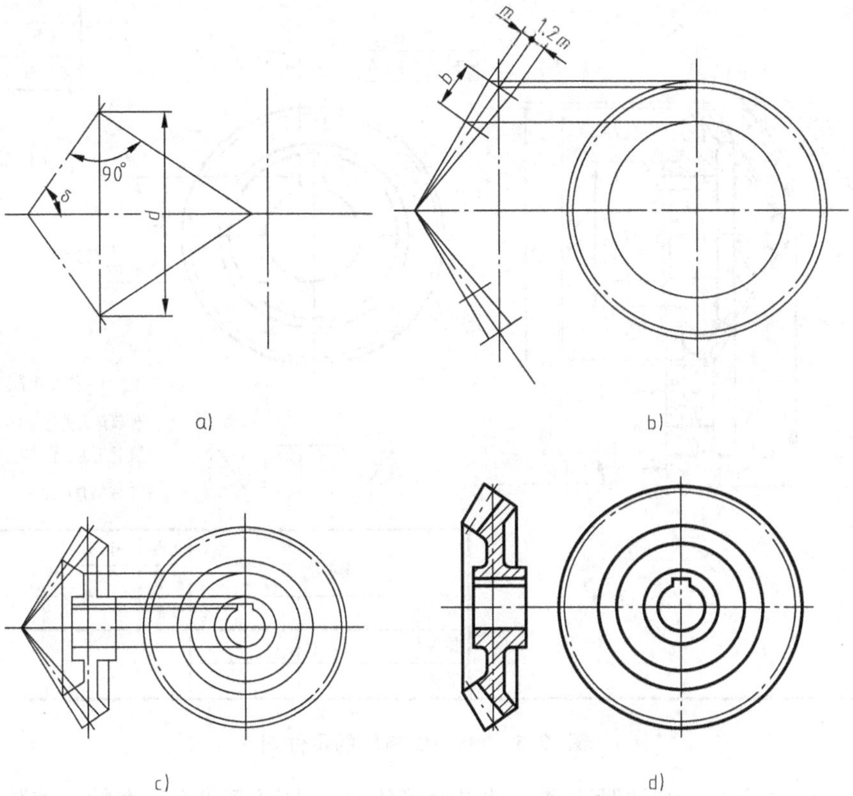

图 12-49　直齿锥齿轮的作图步骤

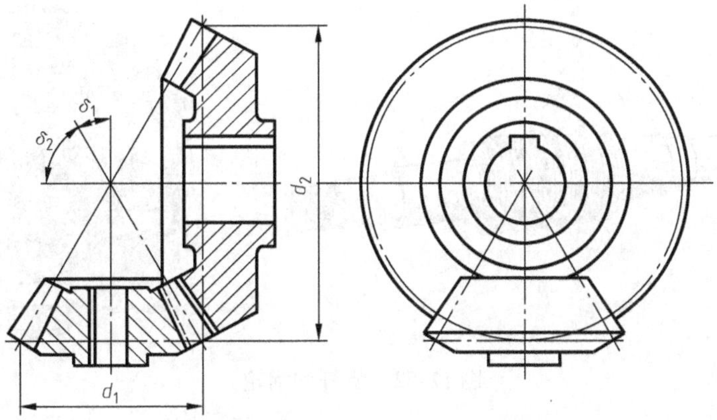

图 12-50　直齿锥齿轮啮合的画法

4. 直齿锥齿轮的零件图

直齿锥齿轮的零件图如图 12-51 所示，模数、齿数和压力角等参数要在图中列表说明。

12.2.4　蜗杆和蜗轮简介

蜗杆和蜗轮用于垂直交叉两轴间的传动。一般蜗杆是主动的，蜗轮是从动的。由于蜗

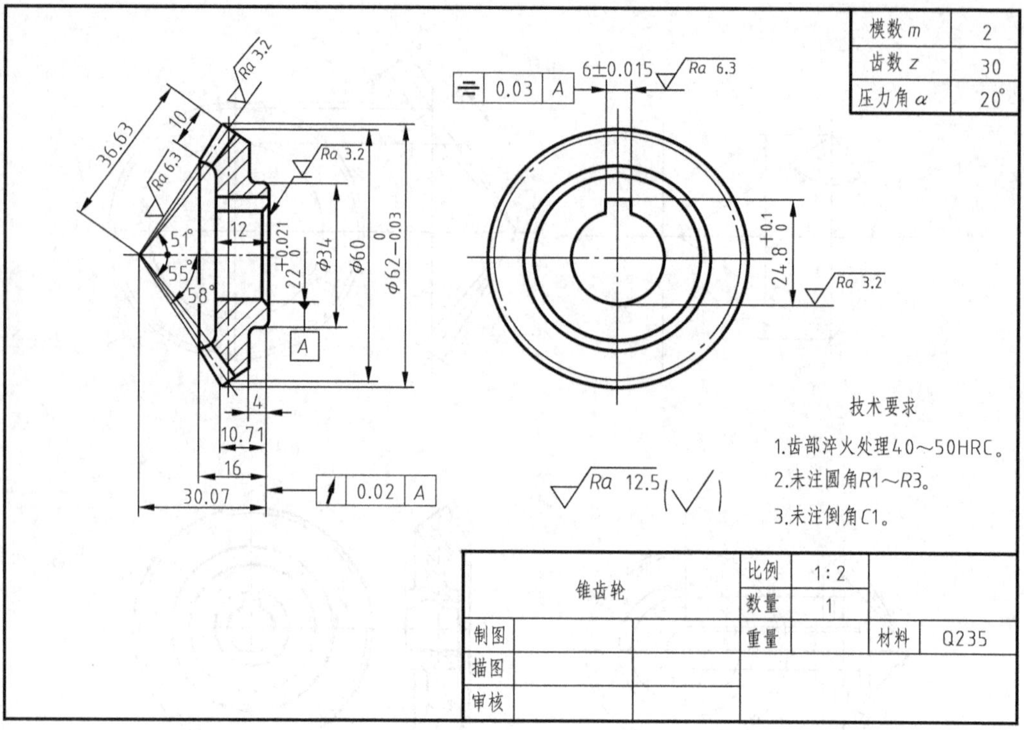

图 12-51　直齿锥齿轮的零件图

杆、蜗轮具有传动比大、结构紧凑和传动平稳等优点，常用于减速比大的减速装置和精密分度装置。但蜗杆、蜗轮也有摩擦力大、发热量大和传动效率低的缺点。蜗杆和蜗轮如图 12-52所示。

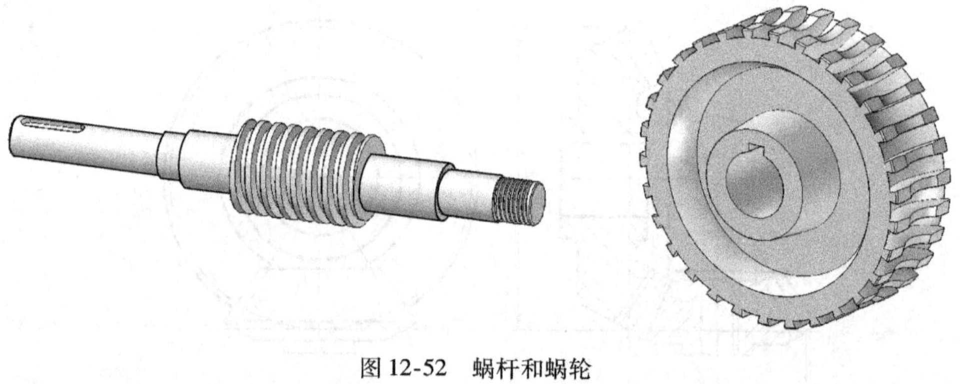

图 12-52　蜗杆和蜗轮

蜗杆的齿数（头数）z_1 相当于螺杆上螺纹的线数。蜗杆常用单头或双头。单头蜗杆在传动时，蜗杆旋转一圈，则蜗轮只转一个齿，因此，可得到大的传动比（$i=z_2/z_1$，z_2 为蜗轮齿数）。蜗杆和蜗轮的轮齿是螺旋形的，蜗轮的齿顶面和齿根面常制成圆环面。当蜗杆、蜗轮啮合时，蜗杆的模数、压力角应与蜗轮的模数、压力角相同。

1. 蜗杆、蜗轮各部分名称及尺寸计算

（1）标准模数和直径系数　表 12-8 是国家标准规定的蜗杆、蜗轮标准模数 m 和直径系数 q。

表 12-8　蜗杆、蜗轮标准模数 m 和直径系数 q

m	1	1.5	2	2.5	3	4	5	6	8	10	12	14
q	14	14	13	12	12	11	10	9	8	8	8	9

（2）各部分名称　蜗杆和蜗轮各部分名称和代号如图 12-53 所示。

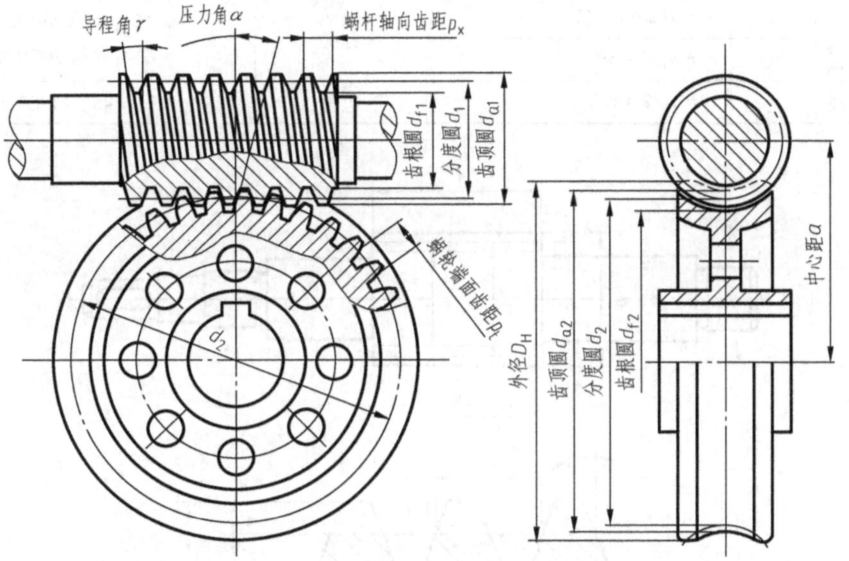

图 12-53　蜗杆和蜗轮各部分名称和代号

（3）蜗杆的各部分尺寸关系及计算公式　表 12-9 是蜗杆的各部分结构尺寸关系及计算公式。

表 12-9　蜗杆的尺寸计算公式

名称	代号	公　式	名称	代号	公　式
分度圆直径	d_1	$d_1 = mq$	轴向齿距	p_x	$p_x = \pi m$
齿顶高	h_a	$h_a = m$	螺牙导程	p_z	$p_z = z_1 p_x$
齿根高	h_f	$h_f = 1.2m$	导程角	γ	$\gamma = z_1/q$
全齿高	h	$h = h_a + h_f = 2.2m$	轴向压力角	α	$\alpha = 20°$
齿顶圆直径	d_{a1}	$d_{a1} = m(q+2)$	螺纹部分长度	L	当 $z_1 = 1 \sim 2, L \geqslant (13 \sim 16)m$ 当 $z_1 = 3 \sim 4, L \geqslant (15 \sim 20)m$
齿根圆直径	d_{f1}	$d_{f1} = m(q-2.4)$			

（4）蜗轮的各部分尺寸关系及计算公式　表 12-10 是蜗轮的各部分结构尺寸关系及计算公式。

2. 蜗杆和蜗轮的画法

（1）蜗杆的画法　蜗杆通常用一个主视图和表示轴向齿形的局部剖视图或牙型放大图表达，如图 12-54 所示。

（2）蜗轮的画法　蜗轮的画法与圆柱齿轮类似，一般平行于蜗轮轴线的视图画为剖视图，但垂直于蜗轮轴线的视图不画齿顶圆和齿根圆，只画出分度圆和最大直径的外圆，如图 12-55 所示。

表 12-10　蜗轮的尺寸计算公式

名　称	代号	公　式	名　称	代号	公　式
分度圆直径	d_2	$d_2=mz_2$	外径	D_H	当 $z_1=1, D_H \leqslant d_{a2}+2m$ 当 $z_1=2\sim3, D_H \leqslant d_{a2}+1.5m$ 当 $z_1=4, D_H \leqslant d_{a2}+m$
齿顶圆直径	d_{a2}	$d_{a2}=m(z_2+2)$			
齿根圆直径	d_{f2}	$d_{f2}=m(z_2-2.4)$			
中心距	a	$a=m(q+z_2)/2$	宽度	b	当 $z_1 \leqslant 3 \quad b \leqslant 0.75d_{a1}$ 当 $z_1=4 \quad b \leqslant 0.67d_{a1}$
齿顶圆弧面半径	r_a	$r_a=d_1/2-m$			
齿根圆弧面半径	r_f	$r_f=d_1/2+1.2m$	包角	2γ	$2\gamma=45^\circ\sim130^\circ$

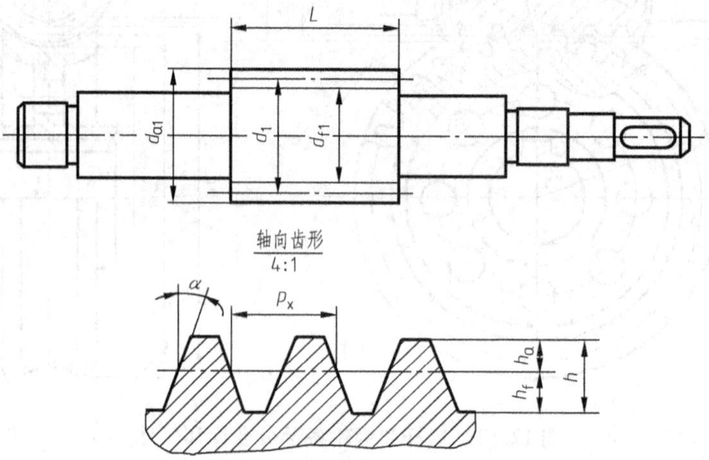

图 12-54　蜗杆的画法

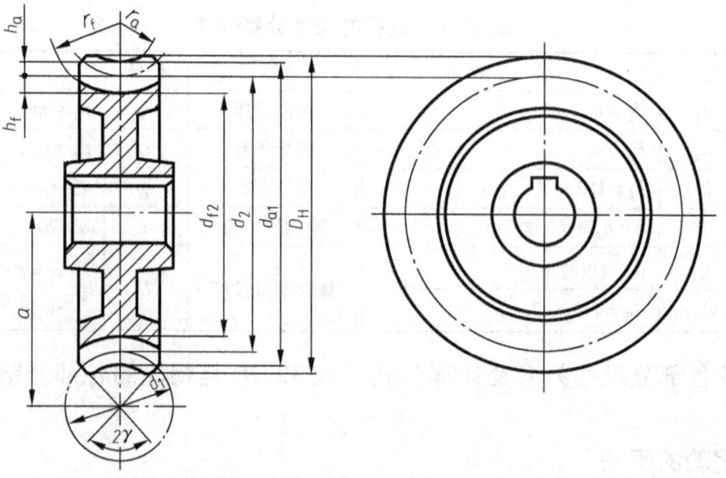

图 12-55　蜗轮的画法

（3）蜗杆和蜗轮啮合的画法　蜗杆和蜗轮的啮合画法如图 12-56 所示，在主视图中，蜗轮被蜗杆遮住的部分不必画出；在左视图中，蜗轮的分度圆和蜗杆的分度线相切，其余如图 12-56 所示。

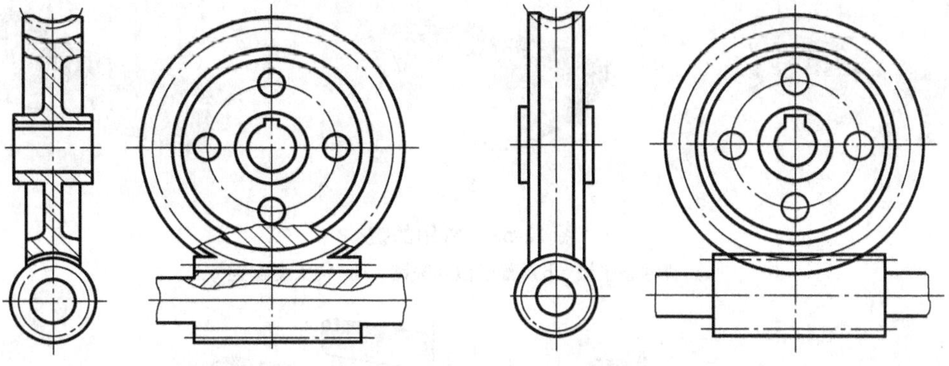

图12-56　蜗杆和蜗轮的啮合画法
a）剖视图　b）外形图

12.3　键和销

键和销都是标准零件。键通常用来联接轴和装在轴上的零件（如齿轮、带轮等），起传递转矩的作用，如图12-57a所示。销通常用于零件之间的联接和定位，如图12-57b所示。

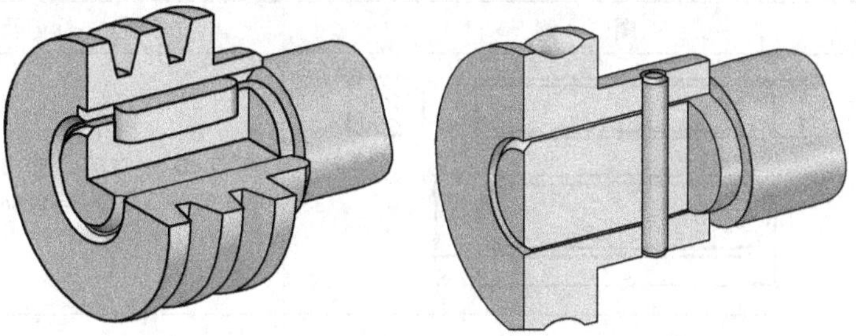

图12-57　键和销联接
a）键联接　b）销联接

12.3.1　键联接

键联接根据使用的要求不同，相应类型有多种，常用的有普通键（普通型平键、普通型半圆键和钩头型楔键等）和花键两大类。

1. 普通键联接

常用的普通键有普通型平键、普通型半圆键和钩头型楔键等，如图12-58所示。

当普通型平键和普通型半圆键联接时，在被联接的轴和孔上加工出键槽，将键放入键槽中，然后将轴和孔装配在一起，可起联接和传递转矩的作用。图12-59所示为普通型平键联接。

（1）键的规定标记　常用普通键的结构形式和尺寸都已经标准化，在机械设计时，可根据设计要求从国家标准中选用，一般不需要绘制零件图。常用键的结构和标记见表12-11。

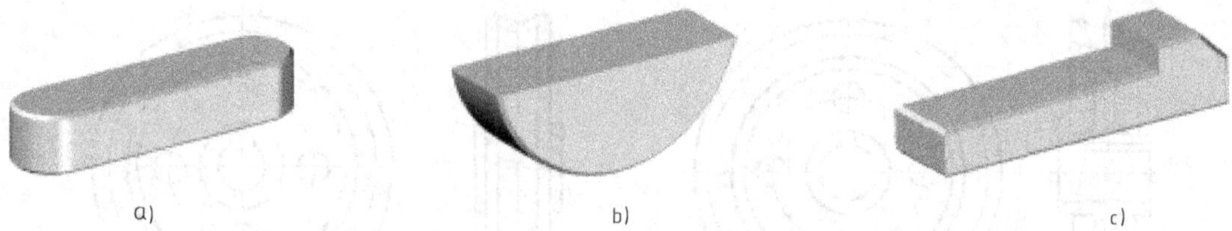

图 12-58　常用的键

a）普通型平键　b）普通型半圆键　c）钩头型楔键

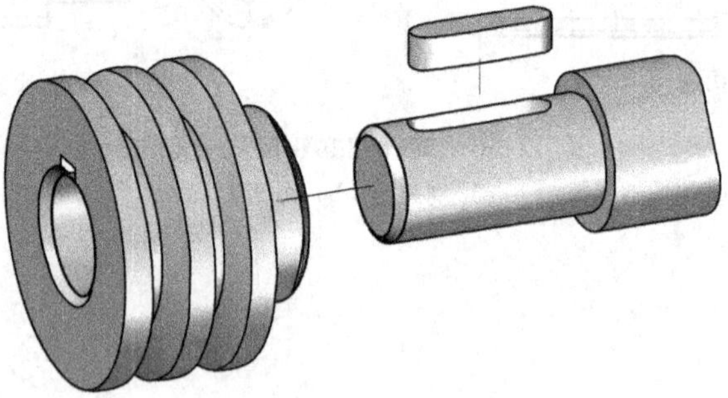

图 12-59　普通型平键装配

表 12-11　常用键的结构和标记

名　称	图　例	标记及说明
普通型平键 GB/T 1096—2003	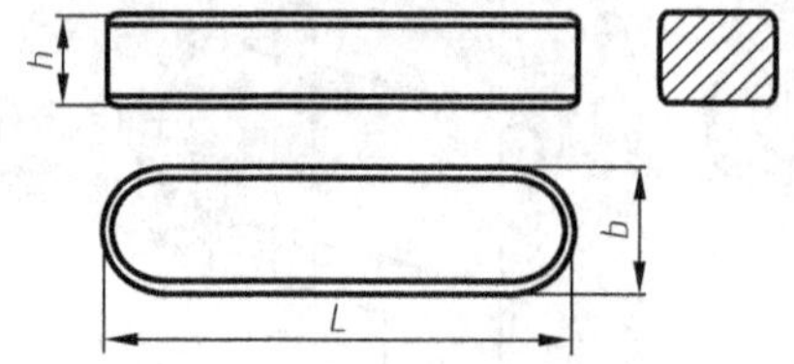	GB/T 1096—2003　键　18×11×100 圆头普通型平键 $b=18\text{mm}$、$h=11\text{mm}$、$L=100\text{mm}$
普通型半圆键 GB/T 1099.1—2003	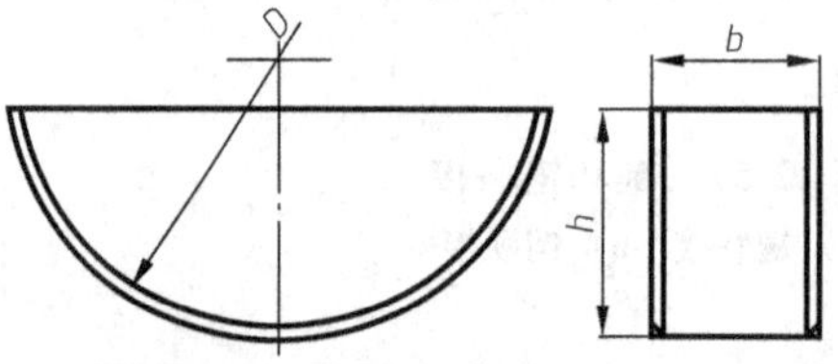	GB/T 1099.1—2003　键　6×10×25 普通型半圆键 $b=6\text{mm}$、$h=10\text{mm}$、$D=25\text{mm}$
钩头型楔键 GB/T 1565—2003	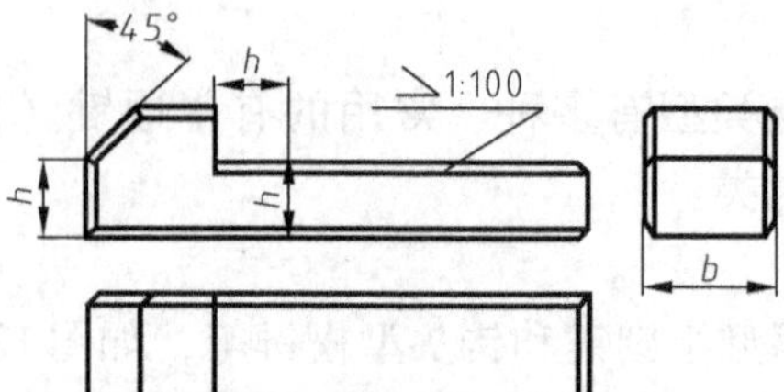	GB/T 1565—2003　键　18×11×100 钩头型楔键 $b=18\text{mm}$、$h=11\text{mm}$、$L=100\text{mm}$

（2）普通型平键联接的装配画法　图 12-60 所示为轴与轮毂用键联接的装配图画法。

1）主视图为通过轴的轴线和键的纵向对称平面剖切后画出。

2）轴和键为实心零件，根据国家标准规定，此时轴和键均按不剖绘制。

3）为了表示键在轴上的装配结构，轴的键槽部位采用局部剖视图。

4）左视图为 *A—A* 全剖视图，键的顶面与轮毂键槽顶面有间隙，应画为两条线。而键的其他表面与轴和轮毂的键槽表面都为接触面，应画一条线。

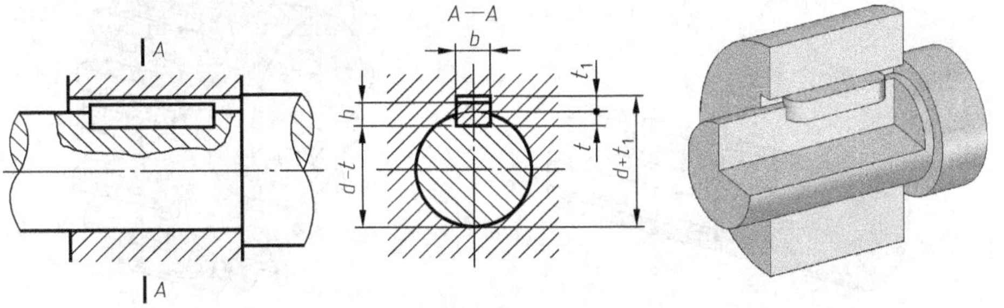

图 12-60　普通型平键联接的装配画法

（3）普通型半圆键联接的装配画法　普通型半圆键联接的装配画法与普通型平键联接的装配画法基本相同，如图 12-61 所示。

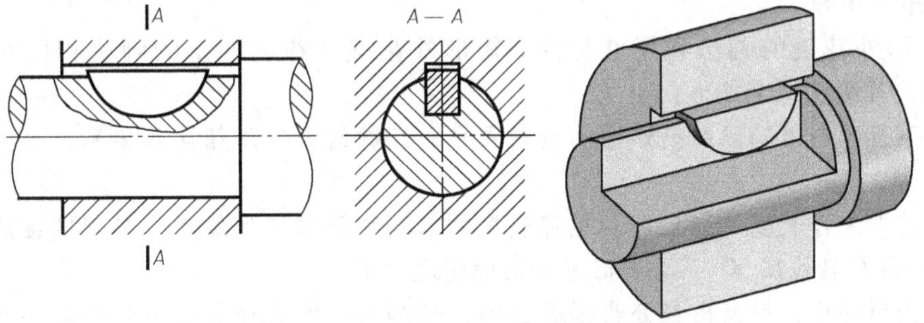

图 12-61　普通型半圆键联接的装配画法

（4）钩头型楔键联接的装配画法　钩头型楔键联接的装配画法与普通型平键和普通型半圆键的装配画法有所不同，顶面有 1∶100 的斜度，装配后楔键的顶面和底面与被装配零件紧密接触，两侧面有间隙，如图 12-62 所示。

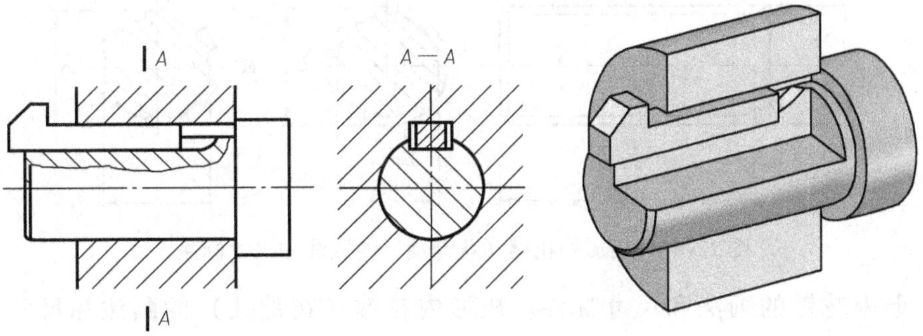

图 12-62　钩头型楔键联接的装配画法

2. 花键联接

花键的键数比较多，通常与轴制成一体，也称为花键轴。花键轴与花键孔相联接，其联接可靠性好，对中性准确，传递转矩大，适应于重载、变载和定心精度较高的联接，如图 12-63 所示。

图 12-63　花键轴和花键孔

花键按齿形分为矩形花键、渐开线花键和三角花键，其中矩形花键使用较为广泛。花键的结构和尺寸都已经标准化。

（1）矩形花键

1）矩形外花键的画法和尺寸标注。矩形外花键（花键轴）的画法和尺寸标注如图12-64所示，其画法规定如下：

① 在平行于花键轴线的投影面的剖视图中，花键的大径用粗实线绘制，小径用细实线绘制。

② 外花键工作长度的终止端和尾部长度的末端均用细实线绘制，尾部则画成斜线，其倾斜角度一般与轴线成30°，必要时可按实际情况画成。

③ 在断面图中，用画出部分齿形表达时，齿形部分的大径和小径均用粗实线绘制，未画出的齿形部分用粗实线表示大径，用细实线表示小径。要画出全部齿形时，齿形的大径和小径均用粗实线绘制。

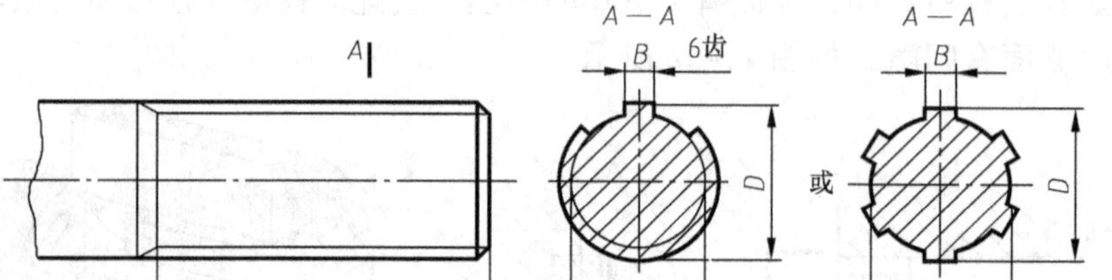

图 12-64　矩形外花键（花键轴）的画法和尺寸标注

2）矩形内花键的画法和尺寸标注。矩形内花键（花键孔）的画法和尺寸标注如图12-65所示，其画法规定如下：

① 在平行于花键轴线的投影面的剖视图中，花键的大径和小径均用粗实线绘制。

② 用局部视图画出部分齿形，画出齿形部分的大径和小径均用粗实线绘制，未画出的齿形部分用粗实线绘制小径，用细实线绘制大径，或者画出全部齿形。

3）矩形花键联接的画法。当矩形花键联接用剖视图或断面图表示时，其联接部分按外花键绘制，如图12-66所示。

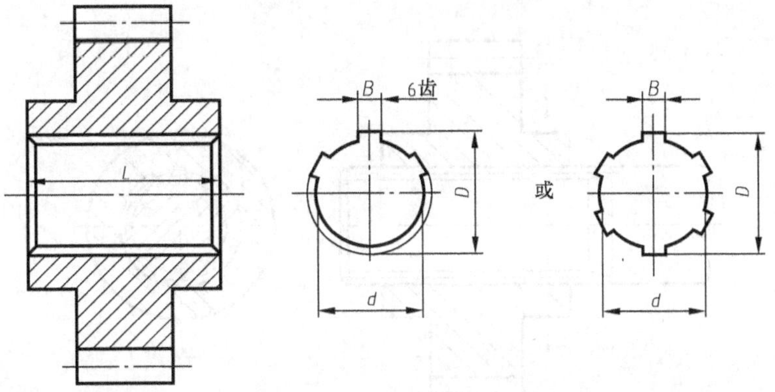

图 12-65　矩形内花键（花键孔）的画法和尺寸标注

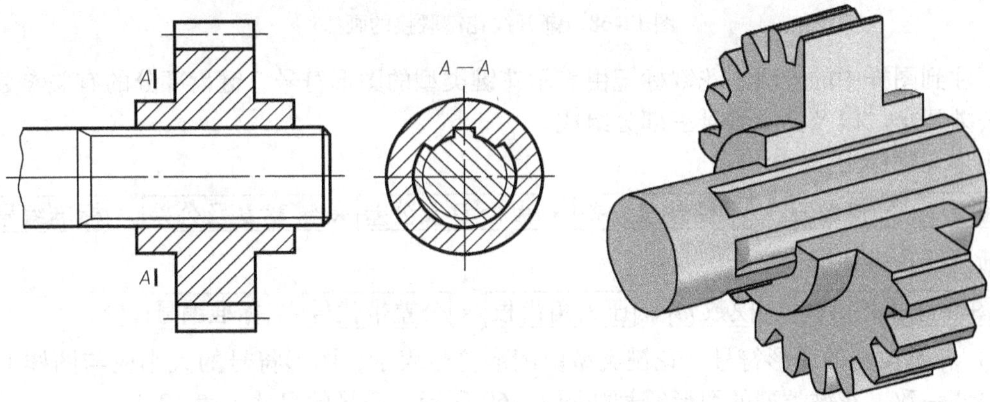

图 12-66　矩形花键联接的画法

（2）渐开线花键

1）渐开线花键的画法和尺寸标注。渐开线花键的画法基本上与矩形花键的画法相似，如图 12-67 所示。

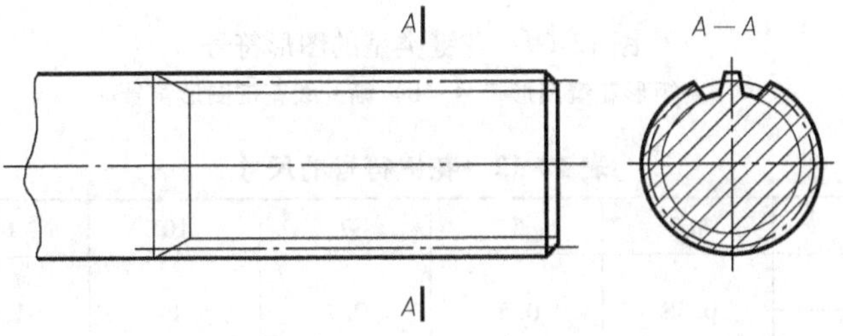

图 12-67　渐开线外花键的画法

渐开线花键相当于一个圆柱齿轮，所以需要用点画线画出分度圆和分度线。其尺寸标注基本与矩形花键的尺寸标注方法相同。

2）渐开线花键联接的画法。渐开线花键联接的画法与矩形花键联接基本相同，不同的是需要用点画线画出分度圆和分度线，如图 12-68 所示。

（3）花键标记的标注法　花键标记有相应的花键标注规定，制图标准主要规定将花键

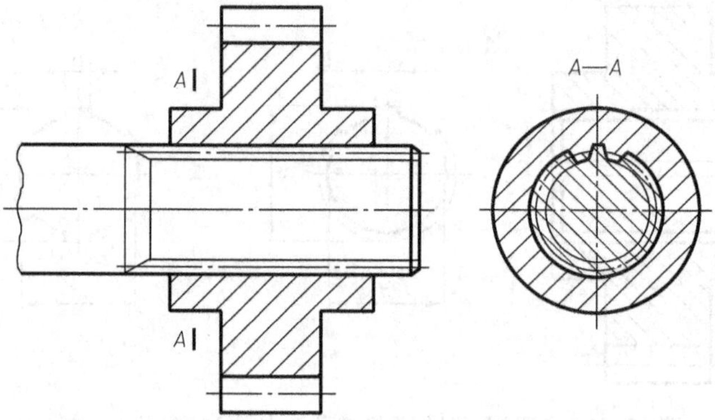

图 12-68　渐开线花键联接的画法

标记标注到图样中的方法。花键标记由表示花键类型的图形符号，键齿部分的有关参数、尺寸和公差要求，以及标准编号三部分组成。

矩形花键标记：

[图形符号] [键数 N] × [小径 d 及公差] × [大径 D 及公差] × [键宽 B 及公差]　[标准编号]

渐开线花键标记：

[图形符号] [齿数 z] × [模数 m] × [压力角齿根] × [公差带代号]　[标准编号]

1）花键类型的图形符号。花键类型由图形符号表示，图形符号的大小应与图样上其他符号协调一致，花键类型的图形符号如图 12-69 所示，符号的尺寸见表 12-12。

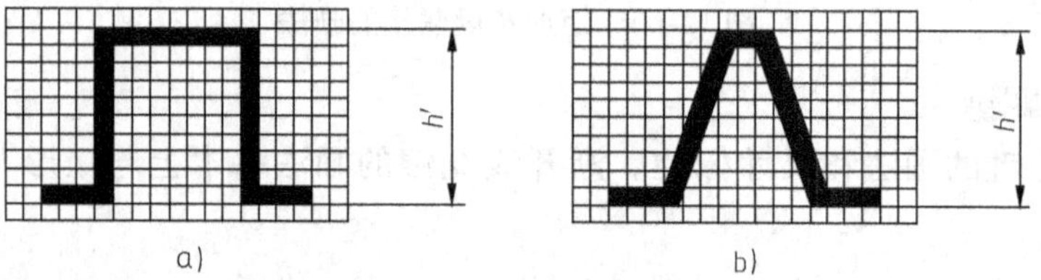

a）　　b）

图 12-69　花键类型的图形符号

a）矩形花键图形符号　b）渐开线花键图形符号

表 12-12　花键符号的尺寸　（单位：mm）

数字和字母高度 h	3.5	5	7	10	14	20
符号线宽 d' 字体线宽 d	0.35	0.5	0.7	1	1.4	2
符号高度 h'	3.5	5	7	10	14	20

2）标记示例。

【例 12-12】　花键标记示例。

① ⎍ 6 × 23f7 × 26a11 × 6d10　GB/T 1144—2001 表示：

矩形外花键，键数 $N=6$，$d=23$mm，$D=26$mm，$B=6$mm。

② ⎍ 6 × 23H7 × 26H10 × 6H11　GB/T 1144—2001 表示：

矩形内花键，键数 $N=6$，$d=23$mm，$D=26$mm，$B=6$mm。

③ ⎍ 6×23H7/f6×26H10/a11×6H11/d10　GB/T 1144—2001 表示：

矩形花键副，键数 $N=6$，$d=23$mm，$D=26$mm，$B=6$mm。

④ ⋀ EXT24z×2.5m×30R×5h　GB/T 3478.1—2008 表示：

渐开线外花键，齿数 $z=24$，模数 $m=2.5$mm，压力角为 30°，圆齿根，公差带代号为 5h。

⑤ ⋀ INT24z×2.5m×30R×5H　GB/T 3478.1—2008 表示：

渐开线内花键，齿数 $z=24$，模数 $m=2.5$mm，压力角为 30°，圆齿根，公差带代号为 5H。

⑥ ⋀ INT/EXT24z×2.5m×30R×5H/5h　GB/T 3478.1—2008 表示：

渐开线花键副，齿数 $z=24$，模数 $m=2.5$mm，压力角为 30°，圆齿根，公差带代号为 5H/5h。

提示：渐开线花键冠于参数代号前的缩写词“EXT”表示外花键，“INT”表示内花键。

3）花键标记的图样标注。花键的标记应注写在指引线的基准线上，指引线指向大径，如图 12-70 所示。当所注花键标记不能全部满足要求时，则其必要的数据可在图中列表表示，或在其他相关文件中说明。

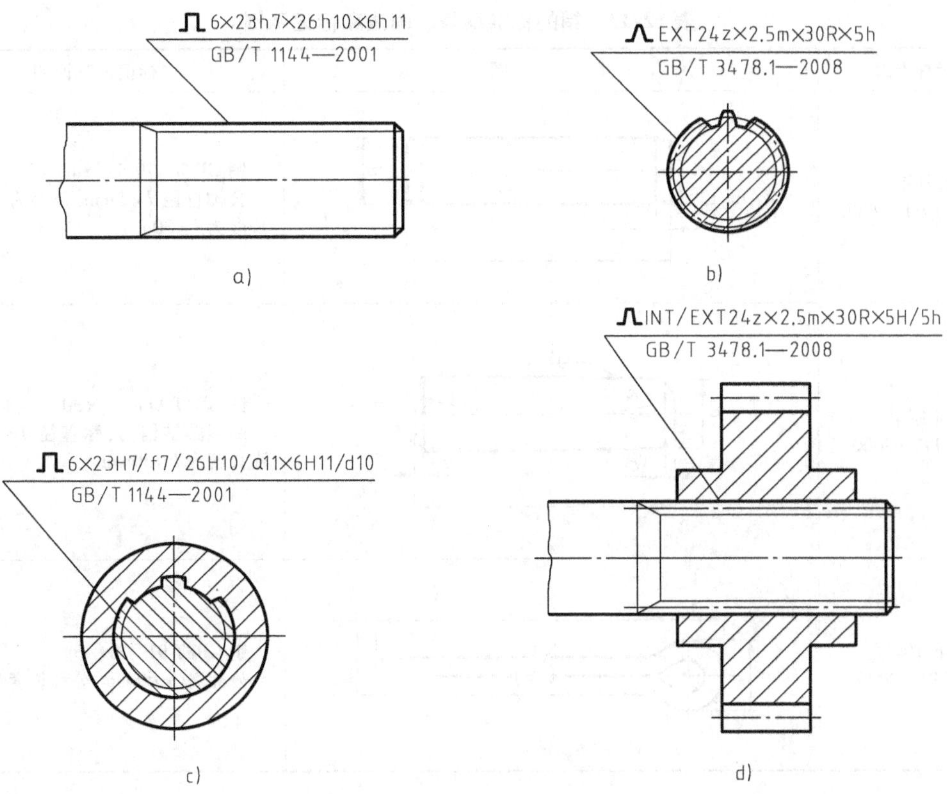

图 12-70　花键标记的图样标注

a）矩形花键标记标注　b）渐开线花键标记标注

c）矩形花键副标记标注　d）渐开线花键副标记标注

12.3.2　销联接

销通常主要用于零件间的联接或定位。常用的销有圆柱销、圆锥销和开口销等。圆柱销和圆锥销通常用于零件间的联接或定位，而开口销则用来防止螺母回松或固定其他零件，如图 12-71 所示。销也是标准件，使用时按有关标准选用。上述三种销的标准编号、画法和标记示例见表 12-13。

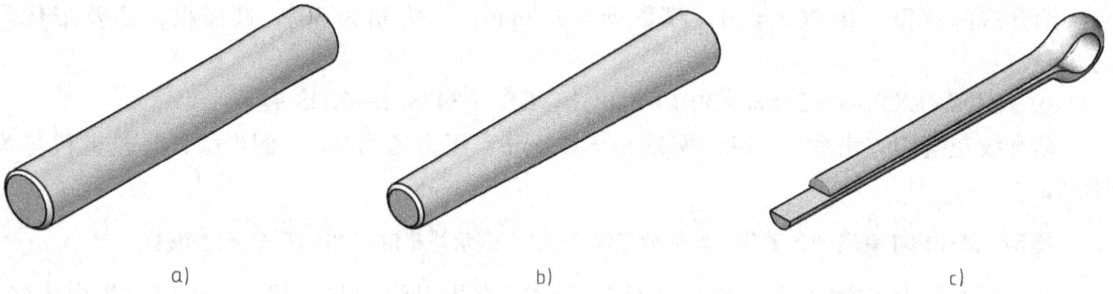

图 12-71　常用销

a）圆柱销　b）圆锥销　c）开口销

表 12-13　销的标准编号、画法和标记示例

名称及标准编号	简　　图	标记及其说明
圆柱销 GB/T 119.1—2000	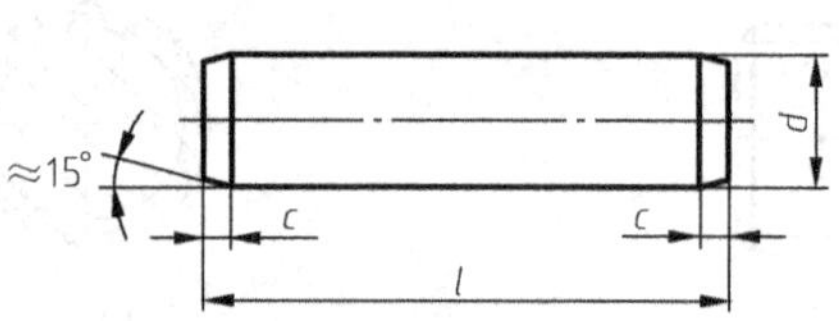	销 GB/T 119.1　8m6 ×30 公称直径 d = 8mm，公差为 m6，公称长度为 l = 30mm
圆锥销 GB/T 117—2000	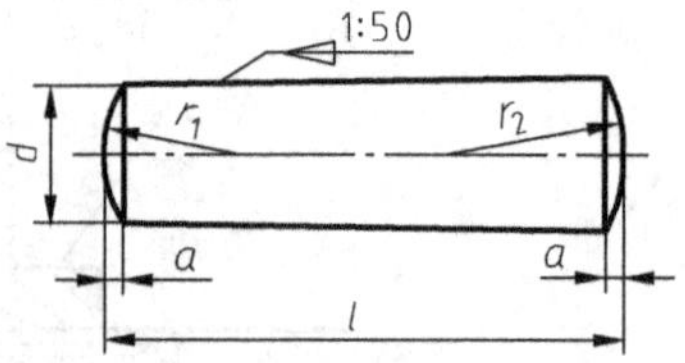	销 GB/T 117　8 ×30 A 型圆锥销，公称直径 d = 8mm，公称长度为 l = 30mm
开口销 GB/T 91—2000	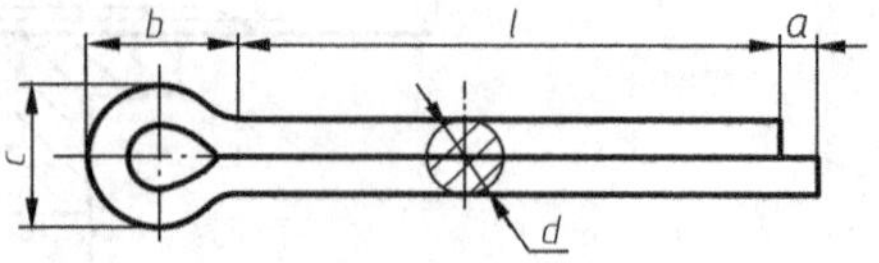	销 GB/T 91　8 ×45 公称规格为 8mm，公称长度 l = 45mm

1. 圆柱销联接

用圆柱销联接零件，称为销联接。为了可靠地确定零件之间的相对位置，也常用圆柱销定位。圆柱销联接的画法如图 12-72 所示。

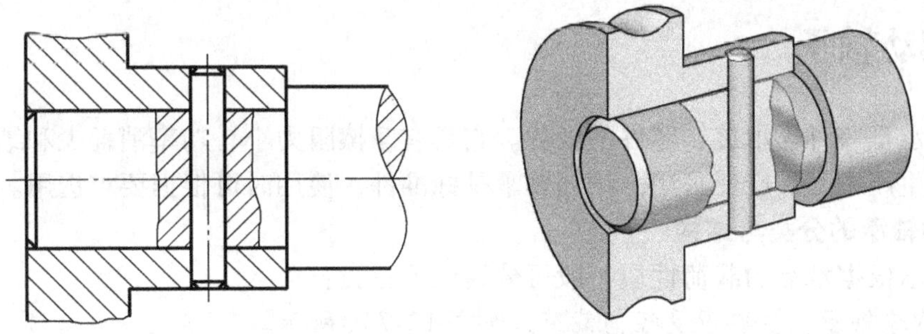

图 12-72　圆柱销联接的画法

2. 圆锥销联接

圆锥销同圆柱销的作用相同，常用来联接零件和零件间定位。圆锥销联接的画法如图 12-73 所示。

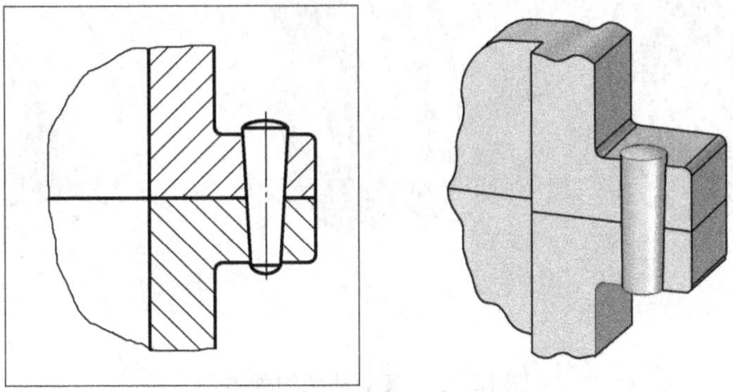

图 12-73　圆锥销联接的画法

3. 开口销联接

开口销通常在螺栓联接中起防松作用。在螺栓联接中，采用六角头带孔螺栓，配用六角开槽螺母，将开口销穿过螺母的槽和螺栓的销孔，然后将开口销长、短尾端分别分开，锁定螺栓和螺母的相对位置，起到防松作用。开口销联接的画法如图 12-74 所示。

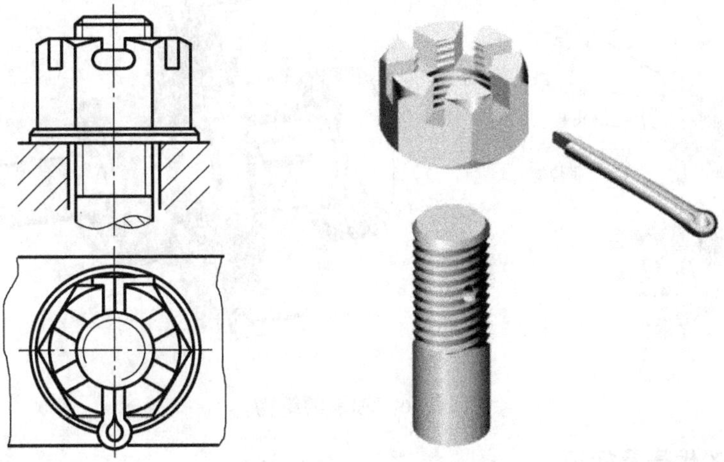

图 12-74　开口销联接的画法

12.4　滚动轴承

滚动轴承是一种支承旋转零件的组件。它具有摩擦阻力小、功率消耗少和结构紧凑的优点，在机械生产中已被广泛采用。滚动轴承是标准件，使用时可根据要求选用。

1. 滚动轴承的分类与结构

滚动轴承根据承受的载荷性质一般可分为以下三类：

1）深沟球轴承。主要承受径向载荷，如图 12-75a 所示。

2）推力轴承。只能承受轴向载荷，如图 12-75b 所示。

3）圆锥滚子轴承。同时承受径向和轴向载荷，如图 12-75c 所示。

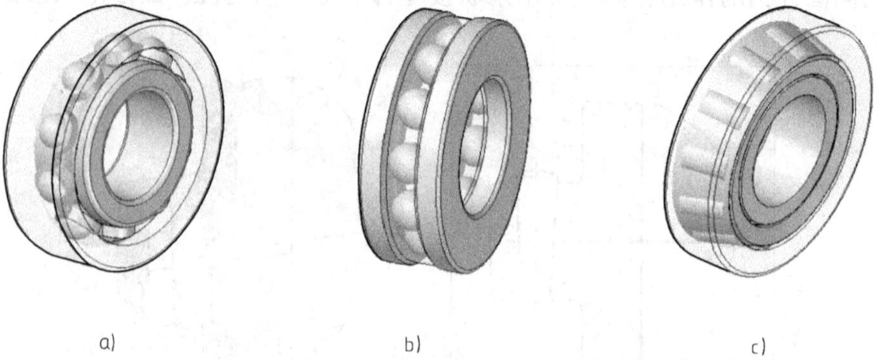

图 12-75　滚动轴承的种类

a）深沟球轴承　b）推力轴承　c）圆锥滚子轴承

各类滚动轴承结构大体相同，一般由外圈、内圈、滚动体及保持架组成，如图 12-76 所示。在一般情况下，外圈装在机座的孔内，固定不动；内圈套在转动的轴上，随轴一起转动。

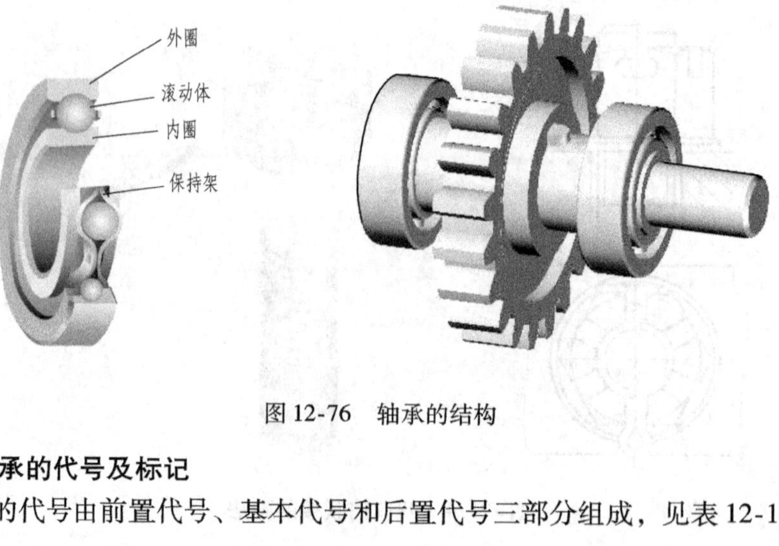

图 12-76　轴承的结构

2. 滚动轴承的代号及标记

滚动轴承的代号由前置代号、基本代号和后置代号三部分组成，见表 12-14。

表 12-14　滚动轴承代号

前置代号	基本代号				后置代号
	类型代号	尺寸系列代号		内径代号	
		宽(高)度系列代号	直径系列代号		

注：表中基本代号的排列形式不包括滚针轴承。

基本代号表示轴承的基本类型、结构和尺寸，是轴承代号的基础。基本代号由轴承类型代号、尺寸系列代号和内径代号构成。

1）第一位数字是轴承类型代号。其中的类型代号由数字和字母表示，见表 12-15。

表 12-15　轴承类型代号

代　号	轴 承 类 型	代　号	轴 承 类 型
0	双列角接触轴承	6	深沟球轴承
1	调心球轴承	7	角接触球轴承
2	调心滚子轴承和推力调心滚子轴承	8	推力圆柱滚子轴承
3	圆锥滚子轴承	N	圆柱滚子轴承
4	双列深沟球轴承	U	外球面球轴承
5	推力球轴承	QJ	四点接触球轴承

2）第二、三位数字是尺寸系列代号。尺寸系列是指同一内径的轴承具有不同的外径和宽度，因而有不同的承载能力。

3）最后的两位数字是内径代号，内径代号见表 12-16。

提示：当前置代号、宽（高）度系列代号为 0 时，可省略。

表 12-16　内径代号表示法

内径代号	00	01	02	03	04 以上
内径尺寸	10	12	15	17	内径代号 ×5

【例 12-13】　解释轴承代号 6204 的意义。

6——类型代号，由表 12-15 可知为深沟球轴承；

2——尺寸系列代号，宽度系列代号为 0（省略 0），直径系列代号为 2；

04——内径代号，内径为 $d = 4 \times 5\text{mm} = 20\text{mm}$。

【例 12-14】　解释轴承代号 32308 的意义。

3——类型代号，由表 12-15 可知为圆锥滚子轴承；

23——尺寸系列代号，宽度系列代号为 2，直径系列代号为 3；

08——内径代号，内径为 $d = 8 \times 5\text{mm} = 40\text{mm}$。

3. 滚动轴承的画法

滚动轴承是标准件，在画装配图时，不必按照真实结构和尺寸画出。画图时，根据选定轴承的代号在国家标准中查出轴承的主要参数外径 D、内径 d 和宽度 B，然后按国家标准的规定画法或特征画法画出，常用滚动轴承的画法见表 12-17。

表 12-17　滚动轴承的规定画法和特征画法

名称	结构	规定画法	特征画法
深沟球轴承	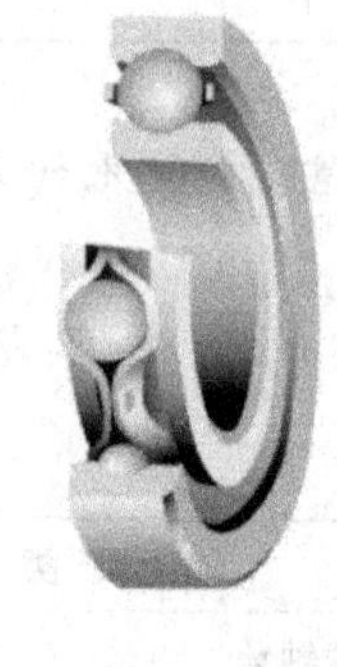	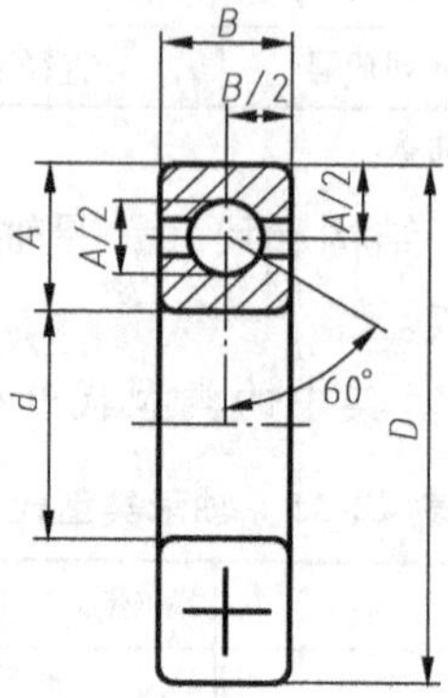	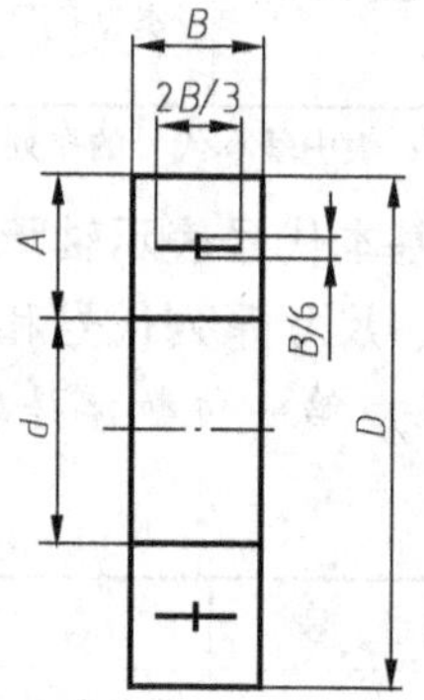
圆锥滚子轴承		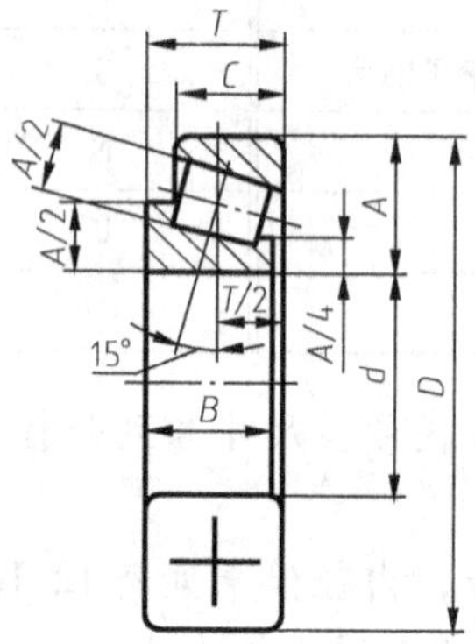	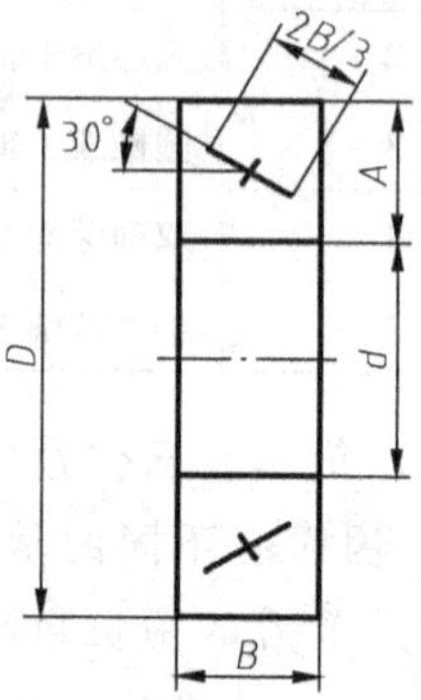
推力球轴承		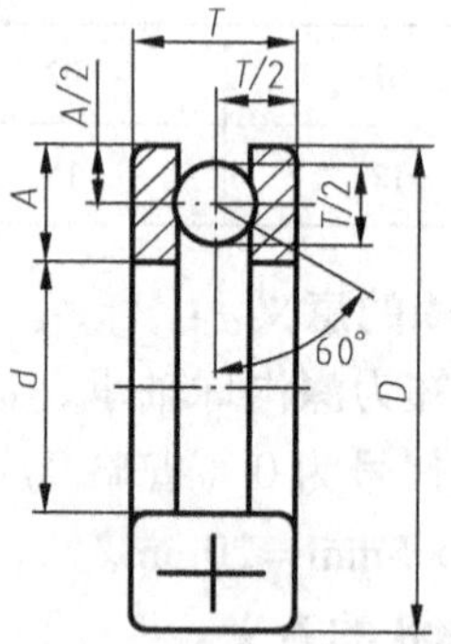	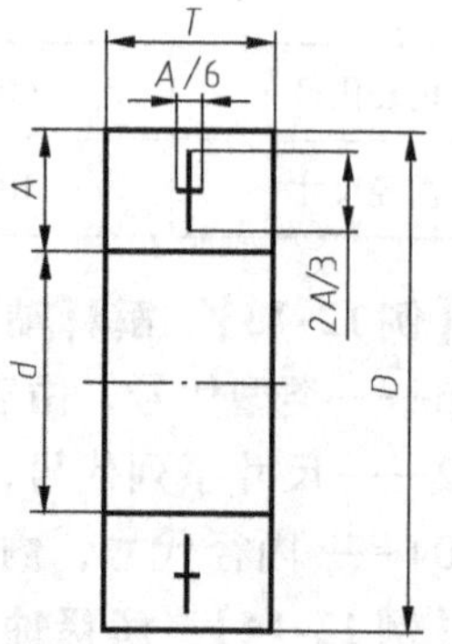

12.5　弹簧

弹簧的用途很广，主要用来储存能量、减振、夹紧、复位、测力和缓冲等。其特点是受力后能产生较大的弹性变形，去除外力后能恢复原状。弹簧属于常用件。

弹簧的种类很多，按其用途可分为压缩弹簧、拉伸弹簧和扭转弹簧，如图 12-77 所示。

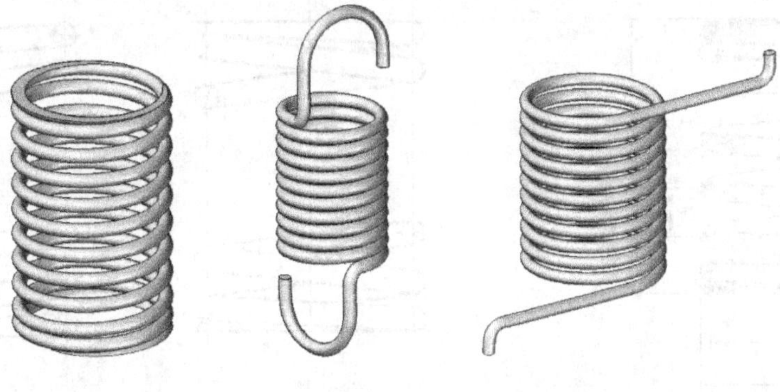

图 12-77　常用圆柱螺旋弹簧
a）压缩弹簧　b）拉伸弹簧　c）扭转弹簧

1. 圆柱螺旋压缩弹簧各部分名称及几何参数

圆柱螺旋压缩弹簧几何参数如图 12-78 所示。

（1）簧丝直径 d　簧丝直径是指制造弹簧的金属材料的直径。

（2）弹簧外径 D　弹簧外径是指弹簧的最大直径。

（3）弹簧内径 D_1　弹簧内径是指弹簧的最小直径，$D_1 = D - 2d$。

（4）弹簧中径 D_2　弹簧中径是指弹簧的平均直径，$D_2 = (D + D_1)/2$。

（5）节距 t　节距是指除支承圈外，相邻两圈对应点之间的轴向距离。

（6）有效圈数 n　有效圈数是指除支承圈外，保证相等节距的圈数，即参与弹性变形的圈数。

（7）支承圈数 n_2　为了使压缩弹簧工作时受力均匀，保证中心线垂直于支承端面，两端常并紧且磨平，支承圈数是指对并紧、磨平仅起支承作用的各圈的圈数。一般支承圈数为 1.5、2 和 2.5 圈。

（8）总圈数 n_1　总圈数是指有效圈数和支承圈数之和，$n_1 = n + n_2$。

（9）自由高度 H_0　自由高度是指弹簧在不受外力时的高度（或长度），$H_0 = nt + (n_2 - 0.5)d$。

（10）展开长度 L　展开长度是指制造时弹簧丝的长度，$L \approx n_1\sqrt{(\pi D_2)^2 + t^2}$。

2. 圆柱螺旋压缩弹簧的规定画法

圆柱螺旋压缩弹簧的规定画法如图 12-79 所示。

GB/T 4459.4—2003 对弹簧的规定画法如下：

1）在平行于螺旋弹簧轴线的投影面的视图中，各圈的轮廓都应画成直线，如图 12-79 所示。

2）螺旋弹簧均可画成右旋，对必须保证的旋向要求应在“技术要求”中注明。例如旋向要求左旋的螺旋弹簧，其图形可画成右旋螺旋弹簧，但必须在“技术要求”中注明旋向为左旋。

3）对于螺旋压缩弹簧，如要求两端并紧且磨平时，不论支承圈的圈数是多少和末端贴紧情况如何，均按图 12-79 所示（支承圈为 2.5 圈）的形式绘制，必要时也可按支承圈的实

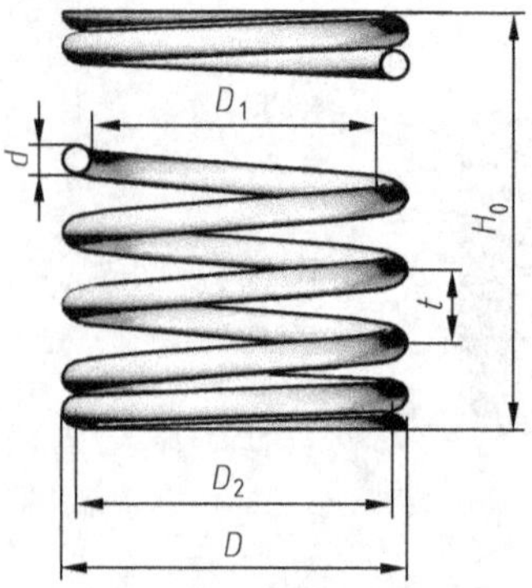

图 12-78　圆柱螺旋压缩弹簧几何参数

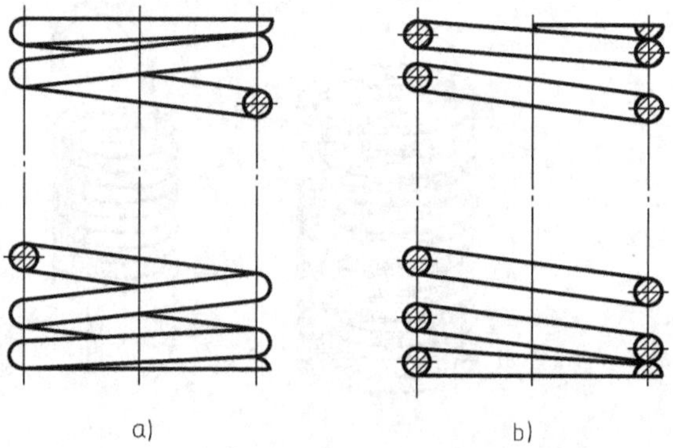

图 12-79　圆柱螺旋压缩弹簧的规定画法
a）视图　b）剖视图

际结构绘制。

4）有效圈数在四圈以上的螺旋弹簧，中间部分可以省略。当中间部分省略后，允许适当缩短图形的长度，如图 12-79 所示。

5）在装配图中，被弹簧挡住的结构一般不画，可见部分应从弹簧的外轮廓线或从弹簧钢丝断面的中心线画起，如图 12-80a 所示。

6）型材尺寸较小（直径或厚度在图形上等于或小于 2mm）的螺旋弹簧允许用示意图表示，如图 12-80c 所示。当弹簧被剖切时，也可用涂黑表示，如图 12-80b 所示。

7）被剖切弹簧的截面尺寸在图形上等于或小于 2mm，并且弹簧内部还有其他零件，为了便于表达，可用图 12-80d 的示意图表示。

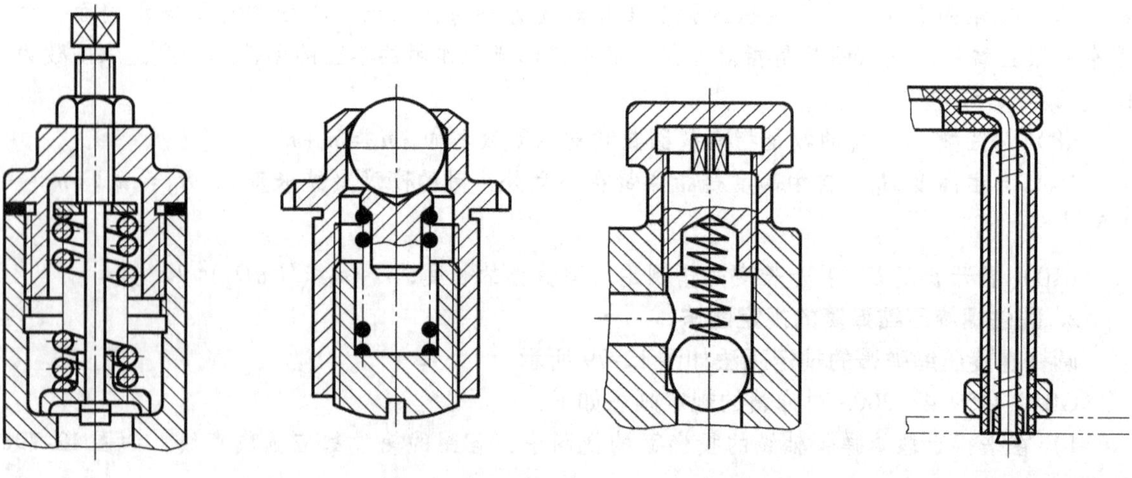

图 12-80　装配图中弹簧的规定画法
a）弹簧中间部分省略　b）断面涂黑表示　c）、d）示意图形式表示

3. 圆柱螺旋压缩弹簧的作图步骤

【例 12-15】　已知弹簧外径 $D=45$mm，簧丝直径 $d=5$mm，节距 $t=10$mm，有效圈数

$n=8$，支承圈数 $n_2=2.5$，右旋，试画出这个弹簧。

作图步骤：

1）计算。

弹簧中径 $D_2=D-d=40\text{mm}$。

自由高度 $H_0=nt+(n_2-0.5)d=8\times10\text{mm}+(2.5-0.5)\times5\text{mm}=90\text{mm}$。

2）以自由高度 H_0 和弹簧中径 D_2 作矩形，如图12-81a所示。

3）画出支承圈部分与弹簧直径相等的圆和半圆，如图12-81b所示。

4）根据节距 t 确定弹簧丝断面圆心，作弹簧丝断面，如图12-81c所示。

5）按右旋方向作弹簧丝断面的切线，校核、加深和画剖面线，如图12-81d所示。

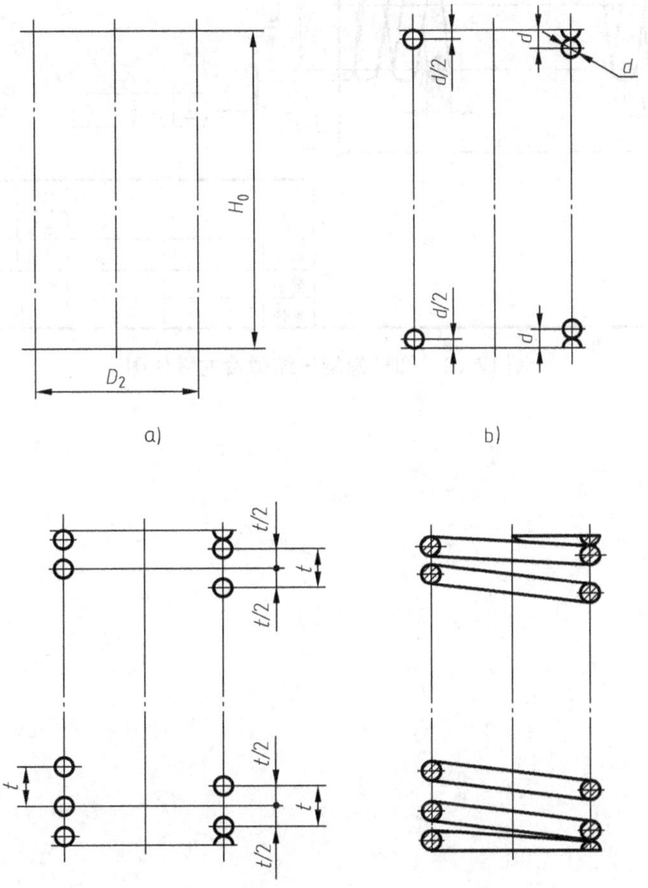

图12-81　圆柱螺旋压缩弹簧的作图步骤

4. 圆柱螺旋压缩弹簧零件图示例

图12-82所示为圆柱螺旋压缩弹簧的零件图，视图上方的函数图表示当弹簧受到压力负荷时，弹簧压缩长度与所受负荷的函数关系，其中 F_1、F_2 为弹簧的工作负荷，F_j 为工作极限负荷。弹簧参数应直接标注在图形上，若直接标注有困难，可在技术要求中说明。

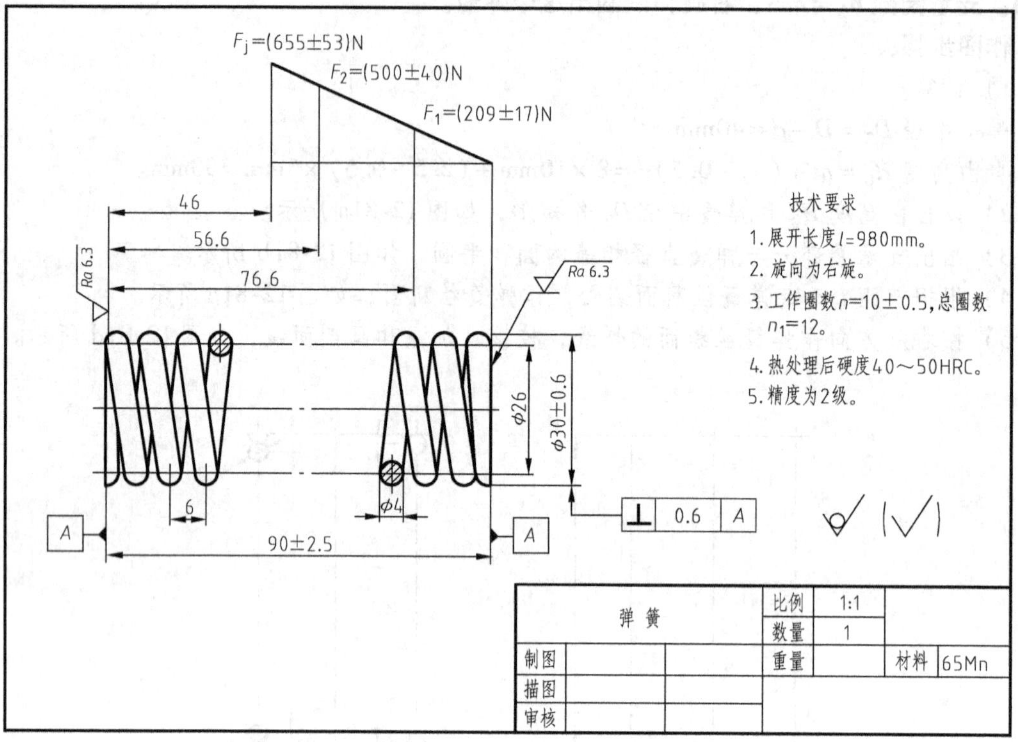

图 12-82　圆柱螺旋压缩弹簧的零件图

第 13 章　机械图样中的技术要求

机械图样中除了有图形和尺寸外，还必须有说明产品制造时应达到的一些技术要求，如表面结构、极限与配合、几何公差、材料的热处理、材料的要求和说明、特殊加工要求、检验和试验说明等。本章将简述图样中的表面结构、极限与配合和几何公差等技术要求。

【本章重点】

1）表面结构的概念。

2）表面结构的标注。

3）极限与配合的基本概念。

4）极限与配合的标注。

5）几何公差的基本概念。

6）几何公差的标注。

13.1　表面结构

粗糙度轮廓、波纹度轮廓和原始轮廓构成零件的表面特征，称为表面结构，如图 13-1 所示。

13.1.1　表面结构参数

表面结构参数分为三类，即三种轮廓（粗糙度轮廓 *R*、波纹度轮廓 *W* 和原始轮廓 *P*），如图 13-1 所示。*R* 轮廓采用的是粗糙度参数，*W* 轮廓采用的是波纹度参数，*P* 轮廓采用的是原始轮廓参数，其中评价零件的表面质量最常用的是 *R* 轮廓。

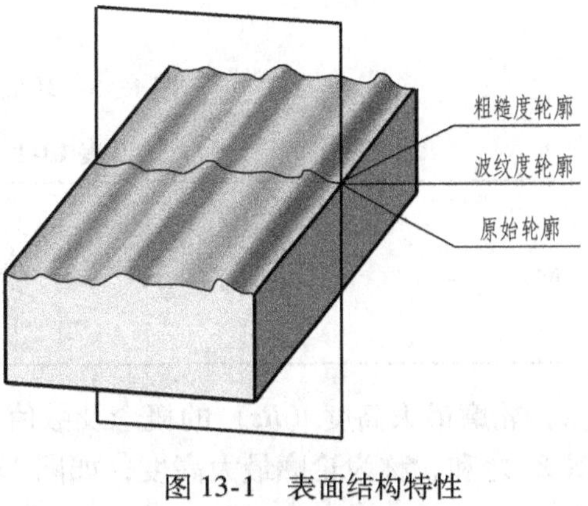

图 13-1　表面结构特性

提示：下面以表面粗糙度为主要评定指标，讲述表面结构的具体标注方法。

13.1.2　表面粗糙度（*R* 轮廓）

1. 表面粗糙度的概念

表面粗糙度是指加工表面上具有的较小间距和峰谷所组成的微观几何形状特性，也就是物体的加工表面经过加工后遗留的痕迹，在微小区间内形成的高低不平程度。表面微观结构在放大镜下显示的情况如图 13-2 所示。

2. 表面粗糙度的主要评定参数

零件表面粗糙度的评定参数有轮廓算术平均偏差（*Ra*）、轮廓最大高度（*Rz*）等参数，使用时优先选用轮廓算术平均偏差（Ra）参数。

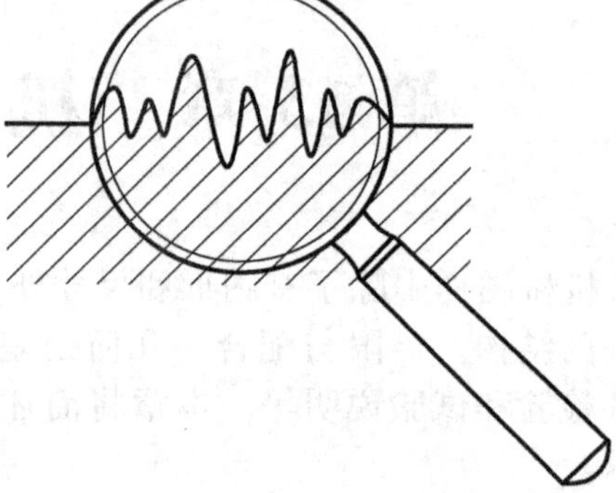

图 13-2　表面微观结构

（1）轮廓算术平均偏差（Ra）的概念及数值　在取样长度 lr 内，沿测量方向的轮廓上，各点到基准线的距离 Z_i 的绝对值的算术平均值，称为轮廓算术平均偏差，如图 13-3 所示。

公式表示为　$Ra = \dfrac{1}{lr}\int_0^{lr} |Z(x)| \mathrm{d}x$

或　$Ra \approx \dfrac{1}{n}\sum_{i=1}^{n} |Z_i|$

轮廓算术平均偏差（Ra）的数值，一般可从表 13-1 中选取。

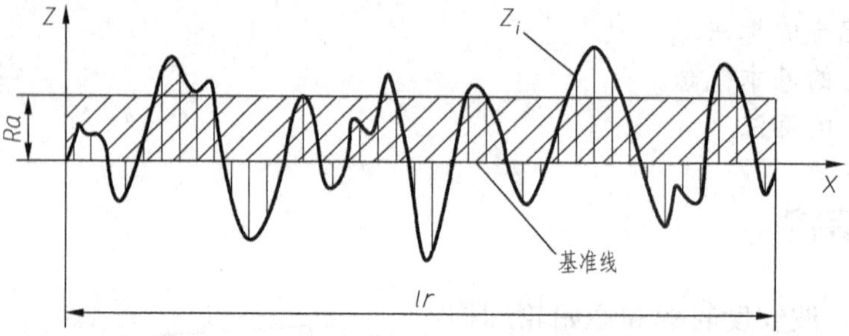

图 13-3　轮廓算术平均偏差 Ra

表 13-1　Ra 的数值　（单位：μm）

Ra	0.012 0.025 0.05 0.1	0.2 0.4 0.8 1.6	3.2 6.3 12.5 25	50 100

（2）轮廓最大高度（Rz）的概念及数值　在取样长度 lr 内，最大轮廓峰高 Zp 与最大轮廓谷深 Zv 之和，称为轮廓最大高度，如图 13-4 所示。

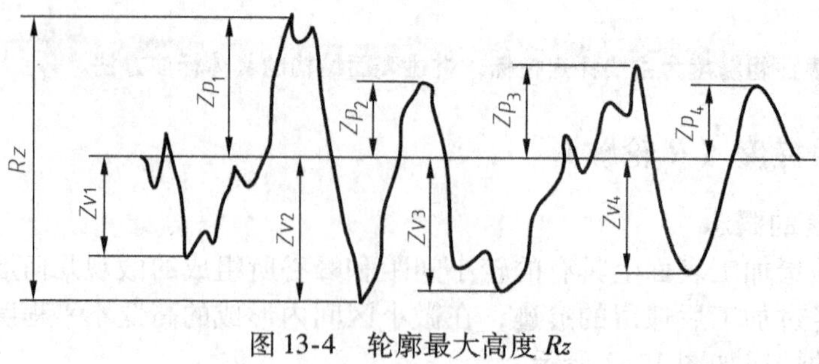

图 13-4　轮廓最大高度 Rz

公式表示为　$Rz = Zp + Zv$

轮廓最大高度（Rz）的数值，一般可从表 13-2 中选取。

表 13-2　*Rz* 的数值　　　　（单位：μm）

Rz	0.025 0.05 0.1 0.2	0.4 0.8 1.6 3.2	6.3 12.5 25 50	100 200 400 800	1600

13.1.3　表面结构的图形代号

在技术产品文件中，对表面结构的要求可用几种不同的图形符号表示。每种图形符号都有特定的含义，见表 13-3。图形符号一般应附加对表面结构的补充要求。补充要求的形式有数字、图形符号和文本。在特殊情况下，图形符号可以在技术图样中单独使用，以表达特殊意义。

1. 基本图形符号

表面结构的基本图形符号见表 13-3。

表 13-3　图形符号

符　　号	意　　义
	基本图形符号仅用于简化代号标注，没有补充说明时不能单独使用
	在基本图形符号上加一短横，表示指定表面是用去除材料的方法获得的，例如通过机械加工获得的表面
	在基本图形符号上加一个圆圈，表示指定表面是用不去除材料的方法获得的

2. 完整图形符号

表面结构的完整图形符号见表 13-4。

表 13-4　完整图形符号和工件轮廓各表面的图形符号

符　　号	意　　义
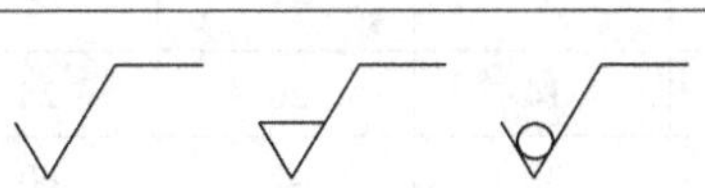	当要求标注表面结构特征的补充信息时，应在图形符号的长边上加一横线，以便标注补充信息
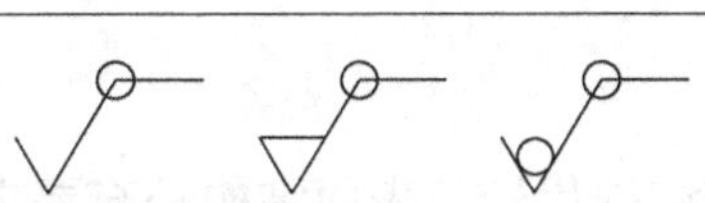	在图样某个视图上构成封闭轮廓的各表面具有相同的表面结构要求时，应在完整图形符号上加一个圆圈

说明：在图样某个视图上构成封闭轮廓的各表面具有相同的表面结构要求时，图形符号标注在图样中工件的封闭轮廓线上，如图 13-5 所示，图中除前后表面外，其他封闭轮廓的六个表面有共同要求。如果该标注会引起歧义时，各表面应分别标注。

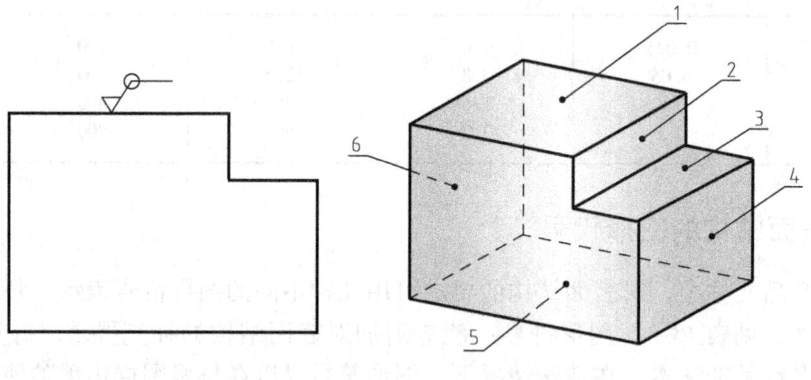

图 13-5　封闭轮廓表面结构的标注

3. 图形符号的画法

技术图样中图形符号的画法如图 13-6 所示。

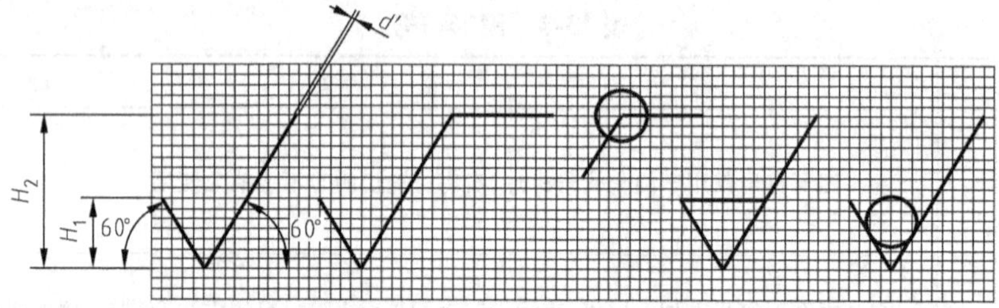

图 13-6　图形符号的画法

4. 图形符号的尺寸

技术图样中图形符号和附加标注的尺寸见表 13-5，其中图形符号的水平线长度取决于其上下所注写的内容长度。图形符号中书写的数字和大写字母等的高度 h，应与图样中所标注的尺寸数字的字号相一致。

表 13-5　图形符号的尺寸　（单位：mm）

数字、字母高度 h	2.5	3.5	5	7	10	14	20
符号线宽 d' 字母线宽 d	0.25	0.35	0.5	0.7	1	1.4	2
高度 H_1	3.5	5	7	10	14	20	28
高度 H_2（最小值）	7.5	10.5	15	21	30	42	60

注：H_2 取决于标注的内容。

5. 表面结构代号

图形符号中加注对表面结构的补充要求后，可称为表面结构代号。表面结构补充要求包括表面结构参数代号、数值、传输带/取样长度。

说明：传输带是评定表面结构时的波长范围。此内容后续课程将专门讲述。

1）在完整代号中，对表面结构的单一要求应注写在指定位置，如图 13-7 所示。

2）表面结构代号注写的内容见表 13-6。

表 13-6　表面结构代号注写的内容

位　置	注 写 内 容
a	注写表面结构的单一要求；如有两个或多个表面结构要求时，注写第一个表面结构要求
b	注写两个或多个表面结构要求中的第二个要求
c	注写加工方法、表面处理、涂层或其他加工工艺要求等
d	注写所要求的表面纹理和纹理方向
e	注写所要求的加工余量，以毫米为单位给出数值

提示：当在 a 和 b 位置注写三个或更多表面结构要求时，图形符号应在垂直方向扩大，以留出足够的空间。扩大图形符号时，a 和 b 的位置随之上移，如图 13-7 所示。

13.1.4　表面结构的标注方法

1. 基本规则

1）表面结构要求对每一表面一般只标注一次。

2）表面结构要求应尽可能标注在相应的尺寸及其公差（见 13.2）的同一视图上。

3）除非另有说明，所标注的表面结构要求是对完工零件表面的要求。

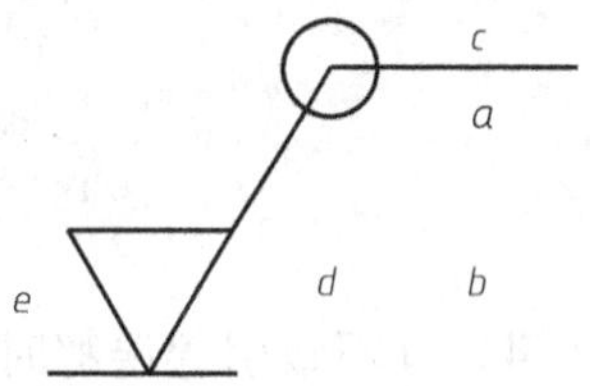

图 13-7　表面结构代号补充要求的注写位置

2. 表面结构符号、代号的标注位置与方向

1）表面结构要求的注写和读取方向与尺寸的注写和读取方向一致，如图 13-8 所示。

2）表面结构要求可标注在轮廓线上，其符号应从材料外指向并接触表面。必要时，表面结构符号也可以用带箭头或黑点的指引线引出标注，如图 13-9、图 13-10 所示。

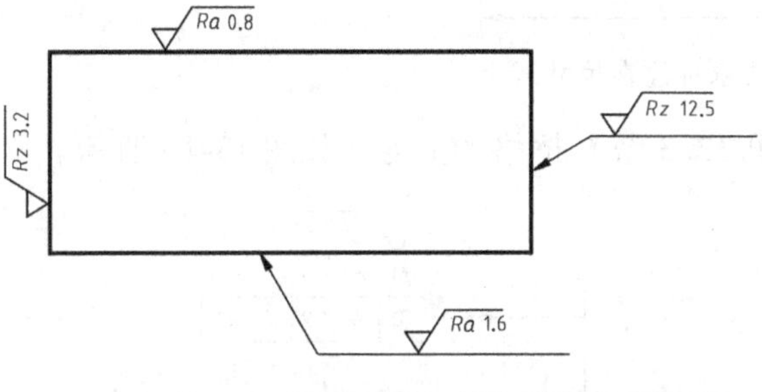

图 13-8　表面结构要求的注写方向

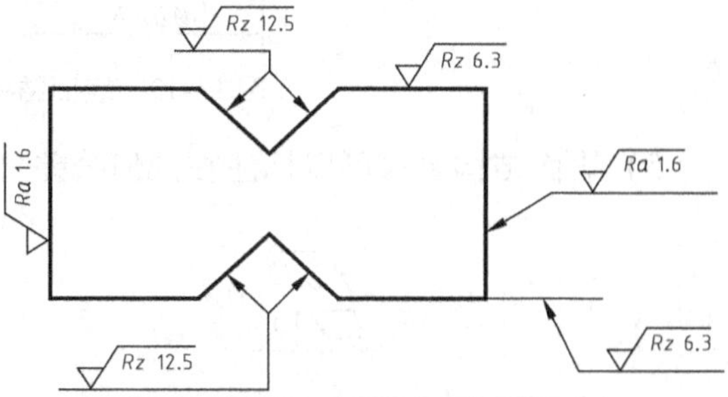

图 13-9　表面结构要求在轮廓线上的标注

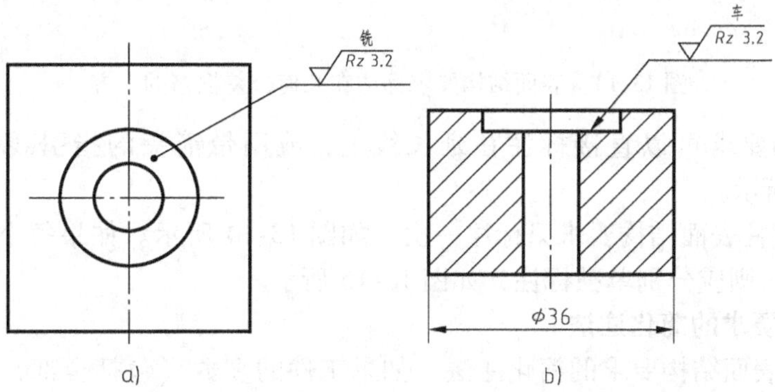

图 13-10　用指引线标注表面结构要求

3）表面结构代号的标注位置和方向应按图 13-11 所示标注。

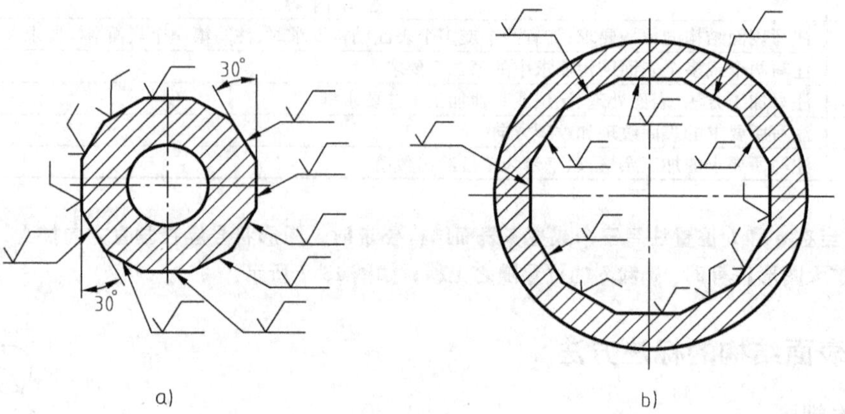

图 13-11　表面结构代号标注方向

4）在不致引起误解时，表面结构要求可以标注在给定的尺寸线上，如图 13-12 所示。

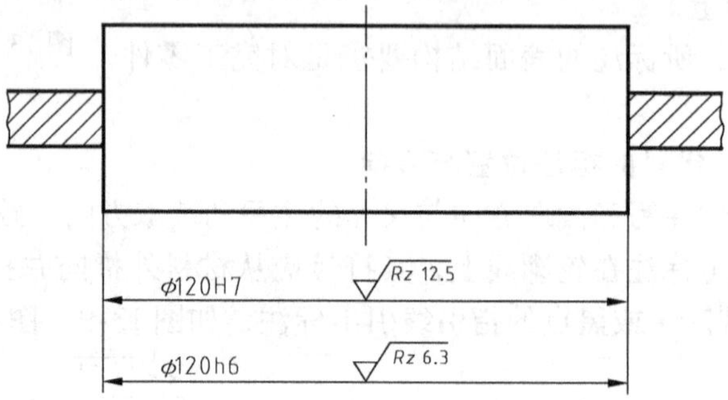

图 13-12　表面结构要求标注在尺寸线上

5）表面结构要求可以标注在几何公差（见 13.3 节）框格的上方，如图 13-13 所示。

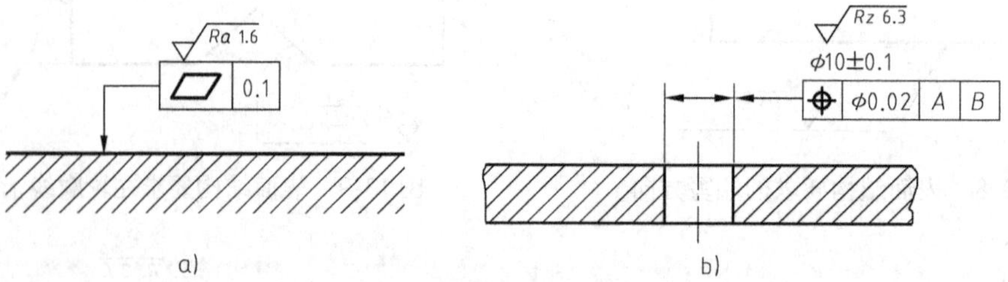

图 13-13　表面结构要求标注在几何公差框格的上方

6）表面结构要求可以直接标注在延长线上，或用带箭头的指引线引出标注，如图 13-9、图 13-14 所示。

7）圆柱和棱柱表面结构要求只标注一次，如图 13-14 所示。如果每个棱柱表面有不同的表面结构要求，则应分别单独标注，如图 13-15 所示。

3. 表面结构要求的简化注法

（1）有相同表面结构要求的简化注法　如果工件的多数（包括全部）表面有相同的表面结构要求，则其表面结构要求可统一标注在图样的标题栏附近。此时（除全部表面有相

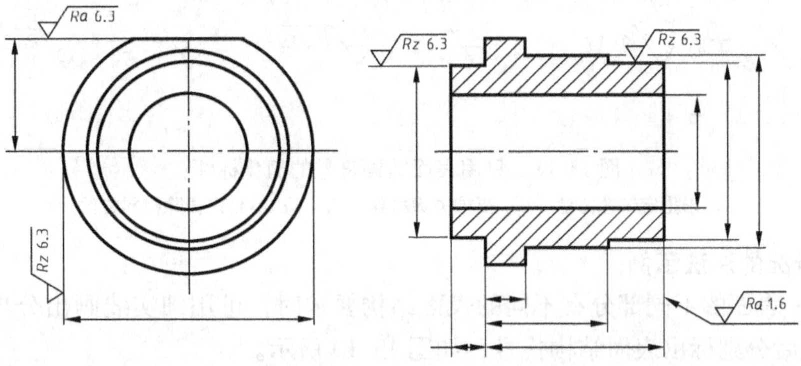

图 13-14　表面结构要求标注在圆柱特征的延长线上

同要求的情况外），表面结构要求的符号后面应有：

1）在圆括号内给出无任何其他标注的基本符号，如图 13-16a 所示。

2）在圆括号内给出不同的表面结构要求，如图 13-16b 所示。

3）除按以上两项规定标注出表面结构要求外，如果还有不同的表面结构要求，则应直接标注在图形中，如图 13-16a、b 所示。

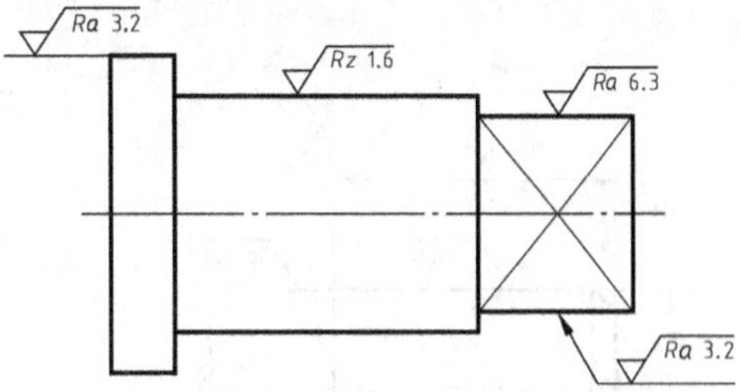

图 13-15　圆柱和棱柱表面结构要求的注法

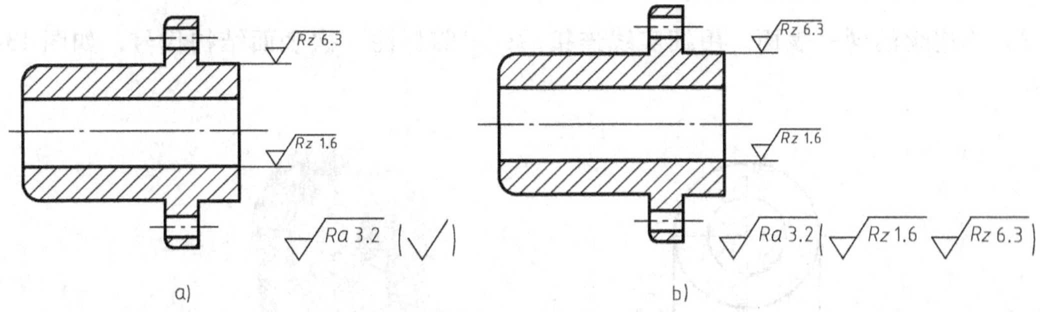

图 13-16　大多数表面具有相同表面结构要求的简化注法

（2）多个表面具有共同要求的注法　当多个表面具有相同的表面结构要求或图纸空间有限时，可采用简化标注。

1）可用带字母的完整符号，以等式的形式在图形或标题栏附近对有相同表面结构要求的表面进行简化标注，如图 13-17 所示。

2）可用基本图形符号和扩展图形符号的表面结构符号，以等式的形式给出对多个表面共同的表面结构要求，如图 13-18 所示。

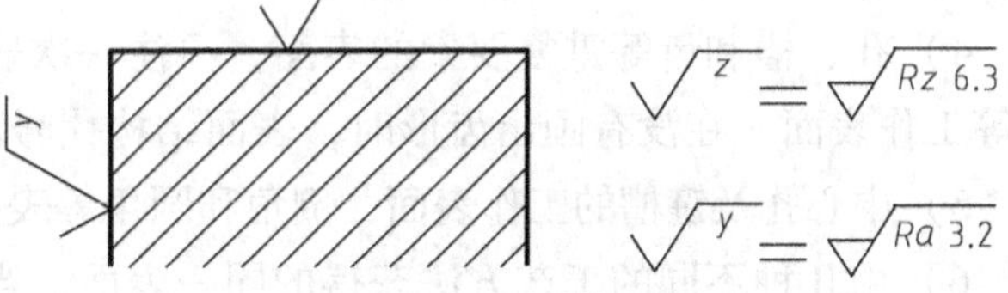

图 13-17　图纸空间有限时的简化标注

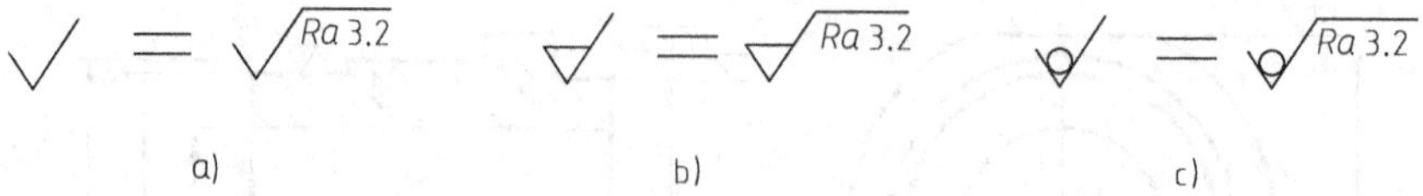

图 13-18　只用表面结构符号的简化标注

a）未指定工艺方法　b）要求去除材料方法　c）不允许去除材料方法

4. 特殊情况的注法示例

1）当同一表面的不同部分有不同的表面结构要求时，可用细实线画出分界线位置，并标出尺寸，然后分别标出表面结构代号，如图 13-19 所示。

2）连续表面只标注一次表面结构代号，如图 13-20 所示。

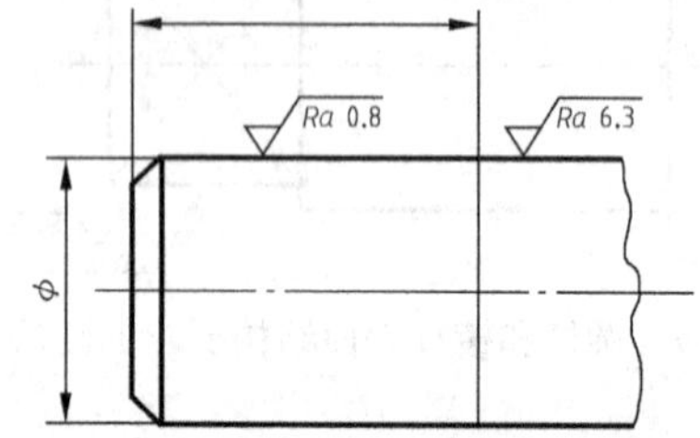

图 13-19　同一表面有不同表面结构要求的注法

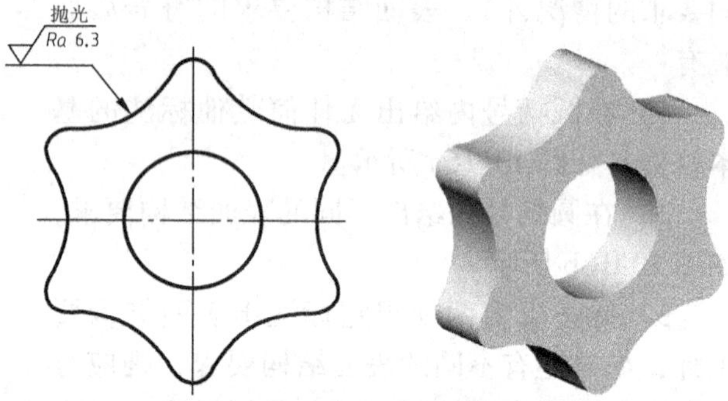

图 13-20　连续表面的注法

3）不连续的同一表面，用细实线连接后，只需标注一次表面结构代号，如图 13-21 所示。

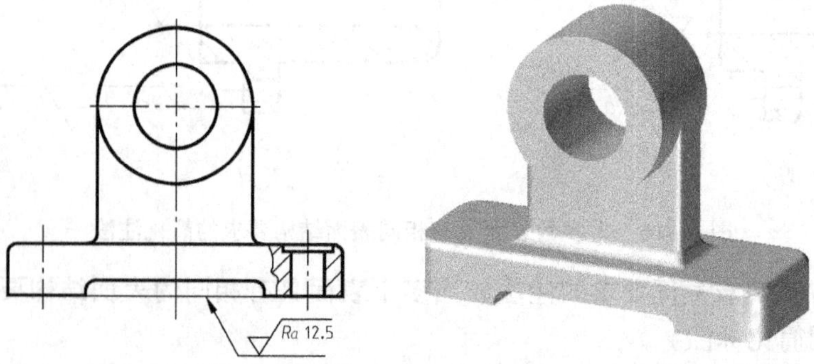

图 13-21　不连续的同一表面的注法

4）孔、槽和齿等重复要素的表面，只注一次表面结构代号。如齿轮、渐开线花键和螺纹等工作表面，在没有画出齿形时，表面结构代号的标注方法如图 13-22 ~ 图 13-24 所示。

5）中心孔及键槽的工作表面、倒角和圆角等表面结构要求可简化标注，如图 13-25 所示。

6）由几种不同的工艺方法获得的同一表面，当需要明确每种工艺方法的表面结构要求时的标注，如图 13-26 所示。

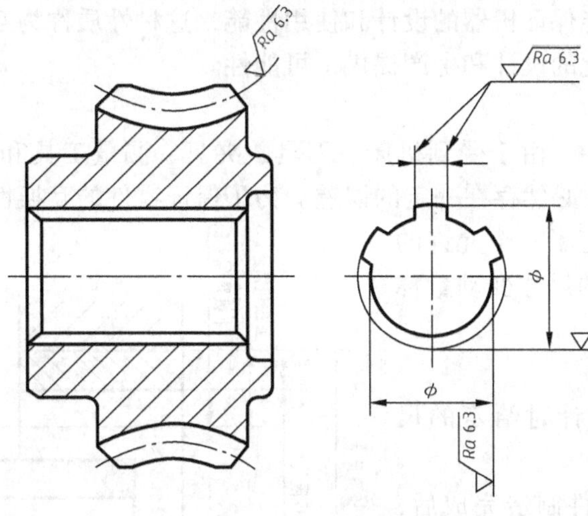

图 13-22　重复要素注法

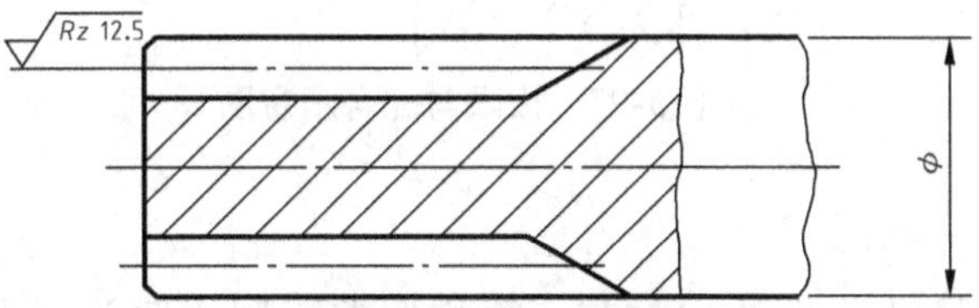

图 13-23　花键注法

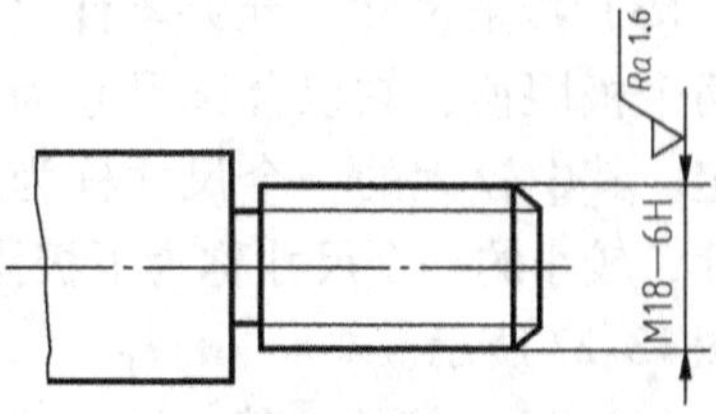

图 13-24　螺纹注法

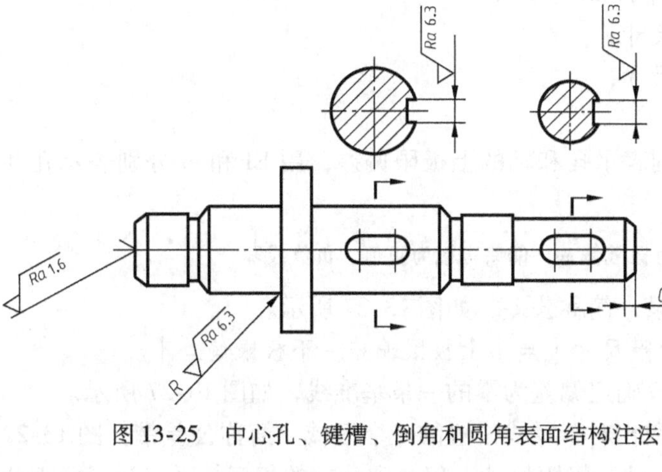

图 13-25　中心孔、键槽、倒角和圆角表面结构注法

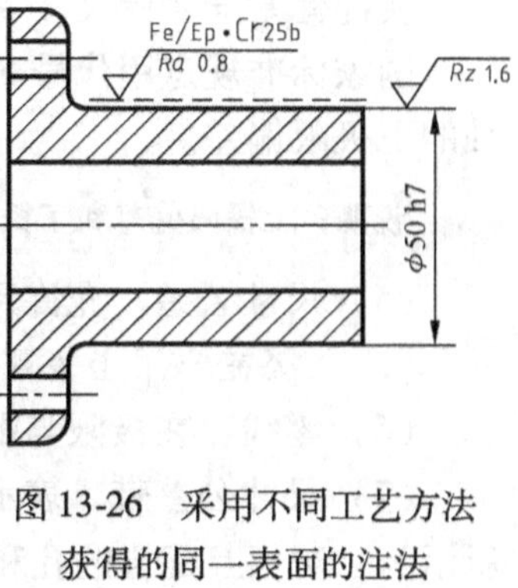

图 13-26　采用不同工艺方法获得的同一表面的注法

13.2　极限与配合

13.2.1　极限与配合的基本概念

1. 零件的互换性

在机械产品的生产过程中，在许多相同规格的成品零件中任取一件，不经任何选择和修

配，装配到机器上，并能保证机器的设计和使用性能，这种性质称为互换性。零件具有互换性，就为机械装备现代化的设计和生产提供了可能性。

2. 尺寸公差

在零件的加工过程中，由于受到机床、刀具、夹具、测量工具和操作技能等因素的影响，使得完工产品的尺寸必然存在一定的误差。为了保证零件的互换性，在满足使用性能的基础上，给零件尺寸规定了一个允许的合理变动范围，该允许的尺寸变动量称为尺寸公差，简称公差。

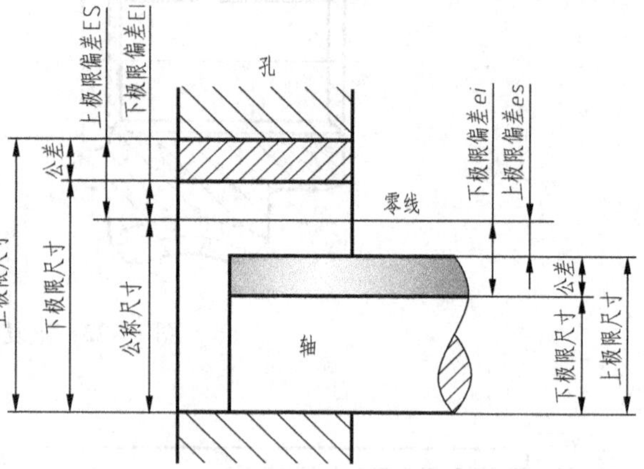

图 13-27　极限与配合示意图

3. 基本术语及定义

（1）公称尺寸　设计时给定的尺寸，如图 13-27 所示。

（2）实际尺寸　零件制造完成后，通过测量所得的尺寸。

（3）极限尺寸　允许零件尺寸变化的两个极限值，它以公称尺寸为基数来确定。其中较大的一个尺寸称为上极限尺寸，较小的一个尺寸称为下极限尺寸，如图 13-27 所示。

（4）尺寸偏差　某一尺寸减去其公称尺寸所得的代数差，简称偏差。尺寸偏差有上极限偏差、下极限偏差和实际偏差，如图 13-27 所示。

上极限偏差 = 上极限尺寸 − 公称尺寸；

下极限偏差 = 下极限尺寸 − 公称尺寸；

实际偏差 = 实际尺寸 − 公称尺寸。

国家标准规定用代号 ES 和 es 分别表示孔和轴的上极限偏差，用 EI 和 ei 分别表示孔和轴的下极限偏差。

说明：上极限偏差和下极限偏差统称为极限偏差。偏差可以为正值、负值或零。

（5）尺寸公差　允许尺寸的变动量，简称公差，如图 13-27 所示。

公差 = ｜上极限尺寸 − 下极限尺寸｜ = ｜上极限偏差 − 下极限偏差｜。

（6）零线　在极限与配合图解中，确定偏差为零的一条基准线，如图 13-27 所示。

（7）尺寸公差带　表示公差大小和相对于零线位置的一个区域，简称公差带。图 13-27 所示为一对相互配合的孔和轴的公称尺寸、极限尺寸、偏差和公差的相互关系。为了便于分析，一般将尺寸公差与公称尺寸的关系，按比例放大画成简图，称为公差带图，如图 13-28 所示。在公差带图中，零线是表示公称尺寸的一条直线。

4. 标准公差和基本偏差

公差带由标准公差和基本偏差两个要素组成。标准公差确定公差带的大小，基本偏差确定公差带的位置（相对零线的位置），如图 13-29 所示。

（1）标准公差　在国家标准极限与配合制中，用以确定公差带大小的任一公差，称为标准公差。标准公差系列由不同公差等级和不同公称尺寸的标准公差构成。标准公差的符号

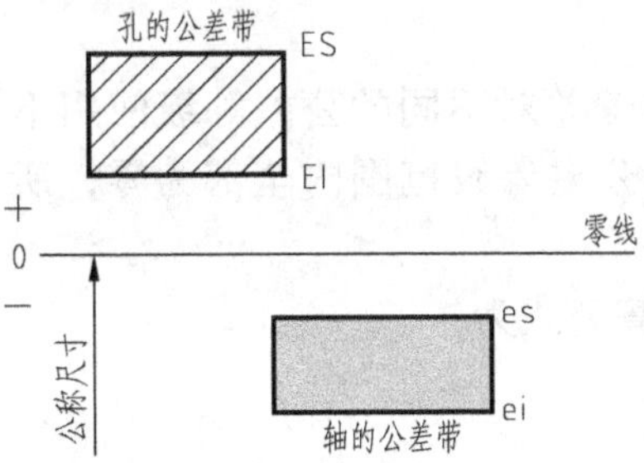

图 13-28 公差带图

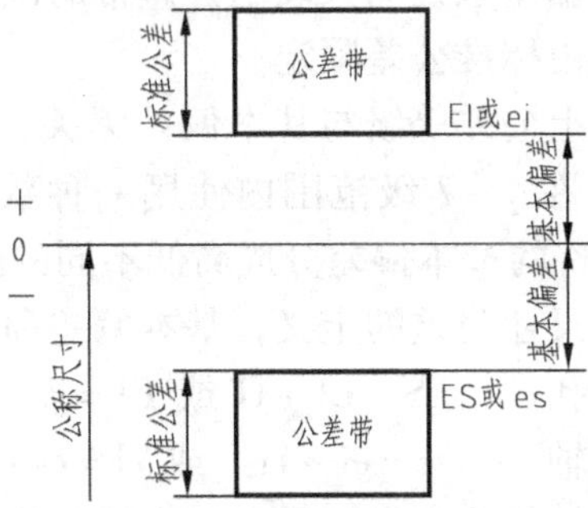

图 13-29 标准公差和基本偏差

为 IT。国家标准将标准公差分为 20 级，即 IT01、IT0、IT1、IT2…IT18。其表示尺寸的精确程度从 IT01 ~ IT18 依次降低。在一般的配合尺寸中，孔用 IT6 ~ IT12，轴用 IT5 ~ IT12。在保证产品质量的前提下，应选用较低的公差等级。标准公差的具体数值见表 J-1。

（2）基本偏差 在国家标准极限与配合制中，确定公差带相对零线位置的极限偏差称为基本偏差。基本偏差可以是上极限偏差或下极限偏差，一般是指靠近零线的偏差。当公差带在零线的上方时，基本偏差为下极限偏差；当公差带在零线的下方时，基本偏差为上极限偏差，如图 13-29 所示。

基本偏差代号用拉丁字母表示，大写字母为孔的基本偏差代号，小写字母为轴的基本偏差代号，各 28 个。轴和孔的基本偏差数值见表 J-2、表 J-3。

基本偏差系列如图 13-30 所示。由图可知，孔的基本偏差 A ~ H 为下极限偏差，J ~ ZC 为上极限偏差；轴的基本偏差 a ~ h 为上极限偏差，j ~ zc 为下极限偏差；JS 和 js 的公差带对称于零线两边，孔和轴的上、下极限偏差分别是 +IT/2 或 −IT/2。

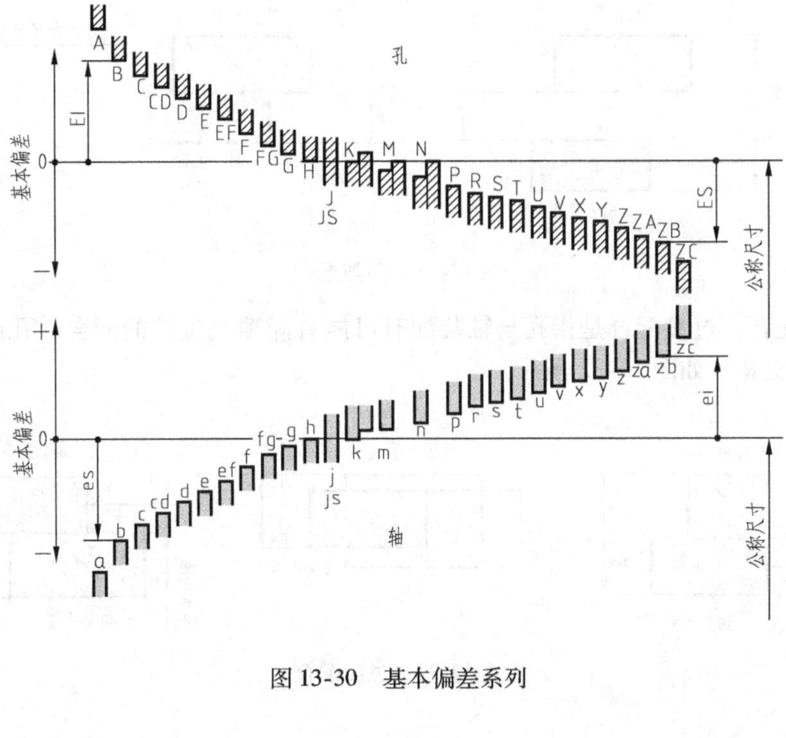

图 13-30 基本偏差系列

基本偏差系列图只表示公差带的位置，不表示公差的大小，因此，公差带一端开口。开口的一端由标准公差限定。

原则上公差等级与基本偏差无关，但有少数基本偏差对不同的公差等级使用不同的数值，如 K 在 4 ~ 7 级范围内使用一种数值，而在其他公差等级范围内全部为零，所以，图 13-30 中 K 的基本偏差分成高低不同的两个部分。

根据尺寸公差的定义，基本偏差和标准公差的计算公式为：

对于孔　　$ES = EI + IT$ 或 $EI = ES - IT$

对于轴　　$es = ei + IT$　或 $ei = es - IT$

孔和轴的公差带代号由基本偏差代号与公差等级代号组成。

【例 13-1】　解释 ϕ50H8 中 H8 的含义。

分析：

H8——孔的公差带代号，H——孔的基本偏差代号，8——标准公差的等级代号。

【例 13-2】　解释 ϕ50f7 中 f7 的含义。

分析：

f7——轴的公差带代号，f——轴的基本偏差代号，7——标准公差的等级代号。

5. 配合

公称尺寸相同、相互结合的孔和轴公差带之间的关系，称为配合。根据不同的使用要求，孔和轴之间的配合可松可紧。

（1）配合种类

1）间隙配合。间隙配合是指孔与轴装配时有间隙（包括最小间隙等于零）的配合。孔的公差带在轴的公差带之上，如图 13-31 所示。

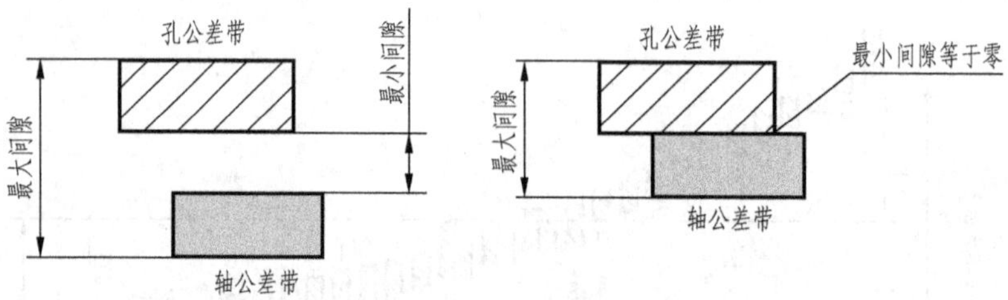

图 13-31　间隙配合

2）过渡配合。过渡配合是指孔与轴装配时可能有间隙或过盈的配合。孔的公差带与轴的公差带互相交叠，如图 13-32 所示。

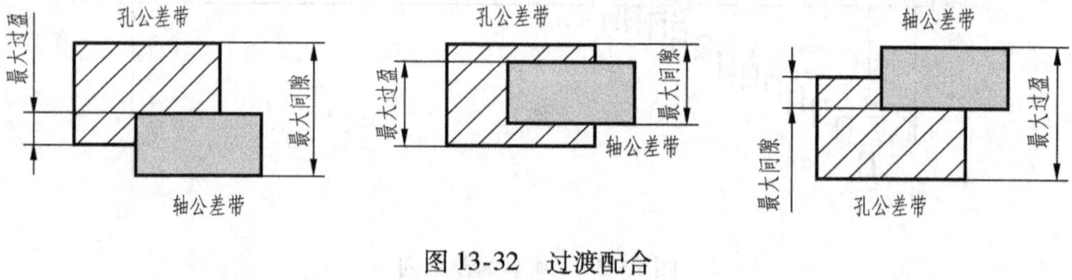

图 13-32　过渡配合

3）过盈配合。过盈配合是指孔与轴装配时有过盈（包括最小过盈等于零）的配合。孔的公差带在轴的公差带之下，如图 13-33 所示。

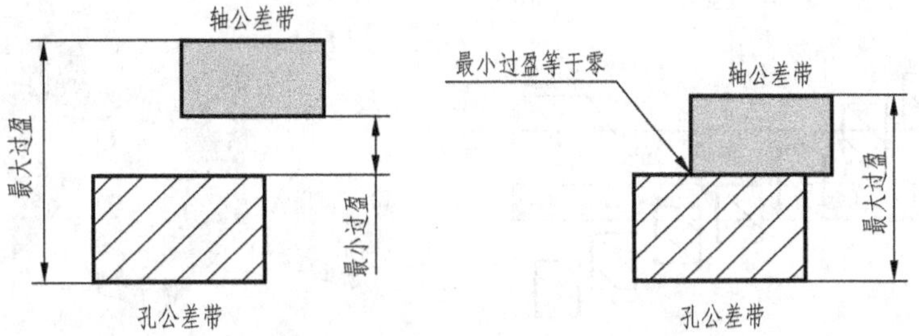

图 13-33　过盈配合

(2) 配合制　同一极限制[注]的孔和轴组成配合的一种制度，称为配合制。为了便于选择配合与减少零件加工的专用刀具和量具，国家标准规定了基孔制和基轴制两种配合制度。

1）基孔制。基本偏差为一定的孔的公差带，与不同基本偏差的轴的公差带形成各种配合的一种制度称为基孔制。基孔制的孔称为基准孔。基准孔的下极限偏差为零，其基本偏差代号为 H，如图 13-34 所示。

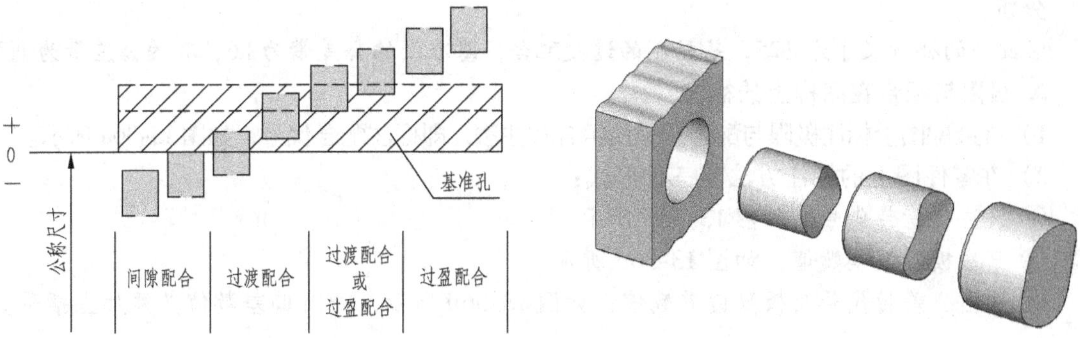

图 13-34　基孔制配合

2）基轴制。基本偏差为一定的轴的公差带，与不同基本偏差的孔的公差带形成各种配合的一种制度称为基轴制。基轴制的轴称为基准轴。基准轴的上极限偏差为零，其基本偏差代号为 h，如图 13-35 所示。

13.2.2　极限与配合的标注

1. 配合代号

配合代号是由孔和轴的公差带代号组成的，书写成分数形式，分子为孔的公差带代号，分母为轴的公差带代号。通常分子中含 H 的为基孔制配合，分母中含 h 的为基轴制配合。

[注] 极限制是经标准化的公差与偏差制度。

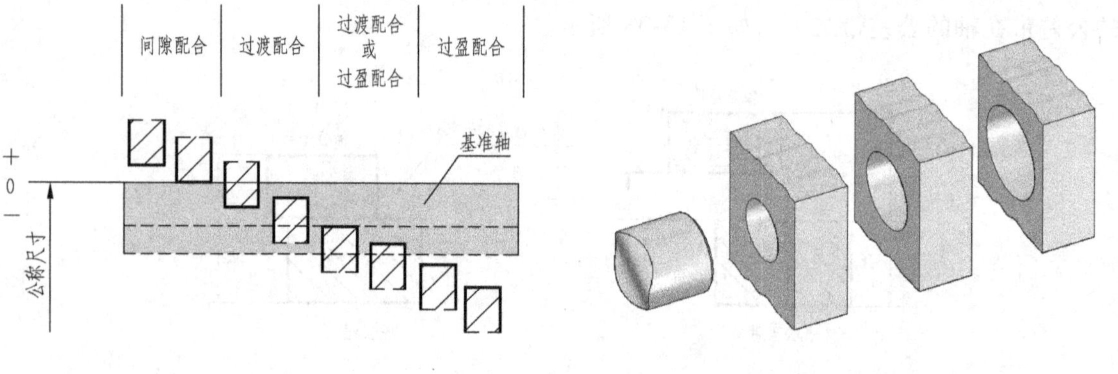

图 13-35　基轴制配合

【例 13-3】　解释 ϕ25H7/g6 的意义。

分析：

该配合的公称尺寸为 ϕ25，基孔制的间隙配合，基准孔的公差带为 H7，轴的公差带为 g6。

【例 13-4】　解释 ϕ25N7/h6 的意义。

分析：

该配合的公称尺寸为 ϕ25，基轴制的过渡配合，基准轴的公差带为 h6，孔的公差带为 N7。

2. 极限与配合在图样上的标注

1）在装配图上标注极限与配合，采用组合式注法，即标注配合代号，如图 13-36a 所示。

2）在零件图上的标注方法有三种形式：

① 只注公差带代号，如图 13-36b 所示。

② 只注极限偏差数值，如图 13-36c 所示。

③ 注出公差带代号及极限偏差数值，如图 13-36d 所示，此时偏差数值必须加上括号。

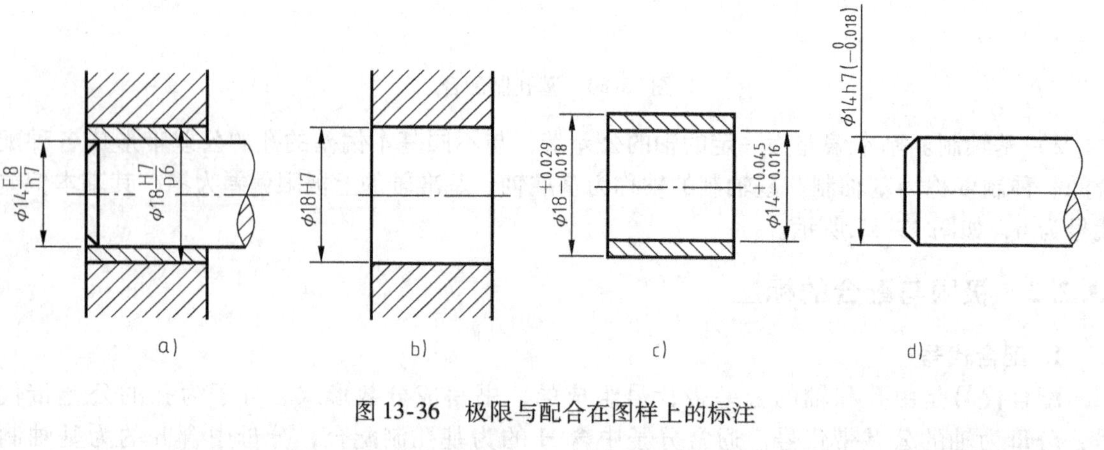

图 13-36　极限与配合在图样上的标注

3）当标注极限偏差时，偏差数值比公称尺寸数字的字体要小一号，偏差数值前必须注出正负号（偏差为零时除外）。上、下极限偏差值的小数点必须对齐，小数点后的位数也必须相同，下极限偏差数值与公称尺寸应对齐，如 $\phi60^{-0.010}_{-0.029}$、$\phi60^{+0.03}_{-0.06}$。若上、下极限偏差数值相同而符号相反时，则在公称尺寸后加注“±”号，再书写数值，其数字大小与公称尺寸数字的大小相同，例如 $\phi50\pm0.25$。

3. 查表确定极限偏差值

根据公称尺寸和配合代号可通过查表得到极限偏差数值。

【例 13-5】 孔 ϕ50H8。

分析：

查表 J-1，在公称尺寸大于 30 至 50 行中查得 IT8 为 39；查表 J-3，在公称尺寸大于 40 至 50 行中查得下极限偏差 H 为 0；得 $^{+39}_{\ 0}$，此即孔的偏差，标注为 $\phi50^{+0.039}_{\ \ 0}$。

【例 13-6】 轴 ϕ50h7。

分析：

查表 J-1，在公称尺寸大于 30 至 50 行中查得 IT7 为 25；查表 J-2，在公称尺寸大于 40 至 50 行中查得上极限偏差 h 为 0；得 $^{\ \ 0}_{-25}$，此即轴的偏差，标注为 $\phi50^{\ \ 0}_{-0.025}$。

【例 13-7】 孔和轴配合 ϕ30H7/p6。

分析：

根据 ϕ30H7 和 ϕ30p6 分别查阅标准公差数值表、孔的基本偏差表和轴的基本偏差表得：孔为 ϕ30H7（$^{+0.021}_{\ \ 0}$）；轴为 ϕ30p6（$^{+0.035}_{+0.022}$）。由其偏差值可知这对配合为过盈配合。

13.3 几何公差简介

13.3.1 几何公差的概念

零件加工后，不仅存在尺寸误差，而且会产生几何形状误差以及某些要素的相互位置误差。如图 13-37 所示，圆柱体的几何形状出现误差；再如图 13-38 所示，阶梯轴各段圆柱体不同轴线，轴线的位置出现误差。在机器中某些要求较高的零件，不仅需要保证尺寸公差的要求，而且还要保证几何公差的要求，这样才能满足零件的使用要求和装配互换性。

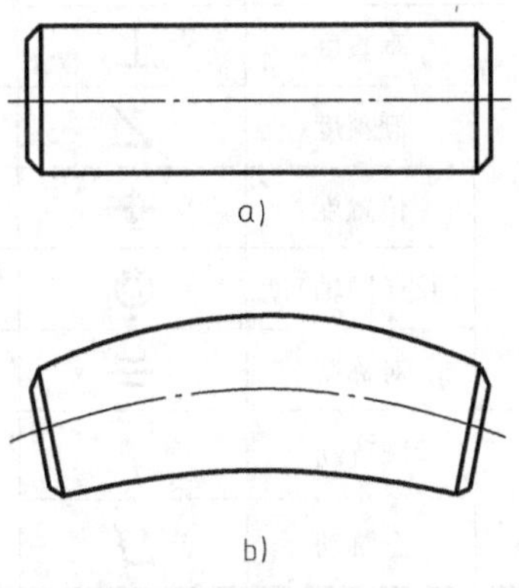

图 13-37 几何形状误差

a）理想形状 b）实际形状

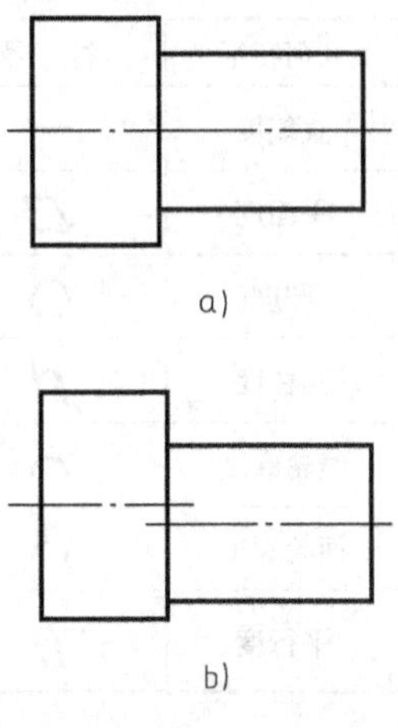

图 13-38 相互位置误差

a）理想位置 b）实际位置

1. 要素

要素是指零件上的特定部位，如点、线或面，如图 13-39 所示。这些要素可以是组成要素（如圆柱体的外表面），也可以是导出要素（如中心线或中心面）。

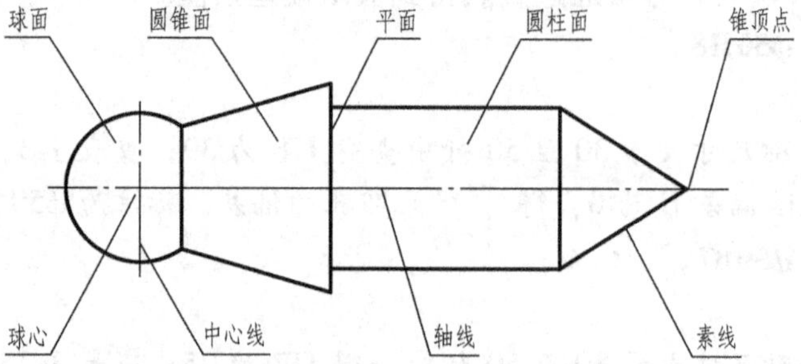

图 13-39　几何要素

（1）组成要素　零件外表轮廓上的点、线、面，即可触及的要素，如图 13-39 所示的素线、锥顶点、球面、圆锥面和圆柱面等。

（2）导出要素　依附于组成要素而存在的点、线、面，即不便触及但客观存在的要素，如图 13-39 所示的球心、轴线和中心线等。

（3）被测要素　给出几何公差要求的要素，是被检测的对象。

（4）基准要素　用来确定被测要素几何关系的参照要素，应为理想要素。

（5）单一要素　按其功能要求而给出几何公差的被测要素。该要素是独立的，与基准无关。

（6）关联要素　相对基准要素有功能关系而给出相互位置公差要求的被测要素。

2. 几何公差的代号

国家标准规定用代号来标注几何公差。几何公差代号包括几何公差各项目的符号、公差框格及指引线、公差数值以及基准代号和其他有关符号等。

几何公差的几何特征、符号见表 13-7。

表 13-7　几何公差的几何特征、符号

公差类型	几何特征	符　号	有无基准	公差类型	几何特征	符　号	有无基准
形状公差	直线度	—	无	方向公差	垂直度	⊥	有
	平面度	⏥	无		倾斜度	∠	有
	圆度	○	无	位置公差	位置度	⌖	有或无
	圆柱度	⌭	无		同心（同轴）度	◎	有
形状（或方向、或位置）公差	线轮廓度	⌒	无		对称度	⌯	有
	面轮廓度	⌓	无	跳动公差	圆跳动	↗	有
方向公差	平行度	//	有		全跳动	⌰	有

3. 几何公差带

几何公差带是用来限制实际被测要素变动的区域，见表 13-8。

表 13-8　几何公差带区域

两平行线之间	两等距线之间	两同心圆之间
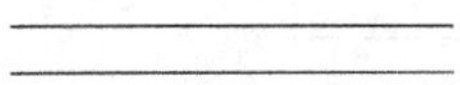		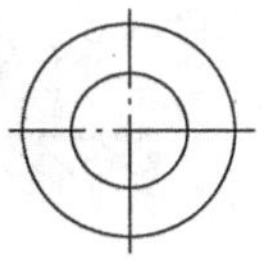
两平行面之间	两等距面之间	两同轴圆柱面之间
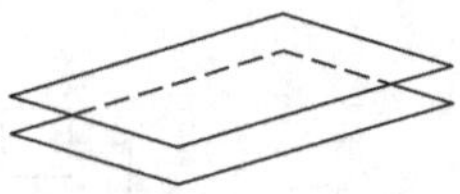		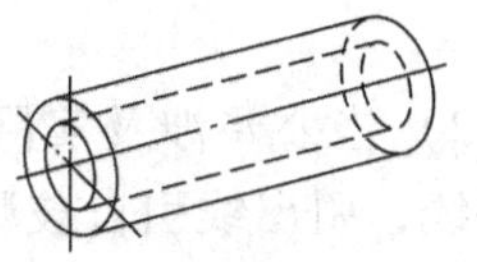
一个圆柱面内	一个圆内	一个圆球面内
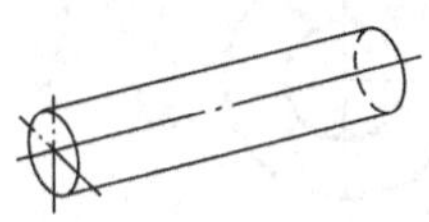	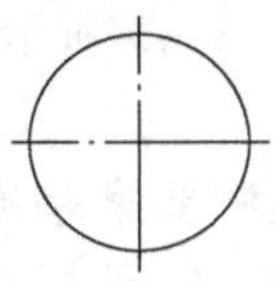	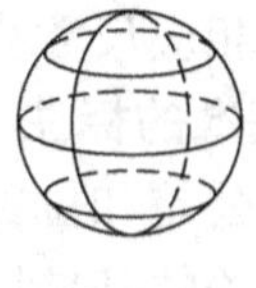

13.3.2　几何公差的标注

1. 公差框格简介

（1）公差框格的高度　公差框格用细实线绘制，框格中的文字与图样中文字的字号应一致，公差框格的高度、线宽和字体的比例关系见表 13-9。

表 13-9　公差框格的高度、线宽和字体的比例关系

特　征	推荐尺寸						
框格高度 H	5	7	10	14	20	28	40
字体高度 h	2.5	3.5	5	7	10	14	20
线条粗细 d	0.25	0.35	0.5	0.7	1	1.4	2

（2）公差框格的推荐宽度　公差框格的推荐宽度如图 13-40 所示。

1）第一格等于框格的高度。

2）第二格与标注的内容相适应。

3）第三格及以后各格与标注的有关字母相适应。

（3）公差框格尺寸　公差框格尺寸如图 13-40 所示。

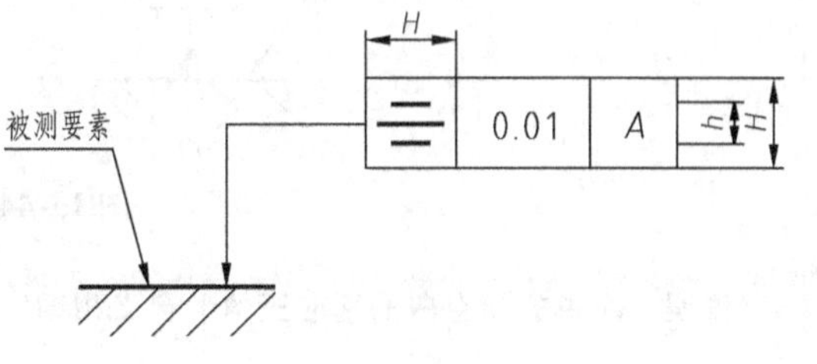

图 13-40　公差框格尺寸

2. 被测要素的标注

被测要素是给出几何公差要求的要素，标注时用指引线连接被测要素和公差框格，指引线引自框格的任意一侧，终端带箭头。

1）当公差涉及轮廓线或轮廓面时，箭头指向该要素的轮廓线或其延长线，并与尺寸线明显错开，箭头的方向与几何公差值的测量方向一致，如图13-41所示。

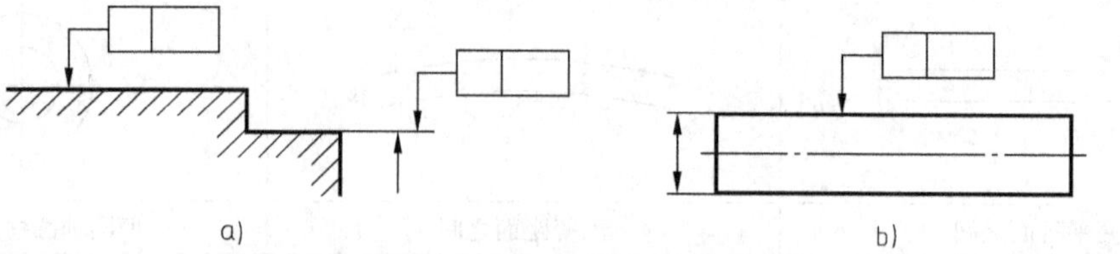

图13-41　被测要素标注方法（一）

2）当公差涉及实际平面时，箭头也可指向引出线的水平线，引出线引自被测面，其末端画一圆点，如图13-42所示。

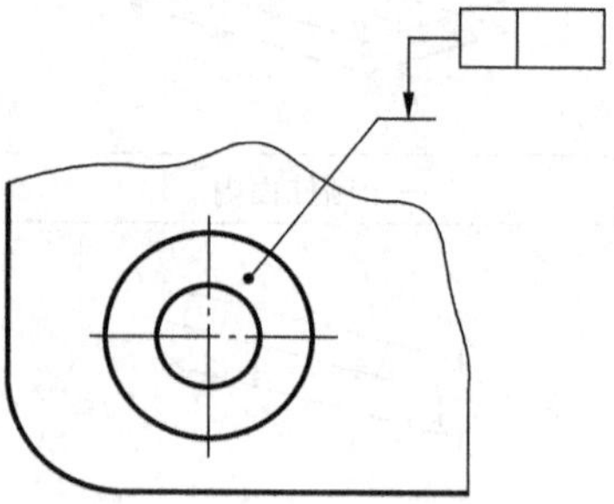

图13-42　被测要素标注方法（二）

3）当公差涉及要素的中心线、中心面或中心点时，箭头应位于相应尺寸线的延长线上，如图13-43所示。

3. 基准的标注

方向公差和位置公差等需要标注被测要素基准。与被测要素相关的基准用一个大写字母表示，字母标注在基准方框内，与一个涂黑或空白的三角形相连以表示基准；表示基准的字母还应标注在公差框格内。图13-44所示为基准符号。

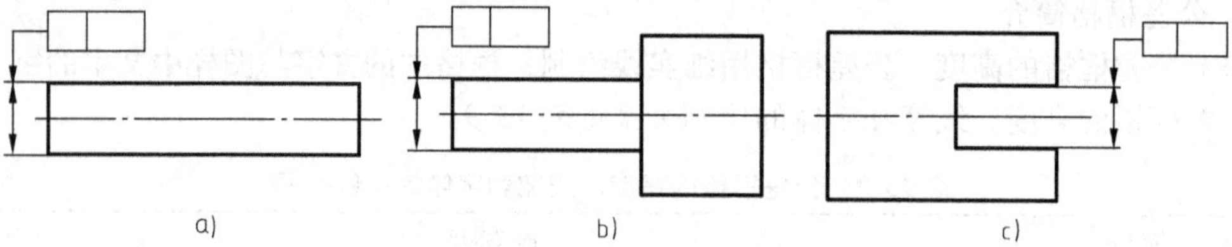

图13-43　被测要素标注方法（三）

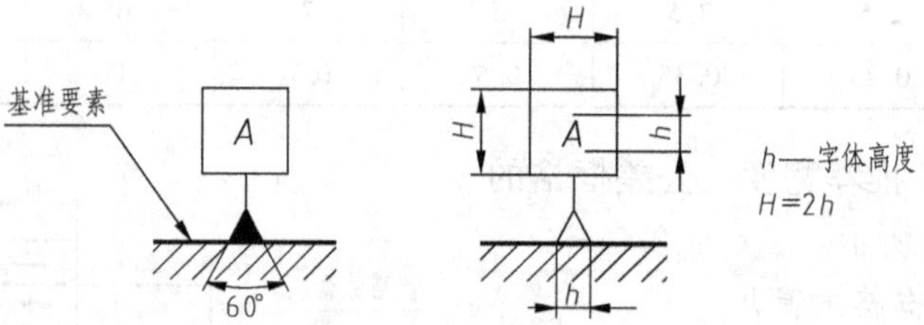

图13-44　基准符号

说明：涂黑的和空白的基准三角形含义相同，但同一张图样中必须一致。

1）当基准要素是轮廓线或轮廓面时，基准三角形应放置在要素的轮廓线或延长线上，并与尺寸线明显错开，如图13-45所示。

2）当基准要素为实际平面时，基准三角形也可放置在该轮廓面引出线的水平线上，如图13-46所示。

3）当基准是尺寸要素确定的轴线、中心平面或中心点时，基准三角形应放置在该尺寸

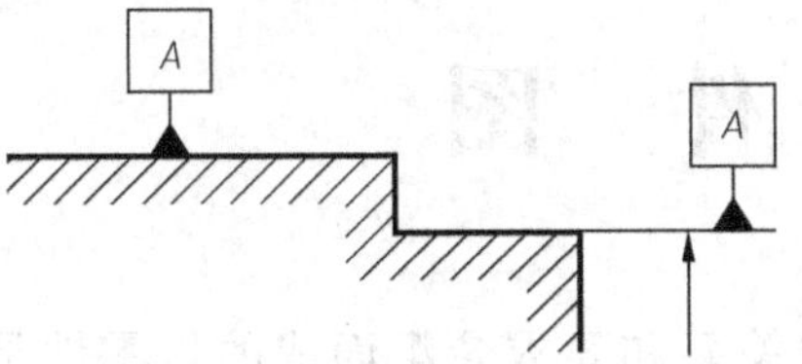

图 13-45　基准要素标注（一）

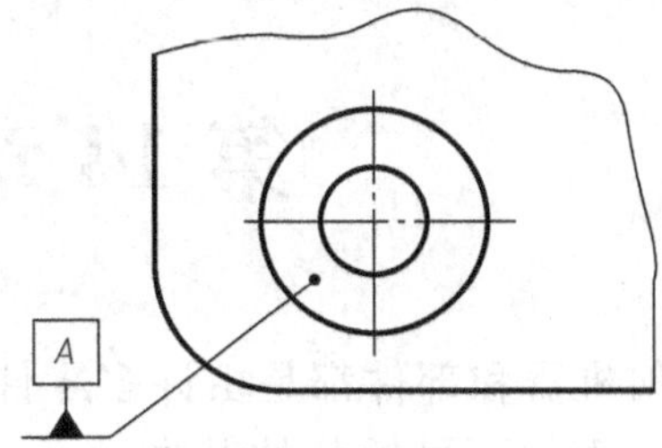

图 13-46　基准要素标注（二）

线的延长线上。如果没有足够的位置标注基准要素尺寸的两个尺寸箭头，则其中一个箭头可用基准三角形代替，如图 13-47 所示。

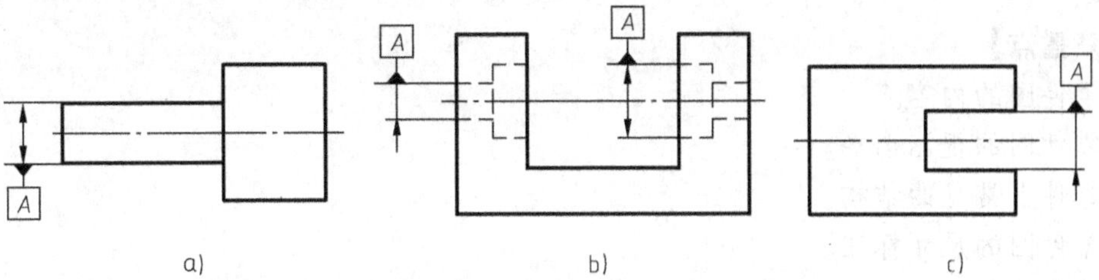

图 13-47　基准要素标注（三）

4. 几何公差标注示例

图 13-48 所示为气门阀杆零件图几何公差标注示例。其中：

1）*SR*75 的球面相对 $\phi16$ 轴线的圆跳动公差是 0.03。

2）杆身 $\phi16$ 的圆柱度公差是 0.005。

3）M8 ×1 的螺纹孔轴线相对 $\phi16$ 轴线的同轴度公差是 $\phi0.1$。

4）右端面相对 $\phi16$ 轴线的圆跳动公差是 0.1。

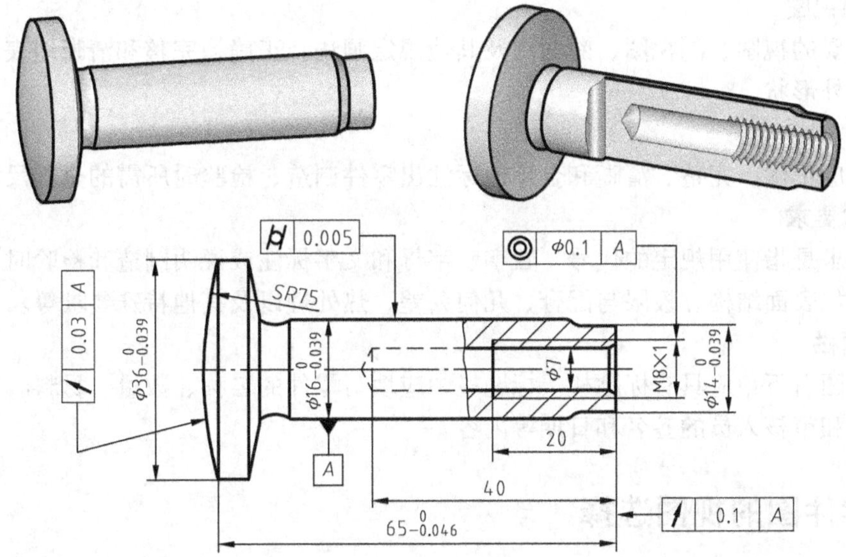

图 13-48　几何公差标注示例

第 14 章　零　件　图

任何机器和部件都是由许多零件按一定的装配关系和要求装配而成的。零件是组成机器和部件的不可拆分的基本单元，制造机器必须首先按照设计要求制造出合格的零件。用来制造零件的图样称为零件图。零件图不仅应将零件的内外结构和大小表达清楚，而且还要对零件的加工、检验和测量提供必要的技术要求。零件图是制造和检验零件的依据，要绘制一张完整、合格的零件图，必须具备一定的机械设计和机械加工工艺知识。

【本章重点】

1）零件图的内容。

2）零件图的视图选择。

3）零件上常见的结构。

4）零件图的尺寸标注。

5）看零件图。

14.1　零件图概述

零件图是制造零件的指导性文件，必须具备清晰、完整地表达零件的结构形状、尺寸和技术要求等内容。零件图反映设计者的设计思想，是设计者提交给生产者的重要技术文件，是制造和检验零件的依据，并表达了机器和部件使用的相关要求，如图 14-1 所示。

一张完整的零件图应具有如下内容：

1. 一组视图

运用必要的视图、剖视图、断面图及其他规定画法，正确、完整和清晰地表达零件各部分结构的内外形状。

2. 尺寸

零件图应正确、完整、清晰和合理地标注出零件制造、检验时所需的全部尺寸。

3. 技术要求

技术要求是指使用规定的代号、数字、字母和文字标注或说明制造和检验时，零件应达到的要求，如表面结构、极限与配合、几何公差、热处理以及其他特殊要求等。

4. 标题栏

在零件图右下角应具有标题栏。标题栏中应填写零件的名称、数量、材料、比例，以及设计、制图和审核人员的签名和日期等内容。

14.2　零件图的视图选择

为了表达一个零件需要选用一组视图，所选用的一组视图应能正确、完整和清晰地表达

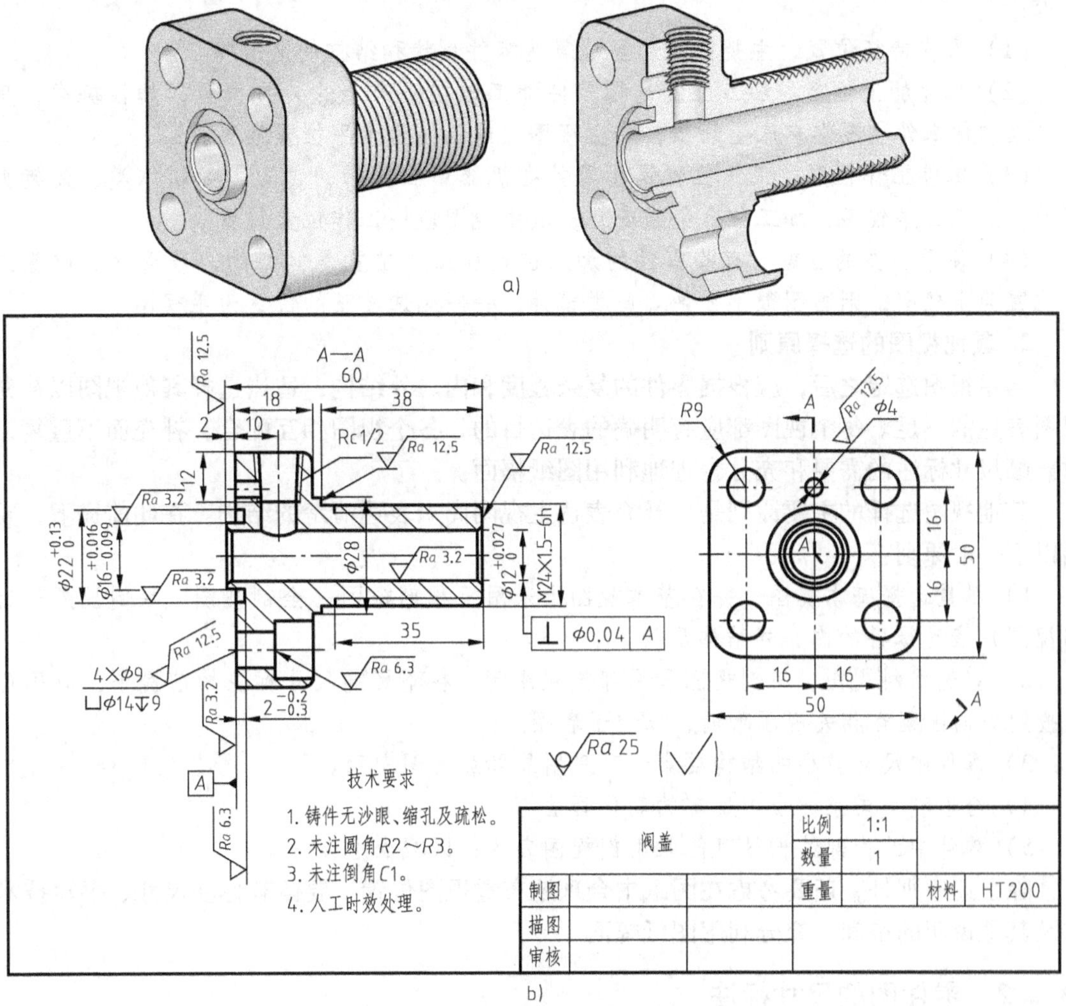

图 14-1　阀盖立体图和零件图

a）阀盖立体图　b）阀盖零件图

零件各组成部分的内外形状和结构，便于标注尺寸和技术要求，并使绘图简便。

14.2.1　零件图的视图选择原则

零件图的视图选择，就是要选用适当的视图、剖视图和断面图等表达方法，将零件的结构形状完整、清晰地表达出来，在便于看图的前提下，力求画图简便。总之，零件的表达方案应便于绘制和阅读。要达到这个要求，首先必须选择好主视图，然后选配其他视图。

主视图是零件图中最主要的视图。表达零件时，首先要选好主视图。主视图选择得是否恰当，将直接影响到其他视图的选择，决定画图、读图是否方便。

1. 主视图的选择原则

主视图是整个零件图的核心，从便于看图这一要求出发，应考虑零件的安放位置和绘图时的投射方向两个方面。零件图的选择在遵循以上原则的同时，还应符合以下几方面的要求：

（1）形状特征位置　主视图应明显地表达零件形状和结构的显著特征。

（2）零件加工位置　加工位置是指零件加工时在机床上的装夹位置，如轴套类、盘盖类等回转体零件主要在车床上加工，其主视图应选轴线为水平位置放置。

（3）零件工作位置　工作位置是指零件在机器中工作时的位置，如箱体类、叉架类等零件，加工工序较多，加工位置经常变化，其主视图应按工作位置放置。

（4）便于画图的位置　有些零件的加工位置和工作位置是倾斜的，若选加工位置或工作位置为主视图，则画图很不方便。此类零件，一般应选放正的位置为主视图。

2. 其他视图的选择原则

当主视图选定之后，应根据零件的复杂程度和内、外结构，适当选择其他视图以补充主视图表达的不足。每个视图都应有明确的表达目的，各个视图相互配合，补充而不重复，同时兼顾尺寸标注的需要和充分合理地利用图纸幅面。

其他视图选择的主要原则是，补充表达主视图尚未表达清楚的结构。在此前提下，要遵循以下一般原则：

1）尽量选择基本视图，并在基本视图上采用三种剖视图（全剖视图、半剖视图和局部剖视图）表达零件的内、外结构形状。

2）当选用斜视图、斜剖视图和局部剖视图时，在不影响尺寸标注的前提下，应尽可能按投射方向配置在相关视图附近，以便于看图。

3）零件中尺寸较小的结构要素，可采用局部放大图表示。

4）合理利用国家标准中规定的简化画法。

5）零件中的内部结构尽可能采用剖视图表达，以减少虚线。

除上述原则外，还要考虑在图纸中合理地布置视图位置，要留有标注尺寸、书写技术要求及其他说明的空间，充分利用图纸幅面。

14.2.2　零件图的尺寸标注

在零件图上标注尺寸，除了要符合正确、完整和清晰的要求外，还要考虑怎样把尺寸标注得比较合理。尺寸标注必须满足两个条件：符合设计要求，以保证机器的质量；符合加工工艺要求，以便于加工制造和检验。

1. 尺寸基准

要达到合理的要求，必须对零件进行必要的形体分析、结构分析和工艺分析，恰当地选取尺寸基准。尺寸基准即标注尺寸的起点，根据其作用的不同，可分为设计基准和工艺基准。零件的长、宽、高三个方向都至少要有一个尺寸基准，如图 14-2 所示。当同一方向有几个基准时，其中之一为主要基准，其余为辅助基准。主要尺寸从主要基准开始标起。常用的尺寸基准有：基准面，主要是底板的安装面及重要的端面、装配结合面和零件的对称面等；基准线，主要是回转体的轴线。

（1）设计基准　在设计中，为了保证零件性能要求而确定的基准称为设计基准，即确定零件在部件或机器中工作位置的基准面或基准线。如图 14-2 所示，以底面为基准向上标注尺寸 40 ± 0.02，底面为高度方向的基准。因为支架是成对使用的，所以设计基准可保证两个支架轴孔中心线与底面相同高度的要求。为了保证装配关系，底板上两个圆孔轴线之间的

相对位置尺寸 65 为定位尺寸，其基准为对称中心线，对称中心线是长度方向的基准。底面

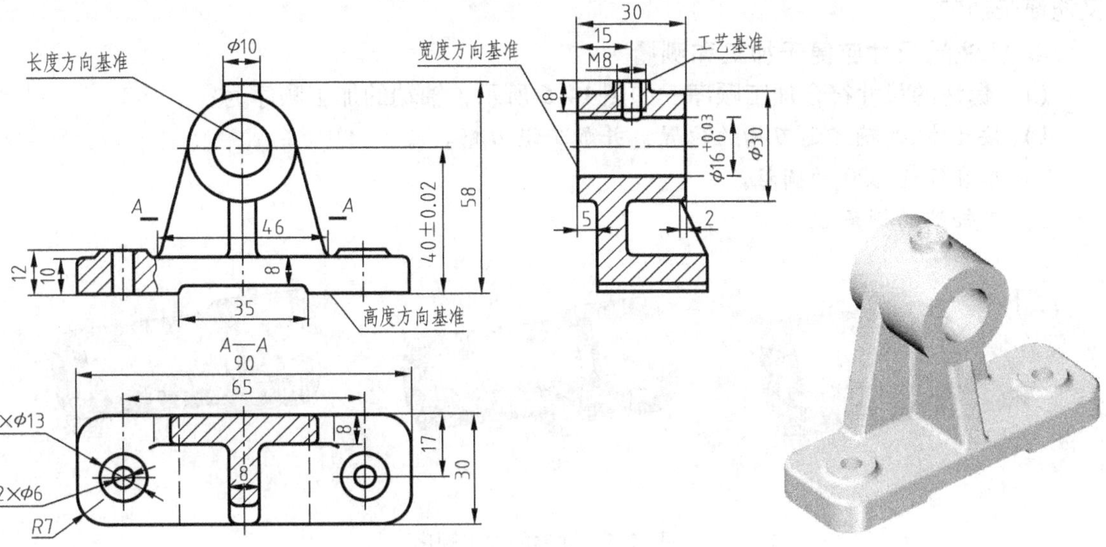

图 14-2　支架的尺寸基准

和对称中心线也是设计时给出的设计基准。

（2）工艺基准　零件在加工过程中为了便于装夹、定位和测量而确定的基准称为工艺基准，即零件在加工、测量时的基准面或基准线。如图 14-2 所示，支架顶面凸台为工艺基准，以此为基准可以测量螺纹孔的螺纹深度，所以尺寸 8 是以顶面为基准标注的。

标注尺寸时还需注意同一方向的尺寸基准一定要相互联系。如图 14-2 所示，高度尺寸 58 是底面基准（主要基准）和顶面基准（辅助基准）的联系尺寸。

2. 重要的尺寸直接注出

重要的尺寸是指影响零件装配精度和使用性能的尺寸。此类尺寸在加工时要求比较严格，需要在零件图上直接注出。如图 14-2 所示，确定轴孔轴心高度的尺寸 40±0.02，底板上两个圆孔轴心之间的相对距离尺寸 65，都为满足设计要求的重要尺寸，需要直接注出。

3. 避免出现封闭的尺寸链

封闭的尺寸链是指同一方向的尺寸首尾相接，组成一个封闭的形式，如图 14-3 所示。每个尺寸是尺寸链中的一环，尺寸链中去掉的一个环，称为开口环，如图 14-4 所示。在图 14-3 中，尺寸 A、B、C、D 组成一个封闭的尺寸链，由于 $A=B+C+D$，若尺寸 A 的误差已确定，A 的误差应为 B、C、D 的误差之和，则 B、C、D 的误差必须很小，这对于加工来说就比较困难。如果将一个不重要的尺寸 D 去掉，如图 14-4 所示，为了便于加工，尺寸 B、C

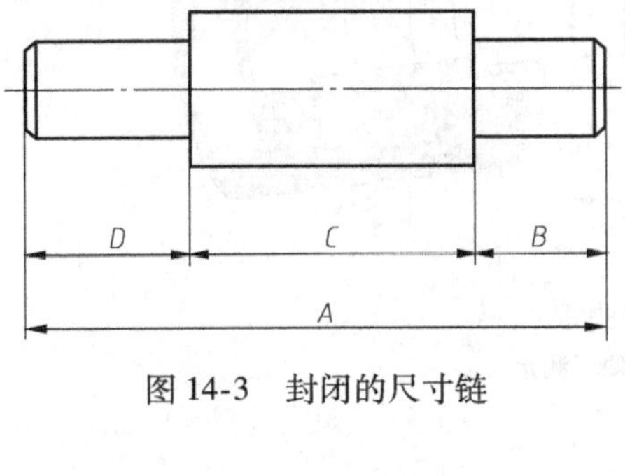

图 14-3　封闭的尺寸链

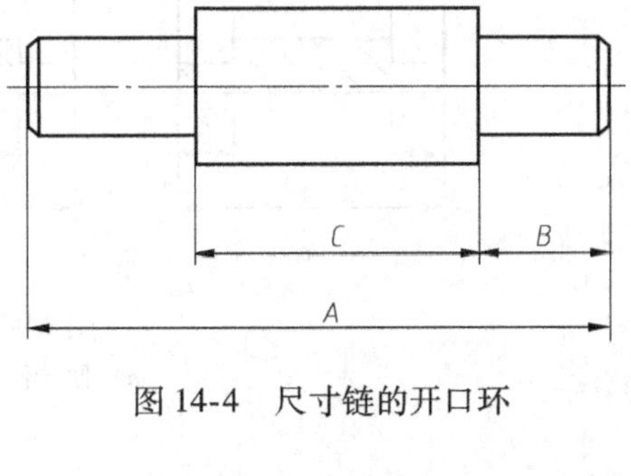

图 14-4　尺寸链的开口环

的误差可适当加大，尺寸 A、B、C 所积累的误差全部集中到开口环处，这样既能保证精度，又能便于加工。

4. 标注的尺寸应便于加工和测量

（1）标注的尺寸符合加工顺序　如图 14-5 所示，轴端的加工顺序为：

1）按尺寸 35 确定退刀槽的位置，并加工退刀槽。

2）车直径为 $\phi20$ 的圆柱。

3）车轴端的倒角 $C2$。

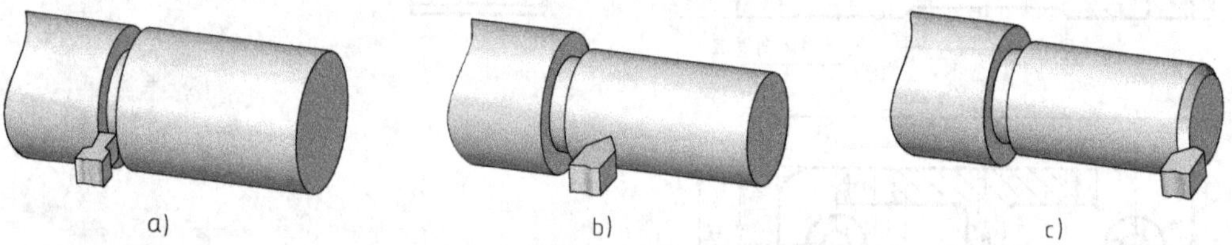

图 14-5　轴端的加工顺序

a）加工退刀槽　b）车圆柱　c）车倒角

按以上加工顺序，轴端的尺寸标注如图 14-6 所示。

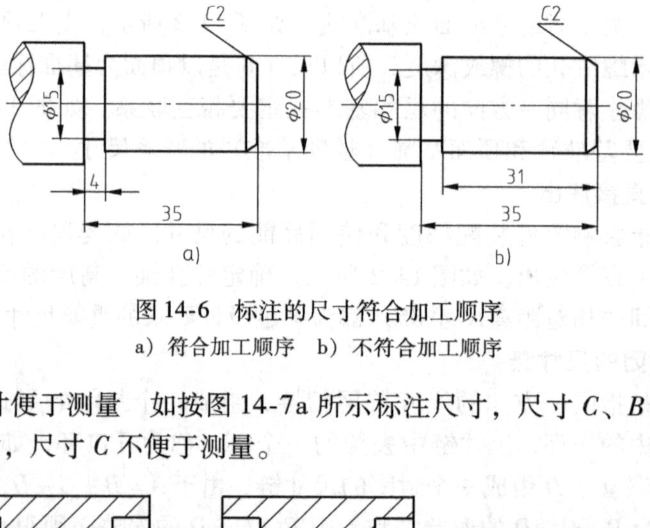

图 14-6　标注的尺寸符合加工顺序

a）符合加工顺序　b）不符合加工顺序

（2）标注的尺寸便于测量　如按图 14-7a 所示标注尺寸，尺寸 C、B 便于测量。如按图 14-7b 所示标注尺寸，尺寸 C 不便于测量。

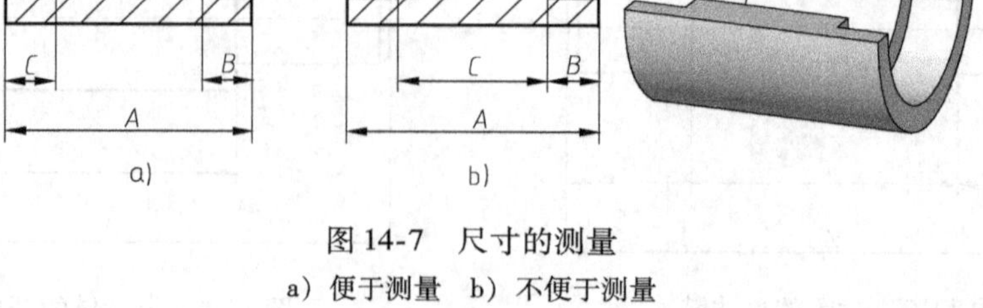

图 14-7　尺寸的测量

a）便于测量　b）不便于测量

14.2.3　各类零件及视图选择

要正确、完整和清晰地表达零件的结构形状，需要分析清楚零件的结构特点，选用合适的表达方法，力求以适当数量的视图表达零件，做到作图简便、读图方便。一般零件根据其结构特点大致可分为四大类，即轴套类零件、盘盖类零件、叉架类零件和箱体类零件。

1. 轴套类零件

（1）轴套类零件的结构特征　轴套类零件主要包括轴、蜗杆、钻模套和柱塞套等，一般由细长的同轴回转体组成，其轴向尺寸远远大于径向尺寸。在这类零件上通常有圆角、倒角、退刀槽、销孔、键槽和螺纹等结构要素，如图 14-8 所示。

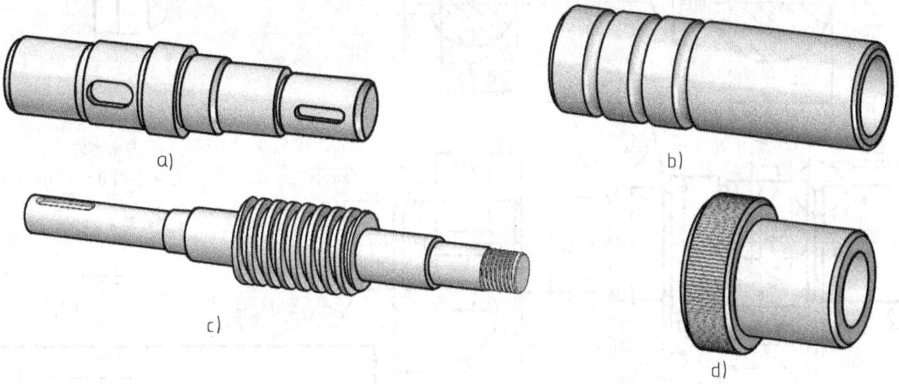

图 14-8　轴套类零件

a）轴　b）柱塞套　c）蜗杆　d）钻模套

（2）轴套类零件的表达方法

1）主视图的选择。轴套类零件主要在车床和磨床上加工。为了便于加工时看图，轴套类零件的主视图按形状特征和加工位置进行选择。即轴线水平放置，投射方向垂直于轴线，这样既可把各段圆柱的相对位置和形状大小表示清楚，并且也能反映出轴肩、退刀槽、倒角和圆角等结构。如图 14-9 所示，为了在主视图中能较多地表达零件的形状特征，特将平键键槽朝前，以表达其形状和位置。

2）其他视图的选择。轴的各段圆柱体，在主视图上标注直径尺寸后已表达清楚。对于轴上的键槽、孔和退刀槽等其他结构，常采用断面图、局部剖视图、局部视图和局部放大图等表示，如图 14-9 所示。

（3）轴套类零件的尺寸标注　在标注轴套类零件的尺寸时，常以轴线作为径向尺寸基准，由此注出各段直径尺寸。如图 14-9 中的 $\phi30 \pm 0.065$、$\phi32^{\ 0}_{-0.016}$、$\phi36$、$\phi30 \pm 0.065$、$\phi27$、$\phi24^{+0.015}_{-0.002}$，这些尺寸把设计要求与加工要求统一起来。轴向尺寸基准常选用重要的端面、接触面（轴肩）或加工面等。如图 14-9 所示，直径 $\phi36$ 的轴肩右端面作为轴向尺寸基准，由此标注 16、73、2×1 等轴向尺寸，再以右轴端作为轴向辅助基准，标注出轴的总长 142。其他轴向尺寸可以根据加工、测量方便的原则由其他辅助基准标出。

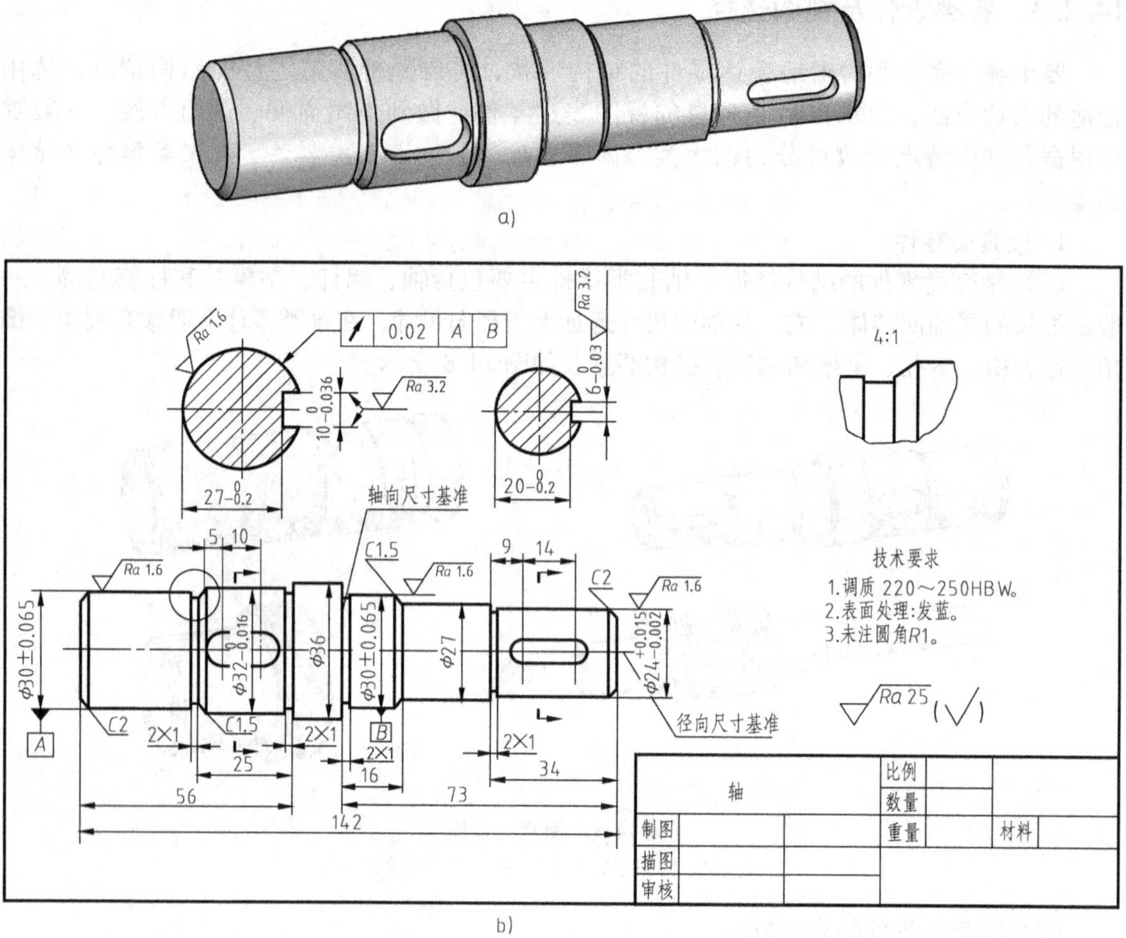

图 14-9　轴

a）立体图　b）零件图

2. 盘盖类零件

（1）盘盖类零件的结构特征　盘盖类零件一般是扁平的盘状，通常还带有轴孔及各种形式的凸缘、均布的圆孔和肋、键槽、销孔等结构。这类零件一般有端盖、阀盖和齿轮等，如图 14-10 所示。

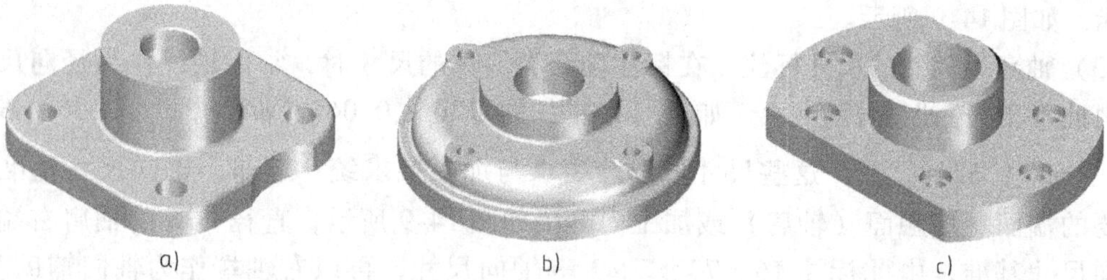

图 14-10　盘盖类零件

a）尾架端盖　b）电动机端盖　c）泵盖

（2）盘盖类零件的表达方法

1）主视图的选择。由于多数盘盖类零件的主体是同轴回转体，其径向尺寸远远大于轴向尺寸，加工工序以车为主，所以其主视图常按形状特征和加工位置选择，即将轴线放成水平位置，投射方向垂直于轴线。为了表达内部结构，主视图常采用剖视图，如图14-11所示。

2）其他视图的选择。由于盘盖类零件常带有各种形状的凸缘、均布的圆孔和肋等局部结构，所以常需增加左视图或右视图来补充表达零件的外形轮廓和各组成部分，如图14-11所示。

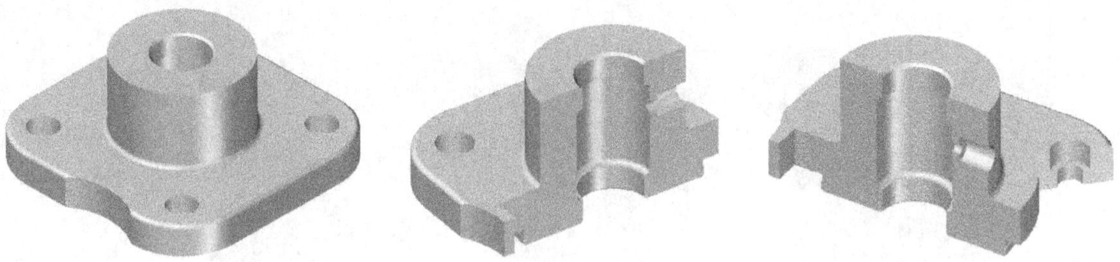

a）

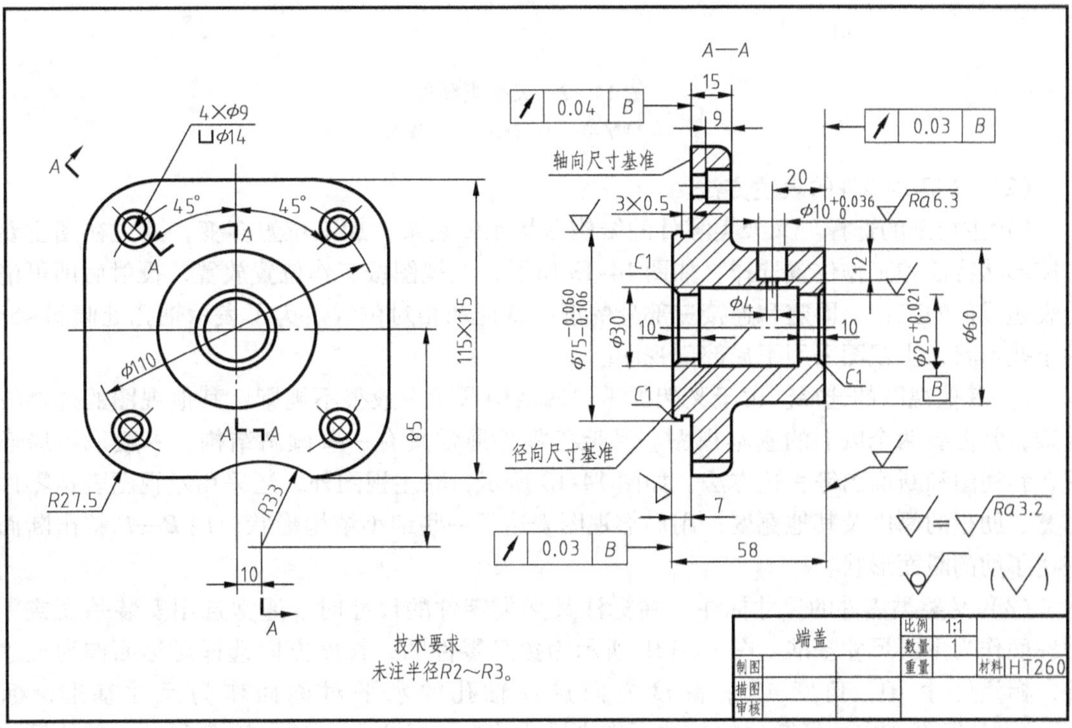

b）

图14-11　端盖

a）立体图　b）零件图

（3）盘盖类零件的尺寸标注　在标注盘盖类零件的尺寸时，通常选用轴孔的轴线作为径向尺寸基准。径向尺寸基准也是标注正方形凸缘的尺寸基准。如图14-11中的$\phi60$、

$\phi25^{+0.021}_{0}$、$\phi30$、$\phi75^{-0.060}_{-0.106}$、115×115 等尺寸。轴向尺寸基准常选用重要的端面、接触面等。如图 14-11 所示，端盖选用正方形凸缘左端面作为轴向尺寸基准，由此注出 7、15 等尺寸。其他轴向尺寸可按照加工、测量方便的原则由辅助基准标出。

3. 叉架类零件

（1）叉架类零件的结构特征　叉架类零件是指各种用途的支架、拨叉、摇臂和连杆等，其形体较为复杂，一般有肋、板、杆、筒、座、凸台和凹坑等结构。随着零件的作用不同，其结构形式也有所不同。但多数叉架类零件的主体都具有工作、固定和连接三部分，如图 14-12 所示。

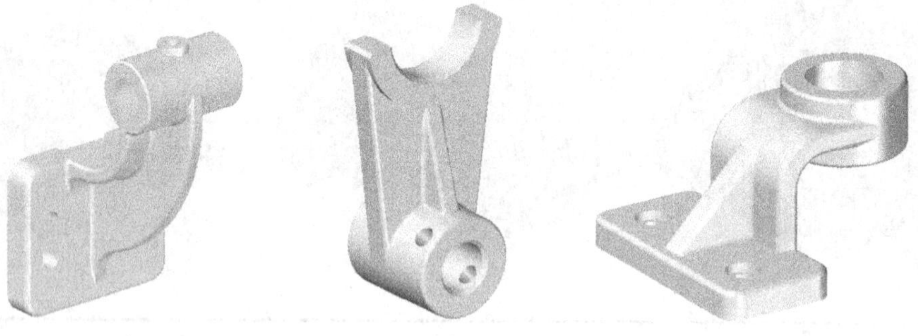

图 14-12　叉架类零件

a）脚踏座　b）拨叉　c）支架

（2）叉架类零件的表达方法

1）主视图的选择。叉架类零件的结构形状比较复杂，加工位置多变，其主视图主要考虑按形状特征和工作位置选择。如图 14-13 所示，主视图按工作位置放置，投射后即可清晰地表达零件的工作、固定和连接三部分的形状特征和相对位置。为了表示轴孔处倾斜 45°角的小孔形状，主视图采用了局部剖视图。

2）其他视图的选择。由于叉架类零件的结构形状一般很不规则，其他视图的选择较为复杂，常需要两个以上的基本视图。叉架类零件通常具有一些倾斜结构，一般采用局部视图、斜视图和断面图等表达方法。如图 14-13 所示，除主视图外，还采用左视图表达零件的总宽、肋板的厚度及其他宽度；用局部视图表达了一些细小结构形状；用 *B—B* 移出断面图表达了肋的断面形状。

（3）叉架类零件的尺寸标注　在标注叉架类零件的尺寸时，通常选用安装基面或零件对称面作为主要尺寸基准。图 14-13b 所示为拨叉零件图，长度方向选择对称面作为尺寸基准，标注尺寸 10，角度 45°；高度方向选择轴孔的水平对称面作为尺寸基准，标注 $117^{-0.12}_{-0.35}$；宽度方向选择圆柱的前端面作为尺寸基准，标注 57、10、22 等尺寸。其他尺寸可按照加工和测量方便的原则由辅助基准标出。

4. 箱体类零件

（1）箱体类零件的结构特征　箱体类零件起支承、包容其他零件的作用，所以多数是中空的壳体。箱体类零件的形状结构比较复杂。零件常常具有内腔、轴孔、凸台、凹坑、螺孔、肋和安装底板等结构，如图 14-14 所示。

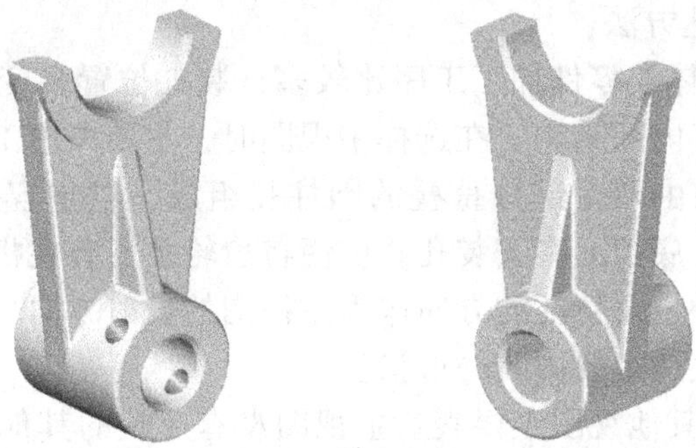

a)

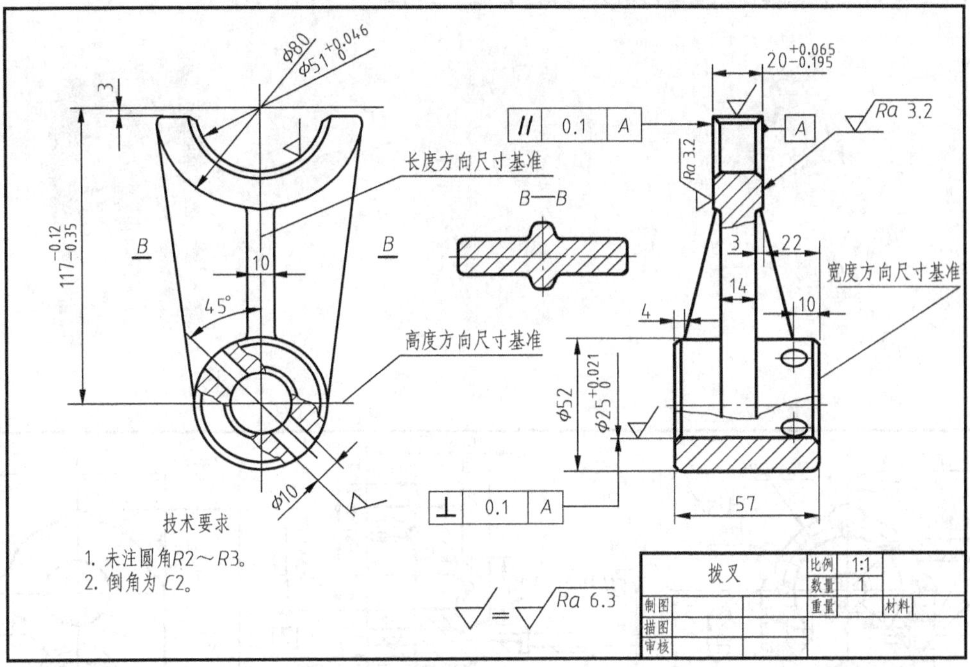

b)

图 14-13　拨叉

a）立体图　b）零件图

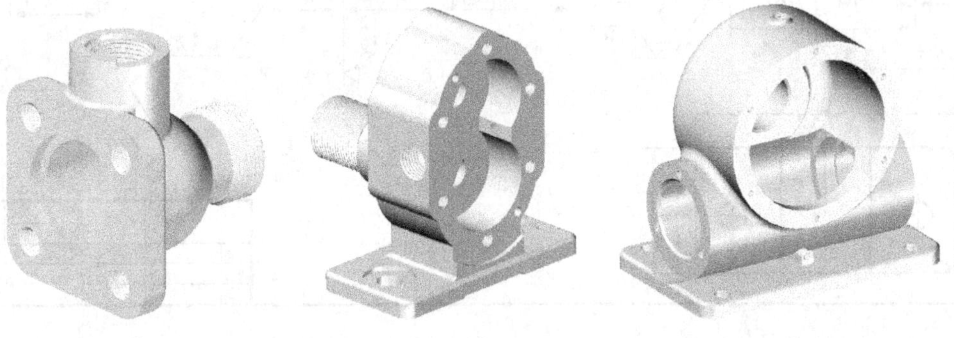

a)　　　　b)　　　　c)

图 14-14　箱体类零件

a）阀体　b）泵体　c）减速箱体

（2）箱体类零件的表达方法

1）主视图的选择。箱体类零件加工工序比较多，装夹位置多变，通常采用通过主要支承孔轴线的剖视图来表达其内部结构。在选择主视图时，主要考虑工作位置和形状特征。如图 14-15 所示，泵体的内腔由两个部分重叠的圆柱孔组成，以包容一对啮合的直齿圆柱齿轮；左右两侧有进出油孔，底板上有安装孔，以便将齿轮泵安装在机架上；主视图一般按安装位置选择，以反映该零件主要特征的方向作为主视图的投射方向。为了表达内腔，主视图采用全剖视的画法，以便表达主要内腔的形状。

2）其他视图的选择。其他视图主要表达主视图没有反映的其他内外结构和形状。除主视图外，还需要选择适当的视图将外形表达清楚，如图 14-15 所示。

a)

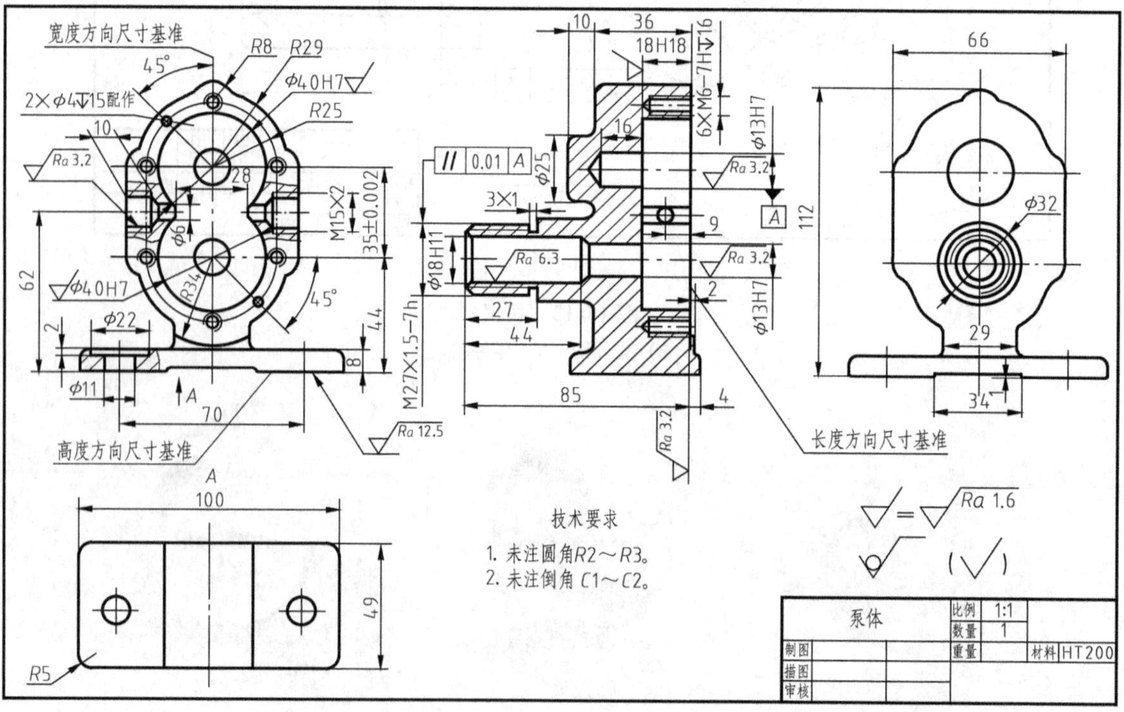

b)

图 14-15　泵体

a）立体图　b）零件图

① 右视图表示主体外形的形状特征、内腔的实形，以及安装面的螺孔分布情况，并结合局部剖视图，以表达左右两侧进出油孔的内部结构。

② 左视图表示泵体左端的外形结构。

③ *A* 向视图表示安装底板的底面形状和安装孔的分布情况。

（3）箱体类零件的尺寸标注　标注箱体类零件的尺寸时，通常选用设计上要求的轴线，重要的安装面、接触面和箱体某些主要结构的对称面等作为尺寸基准。对于箱体上需要切削加工的部分，应尽可能按便于加工和检验的要求来标注尺寸。如图 14-15 所示，泵体底板的底面为安装面，是高度方向的设计基准。同时泵体在加工时，首先加工该底面，然后以该底面为基准加工其他部分，因此该底面也是工艺基准。泵体底板的底面为高度方向的尺寸基准，标注 44、8、62 及总高 112 等尺寸；泵体的右端面是安装泵盖的接触面，作为长度方向的尺寸基准，标注 18、85、4、2、36、9 等尺寸；泵体右视图是基本对称结构，泵体的对称面为宽度方向的尺寸基准，标注 70、100、34、66 等尺寸。其他尺寸可按照加工和测量方便的原则由辅助基准标出。

14.2.4　零件常见结构的尺寸注法

零件上常见结构有倒角、退刀槽、螺纹孔、光孔、沉孔及锥销孔等，在标注这些结构的尺寸时，可按标准的格式标注。

1. 零件上常见结构的尺寸注法

零件上常见结构的尺寸注法见表 14-1。

表 14-1　零件上常见结构的尺寸注法

结构名称	标注方法	说　　明
倒角	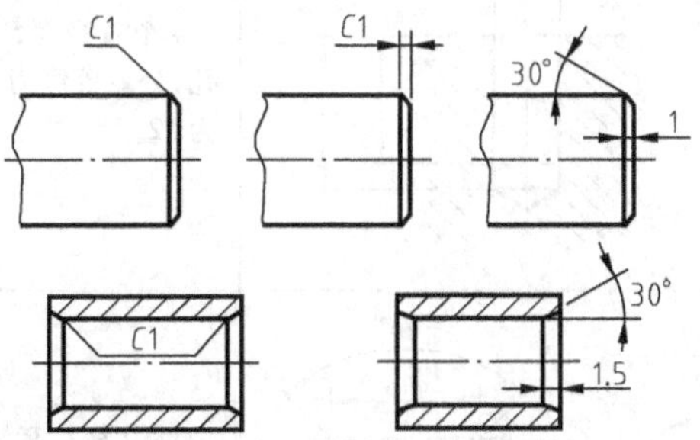	45°的倒角，在倒角宽度尺寸数字前加注符号“*C*”；30°或 60°等其他角度的倒角，应分别标出倒角的宽度和角度尺寸
退刀槽	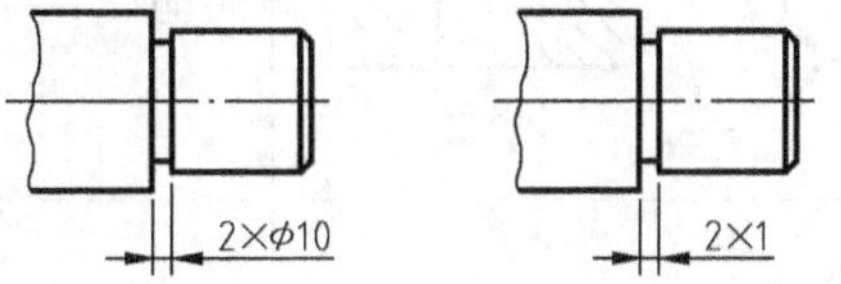	退刀槽通常标注“槽宽 × 直径”或“槽宽 × 槽深”
螺纹孔	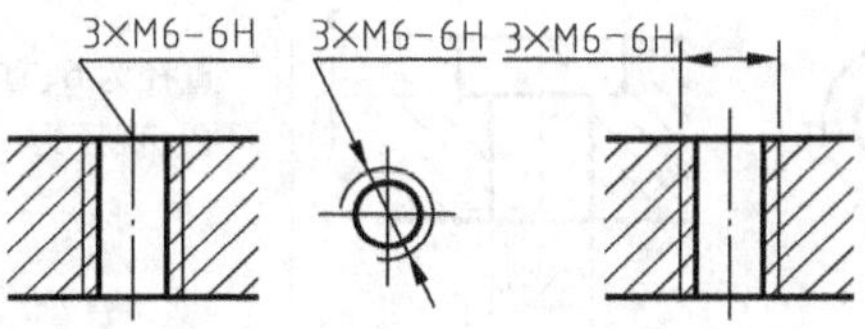	3 个公称直径为 6、螺纹公差等级为 6H、有规律分布或均布的螺孔

（续）

结构名称	标注方法	说　　明
螺纹孔	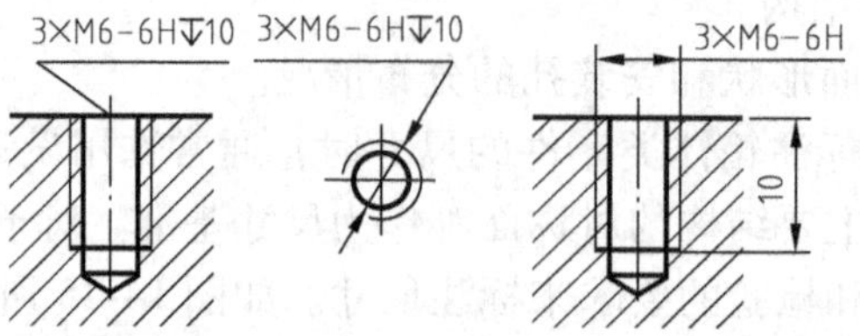	3个公称直径为6、螺纹公差等级为6H、螺纹孔深为10、有规律分布或均布的螺孔
	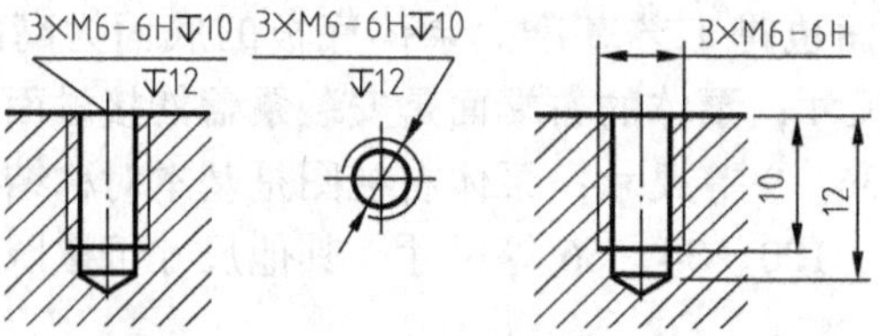	3个公称直径为6、螺纹公差等级为6H、螺纹孔深为10、光孔深为12、有规律分布或均布的螺孔
光孔	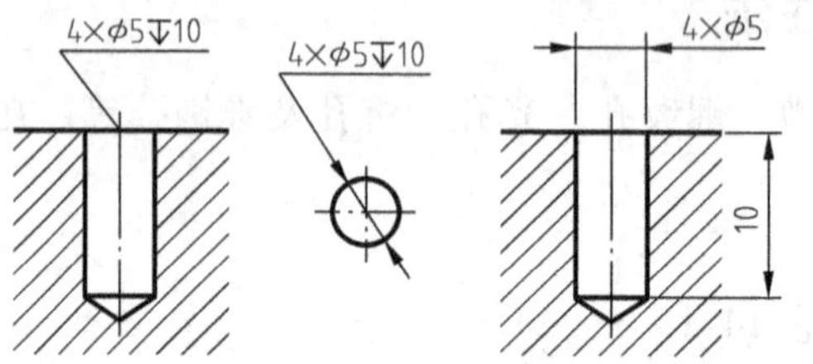	4个直径为5、孔深为10、有规律分布或均布的孔
	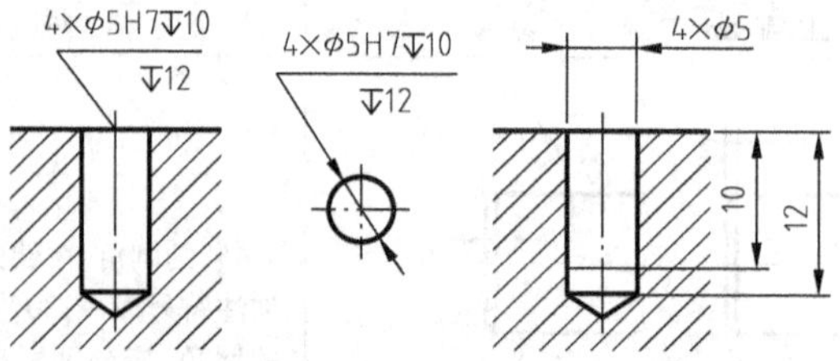	4个直径为5、有规律分布或均布的孔，公差等级为H7，深度为10，孔全深为12
沉孔	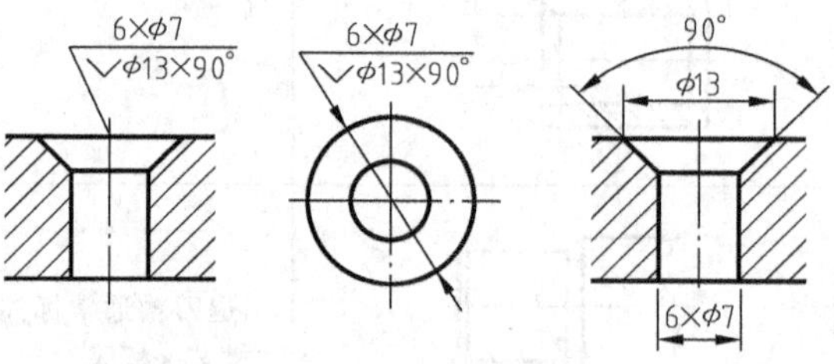	直径为7、有规律分布或均布的6个埋头孔，锥形沉孔直径为13，锥角为90°
	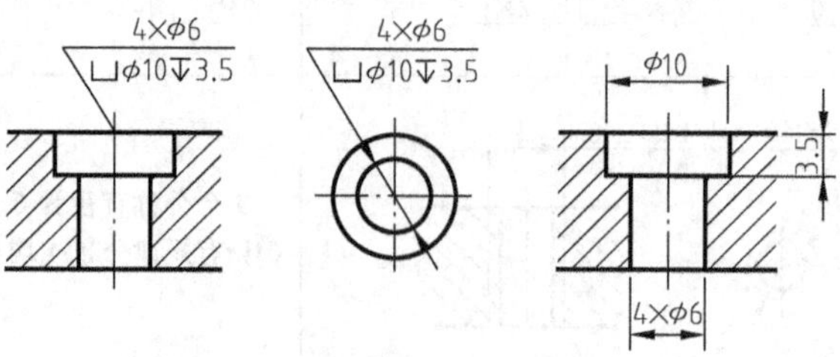	直径为6、有规律分布或均布的4个沉孔，直径为10，深度为3.5

（续）

结构名称	标 注 方 法	说　　明
沉孔	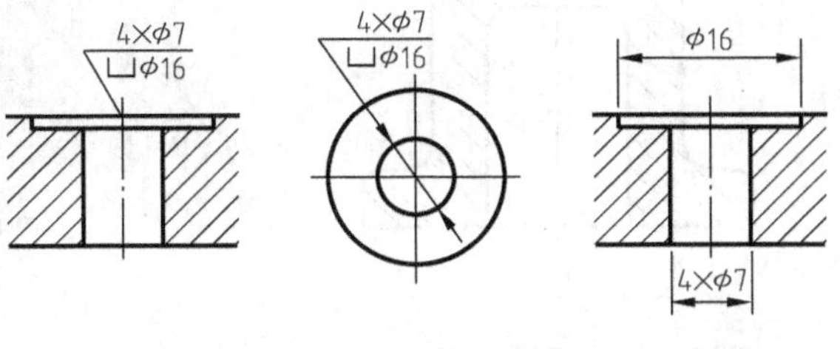	直径为 7、有规律分布或均布的 4 个孔，锪平面为 φ16，深度不需要标注，一般锪平到光面为止

注：↧——深度符号；∨——埋头孔符号；⌴——沉孔或锪平符号。

2. 标注符号的画法

标注符号的画法如图 14-16 所示。

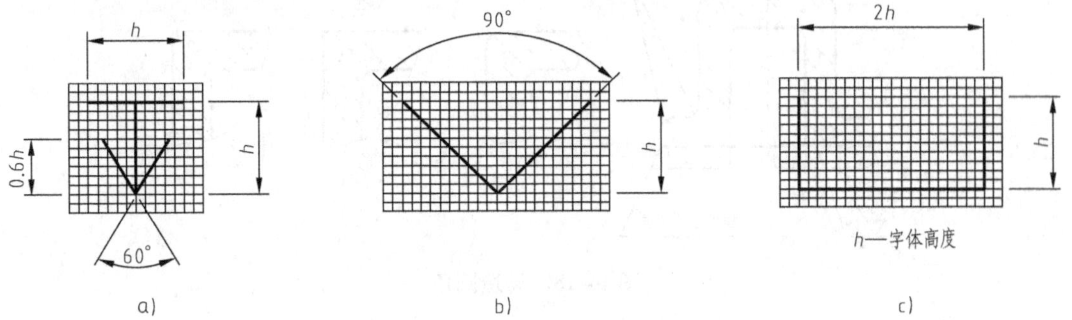

图 14-16　标注符号的画法

a）深度符号　b）埋头孔符号　c）沉孔或锪平符号

14.2.5　零件图上常见的工艺结构

零件的结构形状主要由其在机器或部件中的功能和加工工艺所决定，所以零件的结构形状应满足设计要求，还要考虑加工制造的方便。

1. 零件的铸造工艺结构

（1）起模斜度　用铸造方法制造的零件称为铸件。制造铸件毛坯时，为了便于在型砂中取出模型，一般沿模型起模方向做成约 1∶20 的斜度，此斜度称为起模斜度。如图 14-17 所示，起模斜度在图上可以不标注，也不一定画出。必要时，可以在技术要求中用文字说明。

（2）铸造圆角　当零件的毛坯为铸件时，因铸造工艺的要求，铸件各表面相交处都做成圆角，此圆角称为铸造圆角。铸造圆角既能方便起模，又可防止铸件浇注铁液时在转角处产生落砂现象，还可以避免金属冷却时产生缩孔和裂纹，如图 14-18 所示。铸造圆角半径在图上一般不注出，而写在技术要求中。

（3）铸件壁厚　在浇注零件时，为了避免铸件各部分因冷却速度不同使铸件产生内应力而造成缩孔或裂纹，铸件壁厚应尽量保持均匀一致，不同壁厚间应逐渐变化，如图 14-19 所示。

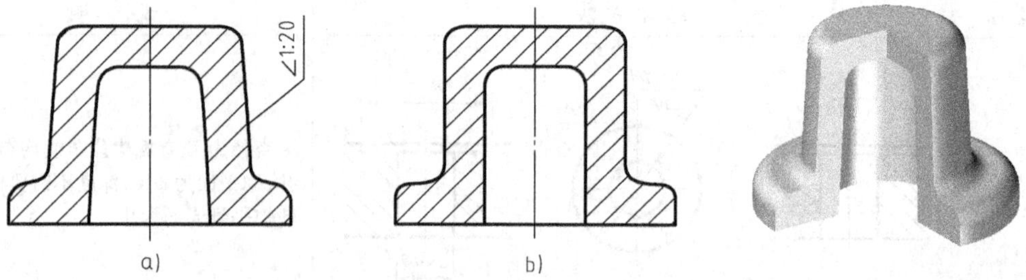

图 14-17　起模斜度

a）画出斜度并标注　b）不画斜度不标注

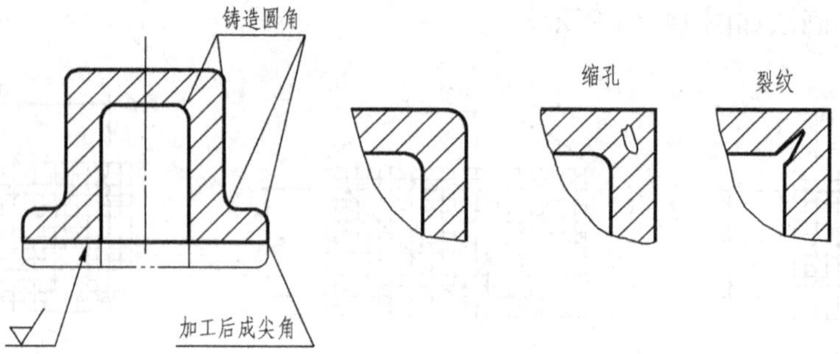

图 14-18　铸造圆角

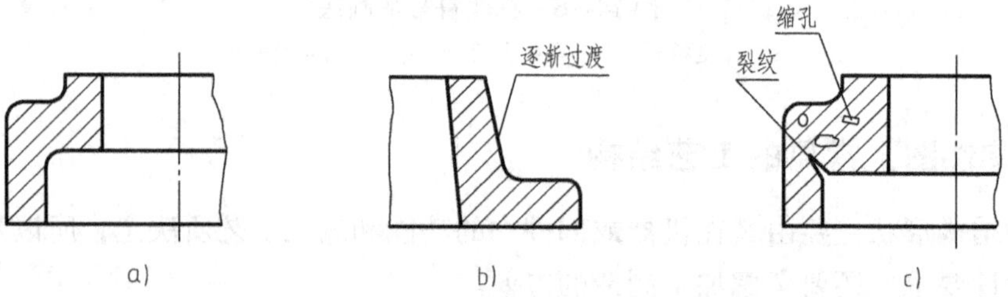

图 14-19　铸件壁厚

a）壁厚均匀　b）逐渐过渡　c）产生裂纹和缩孔

（4）过渡线　由于铸造圆角的存在，使得铸造的两相贯体表面的相贯线变得不明显，为了区分不同的相贯体表面，仍然需要画出相贯线，这种相贯线称为过渡线。

提示：根据 GB/T 4457.4—2002《机械制图　图样画法　图线》的规定，过渡线用细实线绘制。

1）两曲面相交。当两曲面相交时，过渡线画到理论交点处，如图 14-20 所示。

2）两等径圆柱体相交。当两等径圆柱体相交时，过渡线在切点附近应断开，如图 14-21 所示。

3）平面与平面、平面与曲面相交。在画平面与平面、平面与曲面相交处的过渡线时，应在交线的两端断开，并按照铸造圆角弯曲的方向画出过渡圆弧，如图 14-22、图 14-23 所示。

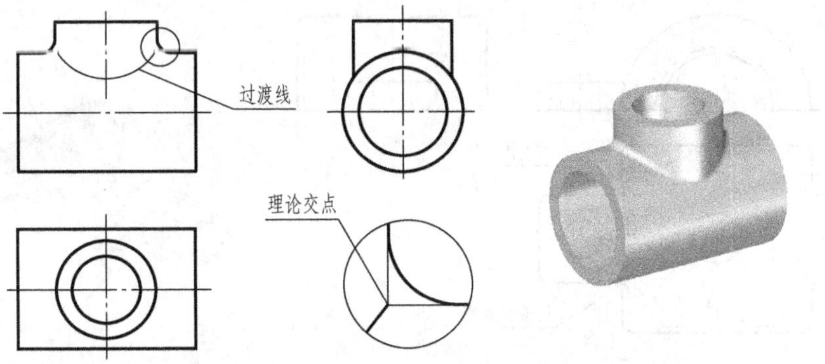

图 14-20 两曲面相交处过渡线的画法

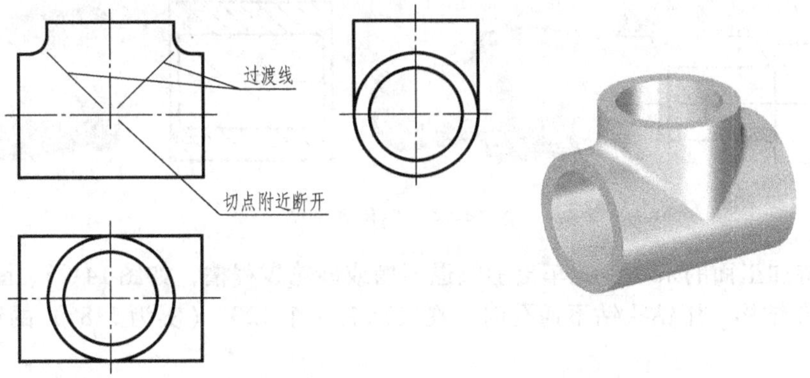

图 14-21 两等径圆柱体相交处过渡线的画法

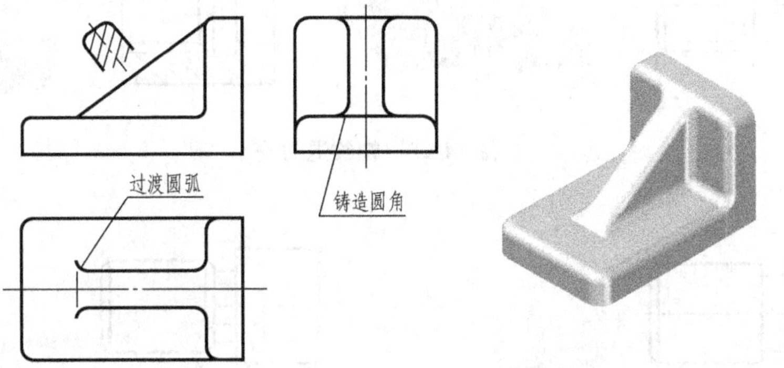

图 14-22 平面与平面相交处过渡线的画法

2. 零件的机械加工工艺结构

（1）倒角和倒圆 为了去除零件的毛刺、锐边和便于装配，在轴、孔的端部一般都加工成倒角；为了避免因应力集中而产生裂纹，在轴肩处加工成过渡圆角，此圆角称为倒圆，如图 14-24 所示。

（2）螺纹退刀槽和砂轮越程槽 在切削加工中，特别是在车螺纹和磨削时，为了便于退出刀具或使砂轮可以稍稍越过加工面，以及保证装配时与相关零件的接触面能紧密接触，

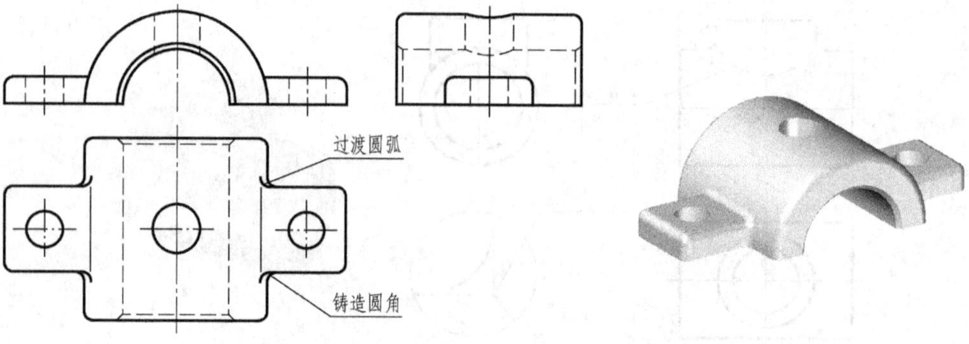

图 14-23　平面与曲面相交处过渡线的画法

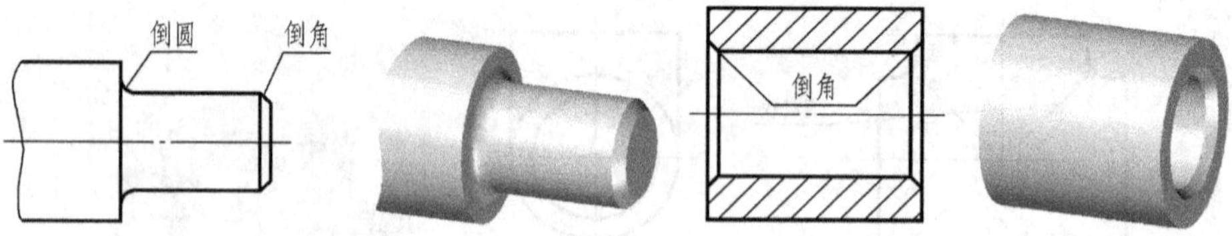

图 14-24　倒角和倒圆

通常在零件待加工面的末端，先车出螺纹退刀槽或砂轮越程槽，如图 14-25、图 14-26 所示。

（3）钻孔结构　用钻头钻不通孔时，在底部有一个 120°（实为 118°）的锥角。钻孔深

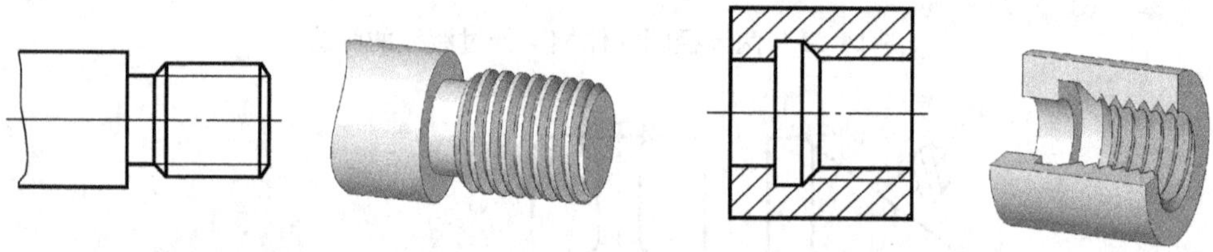

图 14-25　螺纹退刀槽

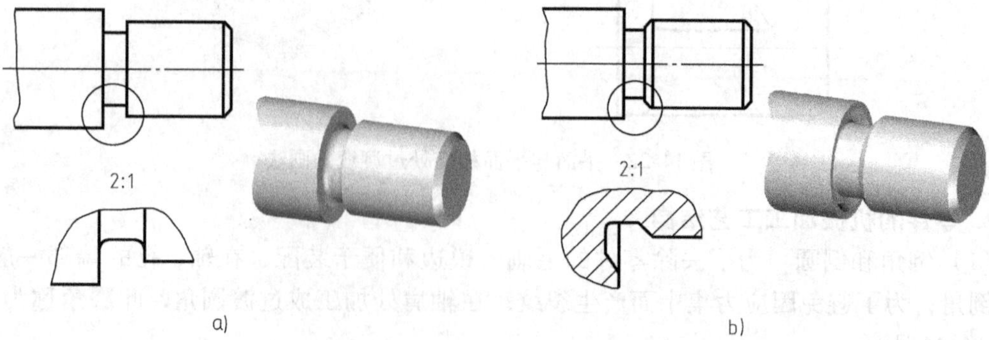

图 14-26　砂轮越程槽

a）磨外圆的砂轮越程槽　b）磨外圆及端面的砂轮越程槽

度是指圆柱部分的深度，不包括锥坑。用钻头钻阶梯孔时，阶梯孔的过渡处也存在锥角为120°的圆台，其画法如图 14-27 所示。

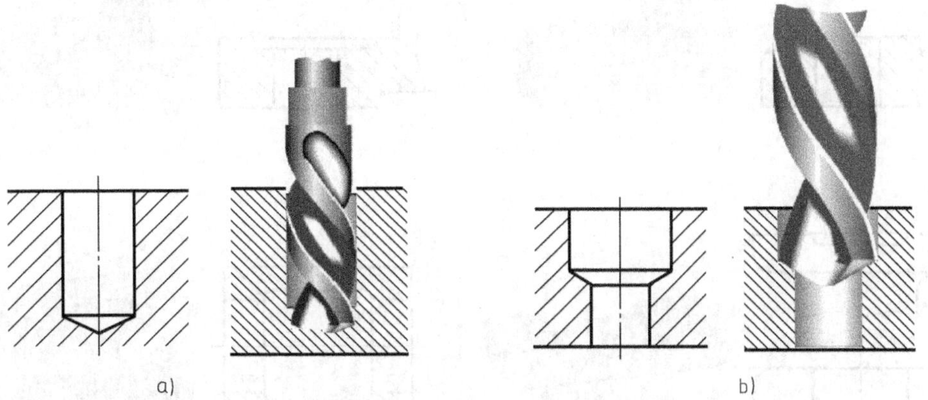

图 14-27 不通孔、阶梯孔结构

a）不通孔 b）阶梯孔

在倾斜结构处用钻头钻孔时，要求钻头轴线尽量垂直于被钻孔的端面，以保证钻孔准确，并避免钻头打滑折断。通常将需要钻孔处设计为适合钻头加工的凸台、凹坑和斜面等结构，如图 14-28 所示。

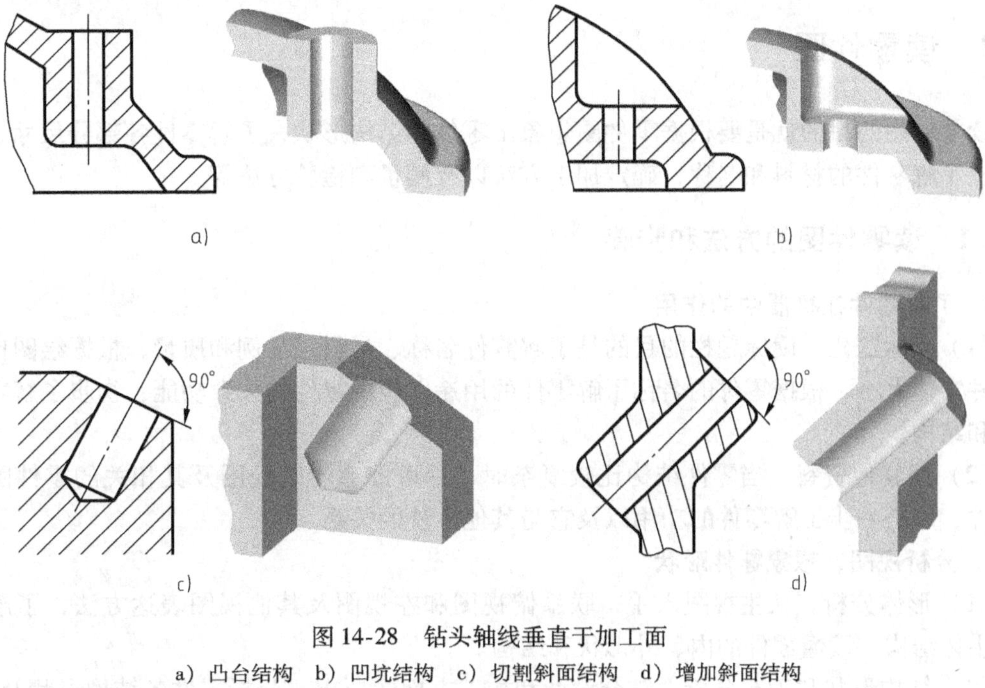

图 14-28 钻头轴线垂直于加工面

a）凸台结构 b）凹坑结构 c）切割斜面结构 d）增加斜面结构

（4）凸台和凹坑 零件上的一些与其他零件的接触面，通常是需要加工的面。为了减少加工面积，并保证零件表面之间有良好的接触，一般在螺栓联接的支承面处设计为凸台或凹坑的结构；在平面与平面或柱面与柱面的接触位置设计为凹槽或凹腔的结构，如图 14-29 所示。

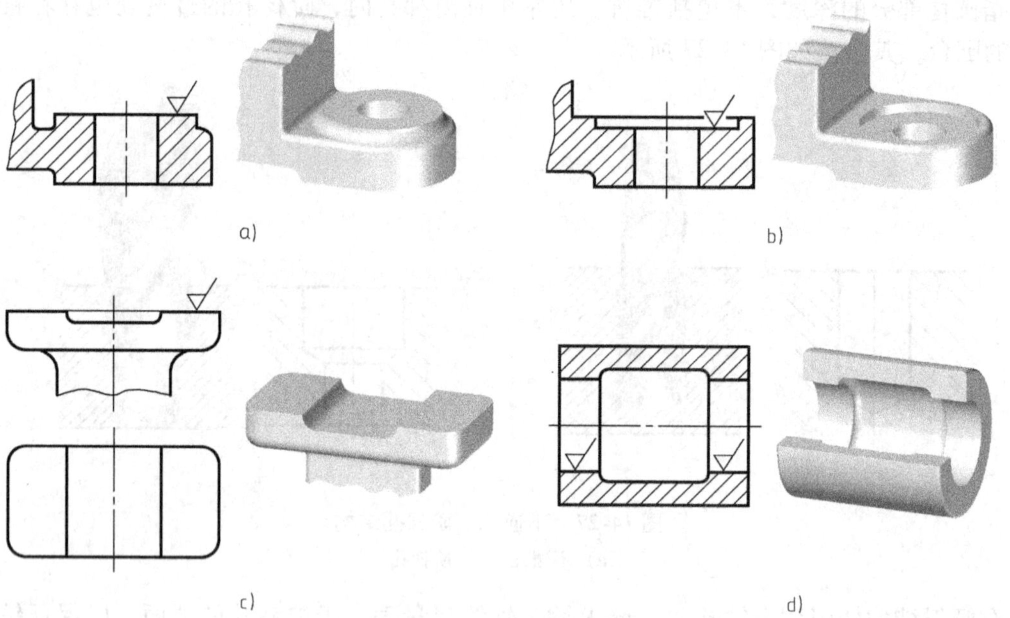

图 14-29　凸台、凹坑等结构

a）凸台结构　b）凹坑结构　c）凹槽结构　d）凹腔结构

14.3　读零件图

读零件图的目的就是要根据零件图想象出零件的结构形状，了解零件各部分尺寸、技术要求，了解零件的材料和名称，确定加工方法以及测量和检验方法等。

14.3.1　读零件图的方法和步骤

1. 了解零件在机器中的作用

（1）读标题栏　读标题栏的目的是了解零件名称、材料、比例和质量，根据绘图比例想象零件实物大小，根据零件的名称了解零件的用途，想象零件的大致功能，初步了解零件的分类和结构。

（2）读其他资料　当零件结构比较复杂时，尽可能参看装配图及其相关的零件图等技术文件，以进一步了解零件的功用以及它与其他零件的关系。

2. 分析视图，想象零件形状

（1）形体分析　从主视图入手，联系俯视图和左视图及其他视图表达方法，了解该零件的主体结构。读懂零件的内、外形状和结构。

（2）结构形状和工艺分析　结合设计和加工方面的要求，分析零件各结构形状及作用，分析该零件上常见的工艺结构。

3. 分析零件的尺寸和技术要求

读懂带技术要求的尺寸，如带有极限与配合、几何公差等要求的尺寸，主要加工尺寸，以及标有表面结构符号的表面，了解哪些表面是加工面、哪些表面是非加工面，然后再分析长、宽、高三个方向的尺寸基准，读懂定位尺寸、定形尺寸、总体尺寸和零件的其他主要尺寸。

4. 综合考虑

通过以上的结构分析、尺寸分析和技术要求的分析，可以基本读懂零件图，大体了解零件的全貌。

14. 3. 2　读图举例

【例 14-1】　如图 14-30 所示，根据图中的表达方法、尺寸和技术要求，读懂零件的结构形状，大体了解零件的加工方法和功能。

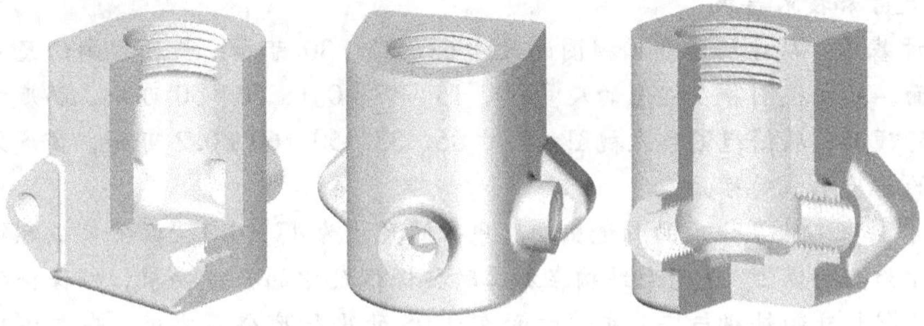

a)

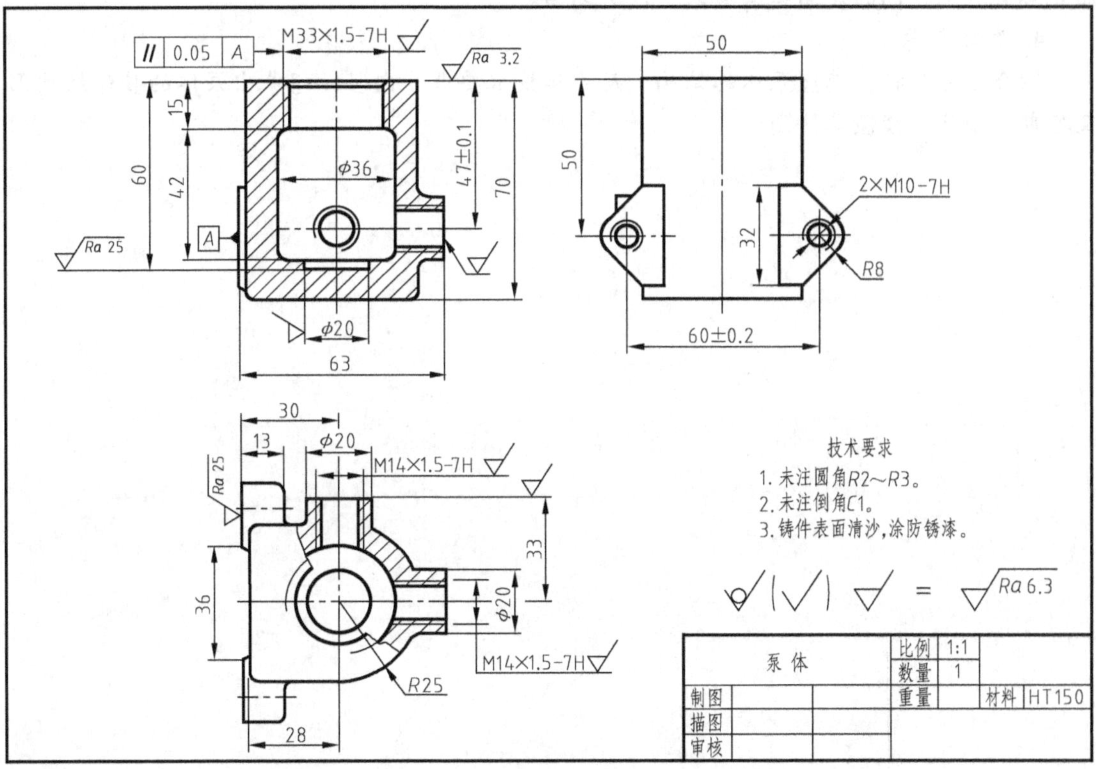

b)

图 14-30　泵体立体图和零件图

a）泵体立体图　b）泵体零件图

分析：

1. 读标题栏

零件的名称为泵体，属于箱体类零件，用作支承和包容其他零件的空腔结构。该零件结构形状为薄壁中空，较复杂；材料为铸铁，毛坯为铸造，成品需要多道加工工序。

2. 分析视图

从主视图看，泵体的主体为柱状，内腔为圆柱形；结合俯视图看，下部有两个相差90°的凸出圆柱体与主体相贯，并分别有进、出油孔与内腔相通；从左视图和俯视图看，泵体两侧分别有两块三角形的安装板，并带有安装孔。通过分析，可以想象出泵体的整体结构，如图14-30所示。

3. 分析尺寸和技术要求

（1）尺寸基准　从主视图和俯视图的尺寸63、13、30可知，长度方向的尺寸基准是安装板的左端面；从主视图和左视图的尺寸60、15、47±0.1、70、50可知，高度方向的尺寸基准是泵体的顶面；从俯视图和左视图的尺寸36、33、50、60±0.2可知，宽度方向的尺寸基准是泵体的前后基本对称面。

（2）技术要求　从泵体顶面到进出油孔中心的尺寸为47±0.1，两安装板螺纹孔之间的相对距离尺寸为60±0.2，这两个结构在加工时要保证尺寸的公差要求，以保证安装的准确度。主体结构圆柱孔的轴线与安装板左端面有0.05的平行度公差要求。在泵体顶面和进出油孔端面有比较高的表面结构要求，以防漏油。

4. 综合考虑

综合上述分析，读懂泵体的结构、尺寸和技术要求等内容，想象出泵体的整体结构形状及各部分细节，读懂零件图。

第15章 装　配　图

装配图是表达机器或部件及各组成部分的连接装配关系的图样。装配图详细地画出了机器或部件的工作原理、各零件间的连接及装配关系和主要零件的结构形状，是表达设计思想、指导零部件装配和进行技术交流的重要技术文件。

【本章重点】

1）装配图的表达方法。

2）装配图的尺寸标注。

3）装配图的技术要求。

4）装配图中的序号、明细栏和标题栏。

5）常见装配结构简介。

6）画装配图的方法和步骤。

7）读装配图。

8）由装配图拆画零件图。

15.1　装配图的作用和内容

15.1.1　装配图的作用

机器或部件都是由许多个零件按一定的装配关系和技术要求装配起来的。在设计过程中，通常先按设计要求画出装配图，以表达机器或部件的工作原理、传动路线和零件间的装配关系，并通过装配图表达各零件的作用、主要结构、相对位置和连接方式，以便拆画零件图。同时，在装配过程中也要根据装配图把零件装配成部件和机器。此外，在机器或部件的使用以及维修时也都需要使用装配图。因此，装配图是生产中的重要技术文件之一。

15.1.2　装配图的内容

如图15-1所示，一张完整的装配图应具有下列内容：

（1）一组视图　用规定的一般表达方法和特殊表达方法，正确、完整、清晰和简便地表达机器或部件的工作原理、各零件间的装配关系、连接方式和零件的主要结构形状等。

（2）必要的尺寸　装配图上要注出表达机器或部件的性

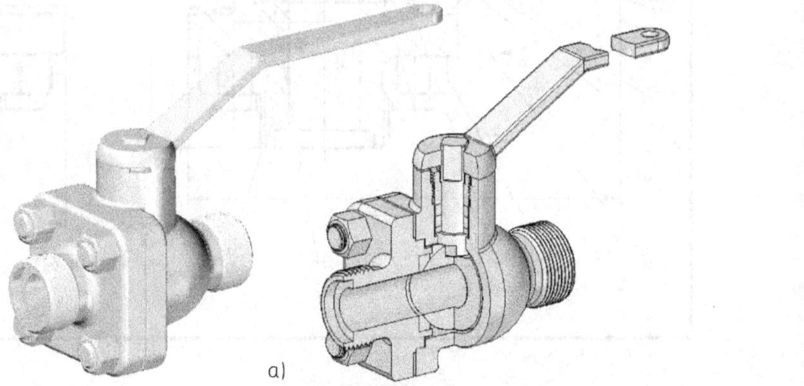

a)

图15-1　球阀

a）球阀立体图

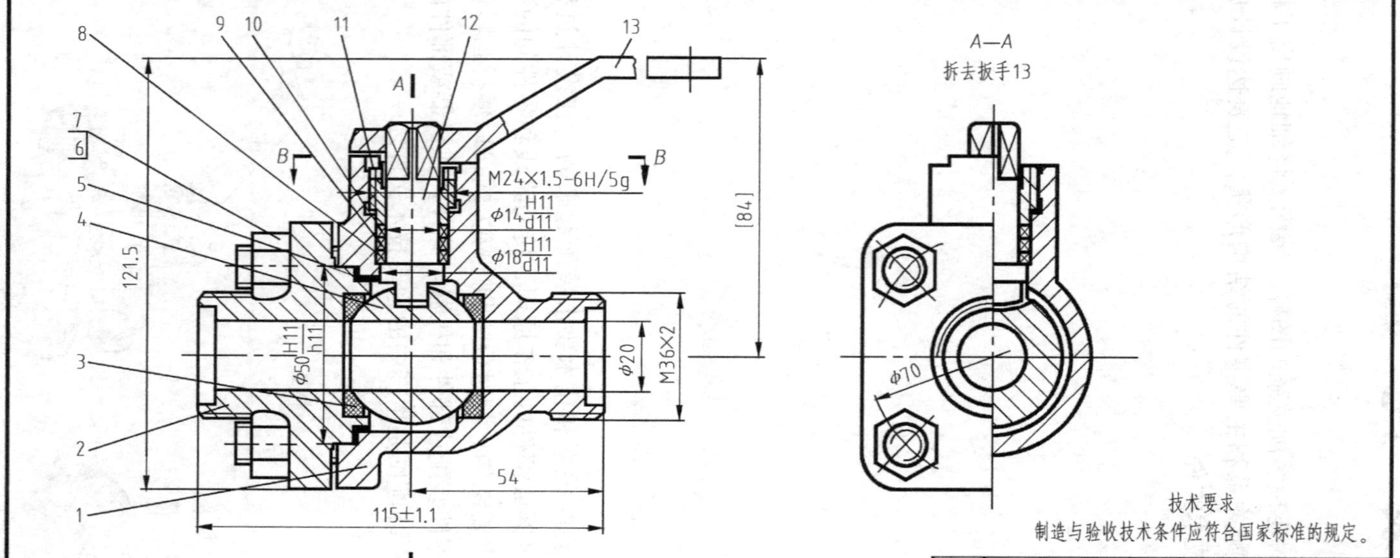

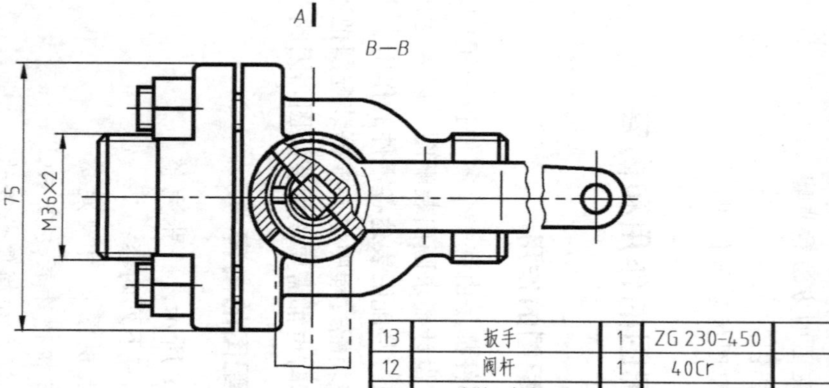

技术要求

制造与验收技术条件应符合国家标准的规定。

序号	名称	数量	材料	备注
13	扳手	1	ZG 230-450	
12	阀杆	1	40Cr	
11	塑料压紧套	1	35	
10	上填料	1	聚四氟乙烯	
9	中填料	2	聚四氟乙烯	
8	填料垫		40Cr	
7	螺母 M12	4	Q235	GB 6170—2000
6	双头螺柱 A M12×30	4	35	GB 897—1988
5	调整垫	1	聚四氟乙烯	
4	阀芯	1	40Cr	
3	密封圈	2	填充聚四氟乙烯	
2	阀盖	1	ZG 230-450	
1	阀体	1	ZG 230-450	

球阀		比例	1:2	01—00
		数量		
制图		重量		共 张 第 张
描图				
审核				

b)

图 15-1　球阀（续）

b）球阀装配图

能、规格、装配、检验以及安装时所需要的一些尺寸。

(3) 技术要求　用文字或符号说明机器或部件的性能、装配、检验和使用等方面的要求。

(4) 零件序号、明细栏及标题栏　说明机器或部件及其所包含零件的名称、代号、材料、数量、图号、比例及设计、制图和审核人员的签名等。

15.2　装配图的表达方法

第11章介绍过零件的各种表达方法，如视图、剖视图、断面图和局部放大图等，在表达机器和部件的装配图中也同样适用。但由于机器和部件是由许多零件装配而成的，而装配图主要用来表达机器和部件的工作原理、装配和连接关系，以及零件的主要内外结构形状等，因此，装配图根据自身的特点有一些特殊的表达方法和规定画法。

15.2.1　特殊表达方法

1. 拆卸画法

在装配图中，当某个零件遮挡了需要表达的部分装配关系或其他零件时，可假想拆去该零件，只画出所要表达的部分视图。在被拆卸零件的视图上方可加注“拆去××”。如图15-1所示，球阀装配图的*A—A*剖视图中拆去扳手13。

2. 沿零件结合面剖切画法

在装配图中，当某些零件遮住了需要表达的某些内部结构和装配关系时，可假想沿零件的结合面剖切。如图15-2所示，沿端盖与泵体结合面剖切的*A—A*剖视图，即相当于拆去泵体的端盖零件，然后进行投射。在结合面上不画剖面符号，被剖切到的螺栓、销则画出剖面线。

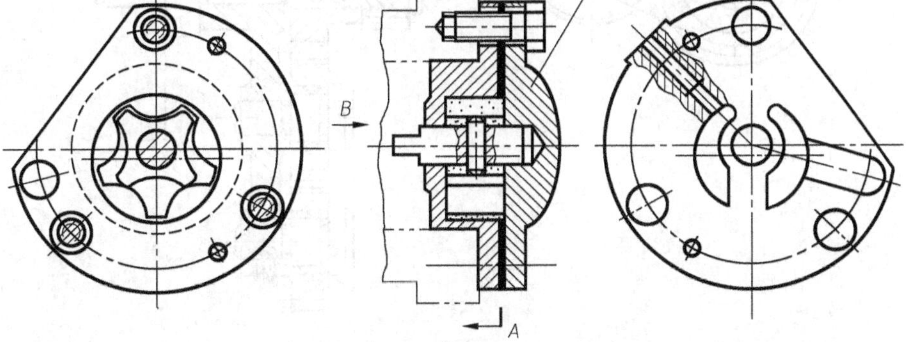

图15-2　转子泵端盖画法

3. 单独表示某个零件的画法

在画装配图时，当某个零件需要表达的工作原理和结构形状在装配图中尚未表达清楚时，可单独画出该零件的某一视图。如图 15-2 所示，端盖 *B* 视图即单独画出端盖的左视图。

4. 假想投影画法

1）在机器或部件中，有些零件做往复运动、转动或摆动。为了表示运动零件的极限位置或中间位置，常把运动零件画在一个极限位置上，再用细双点画线画出其另一极限位置的假想投影，以表示零件的运动范围，并注上尺寸，如图 15-3 所示。

2）为了表示装配体与其他零部件的安装或装配关系，常把该装配体相邻而又不属于该装配体的有关零部件的轮廓线用双点画线画出，如图 15-4 所示 *A—A* 展开图中的主轴箱。

5. 夸大画法

当画装配图时，有时遇到薄片零件、细丝弹簧或

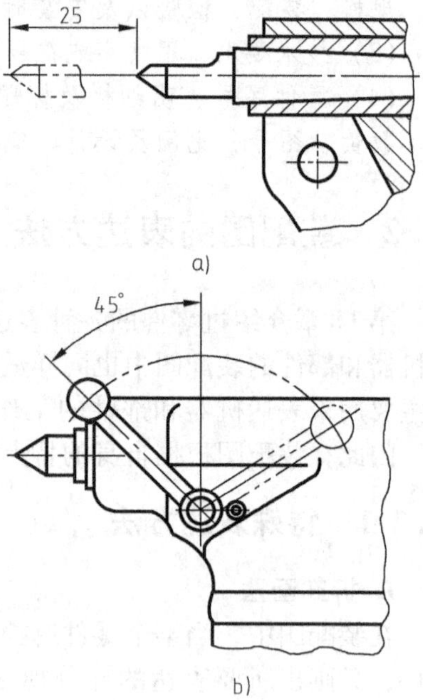

图 15-3　假想投影画法

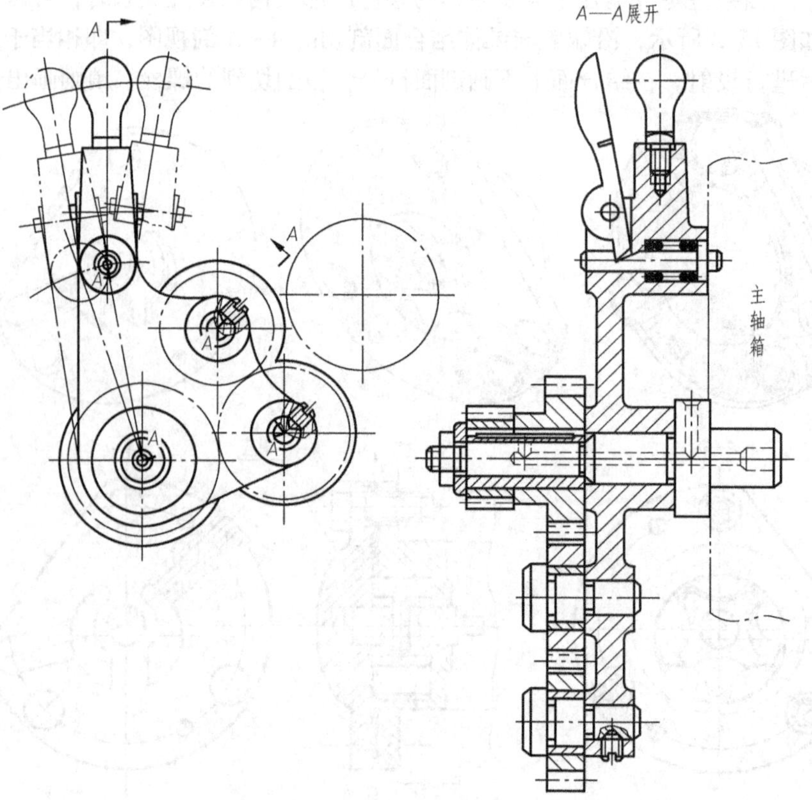

图 15-4　展开画法

微小间隙等，无法按其实际尺寸表达，可适当夸大画出。如图 15-2 所示，端盖和泵体之间的密封垫及螺钉孔均采用了夸大画法。

6. 展开画法

为了表达传动系统的传动关系及各轴的装配关系，假想将各轴按传动顺序，沿它们的轴线剖开，并展开在同一平面上。这种展开画法在表达机床的主轴箱、进给箱和汽车变速器等装置时经常运用，展开图必须进行标注，如图 15-4 所示。

15.2.2　规定表达方法

1. 接触面和配合面的画法

1）相邻两零件的接触表面或有配合要求的表面，只画一条公用的轮廓线，如图 15-5、图 15-6 所示。

2）相邻两零件的不接触表面和非配合表面，画出两表面各自的轮廓线，即画两条轮廓线，如图 15-5、图 15-6 所示。

2. 剖面符号的画法

1）在剖视图中，两个相邻金属零件的剖面线倾斜方向应相反，或方向相同但间隔不同，如图 15-4 ~ 图 15-6 所示。

2）在同一张装配图中，同一零件在各个视图的剖面线方向和间隔必须一致，如图 15-1 所示。

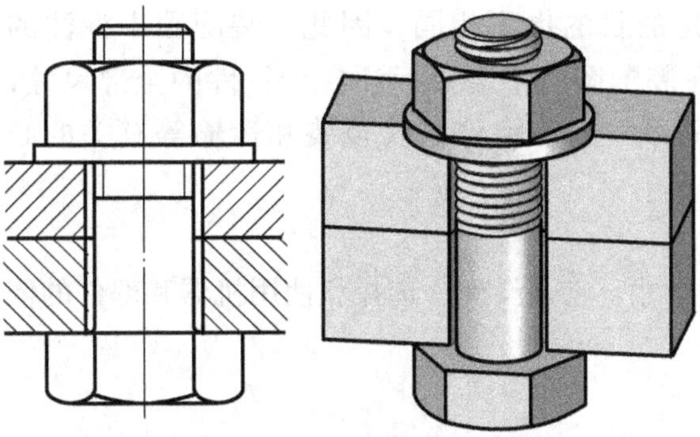

图 15-5　规定画法（一）

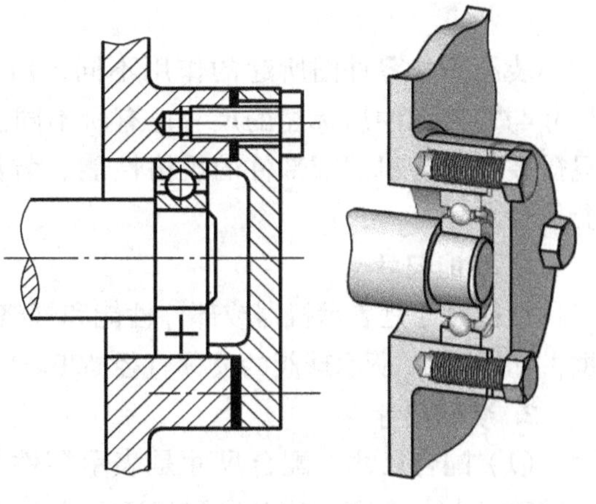

图 15-6　规定画法（二）

3. 实心件和标准件的画法

在装配图中，对于螺钉等紧固件及实心零件，如轴、销、键、球和杆等，当剖切面通过其基本轴线时，则这些零件按不剖绘制，如图 15-5、图 15-6 所示。需要时，可采用局部剖视图。当剖切面垂直于其基本轴线时，则应按剖视绘制，并画出剖面线，如图 15-7 所示。

15.2.3　简化画法

在装配图中，有如下情况可以采用简化画法：

1）零件的工艺结构，如倒角、圆角和退刀槽等可不画，如图 15-8 所示。

2）多个相同的组件，可详细地画出一组或几组，其余只需表示装配位置。如螺纹联接可用细点画线表示其中心轴线的位置，如图 15-8 所示。

3）滚动轴承允许采用国家标准规定的规定画法和特征画法，如图 15-8 所示。

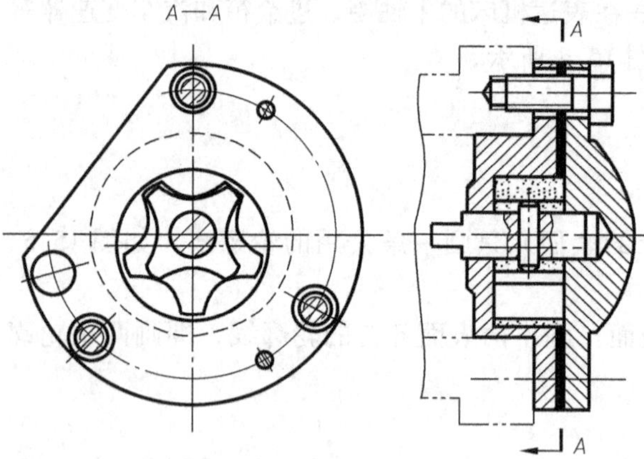

图 15-7　规定画法（三）

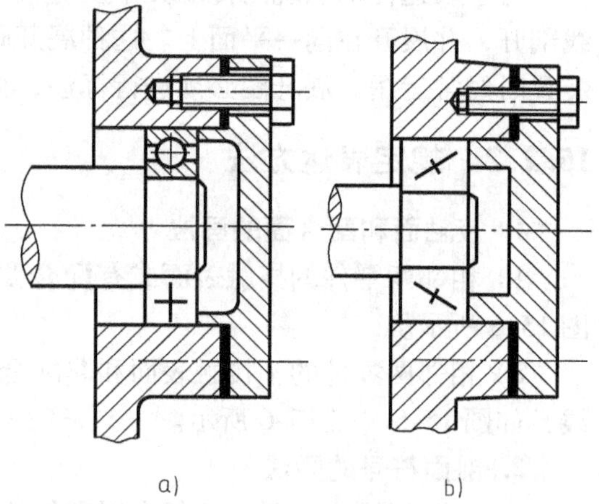

图 15-8　简化画法

15.3　装配图的尺寸标注

装配图与零件图所起的作用不同，所表达的目的也不相同，因此，装配图中标注的尺寸与零件图中所标注的尺寸也有所不同。在装配图中不需要标注各个零件的全部尺寸，只需要标出与机器或部件的规格性能、装配关系、安装定位以及包装和运输等有关的必要尺寸。

1. 性能尺寸

性能尺寸是表示机器或部件性能和规格的尺寸，它是设计、选择和使用机器和部件的依据，如图 15-1 所示球阀的公称直径 ϕ20。

2. 装配尺寸

（1）配合尺寸　配合尺寸是表示零件与零件之间配合性质的尺寸，如图 15-1 所示的 ϕ50H11/h11、ϕ14H11/d11、ϕ18H11/d11。

（2）相对位置尺寸　相对位置尺寸是表示在装配时需要保证零件与零件之间相对位置的尺寸，如图 15-1 所示的 54、ϕ70。

（3）连接尺寸　零件与零件之间连接时所需要的尺寸，如图 15-1 所示的 M24 ×1.5-6H/5g。

3. 安装尺寸

安装尺寸是将部件安装在机器上或将机器安装在基础上等连接所需要的尺寸，如图 15-1 所示的 M36 ×2。

4. 外形尺寸

外形尺寸是机器或部件在外形轮廓的总长、总宽和总高，可以为包装、运输和安装等空间设计提供依据，如图 15-1 所示的 115 ±1.1、75、121.5。

5. 其他重要尺寸

在设计中确定，又不属于上述几类尺寸的一些重要尺寸称为其他重要尺寸，如运动零件的极限位置尺寸以及对实现装配体的功能有重要意义的零件结构尺寸。

注意：上述五种尺寸并不是每张装配图全部具有的，并且装配图上的一个尺寸有时兼有几种意义。因此，应根据具体情况来考虑装配图上的尺寸标注。

15.4 装配图的技术要求

在装配图中，不同的机器或部件，其性能不同，技术要求也不同，其中有些技术上的要求必须用文字及符号的形式加以说明，如图15-1所示。

（1）装配要求　装配要求包括特定装配的方法、装配必须达到的精度、密封处的要求、装配时需要加工的说明和装配过程中的要求等。

（2）检验要求　检验要求包括基本性能的检验、试验方法和条件以及应达到的标准。

（3）使用要求　使用要求包括对设备维护、保养、使用和操作的注意事项。

（4）其他要求　对一些精密设备和特种机械在包装、运输、使用环境和安装操作要求等加以说明。

提示：技术要求一般用文字书写在明细栏附近或其他空白处，也可另编技术文件附于图样文件之后。

15.5 装配图中的序号和明细栏

为了便于读图，便于生产管理和图样管理，装配图中对所有零部件需要编写序号，并在标题栏上方编制与图中序号相对应的明细栏，如图15-1所示。

15.5.1 编写序号的方法

常用的编写序号的方法有两种：一种是将一般零件和标准件混合在一起编排，如图15-1所示；另一种是将一般零件编号后填入明细栏中，而对标准件，直接在图上标注它的规格、数量和国家标准编号，如图15-9所示。

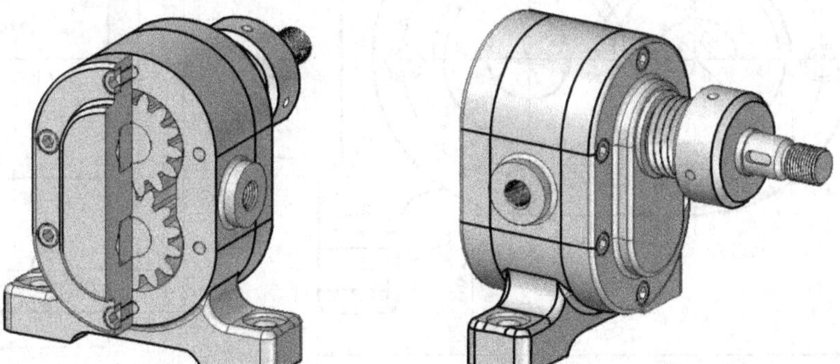

a)

图15-9　齿轮泵

a）齿轮泵立体图

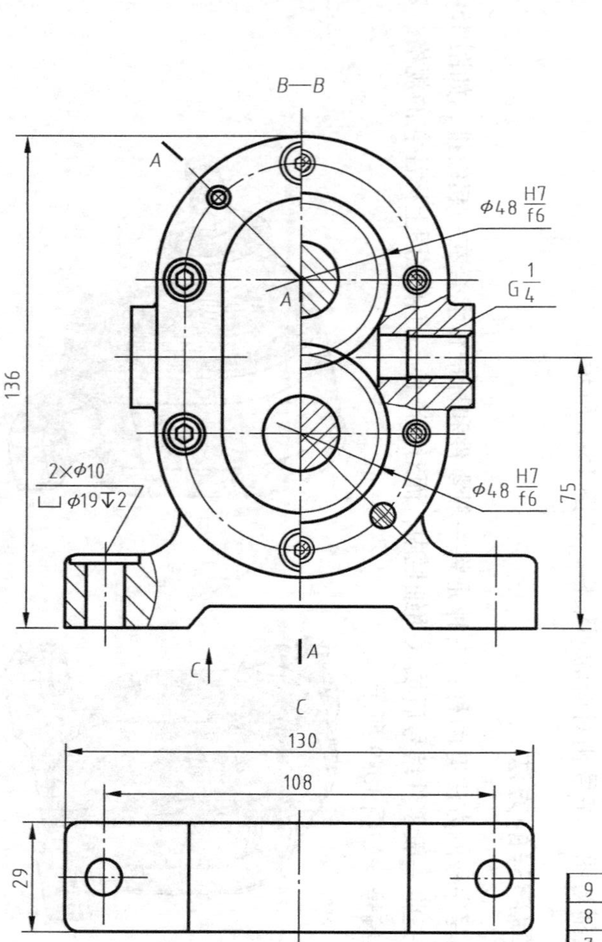

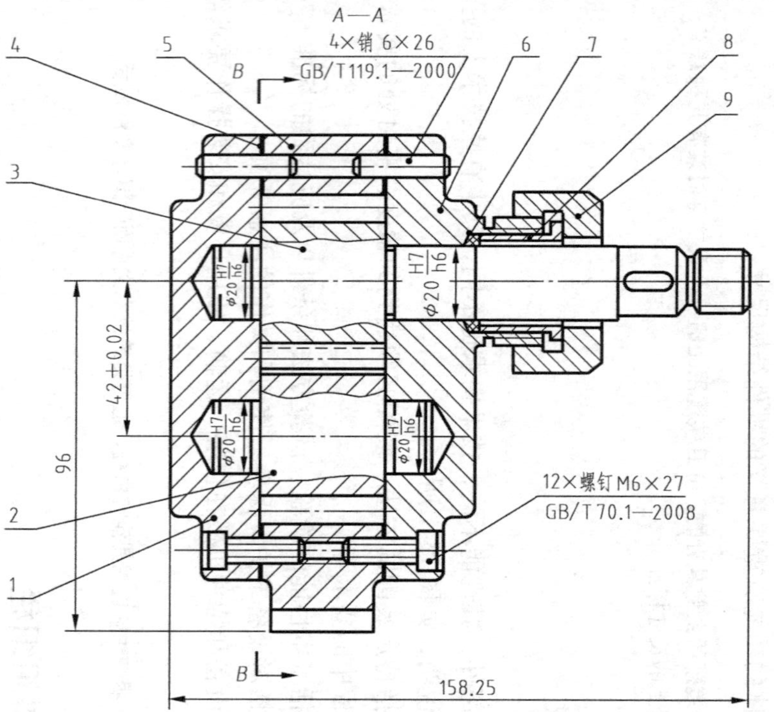

技术要求

1. 齿轮安装后，应转动灵活，无卡阻现象。
2. 两齿轮轮齿啮合面应占齿长的3/4以上。

序号	名称	数量	材料	备注
9	压紧螺母	1	35	
8	压盖	1	QSn6-6-3	
7	密封圈	1	橡胶	
6	右端盖	1	HT200	
5	泵体	1	HT200	
4	垫片	2	纸	
3	主动齿轮轴	1	45	m=3, z=14
2	从动齿轮轴	1	45	m=3, z=14
1	左端盖	1	HT200	

齿轮泵	比例	1:1		
	数量			
制图	重量		共 张 第 张	
描图				
审核				

b)

图 15-9　齿轮泵（续）

b）齿轮泵装配图

装配图中零部件序号编写规定如下：

1）序号由圆点（箭头）、指引线、横线或圆及数字组成，用细实线绘制，如图15-10所示。

2）序号应注写在图形轮廓线的外边，数字应填写在横线上或圆内，字体要比尺寸数字大1～2号，指引线应从所指零件的可见轮廓内引出，如图15-10a、b所示。也允许采用如图15-10c所示的形式。同一装配图中编写序号的形式应一致。若所指部分是很薄的零件或涂黑的断面，不宜画圆点时，可用箭头替代圆点，箭头指向该部分轮廓，如图15-10d所示。

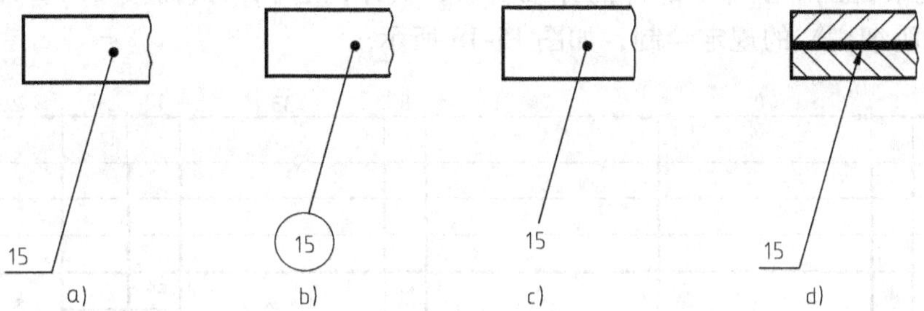

图15-10 零部件序号编写样式（一）

3）相同的零部件应编有同样序号，一般只标注一次，其数量填写在明细栏内。

4）指引线应尽可能分布均匀且不要彼此相交，也不要过长。指引线通过有剖面线的区域时，要尽量不与剖面线平行，必要时可画成折线，但只允许弯折一次，如图15-11所示。

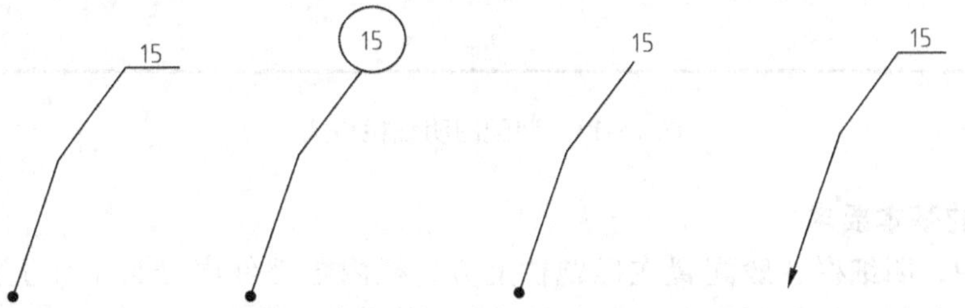

图15-11 零部件序号编写样式（二）

5）一组紧固件或装配关系清楚的零件组，允许采用公共指引线，如图15-12所示。

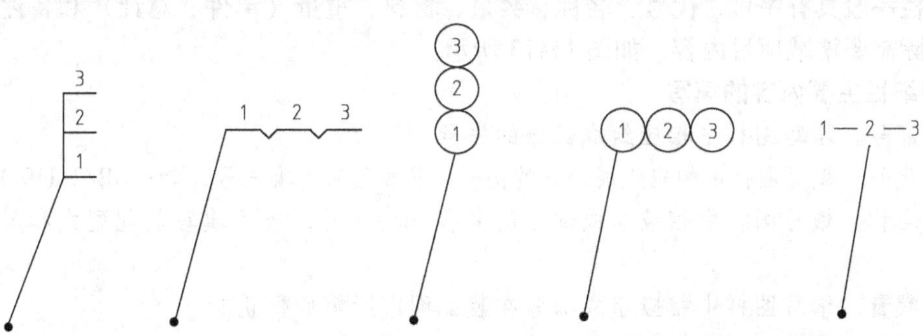

图15-12 零部件序号编写样式（三）

6）装配图中序号应按水平或垂直方向整齐排列，并按顺时针或逆时针方向顺次排列。如果零部件数量比较少，序号可只在水平或垂直方向按顺次排列。

7）标准化的部件（如滚动轴承、电动机和油杯等）在装配图上只注写一个序号。

提示：为了使全图的零部件序号布置得美观整齐，无重复和遗漏，应先按一定位置画好横线或圆，再与零部件对应画出指引线，然后书写序号。

15.5.2　明细栏的编写方法

明细栏是装配图中全部零部件的详细目录，具体内容和格式需按 GB/T 10609.2—2009《技术制图　明细栏》的规定绘制，如图 15-13 所示。

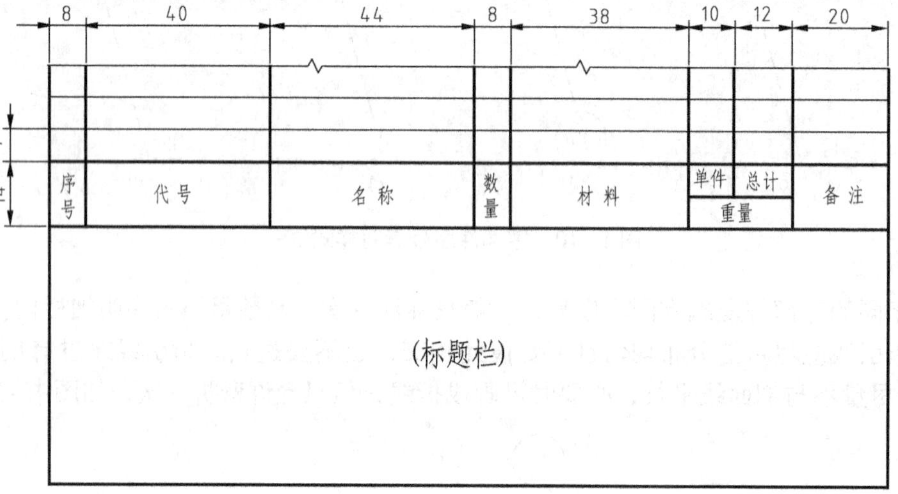

图 15-13　装配图明细栏格式

1. 明细栏的基本要求

在装配图中，明细栏一般配置在标题栏上方，栏内零部件序号自下而上按递增顺序填写，明细栏的格数应根据需要而定。当由下而上延伸其位置不够时，明细栏可在标题栏的左边由下向上延续。明细栏中所填零件的编号应与装配图中所编零件的序号一致。

2. 明细栏的格式和内容

明细栏一般具有序号、代号、名称、数量、材料、重量（单件、总计）和备注等内容，也可按实际需要增减项目内容，如图 15-13 所示。

3. 明细栏主要内容的填写

（1）序号　填写图样中相应组成部分的序号。

（2）代号　填写图样中相应组成部分的图样代号和国家标准代号，如：GB/T 119.1—2000。

（3）名称　填写图样中相应组成部分的名称。必要时，也可填写其他型式和尺寸，如：销 6×26。

（4）数量　填写图样中相应组成部分在装配图中所需的数量。

（5）材料　填写图样中相应组成部分的材料标记，如：Q235。

（6）重量　填写图样中相应组成部分单件和总件数的重量，如以千克为计量单位时，允许省略单位名称。

(7) 备注　填写必要的附加说明或其他有关的重要内容，如齿轮的齿数、模数等常用件的参数。

说明：学生学习期间可采用简化的标题栏和明细栏，如图 15-14 所示。

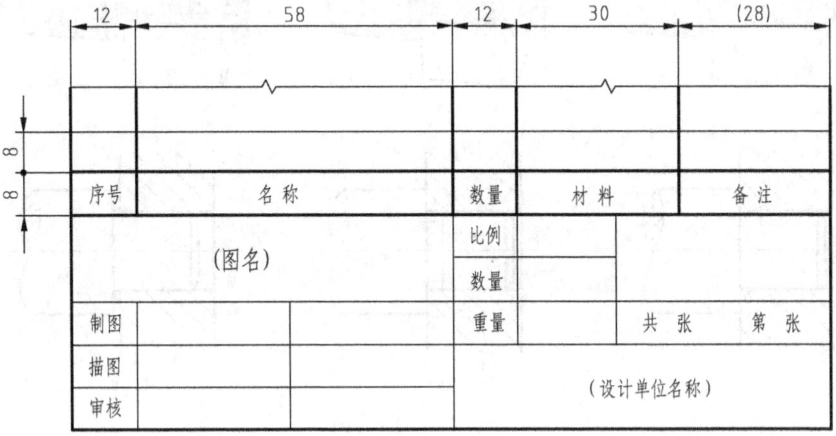

图 15-14　装配图明细栏的简化格式

15.6　装配结构的合理设计简介

为了保证机器或部件的装配质量，零件结构除了考虑功能设计要求外，还必须考虑装配工艺要求。

1. 装配结构的工艺性

(1) 孔和轴接触面的合理结构　当孔和轴装配在一起，轴肩与孔的端面接触时，为了保证轴肩与孔端面的良好接触，在孔的接触端面应设计并加工出适当的倒角，如图 15-15a 所示；或在轴肩根部设计并加工出槽，如图 15-15b 所示；如果轴肩根部存在圆角，就不能保证轴肩与孔的端面紧密接触，如图 15-15c 所示。

(2) 阶梯平面配合的合理结构　当两阶梯平面配合接触时，在同一方向只能有一对接触面，以保证两零件的配合定位的准确性，如图 15-16 所示。

(3) 圆柱面配合的合理结构　当同轴回转结构组成的圆柱孔与同轴回转结构组成的轴配合时，在同一方向不应超过一对接触面，以保证两零件配合定位的准确性，如图 15-17 所示。

(4) 圆锥面配合的合理结构　当圆锥孔和圆锥配合时，以锥面确定轴向和径向定位，轴肩和孔的端面处不允许接触（轴向定位），以确保圆锥面定位的准确性，如图 15-18 所示。

2. 便于装配和拆卸的结构

1) 为了保证零件加工和装拆方便，通常将定位的圆柱销孔或圆锥销孔在可能的条件下尽量设计加工为通孔，如图 15-19 所示。

2) 在孔和轴上安装滚动轴承时，孔台肩尺寸需根据轴承外圈的内径尺寸进行设计，轴肩尺寸需根据轴承内圈的外径尺寸进行设计，以保证轴承拆卸方便，如图 15-20 所示。

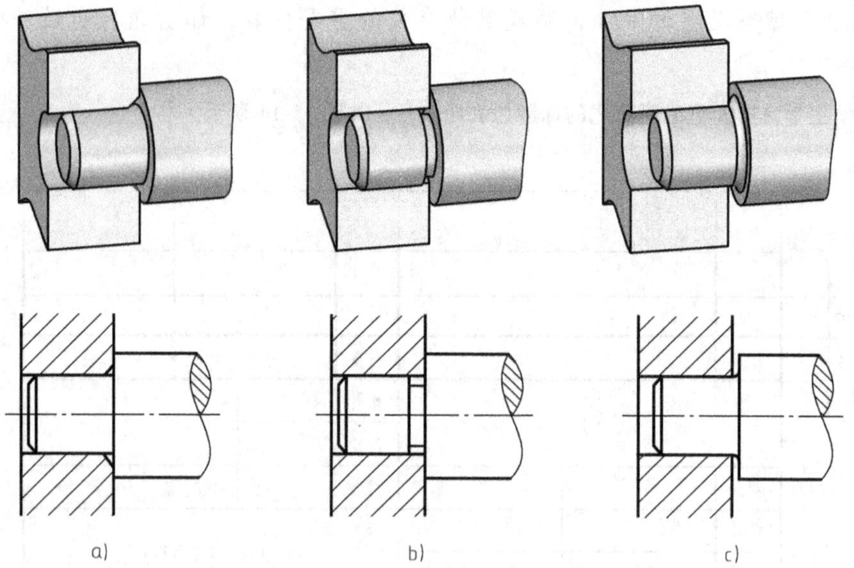

图 15-15　孔和轴接触面的合理结构

a）正确　b）正确　c）错误

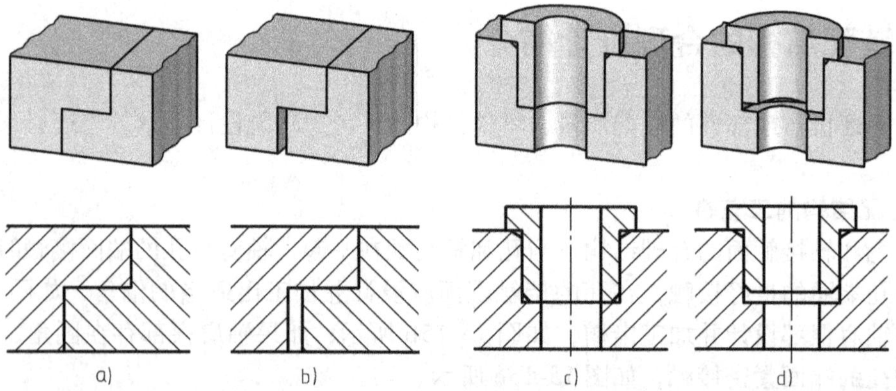

图 15-16　阶梯平面配合的合理结构

a）错误　b）正确　c）错误　d）正确

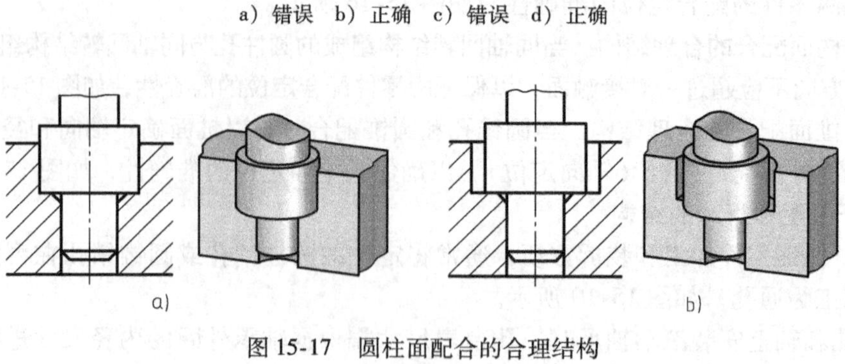

图 15-17　圆柱面配合的合理结构

a）错误　b）正确

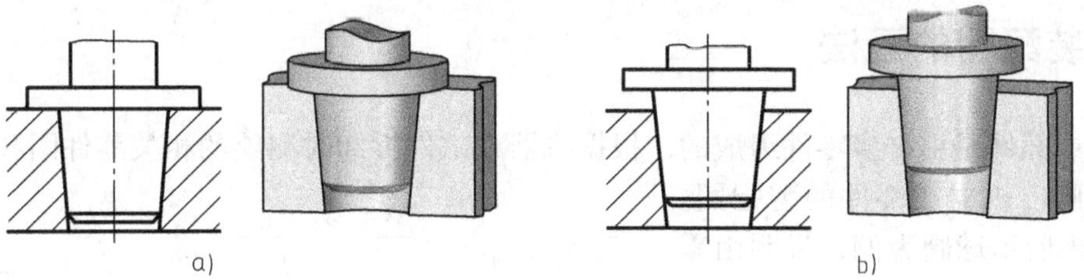

图 15-18　圆锥面配合的合理结构

a）错误　b）正确

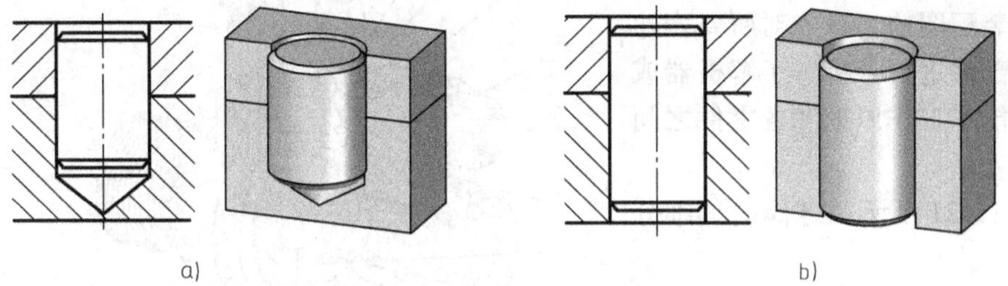

图 15-19　销装配结构设计

a）错误　b）正确

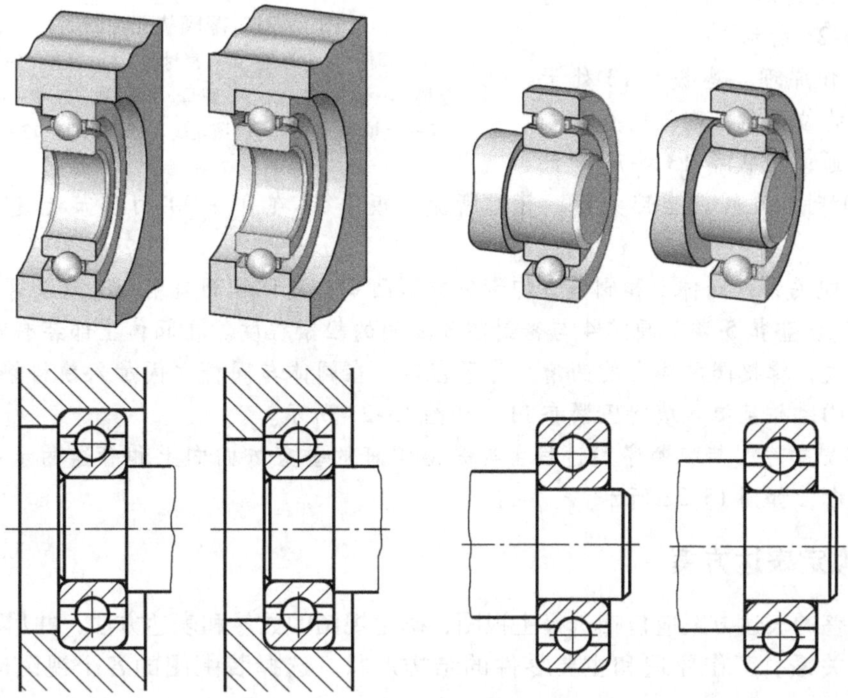

图 15-20　滚动轴承装配结构设计

a）正确　b）错误　c）正确　d）错误

15.7　装配图的画法

机器或部件是由许多零件组成的，根据机器或部件拆卸时测绘的相关零件图和装配示意图，可以画出机器或部件的装配图。以图15-21所示球阀为例，说明由零件图画装配图的方法和步骤。

15.7.1　分析机器或部件的工作原理和装配关系

在画装配图前，首先对所要表达的机器或部件进行分析，了解机器或部件的功能、工作原理和各零件之间的装配关系。

如图15-21所示，球阀的详细分析如下：

(1) 功能　球阀是管道系统中用于启闭和调节流体流量的部件，其阀芯为球形。

(2) 组成的零件名称　球阀的组成如图15-21所示。

(3) 工作原理　当扳手13处于与管道平行的位置时，则阀门全部开启，管道畅通；当扳手13按顺时针方向旋转90°时，则阀门全部关闭，管道断流；扳手13在0°~90°可调节流量大小，如图15-21所示。

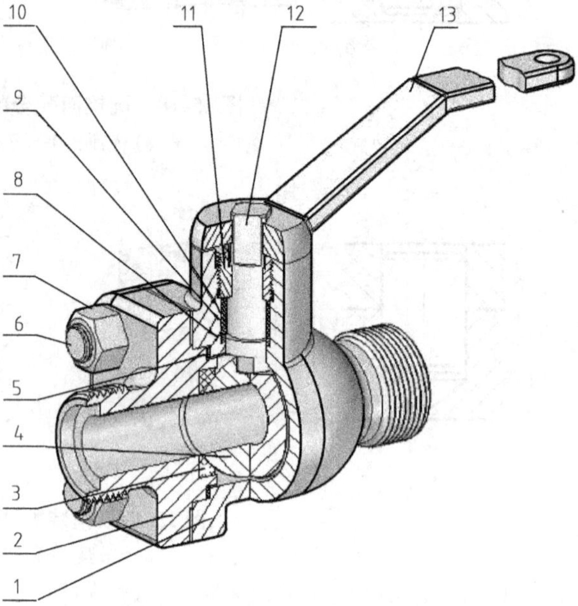

图15-21　球阀装配轴测图

1—阀体　2—阀盖　3—密封圈　4—阀芯　5—调整垫　6—双头螺柱　7—螺母　8—填料垫　9—中填料　10—上填料　11—填料压紧套　12—阀杆　13—扳手

(4) 装配关系　阀体1和阀盖2均带有方形凸缘，阀体和阀盖用四个双头螺柱6和螺母7联接，并用调整垫5调节阀芯4与密封圈3之间的松紧程度。在阀体上部装有阀杆12，阀杆下部有凸块，榫接阀芯4上的凹槽。为了密封，在阀体与阀杆之间加入填料垫8、中填料9和上填料10，并且旋入填料压紧套11，如图15-21所示。

(5) 装配顺序　装配顺序和过程主要是沿阀杆的垂直方向向上和管道的水平方向向右两个主干方向，如图15-22所示。

15.7.2　拟定表达方案

一套完整的表达方案应包括选择主视图，确定视图的数量和表达方法，并尽可能地反映部件的装配关系、工作原理和主要零件的结构形状。选择装配图的各个视图应遵循以下原则：

完全——部件的功用、工作原理、装配关系及安装关系等内容表达要完全。

正确——视图、剖视图、规定画法及装配关系等表示方法正确，符合国家标准规定。

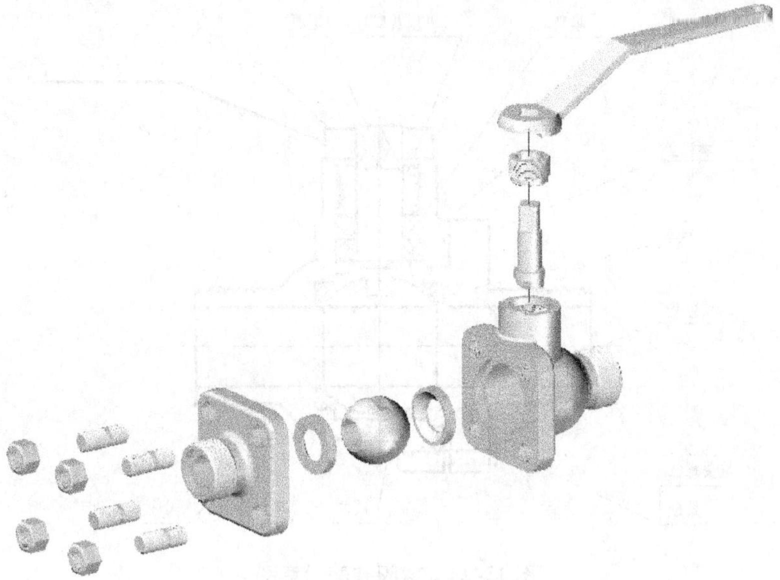

图 15-22　球阀主要零件装配顺序

清楚——读图时清楚易懂。

1. 选择装配图的主视图

选择装配图的主视图要注意以下问题：

1）一般将机器或部件按工作位置或习惯位置放置，这样有利于设计和指导装配。

2）投射方向应选用能够较多地表达机器或部件的工作原理、主要装配干线上零件的装配关系及主要零件的结构形状特征的方向。

球阀的工作位置变化较多，一般将其通路水平放置。垂直于通路的方向为主视图的投射方向。主视图采用全剖视图，通过全剖视图能基本表达球阀的装配关系和工作原理，如图 15-1 所示。

2. 其他视图的选择

选择装配图的其他视图要注意以下问题：

1）主视图没有表达清楚的装配关系、工作原理及零件的结构形状，适当选择其他视图以及相应的表达方法来表达。

2）尽量使用基本视图和在基本视图上作剖视图表达有关内容。

3）要注意合理地布置视图位置，使图形清晰、布局匀称，以方便读图。

球阀前后对称，左视图可选取沿垂直装配干线的半剖视图，以补充表达球阀宽度方向的外形结构及内部其他装配关系；选取俯视图，并在安装扳手位置作局部剖视，以表达扳手与定位凸块的关系及扳手的两个极限位置，如图 15-1 所示。

15.7.3　画装配图

装配图一般都比较复杂，为了确保装配图的质量，提高绘图效率，可在对所要绘制的机器或部件有了充分了解的基础上，首先绘制其装配示意图，如图 15-23 所示。

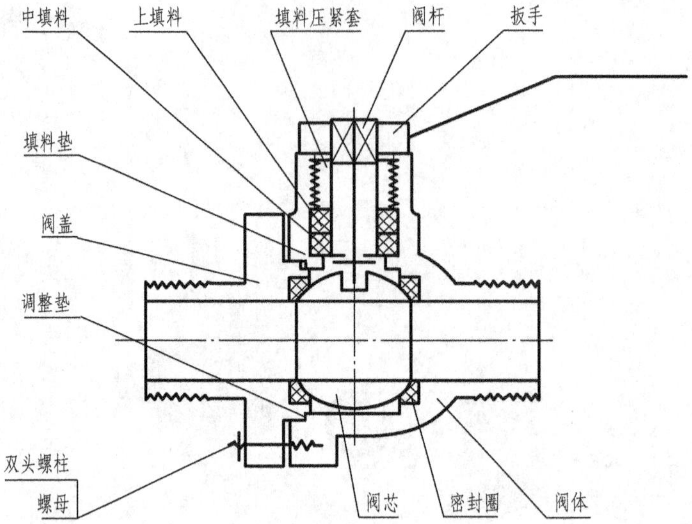

图 15-23　球阀装配示意图

1. 确定比例，选择图幅，绘制作图基准线

在确定了装配图的表达方案后，应根据部件的大小、视图数量以及复杂程度，选取适当比例，安排各视图的位置，从而选定图幅。在安排各视图的位置时，要注意留有编写零、部件序号，标题栏，明细栏以及注写尺寸和技术要求的位置。而后绘制各视图的作图基准线，如图 15-24 所示。

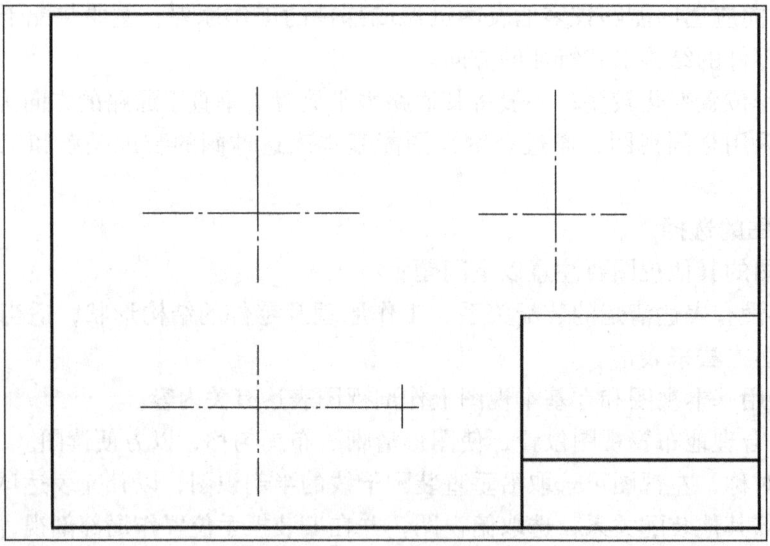

图 15-24　选择图幅，绘制作图基准线

提示：基准线一般是指装配图中主要零件的中心线、轴线对称线以及较大平面的轮廓线等。

2. 绘制主要零件结构轮廓

绘制较大的零件和外层壳体零件。如图 15-25 所示为绘制阀体的结构轮廓。

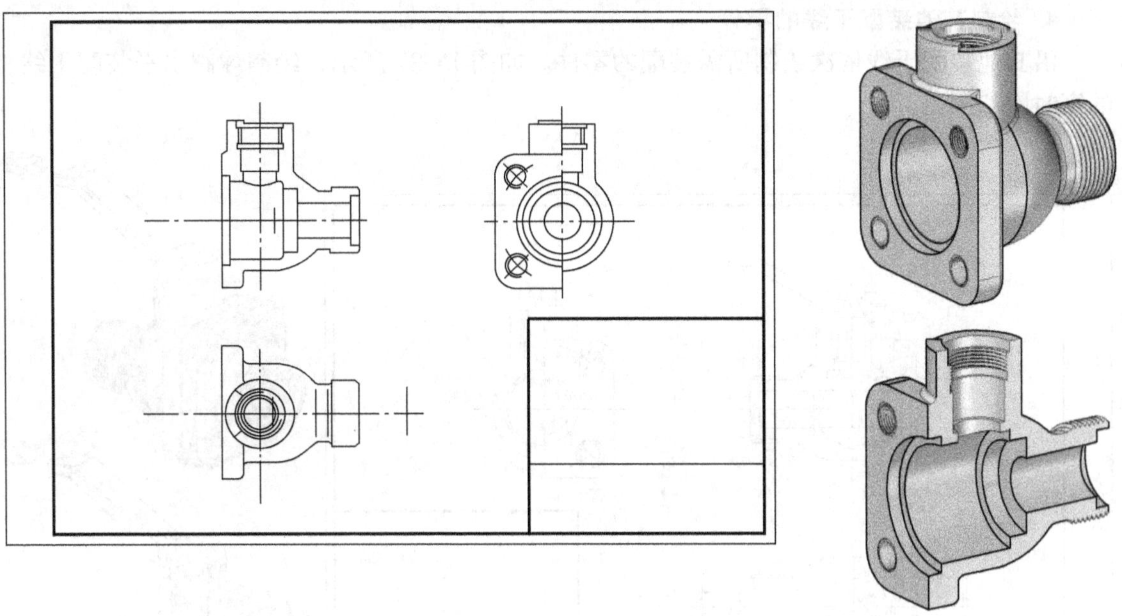

图 15-25　绘制阀体的结构轮廓

3. 绘制装配干线的主要零件

沿主要装配干线依次绘制所需装配的主要零件。如图 15-26 所示，绘制球阀垂直装配干线上的阀芯、阀杆、填料垫、填料压紧套和扳手等零件。

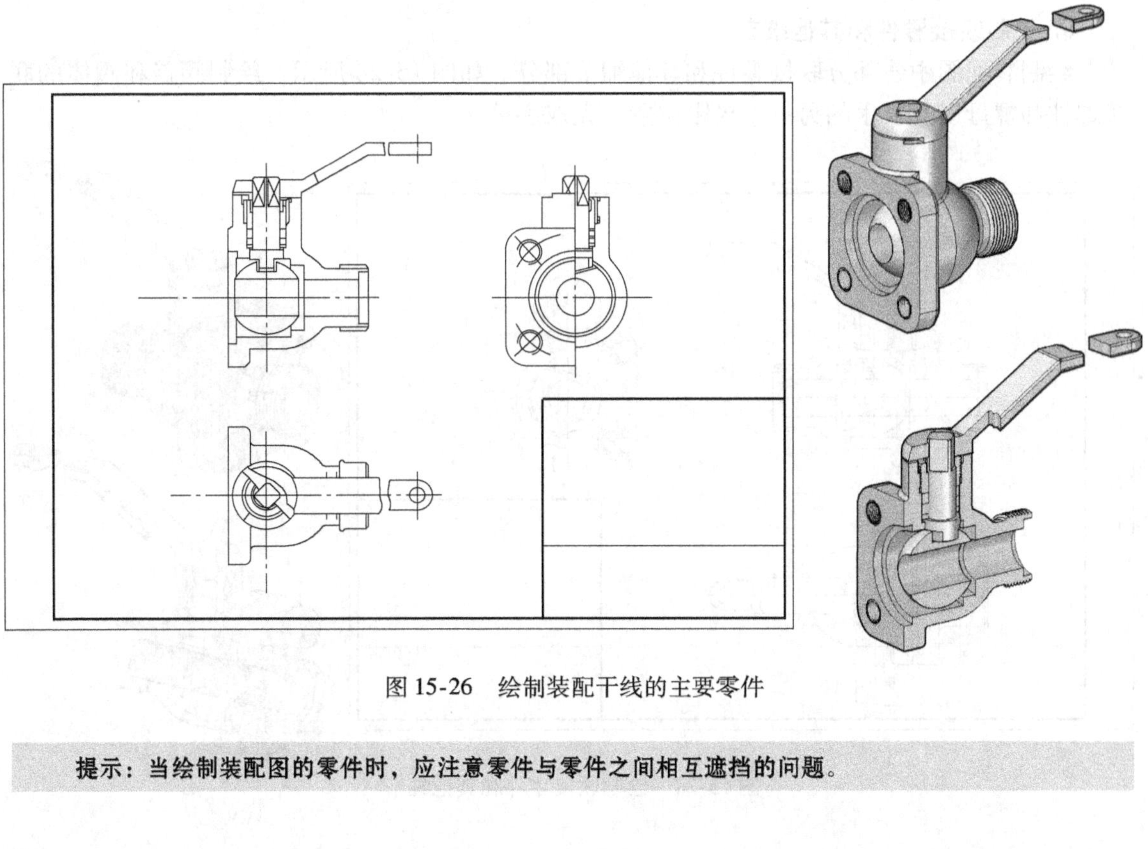

图 15-26　绘制装配干线的主要零件

提示：当绘制装配图的零件时，应注意零件与零件之间相互遮挡的问题。

4. 绘制其他装配干线的零件

沿其他装配干线依次绘制所需装配的零件。如图 15-27 所示，绘制球阀水平装配干线上的密封圈和阀盖。

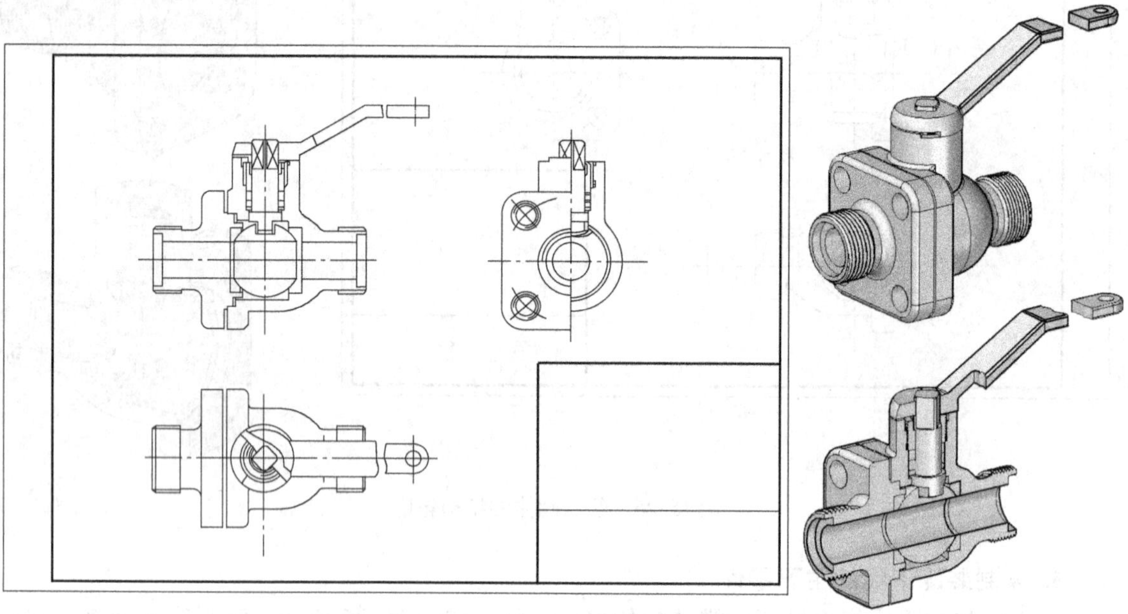

图 15-27　绘制其他装配干线的零件

5. 绘制联接零件和其他细节

绘制装配图中各部分联接零件和其他细节部分。如图 15-28 所示，绘制阀盖和阀体的联接螺柱和螺母以及扳手的另一个极限位置，完成底稿。

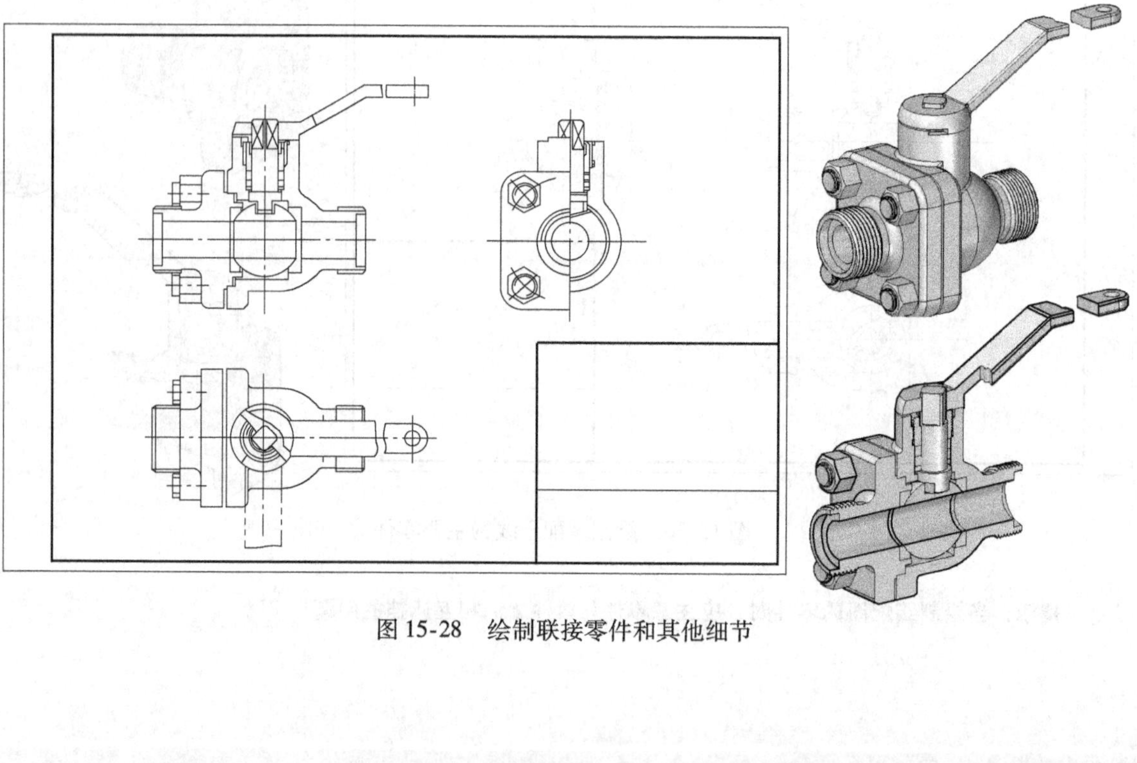

图 15-28　绘制联接零件和其他细节

6. 完成装配图

检查底稿，加深图线，画剖面符号和剖面线，注写尺寸，书写技术要求，编写零件和部件序号，填写明细栏和标题栏，经校核后完成装配图，如图 15-1 所示。

15.8 读装配图

在设计、制造、安装、调试、使用、维修和技术交流等生产活动中，都要读装配图。

15.8.1 读装配图的要求

读装配图的基本目的是了解设计者的思想内容，从装配图中得到制造机器或部件所需信息，并生产出符合设计和使用要求的产品。读装配图的要求是：

1）了解机器或部件的名称、使用性能、工作原理和用途。

2）了解各零件间的作用和它们之间的相对位置、装配关系、连接固定方式及装拆顺序。

3）读懂各零件的结构形状。

4）读懂机器或部件中的重要尺寸。

5）读懂机器或部件的使用、检验、装配和调试等技术要求。

15.8.2 读装配图的方法和步骤

读懂一张复杂的装配图，可以从以下几个方面入手：

1. 概括了解

1）看装配图的标题栏，并参阅与装配图有关的资料，了解部件的名称、用途和使用性能。

2）看零件编号和明细栏，了解各零件的名称、数量和材料，标准件的规格、标记，以及各零件在图中所在的位置。

3）分析视图，弄清各个视图的名称、所采用的表达方法和所表达的主要内容以及视图间的投影关系。

通过分析，大致可以了解装配图的规格、性能、大小和复杂程度，并对装配体的功能和运动情况有一个概括的了解。

2. 详细分析工作原理和装配关系

1）根据机器或部件的功能，分析零件间的装配关系以及各零件的投影关系，并根据剖面线的方向和间隔的不同，辨别零件的轮廓范围。

2）由所标注的尺寸和配合代号，了解零件间的配合关系。

3）通过表达方法，识别标准件、常用件及常见结构。

通过对机器或部件装配图的详细分析，了解其工作原理和装配关系，了解各零件之间的定位关系、连接方式、配合要求、密封方式、运动零件与非运动零件的相对关系，以及润滑方式等。

3. 分析尺寸和零件结构

分析装配图上的配合尺寸可进一步了解零件间的装配关系，弄清每个零件的结构形状和作用。

15.8.3　应用实例

读图 15-29 所示的齿轮泵。

1. 概括了解齿轮泵

从标题栏可知，部件名称是齿轮泵，由名称可知该部件是机器润滑系统或液压传动中的一种供油装置。对照零件序号和明细栏可以看出齿轮泵由非标准件泵体、左右端盖、齿轮轴以及标准件螺钉和销等 13 种零件组成。齿轮泵装配图由两个基本视图和一个局部视图来表达：主视图采用全剖视图，表达各组成零件的装配关系；右视图采用沿左端盖 1 和泵体 5 结合面剖切的半剖视图，主要表达齿轮泵中齿轮、油孔和整体的外部形状。

2. 分析齿轮泵的工作原理

图 15-30 所示为齿轮泵的工作原理。在泵体 5 内装有一对啮合的主动齿轮轴 3 和从动齿轮轴 2，齿轮的齿顶圆柱及侧面均与泵体内壁配合，因此各个齿的槽间均形成密封的工作空间。泵的内腔被相互啮合的轮齿分为两个互不相通的空腔 a 和 b，分别与进油孔和出油孔相通。当主动齿轮按逆时针方向旋转时，进油腔 a 处的轮齿逐渐分离，压力降低，油在大气压力作用下，进入泵低压区内的进油口，随着齿轮转动，油液沿箭头方向被带到泵高压区的出油腔 b，因为该处的轮齿逐渐啮合，所以齿槽间的油液通过出油孔被排出，并进入输油系统。

3. 齿轮泵的装配关系

如图 15-29、图 15-31 所示，齿轮泵泵体 5 内腔装有主动齿轮轴 3 和从动齿轮轴 2；在泵体 5 的左右两侧装有左端盖 1 和右端盖 6，右端盖为透盖，在泵体与端盖之间加防泄漏密封垫片 4，左右端盖分别用两个 $\phi6\times26$ 圆柱销定位，并分别用 6 个 M6 ×27 的螺钉与泵体 5 联接，左右端盖除起密封作用外，还支承齿轮轴 2 和 3 的旋转运动；为防止右端盖 6 的透孔和主动齿轮轴 3 的配合处漏油，使用密封圈 7、压盖 8 和压紧螺母 9 密封。

4. 尺寸分析

为保证机器或部件设计性能和装配性能的要求及便于拆装、维修等，需对齿轮泵装配图中标注的重要尺寸进行分析。齿轮轴与两端盖的配合尺寸为 ϕ20H7/h6，两齿轮的齿顶圆与泵体内腔的配合尺寸为 ϕ48H7/f6，均为基孔制，间隙配合；两啮合齿轮的中心距尺寸为 42 ±0.02mm，将保证精确的啮合传动；外形总体尺寸为 158.25mm、136mm、130mm。

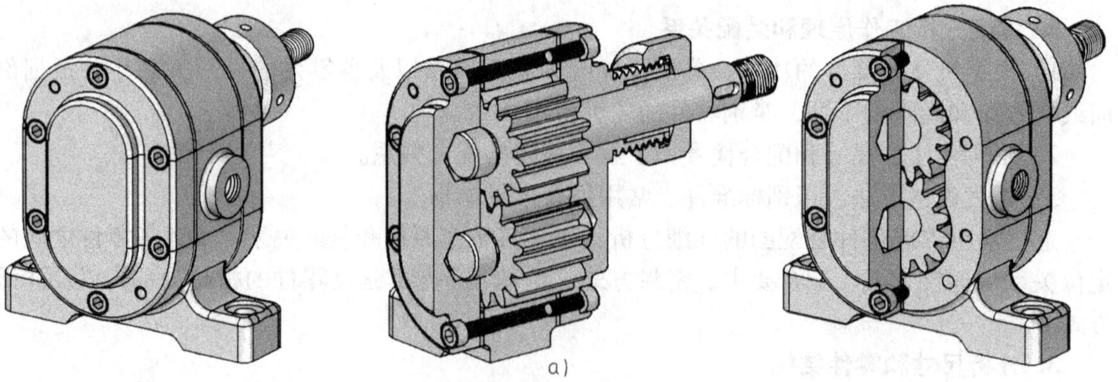

a)

图 15-29　齿轮泵

a）齿轮泵立体图

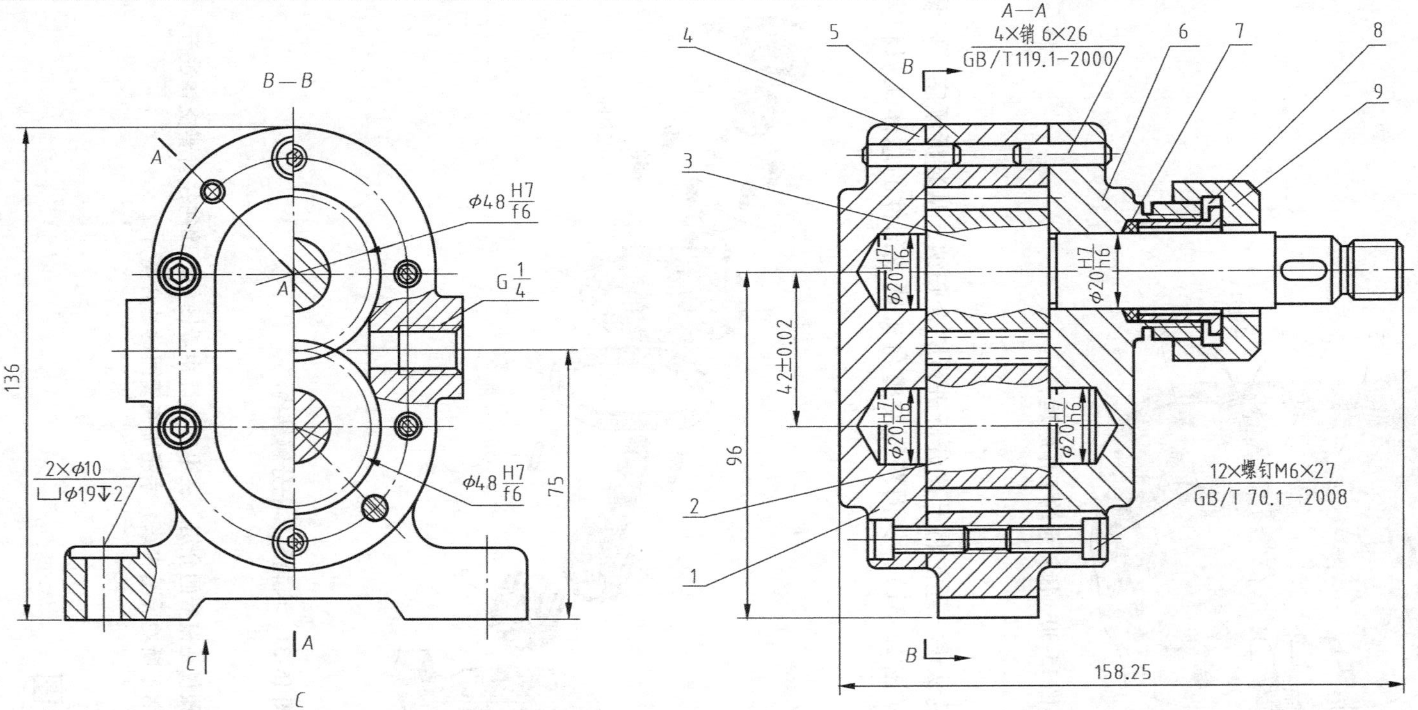

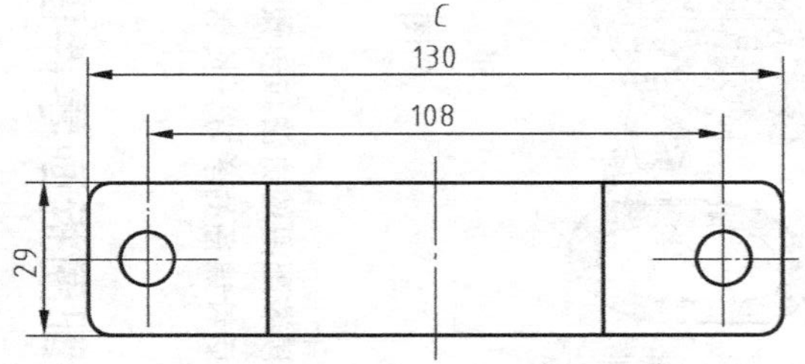

技术要求

1. 齿轮安装后,应转动灵活,无卡阻现象。
2. 两齿轮转齿啮合面应占齿长的3/4以上。

序号	名称	数量	材料	备注
9	压紧螺母	1	35	
8	压盖	1	QSn6-6-3	
7	密封圈	1	橡胶	
6	右端盖	1	HT200	
5	泵体	1	HT200	
4	垫片	2	纸	
3	主动齿轮轴	1	45	$m=3, z=14$
2	从动齿轮轴	1	45	$m=3, z=14$
1	左端盖	1	HT200	

齿轮泵		比例	1:1	
		数量		
制图		重量		共 张 第 张
描图				
审核				

b)

图 15-29 齿轮泵（续）

b）齿轮泵装配图

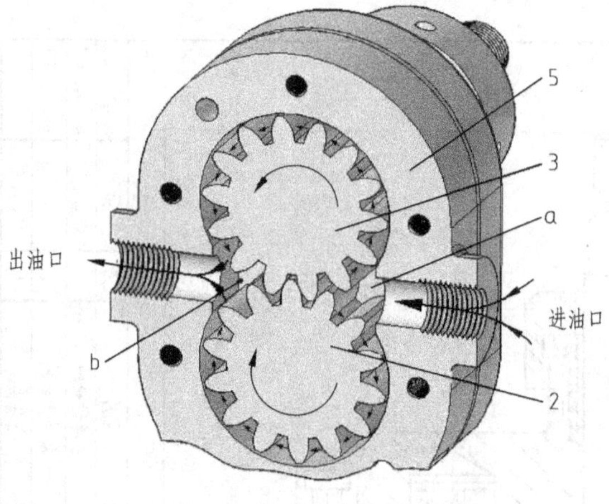

图 15-30　齿轮泵的工作原理

5. 综合归纳

为了对齿轮泵装配图有全面的认识，还需将上述分析进行综合归纳，从装拆顺序、安装方法和技术要求等方面综合考虑（图 15-31），从而获得对整台机器或部件的总体认识和完整概念。

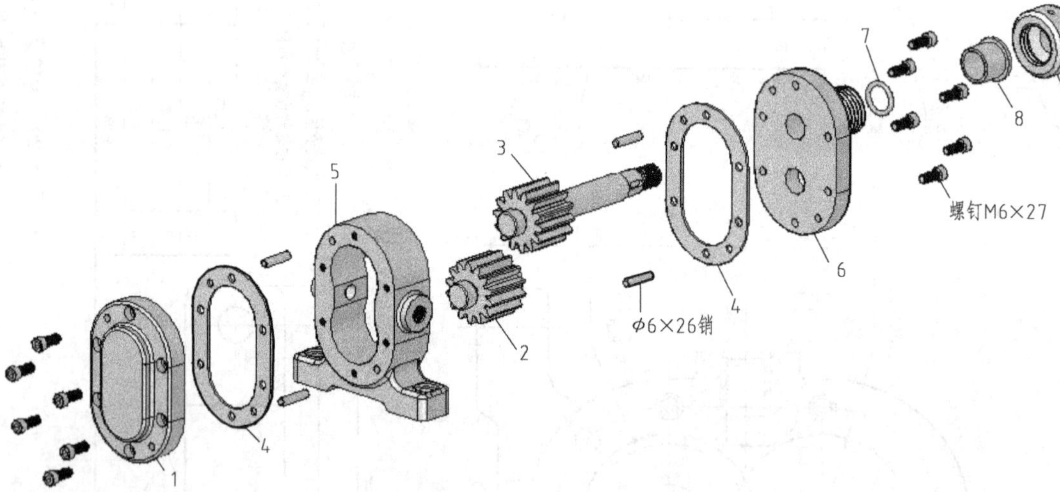

图 15-31　齿轮泵装配分解结构

提示：上述读装配图的方法和步骤仅是概括的介绍，在生产实际中看图的步骤往往需要交替进行。总之，只有通过后续课程的学习，长期不断地看图实践，才能提高读图的综合能力。

15.9　由装配图拆画零件图

在机械设计过程中，时常要根据装配图的结构来设计零件图。根据装配图拆画零件图也是一项重要的生产准备工作。

15.9.1 由装配图拆画零件图的步骤

1）按读装配图的要求，在全面看懂装配图的基础上，弄清部件的工作原理、装配关系，需要拆画零件的功能和作用，分析该零件与其他零件的装配关系，以确定零件的结构形状、尺寸和技术要求等内容。

2）深入了解设计思想，充分考虑零件的加工工艺，使所画的零件既符合设计要求，又符合加工要求。

3）根据零件图应具有的表达要求，确定零件图的表达方案。

4）根据零件图的内容和画图要求，画出零件图。

15.9.2 拆画零件图应注意的问题

1. 零件的视图和结构

1）装配图主要表达零件间的装配关系，不需要完整地表达每一个零件的结构形状。因此在拆画零件图时，零件的视图表达方案应根据零件的结构形状确定，而不能盲目照抄装配图，对那些未表达完全的结构，要根据零件的作用和装配关系进行设计。如齿轮泵的右端盖可采用图15-32a或b所示的表达方案。

2）补画装配图中允许省略的工艺结构，如倒角、圆角、退刀槽和起模斜度等。

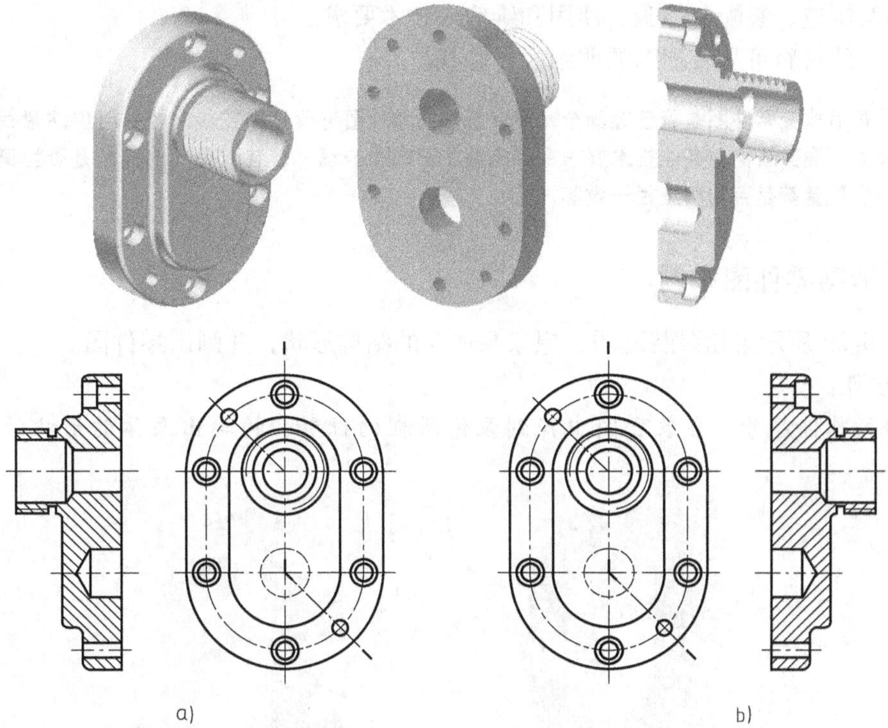

图15-32 右端盖表达方案

2. 零件的尺寸

1）装配图上已注明的尺寸，一般都是重要尺寸，应按装配图上所注的尺寸数值直接标注到零件图上，一般不得任意改动。有配合代号的尺寸，应标注公差带代号或极限偏差数值。

2）凡装配图上未给出的尺寸，属于零件自由表面或不影响装配精度的尺寸，可从装配图上按画图比例直接量取，并圆整为整数，或圆整为相近的标准数。对无法测量的尺寸，则根据零件的功能、加工工艺等要求确定。

3）零件上已标准化或规格化的结构，如螺纹、键槽、倒角和退刀槽等，其尺寸数值应从有关标准或手册中查阅后确定，并标注。

4）有些常用零件的尺寸参数，需要通过计算确定，如齿轮的分度圆直径等。

5）具有装配关系的尺寸，应注意使有关尺寸和基准协调一致，以避免产生装配矛盾。

3. 技术要求和材料

零件图上零件的表面结构数值、几何公差、材料、热处理和其他技术要求，可根据零件的功能、加工方法、检验要求、装配关系和装配图上提出的有关要求，查阅标准并参考有关设计资料来确定。

1）在零件图上要注写表面结构代号和数值。一般情况下，有相对运动或配合要求的表面，表面结构数值应小些；有密封、耐蚀和装饰要求的表面，表面结构数值也应小些；静止的表面或自由表面，表面结构数值应大些。

2）有配合要求的表面，要注出相应的尺寸公差带代号或极限偏差数值。

3）书写制造、装配、检验、使用和维修等技术要求。

4）零件的材料可从装配图的明细栏中查找。

注意：最后检查零件图是否已经画全，对所拆画的零件图进行仔细校核。校核时应注意每张零件图的视图、尺寸、表面结构和其他技术要求是否完整、正确和合理，有装配关系的尺寸是否协调，零件的名称、材料和数量等是否与明细栏一致等。

15.9.3　拆画零件图举例

由图 15-29 所示齿轮泵装配图，想象泵体 5 的结构形状，并画出零件图。

操作步骤：

1）根据零件序号，在装配图中找到泵体所在的位置，构思出泵体的形状结构，如图 15-33 所示。

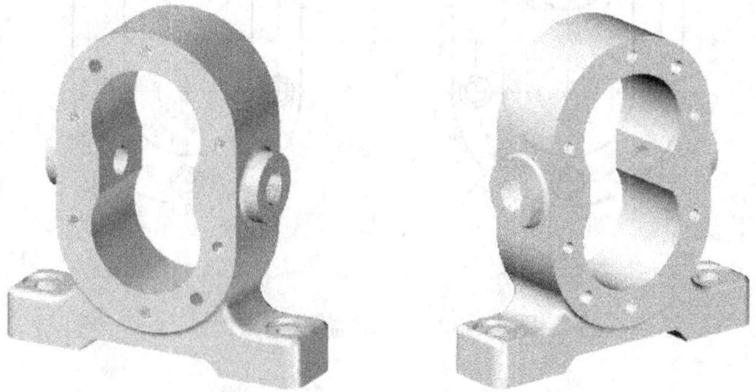

图 15-33　泵体结构

2）主视图的投射方向按零件的形状特征选择，表达整体形状和长度尺寸，如图15-34a所示箭头方向，并采用局部剖视图，表达进出油孔、安装孔；左视图采用全剖视图，如图15-34b所示，表达内腔、销孔、螺纹孔和宽度尺寸；*B*局部视图表达底板结构形状，如图15-34c所示。

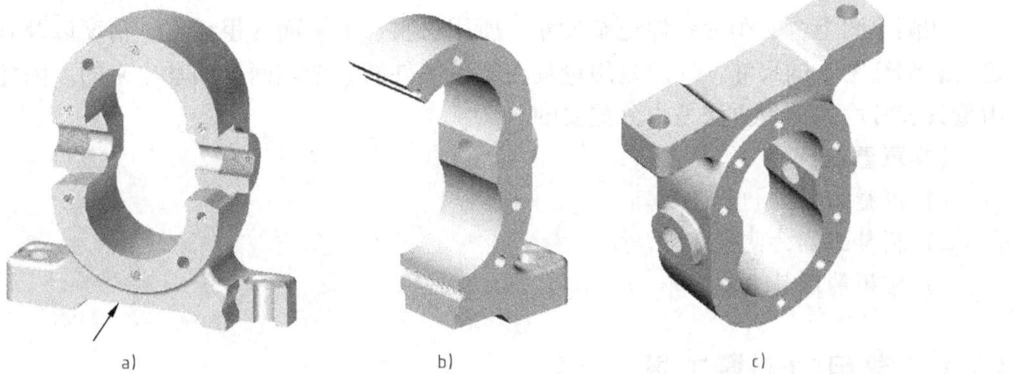

图15-34 泵体表达方案选择

3）遵循零件图的绘图原则，绘制泵体零件图，如图15-35所示。

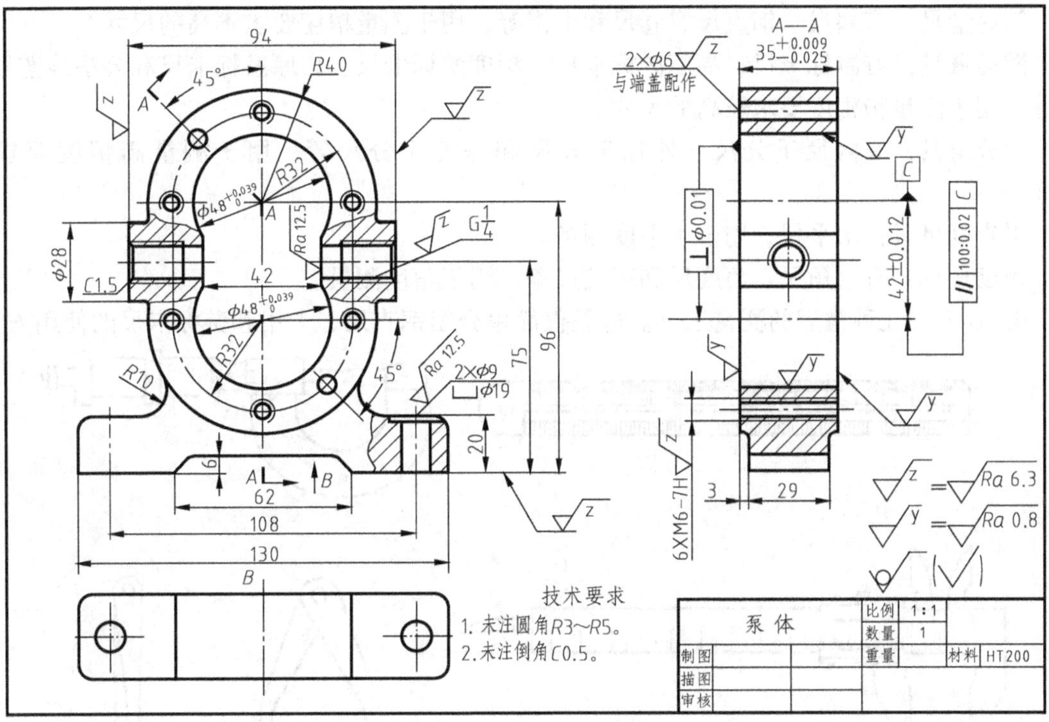

图15-35 泵体零件图

第 16 章　测量工具简介

在测绘图上，必须完备地记录尺寸、所用材料、加工面的粗糙度、精度以及其他必要的资料。测绘图上的尺寸，一般是用量具在零、部件的各个表面上测量出来的。因此，熟悉常用量具和常用的测量方法是十分重要的。

【本章重点】

1）测量工具的初步了解。

2）测量工具的使用。

3）常用的测量方法。

16.1　常用的测量工具

一般测绘工作使用的量具有简易量具、游标量具、千分量具、平直度量具和角度量具。

简易量具：有塞尺、钢直尺、卷尺和卡钳等，用于测量精度要求不高的尺寸。

游标量具：有游标卡尺、高度游标卡尺、深度游标卡尺、齿厚游标卡尺和公法线游标卡尺等，用于测量精密度要求较高的尺寸。

千分量具：有内径千分尺、外径千分尺和深度千分尺等，用于测量高精度要求的尺寸。

平直度量具：水平仪，用于水平度测量。

角度量具：有直角尺、角度尺和正弦尺等，用于角度测量。

图 16-1 为几种常用的测量工具。这里仅简单介绍钢直尺、卡钳和游标卡尺的使用方法。

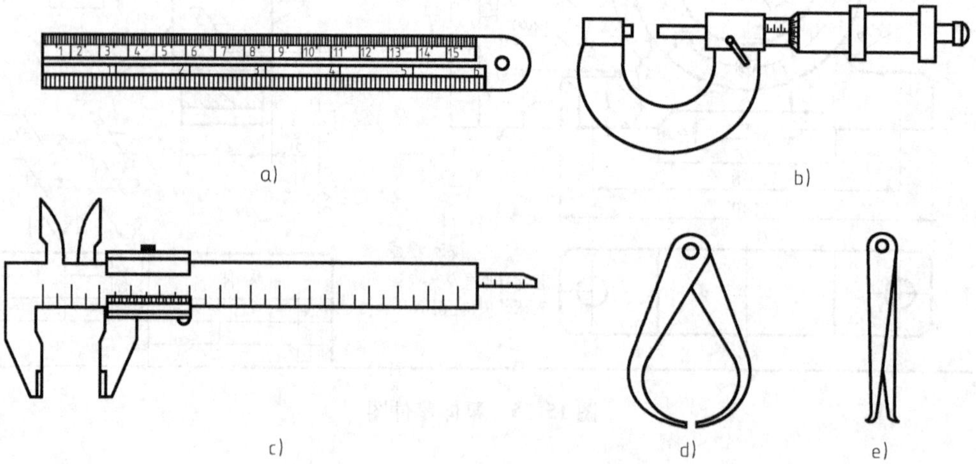

图 16-1　常用的测量工具

a）直尺　b）千分尺　c）游标卡尺　d）外卡钳　e）内卡钳

1. 钢直尺

使用钢直尺时，应以左端的零刻度线为测量基准，这样不仅便于找正测量基准，而且便于读数。测量时，尺要放正，不得前后左右歪斜，否则，从直尺上读出的尺寸会比被测的实际尺寸大。

用钢直尺测量圆截面直径时，被测面应平整，使尺的左端与被测面的边缘相切，摆动尺子找出最大尺寸，即为所测直径。

2. 卡钳

凡不适于用游标卡尺测量的，用钢直尺、卷尺也无法测量的尺寸，均可用卡钳进行测量。

卡钳结构简单，使用方便。按用途不同，卡钳分为内卡钳和外卡钳两种。内卡钳用于测量内部尺寸，外卡钳用于测量外部尺寸。按结构不同，卡钳又分为紧轴式卡钳和弹簧式卡钳两种。

卡钳常与钢直尺、游标卡尺或千分尺联合使用。测量时操作卡钳的方法对测量结果影响很大。正确的操作方法是：用内卡钳时，用拇指和食指轻轻捏住卡钳的销轴两侧，将卡钳送入孔或槽内。用外卡钳时，右手的中指挑起卡钳，用母指和食指撑住卡钳的销轴两边，使卡钳在自身的重量下两量爪滑过被测表面。卡钳与被测表面的接触情况，凭手的感觉。手有轻微感觉即可，不宜过松，也不要用力卡卡钳。

使用大卡钳时，要用两只手操作，右手握住卡钳的销轴，左手扶住一只量爪进行测量。

测量轴类零件的外径时，需使卡钳的两只量爪垂直于轴心线，即在被测件的径向平面内测量。测量孔径时，应使一只量爪与孔壁的一边接触，另一只量爪在径向平面内左右摆动找出最大值。

校好尺寸后的卡钳要轻拿轻放，防止尺寸变化。把量得尺寸的卡钳放在钢直尺、游标卡尺或千分尺上读取尺寸。测量精度要求高的用千分尺，一般用游标卡尺，测量毛坯之类的用钢直尺校对卡钳即可。

3. 游标卡尺

游标卡尺在使用前应检查卡尺外观，轻轻推、拉尺框检查各部位的相互作用、两测量面的光洁程度。移动游标，使两量爪测量面闭合，观察两量爪测量面的间隙（分度值为0.02mm的卡尺，卡尺的间隙应小于0.006mm；分度值为0.05mm和0.1mm卡尺，其间隙应小于0.01mm的卡尺），然后校对“0”位。此时，无论游标卡尺是否紧固，“0”位都应正确。当紧固或松开游标卡尺时，“0”位若发生变化，就不要使用。

游标卡尺的正确使用方法：

1）测量外尺寸时，应先把量爪张开比被测尺寸稍大：测量内尺寸时，把量爪张开比被测尺寸略小。然后慢慢推或拉动游标，使量爪轻轻接触被测件表面，如图16-2所示。测量内尺寸时，不要使劲转动卡尺，可以轻轻摆动找出最大值。

2）当量爪与被测件表面接触后，用力的大小，应该正好使两个量爪恰恰能够接触到被测件的表面。如果用力过大，尺框和量爪会倾斜，这样容易引起较大的测量误差。所以在使用游标卡尺时，用力要适当，被测件应尽量靠近量爪测量面的根部。

3）使用游标卡尺测量深度时，游标卡尺要垂直，不要前后左右倾斜。

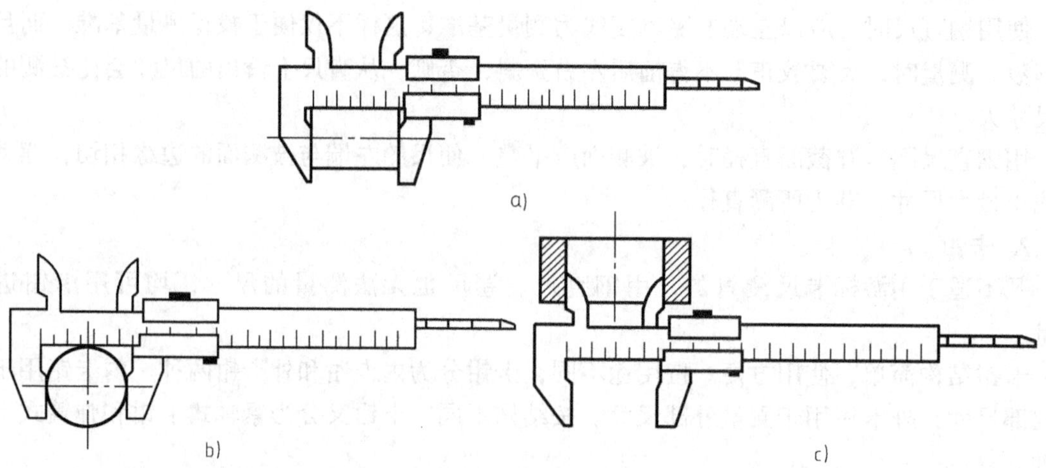

图 16-2　游标卡尺测量的方法

16.2　常用的测量方法

1. 测量线性尺寸

一般可用直尺或游标卡尺直接量得线性尺寸的大小，如图 16-3 所示。

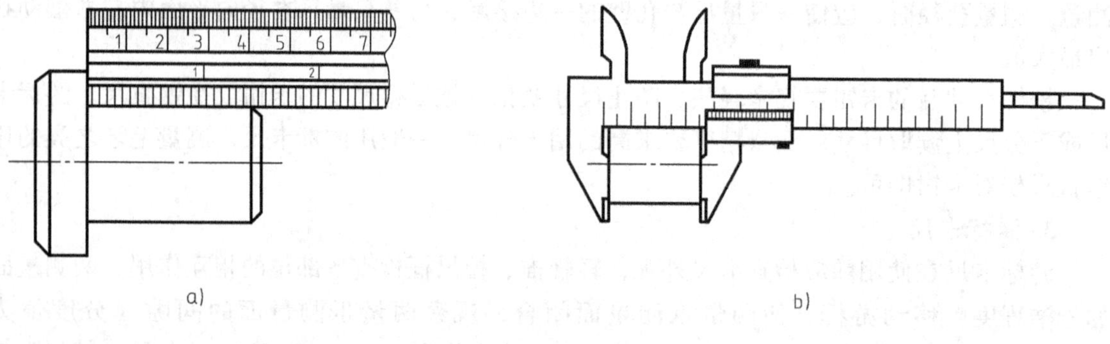

图 16-3　测量线性尺寸

2. 测量直径尺寸

一般可用游标卡尺或千分尺测量直径尺寸，如图 16-4 所示。

在测量阶梯孔的直径时，会遇到外面孔小，里面孔大的情况，用游标卡尺就无法测量大孔的直径。这时，可用内卡钳测量，如图 16-5a 所示。也可用特殊量具（内外同值卡）测量，如图 16-5b 所示。

3. 测量壁厚

一般可用直尺测量壁厚，如图 16-6a 所示。若孔径较小，可用带测量深度的游标卡尺测量，如图 16-6b 所示。有时也会遇到用直尺或游标卡尺都无法测量的壁厚，这里则需用卡钳来测量，如图 16-6c、d 所示。

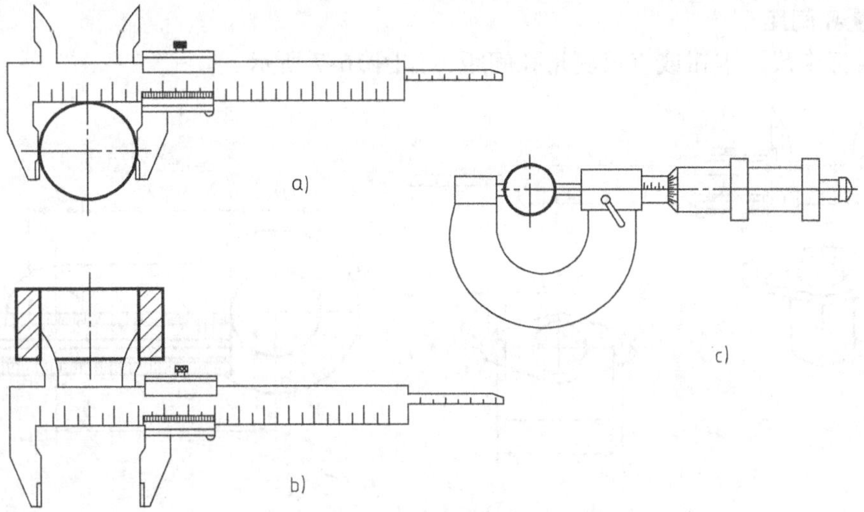

图 16-4　测量直径尺寸

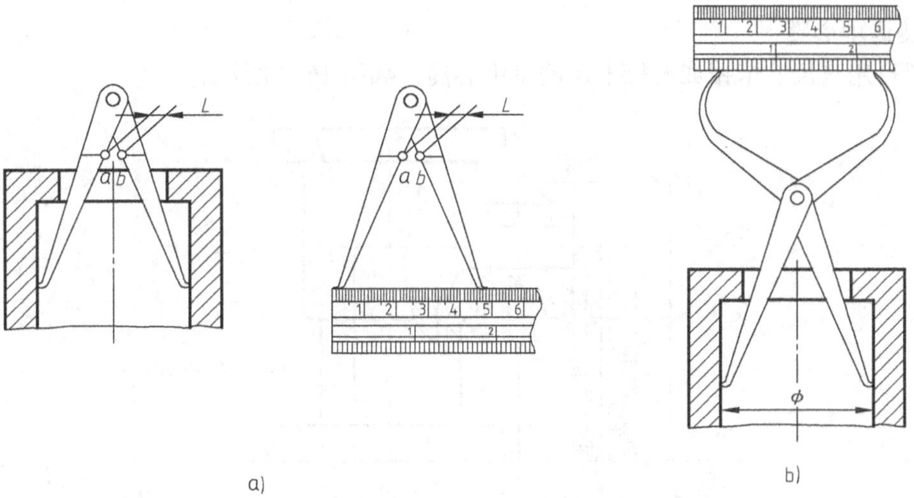

图 16-5　测量阶梯孔的直径

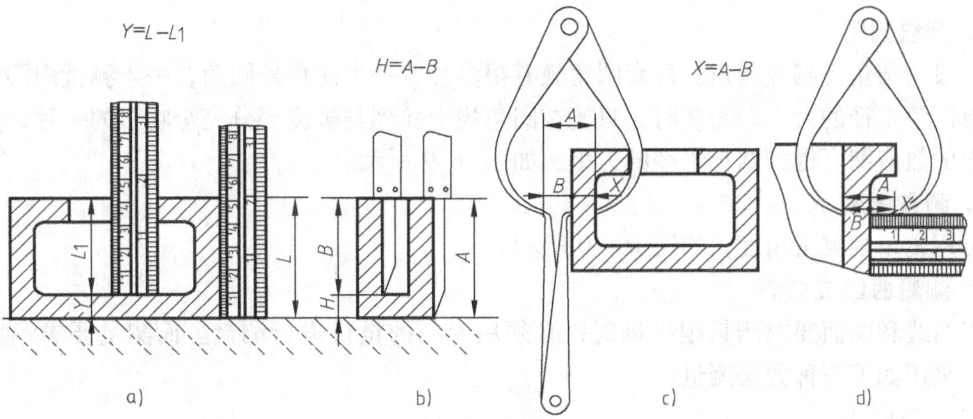

图 16-6　测量壁厚

4. 测量孔间距

可用游标卡尺、卡钳或直尺测量孔间距，如图16-7所示。

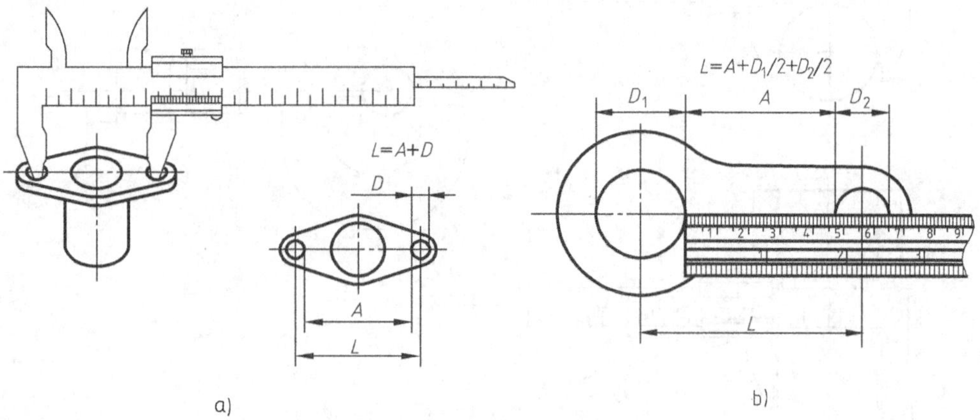

图16-7　测量孔间距

5. 测量中心高

一般可用直尺、卡钳或游标卡尺测量中心高，如图16-8所示。

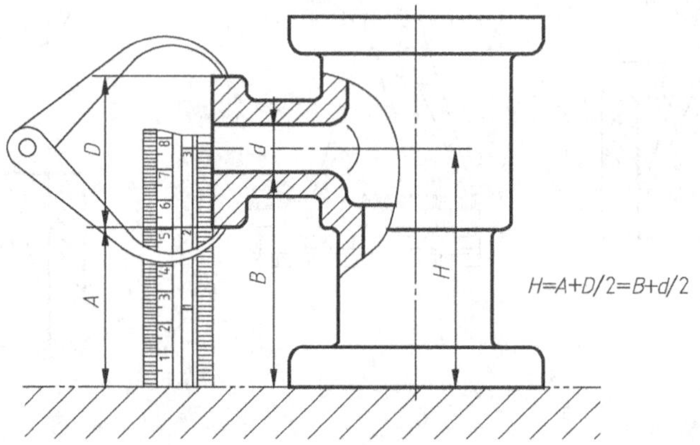

图16-8　测量中心高

6. 测量圆角

一般用圆角规测量圆角。每套圆角规有很多片，一半测量外圆角，一半测量内圆角，每片刻有圆角半径的大小。测量时，只要在圆角规中找到与被测部分完全吻合的一片，然后从该片上的数值即可得知圆角半径的大小，如图16-9所示。

7. 测量角度

可用量角规测量角度，如图16-10所示。

8. 测量曲线或曲面

当曲线和曲面要求测量很准确时，必须用专门的量仪进行测量。而测量要求不太准确时，常采用如下三种方法测量：

（1）拓印法

对于柱面部分曲率半径的测量，可用纸拓印其轮廓，得到如实的平面曲线，然后判定该

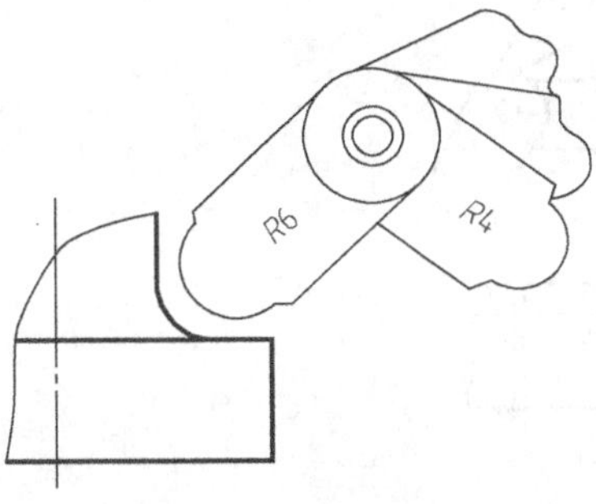

图 16-9　测量圆角

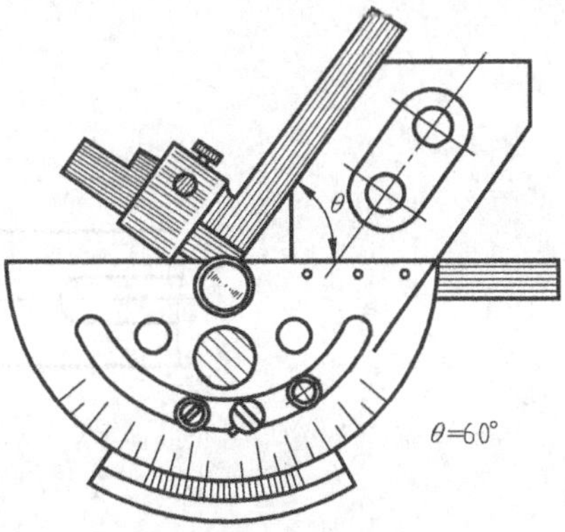

图 16-10　测量角度

曲线的圆弧连接情况，测量其半径，如图 16-11a 所示。

（2）铅丝法

对于曲线回转面零件的母线曲率半径的测量，可用铅丝弯成实形后，得到如实的平面曲线，然后判定曲线的圆弧连接情况，再用中垂线法求得各段圆弧的中心，测量其半径，如图 16-11b 所示。

（3）坐标法

一般曲面可用直尺和三角板定出曲面上各点的坐标，在图上画出曲线，或求出曲率半径，如图 16-11c 所示。

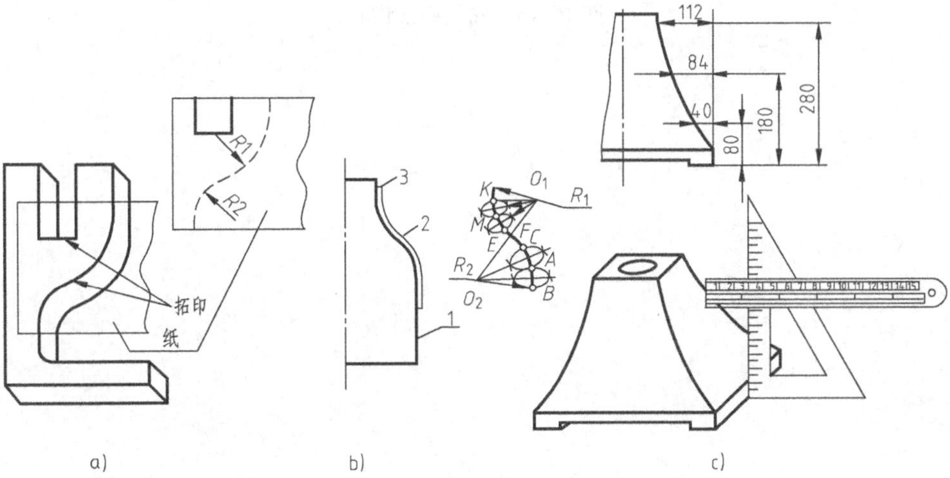

图 16-11　测量曲线和曲面

9. 测量螺纹螺距

螺纹的螺距可用螺纹规或直尺测得，如图 16-12 中的螺距 $P=1.5\text{mm}$。

10. 测量齿轮

对标准齿轮，偶数齿的齿轮齿顶圆直径 d_a 可以直接测得，奇数齿的齿轮齿顶圆直径 $d_a=2H+D$，如图 16-13 所示。然后根据公式 $m=d_a/(z+2)$ 计算模数。

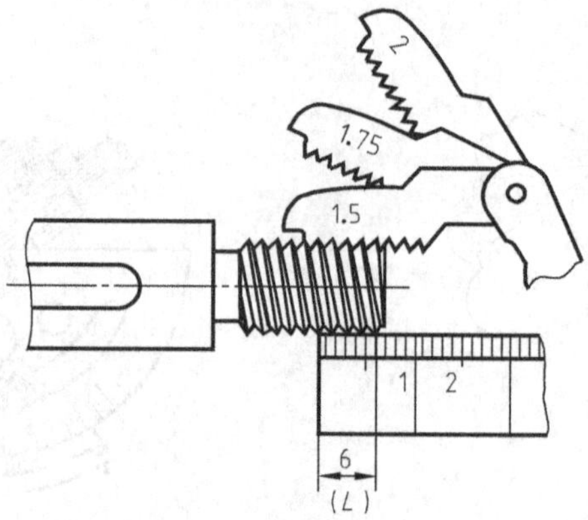

图 16-12　测量螺纹螺距

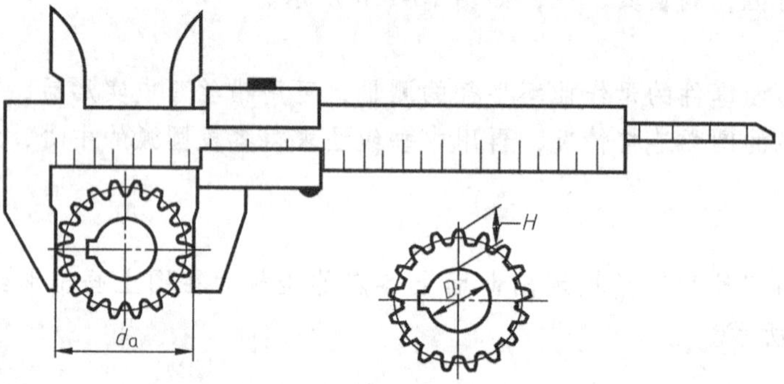

图 16-13　测量标准齿轮

附　　录

附录 A　螺　　纹

表 A-1　普通螺纹直径、螺距和基本尺寸（GB/T 193—2003、GB/T 196—2003）

（单位：mm）

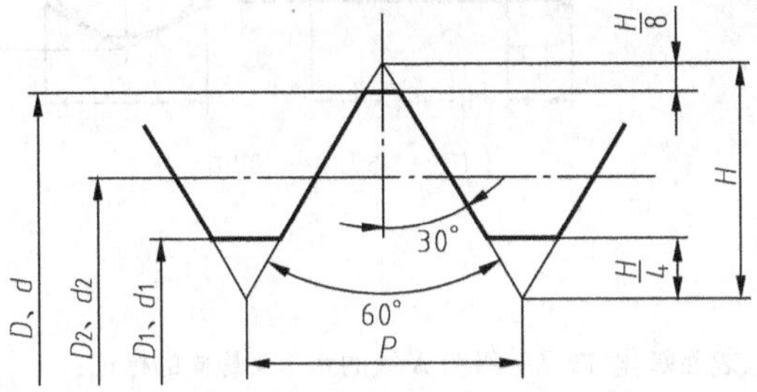

d—外螺纹的基本大径（公称直径）；
D—内螺纹的基本大径（公称直径）；
d_2—外螺纹的基本中径；D_2—内螺纹的基本中径；
d_1—外螺纹的基本小径；D_1—内螺纹的基本小径；
P—螺距；H—原始三角形高度，$H=\frac{\sqrt{3}}{2}P$

公称直径 D、d	螺距 P		中径 D_2、d_2		小径 D_1、d_1	
	粗牙	细牙	粗牙	细牙	粗牙	细牙
3	0.5	0.35	2.675	2.773	2.459	2.621
(3.5)	(0.6)	0.35	3.110	3.273	2.850	3.121
4	0.7	0.5	3.545	3.675	3.242	3.459
(4.5)	(0.75)	0.5	4.013	4.175	3.688	3.959
5	0.8	0.5	4.480	4.675	4.134	4.459
[5.5]		0.5		5.175		4.959
6	1	0.75	5.350	5.513	4.917	5.188
[7]	1	0.75	6.350	6.513	5.917	6.188
				6.675		
8	1.25	1	7.188	7.350	6.647	6.917
		0.75		7.513		7.188
[9]	(1.25)	1	8.188	8.350	7.647	7.917
		0.75		8.513		8.188
10	1.5	1.25	9.026	9.188	8.376	8.647
		1		9.350		8.917
		0.75		9.513		9.188
[11]	(1.5)	1	10.026	10.350	9.376	9.917
		0.75		10.513		10.188
12	1.75	1.5	10.863	11.026	10.106	10.376
		1.25		11.188		10.647
		1		11.350		10.917
(14)	2	1.5	12.701	13.026	11.835	12.376
		1.25		13.188		12.647
		1		13.350		12.917
[15]		1.5		14.026		13.376
		(1)		14.350		13.917

公称直径 D、d	螺距 P		中径 D_2、d_2		小径 D_1、d_1	
	粗牙	细牙	粗牙	细牙	粗牙	细牙
16	2	1.5	14.701	15.026	13.835	14.376
		1		15.350		14.917
[17]		1.5		16.026		15.376
		(1)		16.350		15.917
(18)	2.5	2	16.376	16.701	15.294	15.835
		1.5		17.026		16.376
		1		17.350		16.917
20	2.5	2	18.376	18.701	17.294	17.835
		1.5		19.026		18.376
		1		19.350		18.917
(22)	2.5	2	20.376	20.701	19.294	19.835
		1.5		21.026		20.376
		1		21.350		20.917
24	3	2	22.051	22.701	20.752	21.835
		1.5		23.026		22.376
		1		23.350		22.917
[25]		2		23.701		22.835
		1.5		24.026		23.376
		(1)		24.350		23.917
[26]		1.5		25.026		24.376
(27)	3	2	25.051	25.701	23.752	24.835
		1.5		26.026		25.376
		1		26.350		25.917
[28]		2		26.701		25.835
		1.5		27.026		26.376
		1		27.350		26.917

注：1. 公称直径栏中不带括号的为第一系列，带圆括号的为第二系列，带方括号的为第三系列。应优先选用第一系列，第三系列尽可能不用。

2. 括号内的螺距尽可能不用。

3. M14 × 1.25 仅用于火花塞。

附录B　螺　　栓

表 B-1　六角头螺栓—A 级和 B 级（GB/T 5782—2000）

六角头螺栓—全螺纹—A 级和 B 级（GB/T 5783—2000）　（单位：mm）

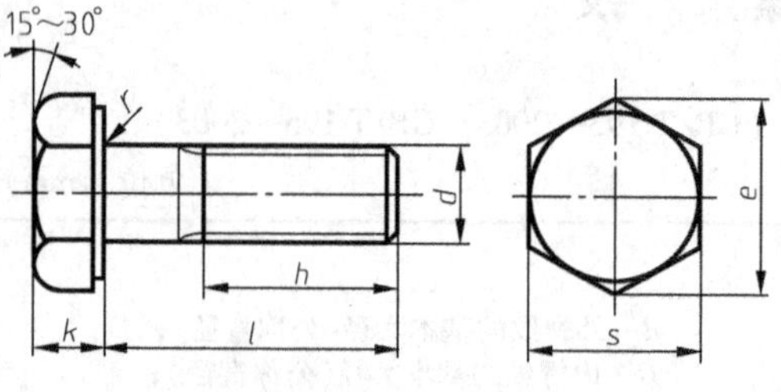

(GB/T 5782—2000)

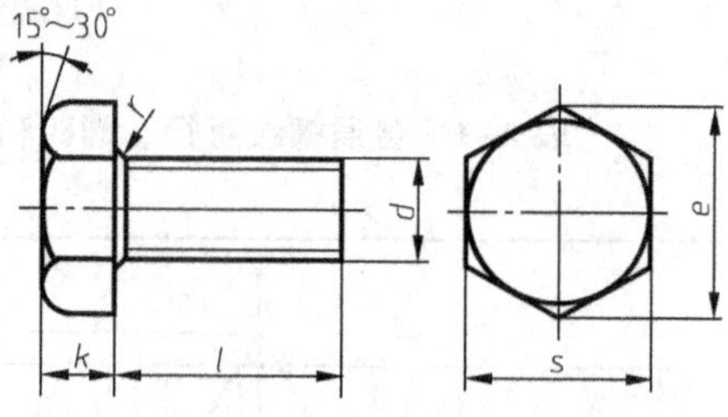

(GB/T 5783—2000)

标记示例：

螺纹规格 d = M12、公称长度 l = 80mm、性能等级为 8.8 级、表面氧化、产品等级为 A 级的六角头螺栓的标记：

螺栓　GB/T 5782　M12 × 80

螺纹规格 d		M3	M4	M5	M6	M8	M10	M12	(M14)	M16	(M18)	M20	(M22)	M24	(M27)	M30	M36	M42	M48
s		5.5	7	8	10	13	16	18	21	24	27	30	34	36	41	46	55	65	75
k		2	2.8	3.5	4	5.3	6.4	7.5	8.8	10	11.5	12.5	14	15	17	18.7	22.5	26	30
r		0.1	0.2	0.2	0.25	0.4	0.4	0.6	0.6	0.6	0.6	0.8	0.8	0.8	1	1	1	1.2	1.6
e(A 级)		6.01	7.66	8.79	11.05	14.38	17.77	20.03	23.36	26.75	30.14	33.53	37.72	39.98	45.2	50.85	—	—	—
b 参考	l≤125	12	14	16	18	22	26	30	34	38	42	46	50	54	60	66	—	—	—
	125≤l≤200	18	20	22	24	28	32	36	40	44	48	52	56	60	66	72	84	96	108
	l>200	31	33	35	37	41	45	49	53	57	61	65	69	73	79	85	97	109	121
l(GB/T 5782)		20 ~ 30	25 ~ 40	25 ~ 50	30 ~ 60	40 ~ 80	45 ~ 100	50 ~ 120	60 ~ 140	65 ~ 160	70 ~ 180	80 ~ 200	90 ~ 220	90 ~ 240	100 ~ 260	110 ~ 300	140 ~ 360	150 ~ 440	180 ~ 480
l(GB/T 5783, 全螺纹)		6 ~ 30	8 ~ 40	10 ~ 50	12 ~ 60	16 ~ 80	20 ~ 100	25 ~ 100	30 ~ 140	35 ~ 100	35 ~ 180	40 ~ 100	45 ~ 200	40 ~ 100	55 ~ 200	40 ~ 100	40 ~ 100	80 ~ 500	100 ~ 500
l 系列		6,8,10,12,16,20,25,30,35,40,45,50,(55),60,(65),70,80,90,100,110,120,130,140,150,160,180,200,220,240,260,280,300,320,340,360,380,400,420,440,460,480,500																	

注：1. A 级用于 d≤24mm 和 l≤10d 或 l≤150mm 的螺栓，B 级用于 d>24mm 和 l>10d 或 l>150mm 的螺栓（按较小值）。

2. 不带括号的为优先系列。

附录 C　螺　　柱

表 C-1　双头螺柱 $b_m=1d$（GB/T 897—1988）、**$b_m=1.25d$**（GB/T 898—1988）
$b_m=1.5d$（GB/T 899—1988）、**$b_m=2d$**（GB/T 900—1988）　　（单位：mm）

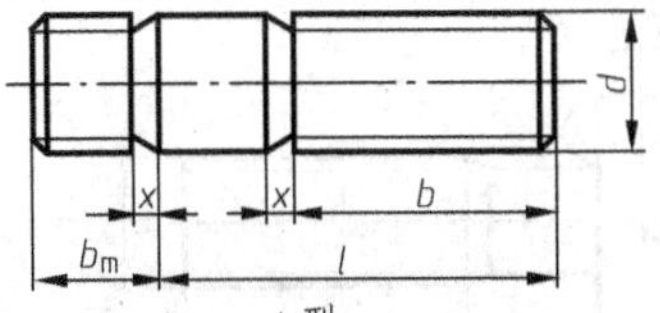

A型

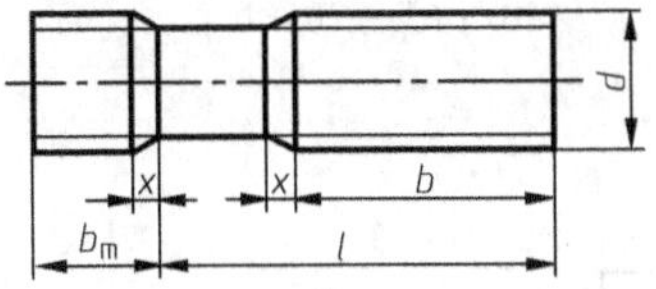

B型

标记示例：

1）两端均为粗牙普通螺纹，$d=10$mm、$l=50$mm、性能等级为 4.8 级、不经表面处理、B 型、$b_m=1d$ 的双头螺柱的标记：

螺柱　GB/T 897 M10×50

2）旋入机体一端为粗牙普通螺纹，旋螺母一端为螺距 $P=1$mm 的细牙普通螺纹、$d=10$mm、$l=50$mm、性能等级为 4.8 级、不经表面处理、A 型、$b_m=1d$ 的双头螺柱的标记。

螺柱　GB/T 897 AM10-M10×1×50

3）旋入机体一端为过渡配合螺纹的第一种配合，旋螺母一端为粗牙普通螺纹、$d=10$mm、$l=50$mm、性能等级为 8.8 级、镀锌钝化、B 型、$b_m=1d$ 的双头螺柱的标记：

螺柱　GB/T 897 GM10-M10×50-8.8-Zn. D

螺纹半径 d	b_m				l/b
	GB/T 897—1988	GB/T 898—1988	GB/T 899—1988	GB/T 900—1988	
M2	—	—	3	4	(12~16)/6、(18~25)/10
M2.5	—	—	3.5	5	(14~18)/8、(20~30)/11
M3	—	—	4.5	6	(18~20)/6、(22~40)/12
M4	—	—	6	8	(16~22)/8、(25~40)/14
M5	5	6	8	10	(16~22)/10、(25~50)/16
M6	6	8	10	12	(20~22)/10、(25~30)/14、(32~75)/18
M8	8	10	12	16	(20~22)/12、(25~30)/16、(32~90)/22
M10	10	12	15	20	(25~28)/14、(30~38)/16、(40~120)/26、130/32
M12	12	15	18	24	(25~30)/16、(32~40)/20、(45~120)/30、(130~180)/36
(M14)	14	18	21	28	(30~35)/18、(38~45)/25、(50~120)/34、(130~180)/40
M16	16	20	24	32	(30~38)/20、(40~55)/30、(60~120)/38、(130~200)/44
(M18)	18	22	27	36	(35~40)/22、(45~60)/35、(65~120)/42、(130~200)/48
M20	20	25	30	40	(35~40)/25、(45~65)/35、(70~120)/46、(130~200)/52
(M22)	22	28	33	44	(40~45)/30、(50~70)/40、(75~120)/50、(130~200)/56
M24	24	30	36	48	(45~50)/30、(55~75)/45、(80~120)/54、(130~200)/60
(M27)	27	35	40	54	(50~60)/35、(65~85)/50、(90~120)/60、(130~200)/66
M30	30	38	45	60	(60~65)/40、(70~90)/50、(95~120)/66、(130~200)/72、(210~250)/85
M36	36	45	54	72	(65~75)/45、(80~110)/60、120/78、(130~200)/84、(210~300)/97
M42	42	52	63	84	(70~80)/50、(85~110)/70、120/90、(130~200)/96、(210~300)/109
M48	48	60	72	96	(80~90)/60、(95~110)/80、120/102、(130~200)/108、(210~300)/121
l 系列	6,8,10,12,16,20,25,30,35,40,45,50,(55),60,(65),70,80,90,100,110,120,130,140,150,160,170,180,190,200,220,230,240,250,260,280,300				

注：1. $b_m=1d$ 一般用于旋入机件为钢的场合；$b_m=(1.25\sim1.5)d$ 一般用于旋入机件为铸铁的场合；$b_m=2d$ 一般用于旋入机件为铝的场合。
2. 不带括号的为优先系列，仅 GB/T 898—1988 有优先系列。
3. b 不包括螺尾。
4. $x_{max}=1.5P$（螺距）。

附录 D　螺　钉

表 D-1　开槽圆柱头螺钉（GB/T 65—2000）、开槽沉头螺钉（GB/T 68—2000）、开槽盘头螺钉（GB/T 67—2008）　（单位：mm）

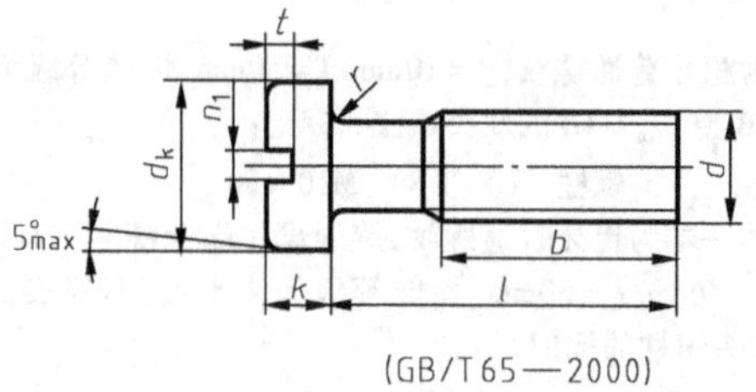

(GB/T 65—2000)

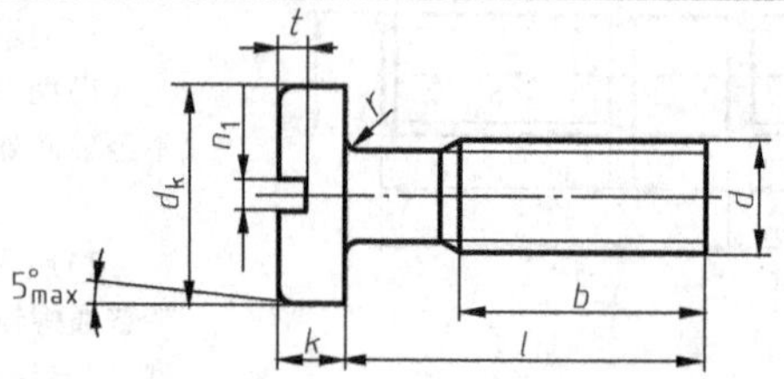

(GB/T 67—2008)

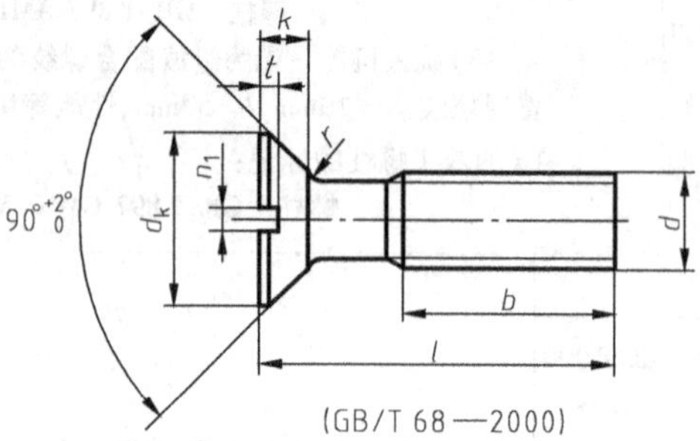

(GB/T 68—2000)

标记示例：

螺纹规格 d = M5、公称长度 l = 20mm、性能等级为 4.8 级、不经表面处理的 A 级开槽圆柱头螺钉的标记：

螺钉　GB/T 65 M5 × 20

螺纹规格 d		M1.6	M2	M2.5	M3	M4	M5	M6	M8	M10
GB/T 65—2000	d_k	—	—	—	—	7	8.5	10	13	16
	k	—	—	—	—	2.6	3.3	3.9	5	6
	t	—	—	—	—	1.1	1.3	1.6	2	2.4
	r	—	—	—	—	0.2	0.2	0.25	0.4	0.4
	l	—	—	—	—	5 ~ 40	6 ~ 50	8 ~ 60	10 ~ 80	12 ~ 80
GB/T 67—2008	d_k	3.2	4	5	5.6	8	9.5	12	16	20
	k	1	1.3	1.5	1.8	2.4	3	3.6	4.8	6
	t	0.35	0.5	0.6	0.7	1	1.2	1.4	1.9	2.4
	r	0.1	0.1	0.1	0.1	0.2	0.2	0.25	0.4	0.4
	l	2 ~ 16	2.5 ~ 20	3 ~ 25	4 ~ 30	5 ~ 40	6 ~ 50	8 ~ 60	10 ~ 80	12 ~ 80
GB/T 68—2000	d_k	3	3.8	4.7	5.5	8.4	9.3	11.3	15.8	18.3
	k	1	1.2	1.5	1.65	2.7	2.7	3.3	4.65	5
	t	0.32	0.4	0.5	0.6	1	1.1	1.2	1.8	2
	r	0.4	0.5	0.6	0.8	1	1.3	1.5	2	2.5
	l	2.5 ~ 16	3 ~ 20	4 ~ 25	5 ~ 30	6 ~ 40	8 ~ 50	8 ~ 60	10 ~ 80	12 ~ 80
n_1		0.4	0.5	0.6	0.8	1.2	1.2	1.6	2	2.5
b		25				38				
l(系列)		2、2.5、3、4、5、6、8、10、12、(14)、16、20、25、30、35、40、45、50、(55)、60、(65)、70、(75)、80								

表 D-2　开槽锥端紧定螺钉（GB/T 71—1985）、开槽平端紧定螺钉（GB/T 73—1985）、开槽长圆柱端紧定螺钉（GB/T 75—1985）　（单位：mm）

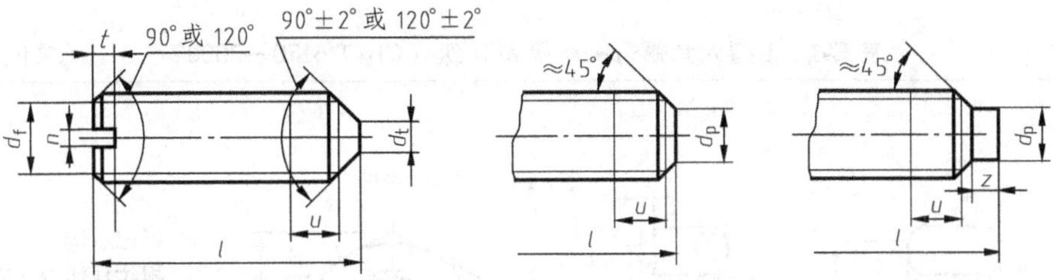

(GB/T 71—1985)　(GB/T 73—1985)　(GB/T 75—1985)

当公称长度为短螺钉时，应制成 120°，u 为不完整螺纹的长度≤$2P$。

标记示例：

螺纹规格 d = M5、公称长度 l = 12mm、性能等级为 14H 级、表面氧化的开槽平端紧定螺钉的标记：

螺钉　GB/T 73　M5 × 12

螺纹规格 d		M1.2	M1.6	M2	M2.5	M3	M4	M5	M6	M8	M10	M12
P		0.25	0.35	0.4	0.45	0.5	0.7	0.8	1	1.25	1.5	1.75
d_f≈		螺纹小径										
d_t	min	—	—	—	—	—	—	—	—	—	—	—
	max	0.12	0.16	0.2	0.25	0.3	0.4	0.5	1.5	2	2.5	3
d_p	min	0.35	0.55	0.75	1.25	1.75	2.25	3.2	3.7	5.2	6.64	8.14
	max	0.6	0.8	1	1.5	2	2.5	3.5	4	5.5	7	8.5
n	公称	0.2	0.25	0.25	0.4	0.4	0.6	0.8	1	1.2	1.6	2
	min	0.26	0.31	0.31	0.46	0.46	0.66	0.86	1.06	1.26	1.66	2.06
	max	0.4	0.45	0.45	0.6	0.6	0.8	1	1.2	1.51	1.91	2.31
t	min	0.4	0.56	0.64	0.72	0.8	1.12	1.28	1.6	2	2.4	2.8
	max	0.52	0.74	0.84	0.95	1.05	1.42	1.63	2	2.5	3	3.6
z	min	—	0.8	1	1.25	1.5	2	2.5	3	4	5	6
	max	—	1.05	1.25	1.5	1.75	2.25	2.75	3.25	4.3	5.3	6.3
GB/T 71—1985	l(公称长度)	2~6	2~8	3~10	3~12	4~16	6~20	8~25	8~30	10~40	12~50	14~60
	l(短螺钉)	2	2~2.5	2~2.5	2~3	2~3	2~4	2~5	2~6	2~8	2~10	2~12
GB/T 73—1985	l(公称长度)	2~6	2~8	2~10	2.5~12	3~16	4~20	5~25	6~30	8~40	10~50	12~60
	l(短螺钉)	—	2	2~2.5	2~3	2~3	2~4	2~5	2~6	2~6	2~8	2~10
GB/T 75—1985	l(公称长度)	—	2.5~8	3~10	4~12	5~16	6~20	8~25	8~30	10~40	12~50	14~60
	l(短螺钉)	—	2~2.5	2~3	2~4	2~5	2~6	2~8	2~10	2~14	2~16	2~20
l(系列)		2,2.5,3,4,5,6,8,10,12,(14),16,20,25,30,35,40,45,50,(55),60										

附录E　螺　　母

表 E-1　1 型六角螺母—A 级和 B 级（GB/T 6170—2000）　　（单位：mm）

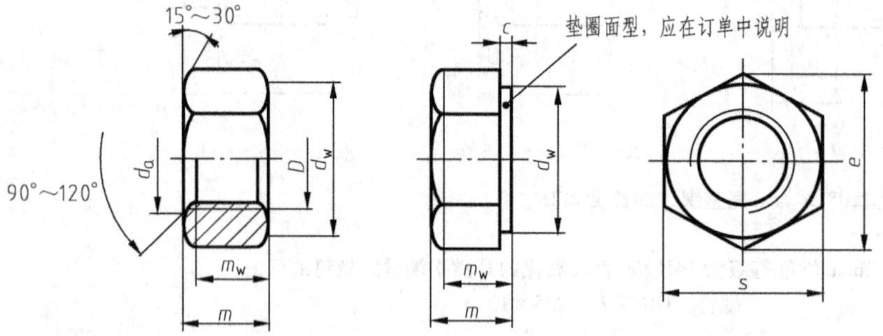

标记示例：

螺纹规格 D = M12、性能等级为 8 级、不经表面处理、产品等级为 A 级的 1 型六角螺母的标记：

螺母　GB/T 6170　M12

螺纹规格 D	c	d_a		d_w	e	m		m_w	s	
	max	min	max	min	min	max	min	min	max	min
M1.6	0.2	1.6	1.84	2.4	3.41	1.3	1.05	0.8	3.2	3.02
M2	0.2	2	2.3	3.1	4.32	1.6	1.35	1.1	4	3.82
M2.5	0.3	2.5	2.9	4.1	5.45	2	1.75	1.4	5	4.82
M3	0.4	3	3.45	4.6	6.01	2.4	2.15	1.7	5.5	5.32
M4	0.4	4	4.6	5.9	7.66	3.2	2.9	2.3	7	6.78
M5	0.5	5	5.75	6.9	8.79	4.7	4.4	3.5	8	7.78
M6	0.5	6	6.75	8.9	11.05	5.2	4.9	3.9	10	9.78
M8	0.6	8	8.75	11.6	14.38	6.8	6.44	5.2	13	12.73
M10	0.6	10	10.8	14.6	17.77	8.4	8.04	6.4	16	15.73
M12	0.6	12	13	16.6	20.03	10.8	10.37	8.3	18	17.73
M16	0.8	16	17.3	22.5	26.75	14.8	14.1	11.3	24	23.67
M20	0.8	20	21.6	27.7	32.95	18	16.9	13.5	30	29.16
M24	0.8	24	25.9	33.3	39.55	21.5	20.2	16.2	36	35
M30	0.8	30	32.4	42.8	50.85	25.6	24.3	19.4	46	45
M36	0.8	36	38.9	51.1	60.79	31	29.4	23.5	55	53.8
M42	1	42	45.4	60	71.3	34	32.4	25.9	65	63.1
M48	1	48	51.8	69.5	82.6	38	36.4	29.1	75	73.1
M56	1	56	60.5	78.7	93.56	45	43.3	34.7	85	82.8
M64	1	64	69.1	88.2	104.86	51	49.1	39.3	95	92.8

注：1. A 级用于 $D \leqslant 16$mm 的螺母；B 级用于 $D > 16$mm 的螺母。本表仅按商品规格和通用规格列出。

2. 螺纹规格为 M8×1～M64×4、细牙、A 级和 B 级的 1 型六角螺母，请查阅 GB/T 6171—2000。

附录 F　垫　　圈

表 F-1　大垫圈—A 级（GB/T 96.1—2002）和 C 级（GB/T 96.2—2002）、平垫圈—A 级（GB/T 97.1—2002）、平垫圈（倒角型）—A 级（GB/T 97.2—2002）、小垫圈—A 级（GB/T 848—2002）

（单位：mm）

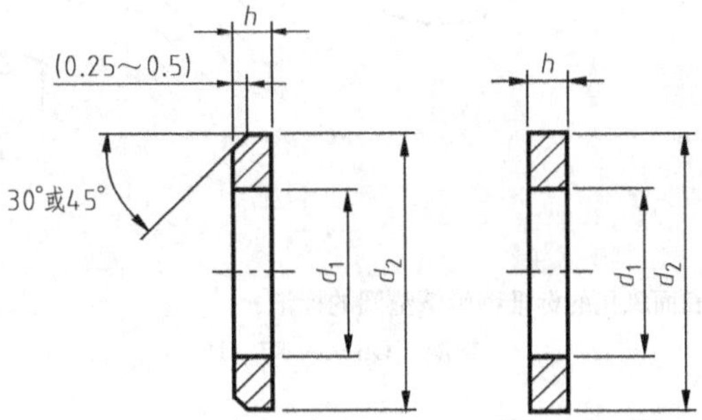

标记示例：

标准系列、公称规格 8mm、由钢制造的硬度等级为 200HV 级、不经表面处理的平垫圈的标记：

垫圈　GB/T 97.1　8

<table>
<tr><th colspan="3">公称尺寸(螺纹规格) d</th><th>1.6</th><th>2</th><th>2.5</th><th>3</th><th>4</th><th>5</th><th>6</th><th>8</th><th>10</th><th>12</th><th>14</th><th>16</th><th>20</th><th>24</th><th>30</th><th>36</th></tr>
<tr><td rowspan="8">d_1 内径</td><td rowspan="4">max</td><td>GB/T 848—2002</td><td rowspan="2">1.84</td><td rowspan="2">2.34</td><td rowspan="2">2.84</td><td rowspan="2">3.38</td><td rowspan="2">4.48</td><td rowspan="4">5.48</td><td rowspan="4">6.62</td><td rowspan="4">8.62</td><td rowspan="4">10.77</td><td rowspan="4">13.27</td><td rowspan="4">15.27</td><td rowspan="4">17.27</td><td rowspan="3">21.33</td><td rowspan="3">25.33</td><td>31.39</td><td rowspan="2">37.62</td></tr>
<tr><td>GB/T 97.1—2002</td><td rowspan="2">31.39</td></tr>
<tr><td>GB/T 97.2—2002</td><td>—</td><td>—</td><td>—</td><td>—</td><td>—</td><td>39.62</td></tr>
<tr><td>GB/T 96.1—2002</td><td>—</td><td>—</td><td>—</td><td>3.38</td><td>4.48</td><td>21.33</td><td>25.52</td><td>33.62</td><td>39.62</td></tr>
<tr><td rowspan="4">公称 (min)</td><td>GB/T 848—2002</td><td rowspan="2">1.7</td><td rowspan="2">2.2</td><td rowspan="2">2.7</td><td rowspan="2">3.2</td><td rowspan="2">4.3</td><td rowspan="4">5.3</td><td rowspan="4">6.4</td><td rowspan="4">8.4</td><td rowspan="4">10.5</td><td rowspan="4">13</td><td rowspan="4">15</td><td rowspan="4">17</td><td rowspan="3">21</td><td rowspan="3">25</td><td rowspan="3">31</td><td rowspan="3">37</td></tr>
<tr><td>GB/T 97.1—2002</td></tr>
<tr><td>GB/T 97.2—2002</td><td>—</td><td>—</td><td>—</td><td>—</td><td>—</td></tr>
<tr><td>GB/T 96.1—2002</td><td>—</td><td>—</td><td>—</td><td>3.2</td><td>4.3</td><td>21</td><td>25</td><td>33</td><td>39</td></tr>
<tr><td rowspan="8">d_2 外径</td><td rowspan="4">公称 (max)</td><td>GB/T 848—2002</td><td>3.5</td><td>4.5</td><td>5</td><td>6</td><td>8</td><td>9</td><td>11</td><td>15</td><td>18</td><td>20</td><td>24</td><td>28</td><td>34</td><td>39</td><td>50</td><td>60</td></tr>
<tr><td>GB/T 97.1—2002</td><td>4</td><td>5</td><td>6</td><td>7</td><td>9</td><td rowspan="2">10</td><td rowspan="2">12</td><td rowspan="2">16</td><td rowspan="2">20</td><td rowspan="2">24</td><td rowspan="2">28</td><td rowspan="2">30</td><td rowspan="2">37</td><td rowspan="2">44</td><td rowspan="2">56</td><td rowspan="2">66</td></tr>
<tr><td>GB/T 97.2—2002</td><td>—</td><td>—</td><td>—</td><td>—</td><td>—</td></tr>
<tr><td>GB/T 96.1—2002</td><td>—</td><td>—</td><td>—</td><td>9</td><td>12</td><td>15</td><td>18</td><td>24</td><td>30</td><td>37</td><td>44</td><td>50</td><td>60</td><td>72</td><td>92</td><td>110</td></tr>
<tr><td rowspan="4">min</td><td>GB/T 848—2002</td><td>3.2</td><td>4.2</td><td>4.7</td><td>5.7</td><td>7.64</td><td>8.64</td><td>10.57</td><td>14.57</td><td>17.57</td><td>19.48</td><td>23.48</td><td>27.48</td><td>33.38</td><td>38.38</td><td>49.38</td><td>58.8</td></tr>
<tr><td>GB/T 97.1—2002</td><td>3.7</td><td>4.7</td><td>5.7</td><td>6.64</td><td>8.64</td><td rowspan="2">9.64</td><td rowspan="2">11.57</td><td rowspan="2">15.57</td><td rowspan="2">19.48</td><td rowspan="2">23.48</td><td rowspan="2">27.48</td><td rowspan="2">29.48</td><td rowspan="2">36.38</td><td rowspan="2">43.38</td><td rowspan="2">55.26</td><td rowspan="2">64.8</td></tr>
<tr><td>GB/T 97.2—2002</td><td>—</td><td>—</td><td>—</td><td>—</td><td>—</td></tr>
<tr><td>GB/T 96.1—2002</td><td>—</td><td>—</td><td>—</td><td>8.64</td><td>11.57</td><td>14.57</td><td>17.57</td><td>23.48</td><td>29.48</td><td>36.38</td><td>43.38</td><td>49.38</td><td>59.26</td><td>70.8</td><td>90.6</td><td>108.6</td></tr>
<tr><td rowspan="12">h 厚度</td><td rowspan="4">公称</td><td>GB/T 848—2002</td><td rowspan="2">0.3</td><td rowspan="2">0.3</td><td rowspan="2">0.5</td><td rowspan="2">0.5</td><td>0.5</td><td rowspan="3">1</td><td rowspan="3">1.6</td><td rowspan="3">1.6</td><td>1.6</td><td>2</td><td rowspan="3">2.5</td><td>2.5</td><td rowspan="3">3</td><td rowspan="3">4</td><td rowspan="3">4</td><td rowspan="3">5</td></tr>
<tr><td>GB/T 97.1—2002</td><td>0.8</td><td rowspan="2">2</td><td rowspan="2">2.5</td><td rowspan="2">3</td></tr>
<tr><td>GB/T 97.2—2002</td><td>—</td><td>—</td><td>—</td><td>—</td><td>—</td></tr>
<tr><td>GB/T 96.1—2002</td><td>—</td><td>—</td><td>—</td><td>0.8</td><td>1</td><td>1</td><td>1.6</td><td>2</td><td>2.5</td><td>3</td><td>3</td><td>3</td><td>4</td><td>5</td><td>6</td><td>8</td></tr>
<tr><td rowspan="4">max</td><td>GB/T 848—2002</td><td rowspan="2">0.35</td><td rowspan="2">0.35</td><td rowspan="2">0.55</td><td rowspan="2">0.55</td><td>0.55</td><td rowspan="3">1.1</td><td rowspan="3">1.8</td><td rowspan="3">1.8</td><td>1.8</td><td>2.2</td><td rowspan="3">2.7</td><td>2.7</td><td rowspan="3">3.3</td><td rowspan="3">4.3</td><td rowspan="3">4.3</td><td rowspan="3">5.6</td></tr>
<tr><td>GB/T 97.1—2002</td><td>0.9</td><td rowspan="2">2.2</td><td rowspan="2">2.7</td><td rowspan="2">3.3</td></tr>
<tr><td>GB/T 97.2—2002</td><td>—</td><td>—</td><td>—</td><td>—</td><td>—</td></tr>
<tr><td>GB/T 96.1—2002</td><td>—</td><td>—</td><td>—</td><td>0.9</td><td>1.1</td><td>1.1</td><td>1.8</td><td>2.2</td><td>2.7</td><td>3.3</td><td>3.3</td><td>3.3</td><td>4.3</td><td>5.6</td><td>6.6</td><td>9</td></tr>
<tr><td rowspan="4">min</td><td>GB/T 848—2002</td><td rowspan="2">0.25</td><td rowspan="2">0.25</td><td rowspan="2">0.45</td><td rowspan="2">0.45</td><td>0.45</td><td rowspan="3">0.9</td><td rowspan="3">1.4</td><td rowspan="3">1.4</td><td>1.4</td><td>1.8</td><td rowspan="3">2.3</td><td>2.3</td><td rowspan="3">2.7</td><td rowspan="3">3.7</td><td rowspan="3">3.7</td><td rowspan="3">4.4</td></tr>
<tr><td>GB/T 97.1—2002</td><td>0.7</td><td rowspan="2">1.8</td><td rowspan="2">2.3</td><td rowspan="2">2.7</td></tr>
<tr><td>GB/T 97.2—2002</td><td>—</td><td>—</td><td>—</td><td>—</td><td>—</td></tr>
<tr><td>GB/T 96.1—2002</td><td>—</td><td>—</td><td>—</td><td>0.7</td><td>0.9</td><td>0.9</td><td>1.4</td><td>1.8</td><td>2.3</td><td>2.7</td><td>2.7</td><td>2.7</td><td>3.7</td><td>4.4</td><td>5.4</td><td>7</td></tr>
</table>

表 F-2　标准型弹簧垫圈（GB 93—1987）、轻型弹簧垫圈（GB/T 859—1987）

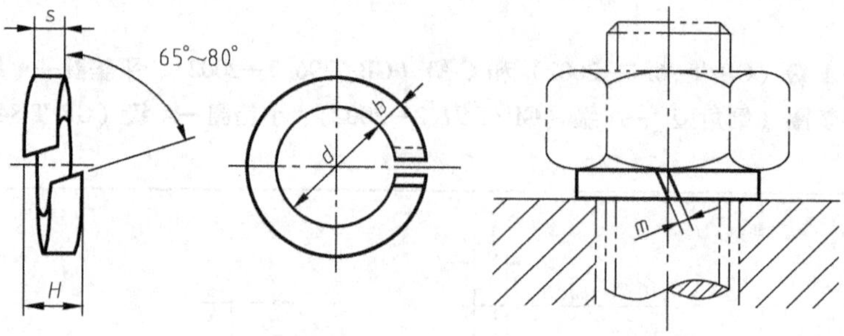

标记示例：

规格 16mm、材料为 65Mn、表面氧化的标准型弹簧垫圈的标记：

垫圈　GB 93—87　16

规格（螺纹大径）	d	GB 93—1987		GB/T 859—1987		
		s = b	0 < m ≤	s	b	0 < m ≤
2	2.1	0.5	0.25	0.5	0.8	
2.5	2.6	0.65	0.33	0.6	0.8	
3	3.1	0.8	0.4	0.6	1	0.3
4	4.1	1.1	0.55	0.8	1.2	0.4
5	5.1	1.3	0.65	1.1	1.5	0.55
6	6.1	1.6	0.8	1.3	2	0.65
8	8.1	2.1	1.05	1.6	2.5	0.8
10	10.2	2.6	1.3	2	3	1
12	12.2	3.1	1.55	2.5	3.5	1.25
(14)	14.2	3.6	1.8	3	4	1.5
16	16.2	4.1	2.05	3.2	4.5	1.6
(18)	18.2	4.5	2.25	3.6	5	1.8
20	20.2	5	2.5	4	5.5	2
(22)	22.5	5.5	2.75	4.5	6	2.25
24	24.5	6	3	5	7	2.5
(27)	27.5	6.8	3.4	5.5	8	2.75
30	30.5	7.5	3.75	6	9	3
36	36.5	9	4.5			
42	42.5	10.5	5.25			
48	48.5	12	6			

附录 G　键、键槽

表 G-1　平键和键槽的剖面尺寸（GB/T 1095—2003）　　（单位：mm）

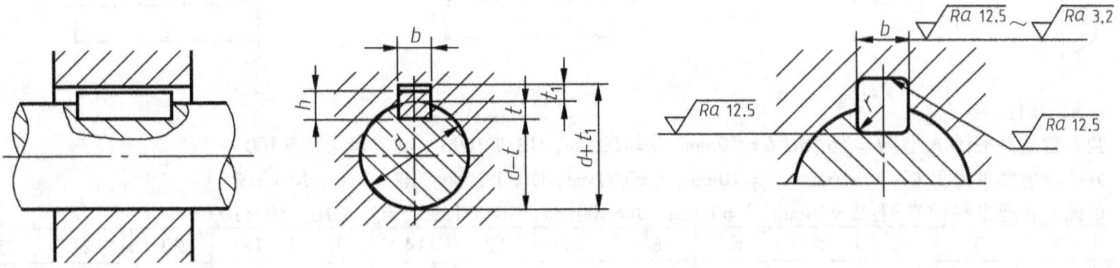

键尺寸	键槽											
	宽度 b						深度				半径 r	
		极限偏差					轴 t		毂 t_1			
b×h	基本尺寸 b	松联结		正常联结		紧密联结	基本尺寸	极限偏差	基本尺寸	极限偏差		
		轴 H9	毂 D10	轴 N9	毂 JS9	轴和毂 P9					最小	最大
2×2	2	+0.025 0	+0.060 +0.020	−0.004 −0.029	±0.0125	−0.006 −0.031	1.2	+0.1 0	1	+0.1 0	0.08	0.16
3×3	3						1.8		1.4			
4×4	4	+0.030 0	+0.078 +0.030	0 −0.030	±0.015	−0.012 −0.042	2.5		1.8			
5×5	5						3.0		2.3		0.16	0.25
6×6	6						3.5		2.8			
8×7	8	+0.036 0	+0.098 +0.040	0 −0.036	±0.018	−0.015 −0.051	4.0	+0.2 0	3.3	+0.2 0		
10×8	10						5.0		3.3			
12×8	12	+0.043 0	+0.120 +0.050	0 −0.043	±0.0215	−0.018 −0.061	5.0		3.3		0.25	0.40
14×9	14						5.5		3.8			
16×10	16						6.0		4.3			
18×11	18						7.0		4.4			
20×12	20	+0.052 0	+0.149 +0.065	0 −0.052	±0.026	−0.022 −0.074	7.5		4.9		0.40	0.60
22×14	22						9.0		5.4			
25×14	25						9.0		5.4			
28×16	28						10.0		6.4			

注：$d-t$ 和 $d+t_1$ 两组合尺寸的极限偏差按相应的 t 和 t_1 的极限偏差选取，但 $d-t$ 的极限偏差值应取负号（−）。

表 G-2　普通型平键　型式尺寸（GB/T 1096—2003）　　（单位：mm）

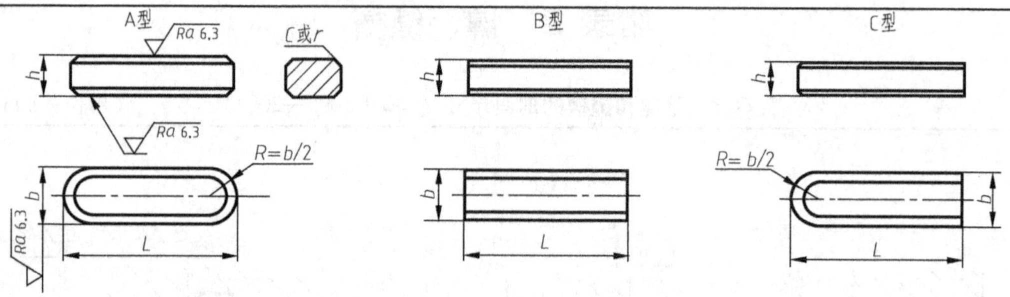

标记示例：

圆头普通型平键 A 型：$b=16$mm，$h=10$mm，$L=100$mm，GB/T 1096　键　16×10×100

方头普通型平键 B 型：$b=16$mm，$h=10$mm，$L=100$mm，GB/T 1096　键　B16×10×100

单圆头普通型平键 C 型：$b=16$mm，$h=10$mm，$L=100$mm，GB/T 1096　键　C16×10×100

b	2	3	4	5	6	8	10	12	14	16	18	20	22	25
h	2	3	4	5	6	7	8	8	9	10	11	12	14	14
C 或 *r*	0.16～0.25			0.25～0.40			0.40～0.60					0.60～0.80		
L	6～20	6～36	8～45	10～56	14～70	18～90	22～110	28～140	36～160	45～180	50～200	56～220	63～250	70～280
L 系列	6、8、10、12、14、16、18、20、22、25、28、32、36、40、45、50、56、63、70、80、90、100、110、125、140、160、180、200、220、250、280													

附录 H　销

表 H-1　圆锥销（GB/T 117—2000）　　（单位：mm）

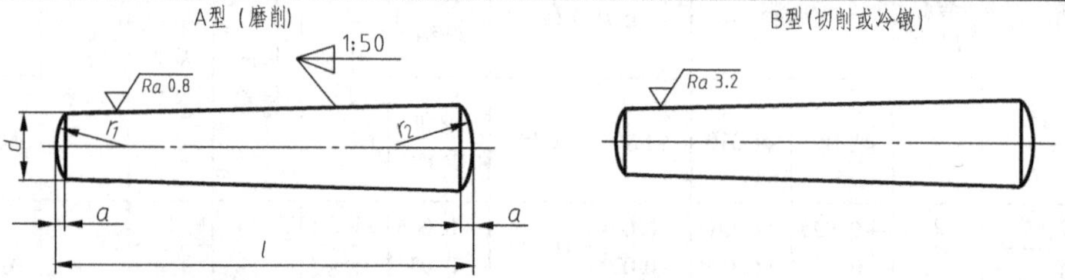

$r_1 \approx d$

$r_2 \approx \dfrac{a}{2}+d+\dfrac{(0.021)^2}{8a}$

标记示例：

公称直径 $d=10$mm、公称长度 $l=60$mm、材料为 35 钢、热处理硬度为 28～38HRC、表面氧化处理的 A 型圆锥销的标记：

销　GB/T 117　10×60

d	公称	0.6	0.8	1	1.2	1.5	2	2.5	3	4	5
	min	0.56	0.76	0.96	1.16	1.46	1.75	2.46	2.75	3.75	4.75
	max	0.6	0.8	1	1.2	1.5	2.25	2.5	3.25	4.25	5.25
a ≈		0.08	0.1	0.12	0.16	0.2	0.25	0.3	0.4	0.5	0.63
l	公称	4～8	5～12	6～16	6～20	8～24	10～35	10～35	12～45	14～55	18～60
d	公称	6	8	10	12	16	20	25	30	40	50
	min	5.75	7.75	9.75	11.5	15.5	19.5	24.92	29.5	39.5	49.5
	max	6.25	8.25	10.25	12.5	16.5	20.5	25	30.5	40.5	50.5
a ≈		0.8	1	1.2	1.6	2	2.5	3	4	5	6.3
l	公称	22～90	22～120	26～160	32～180	40～200	45～200	50～200	55～200	60～200	65～200
长度 *l* 的系列		2、3、4、5、6、8、10、12、14、16、18、20、22、24、26、28、30、32、35、40、45、50、55、60、65、70、75、80、85、90、95、100、120、140、160、180、200									

表 H-2　圆柱销（GB/T 119.1—2000）

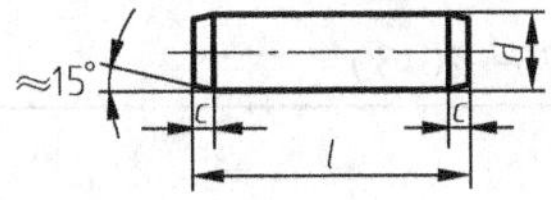

GB/T 119.1—2000 规定了公称直径 $d = 0.6 \sim 50$mm、公差为 m6 和 h8、材料为不淬硬钢和奥氏体不锈钢的圆柱销。

标记示例：

公称直径 $d = 6$mm、公差为 m6、公称长度 $l = 30$mm、材料为钢、不经淬火、不经表面处理的圆柱销的标记：

销 GB/T 119.1　6 m6×30

（单位：mm）

d	0.6	0.8	1	1.2	1.5	2	2.5	3	4	5
c≈	0.12	0.16	0.20	0.25	0.30	0.35	0.40	0.50	0.63	0.80
l公称	2~6	2~8	4~10	4~12	4~16	6~20	6~24	8~30	8~40	10~50
d	6	8	10	12	16	20	25	30	40	50
c≈	1.2	1.6	2.0	2.5	3.0	3.5	4.0	5.0	6.3	8.0
l公称	12~60	14~80	18~95	22~140	26~180	35~200	50~200	60~200	80~200	95~200
长度 l 的系列	2、3、4、5、6、8、10、12、14、16、18、20、22、24、26、28、30、32、35、40、45、50、55、60、65、70、75、80、85、90、95、100、120、140、160、180、200									

表 H-3　圆柱销（GB/T 119.2—2000）

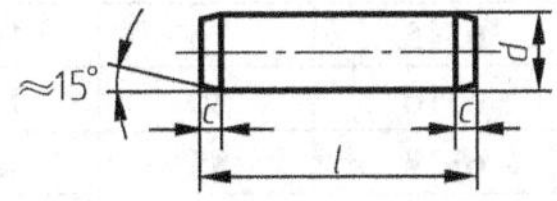

GB/T 119.2—2000 规定了公称直径 $d = 1 \sim 20$mm、公差为 m6、材料为钢：A 型（普通淬火）和 B 型（表面淬火）以及马氏体不锈钢的圆柱销。

标记示例：

公称直径 $d = 6$mm、公差为 m6、公称长度 $l = 30$mm、材料为钢、普通淬火（A 型）、表面氧化处理的圆柱销的标记：

销 GB/T 119.2　6×30

（单位：mm）

d	1	1.5	2	2.5	3	4	5	6	8	10
c≈	0.2	0.3	0.35	0.4	0.5	0.63	0.8	1.2	1.6	2
l公称	3~10	4~16	5~20	6~24	8~30	10~40	12~50	14~60	18~80	22~100
d	12	16	20							
c≈	2.5	3	3.5							
l公称	26~100	40~100	50~100							
长度 l 的系列	3、4、5、6、8、10、12、14、16、18、20、22、24、26、28、30、32、35、40、45、50、55、60、65、70、75、80、85、90、95、100									

附录I 轴　　承

表 I-1　深沟球轴承（GB/T 276—2013）　　（单位：mm）

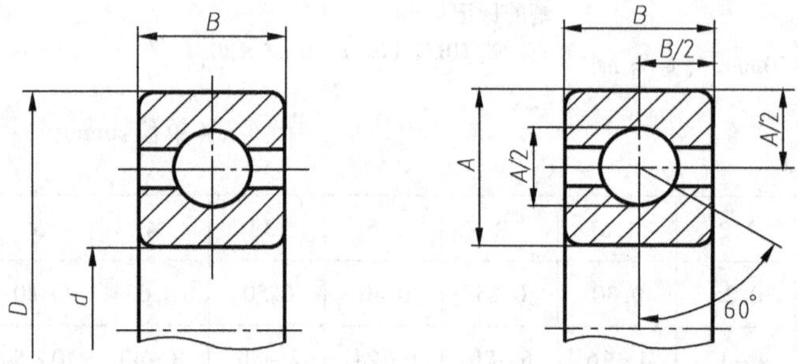

标记示例：

内径 $d=50$ 的 60000 型深沟球轴承，尺寸系列为 02：

滚动轴承 6210　GB/T 276—2013

轴承型号		外形尺寸			轴承型号		外形尺寸		
		d	*D*	*B*			*d*	*D*	*B*
10系列	6004	20	42	12	03系列	6304	20	52	15
	6005	25	47	12		6305	25	62	17
	6006	30	55	13		6306	30	72	19
	6007	35	62	14		6307	35	80	21
	6008	40	68	15		6308	40	90	23
	6009	45	75	16		6309	45	100	25
	6010	50	80	16		6310	50	110	27
	6011	55	90	18		6311	55	120	29
	6012	60	95	18		6312	60	130	31
	6013	65	100	18		6313	65	140	33
	6014	70	110	20		6314	70	150	35
	6015	75	115	20		6315	75	160	37
	6016	80	125	22		6316	80	170	39
	6017	85	130	22		6317	85	180	41
	6018	90	140	24		6318	90	190	43
	6019	95	145	24		6319	95	200	45
	6020	100	150	24		6320	100	215	47
02系列	6204	20	47	14	04系列	6404	20	72	19
	6205	25	52	15		6405	25	80	21
	6206	30	62	16		6406	30	90	23
	6207	35	72	17		6407	35	100	25
	6208	40	80	18		6408	40	110	27
	6209	45	85	19		6409	45	120	29
	6210	50	90	20		6410	50	130	31
	6211	55	100	21		6411	55	140	33
	6212	60	110	22		6412	60	150	35
	6213	65	120	23		6413	65	160	37
	6214	70	125	24		6414	70	180	42
	6215	75	130	25		6415	75	190	45
	6216	80	140	26		6416	80	200	48
	6217	85	150	28		6417	85	210	52
	6218	90	160	30		6418	90	225	54
	6219	95	170	32		6419	95	240	55
	6220	100	180	34		6420	100	250	58

表 I-2　圆锥滚子轴承（GB/T 297—2015）　（单位：mm）

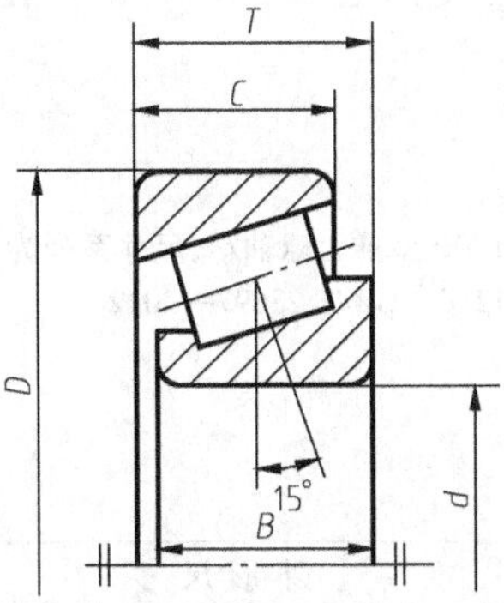

标记示例：

内径 $d=70$mm 的 30000 型圆锥滚子轴承，尺寸系列为 22：

滚动轴承 32214　GB/T 297—2015

轴承类型		外形尺寸					轴承类型		外形尺寸				
		d	D	T	B	C			d	D	T	B	C
02系列	30204	20	47	15.25	14	12	22系列	32204	20	47	19.25	18	15
	30205	25	52	16.25	15	13		32205	25	52	19.25	18	16
	30206	30	62	17.25	16	14		32206	30	62	21.25	20	17
	30207	35	72	18.25	17	15		32207	35	72	24.25	23	19
	30208	40	80	19.75	18	16		32208	40	80	24.75	23	19
	30209	45	85	20.75	19	16		32209	45	85	24.75	23	19
	30210	50	90	21.75	20	17		32210	50	90	24.75	23	19
	30211	55	100	22.75	21	18		32211	55	100	26.75	25	21
	30212	60	110	23.75	22	19		32212	60	110	29.75	28	24
	30213	65	120	24.75	23	20		32213	65	120	32.75	31	27
	30214	70	125	26.25	24	21		32214	70	125	33.25	31	27
	30215	75	130	27.25	25	22		32215	75	130	33.25	31	27
	30216	80	140	28.25	26	22		32216	80	140	35.25	33	28
	30217	85	150	30.50	28	24		32217	85	150	38.50	36	30
	30218	90	160	32.50	30	26		32218	90	160	42.50	40	34
	30219	95	170	34.50	32	27		32219	95	170	45.50	43	37
	30220	100	180	37	34	29		32220	100	180	49	46	39
03系列	30304	20	52	16.25	15	13	23系列	32304	20	52	22.25	21	18
	30305	25	62	18.25	17	15		32305	25	62	25.25	24	20
	30306	30	72	20.75	19	16		32306	30	72	28.75	27	23
	30307	35	80	22.75	21	18		32307	35	80	32.75	31	25
	30308	40	90	25.25	23	20		32308	40	90	35.25	33	27
	30309	45	100	27.25	25	22		32309	45	100	38.25	36	30
	30310	50	110	29.25	27	23		32310	50	110	42.25	40	33
	30311	55	120	31.50	29	25		32311	55	120	45.50	43	35
	30312	60	130	33.50	31	26		32312	60	130	48.50	46	37
	30313	65	140	36	33	28		32313	65	140	51	48	39
	30314	70	150	38	35	30		32314	70	150	54	51	42
	30315	75	160	40	37	31		32315	75	160	58	55	45
	30316	80	170	42.50	39	33		32316	80	170	61.50	58	48
	30317	85	180	44.50	41	34		32317	85	180	63.50	60	49
	30318	90	190	46.50	43	36		32318	90	190	67.50	64	53
	30319	95	200	49.50	45	38		32319	95	200	71.50	67	55
	30320	100	215	51.50	47	39		32320	100	215	77.50	73	60

表 I-3　推力球轴承（GB/T 28697—2012）　　　　（单位：mm）

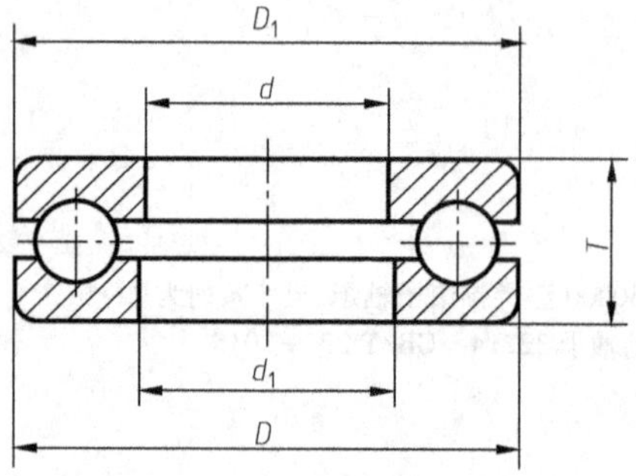

标记示例：

内径 $d=50$mm 的 51000 型推力球轴承，尺寸系列为 12：

滚动轴承 51210　GB/T 28697—2012

轴承类型		外形尺寸					轴承类型		外形尺寸				
		d	D	T	d_1	D_1			d	D	T	d_1	D_1
11 系列（51000 型）	51104	20	35	10	21	35	13 系列（51000 型）	51304	20	47	18	22	47
	51105	25	42	11	26	42		51305	25	52	18	27	52
	51106	30	47	11	32	47		51306	30	60	21	32	60
	51107	35	52	12	37	52		51307	35	68	24	37	68
	51108	40	60	13	42	60		51308	40	78	26	42	78
	51109	45	65	14	47	65		51309	45	85	28	47	85
	51110	50	70	14	52	70		51310	50	95	31	52	95
	51111	55	78	16	57	78		51311	55	105	35	57	105
	51112	60	85	17	62	85		51312	60	110	35	62	110
	51113	65	90	18	67	90		51313	65	115	36	67	115
	51114	70	95	18	72	95		51314	70	125	40	72	125
	51115	75	100	19	77	100		51315	75	135	44	77	135
	51116	80	105	19	82	105		51316	80	140	44	82	140
	51117	85	110	19	87	110		51317	85	150	49	88	150
	51118	90	120	22	92	120		51318	90	155	50	93	155
	51120	100	135	25	102	135		51320	100	170	55	103	170
12 系列（51000 型）	51204	20	40	14	22	40	14 系列（51000 型）	51405	25	60	24	27	60
	51205	25	47	15	27	47		51406	30	70	28	32	70
	51206	30	52	16	32	52		51407	35	80	32	37	80
	51207	35	62	18	37	62		51408	40	90	36	42	90
	51208	40	68	19	42	68		51409	45	100	39	47	100
	51209	45	73	20	47	73		51410	50	110	43	52	110
	51210	50	78	22	52	78		51411	55	120	48	57	120
	51211	55	90	25	57	90		51412	60	130	51	62	130
	51212	60	95	26	62	95		51413	65	140	56	68	140
	51213	65	100	27	67	100		51414	70	150	60	73	150
	51214	70	105	27	72	105		51415	75	160	65	78	160
	51215	75	110	27	77	110		51416	80	170	68	83	170
	51216	80	115	28	82	115		51417	85	180	72	88	177
	51217	85	125	31	88	125		51418	90	190	77	93	187
	51218	90	135	35	93	135		51419	95	210	85	103	205
	51220	100	150	38	103	150		51422	110	230	95	113	225

附录J　公　差

表 J-1　标准公差数值（GB/T 1800.1—2009）

公称尺寸/mm		标准公差等级																	
		IT1	IT2	IT3	IT4	IT5	IT6	IT7	IT8	IT9	IT10	IT11	IT12	IT13	IT14	IT15	IT16	IT17	IT18
大于	至	μm											mm						
—	3	0.8	1.2	2	3	4	6	10	14	25	40	60	0.1	0.14	0.25	0.4	0.6	1	1.4
3	6	1	1.5	2.5	4	5	8	12	18	30	48	75	0.12	0.18	0.3	0.48	0.75	1.2	1.8
6	10	1	1.5	2.5	4	6	9	15	22	36	58	90	0.15	0.22	0.36	0.58	0.9	1.5	2.2
10	18	1.2	2	3	5	8	11	18	27	43	70	110	0.18	0.27	0.43	0.7	1.1	1.8	2.7
18	30	1.5	2.5	4	6	9	13	21	33	52	84	130	0.21	0.33	0.52	0.84	1.3	2.1	3.3
30	50	1.5	2.5	4	7	11	16	25	39	62	100	160	0.25	0.39	0.62	1	1.6	2.5	3.9
50	80	2	3	5	8	13	19	30	46	74	120	190	0.3	0.46	0.74	1.2	1.9	3	4.6
80	120	2.5	4	6	10	15	22	35	54	87	140	220	0.35	0.54	0.87	1.4	2.2	3.5	5.4
120	180	3.5	5	8	12	18	25	40	63	100	160	250	0.4	0.63	1	1.6	2.5	4	6.3
180	250	4.5	7	10	14	20	29	46	72	115	185	290	0.46	0.72	1.15	1.85	2.9	4.6	7.2
250	315	6	8	12	16	23	32	52	81	130	210	320	0.52	0.81	1.3	2.1	3.2	5.2	8.1
315	400	7	9	13	18	25	36	57	89	140	230	360	0.57	0.89	1.4	2.3	3.6	5.7	8.9
400	500	8	10	15	20	27	40	63	97	155	250	400	0.63	0.97	1.55	2.5	4	6.3	9.7
500	630	9	11	16	22	32	44	70	110	175	280	440	0.7	1.1	1.75	2.8	4.4	7	11
630	800	10	13	18	25	36	50	80	125	200	320	500	0.8	1.25	2	3.2	5	8	12.5
800	1000	11	15	21	28	40	56	90	140	230	360	560	0.9	1.4	2.3	3.6	5.6	9	14
1000	1250	13	18	24	33	47	66	105	165	260	420	660	1.05	1.65	2.6	4.2	6.6	10.5	16.5
1250	1600	15	21	29	39	55	78	125	195	310	500	780	1.25	1.95	3.1	5	7.8	12.5	19.5
1600	2000	18	25	35	46	65	92	150	230	370	600	920	1.5	2.3	3.7	6	9.2	15	23
2000	2500	22	30	41	55	78	110	175	280	440	700	1100	1.75	2.8	4.4	7	11	17.5	28
2500	3150	26	36	50	68	96	135	210	330	540	860	1350	2.1	3.3	5.4	8.6	13.5	21	33

注：1. 公称尺寸大于 500mm 的 IT1 至 IT5 的标准公差数值为试行值。

2. 公称尺寸小于或等于 1mm 时，无 IT4 至 IT8。

表 J-2　轴的

公称尺寸/mm		基　本															
		上极限偏差 es															
		所有标准公差等级												IT5 和 IT6	IT7	IT8	IT4 ~ IT7
大于	至	a	b	c	cd	d	e	ef	f	fg	g	h	js	j			
—	3	-270	-140	-60	-34	-20	-14	-10	-6	-4	-2	0	偏差 = ± $IT_n/2$，式中 IT_n 是 IT 值数	-2	-4	-6	0
3	6	-270	-140	-70	-46	-30	-20	-14	-10	-6	-4	0		-2	-4	—	+1
6	10	-280	-150	-80	-56	-40	-25	-18	-13	-8	-5	0		-2	-5	—	+1
10	14	-290	-150	-95	—	-50	-32	—	-16	—	-6	0		-3	-6	—	+1
14	18																
18	24	-300	-160	-110	—	-65	-40	—	-20	—	-7	0		-4	-8	—	+2
24	30																
30	40	-310	-170	-120	—	-80	-50	—	-25	—	-9	0		-5	-10	—	+2
40	50	-320	-180	-130													
50	65	-340	-190	-140	—	-100	-60	—	-30	—	-10	0		-7	-12	—	+2
65	80	-360	-200	-150													
80	100	-380	-220	-170	—	-120	-72	—	-36	—	-12	0		-9	-15	—	+3
100	120	-410	-240	-180													
120	140	-460	-260	-200	—	-145	-85	—	-43	—	-14	0		-11	-18	—	+3
140	160	-520	-280	-210													
160	180	-580	-310	-230													
180	200	-660	-340	-240	—	-170	-100	—	-50	—	-15	0		-13	-21	—	+4
200	225	-740	-380	-260													
225	250	-820	-420	-280													
250	280	-920	-480	-300	—	-190	-110	—	-56	—	-17	0		-16	-26	—	+4
280	315	-1050	-540	-330													
315	355	-1200	-600	-360	—	-210	-125	—	-62	—	-18	0		-18	-28	—	+4
355	400	-1350	-680	-400													
400	450	-1500	-760	-440	—	-230	-135	—	-68	—	-20	0		-20	-32	—	+5
450	500	-1650	-840	-480													
500	560	—	—	—	—	-260	-145	—	-76	—	-22	0		—	—	—	0
560	630																
630	710	—	—	—	—	-290	-160	—	-80	—	-24	0		—	—	—	0
710	800																
800	900	—	—	—	—	-320	-170	—	-86	—	-26	0		—	—	—	0
900	1000																
1000	1120	—	—	—	—	-350	-195	—	-98	—	-28	0		—	—	—	0
1120	1250																
1250	1400	—	—	—	—	-390	-220	—	-110	—	-30	0		—	—	—	0
1400	1600																
1600	1800	—	—	—	—	-430	-240	—	-120	—	-32	0		—	—	—	0
1800	2000																
2000	2240	—	—	—	—	-480	-260	—	-130	—	-34	0		—	—	—	0
2240	2500																
2500	2800	—	—	—	—	-520	-290	—	-145	—	-38	0		—	—	—	0
2800	3150																

注：1. 当公称尺寸小于或等于 1mm 时，基本偏差 a 和 b 均不采用。

2. 公差带 js7 至 js11，若 IT_n 值数为奇数，则偏差值 = ±(IT_n − 1)/2。

基本偏差数值（GB/T 1800. 1—2009）　　　（单位：μm）

偏差数值														
下级限偏差 ei														
≤IT3 >IT7	所有标准公差等级													
k	m	n	p	r	s	t	u	v	x	y	z	za	zb	zc
0	+2	+4	+6	+10	+14	—	+18	—	+20	—	+26	+32	+40	+60
0	+4	+8	+12	+15	+19	—	+23	—	+28	—	+35	+42	+50	+80
0	+6	+10	+15	+19	+23	—	+28	—	+34	—	+42	+52	+67	+97
0	+7	+12	+18	+23	+28	—	+33		+40	—	+50	+64	+90	+130
								+39	+45	—	+60	+77	+108	+150
0	+8	+15	+22	+28	+35	—	+41	+47	+54	+63	+73	+98	+136	+188
						+41	+48	+55	+64	+75	+88	+118	+160	+218
0	+9	+17	+26	+34	+43	+48	+60	+68	+80	+94	+112	+148	+200	+274
						+54	+70	+81	+97	+114	+136	+180	+242	+325
0	+11	+20	+32	+41	+53	+66	+87	+102	+122	+144	+172	+226	+300	+405
				+43	+59	+75	+102	+120	+146	+174	+210	+274	+360	+480
0	+13	+23	+37	+51	+71	+91	+124	+146	+178	+214	+258	+335	+445	+585
				+54	+79	+104	+144	+172	+210	+254	+310	+400	+525	+690
0	+15	+27	+43	+63	+92	+122	+170	+202	+248	+300	+365	+470	+620	+800
				+65	+100	+134	+190	+228	+280	+340	+415	+535	+700	+900
				+68	+108	+146	+210	+252	+310	+380	+465	+600	+780	+1000
0	+17	+31	+50	+77	+122	+166	+236	+284	+350	+425	+520	+670	+880	+1150
				+80	+130	+180	+258	+310	+385	+470	+575	+740	+960	+1250
				+84	+140	+196	+284	+340	+425	+520	+640	+820	+1050	+1350
0	+20	+34	+56	+94	+158	+218	+315	+385	+475	+580	+710	+920	+1200	+1550
				+98	+170	+240	+350	+425	+525	+650	+790	+1000	+1300	+1700
0	+21	+37	+62	+108	+190	+268	+390	+475	+590	+730	+900	+1150	+1500	+1900
				+114	+208	+294	+435	+530	+660	+820	+1000	+1300	+1650	+2100
0	+23	+40	+68	+126	+232	+330	+490	+595	+740	+920	+1100	+1450	+1850	+2400
				+132	+252	+360	+540	+660	+820	+1000	+1250	+1600	+2100	+2600
0	+26	+44	+78	+150	+280	+400	+600	—	—	—	—	—	—	—
				+155	+310	+450	+660	—	—	—	—	—	—	—
0	+30	+50	+88	+175	+340	+500	+740	—	—	—	—	—	—	—
				+185	+380	+560	+840	—	—	—	—	—	—	—
0	+34	+56	+100	+210	+430	+620	+940	—	—	—	—	—	—	—
				+220	+470	+680	+1050	—	—	—	—	—	—	—
0	+40	+66	+120	+250	+520	+780	+1150	—	—	—	—	—	—	—
				+260	+580	+840	+1300	—	—	—	—	—	—	—
0	+48	+78	+140	+300	+640	+960	+1450	—	—	—	—	—	—	—
				+330	+720	+1050	+1600	—	—	—	—	—	—	—
0	+58	+92	+170	+370	+820	+1200	+1850	—	—	—	—	—	—	—
				+400	+920	+1350	+2000	—	—	—	—	—	—	—
0	+68	+110	+195	+440	+1000	+1500	+2300	—	—	—	—	—	—	—
				+460	+1100	+1650	+2500	—	—	—	—	—	—	—
0	+76	+135	+240	+550	+1250	+1900	+2900	—	—	—	—	—	—	—
				+580	+1400	+2100	+3200	—	—	—	—	—	—	—

表 J-3　孔的基本偏差数值

公称尺寸/mm		基本偏差																				
		下极限偏差 EI												上极限偏								
		所有标准公差等级												IT6	IT7	IT8	≤IT8	>IT8	≤IT8	>IT8	≤IT8	>IT8
大于	至	A	B	C	CD	D	E	EF	F	FG	G	H	JS	J			K		M		N	
—	3	+270	+140	+60	+34	+20	+14	+10	+6	+4	+2	0	偏差 = ±(IT$_n$/2)，式中 IT$_n$ 是 IT 值数	+2	+4	+6	0	0	−2	−2	−4	−4
3	6	+270	+140	+70	+46	+30	+20	+14	+10	+6	+4	0		+5	+6	+10	−1+Δ	—	−4+Δ	−4	−8+Δ	0
6	10	+280	+150	+80	+56	+40	+25	+18	+13	+8	+5	0		+5	+8	+12	−1+Δ	—	−6+Δ	−6	−10+Δ	0
10	14	+290	+150	+95	—	+50	+32	—	+16		+6	0		+6	+10	+15	−1+Δ	—	−7+Δ	−7	−12+Δ	0
14	18																					
18	24	+300	+160	+110	—	+65	+40	—	+20		+7	0		+8	+12	+20	−2+Δ	—	−8+Δ	−8	−15+Δ	0
24	30																					
30	40	+310	+170	+120	—	+80	+50	—	+25		+9	0		+10	+14	+24	−2+Δ	—	−9+Δ	−9	−17+Δ	0
40	50	+320	+180	+130																		
50	65	+340	+190	+140	—	+100	+60	—	+30		+10	0		+13	+18	+28	−2+Δ	—	−11+Δ	−11	−20+Δ	0
65	80	+360	+200	+150																		
80	100	+380	+220	+170	—	+120	+72	—	+36		+12	0		+16	+22	+34	−3+Δ	—	−13+Δ	−13	−23+Δ	0
100	120	+410	+240	+180																		
120	140	+460	+260	+200	—	+145	+85	—	+43		+14	0		+18	+26	+41	−3+Δ	—	−15+Δ	−15	−27+Δ	0
140	160	+520	+280	+210																		
160	180	+580	+310	+230																		
180	200	+660	+340	+240	—	+170	+100	—	+50		+15	0		+22	+30	+47	−4+Δ	—	−17+Δ	−17	−31+Δ	0
200	225	+740	+380	+260																		
225	250	+820	+420	+280																		
250	280	+920	+480	+300	—	+190	+110	—	+56		+17	0		+25	+36	+55	−4+Δ	—	−20+Δ	−20	−34+Δ	0
280	315	+1050	+540	+330																		
315	355	+1200	+600	+360	—	+210	+125	—	+62		+18	0		+29	+39	+60	−4+Δ	—	−21+Δ	−21	−37+Δ	0
355	400	+1350	+680	+400																		
400	450	+1500	+760	+440	—	+230	+135	—	+68		+20	0		+33	+43	+66	−5+Δ	—	−23+Δ	−23	−40+Δ	0
450	500	+1650	+840	+480																		
500	560	—	—	—	—	+260	+145	—	+76		+22	0		—	—	—	0	—	−26		−44	
560	630																					
630	710	—	—	—	—	+290	+160	—	+80		+24	0		—	—	—	0	—	−30		−50	
710	800																					
800	900	—	—	—	—	+320	+170	—	+86		+26	0		—	—	—	0	—	−34		−56	
900	1000																					
1000	1120	—	—	—	—	+350	+195	—	+98		+28	0		—	—	—	0	—	−40		−66	
1120	1250																					
1250	1400	—	—	—	—	+390	+220	—	+110		+30	0		—	—	—	0	—	−48		−78	
1400	1600																					
1600	1800	—	—	—	—	+430	+240	—	+120		+32	0		—	—	—	0	—	−58		−92	
1800	2000																					
2000	2240	—	—	—	—	+480	+260	—	+130		+34	0		—	—	—	0	—	−68		−110	
2240	2500																					
2500	2800	—	—	—	—	+520	+290	—	+145		+38	0		—	—	—	0	—	−76		−135	
2800	3150																					

注：1. 公称尺寸小于或等于 1mm，基本偏差 A 和 B 及大于 IT8 的 N 均不采用。

2. 公差带 js7 至 js1，若 IT$_n$ 值是奇数，则取偏差 = ±(IT$_n$ − 1)/2。

3. 对小于或等于 IT8 的 K、M、N 和小于或等于 IT7 的 P 至 ZC，所需 Δ 值从表内右侧选取。例如：18 ~ 30mm 段

4. 特殊情况：250 ~ 315mm 段的 M6，ES = −9μm（代替 −11μm）。

（GB/T 1800.1—2009）　　　　（单位：μm）

数　值													Δ值					
差　ES																		
≤IT7	标准公差等级大于 IT7												标准公差等级					
P 至 ZC	P	R	S	T	U	V	X	Y	Z	ZA	ZB	ZC	IT3	IT4	IT5	IT6	IT7	IT8
在大于 IT7 的相应数值上增加一个Δ值	-6	-10	-14	—	-18	—	-20	—	-26	-32	-40	-60	0	0	0	0	0	0
	-12	-15	-19	—	-23	—	-28	—	-35	-42	-50	-80	1	1.5	1	3	4	6
	-15	-19	-23	—	-28	—	-34	—	-42	-52	-67	-97	1	1.5	2	3	6	7
	-18	-23	-28	—	-33	—	-40	—	-50	-64	-90	-130	1	2	3	3	7	9
						-39	-45	—	-60	-77	-108	-150						
	-22	-28	-35	—	-41	-47	-54	-63	-73	-98	-136	-188	1.5	2	3	4	8	12
				-41	-48	-55	-64	-75	-88	-118	-160	-218						
	-26	-34	-43	-48	-60	-68	-80	-94	-112	-148	-200	-274	1.5	3	4	5	9	14
				-54	-70	-81	-97	-114	-136	-180	-242	-325						
	-32	-41	-53	-66	-87	-102	-122	-144	-172	-226	-300	-405	2	3	5	6	11	16
		-43	-59	-75	-102	-120	-146	-174	-210	-274	-360	-480						
	-37	-51	-71	-91	-124	-146	-178	-214	-258	-335	-445	-585	2	4	5	7	13	19
		-54	-79	-104	-144	-172	-210	-254	-310	-400	-525	-690						
	-43	-63	-92	-122	-170	-202	-248	-300	-365	-470	-620	-800	3	4	6	7	15	23
		-65	-100	-134	-190	-228	-280	-340	-415	-535	-700	-900						
		-68	-108	-146	-210	-252	-310	-380	-465	-600	-780	-1000						
	-50	-77	-122	-166	-236	-284	-350	-425	-520	-670	-880	-1150	3	4	6	9	17	26
		-80	-130	-180	-258	-310	-385	-470	-575	-740	-960	-1250						
		-84	-140	-196	-284	-340	-425	-520	-640	-820	-1050	-1350						
	-56	-94	-158	-218	-315	-385	-475	-580	-710	-920	-1200	-1550	4	4	7	9	20	29
		-98	-170	-240	-350	-425	-525	-650	-790	-1000	-1300	-1700						
	-62	-108	-190	-268	-390	-475	-590	-730	-900	-1150	-1500	-1900	4	5	7	11	21	32
		-114	-208	-294	-435	-530	-660	-820	-1000	-1300	-1650	-2100						
	-68	-126	-232	-330	-490	-595	-740	-920	-1100	-1450	-1850	-2400	5	5	7	13	23	34
		-132	-252	-360	-540	-660	-820	-1000	-1250	-1600	-2100	-2600						
	-78	-150	-280	-400	-600	—	—	—	—	—	—	—	—	—	—	—	—	—
		-155	-310	-450	-660													
	-88	-175	-340	-500	-740	—	—	—	—	—	—	—	—	—	—	—	—	—
		-185	-380	-560	-840													
	-100	-210	-430	-620	-940	—	—	—	—	—	—	—	—	—	—	—	—	—
		-220	-470	-680	-1050													
	-120	-250	-520	-780	-1150	—	—	—	—	—	—	—	—	—	—	—	—	—
		-260	-580	-840	-1300													
	-140	-300	-640	-960	-1450	—	—	—	—	—	—	—	—	—	—	—	—	—
		-330	-720	-1050	-1600													
	-170	-370	-820	-1200	-1850	—	—	—	—	—	—	—	—	—	—	—	—	—
		-400	-920	-1350	-2000													
	-195	-440	-1000	-1500	-2300	—	—	—	—	—	—	—	—	—	—	—	—	—
		-460	-1100	-1650	-2500													
	-240	-550	-1250	-1900	-2900	—	—	—	—	—	—	—	—	—	—	—	—	—
		-580	-1400	-2100	-3200													

的 K7，$\Delta = 8\mu m$，所以 $ES = (-2+8)\mu m = 6\mu m$；18～30mm 段的 S6，$\Delta = 4\mu m$，所以 $ES = -35\mu m + 4\mu m = -31\mu m$。

参考文献

［1］ 王一军．工程制图基础［M］．北京：机械工业出版社，2014.

［2］ 许睦旬．画法几何及工程制图［M］．北京：高等教育出版社，2009.

［3］ 东华大学．画法几何及工程制图［M］．上海：上海科学技术出版社，2013.

［4］ 全国技术产品文件标准化技术委员会．技术产品文件标准汇编　技术制图卷［M］．2版．北京：中国标准出版社，2009.